TRAITÉ
DE BOTANIQUE

CONTENANT

L'ANATOMIE ET LA PHYSIOLOGIE VÉGÉTALES

ET LES FAMILLES NATURELLES

À L'USAGE

DES CANDIDATS AU CERTIFICAT D'ÉTUDES
PHYSIQUES CHIMIQUES ET NATURELLES

ET DES ÉTUDIANTS EN MÉDECINE ET EN PHARMACIE

PAR

L. COURCHET

PROFESSEUR D'HISTOIRE NATURELLE
A L'ÉCOLE SUPÉRIEURE DE PHARMACIE DE MONTPELLIER

Avec 500 figures intercalées dans le texte.

PREMIÈRE PARTIE

PARIS

LIBRAIRIE J.-B. BAILLIÈRE ET FILS

19, rue Hautefeuille, près du boulevard Saint-Germain

1897

TRAITÉ

DE BOTANIQUE

TRAITÉ
DE BOTANIQUE

COMPRENANT

L'ANATOMIE ET LA PHYSIOLOGIE VÉGÉTALES

ET LES FAMILLES NATURELLES

A L'USAGE

DES CANDIDATS AU CERTIFICAT D'ÉTUDES

PHYSIQUES, CHIMIQUES ET NATURELLES

DES ÉTUDIANTS EN MÉDECINE ET EN PHARMACIE

PAR

L. COURCHET

PROFESSEUR D'HISTOIRE NATURELLE

A L'ÉCOLE SUPÉRIEURE DE PHARMACIE DE MONTPELLIER

Avec 500 figures intercalées dans le texte.

PARIS

LIBRAIRIE J.-B. BAILLIÈRE ET FILS

19, rue Hautefeuille, près du boulevard Saint-Germain

1897

PRÉFACE

Bien qu'il existe déjà, dans la littérature scientifique, un nombre assez considérable de traités de Botanique appliquée à la Matière médicale et à la Pharmacie, nous croyons répondre à un besoin, et en même temps à un désir fréquemment manifesté par les étudiants de notre École, en publiant nos leçons sous une forme à la fois aussi concise et aussi claire qu'il nous a été possible de le faire. Le présent *Traité de Botanique* est donc le résumé du cours dont nous sommes chargé, depuis sept années, à l'École supérieure de pharmacie de Montpellier. Nous avons tâché de conserver, dans nos exposés, la méthode dont nous nous servons dans nos leçons, et dont il nous a été donné de constater les heureux résultats.

Nous avons surtout pris à tâche d'éviter un inconvénient dont nous avons pu apprécier jadis nous-même toute la gravité au cours de nos études, inconvénient presque inséparable, il est vrai, d'un ouvrage trop condensé. C'est celui qui résulte de l'emploi de termes encore inconnus des étudiants ou qu'ils ont eu le temps d'oublier, ou bien encore d'un mode d'exposition qui suppose de leur part des connaissances qu'ils n'ont pu acquérir encore. Nous savons par expérience combien aisément on se laisse décourager, lorsqu'on aborde une science qui ne nous est pas familière, et combien il est rare qu'un élève conçoive de l'intérêt pour une étude qui, d'ailleurs, ne doit pas faire le but essentiel de sa carrière, et dans laquelle, dès le début, il rencontre des difficultés sérieuses. Dès lors, la science n'est plus pour lui qu'un travail obligatoire et fastidieux, un ensemble de faits mal compris et sans liens, qu'il s'efforce, par un moyen quelconque, d'entasser dans sa mémoire, et qu'il se hâte d'oublier dès qu'il est délivré de la crainte d'un échec.

Par contre, nous avons toujours remarqué que nos élèves prenaient un réel plaisir aux sciences naturelles, en dehors même de tout intérêt scolaire, lorsque l'étude leur en était offerte sous une forme simple et facile, et en ayant soin de procéder toujours du connu à l'inconnu.

Nous nous sommes toutefois trouvé, dans la présente rédaction, en présence d'un écueil qu'il nous a été impossible d'éviter d'une manière complète. L'Histoire naturelle, et surtout l'Histoire naturelle appliquée, étant essentiellement une science de description, la concision et la clarté sont, dans une certaine mesure tout au moins, difficiles à concilier l'une avec l'autre, dans un ouvrage de ce genre. Aussi avons-nous préféré rejeter tout à fait, ou ne faire figurer qu'en simples résumés synoptiques, les groupes naturels d'un intérêt secondaire, pour insister plus longuement sur ceux dont la connaissance est indispensable. Dans ces descriptions elles-mêmes, nous avons eu soin de mettre en relief les notions les plus importantes, en les faisant composer en caractères plus forts.

Voici, d'ailleurs, le plan de notre *Traité*, et la méthode générale qui a présidé à sa rédaction :

Nous avons résumé, dans une première partie, les notions de *Botanique générale* indispensables pour l'intelligence des descriptions qui font l'objet de la seconde partie. Dans cet exposé, nous avons à peu près complètement négligé les notions relatives aux Cryptogames, dont l'étude morphologique se confond facilement avec leur description spéciale.

La *Morphologie des Phanérogames*, c'est-à-dire la description des divers organes de ces plantes, constitue naturellement le but principal de la première partie. A l'étude de chacun des organes, nous avons joint, cependant, les notions essentielles concernant sa *structure anatomique* et ses *fonctions*. La Morphologie, l'Anatomie et la Physiologie se relient, en effet, par des liens si étroits, qu'il est impossible, sans nuire gravement à la clarté d'exposition, de les séparer tout à fait l'une de l'autre. Le secours mutuel qu'elles se prêtent est surtout évident lorsqu'il s'agit des organes reproducteurs, du fruit et de la graine. Nous avons réservé toutefois, pour les résumer dans la seconde partie, certaines questions de biologie générale, et particulièrement celles relatives aux fermentations, questions qui trouvent mieux leur place dans l'étude des végétaux inférieurs.

Après quelques notions générales sur la cellule et les dérivés de la cellule, nous étudions donc chaque organe de la plante, au point de vue : 1° de sa *morphologie;* 2° de sa *structure;* 3° de ses *fonctions;* 4° enfin, s'il y a lieu, des principales *modifications* qu'il peut subir en vue d'une adaptation à des fonctions nouvelles.

Les candidats au Certificat d'Études Physiques, Chimiques et Naturelles trouveront, dans cette première partie, toutes les notions de Botanique générale exigées par le programme.

La seconde partie comprend la *description méthodique des familles naturelles*, en débutant par les formes les plus simples.

Pour faciliter la connaissance de ces groupes, nous commençons l'étude de chacun d'eux, lorsque la chose nous est possible, par la *description d'une plante* que l'étudiant peut aisément se procurer, soit dans la campagne, soit dans nos jardins botaniques, et nous choisissons de préférence une espèce dont il y a lieu d'indiquer plus tard les applications.

Lorsque, dans un même groupe naturel, il existe plusieurs genres assez différents par leurs caractères, nous décrivons les principaux d'entre eux, à la suite les uns des autres, en mettant en relief leurs caractères communs, ou plutôt en amenant l'étudiant à les découvrir lui-même, au milieu des différences qui les séparent, et de comprendre comment ces types divergents forment un tout plus ou moins nettement circonscrit dans l'ensemble du règne végétal.

L'exposé succinct des *caractères généraux de la famille,* qui n'est, en réalité, que la synthèse des notions qui lui sont acquises déjà, est alors facilement saisi et ne représente plus à ses yeux cette énumération aride de caractères mal compris, souvent disparates, contradictoires même en apparence, bien faits pour décourager le commençant. C'est dans cet exposé général seulement que nous mentionnons les *genres exotiques* ou *peu connus*, qui méritent cependant d'être signalés dans l'ensemble de la famille.

Si la famille embrasse plusieurs tribus distinctes, nous procédons, pour chacune d'elles, comme s'il s'agissait d'un groupe naturel, sans subdivisions ; puis nous exposons les caractères généraux du groupe entier, en insistant sur ceux qui sont communs à toutes ces tribus.

Après un exposé succinct des *affinités* de la famille et de la *distribution géographique* des plantes qui la composent, nous indiquons les *propriétés* et les *caractères généraux de composition*, et nous donnons l'histoire succincte des *espèces les plus importantes* à connaître au point de vue pratique.

L'étude de chaque famille naturelle, celle de chaque ordre ou sous-ordre sont toujours suivies de *tableaux synoptiques* qui en résument les caractères essentiels.

Nous ne faisons qu'effleurer la Matière Médicale, qui ne saurait être traitée ici avec l'importance qu'elle mérite ; nos candidats pourront, d'ailleurs, puiser largement dans les excellents traités qu'ils ont entre leurs mains, ceux de M. Gustave Planchon (1) et de M. D. Cauvet (2) entre autres, les connaissances qui leur sont nécessaires sur la structure, la composition, les propriétés et l'emploi des plantes qu'ils auront appris à connaître ici au point de vue botanique.

Tel est le travail que nous avons élaboré, dans le but essentiel de faciliter aux élèves des Écoles de pharmacie et des Facultés de médecine et aux candidats au certificat d'études, l'accès aux examens, et de compléter, tout en les résumant, l'ensemble des connaissances qui font l'objet de nos cours.

L. COURCHET.

Montpellier, 15 octobre 1896.

(1) GUIBOURT et G. PLANCHON, *Histoire naturelle des drogues simples*, 7º édition. 4 vol. in-8.

(2) D. CAUVET, *Nouveaux éléments de matière médicale*. 2 vol.

TRAITÉ DE BOTANIQUE

PREMIÈRE PARTIE
BOTANIQUE GÉNÉRALE

CHAPITRE PREMIER

DOMAINE DES SCIENCES NATURELLES. ANIMAUX ET PLANTES

Corps bruts et êtres organisés. — Les objets qui occupent la surface de notre planète ou qui entrent dans la constitution de sa masse, appartiennent à deux catégories de corps nettement distinctes :

1º Les *corps bruts* ou *inanimés*, dont la composition est exclusivement minérale, et qui sont privés d'organisation et de vie. Ils ne doivent leur origine qu'à des causes physico-chimiques, et l'action destructive de causes de même nature en limite seule la durée.

2º Les *êtres organisés* ou *vivants*, dans la constitution desquels entrent toujours de l'eau, et des composés, les uns ternaires, les autres quaternaires et azotés, dont l'étude est du domaine de la chimie organique. Tous possèdent une structure spéciale, absolument étrangère aux corps bruts ; ils sont doués de la faculté de pouvoir se nourrir, s'accroître, se multiplier, de *vivre*, en un mot. Enfin, les êtres vivants naissent toujours d'autres êtres semblables à eux (la science, tout au moins, ne peut appuyer sur aucune preuve certaine l'assertion contraire), et chez tous, la durée de l'existence est fatalement limitée par des causes intrinsèques et par l'usure même de l'organisme.

Les *sciences physico-chimiques* étudient les corps bruts ; l'ensemble des connaissances qui ont pour objet les êtres vivants, constitue le domaine des *sciences naturelles*.

Règnes organiques. — On est convenu de répartir en deux grandes sections ou règnes, le *règne animal* et le *règne végétal*, les innombrables organismes qui vivent à la surface du globe; mais, malgré son utilité pratique, cette division est illusoire, et de tous les critériums sur lesquels on s'est efforcé de l'établir, aucun n'a une valeur absolue. En réalité, animaux et plantes forment une série continue, ou mieux les deux règnes doivent être considérés comme deux branches divergentes, très ramifiées elles-mêmes, issues d'un même tronc dans lequel elles se confondent par leur base. Ce tronc est représenté par un ensemble d'êtres très simples qui ont dû marquer l'apparition de la vie sur notre planète, et dont certains descendants ont conservé leurs caractères primordiaux, à travers les siècles et un nombre incalculable de générations. Tels sont ces organismes de l'époque actuelle qui forment une sorte d'intermédiaire entre les animaux et les plantes, et pour lesquels certains naturalistes ont cru devoir créer un troisième règne. On peut considérer l'ensemble de ces êtres comme une prolongation directe de la souche primitive, entre les deux rameaux divergents que cette dernière a produits.

Animaux et plantes. — Les caractères différentiels que l'on a voulu établir entre les animaux et les plantes, nets et nombreux chez les êtres les plus perfectionnés, se montrent de moins en moins accentués à mesure qu'on descend les degrés de l'échelle organique dans les deux règnes, pour devenir nuls chez les êtres les plus simples.

Chez les animaux et chez les plantes, d'ailleurs, le *protoplasma* ou *sarcode* est le siège exclusif de la vie, et cette dernière s'y manifeste toujours par les mêmes phénomènes essentiels :

Partout le protoplasma absorbe de l'oxygène et rejette de l'acide carbonique, et cet échange est le résultat d'une oxydation, d'une combustion lente d'une partie de la matière organique. Cette oxydation s'accompagne de la mise en liberté d'une certaine quantité de force vive, dont une partie se traduit, en général, par une élévation de température, tandis qu'une autre est transformée en un certain travail.

Il est vrai que cette combustion est beaucoup plus active chez les animaux, et on sait qu'elle est suffisante pour maintenir à peu près constante la température des Oiseaux et des Mammifères.

A côté de cette *fonction respiratoire* nous trouvons encore, comme caractère commun à toute matière vivante, la faculté de pouvoir se *nourrir, s'accroître* et *se reproduire*.

Ces grandes fonctions peuvent se trouver modifiées dans leur manière de s'accomplir, suivant le degré de complexité des appareils à l'aide desquels elles s'exécutent ; elles peuvent même être masquées partiellement par d'autres phénomènes, moins généraux que les premiers, ainsi que nous le verrons en étudiant le mode de nutrition des plantes vertes ; mais toute différence disparaît si on étudie les phénomènes de la vie dans ce qu'ils ont de plus essentiel et de plus intime.

On comprend donc comment il est impossible de délimiter nettement le domaine de la Botanique et celui de la Zoologie, et comment des organismes, décrits comme plantes par quelques auteurs, sont revendiqués par certains zoologistes, comme faisant partie du règne animal.

On s'est surtout appuyé, pour délimiter les deux règnes, sur deux caractères, que l'on considère assez communément comme étant l'apanage exclusif des végétaux : ils consistent dans la présence, chez ces derniers, de la *chlorophylle* et de la *cellulose*.

Nous verrons de quelle importance est, pour l'être vivant, la présence de la chlorophylle, et quelle modification profonde elle imprime aux phénomènes biologiques dont il est le siège. Cependant, *seuls* les moyens à l'aide desquels l'organisme se nourrit sont modifiés par sa présence ; l'être pourvu de chlorophylle peut, en effet, à l'aide d'éléments ou de composés très simples, élaborer lui-même les substances nutritives que les êtres sans chlorophylle sont forcés d'emprunter ailleurs. Mais ces substances une fois mises en présence du protoplasma, celui-ci se comporte partout à leur égard de la même manière pour les assimiler, c'est-à-dire pour les transformer, partiellement au moins, en sa propre substance.

D'ailleurs, il existe des êtres, les uns pourvus, les autres privés de chlorophylle, tellement semblables entre eux à tous les autres points de vue, qu'on ne saurait, sans heurter de front les lois les plus essentielles de la classification naturelle, les répartir dans deux règnes distincts. Il est aussi des organismes dont la place dans le règne animal ne saurait être discutée, chez lesquels la chlorophylle existe d'une façon normale, et des plantes, hautement caractérisées comme telles qui en sont privées (les Champignons, les Orobanches, etc.), et qui, par conséquent, se nourrissent comme les animaux, en empruntant leurs aliments tout formés au monde extérieur.

Doit-on accorder une valeur plus grande au caractère que nous fournit la présence ou l'absence de la *cellulose ?* Excepté chez celles qui consistent tout entières en protoplasma nu, toutes les plantes possèdent de la cellulose dans leurs tissus, ou tout au moins une substance très voisine, et qui remplit le même rôle. Il existe cependant des animaux, même assez haut placés dans l'échelle, dont les tissus renferment, sinon de la cellulose, du moins des composés qui en sont extrêmement voisins ; telles sont la *tunicine* qui forme l'enveloppe coriace des Tuniciers, la substance qui constitue la partie essentielle des vésicules hydatides du Tænia Échinocoque, et même la *chitine,* qui entre pour une si grande part dans le squelette des Arthropodes.

Sous toutes ces réserves, il nous est possible de considérer pratiquement ce dernier critérium comme assez général, pour nous permettre d'établir entre les deux règnes une limite, sinon réelle, au moins théorique, ainsi que l'a fait M. Ed. Perrier (1), et nous admettrons comme plantes les êtres organisés dans la constitution desquels entre de la cellulose proprement dite.

Dans l'état actuel de la science, il serait inutile d'insister sur les autres critériums que l'on a voulu établir pour distinguer les deux règnes, tels que la sensibilité des animaux, leur mobilité, leur organisation interne, etc., les plantes étant au contraire insensibles, fixes, pourvues d'organes surtout extérieurs, etc. Comme toutes les autres, ces différences, nettement accusées chez les plantes et les animaux supérieurs, deviennent, dans les degrés inférieurs, de moins en moins distinctes, et d'ailleurs, aucune d'elles n'est constante.

Domaine des sciences naturelles. — L'ensemble des sciences naturelles se divise en trois branches qui se relient les unes aux autres par des liens étroits :

La *Botanique* est celles de ces trois branches qui a pour objet la connaissance des végétaux ;

La *Zoologie* s'occupe des animaux ;

Enfin, la *Géologie* étudie la structure et l'histoire de notre planète, et comme les diverses phases par lesquelles cette dernière est passée se caractérisent surtout par les formes organiques qui en peuplaient alors la surface, il est aisé de comprendre de quel secours sont, pour la Géologie, la Botanique et la Zoologie.

(1) *Traité de Zoologie.*

CHAPITRE II

DIVISIONS DE LA BOTANIQUE

La Botanique est la partie des sciences naturelles qui a pour objet la connaissance des végétaux. Elle se divise elle-même en plusieurs branches :

L'*Organographie végétale* consiste dans la description des diverses parties, des *organes* qui composent le végétal. A ce terme d'*Organographie* s'est substitué peu à peu celui de *Morphologie* (étude des formes), dont le sens est cependant un peu différent : la Morphologie ne se contente pas de décrire, mais elle compare en outre les organes entre eux, soit dans une même plante, soit dans des végétaux distincts, afin d'en déterminer la nature, la *valeur morphologique*.

L'*Organogénie* suit les organes à travers les diverses phases qu'ils subissent, depuis leur apparition première jusqu'à leur développement complet. Elle prête un précieux concours à la Morphologie, car des parties de plantes de même nature sont d'autant plus semblables entre elles qu'elles sont plus jeunes, quelque grandes que soient les différences qui les distingueront plus tard.

L'*Histologie végétale* a pour objet l'étude microscopique des tissus et des éléments anatomiques qui composent le végétal.

L'*Embryogénie végétale* étudie les premières phases du développement de la plante entière, depuis l'œuf jusqu'au moment où ses principaux organes sont définitivement formés.

Enfin, la connaissance du mode de fonctionnement des organes et des phénomènes généraux qui s'accomplissent dans leurs tissus et leurs éléments anatomiques, constitue le domaine de la *Physiologie végétale*.

L'Organographie, la Morphologie, l'Organogénie, l'Histologie, l'Embryogénie forment un ensemble de connaissances que l'on peut réunir sous le nom de *Botanique générale*.

On donne le nom de *Botanique spéciale*, *systématique* ou *descriptive*, à cette branche de la science qui a pour objet la description des innombrables formes de plantes que l'on rencontre à la surface du globe. La Botanique spéciale s'occupe aussi de la distribution des végétaux en groupes de différente valeur, et de leur nomenclature.

A la Botanique descriptive se rattachent encore :

La *Géographie botanique*, qui étudie la répartition, dans les différentes régions, des plantes actuellement vivantes ;

La *Paléontologie végétale*, qui décrit les différentes formes éteintes,
étudie leur distribution dans les diverses couches de l'écorce terrestre, et, par suite, détermine leur ancienneté relative ;

Enfin, la *Botanique appliquée* qui recherche les propriétés des
plantes, et fait connaître les services qu'elles peuvent rendre à la
médecine, à l'industrie, à l'agriculture, etc. Suivant le but qu'on
se propose, la botanique descriptive prend donc les noms de *Botanique médicale, industrielle, agricole*, etc.

CHAPITRE III

LA CELLULE VÉGÉTALE

Les organismes végétaux sont tous composés d'éléments qui sont
des *cellules* ou des dérivés de la *cellule*. Il est, d'ailleurs, des
végétaux constitués tout entiers par un très petit nombre de cellules ou même par une seule.

La cellule est l'élément primordial de tout être vivant, puisque l'œuf, que nous trouvons comme origine de tout organisme, n'est autre chose qu'une simple cellule.

La partie essentielle de cet élément, celle qui, seule, est le siège des phénomènes de la vie, est identique dans les deux règnes : on lui donne le nom de *protoplasma* ou de *sarcode*, cette dernière appella-

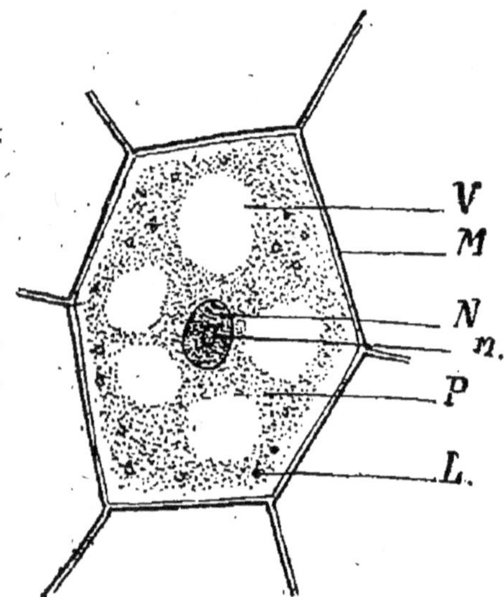

Fig. 1. — Une cellule végétale adulte. — P, protoplasma ; M, membrane cellulaire ; N, noyau ;
n, nucléole ; L, leucites ; V, vacuoles remplies de suc cellulaire (Courchet).

tion étant plus spécialement usitée lorsqu'il s'agit du protoplasma
des animaux. Chez les végétaux, la cellule adulte est généralement
pourvue d'une membrane enveloppante (fig. 1).

Membrane cellulaire. — Composition. — La membrane cellulaire est composée de *cellulose*. La cellulose est une substance organique ternaire dont la formule générale est $(C^6H^{10}O^5)^n$. C'est donc un hydrate de carbone au même titre que l'amidon, les dextrines et les sucres. Ses propriétés essentielles sont les suivantes :

C'est un corps incolore, lorsqu'il est pur, insoluble dans l'eau, l'alcool, l'éther, les huiles fixes et volatiles, etc.

Il est dissous par l'oxyde de cuivre ammoniacal.

Il n'est pas coloré par l'iode en solution ; mais il prend une teinte bleue intense lorsqu'on le traite successivement par l'acide sulfurique concentré et l'iode ; la même réaction se manifeste directement sous l'influence du chloro-iodure de zinc.

Il existe plusieurs variétés de cellulose, que l'on représente par la formule $C^6H^{10}O^5$ plus ou moins condensée. La variété la moins condensée s'exprime par $(C^6H^{10}O^5)^{12}$; c'est celle qui réalise le mieux les caractères que nous venons d'indiquer.

Cette *cellulose proprement dite* s'offre elle-même sous deux formes : l'une est attaquée par un microorganisme, dont nous aurons à parler sous le nom de *Bacillus amylobacter*, qui la décompose en hydrogène, acide carbonique et acide butyrique ; l'autre, qui résiste à cet agent destructif, forme les fibres corticales d'un grand nombre de plantes textiles. C'est sur cette propriété qu'est basée l'opération dite du *rouissage.*

Accroissement. — Comme toutes les substances organiques qui ne naissent pas par l'action directe de la chlorophylle, la cellulose qui forme la membrane est due à l'activité du protoplasma.

La membrane est d'abord constituée par une mince enveloppe qui s'épaissit ensuite généralement, par apposition de couches nouvelles, soit à l'intérieur, soit à l'extérieur, soit sur ses deux faces à la fois, suivant que le protoplasma qui sécrète la cellulose est en contact seulement avec l'une des deux faces de la membrane, ou qu'il la touche en dedans et en dehors.

Dès qu'une couche cellulosique s'est formée, elle se dédouble en une lamelle moyenne hydratée, comprise entre deux lamelles plus riches en eau et moins réfringentes. La membrane épaissie de la cellule se montre ainsi constituée par une série de couches concentriques, alternativement plus et moins réfringentes. Ces zones sont en outre coupées, perpendiculairement à leur direction, par de nombreuses stries qui, se croisant en divers sens, divisent chacune de ces zones en une infinité de petits prismes accolés, placés perpendiculairement à leur surface. La structure de la membrane cellulaire a de grands rapports avec celle du grain d'amidon.

Modes d'épaississement, sculpture. — L'épaississement de la paroi cellulaire se produit, le plus souvent, à l'intérieur, et suivant la manière dont il s'effectue, la cellule prend différents aspects (1).

A. Si l'ensemble de la paroi s'épaissit plus ou moins, sauf en certains points où elle demeure mince et translucide, suivant la forme et l'étendue de ces points, la cellule est appelée *ponctuée*, *rayée*, *réticulée*, etc. Ces cellules sont dites *sculptées en creux*.

A ce groupe, se rattachent les cellules *scléreuses* ou *pierreuses*, remarquables par l'épaisseur de leur membrane, leur dureté parfois très grande, et leur cavité centrale réduite, se prolongeant ordinairement par des fissures irrégulières à travers les couches cellulosiques de la paroi.

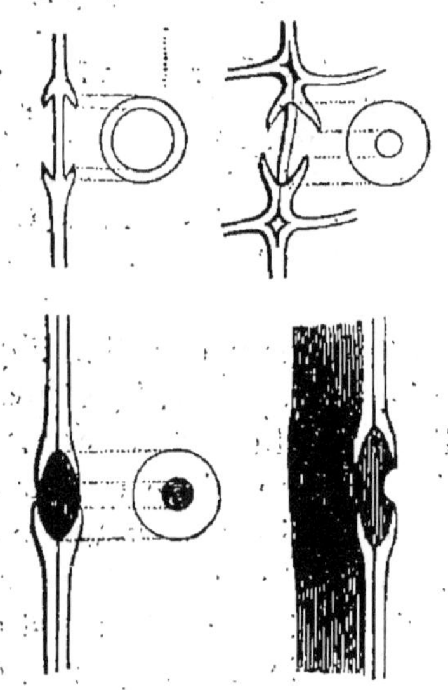

Fig. 2. — Formation d'une ponctuation aréolée.

Lorsque deux ou plusieurs éléments sont en contact, les régions demeurées minces dans les deux parois adjacentes se correspondent toujours.

Cette correspondance des ponctuations est particulièrement remarquable dans ces éléments, si caractéristiques dans le bois des Pins, Sapins, Mélèzes, etc., et que l'on désigne sous les noms de *trachéides* ou de fibres *aréolées* (fig. 2).

Les *aréoles* sont des ponctuations à double contour. Elles résultent de la formation, de part et d'autre de la paroi commune à deux cellules, de deux bourrelets saillants dans chacune des deux cavités, entre lesquels demeure, tendue comme un diaphragme, la portion non épaissie de la membrane. Les bords libres des deux bourrelets se rapprochant jusqu'à former un orifice plus ou moins étroit, leur ensemble limite une sorte de vide lenticulaire ouvert dans chacune des cavités cellulaires, mais interrompu, dans sa partie moyenne, par la cloison commune. Celle-ci devient plus tard indistincte, soit qu'elle se résorbe, soit qu'elle vienne s'appliquer contre l'un des deux orifices. Il est aisé de comprendre comment le contour externe de l'aréole indique la limite externe de l'épais-

(1) Pour tout ce qui a trait à la sculpture des cellules, voir plus loin les figures relatives aux vaisseaux, p. 36.

sissement, tandis que l'interne est formé par la boutonnière qui donne accès dans le vide lenticulaire dont nous avons parlé. Cette boutonnière peut être, d'ailleurs, arrondie, elliptique, transversale ou oblique, etc.

B. Lorsque la membrane, demeurée mince dans son ensemble, ne montre que des épaississements localisés, on la dit *sculptée en relief*. Suivant l'aspect de ces épaississements, les cellules sont appelées *rayées*, *réticulées* en relief, etc. Certaines formes méritent une mention spéciale.

Si, sur les faces d'une cellule devenue prismatique par la pression des cellules voisines, les épaississements affectent la forme de bandes transversales parallèles, cette cellule est dite *scalariforme*.

La cellule est appelée *spiralée*, lorsque l'épaississement s'effectue, en dedans de la membrane, suivant une ligne spiralée. Cette bande d'épaississement ou *spiricule* est déroulable si elle est continue à elle-même. Elle peut être interrompue par des épaississements annulaires; la cellule est dite alors *spiro-annelée*, et la spiricule n'est plus déroulable.

MODIFICATIONS DE LA MEMBRANE. — Suivant les circonstances et les besoins de la plante, la membrane cellulaire subit des modifications plus ou moins profondes, dont voici les principales :

Cutinisation. — Cette modification est une des plus fréquentes. Elle consiste dans le changement de la cellulose en *cutine* ou *subérine*, substance moins riche qu'elle en oxygène, imperméable à l'air et à l'eau, inattaquable par l'*Amylobacter*. Les oxydants énergiques la transforment en *acide subérique*. Elle jaunit, mais ne bleuit plus par le chloro-iodure de zinc.

La *cutine* ou *subérine* revêt, sous forme de *cuticule*, les épidermes des organes aériens des plantes; elle forme la paroi des cellules du liège. On la retrouve même dans la profondeur des tissus, là où son rôle protecteur doit s'exercer (dans l'*endoderme*, par exemple, comme on le verra plus loin).

Gélification. — La *gélification* consiste dans le changement de la cellulose en une substance d'aspect corné, susceptible de se gonfler fortement en absorbant de l'eau, et de former ainsi une gelée. Cette matière nouvelle ne se colore, ni par l'iode, ni par le chloro-iodure de zinc.

Les cellules superficielles des semences de Coing, de *Psyllium*, de Lin, et surtout les cellules d'un grand nombre d'Algues, subissent cette modification à un haut degré.

Lignification. — La *lignification* consiste, bien moins en une transformation chimique, qu'en une incrustation de la paroi cellulaire par une matière organique, la *lignine*, qui lui communique une dureté considérable. Ainsi incrustée, la membrane résiste à l'Amylobacter ; elle se dissout dans un mélange de chlorate de potasse et d'acide nitrique.

Minéralisation. — Pas plus que la *lignification*, la minéralisation ne réalise une métamorphose de la membrane cellulaire. Elle consiste simplement dans l'imprégnation de cette dernière par des composés minéraux, tels que le carbonate de chaux et la silice (voir plus loin, p. 21).

Protoplasma. — Le protoplasma se compose de carbone, d'hydrogène, d'oxygène et d'azote. Il fait partie de cette catégorie de corps organiques que l'on réunit sous le nom de *corps albuminoïdes* ou *protéiques ;* mais sa constitution n'est pas nettement définie. Sa densité varie : demi-liquide dans certaines cellules, ce corps peut affecter ailleurs une consistance pâteuse.

Ses propriétés physico-chimiques générales sont celles de tous les composés albuminoïdes :

Il se contracte sous l'influence des réactifs déshydratants, tels que l'alcool ou la glycérine. Il est tué si ces réactifs agissent sur le protoplasma d'une cellule vivante, à moins qu'ils ne soient très dilués. L'alcool absolu le foudroie, en quelque sorte, sans lui donner le temps de changer de forme et de se contracter, d'où l'utilité de ce réactif dans certaines recherches.

L'iode le colore en jaune d'une manière plus ou moins intense.

Dans quelques cas, l'enveloppe cellulaire peut manquer. En effet, certains organismes très inférieurs, les Amibes, par exemple, parmi les animaux, et parmi les végétaux, les Champignons myxomycètes, et les éléments fécondateurs des plantes que nous aurons à décrire sous le nom de *Cryptogames*, ne sont autre chose que des cellules nues.

Noyau ; nucléoles. — Presque toujours, au sein du protoplasma, se montre un corpuscule de forme arrondie, de même nature que lui, dont il se distingue par sa plus grande densité, sa réfringence plus intense, et, parmi beaucoup d'autres propriétés intéressantes, par la faculté qu'il possède de fixer fortement certaines matières colorantes, l'*hématoxiline* (1), par exemple. Ce corpuscule est le *noyau* (fig. 3, N) dont l'importance est telle, dans la vie de la cellule, que sa présence est considérée comme constante et absolument nécessaire (2).

Le plus souvent, au milieu du noyau, se montrent un, beaucoup plus rarement deux ou plusieurs petites masses plus denses et plus réfrin-

(1) Principe colorant du bois de Campêche.

(2) Le protoplasma paraît quelquefois manquer de noyau. Mais tout porte à croire que, dans ce cas, la substance de ce dernier y existe à l'état de diffusion.

gentes encore; ce sont le ou les *nucléoles*, dont l'importance physiologique et l'histoire sont beaucoup moins bien connues (1).

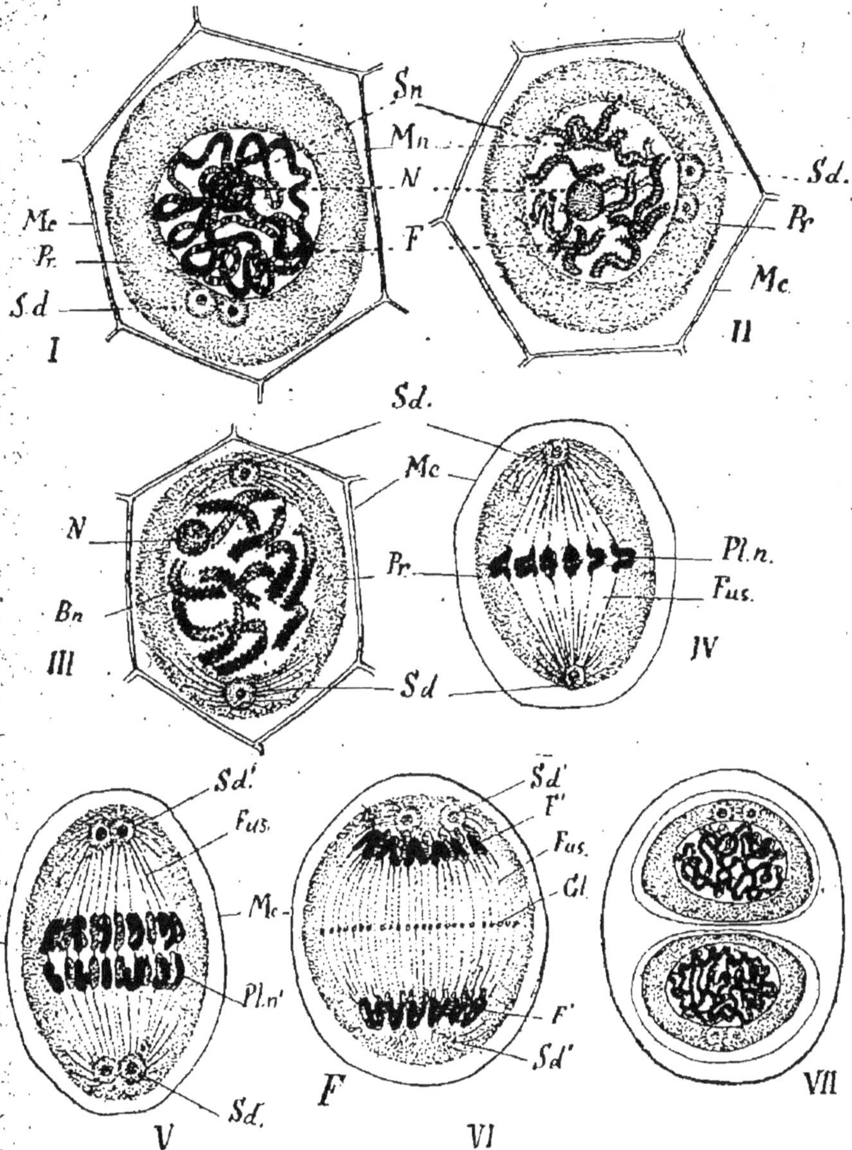

Fig. 3. — Figures en partie théoriques, montrant le noyau au repos et les principales phases de sa division (d'après les données de M. Guignard). — I, noyau au repos; II, III, IV, V, VI, VII, phases de la karyokinèse. — Mc, membrane cellulaire; Pr, protoplasma; Sd, sphères directrices; Mn, membrane nucléaire; Sn, suc nucléaire; F, filament chromatique; N, nucléoles; Bn, bâtonnets chromatiques; Fus, fuseau; Pln, plaque nucléaire; F', filaments des noyaux filles; Sd', sphères directrices divisées; Cl, plaque cellulaire (Courchet).

(1) D'innombrables travaux ont été faits sur le noyau cellulaire; nous citerons surtout

Structure et composition. — En apparence homogène, lorsqu'on l'observe à un grossissement faible, le noyau possède, en réalité, une structure et une composition assez complexes.

On y distingue les parties suivantes (fig. 3) :

1º Une membrane nucléaire (Mn), qui le limite extérieurement;

2º Le suc *nucléaire* (Sn), substance hyaline, très hydratée, dans laquelle baignent le filament et le nucléole;

3º Le *filament nucléaire*, plusieurs fois replié sur lui-même, et dont les lacets sont irrégulièrement anastomosés en réseau (F);

4º Au milieu du réseau formé par les filaments, le *nucléole* (N) contenant ou non un ou plusieurs *nucléolules*.

Le filament nucléaire est lui-même formé : d'une substance fondamentale, l'*hyaloplasma*, englobant de fines granulations disposées en série linéaire, les *microsomes* (I, voyez F).

Au point de vue chimique, il y a lieu de distinguer les substances suivantes, toutes, d'ailleurs, de nature protéique :

1º La *chromatine*. Elle forme les microsomes, et se caractérise par la propriété qu'elle possède de fixer énergiquement certains pigments (fuchsine, carmin, vert de méthyle, bleu d'aniline, hématoxyline, etc.). Colorés par ces substances, les microsomes tranchent vivement sur l'hyaloplasma qui les englobe, et qui se colore à peine ou point du tout. La chromatine se dissout dans une solution à 20 p. 100 de sel marin, dans le sulfate de magnésie, le sulfate de cuivre, le phosphate de potasse.

2º La *linine*, qui constitue la substance fondamentale du filament ou hyaloplasma. Elle ne fixe pas les matières colorantes; en outre, elle se gonfle dans une solution à 20 p. 100 de sel marin, et résiste au sulfate de magnésie, au sulfate de cuivre, au phosphate de potasse.

3º La *paralinine*, qui, mêlée à une forte proportion d'eau, constitue le suc nucléaire. Comme la *linine*, elle ne fixe pas les matières colorantes; mais elle s'en distingue par sa solubilité dans le sulfate de magnésie et le phosphate de potasse.

4º La *pyrénine*, dont le nucléole et les nucléolules sont formés. Elle fixe, comme la chromatine, les matières colorantes; elle s'en distingue en ce qu'elle ne se dissout pas, comme elle, dans une solution à 20 p. 100 de sel marin, dans le sulfate de magnésie, le sulfate de cuivre, le phosphate de potasse.

5º L'*amphipyrénine*, qui constitue la *membrane nucléaire;* elle est très voisine de la *pyrénine* par ses réactions, mais elle ne fixe pas comme elle les matières colorantes.

Tout contre le noyau, mais en dehors de ce dernier, se montrent deux petites sphères, presque toujours accolées (I, Sd), limitées par un contour granuleux. Leur centre est occupé par un corpuscule ou *centrosome*, entouré d'une aréole claire. Ces sphères avaient été observées depuis longtemps déjà dans les tissus animaux, au moment de la division cellulaire (*sphères attractives*); mais leur origine, leur présence dans le règne végétal, et l'importance de leur fonction, avaient été mal connues jusqu'à ces derniers temps. M. Guignard a démontré leur présence cons-

les belles recherches de M. le professeur Léon Guignard, recherches dont les résultats se trouvent exposés avec beaucoup de clarté dans un grand nombre de mémoires.

tante chez les végétaux, même alors que la cellule est au repos, et le rôle qui leur est dévolu dans la division de cette dernière, rôle à raison duquel cet observateur leur a donné le nom de *sphères directrices*.

LEUCITES. — On rencontre enfin le plus souvent, au sein du protoplasma, d'autres corpuscules formés également par de la matière protéique condensée et réfringente, mais qui ne montrent pas la structure caractéristique du noyau; ce sont les *leucites* (fig. 1). Ils sont le siège de phénomènes chimiques importants qu'y subissent certains principes organiques (le changement de substances ternaires en solution, par exemple, en amidon), d'où le nom de *leucites actifs* qu'on leur donne, pour les distinguer d'autres corps protéiques, que nous verrons plus loin n'être autre chose qu'une réserve nutritive. On désigne sous le nom d'*hydroleucites*, des leucites creusés d'une cavité remplie de liquide, et dans lesquels se forment de l'albumine, des grains protéiques solides, de l'acide oxalique, des matières colorantes, etc.

SUC CELLULAIRE. — Dans la cellule jeune, le protoplasma remplit complètement l'enveloppe, mais il se déshydrate en vieillissant, et l'eau qui en exsude vient remplir les vacuoles de plus en plus grandes dont se creuse sa masse. Ce liquide porte le nom de *suc cellulaire* (fig. 1). Il arrive un moment où la masse protoplasmique périphérique n'est plus reliée à celle qui demeure encore au centre de la cavité, enveloppant le noyau, que par des lames de plus en plus minces; enfin, toute la substance protéique se retire contre la paroi cellulaire, où le noyau se trouve lui-même entraîné, tandis que le suc cellulaire occupe la grande lacune centrale.

Division de la cellule. — Comme tout être vivant, la cellule provient toujours d'une cellule préexistante. La cellule est donc douée de la faculté de se multiplier.

Le mode de multiplication de beaucoup le plus fréquent, on peut même dire le seul qui soit absolument démontré, consiste dans la division de la cellule en deux, ou simultanément, en plusieurs éléments nouveaux. Dans ce phénomène, un rôle de la dernière importance est dévolu au noyau, dont l'activité se révèle, et dont la division a même lieu fréquemment, avant qu'aucune modification apparente n'ait affecté le protoplasma ambiant. Le noyau devient alors le siège de phénomènes intéressants, que nous décrirons plus loin sous le nom de *karyokinèse*.

La division de la cellule consiste, le plus souvent, en bipartitions successives, le nombre des éléments nouveaux étant alors de 2 d'abord, puis de 4, 16, 32, 64, etc., lorsque ce mode de multiplication suit une marche régulière.

Si le noyau cellulaire commence par se diviser plusieurs fois au sein du protoplasma avant que ce dernier ne se condense autour des noyaux de nouvelle formation, et que les cloisons cellulosiques apparaissent ensuite toutes à la fois, la division est dite *simultanée* (1).

(1) La dénomination de *formation cellulaire libre*, appliquée à ce phénomène, est inexacte ou, tout au moins, susceptible d'amener une confusion. On s'en est, en effet, servi pour désigner l'apparition, au sein du protoplasma cellulaire, de nouveaux noyaux qui

Il est enfin des cas où la division du noyau primitif en plusieurs autres n'est pas suivie de celle du protoplasma ; la cellule demeure alors polynucléée.

La division d'une cellule est *totale*, lorsque le protoplasma est tout entier employé dans la formation des éléments nouveaux ; elle est *partielle* dans le cas contraire.

Si, dans la division de la cellule, les deux éléments nouveaux sont d'un volume très inégal, de telle sorte que l'un d'eux se montre comme un simple bourgeon de l'autre, on dit que la cellule se multiplie par *bourgeonnement*. Ce n'est, en réalité, qu'une forme de la division ordinaire.

Chez certaines Cryptogames, on voit le contenu de quelques cellules sortir tout entier de leur enveloppe pour sécréter ensuite une membrane nouvelle. Ce phénomène est désigné sous le nom de *rajeunissement* (*Verjüngung*), ou *rénovation*. La rénovation peut être totale ou partielle, suivant que tout le protoplasma, ou une partie seulement, sort de l'ancienne cellule.

(Un phénomène inverse à celui de la division consiste dans le *fusionnement* de deux ou de plusieurs masses cellulaires qui se confondent, protoplasma à protoplasma, noyau à noyau. Ce fusionnement, au mieux cette *conjugaison*, se montre à nous comme un premier acheminement vers ces phénomènes bien autrement complexes, qui caractérisent la fécondation chez les organismes perfectionnés.)

Division du noyau (karyokinèse). — Lorsqu'une cellule va se diviser, les deux sphères directrices s'écartent l'une de l'autre (fig. 3, II et III), et vont se placer en deux points opposés du noyau, aux deux extrémités d'un axe perpendiculaire au plan suivant lequel la division va s'effectuer. Puis, autour de chacune des deux sphères, se forment, dans le protoplasma de la cellule, des filaments très fins, dont les plus internes tendent à venir, des deux pôles, se rencontrer dans le plan équatorial (III). C'est donc, en réalité, dans le protoplasma que se montrent les premiers phénomènes de la division cellulaire.

Pendant ce temps, la membrane nucléaire et le nucléole, s'il en existait un, se résorbent, et le protoplasma de la cellule paraît se mêler librement au suc nucléaire. Il ne reste plus alors du noyau que le filament, dont les lacets deviennent plus lâches ; il s'épaissit en même temps, puis se rompt (II et III) en un nombre déterminé de bâtonnets, droits ou plus ou moins recourbés. Les microsomes qui, avant la segmentation du filament, s'étaient fusionnés entre eux, réapparaissent dans les bâtonnets, mais disposés en deux séries parallèles, comme si les microsomes primitifs s'étaient dédoublés.

Les filaments protoplasmiques qui rayonnent des deux pôles se sont alors réunis de manière à former un fuseau (IV, *Fus*) dans la partie renflée duquel viennent se rendre les bâtonnets ; ceux-ci se placent dans le plan équatorial, dans une situation rayonnante autour du centre de ce plan. Ainsi se trouve constituée la *plaque nucléaire* (IV, *Pla*).

deviendraient le centre de tout autant d'éléments de formation nouvelle. Ce mode de production des cellules par voie libre est loin d'être généralement admis.

Dans une phase ultérieure, chacun des bâtonnets subit une scission longitudinale, et la plaque nucléaire se trouve ainsi dédoublée (IV et V, P*la*). Dans chaque moitié de la plaque et de part et d'autre du plan équatorial, les nouveaux bâtonnets se déplacent, en glissant chacun le long d'un des filaments du fuseau, et se portent vers l'une et l'autre sphères directrices qui, à leur tour, se divisent transversalement chacune en deux autres (V).

Ainsi se trouve constitué, à chaque extrémité du fuseau, un groupe composé de deux nouvelles sphères directrices (VI, S*d'*), et d'un nombre de bâtonnets (F') égal à celui des bâtonnets de la plaque nucléaire non dédoublée. Ces éléments se juxtaposent, puis se soudent entre eux du côté des sphères directrices d'abord, ensuite par l'autre extrémité, et constituent ainsi un nouveau filament nucléaire qui prend bientôt tous les caractères du filament primordial. Enfin, un nucléole se différencie au milieu des lacets du filament nouveau, une membrane nucléaire nouvelle se forme tout autour, et deux noyaux filles se trouvent constitués, accompagnés chacun par deux sphères directrices (VII).

Mais le plus souvent les filaments, au lieu de disparaître, augmentent en nombre, et chacun d'eux se renfle en une sorte de granulation, dans sa région moyenne correspondant au plan équatorial (VI, C*l*). Ces granulations se fusionnent entre elles plus tard en une *plaque cellulaire* qui prend peu à peu tous les caractères de la cellulose. La cloison se trouve ainsi formée.

FRAGMENTATION DU NOYAU. — Le noyau se divise, dans certains cas (cellules âgées du parenchyme des *Tradescantia*, des *Allium*, des *Orchis*, etc.), par un simple étranglement progressif et sans présenter les phénomènes de la karyokinèse. Ce mode de division, distingué du premier sous le nom de *fragmentation*, n'est jamais suivi de la division de la cellule.

CHAPITRE IV

LE CONTENU DE LA CELLULE

Le protoplasma, le noyau, les nucléoles et les leucites parmi les matières protéiques, la membrane cellulosique parmi les composés ternaires, peuvent être considérés comme faisant essentiellement partie de la cellule. Cette dernière renferme encore, le plus souvent, d'autres substances différentes, non seulement d'une plante à l'autre, mais encore dans des cellules diverses d'un même végétal. Ces composés, qui représentent, les uns des produits de désassimilation, les autres des substances que la plante devra utiliser en temps et lieu, sont de nature organique ou de nature minérale.

Parmi les premières se trouvent des composés quaternaires et des composés ternaires.

Composés quaternaires. — Nous avons étudié déjà la matière protéique vivante dans la cellule (protoplasma, noyau, nucléoles, leucites actifs); il est également, dans l'intérieur des cellules, des matières protéiques inactives, jouant le rôle de réserves albumidoïdes.

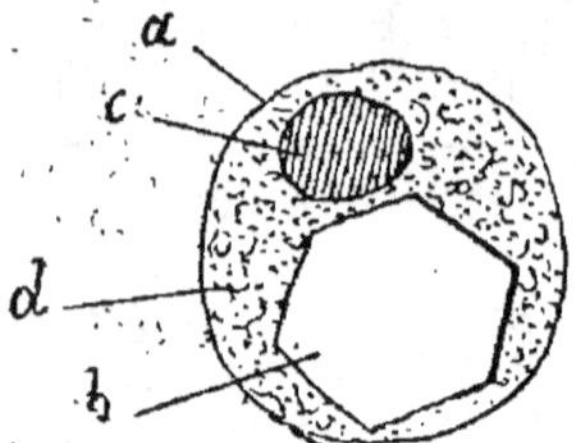
Fig. 4. — Grain d'aleurone de Ricin (Hérail). — *a*, membrane; *b*, cristalloïde protéique; *c*, globoïde; *d*, substance fondamentale.

Aléurone. — C'est en premier lieu l'*aléurone*, qui accompagne le plus souvent les corps gras dans les graines oléagineuses, et qui se présente sous forme de grains arrondis (fig. 4), sans organisation apparente, blancs, insolubles ou peu solubles dans l'eau, tout à fait insolubles dans les huiles fixes, le sulfure de carbone, les huiles volatiles. Les grains d'aleurone renferment souvent des *enclaves*, c'est-à-dire des corps inclus dans leur masse. Ces enclaves sont parfois des *cristalloïdes*, c'est-à-dire de petites masses d'une substance analogue à celle de l'aleurone elle-même, mais formées de tout petits cristaux disposés en couches concentriques; ce sont d'autres fois des *globoïdes*, masses arrondies, essentiellement formées par du glycérophosphate ou du saccharophosphate de chaux.

Les grains d'aleurone se forment au sein du protoplasma, dans des hydroleucites qui disparaissent ensuite.

Autres composés quaternaires. — Parmi les autres principes quaternaires dus à l'activité du protoplasma, nous signalerons encore :

Des *ferments solubles*, tels que l'*amylase* qui dédouble l'amidon et le transforme, en dernière analyse, en sucre ; l'*invertine* qui dédouble le sucre de canne en un mélange de glucose et de lévulose, pouvant subir directement la fermentation alcoolique; l'*émulsine* dans les amandes amères, la *myrosine* dans les semences de Moutarde noire, etc.

Des *peptones*, qui résultent, comme chez les organismes animaux, de la transformation, sous l'influence des ferments, des matières albuminoïdes en des corps azotés nouveaux directement assimilables;

L'*asparagine* et ses dérivés ;

Enfin les *alcaloïdes végétaux*, dont quelques-uns, manquent d'oxygène, et sont, par conséquent, des principes ternaires azotés.

Composés ternaires. — Hydrates de carbone. — Parmi les composés organiques ternaires, nous avons étudié déjà la *cellulose.* Elle fait partie de cette série de corps, dans la molécule desquels l'hydrogène et l'oxygène sont, relativement l'un à l'autre, dans les mêmes proportions que dans une molécule d'eau, et que l'on désigne pour cela, sous le nom d'*hydrates de carbone.*

Amidon. — Parmi les autres hydrates de carbone que peut renfermer la cellule, l'*amidon* se montre à nous comme l'un des plus importants, en tant qu'aliment de réserve. Bien que répandu dans presque tous les végétaux et dans toutes les parties de la plante, l'amidon s'accumule de préférence dans certains organes, plus spécialement destinés à l'emmagasiner (graines, racines ou tiges renflées en tubercules, etc.).

Très rarement l'amidon est gélatineux et amorphe à l'état naturel (1). Il se présente généralement sous la forme de grains à contours arrondis (fig. 5), dont la masse se montre presque toujours nettement formée de zones concentriques alternativement plus claires et plus sombres, les premières correspondant à un degré plus considérable de réfringence et moindre d'hydratation. Ces zones sont rarement développées sur tout leur pourtour d'une manière égale ; souvent même plusieurs d'entre elles sont incomplètes. Il en résulte que leur centre commun est loin de correspondre toujours au centre même du grain d'amidon. C'est à ce centre commun toutefois que correspond le *hile*, sorte de ponctuation centrale de teinte sombre, qui représente la région la moins réfringente et la plus hydratée du grain. Sous l'influence de la déperdition d'eau, le hile peut se transformer en une petite cavité centrale qui se prolonge souvent, à travers la masse même du grain, en fissures irrégulières.

Fig. 5. — Un grain d'amidon de Pomme de terre. — *h*, point central ou *noyau*, souvent appelé *hile*; *a*, *b*, les deux extrémités du grain, dont la dernière est fortement excentrique.

Les propriétés optiques du grain d'amidon permettent de le considérer comme étant formé par des milliers de cristalloïdes placés, dans chaque zone, perpendiculairement à la surface de cette dernière, et séparés de leurs congénères par une lamelle d'eau plus ou moins épaisse, suivant le degré d'hydratation. De pareils amas de cristalloïdes portent le nom de *sphéro-cristaux*.

Les dimensions et la forme des grains d'amidon sont beaucoup trop variables pour pouvoir être énumérées ici. Il nous suffira d'ajouter que les zones concentriques et le hile ne sont pas toujours visibles, chez l'amidon du Blé, par exemple (2).

Nous renvoyons, soit aux traités plus étendus de botanique, soit aux ouvrages de chimie organique, pour la connaissance complète des propriétés physico-chimiques de l'amidon. Nous rappellerons seulement que ce corps est insoluble, non seulement dans l'eau, mais encore dans tous les liquides qui n'en attaquent pas la composition, et que, sous diverses influences telles que celle de la chaleur, l'action des acides ou des bases, celle de la diastase, etc., il subit une série de dédoublements, accompagnés chaque fois de la fixation d'une nouvelle quantité d'eau. Il se transforme en *glucose*, en passant par des stades intermédiaires d'*amidon soluble*, d'*amylo-dextrine* et de *dextrines* diverses. C'est en subissant des métamorphoses semblables sous l'action des diastases que la fécule, devenue soluble, peut être reprise dans les organes qui la tiennent en réserve, pour être transportée par les sucs de la plante jusqu'au lieu où elle doit être utilisée.

Le caractère chimique distinctif de l'amidon consiste dans la faculté

(1) C'est sous cette forme qu'on le rencontre, par exemple, chez le *Bacillus amylobacter*, dont nous avons énoncé déjà le nom, à propos de son action par une certaine variété de cellulose.

(2) L'examen dans la lumière polarisée permet cependant encore, dans ce dernier cas, de déterminer la place théorique du hile; elle se trouve toujours au point d'entre-croisement des deux branches de la croix noire qui coupe alors la masse du grain.

qu'il possède de *bleuir fortement et directement par les solutions iodées.*

Paramylon. — Le *paramylon*, que l'on trouve chez certains organismes inférieurs, est très voisin de l'amidon, dont il se distingue, en particulier, en ce qu'il ne bleuit pas par l'iode.

Inuline, gommes, mucilages, etc. — L'*inuline*, qui remplace physiologiquement l'amidon chez certaines plantes (chez le Dahlia, le Topinambour, par exemple), et qui se rencontre également chez plusieurs végétaux inférieurs, s'en distingue par sa solubilité dans l'eau, et ne se colore pas par les solutions iodées. Elle existe en solution dans le suc cellulaire, mais toute cause déshydratante (action de l'alcool, dessiccation, gelée, etc.), détermine sa précipitation sous forme de *sphéro-cristaux* (fig. 6). Par ébullition avec un acide minéral étendu, elle se change en un sucre directement fermentescible, mais non cristallisable, la *lévulose.*

Les *gommes*, les *mucilages*, les *matières pectiques* sont également très voisines des substances précédentes.

SUCRES. — Les *sucres* sont des hydrates de carbone également très répandus chez les végétaux. On les divise en deux grands groupes :

1º Ceux qui répondent à la formule $C^6H^{12}O^6$, et qui se dédoublent directement en alcool et acide carbonique par fermentation. Ce sont les *glucoses*, dont le sucre de raisin nous offre le type. On peut en rapprocher certains autres principes ternaires, tels que la *sorbine*, l'*inosite*, etc.;

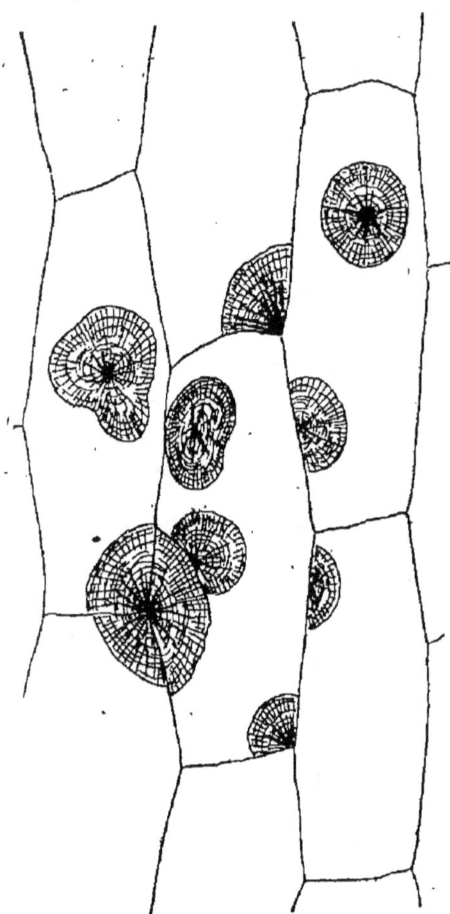

Fig. 6. — Sphéro-cristaux d'inuline du tubercule de Dahlia (d'après Hérail).

2º Ceux qui répondent à la formule $C^{12}H^{22}O^{11}$, et qui ne peuvent subir la fermentation alcoolique qu'après s'être dédoublés, en fixant de l'eau, en deux sucres du premier groupe, le *glucose* et le *lévulose*, dont le mélange porte le nom de *sucre interverti*. Ce sont les *saccharoses*, dont le sucre de Canne offre le type. Le *maltose*, le *mélitoze* des *Eucalyptus*, le *tréhalose* se rattachent au même groupe.

AUTRES COMPOSÉS TERNAIRES. — *Mannite.* — La *mannite* ($C^6H^{14}O^6$), malgré sa ressemblance avec les sucres, n'est pas un hydrate de carbone, et ne peut subir la fermentation alcoolique.

Glucosides. — Parmi les composés ternaires, nous devons signaler encore les *glucosides* (*salicine, esculine, amygdaline,* etc.) dont on ne saurait logiquement séparer les *tannins,* et les acides organiques naturels (*acides tartrique, citrique, oxalique, cinnamique,* etc.).

Corps gras. — Les *corps gras* constituent, parmi les composés ternaires, un groupe des plus importants à tous égards. Ce sont, comme on le sait, des combinaisons de trois molécules d'acides gras avec le radical triatomique glycéryle, et tous jouissent de la propriété de pouvoir se saponifier par les bases. La *tristéarine,* la *trioléine,* la *tripalmitine* sont les corps gras les plus répandus.

Les corps gras se trouvent dans les organes les plus divers, où ils jouent assez souvent le rôle de réserves. Il en est toujours ainsi lorsqu'ils se forment dans les graines, où leur présence exclut généralement celle de l'amidon qu'ils remplacent.

Essences. — Viennent ensuite les *essences* ou *huiles volatiles,* dont la composition élémentaire, la fonction chimique, les propriétés sont extrêmement variables. Certaines d'entre elles ne sont même composées que d'hydrogène et de carbone. Bien que formant ainsi un groupe fort peu naturel, les essences ont pour caractères généraux *d'être volatiles sans décomposition à des températures plus ou moins élevées,* d'être insolubles ou peu solubles dans l'eau, solubles à des degrés très divers dans l'alcool, l'éther, le sulfure de carbone, etc.; enfin, de *ne pouvoir se saponifier comme les corps gras.*

Résines. — Avec les essences se trouvent fréquemment associées les *résines,* composés ternaires non susceptibles de se saponifier, comme les essences, et très combustibles, fusibles à des températures plus ou moins élevées, mais *non volatiles sans décomposition.* Elles se trouvent souvent aussi en suspension à l'état de fines particules dans certains sucs mucilagineux; ces sucs desséchés constituent alors des *gommes-résines.*

Caoutchouc, etc. — C'est encore à l'état de suspension dans des sucs latescents que se présente, à l'état naturel, le *caoutchouc,* dont il faut rapprocher la *gutta-percha.*

Cires. — Les *cires,* qui exsudent à la surface des tiges et des feuilles de certaines plantes, sont également des corps ternaires voisins des corps gras, fusibles et combustibles, fixes et insolubles dans l'eau; quelques-uns se dédoublent, dans les conditions où se saponifient les corps gras, en mettant en liberté des acides spéciaux.

SUBSTANCES MINÉRALES. — Les composés minéraux qui se rencontrent chez les végétaux sont nombreux; on les y retrouve, soit dans l'état même où ils ont été puisés dans le sol, soit dans des combinaisons nouvelles. Nous ne mentionnerons que ceux qui se montrent, dans les tissus, sous forme solide.

Ils se rencontrent, d'ailleurs, soit dans la cellule elle-même, soit dans son enveloppe, soit, enfin, à la surface de cette dernière.

Les sels qui cristallisent à l'intérieur de la cellule sont à peu près toujours l'*oxalate* ou le *carbonate de chaux,* plus rarement le *sulfate de chaux.*

Oxalate de chaux. — L'*oxalate de chaux* cristallise, dans la cellule végétale, suivant deux types :

Avec six molécules d'eau et dans le système du prisme droit à base carrée, dans des hydroleucites riches en eau ;

Avec deux molécules d'eau et dans le système du prisme rhomboïdal oblique, lorsque les cristaux se forment dans un suc moins aqueux et plus riche en mucilage.

Dans l'un et l'autre cas, les cristaux peuvent se montrer isolés ou groupés.

Les cristaux isolés du premier système affectent ordinairement la forme de petits octaèdres, d'un aspect caractéristique ; les macles qu'ils constituent en se groupant figurent des étoiles à rayons souvent très nombreux et terminés en pointe (fig. 7). Ces macles cristallines sont souvent assez nombreuses et assez grosses pour communiquer au tissu qui les renferme la propriété de croquer sous la dent (comme la racine de Rhubarbe de Chine, par exemple). On peut aussi les rencontrer associés en sphéro-cristaux (comme dans la feuille d'Arghel) (1).

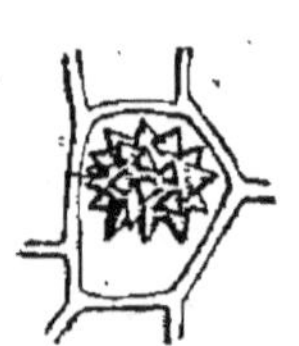

Fig. 7. — Une cellule prise chez l'*Aristolochia Sipho*, qui renferme une masse *cr* composée de cristaux réunis, ne montrant qu'une de leurs extrémités.

Les cristaux du second système se montrent parfois isolés dans des cellules soit éparses, soit disposées en séries. Ils s'associent très fréquemment encore en faisceaux d'aiguilles longues et déliées (fig. 8), que l'on connaît sous le nom de *raphides* (racine de Salsepareille, bulbe d'Oignon, squames de Scille, etc.).

Nous n'insisterons pas sur les cas, beaucoup plus rares d'ailleurs, où ce sel se montre dans l'intérieur même de la paroi cellulaire, soit à l'état amorphe (Cyprès, Genévrier, If, etc.), soit à l'état cristallin (certains Champignons, les Lichens, etc.).

Dans tous les cas, l'oxalate de chaux se caractérise par son *insolubilité dans les acides organiques*, tels que l'acide acétique, et *sa solubilité sans effervescence dans les acides minéraux.*

Carbonate de chaux. Cystolithes. — La forme la plus ordinaire sous laquelle se présente le *carbonate de chaux* chez les plantes, est celle de *cystolithe* (feuilles des Urticinées et particulièrement des Figuiers, *Jussiæa*, etc.).

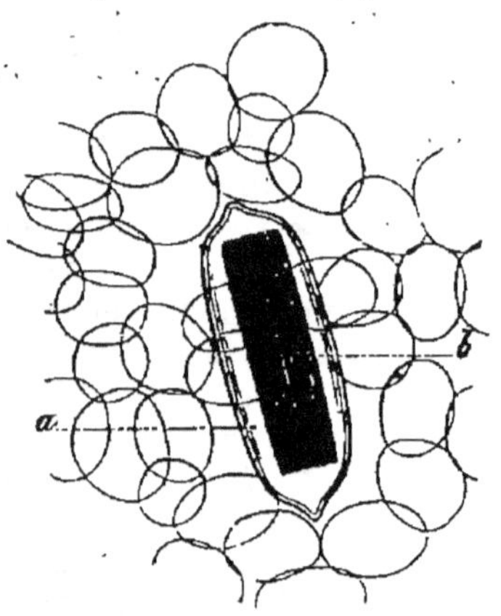

Fig. 8. — Cellules à cristaux du *Colosia Antiquorum.* — Une cellule *a*, beaucoup plus grande que toutes celles qui l'entourent, renferme un grand faisceau *b*, de cristaux en aiguilles d'oxalate de chaux (*raphides*). Ici les extrémités de la cellule *a* offrent chacune un mamelon très prononcé.

Les *cystolithes* (fig. 9) sont de véritables excroissances de la paroi cel-

<hr>

(1) La feuille du *Cynanchum Arghel* se montre fréquemment mêlée aux folioles du Séné d'Égypte.

lulosique, dans lesquelles le sel calcaire se dépose en nombreux cristaux aiguillés ; ces derniers forment donc une sorte de macle. La double nature des cystolithes est facile à mettre en évidence : l'action d'un acide quelconque dissout, avec effervescence, le carbonate de chaux, et laisse en place la gangue cellulosique. Cette dernière montre des couches concentriques semblables à celles de la membrane cellulaire elle-même, et se colore fortement par le chloro-iodure de zinc.

Le carbonate de chaux peut encore se déposer, à l'état de granulations amorphes, dans la paroi cellulaire, chez certaines Cryptogames, par exemple.

Sous quelque état qu'il s'offre, le carbonate de chaux se caractérise nettement par sa *solubilité avec effervescence dans les acides, soit minéraux, soit organiques.*

Silice, soufre. — La *silice* incruste la paroi cellulaire chez quelques

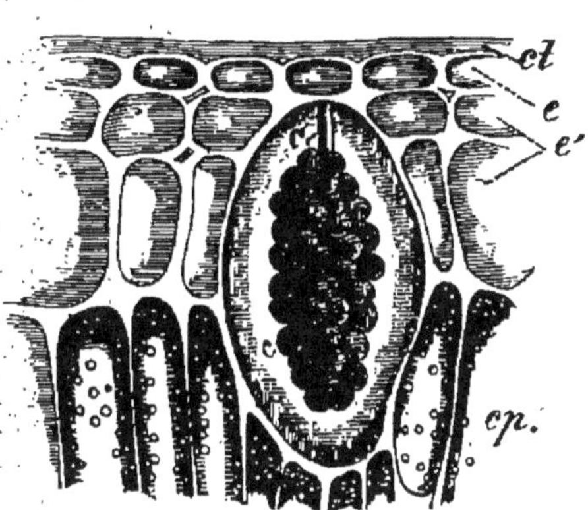

Fig. 9. — Cystolithe entièrement formé. — e, épiderme ; ct, cuticule ; c, couches de renforcement de l'épiderme ; cp, cellules en palissade.

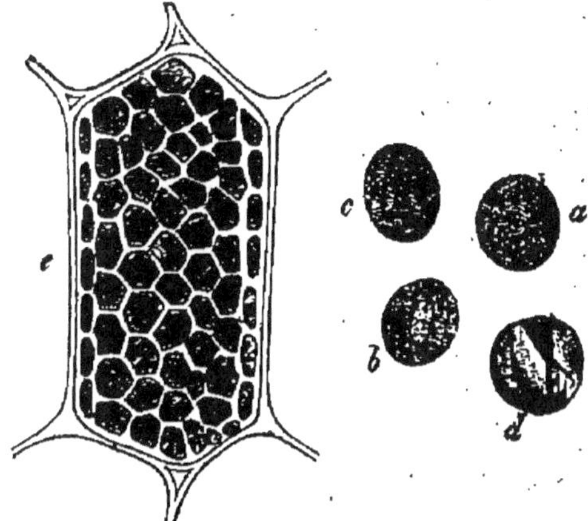

Fig. 10. — Grains de chlorophylle. — e, cellule remplie de grains de chlorophylle appliqués contre les parois ; a, grain de chlorophylle (la nature spongieuse du grain est indiquée par le pointillé) ; b,c,d, grains d'amidon de grosseurs diverses inclus dans le corps chlorophyllien (d'après Tschirch).

plantes, dans la tige des Prêles, par exemple ; elle peut même, comme chez les Bambous, former des concrétions plus ou moins grosses.

Enfin, du *soufre* se dépose à l'état de cristaux chez certaines Algues qui végètent dans les eaux sulfureuses.

MATIÈRES COLORANTES. — Les matières colorantes qui se trouvent dans les plantes s'y montrent sous deux états : à l'état amorphe, et alors le plus souvent en dissolution dans le suc cellulaire, ou sous l'aspect de corps figurés.

La plus importante d'entre elles, la chlorophylle, mérite d'être étudiée séparément.

CHLOROPHYLLE. — *État, composition.* — Rarement, la *chlorophylle* ou *matière verte des plantes* y existe à l'état amorphe, imprégnant le protoplasma cellulaire entier, ainsi qu'on le constate chez certaines plantes inférieures.

Dans les cas les plus fréquents, le pigment vert est intimement uni à la substance de leucites spéciaux, avec lesquels il constitue les *corps chlorophylliens* ou *chloroleucites* (fig. 10). Certains dissolvants, tels que l'alcool, décolorent ces derniers en s'emparant du pigment.

Ordinairement arrondis et petits, les chloroleucites peuvent affecter quelquefois des dimensions et des formes très variées, ainsi que cela s'observe chez les Algues vertes.

La chlorophylle, à l'état naturel, n'est pas une matière colorante simple : sa solution alcoolique, agitée avec de la benzine, abandonne à cette dernière un principe jaune, la *xanthophylle* ou *étioline*, qui se développe seule dans les plantes qui végètent à l'abri de la lumière. L'alcool retient un pigment vert que l'on peut considérer comme de la chlorophylle pure, et qui, à l'état naturel, se trouve intimement uni à la *xanthophylle*.

Le spectre d'absorption de la chlorophylle est caractéristique ; les rayons absorbés par elle sont utilisés, dans l'intérieur des tissus, pour des phénomènes chimiques très importants.

Presque toujours la lumière est indispensable à la production de la chlorophylle, et les rayons jaunes se montrent, à cet égard, les plus actifs. Les cas où les plantes verdissent déjà dans l'obscurité doivent être considérés comme exceptionnels. Il est nécessaire aussi, pour que le phénomène s'accomplisse, que la température ne soit ni trop basse ni trop élevée, et pour chacun de ces deux facteurs, chaleur et lumière, il existe un degré où cette production est le plus active, degré au-dessus et au-dessous duquel le phénomène perd de son intensité, et cesse enfin tout à fait au delà d'une certaine limite.

FONCTIONS DE LA CHLOROPHYLLE. — 1° *Assimilation du carbone* ou *fonction chlorophyllienne.* — Sous l'influence de la chlorophylle à une température convenable, les rayons lumineux absorbés se transforment en un remarquable travail de réduction : l'acide carbonique provenant, soit des milieux extérieurs, soit des divers tissus de la plante, est décomposé en oxygène qui se dégage, au moins partiellement, et en carbone. Ce dernier, à l'état naissant, fixe les éléments de l'eau, et forme avec eux des hydrates de carbone, tout d'abord du glucose. Tel est le phénomène que l'on désigne le plus habituellement sous le nom d'*assimilation du carbone* ou de *fonction chlorophyllienne.*

Pour se transformer en d'autres composés ternaires, pour se combiner avec l'azote des nitrates et de l'ammoniaque puisés dans le sol, ces hydrates de carbone n'exigent plus ni chlorophylle, ni lumière ; l'activité du protoplasma suffit. Ainsi prennent naissance, par l'action directe ou indirecte de la fonction chlorophyllienne, tous les corps organiques, azotés ou non, qui entrent dans la constitution des tissus végétaux, ou qui sont contenus dans ces tissus eux-mêmes.

La plante verte, à l'aide de l'acide carbonique, de l'eau, des nitrates et de l'ammoniaque d'une part, des composés minéraux qu'elle puise dans le sol de l'autre, est capable de former de toutes pièces les combinaisons organiques nécessaires à sa nutrition. Par contre, toute plante privée de chlorophylle, doit emprunter ces combinaisons toutes formées à d'autres organismes ; en d'autres termes, elle est nécessairement *parasite* où *saprophyte* (1).

Il faut se garder de confondre la *fonction chlorophyllienne*, phénomène de nutrition, avec la *respiration des plantes*. Le premier phénomène n'a son siège que dans les organes verts ; il ne s'accomplit qu'à la lumière ; il consiste en une réduction, et s'accompagne de l'absorption d'une certaine quantité de calorique. Le second s'accomplit dans tout le protoplasma vivant de l'organisme, et cela aussi bien dans l'obscurité qu'à la lumière ; il consiste en une oxydation, avec mise en liberté d'une certaine quantité de chaleur. Enfin, tandis que l'un tend à accroître le poids du végétal, puisqu'il y a fixation de carbone, l'autre tend à le diminuer, puisque du carbone dispararaît à l'état d'acide carbonique.

2° *Chlorovaporisation*. — Un second rôle est dévolu à la chlorophylle : c'est de déterminer la vaporisation d'une certaine quantité de l'eau contenue dans les tissus de la plante. Ce phénomène est connu sous le nom de *chlorovaporisation ;* il s'accomplit sous l'influence de la lumière, et à peu près dans les mêmes conditions que la fonction chlorophyllienne. Il ne doit donc pas être confondu avec la *transpiration* proprement dite, et l'évaporation qui en est la conséquence, ce dernier phénomène étant simplement soumis aux conditions physico-chimiques.

MATIÈRES COLORANTES AUTRES QUE LA CHLOROPHYLLE. — Les pigments, autres que la chlorophylle, que l'on rencontre chez les végétaux, s'y montrent sous deux états : les uns en solution dans le suc cellulaire, les autres engagés dans des leucites et à l'état de *chromatophores* ou *chromoleucites*, ou bien encore à l'état de cristaux colorés.

1° Les pigments à l'état de solution sont, le plus souvent, roses, rouges, violets ou bleus. Les premiers sont bleuis par les alcalis ; les seconds sont rougis par les acides. Quelques pigments en solution sont jaunes (pétales de Dahlia, par exemple).

2° Les pigments engagés dans des chromoleucites sont jaunes ou rouges ; ils peuvent, d'ailleurs, affecter toutes les teintes intermédiaires entre ces deux couleurs.

Les pigments de cette dernière catégorie verdissent tous par la teinture d'iode ; ils bleuissent fortement par l'acide sulfurique concentré qui ne tarde pas à les détruire. Ils sont, en réalité, constitués par une seule et même matière colorante, la *carotine*, qui se montre à des degrés divers de condensation et que l'on peut obtenir, d'ailleurs, à l'état cristallisé, en la dissolvant par l'éther ou le sulfure de carbone.

3° La *carotine* peut également se trouver à l'état de cristaux purs, sans connexion avec la matière protéique : dans la racine de Carotte, par exemple, dans la pulpe de la Pastèque (*Citrullus vulgaris*), dans le péri-

---

(1) Un être vivant est dit *parasite* lorsqu'il vit aux dépens d'autres organismes vivants ; il est *saprophyte* lorsqu'il se nourrit de matières organisées mortes, aux dépens des produits de destruction d'autres organismes. On peut donc dire que tous les animaux sont parasites ou saprophytes, puisque, sauf de très rares exceptions, toutes relatives aux types les plus inférieurs, les animaux sont tous privés de chlorophylle.

carpe du fruit de Coca, etc., ainsi que nous avons eu l'occasion de le démontrer ailleurs (1).

Il y a encore certaines matières colorantes, soit amorphes, soit figurées, distinctes des précédentes. Telle est, par exemple, la matière colorante amorphe qui existe dans les pétales de certaines Scrophularinées; tels sont encore les pigments rouges qui se montrent, engagés dans des chromoleucites, dans le périanthe des fleurs d'*Aloë*, dans l'arille des *Taxus*, etc.

CHAPITRE V

LES TISSUS ET LES APPAREILS

On nomme *tissu* la réunion d'un nombre plus ou moins considérable d'éléments anatomiques, possédant une forme et des fonctions semblables.

Plusieurs tissus juxtaposés dans une plante, et concourant à l'accomplissement d'une même fonction, forment un *appareil*.

Enfin, les appareils se groupent pour constituer les *membres* ou parties principales de la plante.

Un membre auquel incombent une fonction ou un ensemble de fonctions déterminées est un *organe*.

Tissus. — Nous distinguerons, avec M. Van Tieghem, sept sortes principales de tissus :

I. Tissu subéreux. — Ce tissu est formé par des cellules totalement ou en partie cutinisées; son rôle est donc éminemment protecteur.

Les cellules superficielles qui protègent les organes jeunes chez les végétaux supérieurs, cellules dont l'ensemble constitue l'*épiderme*, cutinisent toujours plus ou moins leur paroi extérieure. Celle-ci est même ordinairement revêtue par une pellicule imperméable continue, appelée *cuticule*, exclusivement composée de cutine.

Le *liège* ou *périderme* (fig. 11), qui protège certains membres de la plante (racines, tiges), après la destruction de l'épiderme, fait partie du même ordre de tissus.

La cutinisation peut enfin, comme nous l'avons dit, atteindre des cellules plus profondes (*endoderme*), et la partie externe de

(1) *Recherches sur les Chromoleucithes*, 1888.

l'enveloppe des cellules fécondatrices ou reproductrices libres

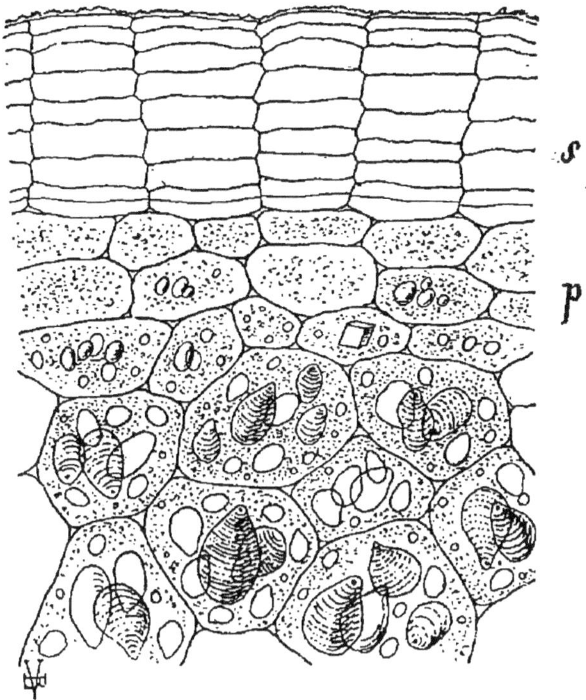

Fig. 11. — Coupe transversale du tubercule de la Pomme de terre. — *s*, liège; *p*, parenchyme amylacé.

(grains de pollen, spores des Cryptogames), etc.

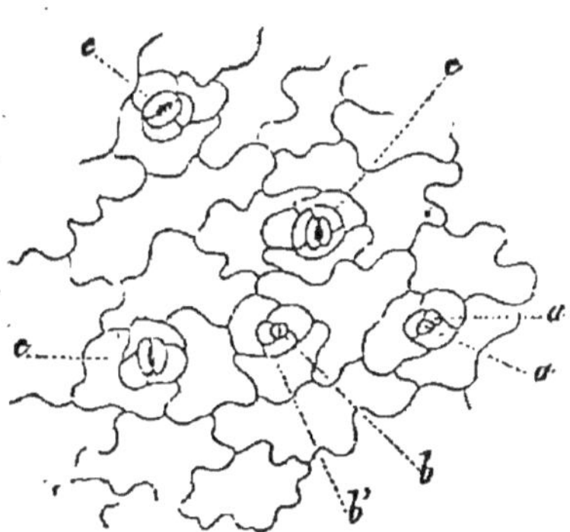

Fig. 12. — Morceau d'épiderme de la feuille du *Sedum Telephium* L., montrant ses cellules à contour sinueux et les stomates *c*.

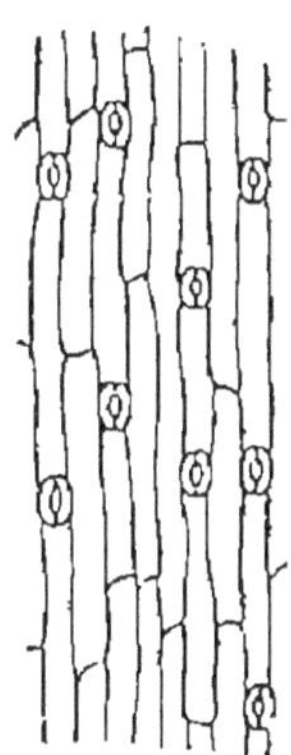

Fig. 13. — Lambeau d'épiderme pris sur la feuille de la Jacinthe (*Hyacinthus orientalis* L.), montrant les cellules de l'épiderme dont le contour est en rectangle étroit et allongé. On y voit les stomates rangés en files longitudinales.

II. Tissu épidermique. — *Épiderme.* — On nomme ainsi une, deux ou plusieurs assises de cellules généralement bien distinctes des tissus sous-jacents, qu'elles recouvrent et protègent chez les plantes supérieures (fig. 12 et 13). Leurs éléments constituants sont cutinisés en dehors, sauf chez les plantes ou les parties de plantes aquatiques.

Chez certaines Fougères et quelques autres végétaux seulement, les cellules épidermiques contiennent des chloroleucites.

Les cellules épidermiques sont unies entre elles sans aucun méat (1) ; elles sont, le plus souvent, aplaties et tabulaires, leur forme étant, d'ailleurs, généralement subordonnée à celle de l'organe qu'elles recouvrent.

A l'étude des épidermes se rattache celle des stomates et des poils.

Stomates. — Ce sont de petites cheminées (fig. 14) formées par des cellules différenciées de l'épiderme, et destinées à permettre, malgré l'imperméabilité de la cuticule, l'échange qui doit s'établir entre le milieu extérieur et les tissus profonds du végétal.

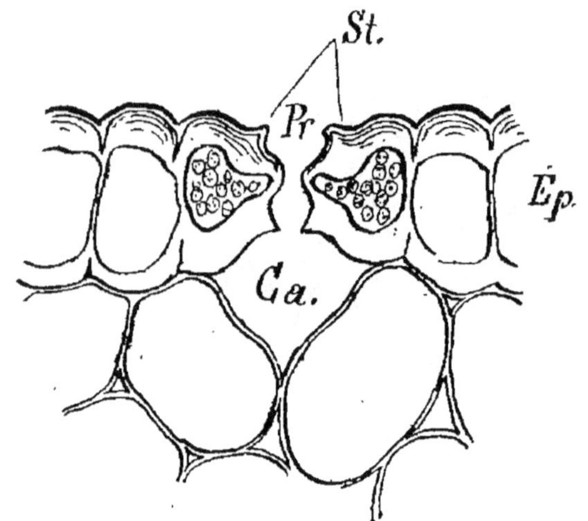

Fig. 14. — Un stomate vu en coupe transversale. — *St*, cellules stomatiques. — *Pr*, préchambre. — *Ca*, chambre à air. — *Ep*, épiderme (Courchet).

Un stomate se compose généralement de deux cellules réniformes, en regard et en contact par leur côté concave, entre lesquelles existe, par conséquent, une ouverture, le plus souvent oblongue, nommée *ostiole*. Assez souvent ces deux *cellules stomatiques* sont pourvues d'une arête qui forme, au-dessus de l'ostiole, une sorte de vestibule nommé *préchambre*. Enfin, au-dessous du stomate, les cellules que ce dernier recouvre s'écartent souvent, de façon à livrer aux gaz et à la vapeur d'eau un accès plus facile ; le vide ainsi formé porte le nom de *chambre aérienne*.

Assez souvent les stomates sont entourés par deux ou plusieurs

(1) On nomme *méats* les vides que laissent entre eux les éléments anatomiques d'un tissu.

cellules d'une forme différente de celle des autres éléments épidermiques. Ce sont les *cellules accessoires* ou *annexes*.

Poils. — Les *poils* sont à peu près toujours des dépendances immédiates des cellules épidermiques (1).

Dans les cas les plus simples, ces dernières se soulèvent en une simple *papille* arrondie ou conique (comme sur les parties colorées de beaucoup de fleurs, la Pensée, par exemple). Ailleurs ces cellules se développent en un appendice plus ou moins long, auquel on donne le nom de *poil*. Entre la papille et le poil, on rencontre toutes les transitions possibles.

Les poils sont appelés *unicellulaires* lorsqu'ils sont formés par une seule cellule ; ils sont *pluricellulaires* lorsque plusieurs cellules prennent part à leur constitution. Dans l'un et l'autre cas, ils sont *simples* ou *rameux*.

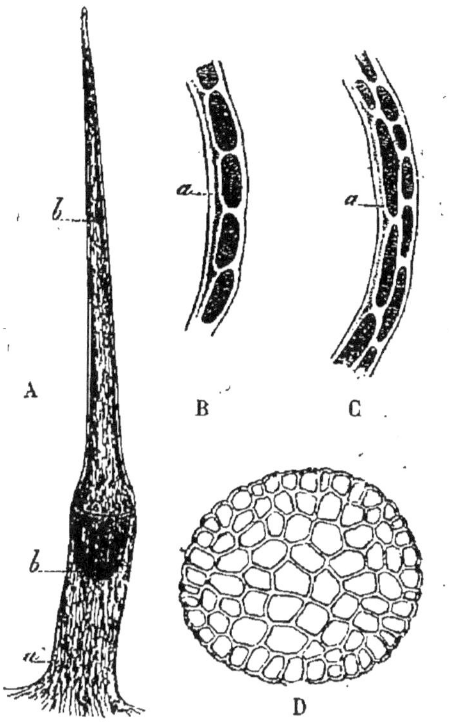

a. Poils unicellulaires. — **1° Simples.** — Les longs poils qui recouvrent les semences des Cotonniers (*Gossypium*) nous offrent un exemple classique de ce type.

Chez les Orties des poils semblables, mais beaucoup plus courts et plus rigides, contiennent dans leur cavité un liquide corrosif, et leur base est comme enchâssée dans une sorte de gaine formée par les cellules épidermiques adjacentes (fig. 15).

2° Ramifiés. — La ramification de ces poils peut être plus ou moins irrégulière (*Alyssum*, Bourse à pasteur, etc., fig. 16). Si le poil se

Fig. 15. — A, poil entier de l'Ortie grièche (*Urtica urens* L.). — *bb* est le poil lui-même, unicellulé, dont on voit la base renflée en une ampoule qui s'enfonce en majeure partie dans la substance du support cellulaire *ab*. — B, portion de la coupe transversale du support menée au niveau où il est réduit à une couche de cellules. — C, coupe menée un peu plus bas, au niveau où il existe deux couches de cellules. — B, coupe transversale du même support menée au-dessous de l'ampoule du poil, c'est-à-dire là où il est plein.

(1) Il existe chez certaines plantes, particulièrement chez les végétaux aquatiques, des poils plus ou moins rameux dans les grandes lacunes aérifères de leurs parties immergées.

divisé, très près de son point d'insertion, en deux branches diamétralement opposées et parallèles au plan de l'épiderme sur lequel il s'insère, on le dit *en navette* (chez le Houblon, par exemple). Chez les Malpighiacées, ces poils en navette contiennent, comme ceux des Orties, un liquide très corrosif.

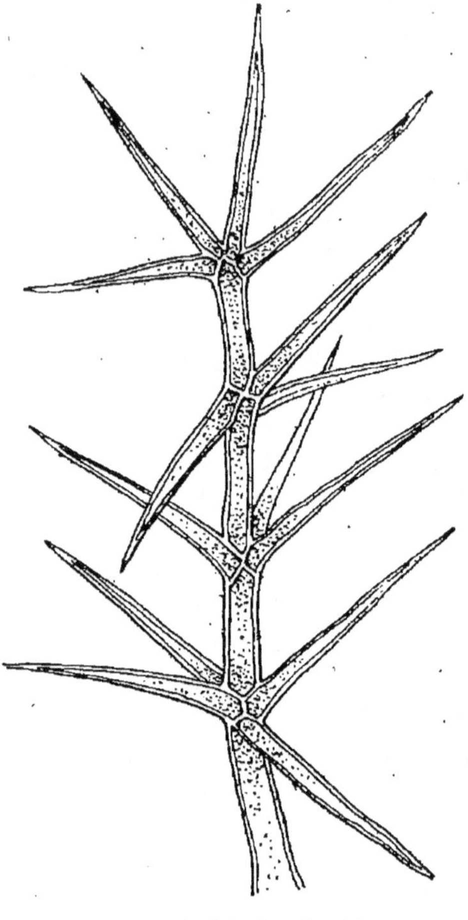

Fig. 17. — Poil du Bouillon blanc.

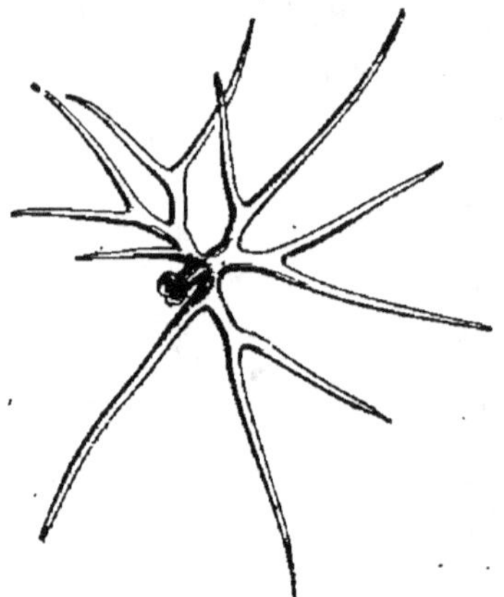

Fig. 16. — Un poil unicellulé et étoilé pris à la face inférieure de la feuille de l'*Alyssum saxatile* L., vulgairement nommé Corbeille d'or ; il est vu par-dessous.

Fig. 18. — Poil glandulifère pris sur la feuille du *Pelargonium inguinans* Ait.

Si le nombre des branches horizontales, rayonnant d'un même point, est supérieur à deux, le poil est dit *étoilé*.

b. *Poils pluricellulaires*. — 1° Les poils composés de plusieurs cellules peuvent être formés par des éléments superposés en une seule série. Ce sont les *poils unisériés* qui, d'ailleurs, sont tantôt *simples* (folioles de Séné, *Pelargonium*, etc.), tantôt *rameux* (Molènes, etc., fig. 17).

2° On nomme *massifs* les poils qui, dans leur totalité ou sur une de leurs parties seulement, sont formés par deux ou plusieurs séries de cellules accolées.

Les poils du Tabac, de la Jusquiame, des *Pelargonium* (fig. 18),
par exemple, sont formés d'une tige unisériée supportant un massif

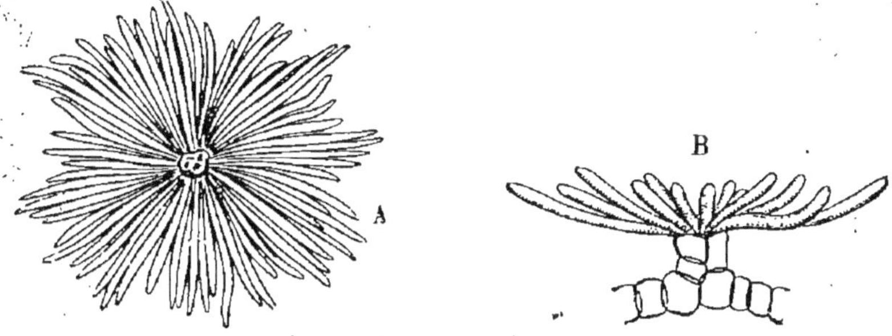

Fig. 19. — Poil en écusson d'*Hippophaë rhamnoides*. — A, vu en haut. — B, vu de
profil.

de cellules en forme de tête, d'où exsude un liquide visqueux. Ce
sont des poils *en tête*.

Les poils *écailleux* (fig. 19) consistent en une base simple, supportant un disque formé par
des files de cellules rayonnantes, et soudées latéralement (sur les feuilles de l'Olivier, par exemple, sur celles
de l'Argousier, etc.).

Les poils massifs dans toutes
leurs parties se présentent
sous les formes les plus diverses; du tissu cellulaire
sous-épidermique peut même
entrer dans leur constitution.
Ils acquièrent alors parfois
une dureté et une épaisseur
telles, que le nom d'*aiguillons*
leur convient beaucoup mieux
que celui de poils.

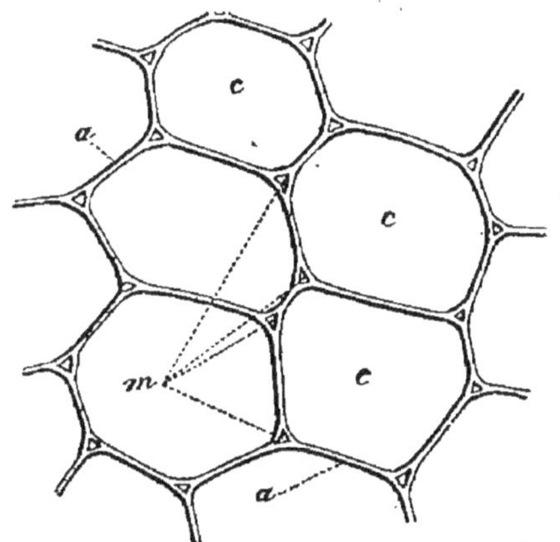

Fig. 20. — Coupe transversale du tissu cellulaire
pris dans l'oignon du *Lilium superbum*. — *m*,
méats intercellulaires qui se sont produits chacun au point de concours de trois cellules ; *cc*,
cavité de la cellule ; *a* portion indivise de la
membrane intermédiaire à deux cavités cellulaires adjacentes.

III. Tissu parenchymateux. — D'une manière générale, on donne le
nom de *parenchyme* à tout massif de cellules nées les unes des autres,
par cloisonnement en directions diverses (1) (fig. 20). D'abord

(1) On appelle *faux parenchyme* un tissu formé par des files de cellules soudées latéralement, et se cloisonnant dans une seule direction. Le tissu de la plupart des Champignons supérieurs consiste en un faux parenchyme.

étroitement unis, les éléments du parenchyme tendent, le plus souvent, à s'arrondir plus tard, et laissent alors entre eux des vides ou *méats*.

Relativement au plus ou moins d'épaisseur des parois cellulaires, on distingue des *parenchymes à parois minces* et des *parenchymes à parois épaisses*.

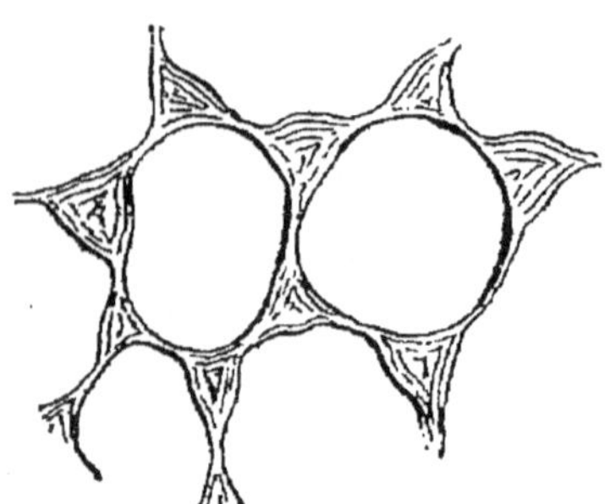

Fig. 21. — Collenchyme.

On admet, d'après la forme des cellules qui les constituent, plusieurs sortes de parenchymes à parois minces : *parenchymes arrondi, polyédrique, cubique, cylindrique, étoilé, rameux*, etc.

D'après le contenu cellulaire et la fonction, on distingue des *parenchymes chlorophyllien, amylacé, oléagineux, aquifère, absorbant*, etc.

Il existe plusieurs sortes de parenchymes à parois épaisses.

1° Le *collenchyme* (fig. 21), formé de cellules arrondies, unies

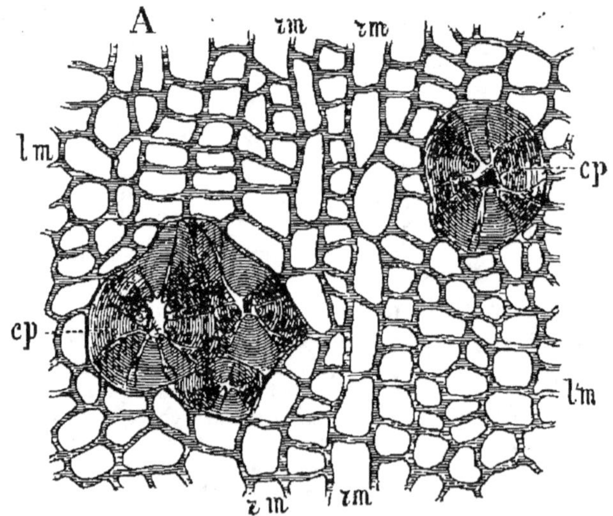

Fig. 22. — *Viburnum Lantana*. — Coupe transversale d'un liber sans fibres libériennes. — *lm*, liber mou; *cp*, cellules pierreuses ou scléreuses; *rm*, rayons médullaires (300/1).

cependant entre elles sans méats, grâce aux épaississements locaux qui tiennent ici la place de ces derniers.

2° Le *sclérenchyme*, représenté par des cellules à parois très épaisses, de consistance souvent pierreuse, telles qu'on en trouve, par exemple, dans la chair de la poire, dans les feuilles du Thé et du Camellia, dans le noyau des fruits, etc. (1) (fig. 22).

Ce sont là des tissus de soutien.

3° Le *tissu gélatineux*, formé par des cellules dont les parois épaissies montrent une tendance manifeste à se gélifier (voir plus haut, p. 9).

IV. TISSU SÉCRÉTEUR. — On nomme ainsi un tissu dont les éléments ont la faculté de pouvoir séparer, des sucs qui les baignent, des principes spéciaux destinés, soit à être repris et assimilés par le végétal, soit à être éliminés.

Ces éléments sécréteurs sont, en général, plus ou moins différenciés à l'égard de ceux qui les entourent.

Tantôt isolés, ils se groupent souvent aussi pour former de petits

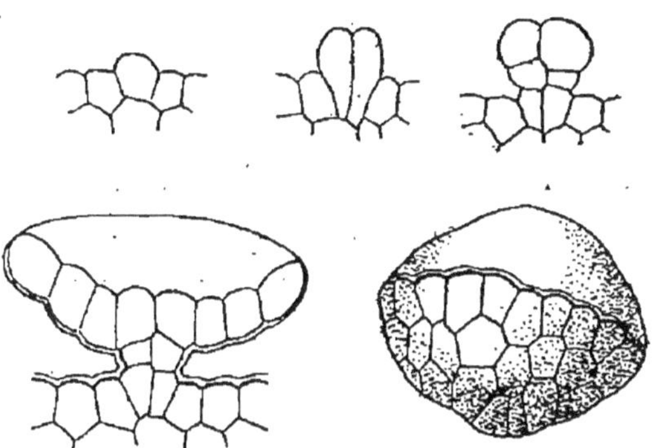

Fig. 23. — Glandes des bractées de Houblon à divers états de développement.

appareils qui prennent les noms de *glandes*, *vaisseaux à latex*, *canaux sécréteurs*.

Glandes. — Les glandes sont elles-mêmes constituées, soit par des éléments isolés, soit par des réunions de cellules. Elles sont, d'ailleurs, soit *externes*, soit *internes*.

Les glandes externes sont souvent de simples poils dont les éléments sécréteurs occupent, soit le sommet (voir fig. 18) (poils en tête de la Jusquiame, du *Datura*, etc.), soit la base (poils glanduleux de la Fraxinelle, etc.).

(1) Il ne nous paraît pas d'une utilité pratique de distinguer, comme on le fait quelquefois sous le nom de *tissu scléreux*, un sclérenchyme dont les éléments perdent de bonne heure leur vitalité pour ne plus exister ensuite, en quelque sorte, qu'à l'état de squelette.

Il est aussi des glandes externes formées par un massif arrondi de cellules (chez beaucoup de Labiées, par exemple).

Parfois encore (chez le Houblon, etc., fig. 23), les cellules latéralement accolées rayonnent au sommet d'un support commun. Le produit sécrété par elles exsude de leurs parois, au-dessous de la cuticule qui se soulève peu à peu, et finit par éclater.

Les glandes dites *internes* ne font pas saillie à la surface des organes. Parfois représentées par des éléments isolés (*cellules à tannin, cellules à cristaux*, etc.), elles sont, le plus souvent, formées par des massifs de cellules qui naissent elles-mêmes, par

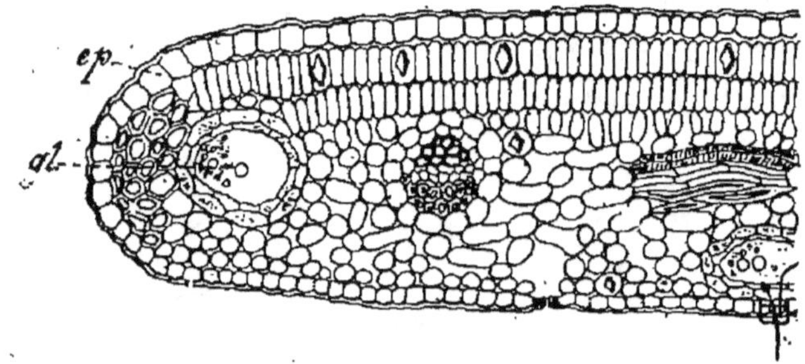

Fig. 24. — Coupe transversale d'une feuille d'Oranger (d'après Hérail et Bonnet). — *ep*, épiderme ; *gl*, nodules sécréteurs.

voie de division, d'une seule cellule primordiale (glandes de la feuille d'Oranger (fig. 24), du Millepertuis, de la Rue, etc.) (1).

Chez la Chélidoine, des cellules isolées, mais qui montrent une tendance à se placer en séries longitudinales, sécrètent un liquide opalescent et laiteux nommé *latex*, qui, chez cette plante, est d'un beau jaune orangé. Ces files de cellules sécrétantes forment transition entre les glandes internes que nous venons d'étudier, et les *vaisseaux laticifères*.

Latex. Vaisseaux laticifères. — Le *latex* consiste en une véritable émulsion ; c'est un liquide mucilagineux tenant en suspension,

(1) Les glandes internes pluricellulaires débutent ordinairement par le cloisonnement d'une cellule en quatre éléments nouveaux qui, s'écartant à leur point de contact, déterminent la formation d'un méat, origine première de la cavité de la glande. Les cellules qui bordent cette cavité se multiplient ensuite, et déversent le produit de leur sécrétion dans le vide central qu'elles limitent. Tel est le mode de formation des glandes par voie *schizogène*.

Le mode *lysigène* consiste dans la destruction des éléments centraux d'un massif de cellules sécrétantes, d'où résulte la formation d'une cavité centrale. Ces deux modes concourent, d'ailleurs, l'un et l'autre, à la formation des glandes internes, la cavité primitive, formée par voie *schizogène*, s'agrandissant plus tard par destruction d'une partie des cellules de bordure, c'est-à-dire par voie *lysigène*.

à l'état de division extrême, des résines, du caoutchouc, des essen-ces, etc., et parfois des grains de fécule. Blanc, en général, ce suc est quelquefois rouge (Sanguinaire), quelquefois jaune (Chélidoine). Il est sécrété, soit par des cellules isolées, soit par des *vaisseaux laticifères*, soit enfin dans des *canaux sécréteurs* (voir plus loin).

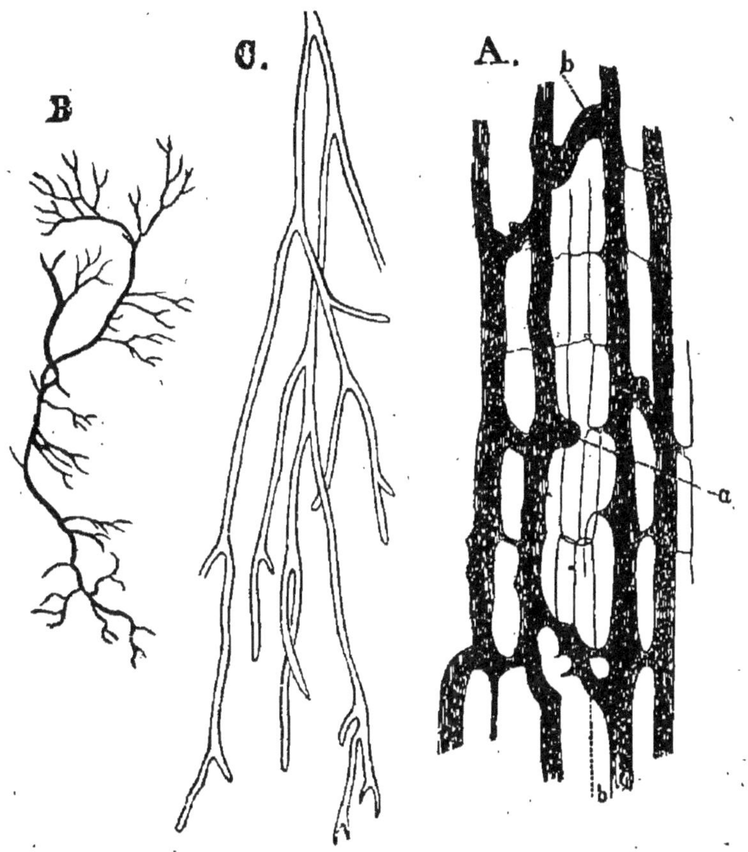

Fig. 25. — A, fragment de troncs et ramifications de laticifères articulés pris chez un *Sonchus* (d'après Schacht) (120/1); *a*, branche courte et fermée; *bb*, branches de com-munication entre deux troncs longitudinaux. — B, fragment d'un laticifère inarticulé d'*Euphorbia splendens* isolé et étalé, à peine grossi. — C, fragment d'un laticifère inar-ticulé pris dans la tige d'une Asclépiadée, le *Ceropegia Stapelioïdes* (145/1) isolé, mon-trant de nombreuses ramifications terminées en cul-de-sac (d'après de Bary).

Les *vaisseaux lactifères* sont des tubes, simples ou ramifiés, toujours pourvus d'une paroi propre.

On en distingue deux sortes :

1° Les *laticifères articulés*, formés de plusieurs cellules disposées en files longitudinales, et dont les parois communes se résorbent.

Ils ont un calibre irrégulier, et ils offrent de fréquentes anastomoses (fig. 25, A).

2° Les *laticifères continus*, constitués chacun par une cellule unique (fig. 25, B et C), parfois extrêmement longue, non cloisonnée,

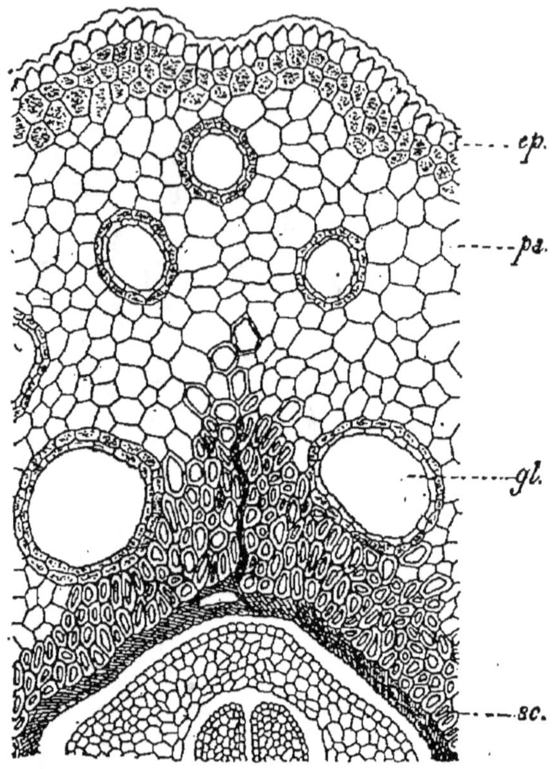

Fig. 26. — Coupe d'une baie de Genièvre (*Juniperus communis*) (d'après Hérail et Bonnet).
— *ep*, épiderme; *pa*, parenchyme avec nodules sécréteurs d'oléorésine *gl*; en *sc*, portion
scléreuse du tégument séminal.

ordinairement plus ou moins ramifiée (Figuiers, Euphorbes,
Asclépiadées, etc.).

Ces deux catégories de laticifères caractérisent chacun des groupes spéciaux de plantes.

Canaux sécréteurs. — Les *canaux sécréteurs*, comme les glandes
internes pluricellulaires, auxquelles ils se relient par de nombreuses transitions, et dont ils ne diffèrent, en somme, que par leur
forme tubulaire et leur longueur souvent considérable, sont dépourvus de parois propres.

Leur présence et leur situation caractérisent nettement certains
groupes naturels, tels que les Conifères (fig. 26), les Térébinthacées,

les Ombellifères, etc. Ils contiennent ordinairement des oléorésines ou des résines, tenues en suspension dans un suc gommeux.

V. Tissu fibreux. — Les éléments du *tissu fibreux* (ou *prosenchyme*) sont des cellules allongées, terminées en pointe à leurs deux extrémités, ou limitées aux deux bouts par des cloisons très obliques. Leurs parois, plus ou moins épaissies, sont formées de cellulose pure, ou de cellulose incrustée de lignine, ou même de substances minérales.

On distingue ordinairement deux sortes de fibres :

1° Les *fibres corticales* (1), caractérisées par leur longueur plus grande, leur flexibilité, leur résistance à la traction.

2° Les *fibres ligneuses* ou du *bois*, plus courtes en général, moins flexibles, le plus souvent lignifiées dans les organes âgés.

VI. Tissu criblé. — Ce tissu est formé de cellules disposées en files, constituant ainsi des tubes cloisonnés transversalement (fig. 27). Les cloisons transversales, et souvent aussi les parois latérales, sont percées, comme des cribles, par de très petites ouvertures, uniformément réparties lorsque ces cloisons sont horizontales, groupées par plages ou îlots lorsqu'elles sont obliques.

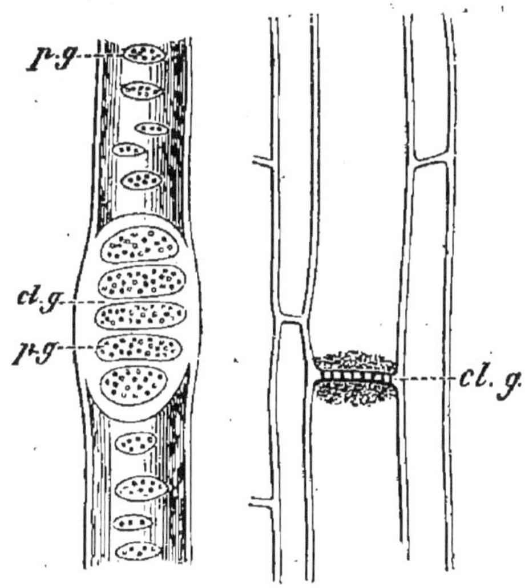

Fig. 27. — Tubes criblés du liber : à droite, dans la Courge ; à gauche, dans la Vigne.

Le siège normal de ces éléments est le *liber* (voir page 46 et suiv.), d'où le nom de *vaisseaux libériens* qui leur a été donné.

VII. Tissu vasculaire. — Ce tissu est formé par les vaisseaux du bois, ou *vaisseaux proprement dits* (fig. 28 et 29). Ceux-ci sont com-

(1) On les nomme souvent aussi *fibres libériennes*. Ces deux expressions ne sont pas d'une exactitude rigoureuse, car on rencontre fréquemment de pareilles fibres dans la moelle des tiges, et d'autre part elles se montrent le plus souvent, non dans le liber, mais en dehors de lui, dans le *péricycle* (voir plus loin, page 46).

posés par des cellules disposées en files longitudinales, formant ainsi, comme les éléments du tissu criblé, des tubes transversalement cloisonnés. Leur protoplasma meurt de bonne heure, et les cloisons transversales persistent tout entières (*vaisseaux fermés*), ou bien se résorbent, soit en partie, soit en totalité (*vaisseaux ouverts*).

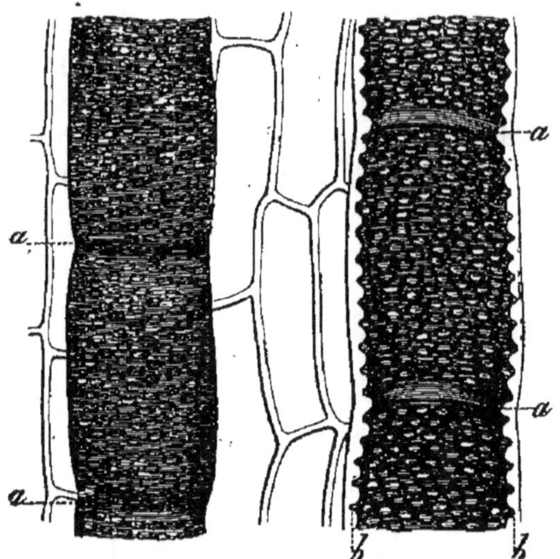

Fig. 28. — Coupe longitudinale d'une portion de la tige de l'Aristoloche Siphon (*Aristolochia Sipho*), dans laquelle on voit deux gros vaisseaux ponctués, l'un, à gauche, entier, avec deux étranglements *aa*, qui indiquent deux plans d'union des cellules primitives; l'autre à droite, coupé dans sa longueur pour montrer, à son intérieur, en *aa*, deux bourrelets annulaires, restes de deux cloisons horizontales; en *bb*, la section de ses parois, dans lesquelles chaque ponctuation forme un enfoncement.

Ces vaisseaux ne sont pas anastomosés, c'est-à-dire sans communication entre eux.

Leur siège exclusif est dans le bois, et leur rôle est de conduire, du sol dans la plante, l'eau qu'absorbent les racines, et qui constitue, en s'élevant dans les tissus, la *sève ascendante* ou *sève brute*.

Suivant le mode de sculpture de leurs parois, les vaisseaux pro-

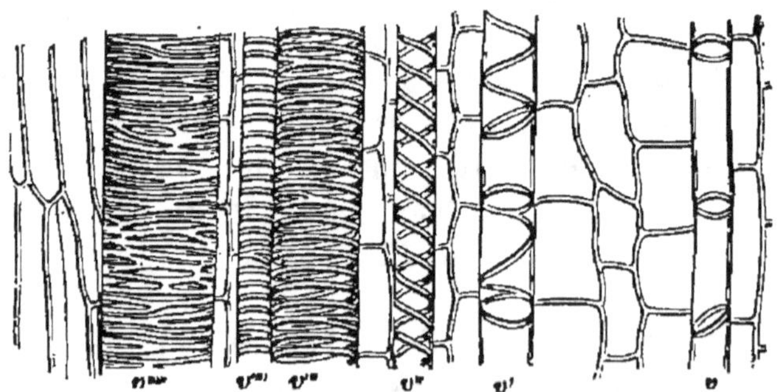

Fig. 29. — Coupe longitudinale d'une portion de la tige de la Balsamine (*Balsamina hortensis*). — On y voit : 1° un vaisseau annelé *v* ; 2° un vaisseau spiro-annelé *v'* ; 3° trois trachées ou vaisseaux spéciaux *v''*, *v'''*, *v''''* ; 4° un gros vaisseau réticulé *v'''''*.

prement dits sont dits *rayés*, *ponctués*, *réticulés*, *scalariformes*, *spi-*

ralés, *spiro-annelés* et *annelés*. Ces trois dernières formes ont un calibre généralement plus faible que les autres, et leur siège est dans la partie interne du bois, au pourtour de la *moelle* (voir *Structure de la tige*).

Les vaisseaux spiralés sont encore appelés *trachées vraies, trachées déroulables* ou simplement *trachées;* les noms de *fausses trachées, trachées non déroulables*, sont appliqués aux vaisseaux spiro-annelés.

Les *fibres aréolées* ou *cellules aréolées*, dont nous avons parlé (page 8), jouent chez les plantes de la famille des Conifères le même rôle que les vaisseaux du bois. Aussi leur donne-t-on assez souvent le nom de *trachéides*.

VIII. Tissu aérifère. — On désigne quelquefois sous ce nom des parenchymes creusés de lacunes dans lesquelles l'air circule librement. Ce tissu est surtout développé chez les plantes aquatiques, où les lacunes correspondent aux vides que laissent entre eux les éléments. Mais des lacunes peuvent également se creuser dans un parenchyme par sa destruction partielle, comme cela a lieu dans la moelle volumineuse de certaines plantes (chez les Graminées, les Ombellifères, etc.).

Appareils. — Nous avons vu qu'on nomme *appareil* un ensemble de tissus concourant à l'accomplissement d'une même fonction. Nous nous contenterons d'en indiquer les principales sortes dans un tableau résumé :

Appareils qui ne jouent dans le végétal qu'un rôle mécanique.	*Appareil tégumentaire* ou *protecteur* comprenant : l'épiderme, le liège, le tégument des graines, etc. *Appareil conducteur :* tissu criblé, tissu vasculaire. *Appareil de soutien* ou *stéréome*, formé par le collenchyme, le sclérenchyme et le tissu fibreux. *Appareil conjonctif*, représenté par le tissu cellulaire qui unit entre eux les divers autres appareils.
Appareils qui jouent dans le végétal un rôle physiologique.	*Appareil assimilateur*, représenté par tous les tissus qui renferment de la chlorophylle. *Appareil de réserve*, représenté par tous les tissus de la plante où peuvent être emmagasinés, pendant un certain temps, des matériaux nutritifs destinés à être repris plus tard, et utilisés par elle. *Appareil absorbant*, spécialement représenté par la partie terminale des racines. *Appareil aérifère*, constitué par l'ensemble des lacunes et des méats qui permettent la circulation facile des gaz à travers les tissus de la plante.

CHAPITRE VI

LES ORGANES DE LA PLANTE. — GRANDES DIVISIONS DU RÈGNE VÉGÉTAL

L'examen d'une graine de plante supérieure, celle de l'Amandier (fig. 30), par exemple, nous donnera une idée générale des diverses parties qui composent un végétal.

La graine est tout d'abord protégée par deux enveloppes, les

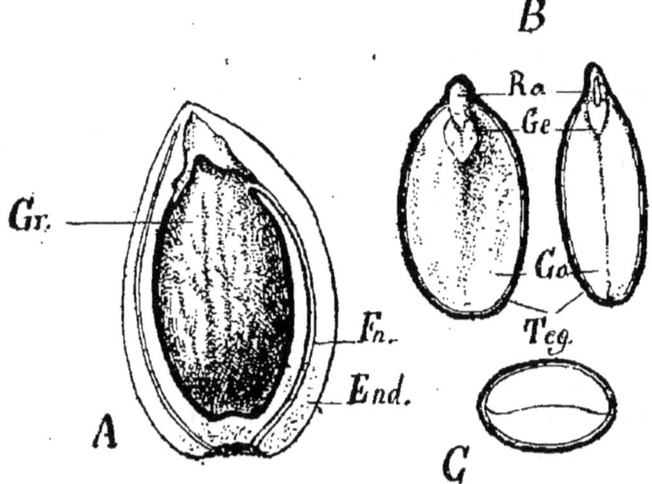

Fig. 30. — Graine de l'Amandier. — A, graine encore dans l'endocarpe. — *End*, endocarpe. — *Gr*, semence. — *Fn*, funicule. — B, graine vue de face, un cotylédon ayant été enlevé, et graine en section longitudinale, perpendiculairement à la largeur des cotylédons. — *Ra*, radicule. — *Ge*, gemmule. — *Co*, cotylédon. — *Teg*, tégument. — C, graine en section transversale (Courchet).

téguments séminaux : l'externe épaisse et colorée (*testa*), l'interne incolore et délicate (*tegmen*).

L'ensemble des tissus que recouvrent les téguments constitue l'*amande*, et l'amande tout entière concourt ici à la formation de l'*embryon*, c'est-à-dire de la plante en miniature qui, à la germination, va se développer en un végétal nouveau (1).

L'embryon est en majeure partie formé par deux corps volumineux, ovales, convexes en dehors et plans ou légèrement con-

(1) Chez beaucoup d'autres graines, celles du Ricin, par exemple, l'embryon est accompagné, dans l'amande, d'un tissu simplement destiné à lui servir d'aliment pendant qu'il germera et se développera en jeune plantule : c'est l'*albumen*, le *périsperme* ou l'*endosperme* suivant les cas (voir plus loin, à l'article *Graine*).

caves sur leurs faces accolées l'une contre l'autre. Ce sont les deux *cotylédons*, ou feuilles primordiales de la jeune plantule. L'un et l'autre s'insèrent, par leur base, sur un petit corps conique, lequel est formé, dans sa partie terminale, par la *radicule*, et au-dessus, jusqu'au point d'insertion des cotylédons, par la *tigelle*. Enfin, sur le prolongement de la tigelle, au-dessus du point d'insertion des cotylédons et caché par leur base, est un tout petit mamelon qu'entourent deux ou trois feuilles rudimentaires. Le mamelon central est destiné à se développer plus tard en une petite tige. Ce dernier et les jeunes feuilles qui l'enveloppent constituent la *gemmule* ou *plumule* de l'embryon.

L'embryon de l'Amandier est donc composé d'une radicule, d'une tigelle, d'une gemmule et de deux cotylédons; c'est une *Dicotylédone*. Celui d'un grand nombre d'autres plantes telles que le Lis, le Dattier, le Blé, ne possède qu'un cotylédon : ce sont des *Monocotylédones*.

Mise dans des conditions convenables de température et d'humidité, la graine germera, c'est-à-dire que l'embryon se développera en une jeune plante. Pour cela, la radicule donnera naissance à la première *racine* dont l'allongement s'effectuera de haut en bas; la tigelle, comprise entre le point où s'insèrent les cotylédons et une ligne qui la sépare de la radicule, va s'accroître de bas en haut. Les cotylédons se séparent en même temps l'un de l'autre pour laisser déployer les petites feuilles de la gemmule, dont le cône végétatif va s'allonger et produire des feuilles nouvelles.

Dès le début, la plantule se compose donc (voir p. 42, fig. 31) : 1° d'une *radicule*, origine de la *racine primordiale;* 2° d'une *tigelle* qui se continue, au-dessus de l'insertion des cotylédons, par un petit axe produit par l'allongement du cône végétatif de la *gemmule* (première indication de la *tige*); 3° de formations latérales ou *feuilles* dont les deux premières, les cotylédons, jouent le rôle de magasin de réserve dans la graine de l'Amandier.

De la *tige*, de la *racine*, des *feuilles* vont dériver tous les organes végétatifs de la plante, c'est-à-dire ceux à l'aide desquels elle se nourrit et s'accroît, par le moyen desquels même elle peut, dans certaines conditions, se multiplier sans l'intervention de la sexualité. Plus tard seulement apparaîtront les *organes de reproduction sexuelle*, sans que leur formation exige cependant autre chose que l'adaptation à ces fonctions nouvelles d'organes végétatifs existant déjà.

Chez les plantes supérieures, les organes de la fécondation sont formés par des feuilles modifiées dont l'ensemble porte le nom de *fleur*. Les plantes à fleurs sont appelées *Phanérogames*.

Les végétaux chez lesquels les organes de la fécondation, lorsqu'ils existent, ne forment pas de fleurs, et dont les jeunes plantules ne se développent pas par graines, portent le nom de *Cryptogames*.

Parmi ces derniers, il en est qui possèdent, comme les Phanérogames, une tige, des feuilles et une racine, et dont les tissus renferment en même temps des vaisseaux. Ce sont les *Cryptogames vasculaires* (les Fougères, par exemple). D'autres possèdent bien une tige et des feuilles, mais leurs tissus ne contiennent que des rudiments de vaisseaux, et ils sont dépourvus de racines ; ce sont les *Muscinées*. Chez les plus simples enfin, l'ensemble de l'appareil végétatif n'est pas différencié en feuilles, tige et racine ; il se réduit à un corps de forme très variée nommé *thalle*, entièrement dépourvu d'éléments vasculaires. Ce sont les *Thallophytes* ou *Cryptogames cellulaires*.

En tenant compte de ces diverses considérations, nous pourrons, avec M. Van Tieghem, concevoir de la manière suivante les divers degrés d'organisation que peuvent présenter les végétaux :

pourvues d'une tige, de feuilles et d'une racine, contenant des vaisseaux,	pourvues de fleurs....	*Phanérogames.*
	dépourvues de fleurs..	*Cryptogames vasculaires*
Plantes pourvues d'une tige et de feuilles, mais sans racine et ne contenant pas de vrais vaisseaux....................		*Muscinées.*
point de tige, de feuilles ni de racine différenciées, et n'étant formées que de cellules		*Thallophytes* ou *Cryptogames cellulaires.*

Dans les descriptions qui vont suivre, nous aurons toujours en vue une plante phanérogame, et nous examinerons successivement chacun des organes végétatifs et reproducteurs de la manière suivante :

1º Au point de vue morphologique ; 2º dans sa structure ; 3º dans ses fonctions ; 4º au point de vue des principales modifications qu'il peut subir.

CHAPITRE VII

LA RACINE

I. — Étude morphologique.

Définition. — La racine est une partie de la plante dont le rôle essentiel est d'absorber, dans le milieu ambiant, les sucs nécessaires à sa nutrition. Ce milieu étant généralement le sol, la racine sert en même temps à fixer le végétal là où il doit trouver ce qui lui est utile. Morphologiquement enfin, la racine est caractérisée par ce fait qu'elle ne porte jamais de feuilles.

Distinction des racines suivant les milieux. — Les racines sont donc généralement *terrestres*. Il en est aussi d'*aquatiques ;* celles-ci flottent dans l'eau à la surface de laquelle nage la plante (chez les Lentilles d'eau, par exemple). Il en est enfin d'*aériennes ;* elles appartiennent à des plantes qui végètent sur des branches d'arbres, au-dessous desquelles elles sont librement pendantes comme des cordages (1). Ces racines s'emmêlent souvent de manière à retenir l'humidité et la terre soulevée par le vent ; ainsi se forme une sorte de terrain adventif dans lequel elles absorbent des liquides, comme les racines ordinaires en absorbent dans le sol.

Présence ou absence. — **Divers degrés de développement**. — Les Cryptogames cellulaires et les Muscinées n'ont pas de racines. L'existence de ces dernières est, par contre, générale chez les Cryptogames vasculaires et les Phanérogames. Les seules exceptions nous sont offertes par les *Psilotum* et *Salvinia* chez les Cryptogames vasculaires, l'*Epipogium Gmelini* et le *Corallorhiza innata* parmi les Phanérogames.

Le développement du système radical est, d'ailleurs, très variable ; il est loin d'être en rapport constant avec celui des autres parties de la plante.

Dans un milieu meuble, et mieux encore dans l'eau, les racines

---

(1) Les plantes qui vivent ainsi sur d'autres végétaux sans leur emprunter leur nourriture sont appelées *fausses parasites, plantes épiphytes* ou *épidendres*. Il ne faut donc pas les confondre avec les *parasites vrais* qui, nous l'avons dit déjà, vivent aux dépens d'autres organismes vivants (p. 23).

prennent un accroissement plus grand que dans un sol dur et compact.

Distinction des racines d'après leur lieu de production.

— C'est, comme nous l'avons dit, de la radicule que naît la première racine de la plante (fig. 31). Elle s'y forme à une profondeur plus ou moins grande et doit, par conséquent, pour apparaître au dehors, percer une épaisseur plus ou moins considérable de tissus. Très superficiel dans l'ensemble des Dicotylédones, ce lieu d'origine est généralement beaucoup plus profond chez les Monocotylédones où les tissus de la radicule ainsi traversés par la racine primordiale forment, à la base de cette dernière, un bourrelet circulaire que les botanistes ont autrefois appelé du nom de *coléorhize*.

Cette racine primitive s'accroît, dans l'axe même de la radicule et de la tigelle, mais de haut en bas. Diverses forces interviennent pour la diriger ainsi dans le milieu où elle doit accomplir sa fonction. Elle constitue dès lors le *pivot*.

A cette première racine ou *pivot*, viennent successivement s'en adjoindre d'autres, que l'on distingue, d'après leur lieu d'origine. Ce sont :

1° Les *radicelles*, ramifications directes du pivot, et qui, par conséquent, naissent toujours au-dessous du *collet* ;

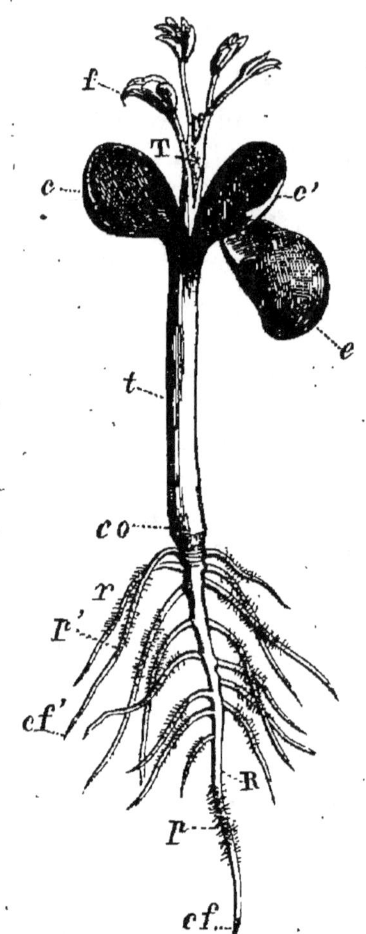

Fig. 31. — Jeune plant de Lupin. — R, racine terminale dirigée dans le prolongement de la tige ; *t*, tige au-dessous des cotylédons *cc* ; — T, tige au-dessus des cotylédons ; *f*, jeunes feuilles ; *e*, enveloppe de la graine qui se détache et tombe ; *co*, collet ; *r*, radicelles ; *cf, cf'*, coiffes ; *p, p'*, poils.

2° Les *racines latérales régulières*, qui se forment sur la tige même ou sur ses ramifications, mais en des points déterminés, et presque toujours en relation avec les feuilles (ces racines se développent particulièrement chez les végétaux dont la tige est rampante ou souterraine) ;

3° Les *racines adventives* (1) qui naissent, sans ordre déterminé, en un point quelconque de la plante, sur la tige, sur des feuilles, et même sur des fleurs.

Certaines plantes sont particulièrement aptes à développer des racines de ce genre, et c'est sur cette propriété que repose l'opération d'agriculture dite du *marcottage* (2).

Les parties de la plante qui ont ainsi formé, soit des racines latérales régulières, soit des racines adventives, peuvent ensuite se séparer de la plante mère, vivre et s'accroître pour leur propre compte, et constituer tout autant de pieds nouveaux. Beaucoup de végétaux se multiplient ainsi spontanément, sans intervention de la reproduction sexuelle.

Racines pivotantes; racines fibreuses. — Chez la plupart des Dicotylédones et quelques Monocotylédones, le pivot continue à s'allonger et à s'épaissir, de façon à demeurer toujours prépondérant dans le système radical de la plante. On dit alors que l'ensemble formé par ce pivot et les radicelles, et même par les racines latérales les plus voisines du collet, constitue une *racine pivotante*. — Chez les Monocotylédones en général et quelques Dicotylédones, le pivot se détruit de bonne heure. Il est alors remplacé par les racines latérales nées de la tigelle, au-dessus du collet, autour duquel elles s'allongent de façon à former un faisceau. On dit alors que la racine est *fibreuse*.

Régions diverses de la racine. — Si nous examinons à la loupe l'extrémité libre de jeunes racines intactes, de celles, par exemple, qui se développent de graines germant librement dans l'eau, on voit cette extrémité recouverte d'une sorte de calotte protectrice, à laquelle on donne le nom de *coiffe*. Au-dessus de la coiffe, et sur une longueur plus ou moins grande, la surface de la racine

---

(1) Nous avons adopté ici, pour distinguer ces diverses sortes de racines, les désignations de M. Van Tieghem; mais il faut remarquer que certains auteurs appliquent cette dénomination d'*adventive* à toute racine qui n'est ni le pivot, ni une ramification du pivot.

(2) L'opération du marcottage consiste à recourber une tige ou un rameau jusque vers le sol, au contact duquel on maintient la partie ainsi reployée. Cette dernière, après avoir développé un nombre suffisant de racines adventives, peut être séparée de la plante mère, et s'accroître isolément. La Vigne, l'Œillet, la Garance, etc., se prêtent très bien au marcottage.

est recouverte de nombreux poils formant une sorte de velours; c'est la *région pilifère*. Au-dessus enfin, les poils sont remplacés par un périderme d'autant plus puissant que la portion qu'il recouvre est plus âgée (voir fig. 31).

II. — Structure.

Au point de vue de la structure, la racine doit être étudiée à deux stades différents :

Le premier, celui des *formations primaires*, est définitif pour un grand nombre de plantes (Cryptogames vasculaires, Monocotylédones); le second, caractérisé par la présence des *formations secondaires*, succède au premier chez beaucoup de Dicotylédones, et chez ce groupe de Phanérogames que nous aurons à étudier sous le nom de Gymnospermes.

Structure primaire (fig. 32). — *Méristème terminal.* — L'extrémité de la jeune racine est formée par un massif de cellules dont l'actif cloisonnement donne naissance à tous les éléments de la racine primaire ; c'est le *méristème terminal* (1) de la racine. Les éléments qui le constituent dérivent tous eux-mêmes d'une, ou suivant les cas, de trois cellules terminales en forme de pyramides renversées, qui se cloisonnent parallèlement à leur face antérieure et à leurs faces latérales.

Épiderme, coiffe, assise pilifère. — L'assise superficielle de cellules ainsi formée représente l'*épiderme* de la racine, dont les assises plus profondes vont constituer le corps.

L'épiderme est destiné à donner la *coiffe* protectrice du méristème terminal ; cette dernière tombe au bout d'un certain temps ou s'exfolie superficiellement, tandis que l'épiderme, en se cloisonnant, la régénère par ses parties profondes. Souvent encore, chez presque toutes les Dicotylédones et les Gymnospermes, par exemple, l'épiderme se dédouble en une assise périphérique qui formera la coiffe, et une assise interne qui, au delà de la coiffe, deviendra l'*assise pilifère* (ap).

La coiffe est donc *toujours d'origine épidermique*. Il en est de même pour l'assise pilifère, là où l'épiderme se dédouble pour le constituer. Mais lorsque ce dernier, comme on l'observe chez les Monocotylédones, entre tout entier dans la composition de la coiffe, l'assise pilifère est formée par les cellules sur lesquelles repose immédiatement l'épiderme.

Or l'assise pilifère a elle-même une existence fugace. On est donc en droit de dire qu'au delà de cette dernière tout au moins, *la racine ne possède point d'épiderme.*

La coiffe est imperméable ; il en est de même de toute la partie de la racine que recouvre le périderme, à moins que ce dernier n'ait été blessé. La racine ne peut donc absorber que par sa région pilifère, et les poils ont pour rôle d'augmenter la surface absorbante, et aussi de fixer davantage la racine en s'appliquant et s'enroulant autour des particules du sol.

(1) On donne le nom de *méristème* à tout ensemble de cellules en voie de cloisonnement, et destiné à former ainsi de nouveaux tissus.

L'assise cellulaire, sur laquelle repose l'assise pilifère, subérifie ses parois au delà de la région absorbante et devient l'*assise subéreuse* (*as*). Celle-ci n'est donc jamais d'origine épidermique.

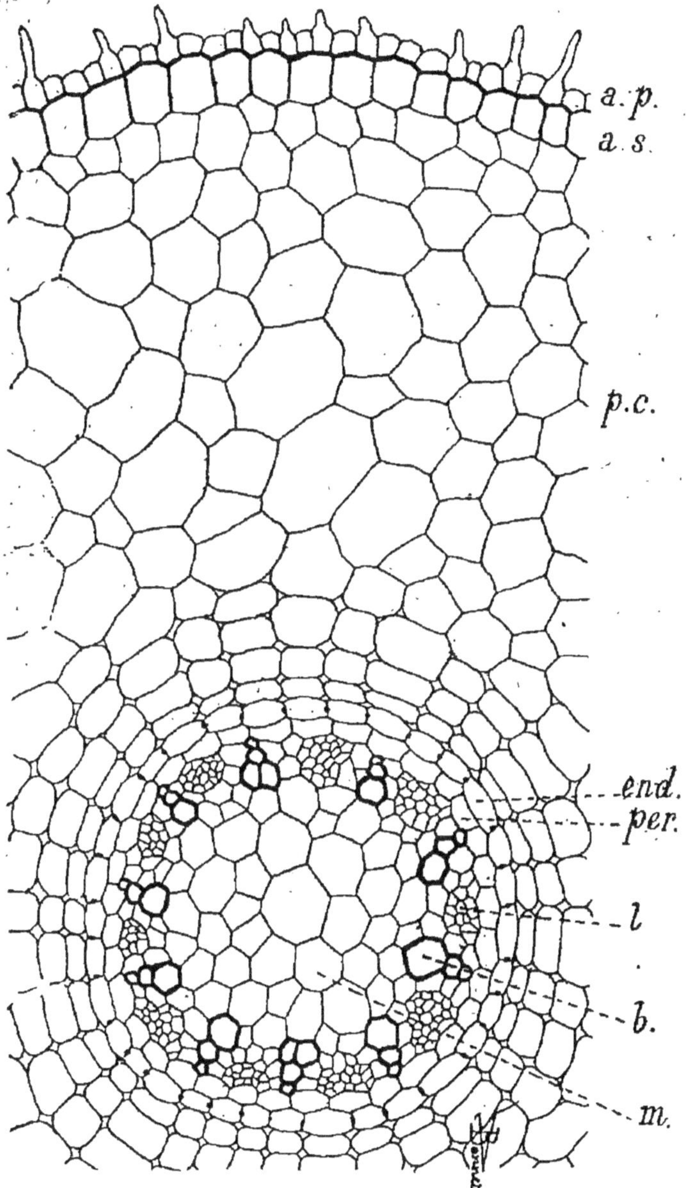

Fig. 32. — Racine d'Aloès. — *ap*, assise pilifère; *as*, assise subéreuse; *pc*, parenchyme cortical; *end*, endoderme; *per*, péricycle; *l*, liber; *b*, bois; *m*, moelle.

Tout l'ensemble du tissu fondamental qu'entoure l'assise subéreuse se divise de bonne heure en deux régions concentriques : une *écorce* et un *cylindre central*. Elles sont séparées par une assise de cellules fortement uniés par leurs parois latérales ordinairement plissées, et que gagne également la subérification. C'est l'*endoderme* ou *assise protectrice du cylindre central* qui, représente l'assise la plus interne de l'écorce (*end*).

Écorce. — En général l'*écorce*, formant ainsi, autour du cylindre central, une sorte de manchon, se montre divisée en deux régions : 1° une externe qui s'accroît par cloisonnement centrifuge, de telle sorte que les cellules les plus petites et les plus jeunes sont en dehors ; 2° une interne qui s'accroît par voie centripète, et dont les cellules les plus jeunes sont les plus voisines du centre. Cette dernière région se distingue, en outre, par la disposition régulière de ses éléments en séries concentriques et radiales, et par les méats qui existent entre eux.

Cylindre central. — Les éléments de l'assise périphérique du cylindre central alternent régulièrement avec ceux de l'endoderme ; ils forment le *péricycle* (*per*)(1). Ce dernier fait défaut chez les Cryptogames vasculaires du genre Prêle (*Equisetum*), chez lesquels, par contre, l'endoderme se dédouble en deux assises.

C'est tout contre le péricycle (contre l'endoderme chez les Prêles) que débute l'apparition du *bois* et du *liber primaires*, aux dépens de certaines cellules du tissu fondamental.

Le *bois primaire* (*b*) est représenté par des lames de vaisseaux proprement dits qui, en nombre très variable (2) suivant les racines, se forment de la périphérie vers le centre où elles tendent à venir se rencontrer. Les premiers vaisseaux qui se montrent, les plus extérieurs, par conséquent, sont des trachées et des fausses trachées d'un faible calibre ; les vaisseaux rayés, ponctués, etc., qui se forment ensuite plus profondément, sont plus larges. Si ces lames vasculaires se rencontrent au centre, leur ensemble forme une sorte d'étoile à trois ou à plusieurs rayons, ou bien une simple lame qui coupe la racine suivant un diamètre, comme dans le pivot des Ombellifères. Si ces premières formations n'arrivent pas à se rencontrer, le centre de la racine reste occupé par le parenchyme fondamental non modifié qui, dès lors, prend le nom de *moelle*.

Entre ces formations vasculaires, et alternant régulièrement avec elles, se montrent des îlots de *tissu criblé* (*l*), accompagnés de cellules, distinctes du parenchyme ambiant par leur délicatesse et par leur volume plus faible et plus irrégulier : ce sont les amas de *liber primaire*, qui jamais ne s'accroissent vers le centre, et restent constamment isolés des lames vasculaires. Les traînées de parenchyme fondamental qui demeurent entre ces formations ligneuses et libériennes, constituent les *rayons médullaires primaires*.

En résumé, les diverses zones qui existent dans une racine primaire, en un point situé au-dessus de la coiffe, sont les suivantes :

(1) Le *péricycle*, dans la racine secondaire, se développe ordinairement en épaisseur par cloisonnement des cellules qui le forment. C'est là que débute, en général, la formation des radicelles, d'où le nom d'*assise rhizogène* qui avait été donné à cette zone.

(2) Le nombre des lames de vaisseaux qui se forment ainsi est assez constant pour une même espèce, à l'extrémité du pivot. Il est, par exemple, de deux chez les Ombellifères, les Solanées, Labiées, etc. ; il est de trois chez le Pois ; ces lames sont bien plus nombreuses chez les Légumineuses, les Composées, etc.

1° *Assise pilifère*, fugace, constituée, soit par l'épiderme dédoublé de la racine, soit par l'assise sous-épidermique.

2° *Assise subéreuse*, dont la subérification se produit après que l'assise précédente a cessé de fonctionner.

3° *Écorce* comprenant :
- a. — Une *zone externe à développement centrifuge*.
- b. — Une *zone interne à développement centripète*.
- c. — L'*endoderme*, ou *assise protectrice du cylindre central*.

4° *Cylindre central* comprenant :
- a. — Le *péricycle*, dont les éléments alternent avec ceux de l'endoderme, et qui manque chez les *Equisetum*.
- b. — Les *faisceaux vasculaires* et les *faisceaux libériens*, alternant entre eux et séparés par les *rayons médullaires*.
- c. — La *moelle*, qui fait souvent défaut.

RADICELLES. — Il nous est impossible d'aborder ici les modifications principales que peuvent présenter ces formations diverses. Nous nous contenterons d'ajouter quelques mots concernant les radicelles.

Elles manquent chez les Cryptogames vasculaires de la classe des Lycopodinées, dont la racine se ramifie par un dédoublement du point végétatif terminal. C'est là ce qu'on appelle une *dichotomie vraie*.

Chez les autres Cryptogames vasculaires (les Fougères, les Prêles), les radicelles naissent *dans l'endoderme*, soit isolément en face des faisceaux ligneux, soit par paires, à droite et à gauche de chacun des faisceaux vasculaires (1).

Chez les Phanérogames, *c'est dans le péricycle que naissent les radicelles*, et cela suivant deux modes :

1° S'il existe plus de deux lames vasculaires, c'est en face d'elles que se forment les radicelles, en nombre, par conséquent, égal au leur;

2° Si la racine primaire est binaire, c'est dans les intervalles compris entre les faisceaux ligneux et les faisceaux libériens, en nombre double, par conséquent, de celui des faisceaux du bois. Il en est de même, quel que soit le nombre des faisceaux, chez les Ombellifères (Céleri, Persil, Ciguë, etc.) et les Araliacées (Lierre, etc.), où le péricycle, en face de chaque lame vasculaire, est utilisé pour la formation d'un canal sécréteur.

Structure secondaire. — Les formations secondaires peuvent se montrer dans l'écorce et dans le cylindre central. Dans ces deux régions, elles sont formées par le cloisonnement d'une assise cellulaire du tissu fondamental dont l'activité se réveille ; les cellules qui naissent ainsi au sein de la racine primaire constituent un *cambium* ou *méristème secondaire*.

Formations secondaires externes. — Celles-ci peuvent apparaître, aussi bien chez les Monocotylédones et les Cryptogames vasculaires, que chez les Gymnospermes et les Dicotylédones.

Les cellules dont l'ensemble va constituer l'assise génératrice sont plus ou moins profondes ; en général, ce méristème se constitue aux dépens du péricycle. Chacun des éléments de l'assise génératrice se cloi-

---

(1) Dans le cas où la racine est binaire. c'est-à-dire où les formations primaires consistent en deux faisceaux ligneux et deux libériens, la lame vasculaire qui coupe le cylindre central de la racine est située dans un plan transversal, relativement aux deux faisceaux ligneux de la radicelle.

sonnant à la fois parallèlement à ses deux parois interne et externe,
il se forme de part et d'autre de cette assise, deux zones : l'une en
dehors, à développement centripète, qui deviendra le *liège* ou *suber*

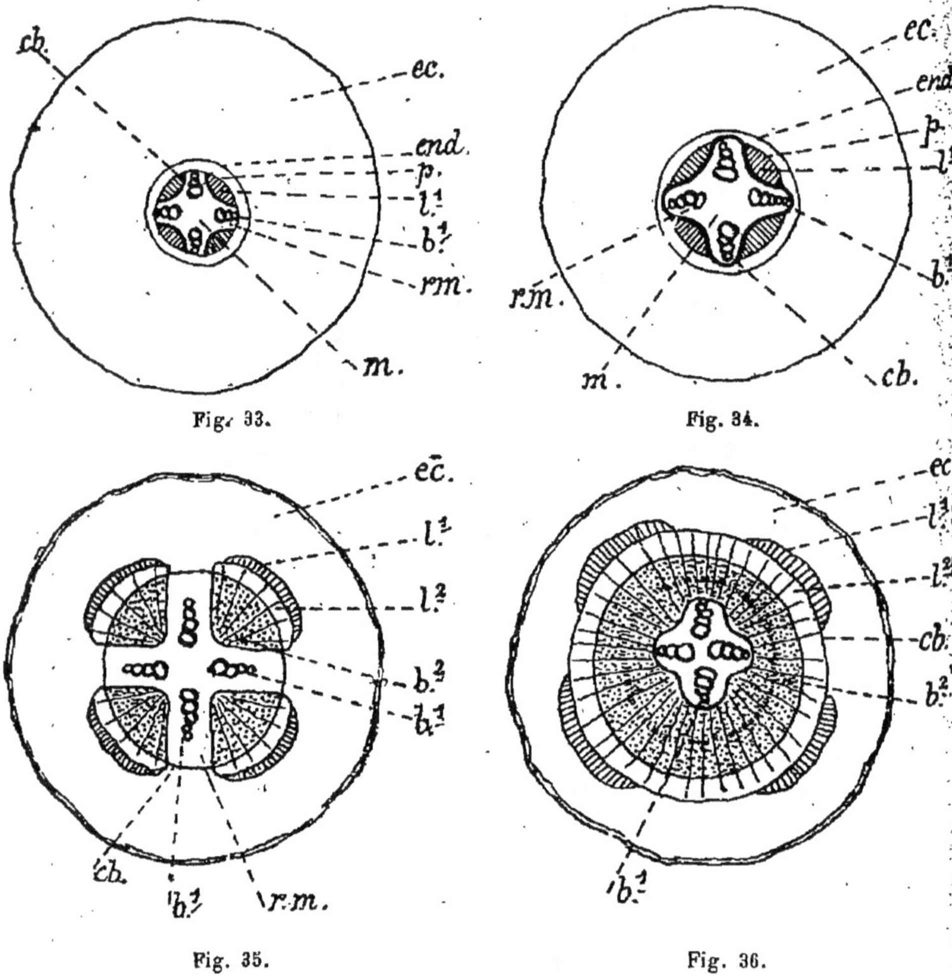

Fig. 33.

Fig. 34.

Fig. 35.

Fig. 36.

Fig. 33. — Schéma montrant la forme des arcs générateurs. — Fig. 34. — Schéma montrant la transformation de ces arcs en une assise génératrice continue. — Fig. 35. —
L'assise génératrice donne un faisceau libéro-ligneux en face de chaque îlot de liber
primaire. — Fig. 36. — L'assise génératrice donne un anneau libéro-ligneux complet. —
ec, écorce; *l¹*, liber primaire; *l²*, liber secondaire; *b¹*, bois primaire; *b²*, bois secondaire; *cb*, assise génératrice; *rm*, rayons médullaires.

secondaire; l'autre en dedans et à développement centrifuge, qui sera
l'*écorce secondaire* ou *phelloderme.* Le développement relatif de ces deux
formations est extrêmement variable ; mais, dans tous les cas, l'imperméabilité du périderme empêchant les sucs qui parcourent le centre de
l'organe de pénétrer en dehors de lui, tous les tissus extérieurs de l'é-

corce primaire ne tardent pas à se détruire; l'endoderme lui-même et une partie du péricycle sont aussi le plus souvent rejetés.

Formations secondaires internes. — Ces formations débutent tout contre la partie interne des amas de liber primaire, où se constituent tout autant d'îlots de méristème secondaire, isolés tout d'abord. Comme le méristème secondaire extérieur, celui-ci se cloisonne à la fois parallèlement au côté interne et au côté externe des cellules qui le constituent. Ainsi prennent naissance : en dehors, du *liber secondaire* qui vient s'appliquer contre le liber primaire et qui s'accroît en direction centripète ; en dedans, du *bois secondaire* qui se développe en direction centrifuge.

À ce moment, on trouve donc dans le cylindre central de la racine : 1° des lames ou faisceaux vasculaires primaires, uniquement composés de bois ; 2° dans l'intervalle de ces derniers, tout autant de faisceaux *collatéraux*, c'est-à-dire composés de liber en dehors (liber primaire et liber secondaire) et de bois en dedans (bois secondaire).

Mais plus tard, en dehors des faisceaux ligneux, le parenchyme fondamental, inerte jusque-là, entre à son tour en activité, et forme des arcs de méristème, qui se raccordent ensuite avec les arcs de cambium intra-libérien. Dès lors, l'assise génératrice secondaire est continue à elle-même ; elle est tout d'abord sinueuse, la série d'éléments qui la composent s'incurvant vers le centre au niveau des îlots du liber primaire, et en dehors à l'extérieur des lames vasculaires primordiales. Mais comme elle fonctionne sur tout son pourtour, en donnant à l'extérieur du liber secondaire centripète, en dedans du bois secondaire centrifuge, les lames vasculaires primaires sont peu à peu rejetées vers le centre de la racine, tandis que les faisceaux de liber primaire sont refoulés vers la périphérie, où ils sont bientôt peu reconnaissables. Le cambium devient ainsi peu à peu circulaire, et son fonctionnement, dans les racines vivaces, n'est plus interrompu que par les repos périodiques que subissent les phénomènes d'accroissement, dans les contrées à saisons régulières.

Comme le cambium fonctionne aussi, le plus souvent, en face des rayons médullaires primaires, ceux-ci se trouvent divisés, au delà de leur limite primitive, par des traînées libéro-ligneuses de nouvelle formation. En outre, en certains points de son circuit, le cambium donne seulement naissance à des bandes radiales de cellules qui coupent les formations secondaires. Ce sont les *rayons médullaires secondaires* qui, atteignant tous la périphérie, peuvent, à l'intérieur, ne pas arriver jusqu'à la moelle.

Dans nos climats tempérés, le fonctionnement du cambium secondaire subit des variations dans son activité, et des arrêts périodiques. Après le repos hivernal, il se forme, au printemps, du bois principalement composé de gros vaisseaux mêlés à des fibres à large calibre et à du parenchyme (*parenchyme ligneux*). Le parenchyme et le nombre des vaisseaux, ainsi que le calibre de ces derniers, diminuent peu à peu, tandis que le nombre des fibres augmente ; en automne, il ne se forme plus guère qu'un tissu fibreux dur et serré, contre lequel viennent s'appliquer immédiatement, au printemps suivant, les formations nouvelles dont les tissus contrastent ainsi nettement avec ceux de l'automne précédent. Telle est l'origine de ces zones concentriques de bois dont l'observation révèle, d'une façon exacte, l'âge d'une racine vivace.

Quant aux formations libériennes, elles s'appliquent les unes sur les autres sous l'aspect de feuillets minces, l'épaisseur des tissus formés pendant une période végétative étant ici beaucoup moindre que dans le bois (1).

Les formations secondaires peuvent devenir elles-mêmes le siège de formations tertiaires.

La structure secondaire de la racine peut se résumer dans le tableau suivant :

1° *Formations externes*, produites par un méristème qui se constitue, soit aux dépens de l'assise pilifère ou de l'assise subéreuse, soit du parenchyme cortical, soit enfin, le plus souvent, du péricycle. { *Liège* ou *périderme* en dehors ; *Phelloderme* ou *écorce secondaire* en dedans.

2° *Formations internes*, produites par une assise génératrice qui passe en dedans des faisceaux libériens primaires, et en dehors des faisceaux ligneux primaires. { *Liber secondaire* en dehors ; *Bois secondaire* en dedans, avec *rayons médullaires secondaires*.

III. — Physiologie.

Absorption. — La racine est, avant tout, un *organe d'absorption*, et nous savons que, dans une racine intacte, la pénétration des liquides ne saurait avoir lieu qu'au niveau de la région pilifère.

Les forces osmotiques déterminent superficiellement l'absorption qui se continue ensuite, de proche en proche à travers les tissus, jusqu'au cylindre central. Le liquide monte ensuite dans le système ligneux, grâce à la force de *capillarité* qui l'aspire le long des éléments vasculaires, et à la force d'*imbibition* qui n'est, d'ailleurs, qu'un cas particulier de la capillarité. C'est ainsi que le liquide, chargé de quelques sels minéraux et d'une faible quantité de substances organiques en solution, devient la *sève brute* ou *ascendante*. De nouvelles causes concourent ensuite à la faire monter jusque dans les parties les plus élevées, entre autres les variations de la température dans les régions diverses de la plante, l'appel exercé par le développement d'organes nouveaux dans les parties aériennes, et surtout la perte d'eau qui résulte de la transpiration et de la chlorovaporisation.

Si la racine est intacte, aucun corps n'est absorbé s'il n'est en solution.

D'une manière générale, dans un milieu extérieur contenant plusieurs sels, chacun d'eux est absorbé au fur et à mesure qu'il se détruit au sein de l'organisme, soit que ce dernier l'utilise en le décomposant, soit qu'il donne lieu, en réagissant sur les composés qu'il rencontre dans les tissus, à des combinaisons insolubles. Or, les sels qui se décomposent ainsi dans les végétaux varient avec la nature de la plante ; toutes les plantes n'absorberont donc pas, dans des milieux identiques, les mêmes principes et en quantités égales. Ainsi s'explique la pré-

(1) D'où le nom de *liber* donné à ces formations.

tendue *faculté d'élection* que les anciens botanistes attribuaient aux végétaux.

En outre de leur pouvoir absorbant, les poils ont aussi la faculté de sécréter un liquide légèrement acide, qui agit à la manière d'un suc digestif, sur les particules du sol et sur l'humus dont il dissout certains principes.

Respiration. — La racine *respire* au sens propre du mot, c'est-à-dire qu'elle absorbe de l'oxygène et dégage de l'acide carbonique; cet échange est le résultat d'une oxydation constante qui a son siège dans tous les tissus vivants de l'organe. Le phénomène est donc ici le même que partout ailleurs, et ne constitue pas une fonction particulière pour la racine; mais c'est dans la région pilifère qu'il s'accomplit avec le plus d'activité.

La racine n'assimile pas dans les conditions normales, puisqu'elle est privée de chlorophylle (1).

Fixation. — En général, la racine sert à fixer la plante dans le sol. Elle accomplit ce rôle d'organe fixateur grâce à la tendance qu'elle possède de s'accroître en sens inverse de la tige, et de s'enfoncer dans la terre. Plusieurs causes interviennent pour orienter ainsi l'accroissement de l'organe :

1º Son *géotropisme*. On donne ce nom à la propriété qu'ont certains organes de se diriger vers le centre de la terre (*géotropisme positif*), ou en sens inverse (*géotropisme négatif*). On sait depuis longtemps que cette propriété doit être surtout attribuée à l'influence de la pesanteur. Le géotropisme n'est pas, d'ailleurs, le même pour toutes les racines : seuls les axes primaires d'un système radical se dirigent verticalement de haut en bas ; la direction de leurs ramifications devient ensuite de plus en plus oblique, et les dernières d'entre elles sont à peu près indifférentes au géotropisme.

2º Le *phototropisme*, ou faculté qu'ont les organes de s'accroître soit vers la lumière, soit en direction contraire. Il est *négatif* pour la racine, peu intense d'ailleurs et nul parfois.

3º La *chaleur* et l'*humidité* du sol, dont l'influence s'exerce dans le même sens que le géotropisme.

IV. — Modifications de la racine.

Comme les autres organes végétatifs, par suite d'adaptation à des fonctions nouvelles, la racine peut se modifier dans son aspect et dans sa structure.

Chez le Lierre (*Hedera helix* L.), les racines adventives se développent en *crampons*, qui fixent la tige contre les murs et les troncs d'arbres où la plante doit végéter. Mais l'organe n'a pas changé

(1) Une exception à cette règle générale nous est offerte cependant par les racines aériennes des plantes épiphytes, qui développent de la chlorophylle à leur extrémité et, par conséquent, assimilent à la lumière.

cependant de nature, et les crampons reprennent l'organisation normale des vraies racines, si on les oblige à végéter simplement dans la terre humide.

Chez les *Derris*, les racines adventives se transforment en *épines*.

Chez les Vanilles (Orchidées), ces mêmes racines s'allongent en un corps filiforme, susceptible de s'enrouler autour des corps étrangers.

Chez les *Jussiæa* (Onagrariées), qui sont des plantes aquatiques, tandis que certaines racines conservent leur organisation normale, d'autres se changent en véritables *flotteurs*.

L'une des modifications les plus importantes consiste dans l'adaptation de la racine à l'emmagasinement des aliments de réserve, et tout particulièrement de l'amidon. Dans ce but les parenchymes s'y développent d'une façon prépondérante, au détriment des éléments libériens et ligneux. On nomme *tubercules* les organes ainsi renflés en vue de l'accumulation, dans leurs tissus, de réserves de ce genre, et on désigne sous le nom de *tubercules radicaux* ceux qui sont constitués par des racines.

Signalons enfin les racines transformées en *suçoirs* que certaines plantes parasites, les Cuscutes, par exemple, enfoncent dans les tissus de la plante nourricière.

CHAPITRE VIII

LA TIGE

I. — **Morphologie.**

Origine. — Au moment de la germination, la tigelle (voir fig. 31, *t*), en s'allongeant de bas en haut, peut s'accroître assez pour soulever au-dessus du sol les cotylédons qui sont dits alors *épigés ;* ils sont dits *hypogés* s'ils demeurent cachés dans la terre. En même temps, la gemmule se développe et devient l'origine de la tige principale et de ses ramifications.

Dimensions. — La tige peut affecter des dimensions extrêmement diverses ; de quelques millimètres de hauteur par exemple, chez certaines Mousses, elle atteint jusqu'à 120 et même 140 mètres chez le *Sequoia gigantea* Endl. (de Californie) et certains *Eucalyptus*. Le diamètre de cet organe n'est pas moins variable ; inférieur à 1 millimètre dans quelques plantes très petites, il atteint 10 à 12 mètres chez les arbres cités plus haut et chez l'*Adansonia digitata* L. (de l'Afrique tropicale).

La tige, chez certaines plantes, demeure assez courte pour que les feuilles qu'elle porte forment, au-dessus du sol, une sorte de rosette dans laquelle elles sont étroitement en contact, ou même superposées. Ces plantes sont improprement désignées par l'épithète d'*acaules* (c'est-à-dire sáns feuilles).

Allongement terminal. — Comme la racine, la tige s'allonge, à son extrémité, grâce au cloisonnement, en directions diverses, d'une seule cellule ou d'un massif de cellules formant le *méristème terminal*. Ce dernier est protégé, dans nos contrées, pendant l'arrêt hivernal de la végétation, par des feuilles ou des parties de feuilles plus ou moins modifiées, qui forment avec lui un *bourgeon*. Quand ce point terminal de l'axe est privé de ces appendices protecteurs, il forme un *bourgeon nu*.

Nœuds, entre-nœuds. — On distingue, le long de la tige et de ses ramifications diverses (fig. 37) :

1° Les *nœuds*, c'est-à-dire les points, ou plus exactement les plans transversaux de l'axe sur lesquels se trouvent insérées les feuilles ;

2° Les *entre-nœuds*, espaces compris chacun entre deux nœuds successifs.

Fig. 37. — Sommet d'une tige.— *a*, nœud ; *c*, entre-nœud ; *b*, bourgeon terminal ; *b'*, bourgeon latéral.

Ramification. — Presque toujours, chez les Phanérogames, la ramification des tiges est due à l'évolution de *bourgeons latéraux*, tandis que l'axe principal continue à s'allonger par son *bourgeon terminal*.

Normalement, les bourgeons latéraux naissent à l'aisselle des feuilles, c'est-à-dire dans l'angle que forment ces dernières avec l'axe qui les porte (fig. 37). A chaque feuille correspond, le plus souvent, un seul *bourgeon axillaire;* on en trouve cependant plusieurs chez certaines plantes (le Prunier, les Aristoloches, etc.).

On nomme *extra-axillaires* ceux qui naissent en dehors de l'aisselle des feuilles, et *adventifs* ceux qui se forment en des points indéterminés de la plante.

On nomme *axes secondaires* les ramifications immédiates d'un axe primaire; à leur tour les axes secondaires produisent des *axes tertiaires* ou de troisième degré, ceux-ci des *axes quaternaires,* etc.

L'ordre dans lequel se développent les feuilles étant soumis à des lois constantes (ainsi que nous le verrons plus loin), on comprend combien ces lois doivent retentir sur la disposition générale des ramifications d'une plante. Mais cette disposition est souvent troublée par le développement de *rameaux adventifs,* par celui de plus d'un rameau à l'aisselle d'une même feuille, ou enfin par l'avortement de certains bourgeons.

DICHOTOMIES VRAIE ET FAUSSE; SYMPODE, MONOPODE. — Rarement la tige se ramifie par un dédoublement pur et simple du point végétatif terminal, dédoublement qui donne lieu à une *dichotomie vraie.* Normal chez les Thallophytes et les Muscinées, ce phénomène est exceptionnel chez les Phanérogames et même chez les Cryptogames vasculaires.

Si le bourgeon terminal d'un axe avorte à une faible distance, au-dessus d'un point où naissent deux ramifications de second ordre à peu près égales, la tige paraîtra bifurquée à son sommet; c'est ce qu'on nomme une *dichotomie fausse* (fig. 38, B) (1).

Si l'on suppose que, dans une dichotomie vraie ou fausse, une seule des branches de la bifurcation se développe et se substitue, en volume et en direction, à l'axe terminal dont l'allongement est alors arrêté, il est aisé de comprendre que ce même phénomène, répété sur les ramifications de divers degrés, doit amener la formation d'un axe unique en apparence, mais en réalité formé par des rameaux d'ordres différents et issus les uns des autres. Ce mode de ramification est appelé *sympodique,* et on nomme *sympode* l'axe complexe qui en résulte (fig. 38, C).

Par opposition, on nomme *monopode* un ensemble également plus ou moins ramifié, mais dans lequel l'axe principal a toujours

---

(1) Il peut se produire de même une *fausse trichotomie,* ou trifurcation apparente.

un accroissement prédominant sur celui des rameaux qui en proviennent.

Port général des plantes. — Le *port*, c'est-à-dire l'aspect général,
la physionomie des végétaux, tient en grande partie à leur mode
de ramification; mais il résulte encore de plusieurs autres facteurs,
tels que la taille, la consistance de la plante, la direction des ramifications, le nombre, la forme et le volume des feuilles, etc.

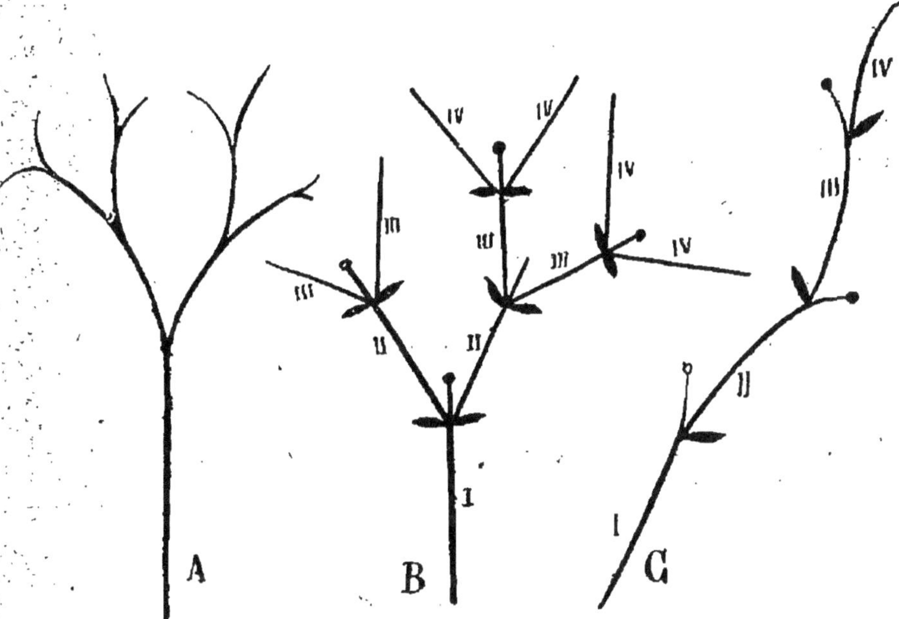

Fig. 38. — A, dichotomie vraie. — B, dichotomie fausse. — C, ramification sympodique.

On nomme *plantes herbacées* celles dont toutes les parties demeurent succulentes et exemptes de lignification; les plantes dites
ligneuses sont celles qui lignifient plus ou moins leurs organes
aériens.

Les plantes ligneuses se divisent elles-mêmes en plusieurs
catégories.

On nomme *plantes suffrutescentes* ou *sous-arbrisseaux*, celles dont
la tige et les ramifications principales se lignifient à la base seulement; ce sont ordinairement les seules parties qui persistent
pendant l'hiver. La Sauge, la Lavande vraie, la Lavande stœ-
chas, etc., sont des sous-arbrisseaux.

On appelle *plantes frutescentes* ou *arbrisseaux* des végétaux dont toutes les parties se lignifient, qui sont ramifiés dès leur base, et dont la taille est de 1 à 5 mètres environ. Le Lilas, le Laurier-Rose, l'Aubépine, etc., sont des arbrisseaux.

Enfin les *plantes arborescentes* ou *arbres* sont des végétaux lignifiés dans toutes leurs parties, qui ont une taille supérieure à 5 mètres, et dont l'axe principal n'est ramifié qu'à partir d'un certain niveau au-dessus du sol, ou manque de ramification. Entre ces trois catégories de plantes, on doit s'attendre naturellement à rencontrer tous les intermédiaires possibles.

Stipe et tronc. — En ce qui concerne les plantes ligneuses, on observe, en général, une différence caractéristique entre les Monocotylédones et les Dicotylédones. Les premières ont presque toutes une tige ligneuse en forme de colonne, peu ou, plus souvent, point du tout ramifiée, et dont le sommet porte un bouquet de grandes feuilles. Cette tige, à laquelle on donne ordinairement le nom de *stipe*, est extérieurement hérissée d'écailles ou de faisceaux fibreux, qui représentent la base persistante des feuilles. Celles-ci se détruisent, en effet, de bas en haut, à mesure que l'axe s'allonge. Les Palmiers nous offrent des exemples classiques de stipes chez les Monocotylédones. Parmi les stipes ramifiés, on peut citer ceux des *Pandanus* ou Vaquois, des *Dracæna* (Asparaginées), etc. Les Fougères arborescentes, parmi les Cryptogames vasculaires, les Cycadées, parmi les Gymnospermes, affectent un port semblable

Chez les arbres dicotylédones, dont l'axe principal est à peu près toujours ramifié, on nomme *tronc* la partie de cet axe située au-dessous des premières ramifications.

Axes de divers degrés chez les plantes ligneuses. — Chez les plantes ligneuses, les grosses divisions de l'axe principal prennent le nom de *branches;* les branches se divisent en *rameaux*, les rameaux en *ramilles*.

De la disposition, de l'étendue, du nombre et de la direction des ramifications, dépend la physionomie générale de l'arbre (1).

(1) On dit, par exemple, qu'un arbre est *fastigié* quand ses rameaux s'élèvent le long de leurs axes mères, en formant avec eux un angle plus ou moins aigu, de telle sorte que le contour général de la partie feuillée figure un fuseau ou un cône (Peuplier d'Italie, Cyprès vert, etc.). Si les rameaux prennent une direction inverse en s'inclinant vers le sol, le port est dit *pleureur* (Saule pleureur, Sophora pleureur, etc.). Chez le Pin pignon, les rameaux, bien qu'issus de points différents sur le tronc, s'élèvent sensiblement tous à la même hauteur et l'arbre simule un parasol. Exceptionnellement les Dicotylédones ont une sorte de stipe semblable à celui des Monocotylédones, le Payayer (*Carica Papaya*), par exemple.

Plantes grimpantes et rampantes. — On désigne sous le nom de *lianes* les plantes à tiges ligneuses grimpantes. Les lianes abondent dans les forêts tropicales et appartiennent à des familles naturelles très diverses. Certaines plantes de nos régions, telles que la Douce-Amère, les Clématites, ont une tige aérienne semblable.

Qu'elles soient ligneuses ou herbacées, les tiges grimpantes s'attachent aux corps étrangers par des moyens divers. Les unes sont simplement *volubiles*, c'est-à-dire qu'elles s'enroulent en spi-

Fig. 39. — Tige de Houblon.

Fig. 40. — Un pied non fleuri de Fraisier quatre-saisons (*Fragaira vesca*), muni d'un coulant qui s'est enra-ciné et a donné une pousse à deux nœuds successifs.

rale autour des troncs d'arbres, des colonnes, etc. (nos Liserons, par exemple, le Haricot, le Houblon (fig. 39), etc.); d'autres, telles que les Rosiers, s'accrochent à l'aide d'aiguillons; d'autres encore se fixent au moyen d'organes spéciaux, dont nous parlerons sous le nom de *vrilles* (la Bryone, la Vigne, les Salsepareilles, etc.); d'autres enfin, comme le Lierre grimpant, à l'aide de crampons.

Coulants; stolons; drageons. — Nous croyons inutile de définir les expressions de *tiges couchées, rampantes, ascendantes*, etc., qui reviennent souvent dans le langage descriptif. Nous insisterons davantage sur le mode de végétation de certaines plantes herbacées qui produisent des axes aériens de deux sortes : les uns dressés et généralement florifères, d'autres couchés et rampants, susceptibles de développer, au contact du sol, des racines adventives, et de multiplier ainsi la plante par marcottage naturel. On donne à ces axes rampants le nom de *stolons*, lorsqu'ils sont pourvus de feuilles normalement développées, comme chez l'Épervière piloselle ; on les nomme ordinairement *coulants*, lorsqu'ils ne portent que des feuilles minimes et très distantes, comme chez la Potentille, le Fraisier (fig. 40), etc.

Ces axes rampants ne doivent pas être confondus avec les rameaux adventifs qui se produisent, non sur des tiges, mais bien sur des racines, et qu'on désigne sous le nom de *drageons*. Ils proviennent le plus souvent, chez les Dicotylédones ligneuses, de bourgeons adventifs situés au voisinage des radicelles.

II. — Structure.

Comme pour la racine, il y a lieu de distinguer deux stades dans la structure de la tige, chez les Phanérogames :

Structure primaire. — DICOTYLÉDONES ET GYMNOSPERMES (fig. 40). — Comme dans la jeune racine, le parenchyme fondamental se divise de bonne heure en une *écorce* et un *cylindre central*, séparés par un *endoderme*. Ici encore, l'assise périphérique du cylindre central constitue un péricycle, à l'intérieur duquel vont apparaître les formations primaires, libériennes et ligneuses. Mais, à ce niveau, la tige se distingue de la racine par les caractères suivants :

1° L'épiderme disparaît tardivement autour de l'axe qu'il doit protéger ; il y acquiert des stomates et une cuticule, comme l'épiderme foliaire (1). Enfin la chlorophylle y fait défaut.

2° L'écorce est tout entière formée par la zone externe à formation centrifuge (voir p. 48).

3° Les faisceaux primaires qui s'organisent en dedans du péricycle, autour du parenchyme central, n'atteignent jamais le centre de l'axe où règne, par conséquent, toujours une moelle.

4° Chacun de ces faisceaux est composé de deux parties : une région ligneuse en dedans, une région libérienne en dehors. Ce sont des *faisceaux collatéraux*, dans lesquels le liber se forme en direction centripète, le bois en direction centrifuge ; liber et bois sont séparés par une assise génératrice, qui fonctionne comme celle qui produit le liber et le bois secondaires dans la racine.

(1) L'épiderme fait défaut sur les tiges des plantes aquatiques, ou plutôt il ne possède ni cuticule ni stomates, et contient le plus souvent de la chlorophylle. L'épiderme des tiges souterraines présente des caractères analogues, mais la chlorophylle y fait défaut.

Les formations vasculaires débutent ici vers le centre, et le calibre des vaisseaux augmente de l'intérieur vers la périphérie de l'organe. Chez les Gymnospermes, il ne se forme de vaisseaux qu'au pourtour de

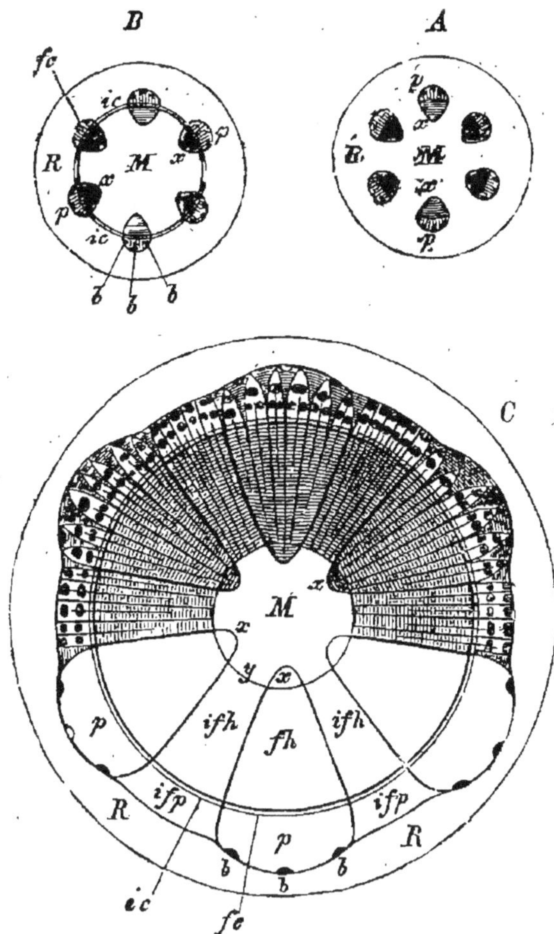

Fig. 41. — Schéma des formations primaires et secondaires d'une tige de Dicotylédone. — A, B, C, stades successifs. — B, formations primaires. — M, moelle. — R, écorce. — p, liber; — x, bois primaire; — fc, cambium compris dans les faisceaux primaires; — ic, cambium situé dans l'intervalle des faisceaux. — ifp, liber situé dans l'intervalle des faisceaux; — b, b, liber primaire; — ifh, bois interfasciculaire; — ifp, liber interfasciculaire; — y, étui médullaire.

la moelle; le bois n'est plus représenté, dans le reste de son épaisseur, que par des trachéides (voir page 8).

Entre ces faisceaux primaires, sont des rayons médullaires d'autant plus larges, que les faisceaux sont eux-mêmes plus étroits ou moins nombreux.

Tel est le plan fondamental de la structure primaire de la tige chez les Dicotylédones et les Gymnospermes. Nous ne pourrions indiquer ici les modifications, même les plus essentielles, qu'elle subit, sans sortir du cadre de notre travail. Signalons seulement la différenciation assez fréquente d'une partie de l'écorce en sclérenchyme ou en collenchyme (voir p. 30), l'épaississement assez fréquent des cellules endodermiques, l'accroissement du péricycle chez beaucoup de plantes, et la formation fréquente, au milieu de cette assise, soit de faisceaux fibreux (1) ou de collenchyme, soit de canaux sécréteurs.

Enfin chez beaucoup d'autres Dicotylédones, les faisceaux libéro-ligneux primaires sont *bicollatéraux*, c'est-à-dire que le bois s'y trouve compris entre deux formations libériennes, l'une interne, l'autre externe (chez les Solanées, par exemple, beaucoup d'Ombellifères, les Strychnées, etc.).

Nous savons déjà que l'un des caractères distinctifs des tiges consiste dans la propriété qu'elles ont de pouvoir porter des feuilles. Or, les faisceaux libéro-ligneux qui arrivent à ces dernières proviennent du cylindre central de l'axe qui les porte, et dont les faisceaux se ramifient. Tandis qu'une ou plusieurs branches de ces ramifications se déjettent en dehors pour pénétrer dans les feuilles à chaque nœud, un autre rameau continue sa marche le long de la tige, pour se ramifier ensuite à son tour de la même manière, à un niveau plus élevé. Suivant le nombre des *faisceaux foliaires* qui se détachent ainsi du cylindre central, suivant leur trajet plus ou moins long, plus ou moins rectiligne au sein de la tige avant de se porter dans la feuille, la distribution générale des faisceaux libéro-ligneux de l'axe, à un niveau quelconque, peut varier dans d'assez larges limites.

MONOCOTYLÉDONES. — Déjà chez certaines Dicotylédones, les faisceaux foliaires, après s'être détachés des *faisceaux propres* de la tige (2), ne se rendent donc aux feuilles qu'après avoir cheminé pendant un certain trajet en dehors de ces derniers. La coupe de l'axe, à un niveau déterminé, montre alors tout naturellement deux rangées de faisceaux (tige de certaines Cucurbitacées, des *Phytolacca*, etc.), parfois même trois ou quatre cercles semblables (chez certaines Pipéracées).

Cette disposition forme transition vers celle (fig. 42) qui peut être considérée comme normale chez les Monocotylédones. Ici les faisceaux sont généralement nombreux et disposés sans ordre apparent; ils se montrent seulement d'autant plus nombreux, plus petits et plus riches en tissu fibreux qu'ils sont plus rapprochés de la périphérie. Cette structure tient surtout à ce fait que la feuille admet plusieurs faisceaux, dont les latéraux cheminent toujours dans la partie extérieure du cylindre central, tandis que les médians ne se dirigent en dehors qu'après s'être incurvés plus ou moins loin vers le centre de l'organe.

Structure secondaire. — La structure primaire est permanente chez la plupart des Monocotylédones, chez presque toutes les Cryptogames vasculaires, et chez beaucoup de Dicotylédones dont l'axe ne s'accroît que très peu.

Chez les Gymnospermes et la plupart des Dicotylédones, on voit appa-

(1) Ces fibres péricycliques sont fréquemment désignées sous le nom inexact de *fibres libériennes.*

(2) On entend par *faisceaux propres* de la tige ou *faisceaux caulinaires*, celles des ramifications des faisceaux de l'axe qui gardent leur situation normale dans le cylindre central, mais qui, à leur tour, doivent se ramifier plus haut pour fournir un ou plusieurs faisceaux foliaires.

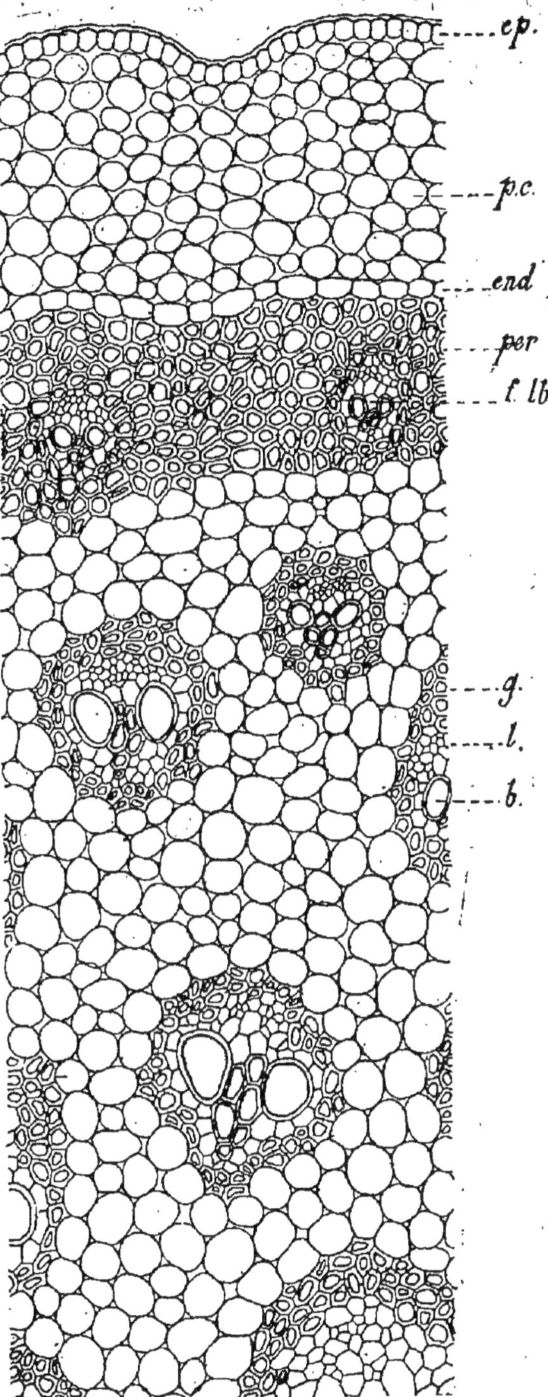

Fig. 42. — Tige de *Smilax aspera*. — *ep*, épiderme; *pc*, écorce; *end*, endoderme; *per*, péricycle qui contient des faisceaux foliaires *flb*; *g*, gaine entourant les vaisseaux; *f* et *b*, liber et bois des faisceaux.

raître des *formations secondaires*. Comme dans la racine, ces dernières peuvent avoir pour siège soit l'écorce, soit le cylindre central (fig. 41, C).

1. FORMATIONS SECONDAIRES EXTERNES. — Elles sont dues, comme dans la racine, à l'activité d'un cambium qui se développe dans l'écorce, à des profondeurs diverses, et dont le double fonctionnement donne encore ici naissance : 1° à du *périderme* en dehors, 2° à une *écorce secondaire* (*phelloderme*) en dedans. Souvent, après avoir fonctionné quelque temps, ce cambium s'éteint, et il est remplacé par un nouveau cambium plus interne, auquel en succèdent d'autres de plus en plus profonds. Les tissus extérieurs de l'écorce, ainsi isolés et frappés de mort, se détachent par lames ou par plaques. L'enveloppe rugueuse et crevassée qu'ils forment autour du tronc et des branches des arbres, est souvent désignée sous le nom de *rhytidome*.

La constitution du périderme débute assez souvent par de petits îlots de nature subéreuse, proéminents à la surface des tiges qu'ils finissent par percer. Ces formations qui, le plus souvent, prennent naissance sous un stomate, portent le nom de *lenticelles*. Ce sont tout autant de petits centres qui servent de points de départ à la production d'une zone péridermique continue.

2. FORMATIONS SECONDAIRES INTERNES. — Ces formations sont dues à l'activité d'un méristème secondaire, situé entre les formations libériennes et ligneuses primaires, méristème dont le fonctionnement s'exerce comme dans la racine.

Ici encore, dans les contrées tempérées, ce méristème subit des arrêts d'activité périodiques, qui déterminent l'apparition de couches concentriques ligneuses en dedans, à chacune desquelles correspond un feuillet libérien en dehors.

Des *rayons médullaires secondaires* se montrent ici, comme dans la racine.

Mais dans la tige, le centre est toujours occupé par une *moelle*, autour de laquelle le bois est spécialement riche en trachées, fausses trachées, vaisseaux annelés, qui représentent les premières formations ligneuses. Leur ensemble constitue l'*étui médullaire*.

Dans les tiges ligneuses âgées, comme dans les racines d'ailleurs, le bois se montre fréquemment divisé en deux zones : l'une interne, plus dure et généralement plus colorée, constitue le *duramen* ou *bois parfait* (1), l'autre extérieure, plus molle et plus claire, est désignée sous le nom d'*aubier*. Le diamètre du duramen s'accroît aux dépens de l'aubier, à mesure que le nouveau bois se forme vers la périphérie du cylindre central, et ce changement est assez brusque pour que la limite entre ces deux régions demeure toujours nettement tranchée.

Nous parlerons en temps et lieu de la structure de la tige chez les Cryptogames vasculaires.

En résumé, la tige et la racine se distinguent essentiellement par les caractères suivants, au point de vue de la structure :

(1) Le *duramen* est souvent encore désigné sous le nom de *cœur de bois*. Le duramen est la partie du bois exclusivement employée dans certaines industries, soit à cause de sa dureté, soit à cause de sa richesse beaucoup plus grande en principes colorants, comme pour le bois du Brésil et le bois de Campêche.

1º L'extrémité de la racine est protégée par une *coiffe* d'origine épidermique, au delà de laquelle est une *région pilifère* dérivant elle-même, soit de l'épiderme, soit de l'assise sous-jacente.

L'extrémité de la tige possède un méristème absolument nu, et l'épiderme est persistant.

2º Dans la tige, comme dans la racine, il existe, entre l'écorce et le cylindre central, un *endoderme* et un *péricycle ;* mais dans la racine il ne se forme que des *faisceaux primaires simples, les uns libériens, les autres vasculaires*, en direction centripète, ces derniers se rencontrant souvent au centre. Dans la tige il se forme des *faisceaux collatéraux*, laissant toujours au centre de l'axe une moelle parenchymateuse ; le bois est dès le début centrifuge. Chez la racine il existe généralement deux zones dans l'écorce, l'externe à formation centrifuge, l'interne centripète. Cette dernière fait défaut dans la tige primaire.

3º Dans la tige, comme dans la racine, les formations secondaires peuvent naître dans l'écorce et dans le cylindre central.

Dans l'écorce, aussi bien chez certaines Monocotylédones que chez les Dicotylédones et les Gymnospermes, le méristème secondaire produit du *périderme* en dehors, du *phelloderme* en dedans, dans la tige aussi bien que dans la racine.

Dans le cylindre central, il n'apparaît en général de formations secondaires que chez les Dicotylédones. Elles sont produites par un méristème secondaire qui produit, à la fois, du *liber* sur sa face externe, du *bois* sur son côté interne. Mais dans la racine, ce méristème apparaît tout d'abord à l'intérieur des amas libériens primaires, pour se continuer plus tard en dehors des faisceaux ligneux primordiaux ; dans la tige, ce méristème, dès le début, a son siège entre le liber et le bois de chacun des faisceaux libéro-ligneux primaires.

Nous renvoyons à des ouvrages plus spéciaux pour l'étude des formations tertiaires et des divers cas d'anomalie qui peuvent se présenter dans la structure de la tige.

III. — Physiologie.

1º La tige a pour rôle de servir de support aux feuilles et aux organes de la fécondation. Elle sert d'intermédiaire pour conduire, d'une part vers les organes périphériques, la *sève brute* puisée dans le sol par les racines ; d'autre part, des parties vertes de la plante vers toutes les autres régions du végétal, la *sève élaborée*, c'est-à-dire chargée des composés organiques qui prennent naissance sous l'influence de la fonction chlorophyllienne.

Dans la tige, comme dans la racine, la sève brute s'élève principalement par les éléments vasculaires du bois ; la sève élaborée circule à travers les éléments criblés du liber.

2º Indépendamment de ces fonctions essentielles, la tige en accomplit d'autres que l'on peut considérer comme accessoires, accidentelles, et d'autres qui lui sont communes avec d'autres organes.

Ainsi la tige *assimile* par ses parties vertes, lorsque la présence d'un périderme épais n'a pas empêché le développement de la chlorophylle ;

Elle *respire* comme le font la racine et toutes les parties vivantes de la plante ;

Elle peut *emmagasiner des réserves nutritives*, et particulièrement de l'amidon, dans son écorce, sa moelle, ses rayons médullaires. Pour s'adapter à cette fonction nouvelle, la tige se modifie le plus souvent, ainsi que nous le disons ci-après.

IV. — Modifications de la tige.

RHIZOMES. — On donne ce nom aux tiges souterraines. Le milieu, et les conditions spéciales dans lesquelles ils végètent, impriment aux rhizomes des caractères qui les distinguent des tiges aériennes. Ils manquent de chlorophylle, et les feuilles qu'ils portent sont

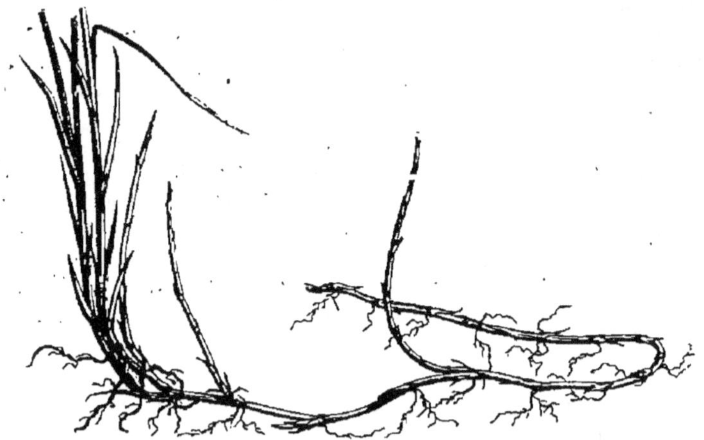

Fig. 43. — Un pied de Chiendent (*Triticum repens*) montrant son rhizome indéterminé horizontal, rameux, à nombreuses racines naissant immédiatement au-dessous de chaque nœud, et présentant plusieurs rameaux redressés dont les deux antérieurs sont feuillés et jouent le rôle de tiges florifères.

ordinairement réduites à de simples écailles, elles-mêmes très minimes parfois.

Les *rhizomes* rampent le plus souvent dans le sol suivant une direction horizontale ; en même temps ils développent, aux nœuds, des écailles foliaires sur leur côté supérieur, des racines adventives par leur côté inférieur. — Plus rarement ils s'accroissent suivant une direction oblique, ou même verticalement de haut en bas (chez les Prêles).

C'est presque toujours par leurs rhizomes que les plantes herbacées vivaces végètent pendant l'hiver, et régénèrent au printemps leurs organes aériens.

D'après leur mode de végétation, on distingue deux catégories de rhizomes :

1° Les rhizomes *indéfinis* ou *indéterminés* (Chiendent, Primevère, etc.), dont l'axe principal s'allonge indéfiniment sous la terre, tandis que des rameaux, nés à l'aisselle d'écailles foliaires, se redressent, percent la surface du sol, et viennent porter à l'air libre leurs fleurs, leurs fruits et leurs graines (fig. 43).

2° Les rhizomes *définis* ou *déterminés*, véritables sympodes souterrains, dont les axes successifs se redressent, et viennent se terminer à la lumière, tandis que le rameau produit par chacun d'eux se substitue à lui et semble en être, sous le sol, la continuation directe (Sceau de Salomon, etc.). Les rhizomes de cette dernière catégorie sont plus fréquents que les premiers.

CLADODES. — Chez certaines plantes, à feuilles nulles ou très réduites, la fonction chlorophyllienne et la transpiration incombent tout entières à la tige et à ses ramifications. Celles-ci prennent souvent alors une forme et une structure qui les font ressembler aux feuilles qu'elles remplacent : on les nomme *cladodes*. Le cladode se distingue toujours morphologiquement de la feuille en ce qu'il est susceptible de porter lui-même des feuilles, et même des fleurs et des fruits (fig. 44). Le Petit

Fig. 44. — Rameau fleuri de Petit Houx (*Ruscus aculeatus*).— *cld*, cladodes qui sont tordus sur leur base *a* de manière à placer leur plan à peu près verticalement ; *fl*, fleur portée sur la ligne médiane et à la face supérieure des cladodes.

Houx *Ruscus aculeatus* L., de la famille des Asparaginées, offre un exemple classique de cladodes.

RAMEAUX-VRILLES. — Les *vrilles* à l'aide desquelles grimpent certaines plantes, sont souvent de simples rameaux modifiés dans leurs fonctions et dans leur structure. Les Passiflores, et surtout la *Vigne*, nous fourniront de cette transformation de remarquables exemples.

RAMEAUX-ÉPINES. — Chez plusieurs plantes, certains rameaux se développent en appendices durs et aigus, véritable appareil de défense pour les végétaux qui en sont armés. Tels sont les rameaux-

épines que l'on observe chez le Prunier épineux, l'Aubépine, le
Févier à trois pointes, etc.

RAMEAUX-TUBERCULES. — Nous avons déjà vu la racine se renfler

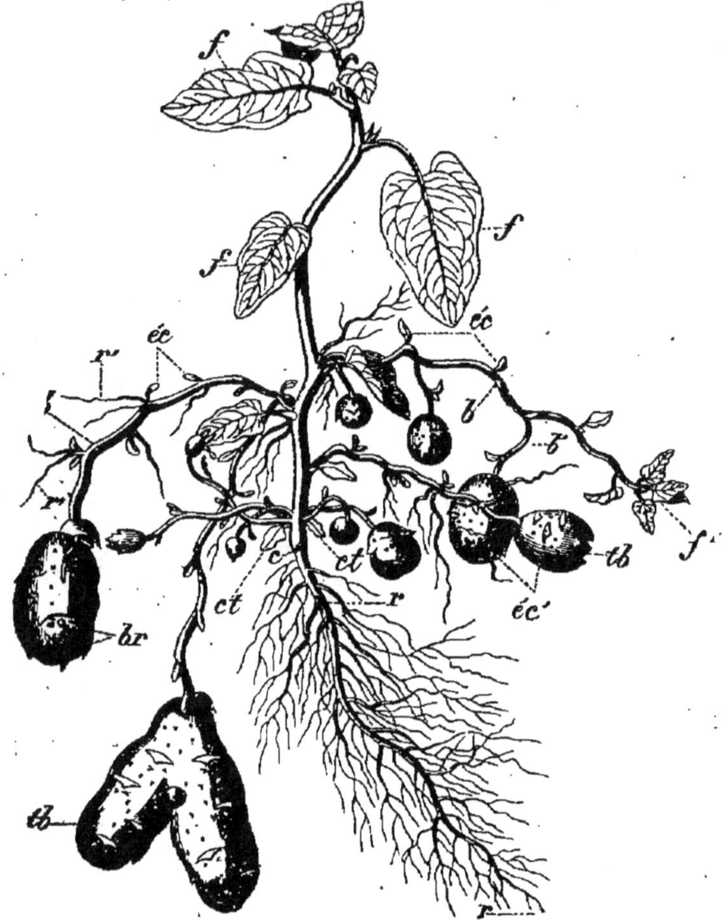

Fig. 45. — Jeune pied de Pomme de terre (*Solanum tuberosum*). — *rr*, racine pivotante ;
c, collet ; *dd*, les deux cotylédons épanouis en petites feuilles séminales ; de leurs aissel-
les sortent des rameaux renflés à leur extrémité en tubercules ; *ec*, feuilles écailleuses
réduites des rameaux souterrains ; *e'c'*, écailles des tubercules *tb*, à l'aisselle desquelles
se trouvent les bourgeons *br* ; *bb*, rameaux également souterrains et tubérifères qui
sont sortis de l'aisselle des feuilles inférieures ; *b'*, une ramification de l'une d'elles ;
r', racines adventives créées sur ces mêmes branches ; *f'*, extrémité d'une de ses branches qui, étant venue accidentellement à l'air, a formé un bouquet de feuilles en place
de tubercules ; *f,f,f*, feuilles ordinaires situées hors de terre, les deux supérieures seulement commencent à compliquer leur forme (d'après Turpin).

en tubercules pour servir de réservoir nutritif (p. 52) ; les tiges et
les rameaux souterrains sont susceptibles de subir une modification
analogue. Les tubercules de Pommes de terre (fig. 45) nous

offrent, de cette modification, un exemple bien connu, et il est aisé de se convaincre que ce renflement de l'organe, cette *tubérisation*, affecte plusieurs entre-nœuds, et comprend, par conséquent, plusieurs nœuds et insertions de feuilles. Ces nœuds correspondent à ces petites dépressions auxquelles on donne habituellement le nom d'*yeux*. Sur chacune d'elles on remarque, en dehors, une petite écaille membraneuse, qui n'est autre chose que la feuille modifiée et, plus en dedans, un petit bourgeon axillaire. La réserve accumulée dans ce tubercule est, on le sait, la fécule.

Le Topinambour forme des tubercules semblables ; mais la fécule y est remplacée par de l'*inuline*.

Chez d'autres plantes, la tubérisation n'intéresse qu'un entre-nœud, comme par exemple chez l'*Apios tuberosa* (Légumineuses).

Il est encore des tubercules de nature mixte, c'est-à-dire formés à la fois par la racine dans le bas, par une partie de la tige dans le haut; tel est, par exemple, le tubercule de Betterave.

Bulbes. — Si nous supposons que la tige à peu près tout entière se renfle sous le sol, en modifiant plus ou moins profondément ses appendices foliaires, il nous sera aisé de comprendre la constitution des bulbes. On distingue, d'ailleurs, plusieurs sortes de bulbes :

1° Chez le Lis, par exemple (fig. 45), la partie renflée de la tige est extérieurement recouverte de feuilles petites et nombreuses,

Fig. 46. — Bulbe écailleux du Lis.

qui s'imbriquent comme les tuiles d'une toiture, ou mieux, comme les écailles d'un Artichaut. C'est un *bulbe écailleux*. La partie solide du bulbe, à laquelle on donne le nom de *plateau*, se continue vers le haut avec la *hampe*, c'est-à-dire avec la partie aérienne et florifère, non renflée de l'axe.

2° Chez l'Oignon ordinaire, le plateau, beaucoup plus réduit, entre pour une part bien moindre dans la constitution du bulbe, qui est formé presque en entier par les écailles foliaires. Ici, ces écailles sont des tuniques emboîtées, dont les extérieures enveloppent complètement les intérieures; ailleurs, chez la Scille officinale, par exemple, elles sont moins développées. Ce sont des bulbes *à tuniques*.

3° Un développement inverse nous est offert par le bulbe des

Colchiques, par celui du Safran, etc., chez lesquels la partie axile est de beaucoup prédominante; les appendices ne sont représentés que par quelques écailles, dont les bases renflées se soudent entre elles et avec le plateau. On donne à ces sortes de formations le nom de *bulbes solides*.

Dans ces divers cas, la partie axile du bulbe développe, au-dessous de lui, des racines latérales qui, le plus souvent, forment un faisceau fibreux, tandis qu'à l'aisselle de leurs appendices écailleux sont des bourgeons qui, en évoluant, produisent soit de nouveaux bulbes, soit des tiges aériennes. — Dans certains cas, ces bourgeons axillaires se renflent déjà sur place, en de petits bulbes destinés à se détacher plus tard de l'axe mère ; on leur donne le nom de *caïeux*.

Bulbilles. — On ne doit pas confondre les caïeux avec les *bulbilles*. On nomme ainsi de petits bourgeons renflés à leur base ayant, par suite, en eux-mêmes, une certaine quantité de réserve alimentaire, et qui prennent naissance en des points très divers, sur les parties aériennes du végétal.

Ces *bulbilles*, susceptibles de se détacher pour donner naissance, sur le sol, à un nouveau pied, apparaissent souvent à l'aisselle des feuilles (chez le Lis bulbifère, par exemple). Chez les *Allium*, on voit fréquemment des formations de ce genre remplacer les fleurs (1).

CHAPITRE IX

LA FEUILLE

I. — Morphologie.

Définition ; parties constituantes. — La feuille est un organe appendiculaire, exclusivement porté par la tige et ses ramifications, et dont l'assimilation du carbone, la chlorovaporisation et la transpiration constituent les fonctions essentielles.

Complète et normalement construite, la feuille se compose des parties suivantes (fig. 47) :

1° Une lame horizontalement placée, ordinairement verte et mince : le *limbe;*

(1) On donne assez souvent l'épithète de *vivipares* aux plantes à bulbilles.

2° Un support plus ou moins long, cylindrique ou bien plan, ou même concave en dessus : le *pétiole;*

3° La *gaine,* constituée par un élargissement du pétiole à sa base, lequel, en ce point, embrasse plus ou moins complètement l'axe qui porte la feuille.

Le pétiole peut manquer; la feuille est dite alors *sessile.* Le limbe, dans ce cas, peut entourer la tige par ses bords et devenir *amplexicaule.* Deux feuilles amplexicaules, insérées vis-à-vis l'une de l'autre, peuvent entrer en concrescence ; l'axe traverse alors la lame verte qui résulte de leur soudure, et les feuilles sont dites *per-foliées.*

Le limbe peut manquer à son tour; la feuille se réduit, dans ce cas, à une gaine qui supporte un pétiole plus ou moins long. Ce dernier offre souvent une tendance à se dilater en une lame verticale, ordinairement rigide, qu'on nomme *phyllode* (1).

Nulle ou très réduite parfois, la gaine acquiert ailleurs, chez les Ombellifères, par exemple, un développement énorme.

Les feuilles sont plus ou moins nombreuses, plus ou

Fig. 47. — Feuille complète d'*Arum Dracunculus.* — *vg,* gaine; *pt,* pétiole; *l,* limbe.

moins développées sur la plante; mais elles font rarement défaut chez les végétaux supérieurs. Dans la plupart des cas où elles semblent manquer, leur place demeure indiquée par des épines qui ne représentent autre chose que des parties de feuilles modifiées. —

(1) Certains Acacias de la Nouvelle-Hollande offrent des exemples classiques de phyllodes, dérivant d'ailleurs de feuilles composées. Les *Eucalyptus,* qui portent des feuilles sessiles, mais normalement conformées et horizontales, à la base des tiges et des rameaux, ne montrent plus ailleurs que des lames verticales, rigides, recourbées en faucille, que l'on s'accorde à regarder comme des phyllodes.

On donne l'épithète d'*aphylles* aux végétaux qui manquent ou paraissent manquer de feuilles.

Rien de plus divers que la forme, la consistance et la disposition des feuilles, dont les caractères varient même souvent d'une partie à l'autre d'une même plante.

La feuille est dite *simple* lorsqu'elle n'a qu'un seul limbe (Vigne, Platane, Orme, etc.) ; elle est dite *composée* lorsqu'elle possède plusieurs limbes partiels, nettement distincts, et constituant autant de *folioles* (Acacias, Pistachier, *Vicia*, *Lathyrus*, etc.).

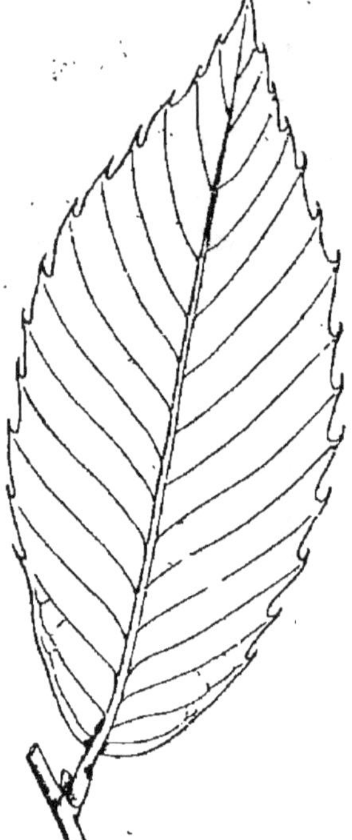

Feuilles simples.— Après avoir traversé le pétiole et avoir atteint la base du limbe, les faisceaux foliaires se ramifient, dans ce der-

Fig. 48. — Feuille dentée du Châtaignier.

Fig. 49. — Feuille palmatinerviée d'*Acer platanoides*.

nier, suivant divers modes. Ces ramifications constituent les *nervures*, que l'on désigne, suivant leur importance, sous les noms de *nervures principales*, *nervures secondaires*, *veines*, *veinules*. Les plus fines d'entre ces ramifications se terminent directement au sein du *parenchyme foliaire*, ou s'anastomosent en un fin réseau.

Il y a donc lieu de distinguer dans le limbe des *nervures* et un *parenchyme ;* on y remarque encore deux *faces* et un *bord*.

Nervation. — On nomme *nervation* le mode de distribution des nervures dans le parenchyme foliaire.

1º La feuille simple est dite *penninerviée* (fig. 48) quand le limbe est coupé en deux moitiés par une nervure principale médiane, d'où se détachent, de chaque côté, des nervures secondaires qui se dirigent vers les bords (Chênes, Orme, Laurier, etc.).

2º La feuille est *palmatinerviée* (fig. 49) lorsque plusieurs nervures principales se détachent en même temps de la base du limbe, et en gagnent le bord en divergeant (Platane, Vigne, Mauve ordinaire, etc.).

3º Si le lieu d'insertion, et par suite, le point d'origine des nervures principales est situé non plus au bord du limbe, mais en un

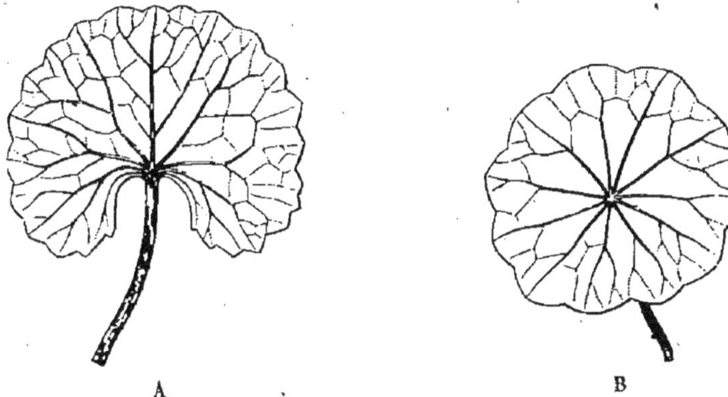

Fig. 50. — Feuille d'*Hydrocotyle asiatica* (A), et d'*H. vulgaris* (B).

lieu plus ou moins distant de ce bord (fig. 50), la feuille est dite *peltinerviée* (Ricin, Capucine, Hydrocotyle, etc.).

4º Chez certaines plantes, le pétiole, à son point d'attache, émet dans le limbe trois grosses nervures, dont les deux latérales seules, et uniquement sur leur côté interne, sont l'origine de nervures secondaires assez fortes. La feuille est dite alors *pédalinerviée* ou simplement *pédalée* (Hellébores, Serpentaire commune (fig. 47), etc.).

5º Chez le Cannellier de Ceylan (*Cinnamomum Zeylanicum*), le Grand Plantain, etc., le limbe, dont le contour est ovale ou oblong, est traversé par trois ou cinq nervures. Toutes ces nervures partent du même point, et les deux ou quatre latérales, après s'être écartées de la médiane, reviennent, en se recourbant, la rejoindre au sommet. Ces feuilles sont dites *curvinerviées*.

Si le nombre des nervures latérales se réduit à deux, le limbe est dit *triplinerve*.

6º Le type précédent forme transition vers le type *rectinervié*, si fréquent chez les Monocotylédones. Le limbe long et étroit, est alors parcouru par plusieurs nervures principales, sensiblement parallèles. Ce type se trouve réalisé au plus haut degré chez les Graminées.

Contour du limbe. — Le limbe est dit *entier* si le contour n'offre aucune découpure (Tabac, Garou, etc.).

Il peut être *denté* (Orme, Gratiole, etc.), *crénelé* (Chêne Rouvre, etc.), etc., lorsque les découpures en sont peu profondes. Des divisions plus importantes du limbe portent le nom de *lobes* (Platane, Ricin, etc.).

Il est d'usage d'appliquer la dénomination de *fides*, aux feuilles chez lesquelles les échancrures atteignent le milieu de la distance qui sépare le bord du limbe, soit de la nervure médiane, quand ce dernier est penninervié, soit du point d'insertion commun des grandes nervures, quand le limbe est palmatinervié.

Si les échancrures sont encore plus profondes, la feuille est dite *partite*. Elle est dite enfin *séquée* si le limbe se trouve découpé jusqu'à la nervure médiane, ou au point d'origine des nervures principales.

En combinant les termes qui désignent les divers modes de nervation avec ceux qui indiquent le plus ou moins de profondeur des découpures, on forme les épithètes de *pinnatifides*, *pinnatipartites*, *palmatifides*, *palmatiséquées*, etc., qui résument les caractères morphologiques essentiels d'un limbe foliaire quelconque.

Certaines formes de feuilles sont désignées par des termes assez intelligibles par eux-mêmes, pour n'avoir nul besoin d'une définition spéciale (feuilles *cordiformes*, *réniformes*, *hastées*, *sagittées*, etc.).

Feuilles composées. — Les principaux types de feuilles composées correspondent aux divers modes de nervation des feuilles simples.

1° La feuille est *composée-pennée* ou simplement *pennée*, lorsque les folioles s'attachent à des niveaux différents et de chaque côté, le long du pétiole commun ou *rachis*. Si ce dernier porte une foliole à son extrémité (Pistachier franc, Réglisse, etc.), la feuille est dite *imparipennée* ; on la dit *paripennée* si la foliole terminale manque (Gayac, Lentisque, etc.).

2° Si le pétiole commun porte, à son extrémité, un certain nombre de folioles qui toutes rayonnent d'un même point d'insertion, la feuille est dite *digitée* (Marronnier d'Inde, Lupin, etc.). — Si le nombre des folioles se réduit à trois, la feuille est appelée *trifo-liolée* (celle des Trèfles, par exemple) (1).

3° Les feuilles qui peuvent se rattacher au type *composé-pelté* sont rares. Ce sont celles dont les folioles rayonnent tout autour d'un pétiole commun, et dans un plan plus ou moins oblique, ou même perpendiculaire à ce dernier (certaines Sterculiacées).

Stipules. — On nomme ainsi de petits appendices latéraux, de consistance et de configuration variables, ordinairement verts et membraneux, qui accompagnent souvent les feuilles à leur base. Morphologiquement, les stipules ne sont que des ramifications de la feuille, qui se détachent de cette dèrnière au point même où elle s'insère sur l'axe.

Parfois très minimes (Mauves, Guimauves, etc.), ces formations prennent ailleurs un grand développement (*Lathyrus* (2), etc.).

Les stipules sont dites *adnées* au pétiole, quand elles lui sont adhérentes sur une certaine étendue (comme chez les Rosiers); elles peuvent être concrescentes entre elles, dans l'angle formé par l'axe et la feuille qui s'en détache, et sont dites alors *axillaires* (comme chez les *Melianthus*), ou sur le côté opposé de l'axe, et elles sont appelées dans ce cas *oppositifoliées* (chez les Astragales, les *Ornithopus*, etc.).

Chez la plupart des Polygonées, les stipules sont concrescentes autour de l'axe en un manchon membraneux, très développé parfois, auquel on donne le nom d'*ochréa*.

Chez les Figuiers et autres Artocarpées, chez les *Irvingia* (Rutacées), chez les *Magnolia*, etc., les deux stipules de chaque feuille se soudent en une sorte de cornet qui protège le bourgeon axillaire, et tombe ensuite tout d'une pièce, laissant sur la tige une cicatrice annulaire.

On considère enfin comme étant de nature stipulaire la *ligule* des Graminées, lame membraneuse insérée transversalement à la jonction de la gaine et du limbe.

---

(1) La feuille imparipennée se réduit quelquefois à sa foliole terminale. On ne peut distinguer cette feuille *composée-unifoliolée* de la feuille simple, que par la présence de l'articulation qui sépare cette foliole du pétiole, le long duquel ont avorté les folioles latérales. Ce dernier se montre alors fréquemment bordé d'une marge verte, ou même pourvu de deux expansions foliacées, nommées *auricules*, et la feuille est dite *auriculée* (chez l'Oranger, le Citronnier, par exemple).

(2) Chez le *Lathyrus Aphaca*, espèce très commune dans nos champs, la feuille est tout entière transformée en organe d'adhésion, et les fonctions essentielles du limbe sont dévolues aux stipules très développées.

Phyllotaxie. — La disposition des feuilles sur l'axe est à peu près constante pour une même espèce ; cette disposition est soumise à un certain nombre de lois, dont la connaissance cónstitue cette partie de la Botanique générale qu'on désigne sous le nom de *phyllotaxie*.

Trois cas peuvent tout d'abord se présenter.

1° Les feuilles sont dites *alternes* (fig. 51) quand elles sont insérées isolément à chaque nœud ;

2° Elles sont dites *opposées* (fig. 52) lorsqu'elles sont insérées par paires à chaque nœud, aux deux extrémités d'un même diamètre ;

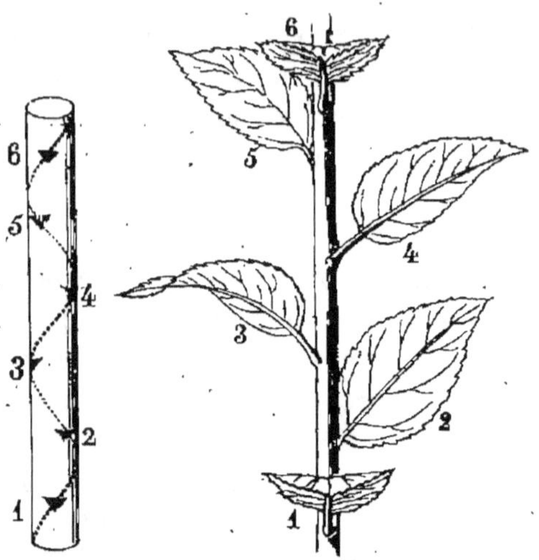

Fig. 51. — Fragment d'une tige de Cerisier. — A, disposition foliaire quinconciale portant 6 feuilles, dont les 5 premières (1, 2, 3, 4, 5) appartiennent à un seul cycle, et dont la 6ᵉ est le nº 1 du cycle supérieur. — B, le même fragment grossi, pour montrer la direction de la spire foliaire.

3° Elles sont dites *verticillées* (fig. 53) lorsqu'elles sont insérées, au nombre de trois ou davantage, à chaque nœud, formant ainsi autour de l'axe une sorte de couronne, un *verticille*.

Fig. 52. — Feuilles opposées décussées d'une Crassule.

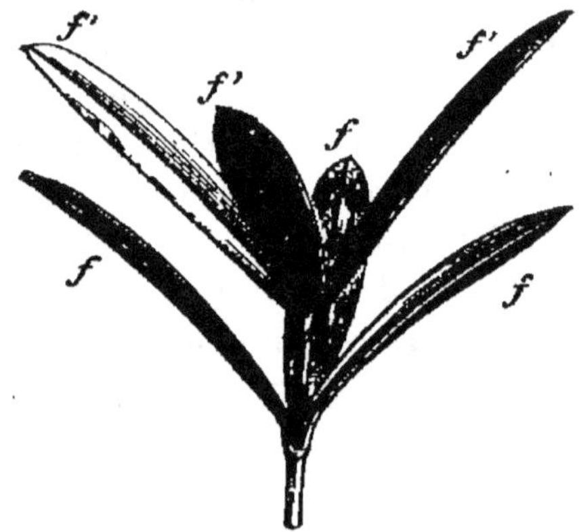

Fig. 53. — Verticilles de trois feuilles du Laurier-Rose (*Nerium Oleander*), f et f'.

1ᵉʳ Cas. Feuilles alternes (fig. 54). — Les feuilles alternes sont toujours insérées suivant une ligne spiralée, qui se dirige dans un sens ou dans l'autre. On nomme *cycle foliaire* l'ensemble de toutes les feuilles situées le long de cette spire, comprises entre l'une d'entre elles prise comme point de départ, et celle qui lui est directement superposée.

Le cycle foliaire peut s'exprimer par une formule simple, semblable à celles qui représentent les fractions ordinaires. Dans cette formule on prend pour numérateur le nombre de tours que fait la spire autour de l'axe pour arriver de la feuille 0, prise comme point de départ, à celle qui lui est superposée, et pour dénominateur le nombre de feuilles comprises dans ce cycle. La feuille 0

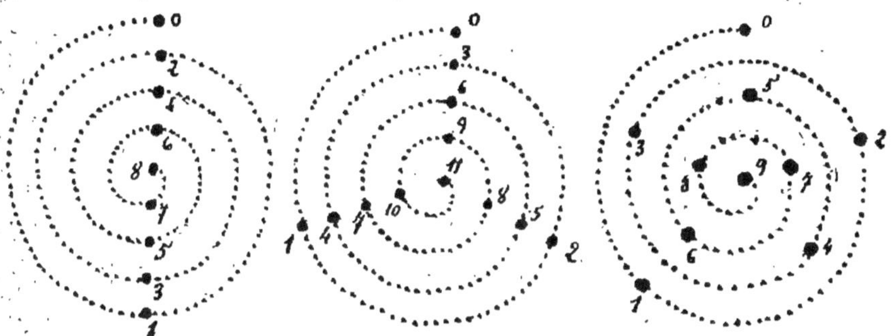

Fig. 54. — Schéma des dispositions foliaires répondant aux formules : $\frac{1}{2}$, $\frac{1}{3}$, $\frac{2}{5}$.

n'étant, en réalité, que la dernière feuille du cycle précédent, ne compte pas dans le cycle foliaire considéré.

La disposition exprimée par la formule $\frac{1}{2}$ est souvent désignée sous le nom de *distique*. Les feuilles sont alors disposées, de part et d'autre de l'axe, en deux séries longitudinales (chez l'*Iris*, par exemple).

La disposition *tristique* est exprimée par $\frac{1}{3}$, les feuilles étant alors sur trois rangées (Aulne, Bouleau, etc.).

La diposition exprimée par la formule $\frac{2}{5}$ est appelée *quinconciale* (Poirier, Chêne, Groseiller, etc.) (1).

Les formules $\frac{1}{2}$, $\frac{1}{3}$, $\frac{2}{5}$ constituent les trois premiers termes d'une

(1) La formule $\frac{2}{5}$ exprime donc que pour arriver de la feuille 0 à la feuille 5, la spire fait deux fois le tour de l'axe et passe par 5 feuilles. Les formules $\frac{1}{2}$ et $\frac{1}{3}$ expriment que la spire décrit une seule fois le tour de l'axe, et passe par 2 ou par 3 feuilles.

série, dont les autres peuvent être déterminés d'avance, en additionnant deux fractions successives, numérateur avec numérateur, dénominateur avec dénominateur. On obtient ainsi la série $\frac{1}{2}, \frac{1}{3}, \frac{2}{5}, \frac{3}{8}, \frac{5}{13}$, etc., dont les formules représentent des dispositions d'autant plus rarement réalisées dans la nature qu'elles sont plus complexes.

Deux autres séries, qui commencent l'une par $\frac{1}{3}, \frac{1}{4}, \frac{2}{7}$, l'autre par $\frac{1}{4}, \frac{1}{5}$, répondent à des dipositions plus rares encore.

On nomme *angle de divergence*, l'angle compris entre les lignes médianes de deux feuilles successives, supposées projetées sur le même plan perpendiculaire à l'axe qui les porte. Cet angle de divergence est exprimé par la fraction même qui sert à désigner le cycle foliaire.

Lorsque, dans la disposition cyclique, les membres sont très rapprochés les uns des autres (comme le sont les écailles d'un cône de Pin, par exemple), la *spire génératrice*, c'est-à-dire celle qui passe par les points d'insertion de *tous les membres*, est assez difficile à déterminer. Mais on distingue aisément, autour de l'axe, d'autres spires parallèles, dont chacune n'embrasse qu'une partie de ces appendices; ce sont les *spires secondaires*.

Si le sens de la spire ne change pas en passant d'un axe aux rameaux qui en émanent, la disposition est dite *homodrome;* elle est *hétérodrome* dans le cas contraire.

Dans certaines plantes, chez la Belladone, par exemple, les feuilles, alternes dans les parties purement végétatives, se groupent deux par deux au voisinage des fleurs, mais de telle sorte que les deux membres d'une même paire sont insérés d'un même côté de l'axe. Cette disposition, dite *géminée*, est due à des phénomènes de concrescence dont l'étude détaillée ne saurait trouver place ici (voy. Famille des Solanées).

Les feuilles alternes sont quelquefois très rapprochées le long de l'axe, et leur disposition cyclique est alors difficile à déterminer. On les dit, dans ce cas, *éparses* (chez certaines Bruyères, par exemple).

2° et 3° Cas. FEUILLES OPPOSÉES; FEUILLES VERTICILLÉES. — Lorsqu'elles sont opposées, les feuilles d'un nœud quelconque sont toujours placées en croix avec celles des deux nœuds immédiatement voisins. C'est ce qu'on exprime en disant qu'elles sont *opposées-décussées* (Pervenche, Lilas, Olivier, etc.).

Lorsqu'elles sont *verticillées*, les feuilles d'un même verticille occupent toujours le milieu de l'angle que forment entre eux les membres des verticilles immédiatement voisins (1).

II. — Structure.

La structure de la feuille est bilatérale, ce qui la distingue nettement de la tige dont elle est, en réalité, une portion séparée.

Pétiole. — Au-dessous de l'épiderme et au sein du parenchyme fondamental, cheminent les faiceaux foliaires, séparés ou unis, mais formant en général, par leur ensemble, un arc à concavité supérieure, dont les deux extrémités peuvent, d'ailleurs, arriver au contact.

Chez les Monocotylédones, les faisceaux des pétioles sont souvent disposés sans ordre apparent, comme ils le sont dans les tiges de ces mêmes végétaux.

Limbe (fig. 55). — Les deux épidermes sont constitués par une, plus rarement deux ou plusieurs assises d'éléments, dont la forme est déterminée par celle du limbe ou de la partie du limbe qu'ils recouvrent ; toujours allongées au-dessus des nervures, les cellules épidermiques sont généralement larges ailleurs, à contour souvent ondulé. Nous savons que ces éléments ne laissent entre eux aucun méat.

Excepté chez les Fougères et les plantes aquatiques, les cellules épidermiques manquent de chlorophylle ; en outre, chez ces dernières plantes, la cuticule et les stomates font également défaut.

En général, les stomates sont plus abondants à la face inférieure de la feuille qu'à la face supérieure, où ils peuvent même manquer tout à fait (sur les feuilles coriaces, par exemple) (2). Les feuilles qui flottent à la surface des eaux, comme celles des Nymphéacées, n'ont de stomates que sur leur épiderme supérieur, exposé à l'air.

Il y a lieu de distinguer physiologiquement deux sortes de stomates : les *stomates aérifères*, destinés à permettre l'échange gazeux entre le parenchyme de la feuille et l'atmosphère, et les *stomates aquifères*, généralement situés sur les bords du limbe, et destinés à laisser exsuder de l'eau à l'état liquide.

(1) Lorsque des feuilles stipulées sont opposées, il peut arriver que les deux stipules qui alternent, par paires, à chaque nœud, avec les feuilles, prennent un développement égal à celui de ces dernières. On croirait alors avoir affaire à un verticille de six feuilles. Si les stipules se soudent deux par deux, ce faux verticille ne comprend plus que quatre folioles ; il en contient jusqu'à dix si chacune des stipules subit un dédoublement. Mais les vraies feuilles se distinguent toujours des stipules, par la propriété qu'elles possèdent seules de correspondre à des bourgeons axillaires.

La présence de faux verticilles foliaires est caractéristique de toute une tribu de Rubiacées, tribu qui, pour ce motif, a reçu le nom de *Stellatées*.

(2) Chez le Laurier-Rose, les stomates sont localisés dans des cryptes creusées à la face inférieure du limbe, et dont les parois sont pourvues de poils longs et nombreux.

Très réduit, en général, chez les plantes immergées, le *parenchyme foliaire* ou *mésophylle* est plus ou moins développé chez les plantes aériennes.

Il est parfois *homogène*, surtout lorsque le limbe est épais et charnu ; mais le plus souvent il est *hétérogène*. On y distingue alors deux ou trois régions. Sous l'épiderme supérieur règnent, en général, deux ou plusieurs assises de cellules verticalement allongées, fortement unies entre elles : c'est le *parenchyme en palissade*. Celui-ci repose sur un

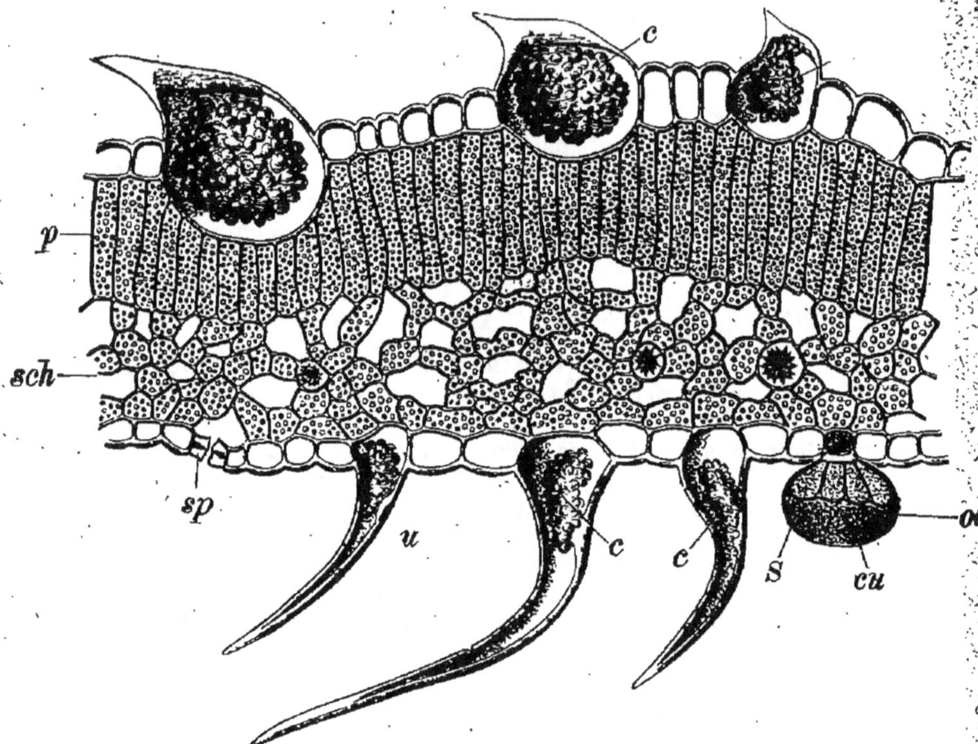

Fig. 55. — Coupe à travers une feuille verte de Chanvre. — *a*, face supérieure ; *u*, face inférieure ; *p*, parenchyme en palissade ; *sch*, parenchyme lacuneux ; *c*, cystolithes ; *sp*, stomate ; *oe*, glande à l'huile essentielle. — S, cellules glandulaires ; *cu*, cuticule soulevée par le produit de sécrétion (Tschirch).

tissu formé de cellules à contours irréguliers, laissant entre elles de nombreux méats ; c'est le *parenchyme lacuneux* ou *spongieux* qui, dans la plupart des cas, s'étend jusqu'à l'épiderme inférieur, tandis qu'il est, chez d'autres feuilles, séparé de cet épiderme par une seconde zone de cellules en palissade. On dit, dans ce dernier cas, que le parenchyme est *hétérogène symétrique*.

Les grosses nervures ont, à peu de chose près, la structure du pétiole ; mais cette structure se simplifie de plus en plus sur leurs ramifications, et les dernières veinules ne sont plus représentées que par un fort petit nombre de fines trachées ou de petits vaisseaux rayés.

Les stipules ont, à peu de chose près, la structure du limbe foliaire.

III. — Physiologie.

L'*assimilation* du carbone, la *transpiration* et la *respiration* constituent les trois fonctions essentielles de la feuille.

I. *Assimilation*. — Nous avons étudié déjà cette fonction à propos de la chlorophylle.

II. *Transpiration*. — On entend par ce mot l'émission de l'eau à l'état de vapeur, par les stomates foliaires. Mais cette émission est en réalité, chez les feuilles vertes, le résultat de deux phénomènes distincts :

1º L'un consiste dans l'*évaporation* pure et simple de l'eau contenue dans les divers tissus ; la vapeur se répand tout d'abord dans les lacunes et les méats, pour s'échapper ensuite par les stomates. Ce phénomène, que l'on peut appeler la *transpiration proprement dite*, est seulement soumis aux conditions physiques dans lesquelles il se produit.

2º L'autre est la *chlorovaporisation*, que nous connaissons déjà (v. p. 23) ; la quantité d'eau qui s'évapore, grâce à ce second phénomène, s'ajoute, pendant le jour, à celle qui est éliminée par la transpiration proprement dite.

Pendant la nuit, l'eau est fréquemment émise à l'état liquide. Celle qui apparaît à l'extérieur des plantes par suite de ce phénomène est souvent confondue avec celle d'origine atmosphérique qui constitue la rosée. Si l'eau, pour arriver au dehors, traverse certains organes glandulaires, elle se charge des produits que sécrètent ces derniers, de sucres en général, et apparaît alors à l'extérieur sous forme de *nectar*.

III. *Respiration*. — L'assimilation et la chlorovaporisation ne peuvent s'accomplir que chez les plantes à chlorophylle. Il n'en est plus de même pour la *transpiration proprement dite* et la *respiration* qui, tout à fait étrangères à la fonction chlorophyllienne, sont des phénomènes continus [dans [le temps, puisque l'action de la lumière n'exerce sur eux aucune influence directe.

La respiration d'ailleurs, nous le savons déjà, a son siège dans toutes les parties vivantes de l'organisme.

IV. — Modifications de la feuille.

Nous avons eu déjà l'occasion de mentionner les changements qu'apporte, dans les caractères morphologiques des feuilles, l'influence de certains milieux. Dans l'eau, elles perdent leur cuticule et leurs stomates, et l'épiderme contient presque toujours de la chlorophylle. Dans le sol (sur les rhizomes et les bulbes), elles se développent en *écailles* dépourvues de pigment vert. Des feuilles membraneuses et rudimentaires se développent fréquemment aussi sur les plantes à cladodes, le *Ruscus aculeatus*, par exemple.

Sur une même plante, il n'est pas rare de rencontrer des feuilles de forme et de structure très différentes, ainsi que nous aurons l'occasion de le constater plus loin (Voy. Conifères, Artocarpées, etc.).

C'est, d'ailleurs, ce qui se produit normalement chez les plantes à rhizomes et à bulbes, chez lesquelles les parties aériennes développent des feuilles vertes normales, tandis que les parties souterraines ne forment que des écailles foliaires; celles-ci sont tantôt minces, tantôt plus ou moins épaisses, lorsqu'elles doivent emmagasiner des réserves nutritives, ce qui est particulièrement le cas des écailles qui entourent les bulbes.

Nous savons également que les bourgeons sont le plus souvent enveloppés par des appendices protecteurs, qui ne sont autre chose que des feuilles, des parties de feuilles, ou même de simples stipules (1).

La feuille peut également se transformer en *épine*, partiellement ou en totalité. Ce sont parfois les terminaisons des nervures principales ou les dents du limbe (Houx commun), qui deviennent spinescentes; ailleurs c'est le pétiole commun d'une feuille composée (Astragales); ailleurs encore (Épine-Vinette, Câprier, etc.) ce sont les stipules, etc.

La feuille se développe souvent en *vrille*.

Cette transformation se montre, d'ailleurs, réalisée de diverses manières. C'est tantôt le pétiole commun d'une feuille composée qui offre simplement une tendance à s'enrouler autour des corps voisins (chez certaines Clématites, la Capucine, le *Fumaria capreolata*, etc.); ou bien encore la nervure médiane qui se prolonge, au delà du limbe, en un organe de fixation (chez les *Methonica*, par exemple). Les feuilles composées des Légumineuses-Papillonacées offrent des degrés fort divers de cette métamorphose : tantôt les folioles terminales sont seules modifiées, tantôt la plus grande partie des folioles, ailleurs enfin, la feuille tout entière, sont représentées par une vrille rameuse, les fonctions essentielles de l'organe étant alors accomplies par les stipules (*Lathyrus Aphaca*).

Une des métamorphoses les plus curieuses de la feuille, consiste dans le changement profond qu'elle subit chez certaines plantes aquatiques. Chez les *Ranunculus Drouetii, aquatilis*, etc., les feuilles émergées conservent leur forme et leur structure normales, mais les feuilles immergées perdent leur parenchyme, et ne sont plus représentées que par un faisceau de filaments ramifiés, dont la fonction principale est d'absorber à la manière des racines. Beaucoup d'autres plantes aquatiques nous offriront des exemples de ce genre.

(1) Le bourgeon est dit, dans ce cas, *écailleux*.

Nous avons décrit déjà les feuilles phyllodinisées (p. 69).

Enfin nous rappellerons que l'ensemble des organes qui, chez les Phanérogames, concourent à la reproduction sexuelle, n'est constitué presque exclusivement que par des feuilles modifiées. Chez les Cryptogames même, d'ailleurs, la fécondation et la maturation des œufs sont des fonctions qui incombent presque toujours à des appendices d'une semblable valeur morphologique.

Nous renvoyons aux ouvrages spéciaux de botanique pour l'étude des formations si remarquables, que l'on désigne sous le nom d'*ascidies* (1), et dont la connaissance n'offre pour nous aucun intérêt pratique.

CHAPITRE X

LA FLEUR

I. — Morphologie.

La fleur en général. Fleuraison. — L'ensemble des organes qui, chez les plantes supérieures, concourent directement ou indirectement à la reproduction sexuelle, constitue ce qu'on nomme une *fleur.* La *fleur* est plus ou moins apparente, très grande et très brillante parfois, très petite et très obscure chez d'autres plantes. Elle n'en constitue pas moins, là où elle existe, un tout généralement bien différencié à l'égard des autres parties du végétal; elle caractérise le vaste embranchement des *Phanérogames* (2).

Les différentes pièces qui composent une fleur sont insérées sur un axe dont les nœuds sont généralement très rapprochés, et qui se prolonge assez souvent, au-dessous d'elle, en un support plus ou moins long, que l'on désigne sous le nom de *pédoncule.*

Si le pédoncule manque, la fleur est dite *sessile.* La partie de l'axe floral sur laquelle reposent les pièces de la fleur est généralement plus épaisse et plus large que la partie inférieure de l'axe; elle représente le *réceptacle de la fleur.*

(1) Van Tieghem, *Traité de Bot.*, p. 315. — Duchartre, p. 429.

(2) Il est difficile cependant de refuser le nom de *fleur* à l'ensemble de l'appareil reproducteur de certaines Cryptogames où, comme chez les Mousses, par exemple, les organes essentiels de la fécondation sont enveloppés d'appendices protecteurs, que l'on est manifestement en droit de comparer aux enveloppes de la fleur des Phanérogames.

Les fleurs apparaissent, chez les plantes, à un moment déterminé de leur vie ; le moment où elles acquièrent leur développement complet et s'épanouissent porte le nom de *floraison* ou *fleuraison*.

Il est des plantes qui ne fleurissent et ne fructifient qu'une seule fois, quelle que soit, d'ailleurs la durée de leur existence ; on leur donne l'épithète de *monocarpiennes*. On appelle *polycarpiennes* celles qui fleurissent et fructifient plusieurs fois.

En ne tenant compte que de leur durée, on distingue les plantes en *annuelles*, *bisannuelles*, et *vivaces*, suivant qu'elles accomplissent toute leur période évolutive en une année, en deux années, ou que leur existence se prolonge pendant un nombre d'années indéterminé.

Inflorescences. Bractées. — Chez certaines plantes, les fleurs sont isolément portées sur diverses parties de la tige et de ses ramifications, chez le *Mouron des champs*, par exemple (*Anagallis cærulea*). On dit alors qu'elles sont *solitaires*. Ou bien encore comme chez les Tulipes, une seule fleur se trouve à l'extrémité d'une tige qui ne porte plus au-dessous que des feuilles végétatives. On dit alors que la fleur est *terminale*.

Mais le plus souvent, les fleurs sont disposées par groupes sur des axes simples ou ramifiés, et formant chacun un ensemble nettement circonscrit à l'égard des autres parties de la plante. Ces groupes de fleurs sont désignés sous le nom d'*inflorescences*.

Chez certains végétaux, il n'existe aucun membre latéral qui, par sa coloration et sa configuration, puisse être considéré comme un terme de passage entre les feuilles purement végétatives et les pièces constitutives de la fleur. Telles sont, par exemple, les plantes de la famille des Crucifères. Mais dans bien des cas, les fleurs sont accompagnées d'appendices autrement conformés que les feuilles ordinaires, plus délicats, souvent même plus ou moins vivement colorés. Ce sont des *bractées*. On peut trouver, sur une seule et même plante, de nombreuses formes intermédiaires entre la feuille végétative et les feuilles entièrement modifiées qui constituent l'enveloppe florale. Les Hellébores, les Pivoines, etc., offrent de beaux exemples de ces transitions. D'un autre côté, les inflorescences de la Sauge, du Tilleul, etc. (fig. 56), et surtout celles de certaines plantes étrangères à nos régions telles que les *Bougainvillea*, sont accompagnées de bractées nettement caractérisées par leur couleur et leur structure.

D'une manière normale, la formation d'une fleur à l'extrémité d'un axe empêche la croissance ultérieure de ce dernier (1). En tenant compte de ce fait, on divise les inflorescences en deux catégories :

1° Les *inflorescences indéterminées* ou *indéfinies*, dans lesquelles l'axe principal, ne portant point de fleur à son extrémité, continue à s'accroître par son sommet, au-dessous duquel se forment sans cesse de nouveaux rameaux, jusqu'à ce que son développement s'arrête par épuisement.

On les appelle aussi *centripètes*, pour indiquer que le développement des fleurs commence par la périphérie pour gagner le centre de l'inflorescence, représenté par le sommet de l'axe principal.

2° Les inflorescences *définies* ou *déterminées*, chez lesquelles l'axe principal se termine par une fleur qui en arrête la croissance.

On les appelle encore *centrifuges*, pour indiquer que la fleur la plus ancienne est celle qui termine l'axe principal, et que le développement des autres fleurs rayonne ensuite de ce point central vers la périphérie de l'inflorescence.

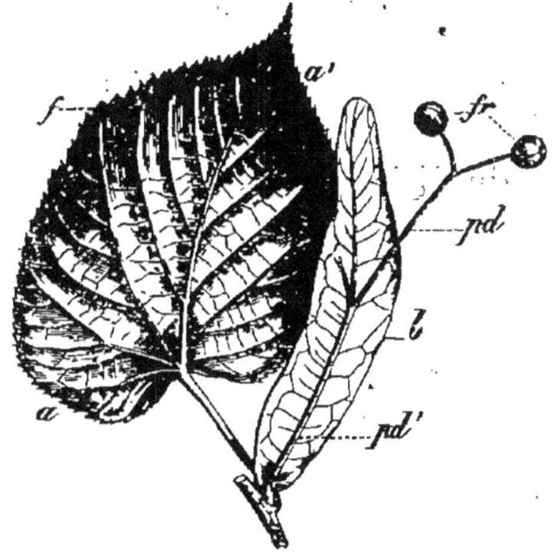

Fig. 56. — Feuille normale, *f*, et bractée, *b*, du Tilleul (*Tilia platyphylla* Scop.). — *pd*, pédoncule portant deux fruits, *fr*, et confondu avec la côte de la bractée dans toute sa portion inférieure, *pd'* ; — *a, a'*, les deux côtés fort inégaux de la feuille (1/5).

3° Ces deux modes d'inflorescence peuvent enfin se combiner entre eux, et former ainsi des *inflorescences mixtes*.

Nous nous contenterons de résumer, dans une sorte de tableau synoptique, les diverses formes d'inflorescences que l'on peut distinguer dans chacune de ces catégories.

Dans les inflorescences, comme dans les parties purement végétatives d'une plante, les ramifications naissent normalement à l'aisselle de feuilles dont la modification en bractées est plus ou moins profonde. Ces feuilles peuvent même avorter tout à fait,

(1) Les cas où l'axe floral continue à se développer au-dessus d'une fleur sont du domaine de la tératologie végétale.

ainsi que cela se produit régulièrement chez les Crucifères.

Fig. 57. — Ombelle entière de la Carotte (*Daucus Carota*). — *bb*, son involucre;
b' b', ses involucelles (1/2).

On désigne sous le nom d'*involucre* (fig. 57), un ensemble de

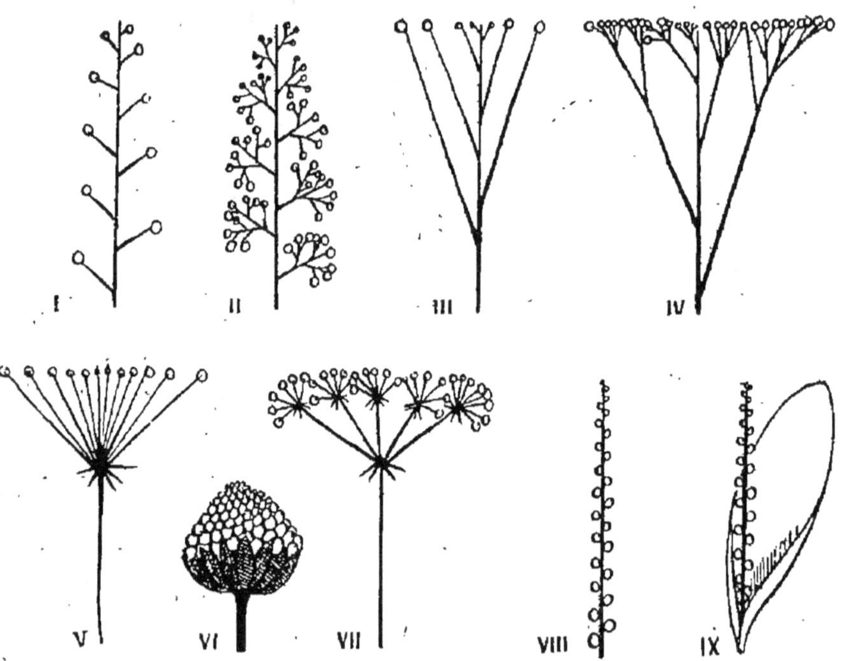

Fig. 58. — Schéma des principales sortes d'inflorescences indéfinies. — I, grappe simple;
II, grappe composée; III, corymbe simple; IV, corymbe composé; V, ombelle simple;
VI, ombelle composée; VII, capitule; VIII, épi simple; IX, spadice (Courchet).

bractées qui entourent une inflorescence entière (l'*ombelle*, le
capitule, par exemple). Si l'inflorescence générale est elle-même

composée d'inflorescences partielles, pourvues chacune d'un groupe de bractées enveloppantes, ces dernières constituent des *involucelles*.

La partie de l'axe floral située au-dessous du réceptacle forme, nous l'avons dit, le *pédoncule;* si celui-ci est ramifié, on nomme *pédicelles* les axes qui se terminent directement par une fleur.

INFLORESCENCES INDÉFINIES (fig. 58).

A. Fleurs pédonculées.

- **Axes florifères insérés à des niveaux différents.**
  - **Axes florifères n'atteignant jamais le même niveau.**
    - Fleurs portées par les axes de 2° degré..... *Grappe simple* (Ex. : Moutarde, Chou, Groseiller, etc.).
    - Fleurs portées par des ramifications des axes de 2° degré........ *Grappe composée* (1) (Ex. : Glycine, Lilas, etc.).
  - **Axes florifères de longueur inégale, mais atteignant tous sensiblement le même niveau.**
    - Fleurs portées par les axes de 2° degré..... *Corymbe simple* (Ex. : *Iberis*, Poirier, etc.).
    - Fleurs portées par les ramifications des axes de 2° degré........ *Corymbe composé* (2) (Ex. : Composées-Corymbifères, etc.).
- **Axes florifères insérés tous sensiblement au même niveau sur l'axe qui les porte, et atteignant à peu près la même longueur.**
  - Fleurs portées sur les axes de 2° degré..... *Ombelle simple* (Ex. : Cerisier, Ail commun, *Pelargonium*, etc.).
  - Fleurs portées sur des ramifications des axes de 2° degré, et formant de petites ombelles partielles (*ombellules*), groupées en une ombelle générale........ *Ombelle composée* (3) (Ex. : Céleri, Grande Ciguë, etc.).

(1) La *grappe composée* est encore désignée, par plusieurs auteurs, sous le nom de *panicule*, terme assez vague d'ailleurs, et qui a été pris dans diverses acceptions. On donne encore à la grappe composée le nom de *thyrse*, lorsque l'inflorescence est renflée dans son milieu, de telle sorte que son contour général est fusiforme (chez le Lilas, par exemple).

(2) Les corymbes ramifiés des Composées-Corymbifères portent, non des fleurs isolées, mais des inflorescences partielles d'un autre ordre, des *capitules*.

(3) Dans une *ombelle composée*, on nomme *grands rayons* les axes secondaires de l'inflorescence, et *petits rayons* les axes de troisième ordre qui portent les fleurs, et dont l'ensemble constitue une *ombellule*. L'ombelle générale est souvent entourée à sa base par un *involucre*, les ombellules le sont fréquemment aussi par des *involucelles*. Les bractées qui constituent les involucres et les involucelles ne sont, en réalité, que les feuilles mères des axes qu'elles environnent.

<table>
<tr><td rowspan="9">B. Fleurs sessiles.</td><td rowspan="6">Axe commun de l'inflorescence cylindrique ou en cône allongé.</td><td rowspan="4">Inflorescences cylindriques, accompagnées ou non d'une grande bractée enveloppante. Fleurs hermaphrodites ou unisexuées.</td><td rowspan="3">Axe principal de l'inflorescence non articulé. Fleurs hermaphrodites ou, rarement unisexuées.</td><td rowspan="2">Point de spathe.</td><td>Fleurs portées sur l'axe principal..</td><td>Épi simple (Ex.: Plantain, certains Acacia, etc.).</td></tr>
<tr><td>Fleurs portées sur des ramifications de l'axe principal.</td><td>Épi composé (Ex.: Orge, Froment, etc.).</td></tr>
<tr><td colspan="2">Ensemble des fleurs protégé, avant leur épanouissement, par une grande bractée enveloppante ou spathe....</td><td>Spadice (1) (Ex.: Gouet, Calla, etc.).</td></tr>
<tr><td colspan="3">Axe principal de l'inflorescence articulé. Fleurs unisexuées, mâles en général..</td><td>Chaton (Ex.: Chêne, Noisetier, etc.).</td></tr>
<tr><td colspan="4">Inflorescence conique, composée de fleurs femelles, insérées à l'aisselle de bractées disposées en spirale le long d'un axe commun, et se recouvrant partiellement les unes les autres...............</td><td>Cône (fig. 59) (Ex.: Inflorescences femelles du Houblon, du Sapin, etc.).</td></tr>
<tr></tr>
<tr><td rowspan="3">Axe commun de l'inflorescence en forme de cône très surbaissé ou, le plus souvent, étalé en un plateau plus ou moins concave, ou creusé en forme d'urne.</td><td colspan="3">Réceptacle commun à surface florifère convexe ou plus ou moins conique, plane ou même légèrement concave, entouré inférieurement par un involucre de bractées stériles. Fleurs hermaphrodites ou unisexuées..........</td><td>Capitule (2).</td></tr>
<tr><td colspan="3">Réceptacle commun très étalé, ou creusé en forme d'urne profonde, dont la surface supérieure ou les parois internes sont couvertes de fleurs, généralement unisexuées ....</td><td>Sycone (fig. 60) (3).</td></tr>
</table>

Il n'existe entre ces divers types d'inflorescences aucune limite tranchée, et on peut les faire tous dériver d'une forme com-

(1) On se sert assez souvent du nom de régime pour désigner les inflorescences de certaines Monocotylédones (celles des Palmiers et des Musacées principalement); elles consistent soit en épis, soit, plus fréquemment, en grappes composées, enveloppées par une ou deux spathes très grandes. Les fleurs sont, d'ailleurs, unisexuées ou hermaphrodites. Ce même nom de régime est appliqué, par extension, à l'ensemble des fruits qui résulte d'une de ces inflorescences.

(2) Dans un capitule il y a généralement lieu de distinguer des bractées de deux sortes : 1° les bractées stériles qui, pressées en nombre plus ou moins considérable au-dessous de l'inflorescence, forment l'involucre; 2° les bractées fertiles qui continuent, à la face supérieure du réceptacle, la spire formée par les premières, et à l'aisselle de chacune desquelles se développe une fleur. Ces dernières bractées, toujours plus ou moins réduites, peuvent avorter entièrement.

(3) Le sycone est en réalité une inflorescence composée, car les fleurs sont, non point isolées, mais bien groupées en petites cymes ou glomérules sur le réceptacle commun.

mune, la grappe, par exemple. Supprimons les pédoncules dans

Fig. 59. — Cône de Houblon.

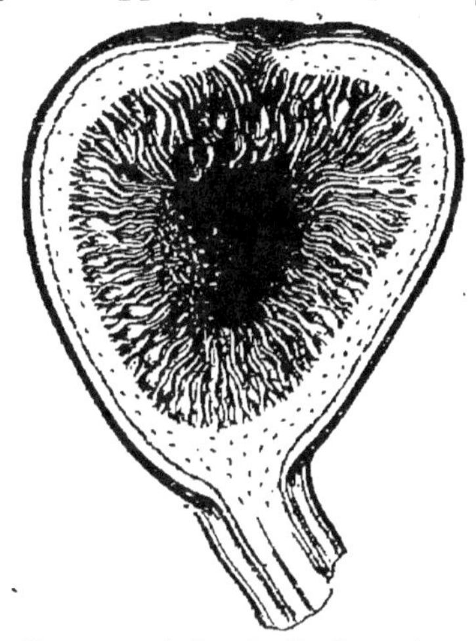

Fig. 60.— Figue coupée longitudinalement pour montrer les fleurs qui en tapissent l'intérieur, ainsi que l'ouverture terminale ou *œil*, *a*, garnie de nombreuses bractéoles (environ 2/1).

la grappe simple, nous aurons un épi ; supposons, chez ce dernier, l'axe commun très court, très large et, en même temps, fortement épaissi, nous obtiendrons un capitule, etc.

INFLORESCENCES DÉFINIES (fig. 61).

Comme l'axe principal de l'inflorescence, les axes secondaires, tertiaires, etc., se terminent tous par une fleur. Le développement des fleurs marche ici du centre vers la périphérie de l'inflorescence qui est, par conséquent, *centrifuge*.

Deux cas peuvent se présenter :

1° A l'aisselle de deux feuilles ou de deux bractées opposées, au-dessous du sommet de l'axe principal que termine une fleur, naissent deux axes de deuxième degré terminés, à leur tour, chacun par

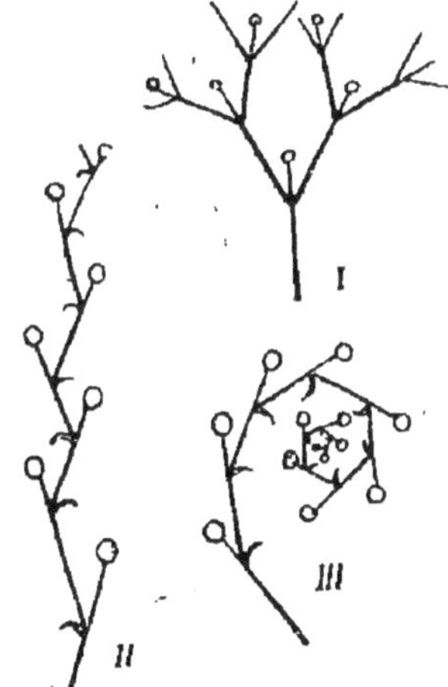

Fig. 61. — Schéma des inflorescences définies. — I, cyme biparc ; II, cyme unipare hélicoïde ; III, cyme unipare scorpioïde.

une fleur. Si le même mode d'évolution se continue sur les rameaux qui naissent ainsi successivement les uns des autres, la ramification de l'inflorescence consistera en une succession de fausses dichotomies. Tel est le caractère des *cymes bipares* (chez le Mouron des oiseaux et beaucoup d'autres Caryophyllées, par exemple).

2° Il ne se produit, à chaque nœud, qu'un axe florifère, soit que l'un des deux axes d'une même paire avorte s'ils sont opposés, soit qu'ils s'insèrent isolément. L'inflorescence générale constituera dès lors un sympode, chacun des rameaux se substituant respectivement à l'axe qui l'a produit, et dont la croissance est arrêtée par la présence d'une fleur terminale. La cyme est alors *unipare*. Il existe, d'ailleurs, deux sortes de cymes unipares. 1° Si les rameaux issus les uns des autres sont *homodromes* (v. p. 76), les fleurs, sur le sympode général, se montreront insérées suivant une ligne spiralée, ainsi que les bractées, si ces dernières sont développées. La cyme est dite alors *hélicoïde*. 2° S'il y a *hétérodomie*, le sens de la spire étant modifié en direction contraire à chaque ramification nouvelle, les fleurs se développeront toutes du même côté de l'axe sympodique. Ce dernier offre alors une tendance manifeste à s'enrouler sur lui-même, et il porte les fleurs (sur un ou deux rangs suivant son cycle foliaire) le long de son côté convexe, les bractées sur son côté concave. La cyme est alors *unipare scorpioïde*.

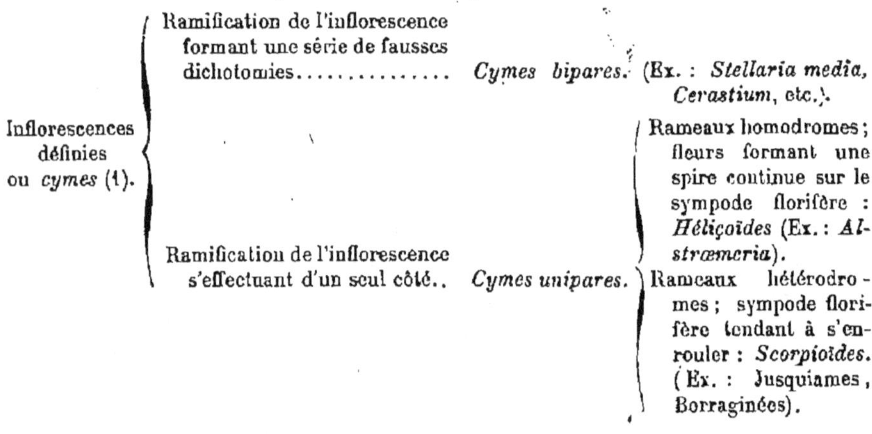

Inflorescences définies ou *cymes* (1).

Ramification de l'inflorescence formant une série de fausses dichotomies...............	*Cymes bipares.*	(Ex. : *Stellaria media, Cerastium*, etc.).
Ramification de l'inflorescence s'effectuant d'un seul côté..	*Cymes unipares.*	Rameaux homodromes ; fleurs formant une spire continue sur le sympode florifère : *Héliçoïdes* (Ex. : *Alstrœmeria*). Rameaux hétérodromes ; sympode florifère tendant à s'enrouler : *Scorpioïdes.* (Ex. : Jusquiames, Borraginées).

Les *inflorescences mixtes* sont formées par un ensemble d'inflorescences partielles définies, groupées elles-mêmes en une inflorescence indéfinie, ou inversement.

(1) Les cymes sont quelquefois formées d'un petit nombre de fleurs serrées les unes contre les autres ; on leur donne encore quelquefois alors le nom de *glomérules*. Telles sont, par exemple, les inflorescences partielles dont l'ensemble forme les sycones des Figuiers, des *Dorstenia*, etc.

Parties de la fleur. Symétrie florale. — La fleur se compose d'un axe, ou d'une portion d'axe plus ou moins épaissi, dont les nœuds, très rapprochés les uns des autres, donnen insertion à des formations appendiculaires représentant des feuilles plus ou moins profondément modifiées.

Parfois, ces différents appendices sont insérés sur le *réceptacle floral* suivant une ligne spiralée; la fleur est dite alors *spiralée* (celle des *Magnolia*, par exemple). Ailleurs, et le plus souvent, les pièces florales sont insérées par verticilles successifs, et la fleur est dite *verticillée* (Pervenche, Mauve, etc., etc.). Enfin ces deux modes d'insertion peuvent se rencontrer simultanément dans une fleur dont le type est alors appelé *mixte*.

La forme du *réceptacle floral* varie dans de larges limites : il peut être conique, convexe, plan, concave, ou même creusé en forme de coupe ou d'urne, et les rapports de situation des pièces florales varient naturellement avec cette forme.

On peut diviser en deux catégories les pièces florales :

1º Celles qui ne jouent qu'un rôle indirect dans l'acte de la fécondation, un rôle de protection en général, à l'égard des autres. Ce sont les pièces qui constituent les *enveloppes florales*.

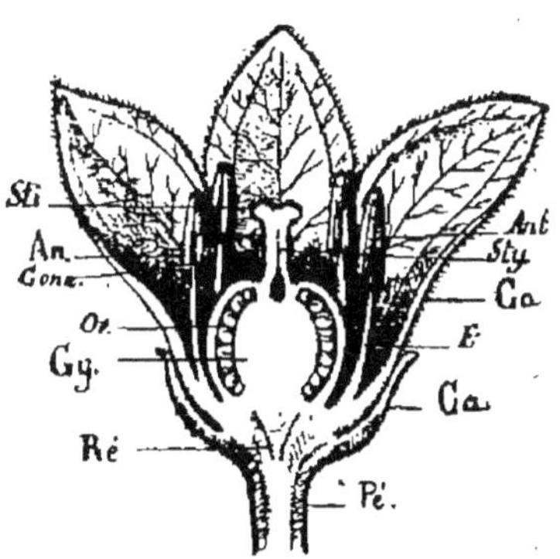

Fig. 62.— Principales parties d'une fleur complète (*Capsicum*). — Ca, calice ; Co, corolle ; An, androcée ; Gy, gynécée ; Ré, réceptacle floral ; Pé, pédoncule ; Ov, ovaire ; Sty, style ; Sti, stigmate ; Fi, filet ; Ant, anthère ; Conn, connectif.

2º Celles qui jouent dans l'acte fécondateur et dans la production des graines un rôle direct. Ce sont les organes mâles et les organes femelles.

Les premières sont (fig. 62) : les *sépales* dont l'ensemble forme le *calice* en dehors, et en dedans les *pétales* qui constituent la *corolle*.

Les secondes sont : les *étamines* ou organes mâles, dont l'ensemble constitue l'*androcée*, et les *carpelles* ou *feuilles carpellaires*, organes femelles dont l'ensemble forme le *pistil* ou *gynécée*.

Une ou plusieurs de ces diverses sortes d'organes peuvent manquer dans la fleur. Celle-ci peut n'avoir qu'une seule enveloppe florale, ou même se trouver entièrement dépourvue de feuilles protectrices. Le nom de *périanthe* étant souvent employé pour désigner l'ensemble dés enveloppes de la fleur, on dit que celle-ci est *mono-périanthée* dans le premier cas, et *nue* ou *sans périanthe* dans le second.

La fleur est *hermaphrodite*, lorsqu'elle possède à la fois un gynécée et un androcée fertiles. On la dit *unisexuée*, si l'un des deux sexes fait défaut ; elle est alors *mâle* ou *femelle*, suivant la sexualité des organes qui demeurent fertiles. Si le même pied d'une plante porte à la fois des fleurs mâles et des fleurs femelles, on dit que cette plante est *monoïque ;* on l'appelle *dioïque* si les deux sexes sont portés par des pieds distincts. Enfin, si aux fleurs unisexuées s'entremêlent des fleurs hermaphrodites, le végétal est *polygame*.

En règle générale, dans les fleurs spiralées ou verticillées, le calice, la corolle, l'androcée, le pistil ont un même nombre de pièces, et celles-ci alternent régulièrement d'un rang à l'autre.

Lorsque toutes les pièces de même nature sont égales entre elles et également distantes, sur un réceptacle normalement conformé, la fleur peut être divisée par deux ou plusieurs plans en deux moitiés semblables ; on la dit alors *régulière* ou mieux *actinomorphe*. Il est à remarquer cependant que l'actinomorphie ne peut être strictement réalisée que par des fleurs verticillées. En outre, la régularité peut ne pas porter sur toutes les parties de la fleur.

Les fleurs des Rosacées, des Renoncules, des Pivoines, du Lis, etc., sont des fleurs *actinomorphes*.

Cette régularité est souvent altérée par des causes de diverse nature (réduction ou avortement de certaines pièces, dédoublement de certaines autres, développement inégal, etc.), de telle sorte que leur ensemble n'est plus divisible en deux moitiés égales que par un seul plan, qui est le *plan de symétrie* de la fleur. Dès lors celle-ci ne réalise plus les conditions de l'*actinomorphie ;* elle est *irrégulière* ou *zygomorphe*.

Les fleurs de Capucine, du Haricot, des Mufliers (fig. 63), etc., sont des fleurs *zygomorphes*.

Il est encore des fleurs qui n'ont aucun plan de symétrie, celles des Valérianes, par exemple.

Fig. 63. — Corolle gamopétale irrégulière de Muflier.

Calice. — Les *sépales* sont généralement verts, et rappellent par leur structure et leur consistance les feuilles végétatives ; on dit alors qu'ils sont *foliacés* (Haricot, Potentille, Fraisier, etc.). Ils sont d'ailleurs plus délicats, blancs ou diversement colorés ; on leur applique l'épithète de *pétaloïdes* (Aconit, Hellébore, Polygala, etc.).

— La forme générale des sépales est sujette à des variations trop nombreuses pour que nous les décrivions ici. Citons simplement le cas où certains d'entre eux, et parfois tous les sépales, se creusent de cavités ou d'éperons plus ou moins longs dans lesquels s'amasse du nectar (*Delphinium*, Capucine, etc.).

Le calice est dit *polysépale*, ou mieux *dialysépale*, si toutes les pièces qui le constituent demeurent indépendantes ; il est *monosépale*, ou plus exactement *gamosépale*, lorsque les diverses pièces qui le composent sont plus ou moins concrescentes (1) entre elles. Suivant que la fusion réciproque des sépales est plus ou moins complète, le calice est dit *entier, denté, lobé*, etc. (2).

Dans un calice gamosépale, on distingue sous le nom de *tube*, la partie concrescente des sépales, et sous celui de *limbe* l'ensemble de leurs divisions indépendantes. La *gorge* est la limite entre le tube et le limbe.

Relativement à sa durée, le calice peut être *caduc, persistant* ou *marcescent*, suivant qu'il tombe de bonne heure, qu'il persiste avec sa coloration et sa consistance primitives, ou qu'il demeure desséché sur l'axe floral. Il peut continuer à s'accroître après la fleuraison, et envelopper même plus tard le fruit (chez les *Physalis* parmi les Solanées, chez les Diptérocarpées, etc.). Il est dit alors *accrescent*.

Calicule. — Comme les feuilles végétatives, les sépales peuvent être accompagnés de stipules. Ces dernières, en devenant concrescentes deux à deux dans l'intervalle des sépales, forment, en dehors du calice, un verticille supplémentaire, le *calicule* (chez le Fraisier, la Potentille, par exemple).

Corolle. — Les *pétales* demeurent rarement *foliacés* (Joncs, Éra-

(1) Deux ou plusieurs pièces sont dites *concrescentes* lorsque, ces dernières étant formées par des ébauches d'abord indépendantes, leur base commune s'accroît à son tour, et les soulève toutes ensemble de façon à donner l'illusion d'une soudure. La *soudure* proprement dite consiste dans l'*accolement* réel de pièces formées séparément, et tout d'abord sans aucun contact entre elles (comme cela a lieu, par exemple, pour les étamines d'une fleur de Composées).

(2) Chez certaines Myrtacées, les *Eucalyptus*, les *Calyptranthes*, la partie supérieure des sépales se soude de manière à cacher complètement les organes plus internes de la fleur. De même chez les *Eschottzia* (Papavéracées), les deux sépales du calice se soudent par leur sommet, et se détachent ensuite tout d'une pièce en forme de calotte.

bles); ils prennent, en général, une consistance beaucoup plus délicate que les sépales; ils sont, en outre, blancs ou colorés autrement qu'en vert.

Un pétale complet isolé se compose d'un *onglet*, partie inférieure plus ou moins étroite, comparable au pétiole de la feuille, et d'une partie supérieure plus large, la *lame* ou *limbe*. Entre l'onglet et le limbe il existe parfois en dedans une petite expansion transversale, la *ligule*, morphologiquement comparable à la ligule des feuilles de Graminées (voir p. 73). Les pétales de l'œillet montrent bien distinctement cette disposition.

La corolle est dite *dialypétale* (Rosier, Pavot, Chou, etc.), ou *gamopétale* (Liseron, Lavande, etc.) suivant que ses pièces sont libres ou concrescentes (1). Elle est, dans les mêmes conditions que le calice, *actinomorphe* (Rosier, Renoncule, Pivoine, etc.) ou *zygomorphe* (Romarin, Gueule-de-Loup, Haricot, etc.). Enfin, comme les sépales, les pétales peuvent être creusés de cavités ou d'éperons nectarifères plus ou moins développés, ou pourvus d'appendices divers.

Nous mentionnerons très succinctement, dans le tableau synoptique suivant, les principales formes que peut revêtir la corolle, ou tout au moins celles qui sont désignées par des noms spéciaux.

____

(1) De même que le calice gamosépale, la corolle gamopétale possède un *tube*, un *limbe*, entier ou plus ou moins profondément divisé, et une *gorge*.

Corolles.				
Dialy-pétales.	**Actino-morphes**	4 pétales disposés en croix sur un même verticille.........	*Cruciforme* (corolle caractéristique des Crucifères).	
		Pétales pourvus d'un onglet long, plongeant dans le tube du calice, et portant une lame plus ou moins déjetée en dehors..	*Cariophyllée* (corolle des Caryophyllées).	
		Pétales courtement onguiculés, disposés en une rosace régulière.....................	*Rosacée* (Rosier, Renoncule, Oranger, etc.).	
	Zygo-morphes.	5 pétales dont un postérieur, très grand (*étendard*), recouvrant les deux latéraux (*ailes*), lesquels à leur tour recouvrent les deux antérieurs ordinairement soudés (formant la *carène*).....................	*Papilionacée* (caractéristique des Légumineuses-Papilionacées).	
Gamo-pétales.	**Actino-morphes.**	Tube court.	Lobes du limbe s'étalant comme les rayons d'une roue autour du tube....	*Rotacée* (Morelle, etc.).
		Tube allongé.	Corolle en forme d'entonnoir...........	*Infundibuliforme* (*Symphytum*, etc.).
			Corolle en forme de coupe.............	*Hypocratériforme* (certaines Borraginées).
			Corolle en forme de cloche............	*Campanulée* (Campanulacées, Liserons, etc.).
	Zygo-morphes.	Limbe de la corolle plus ou moins déjeté, en forme de languette...................	*Ligulée* (fleurs de beaucoup de Composées).	
		5 pétales concrescents en deux lèvres.....................	*Bilabiée* (Romarin, Sauge, etc.).	
		5 pétales ne formant qu'une seule lèvre bien développée, la supérieure étant nulle ou rudimentaire................	*Unilabiée* (*Teucrium, Ajuga*, etc.).	
		5 pétales concrescents en deux lèvres comme dans la corolle labiée, mais un tube creusé en une bosse ou en un éperon nectarifères, et gorge fermée par un refoulement de la lèvre inférieure (*palais*)...........	*Personnée* (Mufliers, Linaires, etc.).	

On qualifiait autrefois du nom d'*anomales* toutes les corolles irrégulières, dialypétales ou gamosépales, qu'on ne pouvait rattacher à l'un des types zygomorphes qui viennent d'être mentionnés.

La corolle, comme le calice, peut être *caduque* (on dit qu'elle est *fugace* quand elle tombe dès l'épanouissement des fleurs), *persistante, marcescente, accrescente.*

Nature des pétales. — La nature foliaire des pétales se révèle, chez un certain nombre de fleurs, par la présence de formes intermédiaires plus ou moins nombreuses entre eux et les sépales, dont la valeur morphologique ne souffre pas de discussion.

Androcée. — Étamine; parties qui la composent. — L'*androcée* est composé d'*étamines.*

Une étamine complète est formée (fig. 62, A*nt*) par un *filet*, portion longue et étroite de la feuille staminale dont il représente le pétiole, et d'une *anthère* portée par le filet. L'anthère est représentée normalement par quatre pochettes oblongues, placées parallèlement deux par deux sur le *connectif* ou *limbe* de la feuille staminale, dont elles se montrent comme de simples renflements. Ce sont les *sacs polliniques* ou *logettes* de l'anthère. Ces logettes, distinctes d'abord, se fusionnent à la longue deux par deux pour former les deux *loges*. Chaque loge montre elle-même un sillon longitudinal, le long duquel doit s'effectuer sa *déhiscence*, au moment de l'émission du *pollen* qui la remplit; ce sillon correspond à la cloison qui sépare tout d'abord les deux logettes.

Le *pollen* est une poussière uniquement formée de cellules généralement libres, dont le protoplasma est destiné à féconder l'organe femelle.

Comme le pétiole dans la feuille, le filet peut manquer dans l'étamine, et l'anthère est alors *sessile* (chez les *Magnolia*, les Ananas, par exemple).

Le filet peut être ramifié (chez les *Allium* il se divise en trois branches dont la médiane seule est anthérifère), pourvu de glandes (Laurinées) ou d'appendices de diverses sortes; il peut être filiforme ou large, coloré ou incolore, etc., etc.

Ordinairement étroit, le *connectif* peut s'élargir, et écarter ainsi l'une de l'autre les deux loges de l'anthère. Cette disposition atteint un haut degré chez les Tilleuls, les Mercuriales, les Sauges. Chez ces dernières, l'une des loges de l'anthère ainsi séparées demeure stérile (fig. 64).

L'anthère est *dorsifixe*, quand elle s'insère sur la région dorsale du connectif ; *basifixe* si elle se dresse sur ce dernier ; *apicifixe*, si elle y est suspendue par son sommet.

La forme de l'anthère est, d'ailleurs, très variable ; elle peut être *cordiforme*, *linéaire*, *oblongue*, *sagittée*, *globuleuse*, etc.

Le nombre des sacs polliniques se réduit parfois à deux (chez les *Polygala*, les Pins, etc.) ; il est de trois chez les Genévriers, de quatre chez les Cannelliers (*Cinnamomum*).

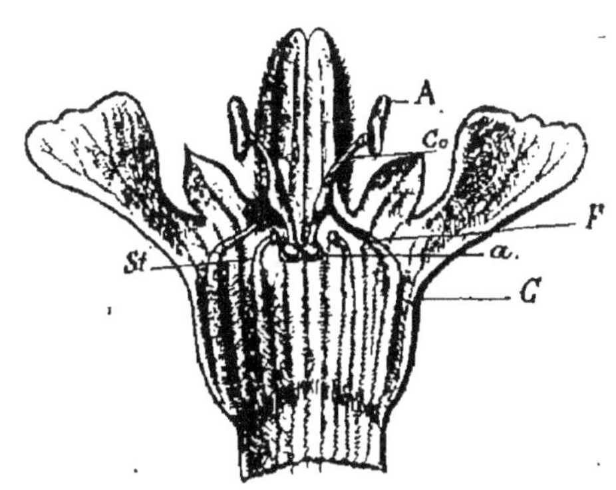

Fig. 64. — Corolle d'une Sauge ouverte pour montrer les étamines et les staminodes. — C, corolle. — A, loge fertile, et *a*, loge stérile de l'anthère. — Co, connectif. — St, staminode (Courchet).

DÉHISCENCE. — Lorsque le pollen est mûr pour la fécondation, l'anthère entre en *déhiscence*, c'est-à-dire qu'elle s'ouvre pour le laisser s'échapper. Le plus souvent la déhiscence s'effectue, pour chacune des loges, le long du sillon longitudinal dont celles-ci sont souvent marquées ; elle est *longitudinale*. Si les fentes sont tournées vers le centre de la fleur, l'anthère est dite *introrse* ; elle est *extrorse* si les lignes de déhiscence sont dirigées vers l'extérieur de la fleur. La déhiscence peut être aussi *latérale*.

Chez beaucoup de Malvacées, l'anthère s'ouvre par une fente unique *transversale* (chez les Mauves, par exemple). Chez les *Cyclanthera* (Cucurbitacées), l'anthère en forme de plateau discoïdal, s'ouvre circulairement comme une boite, en déhiscence *pyxidaire*.

Chez les *Berberis*, une fente en forme d'U découpe, dans la paroi de chaque loge, une valvule qui se soulève de bas en haut ; il se forme quatre valvules superposées deux à deux chez les *Cinnamomum*. La déhiscence est alors appelée *valvulaire*.

On la dit *poricide* lorsque l'anthère s'ouvre par des pores terminaux, comme chez les Morelles, les *Dianella*, etc.

POLLEN. — Le pollen se présente, en général, sous l'aspect d'une poussière jaune, rouge (fig. 65 et 66), brune ou bleuâtre, dont chaque grain représente une cellule indépendante. Le contenu de ces cellules ou *fovilla*, consiste en un protoplasma, pourvu de son noyau, et contenant lui-même des granulations de nature diverse.

La cellule primitive se divise ensuite en deux autres (parfois

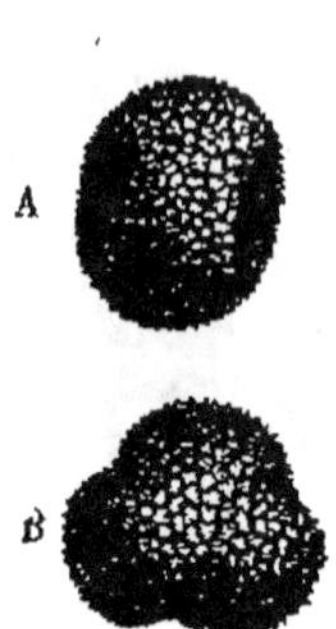

Fig. 65. — Un grain de pollen du *Pelargonium zo-nale*, vu de deux côtés différents pour en en mon-trer la forme. — A, de côté. — B, par son extré-mité (200/1).

Fig. 66. — Grain de pollen du *Lava-tera trimestris* hérissé de pointes (200/1).

même en trois, chez certaines Conifères), mais sans que la membrane externe prenne aucune part à cette division. Une seule de ces cellules germe plus tard sur le stigmate, et prend une part directe à la fécondation ; c'est la *cellule germinative*. L'autre cellule est dite *végétative*.

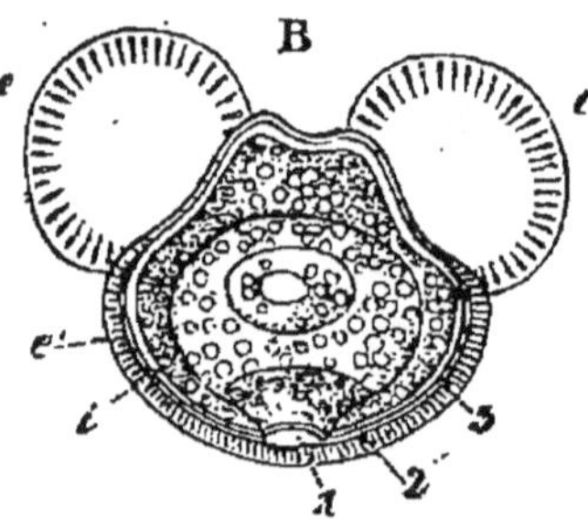

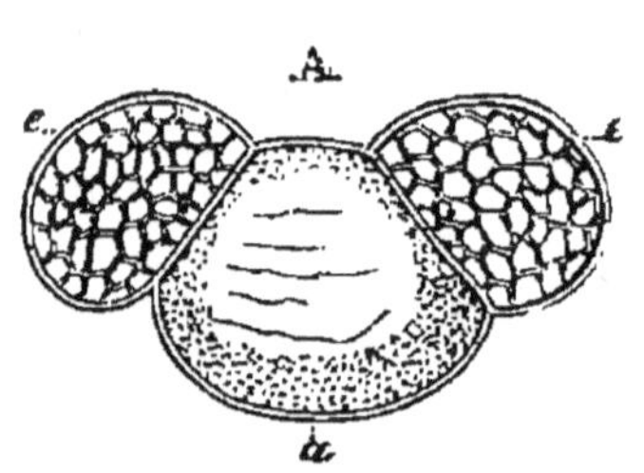

Fig. 67. — A, pollen du *Picea vulgaris;* un grain entier, *a*, avec ses deux ampoules latérales, *cc*, formées par l'exine. — B, vue optique d'un grain de pollen d'*Abies pectinata ; cc*, les deux ampoules formées par l'exine ; *e'*, *i*, l'exine et l'intine superposées, dans le corps du grain ; 1, 2, 3, les trois cellules admises par Schacht dans le corps cellulaire interne (400/1), d'après Schacht.

La membrane du grain de pollen ne tarde pas à se diviser en deux couches : l'externe de nature cuticulaire, l'*extine;* l'interne de nature cellulosique, l'*intine*. Sa surface est rarement lisse ; il s'y forme, en général, des pores ou des plis qui sont des points prédisposés pour sa germination, souvent aussi des sculptures en relief les plus diverses. Arrondie ou oblongue en général, sa forme est quelquefois plus ou moins cubique.

Chez certaines Conifères (Pins, Sapins, Mélèzes, etc.), l'exine se renfle, de chaque côté du grain de pollen, en deux sortes de vésicules pleines d'air, véritable appareil aérostatique qui permet à ce dernier d'être emporté au loin par les vents (fig. 67).

Libres en général à leur maturité, les grains de pollen restent souvent agglutinés entre eux en masses plus ou moins volumineuses, nommées *pollinies*. Cette disposition est réalisée à son plus haut degré chez les Asclépiadées et les Orchidées, où tous les grains d'une même loge d'anthère sont ordinairement agglomérés en une masse unique en forme de massue, qui est enlevée par les insectes en même temps que sa congénère, grâce à une disposition qui sera décrite plus loin.

Placé dans des conditions convenables de température et d'humidité, le grain de pollen éclate, en laissant échapper son contenu. Si, au lieu d'eau pure, on fait agir sur lui un liquide visqueux, tel qu'une solution de gomme, on voit sortir, par un des pores ou un des plis dont est ordinairement marquée sa surface, une sorte de hernie qui ne tarde pas à s'allonger en un tube, le *tube* ou *boyau pollinique*. Ce dernier est uniquement formé par une extension de la membrane interne cellulosique, dans lequel s'engage le protoplasma. Si le milieu dans lequel s'effectue cette germination du grain de pollen est capable de lui fournir des aliments, le tube pollinique se *nourrit* en s'accroissant. Tel est le phénomène qui s'accomplit physiologiquement lors de la germination du grain de pollen sur l'organe femelle qu'il doit féconder.

Nombre, situation, rapport de grandeur des étamines. — Normalement, dans une fleur verticillée, le nombre des étamines doit être égal à celui des pétales, avec lesquels elles alternent régulièrement (chez les Solanées, les Borraginées, par exemple). Ailleurs, comme il peut arriver, du reste, pour les autres parties de la fleur, l'androcée est représenté par deux, trois ou plusieurs verticilles successifs d'étamines, alternant régulièrement entre eux (*Geranium*, Rosacées diverses, etc.). Une disposition inverse se produit dans d'autres fleurs, où le nombre des étamines est moindre que celui des pétales, auquel cas on doit admettre théoriquement l'avortement de certains membres de l'androcée (Labiées, Valérianes, Jasminées, etc.).

On dit qu'une fleur est *isostémonée*, lorsque le nombre des étamines est égal à celui des pièces de la corolle, si l'enveloppe florale est double, ou du périanthe, s'il n'existe qu'un seul verticille protecteur; elle est *diplostémonée*, si le nombre des étamines est double, *triplostémonée* s'il est triple, *pléiostémonée*, enfin, pour indiquer, d'une manière générale, la supériorité du nombre des étamines ; *méiostémonée* pour indiquer l'infériorité de ce nombre à l'égard des pétales ou des pièces du périanthe (1).

Les étamines sont dites en nombre *défini* dans une fleur, quand ce nombre est inférieur à vingt. Au-dessus de vingt, il est de moins en moins constant dans une même espèce ; on le dit alors *indéfini* (chez les Rosiers, les Myrtes, etc., par exemple).

Comme le calice et la corolle, et pour des causes tout à fait semblables, l'androcée peut être *zygomorphe* ou *actinomorphe*. La zygomorphie peut aussi résulter d'une simple différence dans la direction des étamines (chez le *Dictamnus Fraxinella*, par exemple).

On dit que les étamines sont *didynames*, lorsqu'il en existe quatre dans l'androcée, dont deux sont plus longues que les deux autres (chez les Labiées, par exemple, et un certain nombre de Scrophularinées). On dit qu'elles sont *tétradynames* quand il en existe six, dont quatre, placées en deux paires, en avant et en arrière du plan transversal de la fleur, l'emportent en grandeur sur les deux latérales (Crucifères).

Fig. 68. — Androcée d'une Mauve.

Les étamines peuvent être plus courtes ou plus longues que les enveloppes florales. Elles sont dites *incluses* lorsqu'elles sont cachées par ces dernières, *exsertes* lorsqu'elles apparaissent au dehors. Elles peuvent aussi être égales en longueur aux pièces du périanthe.

Concrescence et soudure des étamines entre elles. — Les étamines peuvent être concrescentes, soit entre elles, soit avec les autres parties de la fleur.

Toutes les étamines d'une fleur sont parfois concrescentes entre elles, sur une étendue plus ou moins grande. On les dit alors *monadelphes* (fig. 68). Elles sont concrescentes seulement par la base des filets chez les *Geranium*, les *Oxalis*, les Lins ; beaucoup plus haut chez les Malvacées, où les filets ainsi réunis forment un manchon autour de pistil.

Les étamines concrescentes en deux faisceaux sont dites *diadelphes* (*Polygala*, Fumeterre, la plupart des Légumineuses-Papiliona-

<hr>

(1) Les noms, créés par Linné, de *monandre*, *diandre*, *triandre*, *polyandre*, etc., pour désigner les fleurs pourvues de 1, 2, 3, etc., ou d'un nombre plus considérable d'étamines, sont à peu près inusités aujourd'hui.

cées); *triadelphes* quand elles forment trois faisceaux (Millepertuis); *tétradelphes*, *pentadelphes*, *polyadelphes*, suivant qu'elles forment quatre, cinq ou plusieurs faisceaux.

Chez les Violettes, chez les Morelles, les anthères, libres primitivement, s'accolent plus tard, sans contracter cependant entre elles une véritable soudure; on les dit *conniventes*.

Chez les Composées, les anthères se soudent complètement et forment un tube autour du style, tandis que les filets demeurent presque toujours libres. On donne le nom de *synanthérées* ou *syngenèses* aux étamines qui offrent cette disposition. Chez certaines Composées et chez les Lobéliacées, la soudure réunit en un seul faisceau les filets aussi bien que les anthères de toutes les étamines.

CONCRESCENCE DES ÉTAMINES AVEC LES AUTRES PARTIES DE LA FLEUR. — Dans un grand nombre de cas, et surtout lorsque la corolle est gamopétale, les étamines sont concrescentes avec elle, et semblent être portées par elles (Liserons, Menthe, Morelles, etc.). Lorsque le périanthe est simple et gamophylle, c'est-à-dire à pièces concrescentes, ses relations avec l'androcée sont généralement les mêmes (chez les Thymélées, le Garou, par exemple).

L'androcée peut être concrescent à la fois avec la corolle et le calice; les étamines se montrent alors portées sur le bord interne d'une sorte de coupe, qui, en dehors d'elles, donne également insertion aux divisions de la corolle et aux sépales (voy. fig. 73, III).

Les étamines peuvent être enfin concrescentes avec le gynécée, ainsi que nous le verrons en étudiant les Orchidées et les Asclépiadées (voir ces familles).

Nous reviendrons un peu plus loin sur leurs rapports avec les organes femelles.

STAMINODES. — Chez certaines fleurs, à côté ou à la place même de certaines étamines fertiles, se développent des formations qui leur ressemblent plus ou moins, mais qui ne produisent point de pollen. Ce sont les *staminodes* (fig. 64) (fleur des Laurinées, etc.). Ce ne sont en réalité que des étamines qui ont subi un arrêt de développement, ou des modifications plus ou moins profondes. Toutefois, il est des cas où la détermination de leur nature morphologique exige un examen attentif de leur structure et de leur mode de formation.

Gynécée ou Pistil. — CARPELLE; PARTIES QUI LE COMPOSENT. — Le *gynécée* ou *pistil*, est formé par les *carpelles* ou *feuilles carpellaires* (fig. 69).

On distingue dans un carpelle trois parties principales :

1° Un *pétiole*, qui se développe rarement.

2° Un *limbe*, qui constitue la partie la plus importante de la feuille carpellaire, l'*ovaire*. Il forme les *ovules* qui se montrent comme de simples ramifications du bord de la feuille.

Chez les Gymnospermes, le carpelle demeure étalé, et les ovules sont à découvert. Chez toutes les autres Phanérogames, auxquelles, pour ce motif, on donne le nom d'Angiospermes, les ovules sont cachés dans une *cavité ovarienne*, soit que le limbe carpellaire, reployé sur lui-même, ait accolé ses deux bords, soit que ces mêmes bords soient concrescents avec ceux des feuilles carpellaires voisines de façon à former avec elles une cavité close de toutes parts.

3° Au-dessus de l'ovaire, la nervure médiane de la feuille carpellaire se prolonge plus ou moins, pour former le *style*. Le style est surmonté d'une portion glanduleuse de forme variable, le *stigmate*, qui est destiné à retenir les grains de pollen.

L'ovaire est la partie la plus constante du carpelle.

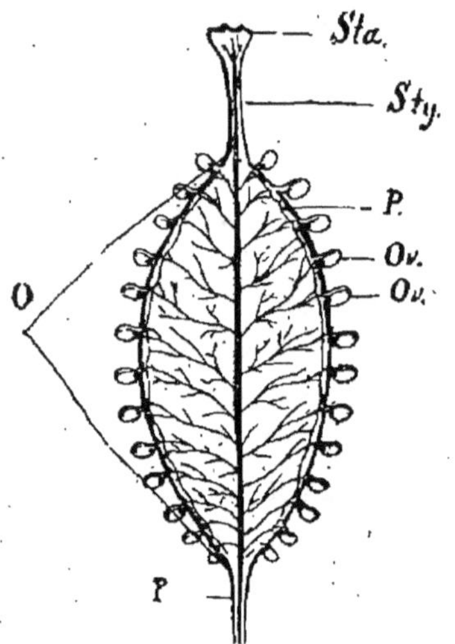

Fig. 69. — Feuille carpellaire théorique. — o, ovaire. — P, placenta.— Ov, ovules. — *Sty*, style. — *Sta*, stigmate. — P, pétiole (Courchet).

Comme l'androcée, la corolle et le calice et pour des motifs semblables, le gynécée peut être actinomorphe ou zygomorphe.

Ovaire. — 1° Si le carpelle est isolé, qu'il soit ou non accompagné d'autres carpelles dans la fleur, il peut demeurer *ouvert*, comme cela a lieu chez les Gymnospermes, et les ovules sont nus. Mais chez toutes les Angiospermes, il rapproche ses bords qui se soudent (chez le Haricot, le Pois, par exemple), et dès lors se trouve constituée une cavité ovarienne, dans laquelle on distingue : un *côté dorsal* correspondant à la nervure médiane de la feuille, et une *suture ventrale*. C'est généralement le long de celle-ci que sont insérés les ovules, sur un bourrelet formé d'un tissu spécial, le *placenta*.

2º Si deux ou plusieurs carpelles sont concrescents, ceux-ci peuvent être également *ouverts* ou *fermés* (fig. 70). *Ouverts*, les carpelles sont en contact par leurs bords placentifères, et l'ovaire ne forme qu'une seule loge, avec deux ou plusieurs placentas sur leurs parois (chez les Papavéracées, les Violariées, etc.). L'ovaire est dit alors *uniloculaire*, comme lorsqu'il est constitué par un seul carpelle clos.

Si la concrescence s'établit entre des carpelles *fermés*, leur ensemble constitue un ovaire à deux ou plusieurs loges, dont les cloisons de séparation sont formées par les deux limbes accolés. Cet ovaire est *bi, tri* ou *pluriloculaire*, et dans les cas ordinaires, les placentas sont situés le long de l'angle interne des loges (Pommier, Oranger, Morelles, etc.).

Il se développe souvent dans l'ovaire de *fausses cloisons*, dont

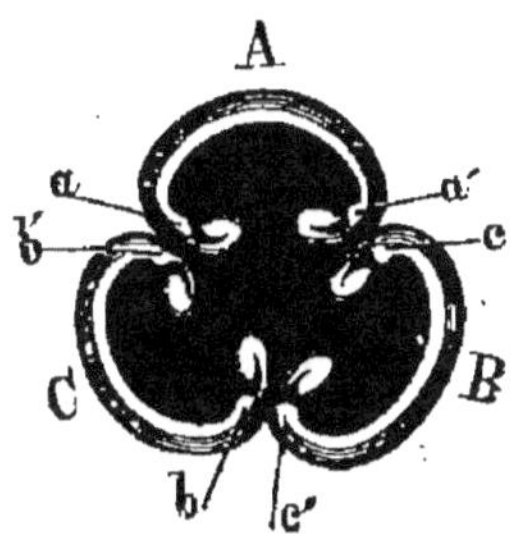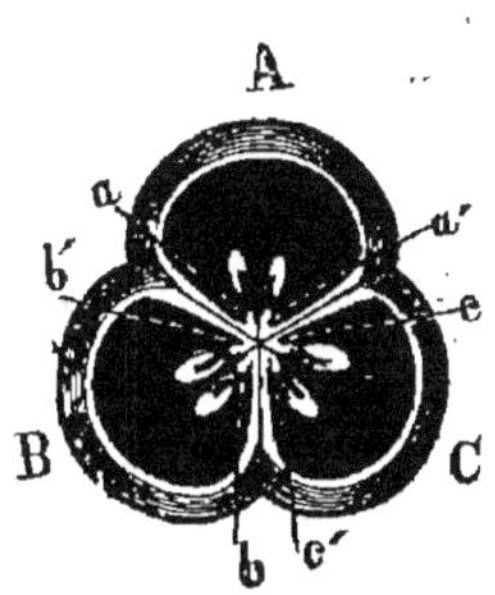

Fig. 70. — Placentation pariétale et axile : A, B, C, les carpelles; *a*, *b*, *c*, placentas.

l'origine est diverse. Chez le Pavot, ce sont des lames formées par les placentas pariétaux, qui se développent vers le centre de l'ovaire sans l'atteindre. Chez les Astragales, la nervure dorsale infléchie divise la cavité ovarienne en deux fausses loges. Ailleurs (Casse des boutiques), ce sont des diaphragmes cellulaires transversaux, qui partagent la cavité en tout autant de logettes superposées, etc.

PLACENTATION. — On nomme *placentation*, le mode d'insertion des ovules dans l'ovaire. Elle est *pariétale* si les ovules sont portés sur la paroi (Haricot, Violette, etc.); elle est *axile* si les ovules sont insérés dans l'angle interne des loges d'un ovaire bi ou pluriloculaire. Dans le premier de ces deux cas, le placenta peut être *diffus*, c'est-à-dire occuper une assez grande surface, soit sur la paroi de l'ovaire, soit sur de fausses cloisons (Papavéracées, Nymphéacées).

Si le placenta est situé au centre d'un ovaire uniloculaire, la placentation est appelée *centrale*. Cette disposition peut être primitive (Polygonées, Primulacées, etc.); elle peut aussi résulter de la destruction des cloisons dans un ovaire primitivement à deux ou plusieurs loges (Œillet, Saponaire, etc.) (1).

Style. — Le style est plus ou moins développé; il peut manquer, et alors le stigmate, reposant directement sur l'ovaire, est *sessile*. Si le carpelle est isolé, la clôture du limbe peut ne pas s'élever jusqu'à lui, et le style demeure alors simplement reployé en forme de gouttière (chez la plupart des Renonculacées, chez les Magnoliacées, etc.). Mais dans les cas ordinaires, cette gouttière est remplacée par un tube complet, la feuille carpellaire étant close sur toute sa longueur.

Si les carpelles sont concrescents, ou bien leurs parties stylaires sont simplement soudées par leurs bords, et leur ensemble forme une cavité tubulaire unique, ou bien elles sont repliées et closes, comme le limbe du carpelle, et le style est parcouru par des canaux distincts, communiquant chacun avec une des cavités de l'ovaire.

Fig. 71. — Style latéral du Fraisier.

Le style est toujours inséré sur le sommet organique de l'ovaire; mais ce sommet peut occuper lui-même différentes positions, suivant que le carpelle se développe également ou inégalement sur ses deux côtés, interne et externe. Le style peut donc être *terminal* (Haricot, Pois, etc.), *dorsal* (Fraisier, Potentille, fig. 71), *ventral*, ou prendre même naissance sur le côté interne fort peu développé, en un point très voisin de la base de l'ovaire, auquel cas on le dit *gynobasique* (Borraginées, Labiées, etc., fig. 72).

Le style est quelquefois (chez les Composées surtout), muni sous le stigmate d'un anneau de poils dits *collecteurs*, destinés à recueillir le pollen des étamines.

Stigmate. — Le stigmate est plus ou moins développé et affecte des formes très diverses. Il constitue, le plus souvent, un simple renflement glanduleux au sommet du style. Ailleurs il s'allonge en une sorte d'appendice nu ou plumeux (chez les Graminées, par exemple); il forme une lame repliée en cornet chez les *Crocus*, un renflement concave chez les Violettes, etc.

(1) Nous ne pouvons exposer ici les diverses interprétations qui ont cours dans la science touchant la nature des placentas centraux. (Voy. en particulier Eichler, *Blüthendiagrammen.*)

Chez la plupart des Renonculacées, il n'est représenté que par des papilles glanduleuses qui bordent le sillon ventral du style.

L'étude des familles nous fournira un grand nombre d'exemples de ces variations de forme.

Concrescence des styles et des stigmates. — Les styles sont souvent indépendants au-dessus des carpelles concrescents par leur partie ovarienne (chez les *Armeria*, par exemple); plus rarement les styles, primitivement libres, se soudent en une colonne unique au-des-

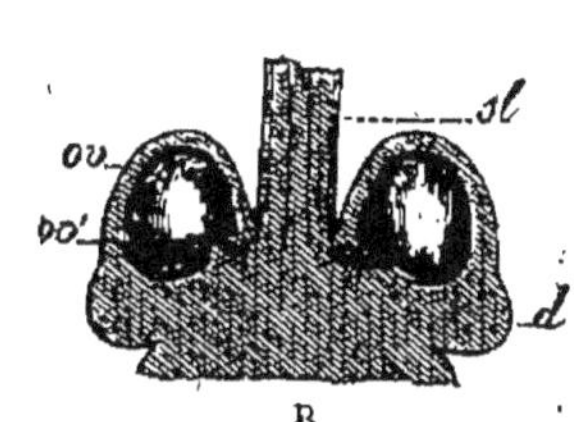

Fig. 72. — Style gynobasique de *Symphytum officinale*. — A, portion inférieure du gynécée; *ov*, ovaire; *st'*, style qui dans le bas forme deux angles *a*, très proéminents et opposés; *d*, disque (6/1). — B, coupe longitudinale montrant deux loges ouvertes et le niveau d'où part le style, mêmes lettres. — *ov'*, ovules (14/1).

sus d'ovaires demeurés indépendants (chez un grand nombre de Rutacées).

La concrescence peut, d'ailleurs, s'étendre le long des styles à des degrés très variables. Dans bien des cas, les stigmates seuls demeurent indépendants ou incomplètement unis. Chez les Liliacées, par exemple, les trois stigmates ne se trahissent plus, au sommet du style, que par trois lobes peu marqués. Enfin, la concrescence des carpelles peut être complète, comme chez les Primevères.

Forme du réceptacle, rapports de situation des divers organes floraux (fig. 73) (1). — Si le réceptacle floral est convexe, dans une fleur hermaphrodite, le gynécée en occupe le sommet; au-dessous est inséré l'androcée, libre ou concrescent avec la corolle, mais qui, dans tous les cas, par son insertion *au-dessous* des organes

(1) Dans la classification de de Candolle, les Dicotylédones chez lesquelles les étamines, indépendantes d'ailleurs de la corolle, sont hypogynes, constituaient la classe des *Thalamiflores*; il désignait sous le nom de *Corolliflores* celles où la corolle et l'androcée concrescents sont insérés sous le gynécée. Enfin, lorsque le réceptacle, plus ou moins concave, donne insertion sur ses bords aux étamines, aux pétales et aux sépales, on admettait que la partie commune à ces divers organes concrescents à la base représentait, en réalité, le calice, qui aurait ainsi servi de support à la corolle et à l'androcée, d'où le nom de *Caliciflores* donné à ces Dicotylédones.

femelles, mérite l'épithète d'*hypogyne* [Renonculacées, Crucifères, Aurantiacées, etc., avec les étamines indépendantes de la corolle (I); Solanées, Labiées, Gentianées, etc., avec les étamines et la corolle concrescentes (II)].

Ailleurs, le réceptacle se creuse en une coupe dont le fond, qui représente en réalité son sommet organique, donne insertion au gynécée (III). L'androcée, la corolle, les sépales eux-mêmes se

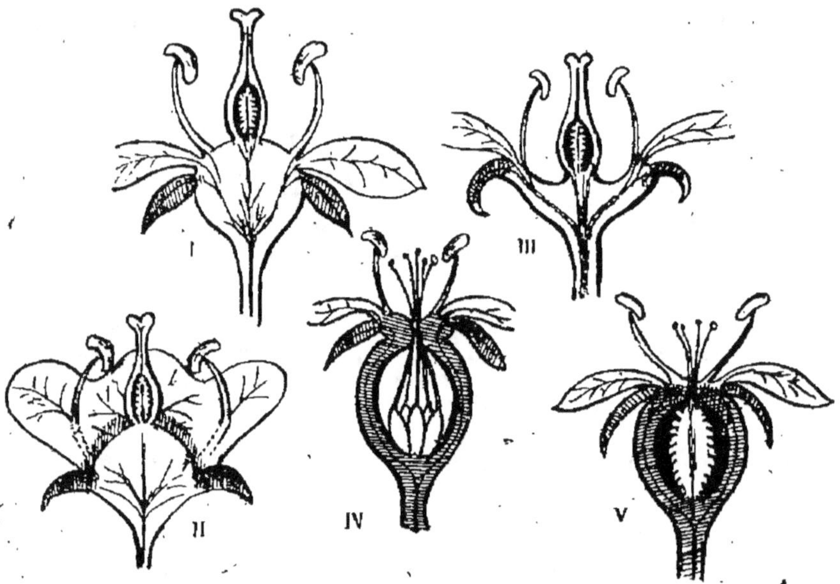

Fig. 73. — Schéma des principales formes du réceptacle floral. — I. Réceptacle convexe; androcée et corolle hypogynes, indépendants (type thalamiflore). — II. Réceptacle convexe; androcée et corolle hyopgynes, concrescents (type corolliflore). — III. Réceptacle concave et ovaire supère; androcée, corolle et sépales périgynes. — IV. Réceptacle creusé en urne; ovaire infère, mais non adhérent; étamines, corolle et calice épigynes. — V. Réceptacle creusé en urne; ovaire infère et adhérent; étamines, corolle et calice épigynes (Courchet).

montrent alors insérés sur les bords de la coupe, autour des organes femelles, et sont dits *périgynes*.

Enfin, le réceptacle se creuse ailleurs encore en une sorte de bouteille ou d'urne profonde (IV), au fond de laquelle l'ovaire demeure entièrement caché, tandis qu'au-dessus de lui, sur les bords mêmes de l'urne, prennent insertion toutes les pièces plus extérieures de la fleur. Ces dernières sont dites alors *épigynes* (chez le Pommier, le Poirier, les Quinquinas, etc.).

L'ovaire lui-même est dit *supère*, lorsqu'il se montre librement au-dessus de la fleur; les pièces extérieures sont alors hypogynes ou périgynes. Il est *infère*, lorsqu'il est caché au fond de l'urne réceptaculaire, et les autres pièces florales sont alors épigynes.

L'ovaire infère peut être indépendant des parois de l'urne réceptaculaire ; il est *libre*, comme lorsqu'il est supère (chez les Rosiers, les Pimprenelles, par exemple) (IV). Il peut aussi devenir concrescent avec le réceptacle, et prend alors le nom *d'ovaire adhérent* (chez le Pommier, le Cognassier, les Quinquinas, etc.) (V).

Il existe naturellement entre ces divers cas de nombreux intermédiaires.

Le réceptacle s'accroît parfois longuement entre les points d'insertion de certains verticilles floraux, de façon à soulever les pièces les plus centrales au-dessus de celles qui sont plus extérieures. C'est tantôt le gynécée qui se trouve ainsi porté au-dessus de l'androcée par une sorte de pied nommé *podogyne* ou *gynophore* (chez le Câprier, par exemple). Chez d'autres plantes, ce support se développe entre la corolle et l'androcée, qu'il soulève en même temps que le pistil, et mérite ainsi le nom de *gynandrophore* (chez les Passiflorées, etc.).

Ovule. — Sa nature ; parties qui le composent. — *L'ovule* se montre à nous comme une simple ramification du limbe de la feuille carpellaire. Il naît généralement sur ses bords, rarement sur l'une de ses faces (fig. 69).

Fig. 74. — Trois états successifs du développement d'un ovule orthotrope.

La production d'un ovule (fig. 74) commence par la formation d'un mamelon dont la base ne tarde pas, en général, à se rétrécir et à s'allonger plus ou moins en un support. Celui-ci devient le *funicule*, et représente, à proprement parler, une petite foliole ; le corps plus ou moins arrondi qu'il supporte est le *nucelle*, et doit être considéré comme une *émergence* du funicule. De bonne heure, ce dernier se développe, tout autour du nucelle, en un bourrelet, unilatéral tout d'abord, mais plus tard circulaire. Ce bourrelet s'accroît, en dehors du nucelle, en une sorte de sac qui l'enveloppe de plus en plus, et finit par le cacher presque en entier, sauf au sommet où il demeure percé d'un orifice plus ou moins large, le *micropyle*. Très souvent un second bourrelet se développe en dehors du premier, s'accroît plus rapidement encore que lui, le déborde, et vient former un second orifice au-dessus de celui qui existait déjà.

Ces deux enveloppes constituent les *téguments ovulaires*. La plus extérieure (la plus jeune en date) est la *primine*; l'interne, la *secondine*. Le double orifice qu'elles forment est le *micropyle*. L'ouverture de la primine porte le nom d'*exostome*; on donne à celui que forme la secondine le nom d'*endostome*.

Le funicule renferme un faisceau libéro-ligneux qui, traversant le tégument ovulaire dans lequel il envoie des ramifications, vient former, à la base du nucelle, une sorte d'épatement, nommé la *chalaze*. On nomme *hile* le point où le funicule s'attache au tégument; ce point est donc situé au-dessous, ou mieux en dehors de la chalaze, dans le cas que nous venons de décrire.

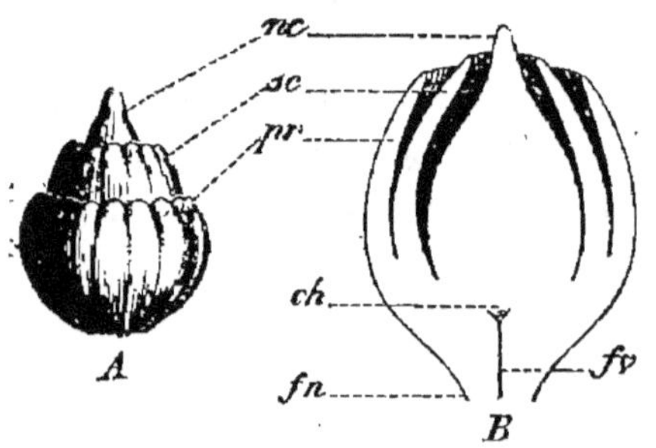

Fig. 75. — Ovule de *Polygonum orientale*. — A, ovule entier, dont la primine (*pr*) et la secondine (*sc*) commencent à envelopper le nucelle (*nc*). — B, ovule plus développé, coupé longitudinalement; *nc*, nucelle; *pr*, primine; *sc*, secondine; *fu*, funicule; *fv*, faisceau vasculaire; *ch*, chalaze.

FORME DE L'OVULE. — Nous avons supposé que le développement de l'ovule s'effectuant de tous les côtés d'une façon régulière, le hile et la chalaze à une extrémité de ce dernier, le micropyle à l'autre, se trouvent situés sur une même ligne droite passant par le centre du nucelle. Cette forme se trouve réalisée chez certains groupes naturels (Polygonées, Cistinées, la plupart des Conifères, etc.), et l'ovule est dit alors *droit*, ou plus inexactement, mais plus communément, *orthotrope* (fig. 75).

Le plus souvent, l'un des côtés de l'ovule se développant plus activement que l'autre, le micropyle se trouve tout d'abord déjeté latéralement; puis le nucelle se recourbe de plus en plus, s'accole, par celui de ses côtés qui s'accroit le moins, au funicule, et contracte avec lui un second point d'attache, qui est le *hile secondaire* ou *hile apparent*. C'est au voisinage de ce dernier qu'est maintenant situé le micropyle, tandis que le *hile vrai* et la chalaze, qui ont conservé leur position relative, se trouvent à l'autre extrémité de l'ovule ainsi renversé (fig. 76).

Sur le côté dorsal de ce dernier, entre le hile apparent (que l'on appelle, en général, simplement le *hile*, dans le langage descriptif) et la chalaze, la trace du funicule se montre sous la forme d'une sorte de crête, à laquelle on donne le nom de *raphé*.

On désigne sous le nom d'*anatropes* les ovules ainsi renversés.

Entre les cas d'*orthotropie* et d'*anatropie* de l'ovule, il existe de
nombreux termes intermédiaires.

Chez certains groupes naturels, l'ovule, se développant encore
d'un côté beaucoup plus activement
que de l'autre, se recourbe en forme de
rein, mais sans que le funicule contracte une adhérence nouvelle avec le
tégument (fig. 77). Le hile primordial
demeure ainsi, au-dessus de la chalaze,
comme hile définitif, au fond de la
concavité de l'ovule, et le micropyle en
est demeuré voisin, du côté le moins
développé. L'ovule est dit alors *campylotrope* (chez les Crucifères, beaucoup
de Légumineuses-Papilionacées, etc.).

Il est aisé de comprendre que, de
même que l'anatropie, la campylotropie
de l'ovule peut être réalisée à des degrés très différents.

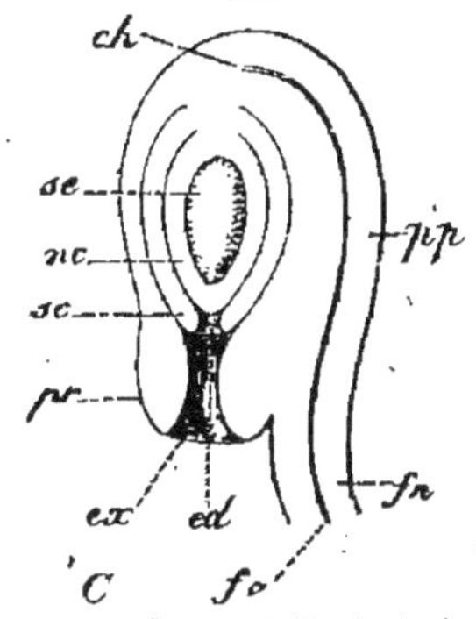

Fig. 76.— Ovule d'*Escholtzia californica*. — *pr*, primine, tégument externe ; *sc*, secondine,
tégument interne ; *nc*, nucelle ;
se, sac embryonnaire ; *ex*, exostome ; *ed*, endostome ; *fu*, funicule ; *fv*, faisceau vasculaire ; *rp*,
raphé ; *ch*, chalaze.

ORIENTATION DE L'OVULE. — Grâce à sa constance assez grande dans
un même groupe naturel, l'orientation de l'ovule dans l'ovaire
constitue un caractère important en systématique.

L'ovule est quelquefois *dressé*, au fond de la cavité ovarienne,

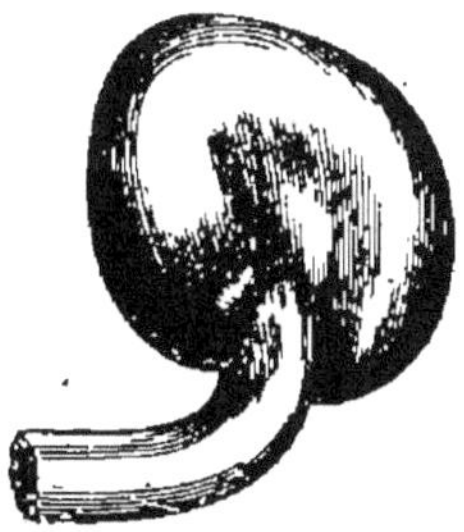

Fig. 77. — Développement d'un ovule campylotrope.

sur un placenta basilaire (chez les Polygonées, par exemple) ; il est,
ailleurs, *pendant* au sommet de cette même cavité (chez les Halora-
gées). Lorsqu'ils sont insérés le long de la paroi ou à l'angle interne des loges, en série simple ou double, ils sont fréquemment
horizontaux.

L'ovule est encore dit *ascendant* ou *descendant* suivant que, inséré plus ou moins latéralement sur l'ovaire, il dirige son sommet vers le haut ou vers le bas (ce sommet étant, d'ailleurs, occupé par la chalaze et le hile vrai si l'ovule est anatrope, par le micropyle s'il est orthotrope). Dans ces deux cas, d'ailleurs, le hile peut être *ventral* ou *dorsal*, suivant qu'il est tourné *contre* le placenta ou *en dehors* du placenta (1).

Disque et nectaires. — Indépendamment des parties dont nous venons de faire l'étude, la fleur présente souvent encore des formations de configuration diverse, ordinairement nectarifères, et que nous croyons devoir, avec beaucoup d'auteurs, diviser en deux catégories :

1° Les unes sont des dépendances immédiates des pièces florales, ou représentent ces mêmes pièces modifiées, soit en partie, soit en totalité. Nous leur réserverons le nom de *nectaires* (éperon glanduleux du calice des *Delphinium*, éperon du pétale supérieur des Violettes, glandes staminales des Laurinées, etc., etc.).

2° Les autres sont directement insérées sur le réceptacle, et peuvent en être considérées comme des productions directes. On doit leur réserver le nom de *disque* (glandes réceptaculaires des fleurs de Crucifères, anneau glanduleux de la Pivoine, bourrelet glanduleux épigyne des Ombellifères, etc.).

La nature morphologique de ces formations offre parfois d'assez grandes difficultés d'interprétation.

Moyens graphiques d'exprimer la structure d'une fleur. — Deux moyens sont employés dans ce but : les diagrammes et les formules.

---

(1) Si nous supposons qu'un ovule, primitivement horizontal, son raphé étant dirigé en haut, se relève et devienne ascendant, ce raphé sera évidemment interne en se rapprochant du placenta; si le même ovule est descendant, le raphé s'écartera du placenta et deviendra externe. Inversement, dans un ovule horizontal à raphé inférieur, ce dernier deviendra externe si l'ovule se relève, interne s'il s'abaisse. Or, la direction horizontale, ascendante ou descendante d'un ovule, pouvant tenir à des causes purement mécaniques, on comprend qu'on doive attacher plus d'importance aux caractères d'orientation qui peuvent se rapporter à une même situation primordiale de l'ovule, qu'à sa direction ascendante, descendante, horizontale ou dressée. Aussi donne-t-on souvent le nom d'*apotrope* à l'ovule anatrope, quelle que soit son orientation, si cet ovule étant supposé horizontal, son raphé en occupe le côté supérieur; il est dit *épitrope*, lorsque dans les mêmes conditions, son raphé doit occuper le côté inférieur (J.-C. Agardh). Nous verrons plus loin qu'on s'appuie sur l'épitropie de l'ovule chez les Burséracées, pour les considérer comme formant un groupe naturel, distinct des Térébinthacées, qui en sont très voisines d'ailleurs, mais chez lesquelles l'ovule est *apotrope*.

1. Diagrammes. — Le *diagramme floral* (fig. 78) n'est, à proprement parler, que la projection, sur un plan perpendiculaire à l'axe, des diverses parties de la fleur. Un diagramme ne peut donc exprimer que le nombre et la situation relative des pièces florales, dans le sens latéral et dans le sens radial; mais il ne saurait donner aucune indication sur leur niveau relatif et la forme du réceptacle.

On se sert, pour indiquer les sépales, les étamines et les carpelles, de figures conventionnelles qui en reproduisent grossièrement la forme, ainsi que l'expriment, d'ailleurs, les figures ci-jointes. Si une ou plusieurs de ces pièces possèdent un caractère spécial de structure (développement inégal, présence d'un éperon, etc.), les signes qui les représentent dans

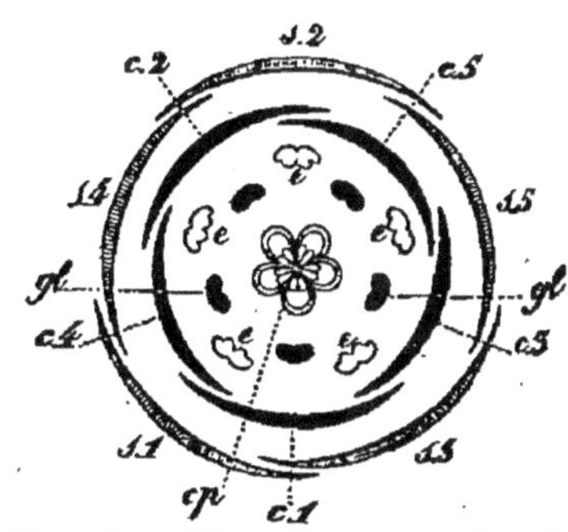

Fig. 78. — Diagramme de la fleur du *Sedum rubens*, L. — *s,* calice; *c,* corolle, l'une et l'autre en préfloraison quinconciale; *e,* androcée; *gl,* disque; *cp,* gynécée.

le diagramme expriment cette particularité. Le *disque*, s'il en existe un dans la fleur, est également indiqué avec toutes ses parties.

Si dans un ou plusieurs verticilles, font défaut certains membres dont on veut indiquer la place, parce qu'ils existent dans le plan général auquel on peut rattacher celui de la fleur étudiée, ces parties manquantes sont remplacées par des points.

Les pièces d'un même verticille qui sont réunies par concrescence ou groupées par faisceaux dans la fleur, sont rendues dans le diagramme par des signes également groupés, ou réunis par des traits.

On désigne sous le nom de *diagramme empirique* celui où se trouvent simplement indiquées, telles qu'on les observe dans la fleur, les pièces réellement existantes.

On construit un *diagramme théorique*, si on modifie ce diagramme en y figurant, à leur place respective, les pièces qui manquent dans la fleur que l'on étudie, mais qui se trouvent développées dans des fleurs plus complètes auxquelles l'analogie et les caractères naturels permettent de la rattacher.

On nomme enfin *diagramme type*, un *diagramme théorique* auquel s'en rattachent un grand nombre d'autres.

2. Formules. — Dans une *formule florale*, les sépales, pétales, étamines et carpelles sont respectivement désignés par les lettres S, P, E, C. Un

chiffre placé devant chacune d'elles indique leur nombre dans un même verticille.

Les lettres et les chiffres exprimant les pièces d'un même verticille, sont séparés par le signe +, des chiffres et lettres qui expriment les verticilles voisins.

On réunit entre deux crochets [] tous les signes relatifs à un seul ou à plusieurs verticilles qui sont concrescents, soit dans le sens latéral, soit dans le sens radial.

Lorsqu'un même verticille est répété, le second est exprimé comme le premier, mais en mettant un petit accent en avant et au-dessus de la lettre pour le second, deux accents pour le troisième, trois pour le quatrième, etc.

L'alternance des verticilles successifs étant la règle, on ne l'indique par aucun signe spécial. Lorsqu'on veut exprimer qu'un verticille est opposé à un autre, on place, en avant et en bas de la lettre qui indique la nature du premier, une lettre beaucoup plus petite qui fait connaître la nature du second.

Enfin, un petit *o*, placé en exposant devant la lettre C, indique que le carpelle ou les carpelles sont ouverts.

Voici quelques exemples de formules florales :

Colchique	$F. = 3S + 3P + 3E + 3E' + 3C.$
Tulipe	$F. = 3S + 3P + 3E + 3E' + [3C].$
Jacinthe	$F. = [3S + 3P + 3E + 3E'] + [3C].$
Iris	$F. = [3S + 3P + 3E + 3C].$
Primevère	$F. = [5S] + [5P + 5Ep] + [5Co].$
Morelle	$F. = [5S] + [5P + 5E] + [2C].$

Ces règles trouveront une fréquente application dans la seconde partie de ce livre.

Préfloraison ou estivation. — On désigne par ces mots la disposition relative des pièces d'un même verticille dans la fleur non encore épanouie. C'est là que les rapports de situation se montrent, en effet, avec la plus grande netteté, à cause de l'espace étroit que doivent occuper les organes. Seuls les sépales et les pétales, dont la largeur est plus ou moins grande, peuvent avoir un mode de préfloraison spécial.

La préfloraison est *valvaire* (fig. 79), quand les diverses pièces d'un même verticille se touchent latéralement sans se recouvrir; elle est *valvaire induplicative* ou *valvaire réduplicative* (fig. 80), suivant que les bords en contact sont repliés en dedans ou en dehors.

La préfloraison est *imbriquée* (fig. 80), si l'une des pièces étant externe, l'autre interne, la troisième ou les autres pièces sont recouvertes par un bord, recouvrantes par l'autre (1).

____

(1) Cette disposition pourrait s'exprimer par une des formules foliaires chez lesquelles le numérateur serait 1, $\left(\frac{1}{3} \text{ ou } \frac{1}{3} \text{ en général} \right)$.

La préfloraison est dite *quinconciale* (fig. 78), si, dans un verticille de cinq pièces, deux d'entre elles sont externes, deux internes, et l'autre recouverte par un bord et recouvrante par l'autre (1).

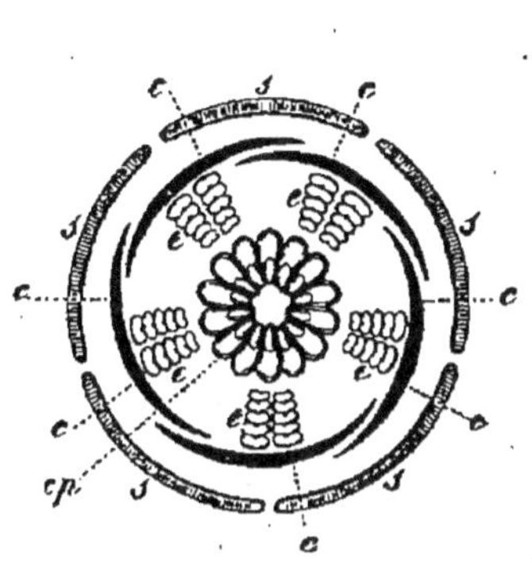

Fig. 79. — Diagramme de la fleur d'une Mauve (*Malva*). — *s*, calice en préfloraison valvaire; *c*, corolle en préfloraison tordue; *a*, androcée; *cp*, gynécée.

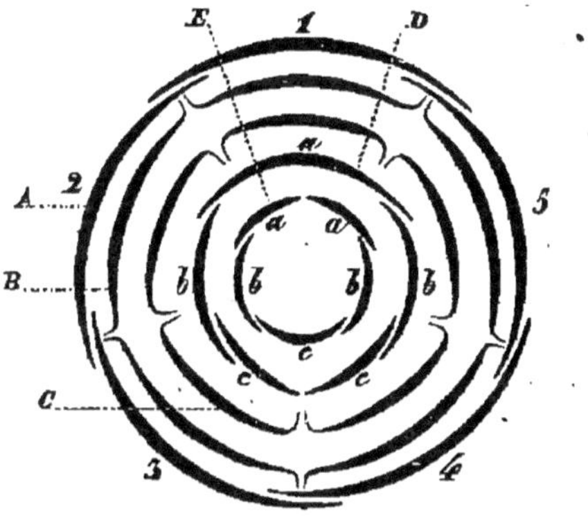

Fig. 80. — Réunion de cinq préfloraisons différentes. — A, imbriquée; B, réduplicative; C, induplicative; D, vexillaire; E, cochléaire.

Enfin, les préfloraisons *tordue* ou *convolutive*, *vexillaire*, *cochléaire* (fig. 80), sont trop clairement exprimées par les diagrammes ci-contre, pour avoir besoin d'être spécialement décrites.

Nous ajouterons seulement que la corolle de certaines plantes, celle des Pavots par exemple, est dite *chiffonnée*, parce que les pétales très larges sont plusieurs fois et irrégulièrement reployés sur eux-mêmes dans le bouton.

Enfin, lorsque les pièces d'un même verticille sont trop étroites pour se toucher dans le bouton, on dit que leur préfloraison est *libre*.

II. — Structure.

Pédoncule et pédicelles. — La structure de ces parties reproduit assez exactement celle de la tige, mais avec une régularité plus grande, due à l'absence des faisceaux foliaires (voir p. 60).

Sépales. — La structure des sépales est très comparable à celle des feuilles végétatives. S'ils sont concrescents, les nervures marginales peuvent demeurer indépendantes, ou se fusionner avec les nervures marginales des sépales voisins.

Pétales. — Les pétales se distinguent tout naturellement par leur épaisseur moindre, la délicatesse plus grande de leur structure, leur

(1) La préfloraison quinconciale est nettement exprimée par la formule $\frac{2}{5}$.

parenchyme plus homogène. La chlorophylle y disparaît de bonne heure, et y est remplacée soit par un suc incolore, soit par des pigments divers, figurés ou en solution (1).

Étamines. — Nous n'insisterons ici que sur l'anthère.

Dans les cas les plus ordinaires, l'anthère depuis son origine jusqu'à sa déhiscence, est le siège des phénomènes suivants :

Sa première ébauche consiste en deux bourrelets longitudinaux, qui naissent sur le limbe staminal (connectif) dont ils constituent de simples émergences. Chaque bourrelet se divise bientôt, à son tour, par un sillon longitudinal : telle est la première indication des quatre sacs polliniques.

Dans chacun de ces derniers, certaines cellules formant soit une simple file, soit une lame sous-épidermique, grandissent et se cloisonnent tangentiellement (2) de manière à former deux assises. Les plus internes d'entre ces nouveaux éléments grandissent à leur tour, et, suivant l'accroissement de l'anthère, se divisent encore dans deux ou plusieurs directions, de manière à former, soit une simple lame (fig. 81), soit un massif de cellules nouvelles (fig. 82). Ces derniers éléments sont les *cellules mères primordiales* du pollen.

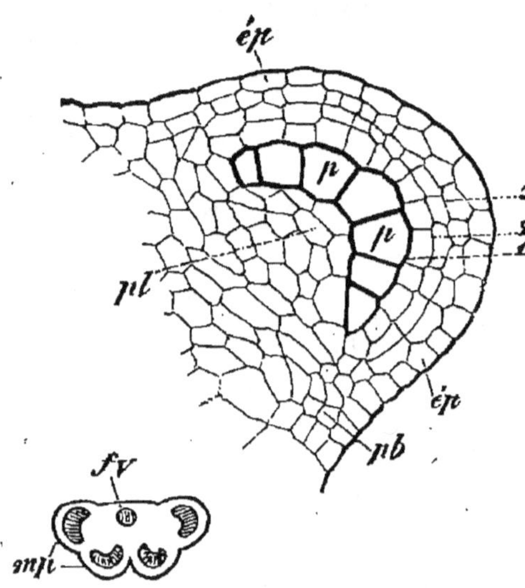

Fig. 81. — A, coupe transversale d'une anthère jeune de *Mentha aquatica*, montrant les quatre masses polliniques arquées, *mp*, et le faisceau vasculaire, *fv*. — B, l'un des demi-lobes de *M. aquatica* : *ép*, épiderme ; *pb*, couche sous-épidermique ; 1, 2, 3, trois couches de cellules issues de la division tangentielle de la couche sous-épidermique ; *pp*, cellules mères du pollen en couche simple ; *pl*, saillie du connectif nommée *placentoïde*, par M. A. Chatin (300/1, d'après Warming).

L'assise externe, en contact avec l'épiderme, se cloisonne à son tour, au moins trois fois tangentiellement, et forme ainsi trois autres plans de cellules. Les éléments les plus internes, ceux qui sont en contact avec les cellules mères primordiales, s'accroissent bientôt en prenant une forme plus ou moins cubique, tandis que leur protoplasma jaunit et devient granuleux. De proche en proche cette modification gagne tous les éléments de cette assise, dont les cellules mères se trouvent ainsi complètement entourées. Le rôle des cellules jaunes cubiques est de subvenir, en se détruisant, à la nutrition des grains de pollen.

(1) Les sépales, lorsqu'ils sont pétaloïdes, ressemblent aux pétales par leur structure.
(2) C'est-à-dire parallèlement à la surface de l'organe.

Parmi les cellules qui sont extérieures aux éléments cubiques, les plus voisines de ces dernières se détruisent également bientôt, tandis que les plus superficielles prennent des épaississements inégalement répartis sur leurs parois, en forme de bandelettes diversement agencées, ce qui les a fait désigner, par divers botanistes, sous le nom de *cellules fibreuses* (fig. 83). Ces éléments ont à jouer un rôle mécanique dans la déhiscence de l'anthère.

Les cellules mères primordiales grandissent, grâce aux réserves qui leur sont offertes, en demeurant unies entre elles ou en s'isolant dans l'intérieur du sac pollinique, puis chacune d'elles se divise en quatre

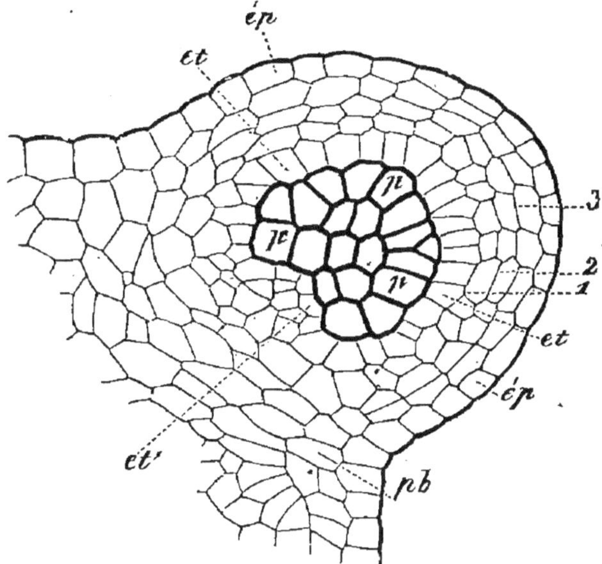

Fig. 82. — Coupe transversale d'un demi-lobe d'anthère jeune du *Campanula Trachelium*, mêmes lettres qu'à la fig. 81, B. En outre, *et*, couche cellulaire entourant immédiatement la masse des cellules mères du pollen, *et'*, la même du côté du connectif (environ 300/1) (d'après Warming).

éléments nouveaux placés en croix, et cela par l'un ou l'autre des deux procédés suivants :

1° Chez les Dicotylédones, par deux bipartitions successives ;

2° Chez la plupart des Monocotylédones, le noyau se divise d'abord en deux éléments nouveaux, entre lesquels apparaît une cloison albuminoïde. Mais cette dernière ne tarde pas à se résorber, et les deux nouveaux noyaux se divisent chacun en deux autres. Enfin, entre les quatre noyaux définitifs se montrent simultanément deux cloisons cellulosiques perpendiculaires l'une à l'autre, et la cellule se trouve divisée en quatre éléments nouveaux, placés comme les quatre angles d'un tétraèdre (fig. 84).

Ainsi se trouvent constituées, par l'un ou l'autre procédé, les *cellules mères spéciales* du pollen.

Dans les cas les plus ordinaires, ces dernières épaississent leurs parois dont la partie la plus interne, devenue très résistante, va constituer l'enveloppe propre du grain de pollen, tandis que le reste des parois primitives se gélifie plus ou moins.

De cette gélification résulte une dissociation ordinairement complète, et les grains de pollen deviennent libres dans le sac pollinique.

Mais les grains de pollen d'une même cellule mère primordiale peuvent aussi demeurer unis en *tétrades* (chez les *Typha*, par exemple). Ailleurs, ils demeurent cohérents en plus grand nombre, et forment des *massules*. Nous savons enfin que chez un grand nombre d'Orchidées et

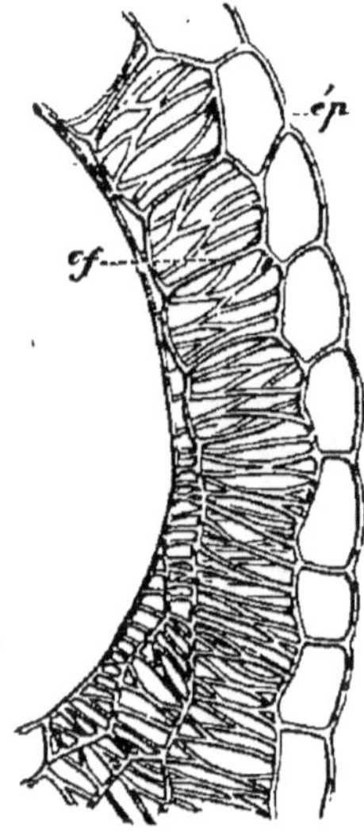

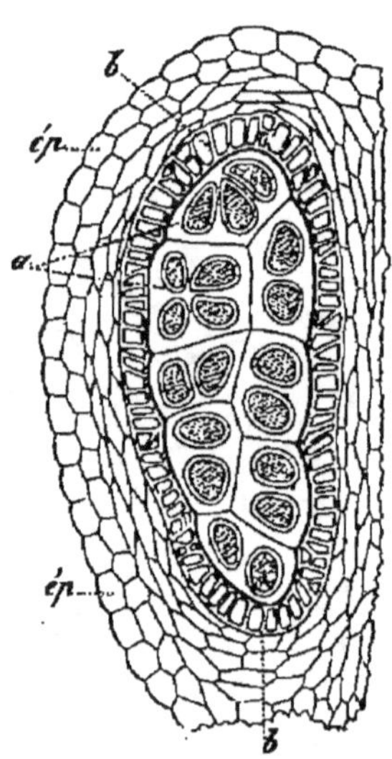

Fig. 83. — Coupe transversale de la paroi de l'anthère du *Lilium superbum*. — *ép*, épiderme ; *cf*, couche de cellules fibreuses (100/1).

Fig. 84. — Coupe transversale (d'après Mirbel) d'une logette de *Cucurbita*. — *ép*, épiderme ; *bb'*, couche interne ; entre les deux est la zone moyenne ; *aa*, cellules mères primordiales dans lesquelles on voit tantôt deux, tantôt trois, tantôt quatre grains de pollen, selon le point où la coupe les a rencontrées (probablement 250/1 environ).

d'Asclépiadées, les grains de pollen d'une même anthère restent agglutinés en deux *pollinies*, correspondant chacune à une loge.

Les grains de pollen grossissent, en se nourrissant aux dépens des débris qui les entourent, puis leur paroi se dédouble généralement en une enveloppe extérieure, l'*exine*, qui se cuticularise, et une interne, l'*intine*, qui demeure cellulosique.

Pendant que s'organisent les grains de pollen, la cloison qui, dans chaque moitié de l'anthère, séparait les deux logettes, se résorbe, et ces logettes se fusionnent en une loge unique. L'anthère devient ainsi *biloculaire*.

Plus tard, l'épiderme se détruit au fond des sillons, et sous l'influence déshydratante de l'air, les cellules fibreuses contractent leurs parois d'une manière inégale. Les lèvres de la fente ainsi produite s'écartent en s'incurvant, soit en dedans, soit en dehors, suivant que les bandelettes d'épaississement s'opposent au retrait des cellules fibreuses sur leur face extérieure ou sur leur face interne.

Ainsi se produit la *déhiscence longitudinale* de l'anthère.

Telle est la marche ordinaire des phénomènes qui amènent la formation de l'anthère, celle du pollen, et son émission à l'extérieur. Nous ne saurions insister sur les divers cas qui, plus ou moins, s'écartent de ce processus général.

Feuille carpellaire. — Ovaire. — Les carpelles n'étant que des feuilles *modifiées*, leur structure a beaucoup d'analogie avec celle des feuilles végétatives, tout au moins dans leur région ovarienne : on y trouve un parenchyme traversé par des nervures, compris entre deux épidermes munis de stomates. En général il existe, dans chaque carpelle, une nervure dorsale et deux marginales : les ramifications de ces dernières fournissent les faisceaux qui se rendent aux ovules.

Si les carpelles sont concrescents, ces nervures marginales peuvent se confondre deux par deux ou demeurer autonomes.

Lorsque les ovules sont portés par le bord des carpelles, ce qui est le cas le plus ordinaire, les cellules, tout le long de ce bord, épaississent leurs parois ; leur membrane moyenne se gélifie, tandis que leur contenu devient très réfringent et granuleux. Elles ne tardent même pas à se dissocier plus ou moins, et donnent ainsi naissance à ce tissu peu cohérent que nous verrons se continuer dans le style jusqu'au stigmate, le *tissu conducteur*. C'est, en effet, au travers de ce tissu dont il écarte aisément les éléments, que le tube émis par le pollen, en germant sur le stigmate, arrive jusqu'aux ovules qu'il doit féconder.

Style. — Le style n'est que la nervure dorsale prolongée du carpelle. S'il forme une simple gouttière à concavité ventrale (chez les Renonculacées, par exemple), le tissu conducteur se montre à découvert le long de cette concavité. S'il s'est reployé tout à fait et a soudé ses bords ventraux, le tissu conducteur forme un cordon à l'intérieur du style, lequel est toujours traversé, d'ailleurs, dans sa région dorsale, par la continuation de la nervure médiane du carpelle.

Si deux ou plusieurs styles sont concrescents, il est aisé de prévoir que leurs bandelettes respectives de tissu conducteur se confondront plus ou moins et de manières différentes, suivant le mode de concrescence de ces styles.

Stigmate. — Le stigmate n'est que l'épanouissement du tissu conducteur à la partie supérieure du style ; sa situation est donc toujours ventrale par rapport à ce dernier. A ce niveau, les cellules épidermiques qui recouvrent le tissu conducteur se développent en papilles, ou même en poils plus ou moins longs, et laissent exsuder un liquide visqueux, souvent sucré, propre à retenir les grains de pollen et à déterminer leur germination. Si plusieurs stigmates sont concrescents en un seul, l'ensemble qu'ils constituent peut montrer une actinomorphie complète.

Ovules. — Nous n'insisterons pas sur la structure, très simple d'ailleurs, du funicule et des téguments qui, nous le savons (voy. p. 100), représentent une ramification, un lobe de la feuille carpellaire, dont le nucelle est une émergence. Nous nous bornerons à établir succinctement le processus général d'après lequel, dans ce dernier, se constitue la *cellule œuf* ou *oosphère*, qui doit être fécondée.

Ces phénomènes doivent être étudiés séparément chez les Angiospermes et chez les Gymnospermes.

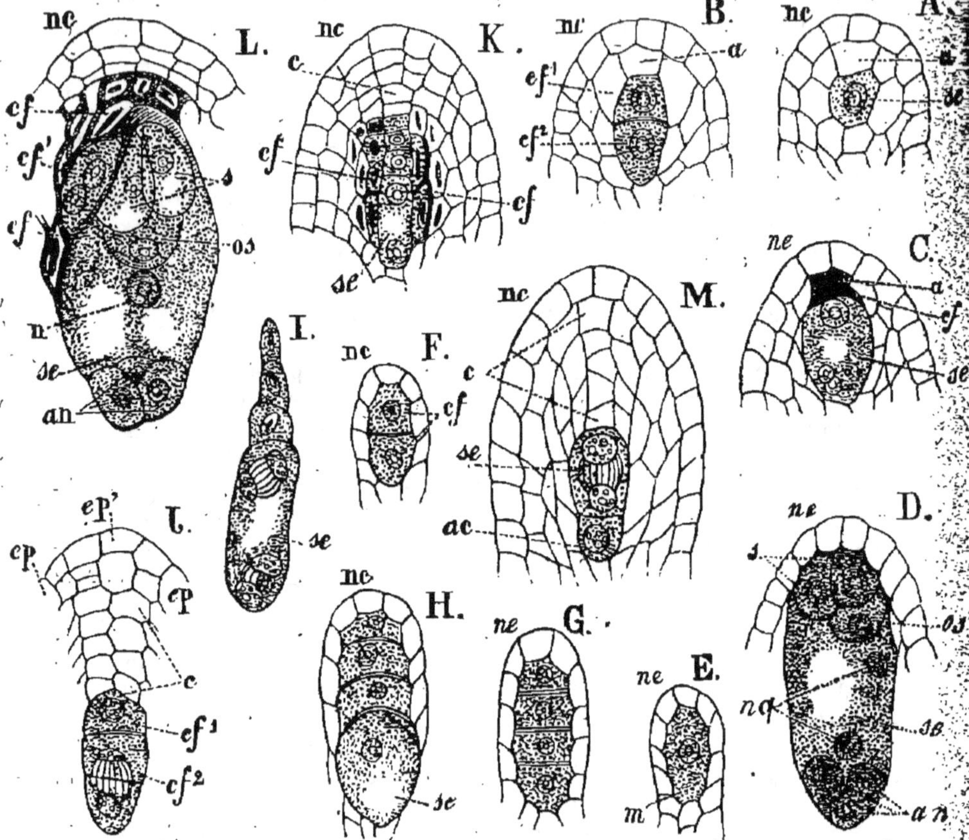

Fig. 85. — *Cornucopiæ nocturnum* : A, nucelle, *nc*, après la division de la cellule axile
sous-épidermique en 2 cellules, l'apicale *a* et la sous-apicale ou cellule mère, *se*. —
B, id., après division de la cellule mère en 2, *cf¹*, *cf²*. — C, id., la cellule fille inférieure ayant grandi en sac embryonnaire, *se*, qui refoule la cellule fille supérieure, *cf*,
et l'apicale ou calotte, *a*. — D, id., le sac embryonnaire presque adulte ayant amené la
disparition du tissu entre lui et l'épiderme du nucelle; *nq*, noyaux polaires (1); *s*, synergides; *os*, oosphère; *an*, antipodes (220/1). — *Salvia pratensis* : E, *m*, cellule mère
encore indivise. — F, la même divisée en 2, et G, en 4 cellules filles. — H, l'inférieure
des 4 cellules filles grandit en sac embryonnaire, *se*, et détermine ainsi la gélification du
tissu adjacent (310/1). — *Cuphea jorullensis* : I, file des 4 cellules filles; l'inférieure,
grandie en sac embryonnaire, a déjà 2 noyaux en division (220/1). — *Ricinus communis* :
J, la cellule mère s'est divisée en 2, dont l'inférieure, *cf²*, est en voie de division; *c*, la
calotte composée de 2 files de cellules au-dessus desquelles l'épiderme simple, *ep*, se
dédouble en *ep'* (280/1). — *Eriobotrya japonica* : K, l'inférieure des trois cellules filles
d'une file médiane grandit en sac embryonnaire, *se*; à droite et à gauche sont deux autres
files de trois chacune, *cf*, *cf*. — L, sac embryonnaire presque adulte; mêmes lettres
qu'en D; au centre du sac est le noyau secondaire de celui-ci (220-1). — *Agraphis
campanulata* : M, mêmes lettres; *ac*, une anticline (240/1) (d'après Guignard).

(1) Ces *noyaux polaires* ne sont autre chose que les deux noyaux qui vont se fusionner
au centre du sac embryonnaire pour en former le *noyau définitif*.

Chez les Angiospermes (fig. 85). — Une des cellules sous-épidermiques du nucelle, au niveau du micropyle, grandit et se divise transversalement en deux autres de taille inégale, l'inférieure (1) étant la plus grande. La supérieure se divise encore, soit seulement par quelques cloisons radiales, soit en même temps par des cloisons tangentielles ; ainsi se constitue, sous l'épiderme, une *calotte* (J, F, L, c) formée par une seule assise ou par plusieurs assises de cellules.

La cellule inférieure, dont le contenu est très réfringent, est la *cellule mère primordiale de l'oosphère* (A, C, etc., *se*) (B, G, H, etc.).

Sauf dans quelques cas où elle demeure indivise, la cellule mère primordiale se cloisonne plusieurs fois transversalement pour former une file d'éléments superposés ; ce sont les *cellules mères secondaires*, dont l'une desquelles va se constituer l'embryon (*se*). Cette cellule privilégiée est tantôt la plus profonde de la série (H, *se*), auquel cas les supérieures s'écrasent peu à peu contre la calotte et sont résorbées, tantôt la plus élevée, et les autres cellules mères secondaires, qu'on nomme alors *anticlinés*, sont, dans ce dernier cas, moins fugaces (M, *se*, *ac*) ; d'autres fois enfin, c'est une des cellules moyennes. Cette cellule privilégiée, quelle que soit sa situation, devient le *sac embryonnaire*.

Le noyau de cette cellule (*noyau primitif du sac embryonnaire*) se divise transversalement en deux autres qui, tandis que la cellule s'allonge, s'éloignent bientôt l'un de l'autre et en occupent les deux pôles. Chacun d'eux subissant encore une double bipartition, le sac embryonnaire se trouve contenir deux groupes de quatre noyaux, l'un supérieur, l'autre inférieur (D).

Des quatre noyaux voisins du micropyle, deux sont placés au même niveau au-dessus des deux autres, ces derniers étant superposés l'un à l'autre dans l'axe même du sac embryonnaire. Du protoplasma se condense autour des deux noyaux supérieurs, qui deviennent ainsi le centre de trois cellules. Celles-ci demeurent nues, ou se revêtent d'une fine membrane cellulosique, ce sont les *synergides* (D, *s*). La cellule sur laquelle celles-ci reposent immédiatement est la *cellule œuf*, l'*oosphère* (*os*).

Dans le groupe inférieur, trois des noyaux se transforment également en petites cellules qui s'entourent d'une membrane cellulosique (*an*), et alors persistent jusqu'après la fécondation, ou bien demeurent nues et sont bientôt résorbées. Ce sont les *cellules antipodes*, dont le rôle est des plus obscurs. Enfin la cellule inférieure du groupe supérieur et la cellule la plus élevée du groupe inférieur (*nq*) s'avancent l'une et l'autre vers le centre du sac embryonnaire, où elles se fusionnent pour former le *noyau définitif du sac embryonnaire*.

L'oosphère est alors apte à être fécondée (2).

(1) Nous appelons *côté supérieur du nucelle*, celui qui avoisine le micropyle, et *inférieur* le côté opposé, quelle que soit, d'ailleurs, l'orientation de l'ovule dans la cavité ovarienne.

(2) On admet généralement entre le nucelle et le sac pollinique, d'une part, l'oosphère et la cellule germinative (voir p. 96) du grain de pollen, de l'autre, chez les Angiospermes, une homologie que nous essayons de mettre en relief dans le tableau suivant :

Nucelle, émergence du lobe foliaire qui constitue l'ovule.	*Sac pollinique*, émergence du limbe de la feuille staminale.
Quelques cellules sous-épidermiques grandissent et se cloisonnent pour former : 1° la	Quelques cellules sous-épidermiques grandissent, et, après plusieurs cloisonnements,

CHEZ LES GYMNOSPERMES (fig. 86). — Les premiers phénomènes dont le nucelle est le siège sont identiques à ceux que nous avons étudiés chez les Angiospermes. Le *sac embryonnaire*, avec son *noyau primitif*, se forme au voisinage du micropyle, et ce noyau se divise ensuite comme il a

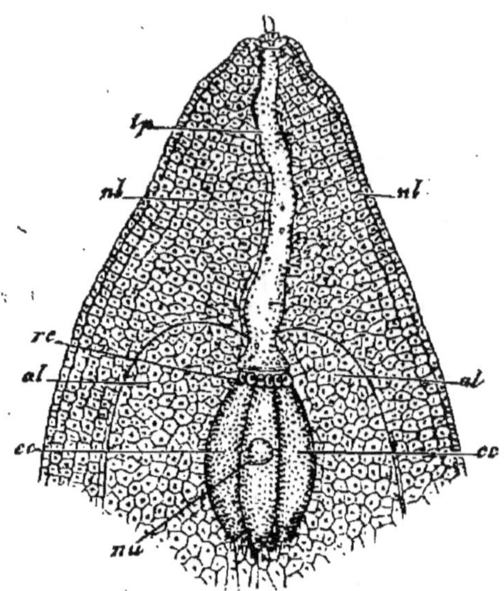

Fig. 86. — Nucelle de *Juniperus Virginiana* (d'après Strasburger), gross. 50. — *tp*, tube pollinique; *re*, rosette; *cc*, cellules centrales; *nu*, noyau; *al*, albumen; *nl*, nucelle.

été dit; mais au lieu de s'arrêter au stade 8, la bipartition des nouveaux noyaux continue, et leur nombre devient considérable. Ils se portent en même temps contre la paroi de la cellule, où ils forment une double assise. Puis, autour de chacun d'eux, le protoplasma se condense en une petite masse; enfin des cloisons cellulosiques minces se formant entre les masses de protoplasma qui entourent ces noyaux, il se constitue, dans le sac embryonnaire, une zone pariétale d'un parenchyme qui, dès lors, va prendre une importance de plus en plus grande.

Les éléments qui le constituent s'accroissent, en effet, en se cloisonnant, vers le centre du sac embryonnaire qu'ils envahissent peu à peu; ce dernier se trouve rempli par ce tissu cellulaire dont l'origine est le noyau primitif du sac embryonnaire. Nous pouvons le désigner par le nom d'*endosperme*, nom qui lui sera conservé lorsque nous le retrouverons dans la graine.

L'ensemble que forme, chez les Angiospermes, les *synergides*, l'*oosphère*, les *cellules antipodes*, et les deux *noyaux* destinés à se fusionner pour constituer le *noyau définitif*, correspondent à l'*endosperme* des Gymnospermes; mais chez les premières, dès le stade 8, tout cloisonnement est

calotte, dont l'existence est transitoire; 2° les *cellules mères primordiales du sac embryonnaire*.

La cellule mère primordiale se divise généralement plusieurs fois, et forme deux ou plusieurs *cellules mères secondaires*, dont presque toujours une seule formera le sac embryonnaire.

Le noyau primitif du sac embryonnaire se divise trois fois successivement pour donner 8 nouveaux noyaux, dont un est l'oosphère.

forment : 1° des assises périphériques, transitoires ou persistantes; 2° les *cellules mères primordiales du pollen*.

Les cellules mères primordiales se divisent généralement une ou plusieurs fois pour former les *cellules mères secondaires* des grains de pollen.

Chaque cellule mère primordiale se divise également trois fois : des deux premières bipartitions résultent les 4 *cellules mères spéciales* et les 4 grains de pollen; à la troisième se forment, dans le grain de pollen, la *cellule végétative* et la *cellule germinative*, qui se montre ainsi comme l'homologue de l'*oosphère*.

arrêté, et plusieurs de ces cellules n'ont qu'une existence transitoire, tandis que la multiplication des cellules continue chez les secondes.

Tandis que les cellules endospermiques se cloisonnent ainsi et demeurent presque toutes semblables les unes aux autres, quelques-unes d'entre elles, situées au voisinage du micropyle, grandissent sans se diviser, et se distinguent encore des autres par leur protoplasma plus réfringent : ce sont les *cellules mères des corpuscules*. Chacune de celles-ci ne tarde pas cependant à se cloisonner transversalement en deux éléments nouveaux, dont le supérieur, plus petit que l'autre, se divise à son tour, par deux cloisons verticales et perpendiculaires l'une à l'autre, en 4 cellules placées au même niveau. Ainsi se trouve constitué, aux dépens de chacune des cellules mères, un *corpuscule* composé lui-même : 1° d'une grande cellule inférieure dite *cellule centrale* (fig. 86, *cc*), et d'une rosette de 4 cellules supérieures, les *cellules du col* (*rc*). Ces dernières se divisent fréquemment une ou deux fois transversalement, et le col se trouve alors composé de deux ou trois rosettes superposées.

La cellule centrale se divise une dernière fois transversalement en deux cellules inégales, dont la supérieure, la plus petite, s'introduit entre les cellules du col, et les écarte de manière à former un petit canal qu'elle remplit, en se détruisant, d'une substance mucilagineuse; aussi la nomme-t-on *cellule du canal*. La cellule inférieure ou *centrale* est enfin l'*oosphère* ou *cellule œuf*.

Ces corpuscules sont quelquefois juxtaposés dans la région micropylaire (fig. 86) de l'endosperme (chez les Cyprès, par exemple). Ailleurs, ils sont isolés dans cette même région, au sein du parenchyme ambiant. Suivant les genres et les espèces, leur nombre varie de 3 à 8 ou même 15 (1).

Pour rendre plus claires ces notions, nous résumerons, dans un tableau comparatif, les caractères de l'ovule prêt à être fécondé, chez les Gymnospermes et chez les Angiospermes :

CHEZ LES ANGIOSPERMES.	CHEZ LES GYMNOSPERMES.
L'ovule se compose : d'un *nucelle* porté (ou non) par un *funicule*, entouré d'un *tégument* simple ou double, et pourvu d'un *raphé* si l'ovule est anatrope.	L'ovule se compose : d'un *nucelle* porté (ou non) par un funicule, entouré d'un *tégument toujours simple*, et pourvu d'un *raphé*, si l'ovule est anatrope.
Dans le nucelle existe un *sac embryonnaire* contenant : le *noyau définitif* au centre, les *synergides* et l'*oosphère* vers l'extrémité micropylaire, les *cellules antipodes* au pôle opposé.	Dans le nucelle se trouve le *sac embryonnaire* que remplit bientôt l'*endosperme*, et au sein de celui-ci se constituent, en nombre variable, les *corpuscules* formés chacun : d'une *cellule centrale* (l'*oosphère*) et d'un *col* dans lequel s'engage la *cellule du canal*.

(1) Une exception à cette règle nous est offerte par une singulière Gymnosperme (une Gnétacée) des déserts de l'Afrique australe, le *Weltwitschia mirabilis*. Dans le nucelle de cette plante, il ne se forme qu'un seul *corpuscule*, et la cellule qui le constitue ne s'étant pas divisée, il n'existe ni *cellules du col*, ni *cellule du canal*.

III. — Physiologie.

Comme toute partie vivante du végétal, la fleur *respire* dans le sens exact du mot. La combustion respiratoire y atteint même un degré d'intensité en rapport avec l'importance des phénomènes dont elle est le siège, et qu'on ne retrouve jamais dans les organes purement végétatifs. De cette oxydation intense, résulte la mise en liberté d'une assez grande quantité de forces vives dont une partie se transforme en travail, tandis que l'autre apparaît sous forme de chaleur. On sait que, chez certaines fleurs, au moment de la fécondation, la température interne peut être portée à 8°, 10° et même 15° au-dessus de la température ambiante.

Les parties vertes de la fleur (pédoncule, calice, corolle jeune, ovaire, etc.) assimilent nécessairement pendant le jour, mais la fonction chlorophyllienne est, surtout dans la fleur adulte, largement primée par la respiration, de telle sorte qu'il s'y dégage de l'*acide carbonique* et non de l'oxygène, même en pleine lumière.

Les phénomènes de *transpiration* et d'*exsudation* (voy. p. 23 et 79), s'y produisent également, ainsi que la *chlorovaporisation* dans les parties vertes. Mais l'*exsudation* s'y révèle, généralement, avec des caractères spéciaux. Le liquide exsudé à travers divers tissus glandulaires devient ce nectar sucré, qui peut être repris par la plante comme aliment, ou rejeté comme matière désormais inutile, mais qui, le plus souvent, accumulé dans certaines parties de l'organe, a pour rôle d'attirer les insectes. Or, l'intervention de ces derniers est souvent utile, indispensable même, pour que la fécondation puisse avoir lieu. Nous savons que le liquide stigmatique n'est lui-même qu'un produit d'exsudation.

L'émission d'odeurs par un très grand nombre de fleurs, les mouvements, soit spontanés, soit provoqués, qui s'observent chez plusieurs d'entre elles, phénomènes dont le but est de favoriser le transport du pollen sur le stigmate, ne sauraient nous occuper ici.

Mais la fleur est surtout le siège d'une fonction qui lui est essentielle : la *fécondation* de l'ovule par le pollen.

Fécondation. — 1° Pollinisation. — Pour que la fécondation puisse s'opérer, il faut que le pollen arrive sur le stigmate où il doit germer.

Dans certains cas, les étamines d'une fleur fécondent directement le pistil de cette même fleur ; il y a ce qu'on appelle *autofécondation*. C'est ce qui a lieu, par exemple, dans les *Ruta*, où chacune des 8 ou 10 étamines vient successivement appliquer son anthère sur le stigmate ; chez beaucoup de Papilionacées, les *Pisum*, par exemple, chez lesquels, au moment de leur déhiscence, les anthères sont appliquées directement contre le stigmate. C'est enfin l'unique mode de fécondation des fleurs dites *cléistogames*. On nomme ainsi de petites fleurs hermaphrodites, obscures, souvent mêmes souterraines, dont le périanthe ne s'épanouit jamais, et dont le pollen, par suite, ne saurait être porté sur une autre fleur. Des fleurs brillantes, normalement développées, se montrent d'ailleurs sur le même pied que les fleurs cléistogames, mais souvent, celles-ci seules sont fertiles. Beaucoup de *Viola*, de Labiées, de Légumineuses ont des fleurs cléistogames.

Mais bien souvent, diverses causes rendent l'autofécondation impossible, et le pollen doit être transporté d'une fleur à l'autre, ou même d'un pied à un autre.

Il en est nécessairement toujours ainsi quand la plante est monoïque ou dioïque, ou bien encore lorsque, dans une fleur hermaphrodite, les étamines arrivent à maturité, alors que les ovules ne sont pas prêts à être fécondés (*fleurs protandres*), ou lorsque le gynécée est apte à la fécondation avant la maturité du pollen (*fleurs protogynes*). L'autofécondation peut être encore empêchée par des causes purement mécaniques : par l'inégalité de longueur des étamines et du style (*hétérostaminie, hétérostylie*), ou bien encore, par des rapports de situation tels entre l'anthère ou les anthères et le stigmate, que le transport du pollen est impossible sans l'intervention d'une cause étrangère.

Dans ces divers cas, et souvent alors même que rien ne paraît s'opposer à l'autofécondation, le pollen est transporté d'une fleur à l'autre par divers agents.

Ce transport est fréquemment accompli par les vents, et à des distances parfois énormes. Nous avons vu (p. 97) que le pollen des Abiétinées est conformé de façon à pouvoir être ainsi soutenu dans l'air. Pour contrebalancer les chances nombreuses de destruction auxquelles ils sont ainsi exposés, les éléments fécondateurs sont produits en nombre incalculable par une même fleur.

L'eau est l'agent de transport du pollen pour certaines plantes aquatiques, le *Vallisneria spiralis* L., en particulier (1).

Enfin, les insectes interviennent dans des cas fréquents, comme agents inconscients, attirés par l'éclat de certaines fleurs, par leur ressemblance avec d'autres insectes, par l'odeur qu'elles dégagent au moment voulu, ou enfin, par le nectar dont ils font leur nourriture.

2° Fécondation de l'œuf. — Quelle que soit la manière dont il arrive au stigmate, au contact du liquide visqueux qui imprègne ce dernier, le grain de pollen ne tarde pas à se gonfler en absorbant de l'eau. Puis son exine disparaît aux points prédisposés pour la sortie du tube pollinique. Ce dernier est formé par l'intine qui se distend et s'allonge en rampant en un tube sinueux, d'abord à la surface du stigmate, puis à travers le tissu conducteur du style jusqu'aux ovules. Cette élongation du boyau pollinique est une véritable germination, car, dans son parcours, il se nourrit aux dépens des éléments plus ou moins gélifiés au milieu desquels il chemine. Chez toutes les Phanérogames d'ailleurs, le boyau pollinique est formé par la *cellule germinative* des grains de pollen.

La longueur du chemin parcouru est naturellement fonction de la longueur du style. Le temps employé varie à peu près dans les mêmes proportions ; ce n'est cependant pas là une règle absolue (2).

(1) Cette plante végète dans les cours d'eau et fleurit en été ; elle est dioïque. Quand les étamines ont acquis leur développement complet, la fleur mâle se détache et flotte, au gré du courant, à la rencontre de la fleur femelle. Née et développée au fond de l'eau, celle-ci est portée jusqu'à la surface, au moment de sa maturité sexuelle, par l'allongement de son pédoncule ; mais ce dernier, aussitôt la fécondation opérée, s'enroule en spirale sur lui-même et retire la fleur au fond de l'eau où elle va mûrir son fruit.

(2) Il est à remarquer encore que lorsque l'ovule est anatrope ou campylotrope, son micropyle, par lequel s'effectue la pénétration du tube pollinique jusqu'au nucelle, est rap-

Chez les Gymnospermes, le tube pollinique arrive directement sur le sommet du nucelle; cependant le temps qu'exige la fécondation est, ici encore, très variable.

Lorsque le boyau pollinique a pénétré dans le nucelle, le sac embryonnaire devient le siège des phénomènes définitifs de la fécondation.

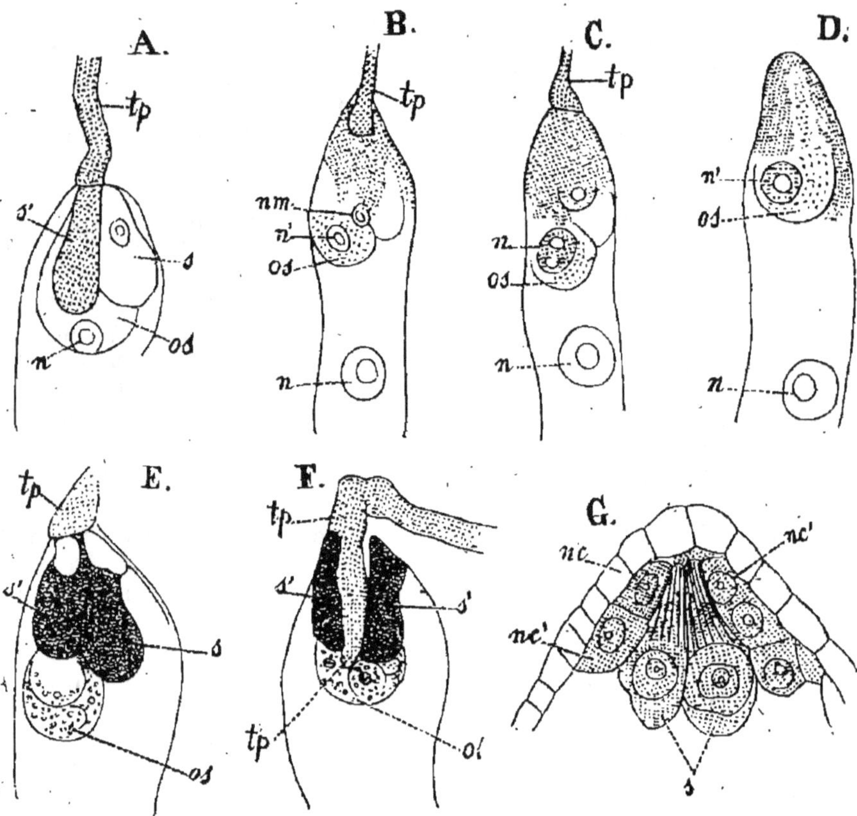

Fig. 87. — Fécondation. — *tp*, tube pollinique; *s*, synergides; *s'* synergide dont le contenu a été modifié par la fécondation; *os*, oosphère ou œuf; *n*, noyau secondaire du sac; *n'*, noyau de l'oosphère; *nm'*, noyau mâle; *nc*, nucelle; *nc'*, tissu provenant du nucelle. — ABCD, *Monotropa Hypopitys*. — EF, *Torenia asiatica*. — G, *Nothoscordum fragrans* (d'après Strasburger) (ABCDEF, à 600/1 ; G, à 240/1).

Nous rappellerons ici que la cellule germinative est, chez les Angiospermes, la plus petite des deux cellules formées par le cloisonnement du grain de pollen; c'est la plus grande, par contre, chez les Gymnospermes.

Chez les Angiospermes (fig. 87), le noyau de la cellule germinative et le noyau végétatif pénètrent l'un et l'autre dans le tube pollinique; c'est

proché du hile, et par conséquent beaucoup plus apte à être rencontré par le boyau fécondateur que lorsque l'ovule est orthotrope. L'anatropie et la campylotropie réalisent donc un type plus différencié que l'orthotropie.

tantôt le noyau végétatif (chez le *Lilium Martagon*, p. e.), tantôt le noyau germinatif qui y arrive le premier. Celui-ci, dans tous les cas, s'y divise en deux nouveaux noyaux, dont l'un est beaucoup plus rapidement entraîné que l'autre vers l'extrémité du boyau. Celui-ci, après avoir écarté les éléments du nucelle, s'il en existait encore à ce niveau, vient s'appliquer soit contre la paroi du sac embryonnaire, lorsque ce dernier n'est pas résorbé en ce point, soit contre la calotte cellulosique qui recouvre encore les synergides. C'est alors que celui des deux noyaux germinatifs qui est arrivé à l'extrémité du tube fécondateur passe, avec le protoplasma qui l'accompagne, à travers la calotte des synergides et les synergides elles-mêmes, pour arriver jusqu'à l'oosphère.

Le noyau et le protoplasma mâles se fusionnent respectivement avec le noyau et le protoplasma de l'oosphère, dont la fécondation est alors opérée. Cette dernière sécrète aussitôt une enveloppe cellulosique.

Le second noyau germinatif, demeuré sans emploi, se résorbe bientôt, ainsi que les synergides, dont une pourtant persiste plus longtemps que sa congénère. Quant au noyau végétatif, on le voit bientôt se résorber également ; sa destruction se produit même avant l'arrivée du tube pollinique au contact du nucelle, lorsqu'il y précède le noyau germinatif (Guignard).

Telle est la marche ordinaire du phénomène chez les Angiospermes.

Dans son mémoire sur les phénomènes intimes de la fécondation (1), M. Guignard a fait connaître des faits du plus haut intérêt, et qui confirment pleinement les homologies qui existent entre le nucelle et le sac pollinique, le sac embryonnaire et les cellules mères spéciales du pollen, l'oosphère et la cellule germinative du boyau pollinique.

Chez les Gymnospermes (fig. 86), la grande cellule, que est ici la cellule germinative, émet son tube sur le nucelle. Ce dernier est traversé par lui, ainsi que la paroi du sac embryonnaire, et le boyau pollinique arrive au contact des corpuscules. Comme chez les Angiospermes, le noyau germinatif s'est divisé en deux autres dont l'un demeure en arrière, tandis que l'autre est entraîné en avant.

Si, comme chez les Pins, Sapins, etc. (Abiétinées), les corpuscules sont isolés dans l'endosperme, chacun d'eux est fécondé par un tube pollinique spécial. Celui-ci écarte alors les cellules du col, et son noyau germinatif le plus voisin de l'extrémité, ainsi que le protoplasma qui l'entoure, se fusionnent avec le noyau et le protoplasma de l'oosphère.

Si les corpuscules sont adjacents, comme ils le sont chez les Cupressinées, un seul tube suffit pour les féconder tous. Pour cela, son extrémité se divise en tout autant de rameaux qu'il y a de corpuscules, et dans chacun de ces rameaux pénètre un noyau provenant de la division du noyau germinatif. Chacune des ramifications du tube pollinique se comporte alors, à l'égard du corpuscule avec lequel elle est en contact, comme le tube pollinique indivis des Abiétinées ; mais ici, les noyaux, arrivés jusqu'au nucelle, se divisent une fois encore en deux éléments nouveaux, dont un seul est destiné à se fusionner avec le noyau femelle.

Chez les plantes étudiées par lui, et principalement chez le *Lilium Martagon*, M. Guignard a vu, dans le noyau en voie de bipartition des

_____
(1) *Nouvelles études sur la fécondation.* Paris, 1891.

cellules du sac pollinique et des *cellules mères primordiales* du pollen, la plaque nucléaire formée constamment par 24 bâtonnets. Mais dans les *cellules mères secondaires* (ou *spéciales*), le filament nucléaire, après s'être épaissi, ne se segmente plus qu'en 12 *bâtonnets*. Cette réduction du nombre des segments se maintient ensuite jusque dans les cellules qui dérivent du grain de pollen lui-même, et, par conséquent, dans la cellule germinative.

De même, la plaque nucléaire du noyau en voie de division comprend *toujours* 24 *bâtonnets* dans les cellules du nucelle et dans les *cellules mères primordiales* du sac embryonnaire ; mais dans le noyau de ce dernier, on ne trouve plus que 12 bâtonnets au moment de la karyokinèse. Les deux noyaux filles s'écartent alors pour aller se diviser chacun vers l'une des extrémités du sac embryonnaire, ainsi qu'il a été dit ; mais tandis que le noyau destiné à former les cellules antipodes présente, pendant sa division, 16, 20 ou même 24 bâtonnets, le noyau supérieur *n'en présente plus que* 12, et cette réduction se maintient ensuite chez ses dérivés, jusque dans l'oosphère.

Au moment de son arrivée dans le sac embryonnaire, le noyau germinatif du tube pollinique (noyau mâle), accompagné par ses deux sphères directrices et par une faible quantité de protoplasma, ne montre pas de structure distincte ; mais il grossit bientôt, et prend tous les caractères d'un noyau au repos, avec son filament chromatique pelotonné, et un ou plusieurs nucléoles. Ce filament se divise alors, suivant le processus ordinaire, en 12 *bâtonnets*. Tel est également le nombre de bâtonnets qui résulte de la segmentation du filament de l'oosphère. Or, après que la fécondation s'est opérée, la plaque nucléaire de l'œuf qui va se diviser se montre formée par 24 *bâtonnets*, dans lesquels il est impossible de distinguer ceux qui proviennent du noyau mâle de ceux qui dérivent du noyau femelle, et ce nombre de 24 se maintient dans les divisions ultérieures qui vont donner naissance à l'embryon.

Ainsi, une réduction brusque du nombre des bâtonnets se manifeste dans la *cellule mère spéciale du pollen* d'une part, et dans le noyau du *sac embryonnaire* de l'autre. La fécondation a donc pour effet immédiat de ramener ce nombre à son chiffre primitif.

CHAPITRE XI

LE FRUIT

Fruit proprement dit et ses annexes. — La rencontre des deux éléments mâle et femelle a pour conséquence immédiate la fécondation de l'oosphère, qui s'entoure, comme nous l'avons dit, d'une membrane cellulosique. Mais cet important phénomène retentit bientôt sur l'ensemble des organes qui ont concouru à son accomplissement ; les parties désormais inutiles se flétrissent et tombent, ou ne restent plus représentées que par leurs débris ; celles qui doivent avoir quelque utilité pour la protection des œufs fécondés, ou pour favoriser, d'une manière ou d'une autre, leur évolution en graines, persistent au contraire, ou même prennent un développement nouveau.

Les ovules étant portés par les carpelles, ce sont évidemment ces pièces dont la persistance est le plus constante, et celles dont les transformations vont être le plus importantes. Ce sont elles qui, à proprement parler, vont constituer le *fruit* que l'on peut dès lors définir : le *pistil accru et mûri* après la fécondation.

Les pièces accessoires, accrescentes ou non, qui peuvent accompagner le fruit sont de diverse nature. Ce sont parfois les *styles* (Clématites, Anémones, Potentille, etc.). C'est ailleurs le *réceptacle floral*, qui peut même devenir charnu, soit en dessous des carpelles qu'il supporte, comme chez le Fraisier, soit tout autour des nombreux petits fruits qu'il cache dans sa concavité, comme chez les Rosiers ; ce réceptacle creux est même souvent concrescent avec les carpelles qu'il renferme, ainsi qu'on l'observe chez les Pommiers, les Néfliers, etc. Ailleurs encore c'est le *calice* dont le développement atteint quelquefois un très haut degré (calice persistant des Borraginées, Solanées, Labiées, etc. ; calice accru en une enveloppe vésiculaire des *Physalis* et *Nicandra*, en ailes chez les Diptérocarpées, etc.). Le *périanthe* peut lui-même s'appliquer contre les carpelles, et s'y accroître en une enveloppe charnue que l'on prendrait aisément pour le fruit lui-même (chez certaines Polygonées, et surtout chez le Mûrier, etc.).

Certains botanistes ont appliqué à ces parties accessoires le nom d'*induvie*, et celui de *fruits induviés* aux fruits qui en sont accompagnés.

Constitution du fruit. — Pour se transformer en *fruit*, le pistil d'une fleur, tout en augmentant plus ou moins de volume, subit dans son organisation, sa structure, sa composition chimique, des modifications qu'il importe de connaître dans leurs traits essentiels.

Certains des carpelles constitutifs d'un pistil avortent parfois plus ou moins, et le fruit est, à cet égard, plus simple que le gynécée qui l'a formé (deux carpelles sur trois chez les Chênes, cinq sur six chez les Châtaigniers, deux sur trois chez la Coca du Pérou, etc.). L'avortement, d'ailleurs, peut ne porter que sur la partie inférieure des carpelles, auquel cas celui d'entre eux qui persiste en totalité demeure surmonté par son propre style, et par les styles des pièces disparues, ainsi qu'on l'observe tout particulièrement chez les Térébinthacées.

D'autres fois, le fruit est plus complexe que le gynécée dont il provient, par suite de l'adjonction ultérieure de formations nouvelles. C'est ainsi que de fausses cloisons se forment dans des carpelles primitivement uniloculaires (Crucifères, *Glaucium*, la Casse des boutiques, etc.), ou s'ajoutent aux cloisons vraies qui existaient déjà (chez le Lin, par exemple).

Des modifications surviennent aussi dans la structure des carpelles. Leur paroi demeure rarement mince; elle s'épaissit plus ou moins en général, et laisse reconnaître trois zones: 1° une correspondant à l'épiderme interne ou supérieur du carpelle, auquel peuvent, d'ailleurs, s'adjoindre d'autres assises cellulaires, l'*endocarpe*; 2° une moyenne correspondant, dans son ensemble, au mésophylle de la feuille carpellaire, le *mésocarpe*, qui porte quelquefois encore le nom de *sarcocarpe* lorsqu'il est charnu (chez la Pêche, la Cerise, par exemple); 3° enfin une zone externe, représentant l'épiderme extérieur ou inférieur de la feuille carpellaire, l'*épicarpe*. L'ensemble de ces trois zones, et par suite, la paroi tout entière du fruit, portent le nom de *péricarpe*.

Ces trois zones du péricarpe sont soumises, suivant les genres et les espèces, à des variations trop nombreuses pour que nous essayions d'en donner une idée même succincte. Le tableau qui suit en fournira, d'ailleurs, un certain nombre d'exemples.

Il est encore à remarquer que si l'ovaire est concrescent avec le réceptacle, il est inexact d'appeler *péricarpe* l'ensemble des tissus qui entourent les graines, puisque la partie externe est de nature réceptaculaire, l'interne seule étant formée par les carpelles. Il ne saurait, d'ailleurs, exister entre la région carpellaire et la région réceptaculaire une limite réelle, puisque toute cette paroi du fruit s'est accrue en même temps, et ne résulte nullement de la soudure de parties primitivement distinctes.

Composition chimique. — Les changements de composition chimique qui se produisent pendant l'évolution des carpelles en fruit sont aussi des plus variés; peu considérables lorsque le fruit demeure sec, ils deviennent très importants chez les fruits charnus.

D'une manière générale, les fruits verts sont riches en principes acides (*acides citrique, malique, tartrique,* etc.), en *tannin,* en *pectose,* en *fécule,* etc. Ce dernier corps est particulièrement abondant chez les Bananes qui, avant leur maturité, peuvent servir d'aliment féculifère, à la manière de la Pomme de terre.

A mesure que le fruit mûrit, la pectose se change en *pectine,* et cette dernière, sous l'influence d'un ferment soluble qui s'y développe alors, la *pectase,* fournit de l'*acide pectinique* (1). En même temps, l'amidon se transforme en sucre sous l'influence des acides qui, à leur tour, s'oxydent lentement et se changent en principes sucrés. Il se forme généralement ainsi du *sucre de Canne.* Mais celui-ci s'intervertit bientôt plus ou moins ; le fruit contient dès lors un mélange de *glucose* et de *lévulose,* accompagné d'une quantité de *saccharose* d'autant moindre, que l'inversion est plus complète.

Pendant que s'accomplissent ces transformations diverses, la chlorophylle, que l'ovaire contenait avec abondance dans bien des cas, tend à disparaître, et se trouve remplacée, le plus souvent, par des pigments divers, très comparables à ceux des parties colorées de la fleur. Ces pigments peuvent avoir leur siège exclusif dans les cellules superficielles ; mais souvent aussi, ils colorent le péricarpe, ainsi qu'on le constate chez la Pastèque rouge, certaines variétés de Pêches, etc.

Enfin, chez bon nombre de fruits, se développent encore diverses *essences* qui leur communiquent la saveur et le parfum qui font rechercher plusieurs d'entre eux.

Fruits indéhiscents et fruits déhiscents. — Si les fruits sont charnus, leur chair finit par se décomposer sous l'influence de fermentations diverses, et c'est presque toujours au milieu des produits de cette destruction que les graines sont mises en liberté. S'il existe un endocarpe, il éclate ensuite sous l'influence du gonflement de la graine. Les fruits dont les graines ne deviennent libres que par destruction du péricarpe sont dits *indéhiscents ;* on nomme *déhiscents* ceux dont le péricarpe s'ouvre d'une façon nette, suivant des lignes indiquées à l'avance.

Les fruits charnus sont généralement indéhiscents ; les fruits secs sont, les uns déhiscents, les autres indéhiscents.

La déhiscence peut se produire de plusieurs manières (fig. 88) :

(1) Ces divers corps donnent aux sucs acides des fruits la propriété de se prendre en gelée, après avoir été portés à l'ébullition.

1° Elle peut se faire *suivant les bords* des feuilles carpellaires, ces carpelles étant d'ailleurs clos ou ouverts.

Si le carpelle est clos, ce décollement a lieu d'une façon très simple lorsqu'il est isolé ; il s'ouvre comme une feuille qu'on aurait ployée suivant sa nervure dorsale, pour mettre au contact l'un de l'autre ses deux bords, et qu'on ouvrirait ensuite à la manière d'un livre (fruits d'Hellébores, d'Aconit, d'Anis étoilé, etc.). La déhiscence est dite alors *ventrale*.

Si deux ou plusieurs carpelles *clos* sont *concrescents*, ils se séparent les uns des autres en même temps qu'ils décollent leurs bords ventraux (B). On dit alors que la déhiscence est *septicide*, parce qu'en réalité ces cloisons vraies se dédoublent, pour per-

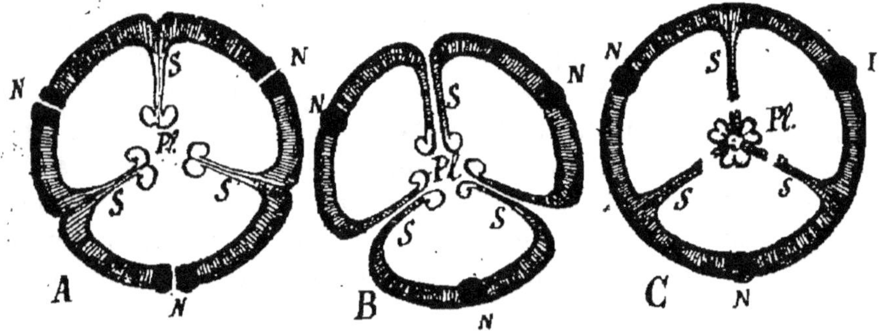

Fig. 88. — Schéma des principales sortes de déhiscence longitudinale des fruits pluriloculaires. — A, déhiscence dorsale (*loculicide*). — B, déhiscence ventrale (*septicide*). — C, déhiscence septifrage. — N, nervure médiane des feuilles carpellaires.— S, cloisons. — P*l*, placentas.

mettre aux carpelles de s'isoler (Tabac, Colchicacées, beaucoup de Scrophularinées, etc.).

Les carpelles peuvent être *concrescents et ouverts* (chez les Gentianes, la Petite Centaurée, etc.). Ils se séparent alors simplement les uns des autres suivant les lignes qui correspondent à leurs bords, et qui alternent avec les nervures dorsales des carpelles. L'épithète de *septicide*, que l'on conserve assez souvent à ce mode de déhiscence, est peu exacte.

2° La déhiscence peut se faire *suivant la nervure dorsale* des carpelles.

Cette *déhiscence dorsale* se trouve quelquefois réalisée chez des carpelles indépendants (chez ceux des *Magnolia*, par exemple).

Si les carpelles sont *concrescents*, le fruit se sépare en tout autant de parties, mais chacune de ces parties de fruit, ou *valves*, est nécessairement composée de la moitié du carpelle de droite et de la moitié du carpelle de gauche. Dans ce mode de déhiscence, les carpelles peuvent être, d'ailleurs, *clos* ou *ouverts*. S'ils sont *clos*, les cloisons qui résultent de l'accolement des bords de deux carpelles contigus sont ordinairement entraînées avec les valves qui les portent sur leur milieu (A). Cette déhiscence est dite *loculicide* (capsule des *Hibiscus* et des *Gossypium*, parmi les Malvacées, des Cistes, etc.).

Si les carpelles sont *ouverts*, le fruit se divise en tout autant de valves portant les placentas sur leur région moyenne (chez les Violariées, par exemple).

3° La déhiscence s'effectue, chez certains fruits, *en même temps par la nervure dorsale et par la suture ventrale*. Tel est, par exemple, le procédé par lequel s'ouvre en deux valves la gousse des Légumineuses, qui est formée par un seul carpelle. Ainsi encore s'ouvrent les fruits de plusieurs Caryophyllées, de plusieurs Euphorbiacées (le Sablier élastique, etc.), en un nombre de valve double de celui des carpelles concrescents.

4° Les solutions de continuité peuvent également se produire *suivant des lignes situées de chaque côté des placentas*.

Si les carpelles étaient *concrescents et ouverts*, les portions de la paroi du fruit ainsi détachées par ces fissures laissent en place les placentas qui figurent alors, soit une sorte de cadre (chez les Crucifères, par exemple), soit un châssis à claire-voie (chez beaucoup d'Orchidées). Si les carpelles *concrescents* sont *clos*, les lignes de déhiscence divisent la paroi en une partie interne placentifère qui reste en place, et une partie externe qui est entraînée par les valves (C). La déhiscence est dite alors *septifrage* (Balsamines, *Rhododendron*, *Datura*, etc.).

5° La déhiscence est parfois *transversale ;* on dit alors qu'elle est *pyxidaire* (Mouron des champs, Amarantes, Jusquiames, etc.).

6° Elle est *poricide*, s'il se découpe dans la paroi du fruit des orifices plus ou moins étroits, des *pores* diversement situés (chez le Muflier, les Campanules, etc.).

7° Si la déhiscence longitudinale n'intéresse que le sommet du fruit, qui se découpe alors en dents plus ou moins nombreuses, on dit qu'elle est *denticide* (chez les Caryophyllées, par exemple).

8° Chez les Pavots, il se produit, sous le disque stigmatifère et entre les placentas, des orifices dus à de petites valvules triangulaires qui se déjètent vers le bas. La déhiscence est dite alors *valvulaire*.

Nous aurons enfin l'occasion de décrire des fruits dont la déhiscence s'effectue avec élasticité, de telle sorte que les graines sont projetées à des distances plus ou moins grandes.

Principales sortes de fruits. — Nous avons essayé de résumer et d'exposer, aussi méthodiquement que possible, dans le tableau suivant, les caractères des principales sortes de fruits qui ont reçu des noms spéciaux, tout en faisant remarquer qu'on n'en saurait établir une classification réellement naturelle.

A. — FRUITS SIMPLES.

Formés par un seul carpelle, ou par plusieurs carpelles concrescents, sur un même réceptacle floral.

I. — FRUITS SECS.

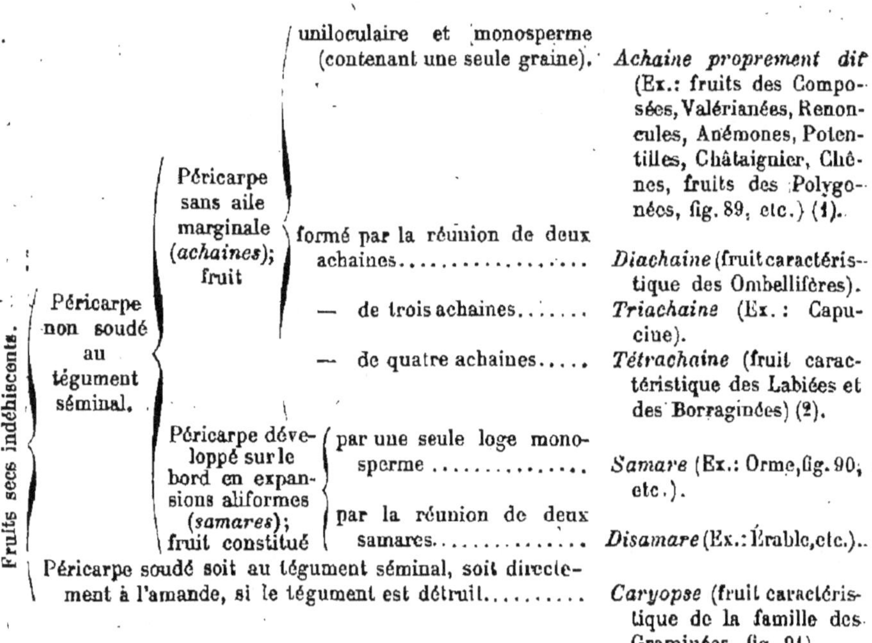

(1) On distingue assez souvent de l'achaine proprement dit, sous le nom de *gland* ou de *balane*, le fruit des Cupulifères (Châtaignier, Chênes, Hêtre), qui n'en diffère guère cependant que par son volume plus considérable et son péricarpe coriace, et non crustacé.

(2) Les quatre achaines qui composent ces fruits ne sont formés que par deux carpelles; mais chacun de ceux-ci s'est développé en deux lobes, correspondant aux deux ovules qu'ils contenaient l'un et l'autre, et chacun de ces lobes, à la maturité, est devenu un achaine à peu près indépendant de son congénère.

Fruits secs déhiscents.

Fruits constitués, en général, par deux ou plusieurs carpelles concrescents, s'ouvrant de diverses manières. Fruit

— formé par deux ou plusieurs carpelles clos concrescents, et s'ouvrant en déhiscence *septicide*, *septifrage*, *loculicide*, *denticide*, *valvulaire* ou *poricide*, rarement indéhiscents (1)...... *Capsule proprement dite* (Ex.: Tabac, Pavot, fig. 92, Cotonniers, Mufliers, etc.).

— formé par deux carpelles ouverts, et déhiscent de bas en haut en deux valves, qui laissent en place le cadre placentifère, rarement indéhiscent (2). *Silique* (fig. 93) fruit caractéristique de la famille des Crucifères et de certaines Papavéracées, telles que la Chélidoine, etc.).

— formé par un ou plusieurs carpelles, et s'ouvrant transversalement......... *Pyxide* (fig. 94) (Ex.: fruits des *Anagallis*, Amarantes, Jusquiames, etc.).

Fruits toujours unicarpellés, à déhiscence toujours longitudinale. Fruit

— s'ouvrant par une seule fente longitudinale, correspondant presque toujours à la suture ventrale (3)............ *Follicule* (fig. 95) (Ex.: Hellébores, Aconit, Pivoine, Badiane, etc.).

— s'ouvrant en deux valves par la suture ventrale et par la nervure dorsale... *Gousse* ou *Légume* (fruit caractéristique des Légumineuses, fig. 96) (4).

Le fruit du Grenadier, ordinairement désigné sous le nom de *grenade*, forme transition entre les fruits secs et les fruits charnus. Il dérive d'un ovaire infère, et se montre couronné par les dents calcinales accrescentes et durcies. Le péricarpe, tout entier coriace et indéhiscent, émet vers l'intérieur des cloisons membraneuses endocarpiques qui séparent les loges entre elles. Celles-ci sont superposées en deux étages : le supérieur est formé de cinq loges à placentation pariétale, l'inférieur comprend trois loges à placentation axile. Enfin la région externe du tégument séminal est devenue succulente, et constitue la seule partie comestible de la grenade.

(1) Certains fruits indéhiscents (capsules de la variété *album* du *Papaver somniferum*, fruit des Tilleuls, etc.), ne sauraient être séparés des capsules déhiscentes dont ils ont l'organisation et la structure.

(2) Il est des siliques indéhiscentes que l'on désigne alors sous le nom de *siliques lomentacées*, celles des *Raphanus*, par exemple. D'autre part, on applique assez fréquemment le nom de *silicules* à des siliques courtes.

(3) Les follicules des *Magnolia* s'ouvrent par leur nervure dorsale.

(4) Les gousses indéhiscentes ont reçu le nom de *gousses lomentacées* (celles de la Casse des boutiques, du Tamarin, par exemple).

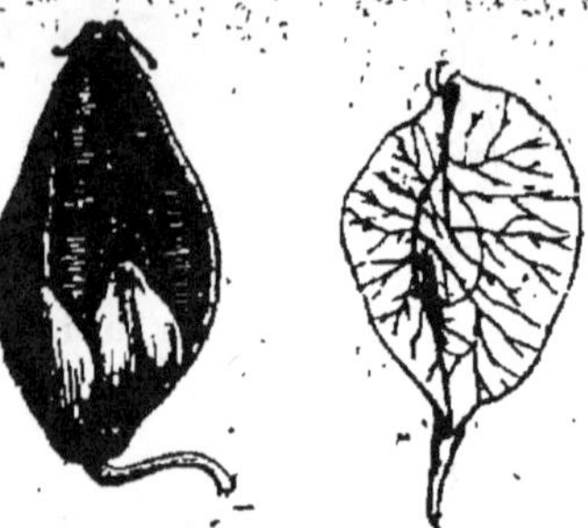

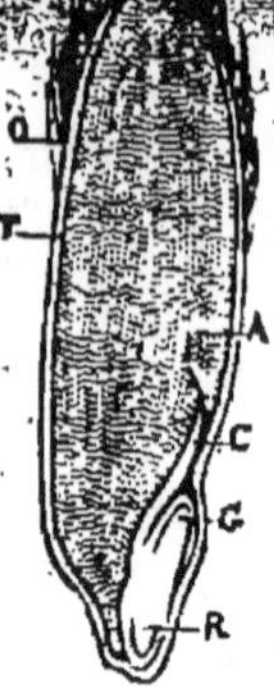

Fig. 89. — Achaine
de Sarrasin.

Fig. 90. — Samare
de l'Orme.

Fig. 91. — Caryopse de l'Avoine. — O, péricarpe.
— T, enveloppe de la graine. — A, albumen.
— C, cotylédon. — G, gemmule.— R, radicule.

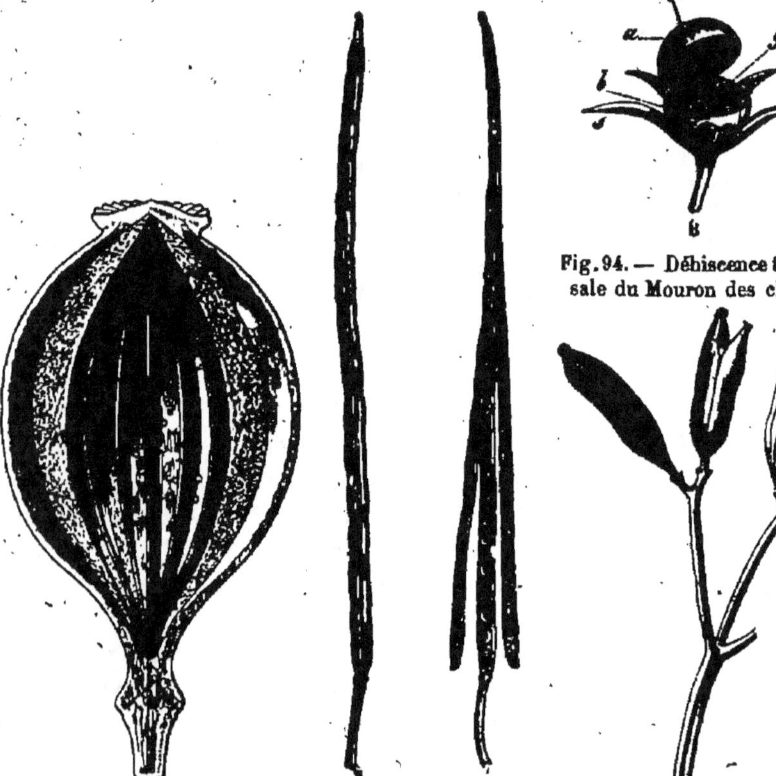

Fig. 94. — Déhiscence transversale du Mouron des champs.

Fig. 92. — Capsule de Pavot.

Fig. 93. — Silique de
Moricaudia.

Fig. 95. — Follicules de Cas-
carilla (Rubiacées).

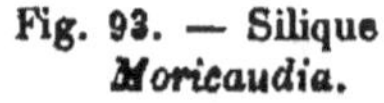

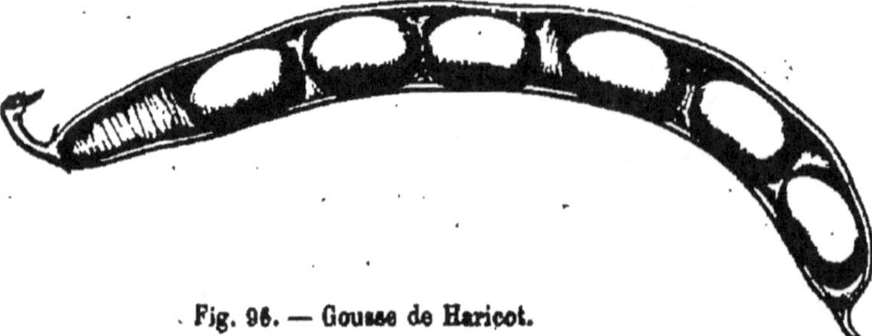

Fig. 96. — Gousse de Haricot.

II. — FRUITS CHARNUS.

Endocarpe non distinct du mésocarpe pulpeux.

Fruit formé par 1, 2, ou plusieurs carpelles, provenant d'un ovaire libre ou infère et adhérent. Épicarpe mince et membraneux.

Fruit petit ou de taille moyenne, entièrement rempli par la pulpe que forme le péricarpe, au milieu de laquelle sont plongées la graine ou les graines ....

Baie (fig. 97) (Ex. : fruits de la Vigne, du Laurier, de l'Epine-Vinette, etc., provenant d'ovaires libres ; du Groseiller, etc., provenant d'un ovaire infère et adhérent).

Fruit toujours formé par 3 carpelles provenant d'un ovaire infère et adhérent. Épicarpe plus ou moins coriace.

Fruit plus ou moins volumineux, triloculaire d'abord, puis devenant uniloculaire par destruction des cloisons. Graines plongées dans la pulpe pariétale...............

Péponide (fruit caractéristique de la plupart des Cucurbitacées : Courge, Melon, etc.) (1).

Endocarpe distinct des autres parties du fruit,

membraneux. — Fruit formé par 5 ou un nombre plus considérable de carpelles, et provenant d'un ovaire libre. Épicarpe glanduleux (*zeste*), mésocarpe coriace, endocarpe émettant, vers l'intérieur des loges, des poils plus ou moins vésiculeux, qui forment autour des graines une sorte de faux parenchyme......

Hespéridie (fruit caractéristique de la famille des Aurantiacées).

cartilagineux. — Fruit formé généralement par 5 carpelles, et provenant d'un ovaire adhérent. Épicarpe lisse ou couvert de poils ; mésocarpe charnu. Graines en placentation axile dans des loges limitées par les parois endocarpiques cartilagineuses............

Mélonides (fruit caractéristique des Rosacées-Pomacées : Pomme, Poire, Coing, etc.).

ligneux, formant noyau. — Épicarpe lisse ou velouté, mésocarpe plus ou moins charnu. Fruit formé par un, deux, ou plusieurs carpelles concrescents, et dérivant d'un ovaire libre ou adhérent.

Mésocarpe charnu..........,..

Drupe (fig. 98) (Ex.: Prune, Pêche, Abricot, etc., formés par un seul carpelle libre et monosperme ; fruit du Caféier, formé par deux carpelles adhérents au réceptacle, avec un noyau biloculaire; fruit des *Cratægus* provenant d'ovaires adhérents, et contenant un, deux ou plusieurs noyaux, etc.).

Mésocarpe coriace, fruit quelquefois déhiscent...

Noix (Ex.: *Amande*, formée par un seul carpelle libre et indéhiscent ; fruit du Noyer, formé par deux carpelles adhérents au réceptacle, et déhiscents à la fin en deux valves).

(1) La situation pariétale des graines n'est pas primitive. Les placentas, tout d'abord axiles, se réfléchissent ensuite vers l'extérieur jusqu'au contact de la paroi du fruit contre laquelle viennent s'appliquer les graines ; puis les cloisons se résorbent ainsi que la partie centrale du fruit.

B. .— FRUITS AGRÉGÉS.

Formés par plusieurs carpelles indépendants, insérés sur un même réceptacle floral.

Fig. 97. — Baie du Groseiller.

Fig. 98. — Drupe du Cerisier.

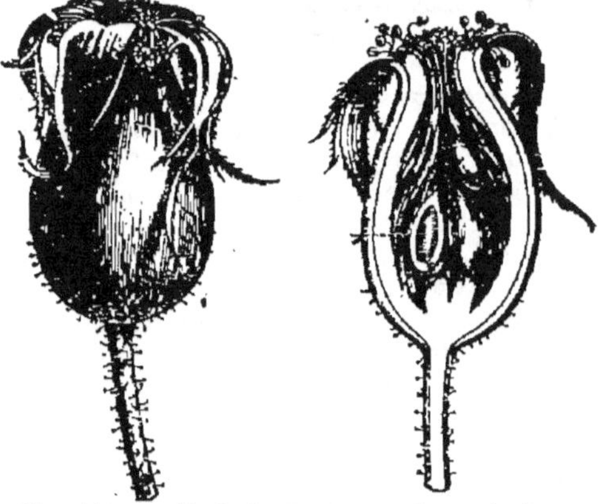

Fig. 99. — Fraises portant les achaines.   Fig. 100. — Fruit du Rosier ou Cynorrhodon.

Réunion d'achaines {	insérés sur un réceptacle convexe {	sec ou coriace.................... Ex.: fruits des Potentilles, Renoncules, Anémones, Clématites, etc.
		charnu et succulent............... Ex. : fruit du Fraisier (fig. 99).
	insérés au fond d'un réceptacle creusé en une coupe plus ou moins profonde, dont les parois sont {	sèches ou coriaces............ Ex.: Pimprenelles (*Poterium* et *Sanguisorba*), Aigremoine, etc.
		charnues .... Ex. Rosiers (fig. 100).

Réunion de follicules............................ Ex.: fruits des *Rosacées-Spiréacées ;* fruits des *Magnolia*, des *Ilicium*, etc.

Réunion de drupes .... Ex. : fruits des *Rubus* (Ronces, Framboisier).

C. — FRUITS COMPOSÉS.

Formés par le rapprochement de plusieurs fruits provenant de fleurs distinctes.

Fruits formés par des ovaires fermés (Angiospermes).	Fruits plus ou moins charnus (drupes, fausses drupes ou baies), rapprochés sur un axe commun arrondi, oblong ou conique..........................	*Sorose* (fruits du Mûrier, de l'Ananas, etc.).
	Fruits divers, groupés sur un réceptacle commun étalé en forme de plateau (fruits de diverses Artocarpées, les *Dorstenia* entre autres), ou à l'intérieur d'un réceptacle creusé en une coupe profonde (fruits des Figuiers)................	*Sycone.*
Fruits formés par des carpelles ouverts, portant des graines nues (Conifères) (1).	Carpelles membraneux ou ligneux, insérés suivant une ligue spiralée sur un axe allongé..........................	*Cône* (fruit caractéristique des Conifères - Abiétinées).
	Carpelles peu nombreux, plus ou moins peltés, lignifiés, formant par leur ensemble un fruit composé oblong ou sphérique................................	*Galbule* (fruits des *Cyprès*, *Thuya*, etc.).
	Carpelles peu nombreux (trois en général), plus ou moins charnus, et rapprochés en un fruit composé arrondi......	*Fausse baie* des Genévriers, etc.

II. — Physiologie.

La fonction essentielle du fruit est de protéger et de nourrir les ovules fécondés, jusqu'à leur transformation en graines aptes à germer.

En même temps le fruit assimile du carbone, s'il contient de la chlorophylle, ce qui est le cas le plus ordinaire, au début tout au moins. Le fruit est, en outre, le siège d'une respiration active, qui se révèle par un dégagement abondant d'acide carbonique.

Enfin, il transpire comme le font les autres parties de la plante revêtues d'un épiderme stomatifère, et il peut être le siège d'exsudations diverses.

------

(1) D'autres Conifères (Taxinées) forment des fausses baies et des fausses drupes dont la nature est toute différente, ainsi que nous le verrons plus loin.

CHAPITRE XII

LA GRAINE

I. — Morphologie et structure.

Les limites de cet ouvrage ne nous permettent pas de décrire ici les divers changements qui amènent la transformation en graine de l'ovule fécondé ; ces phénomènes varient, d'ailleurs, suivant qu'il s'agit des Angiospermes ou des Gymnospermes. Nous nous contenterons de décrire la graine mûre, en indiquant l'origine des diverses parties qui la composent.

D'une manière générale, la forme de l'ovule se retrouve dans celle de la graine : ovale ou simplement arrondie, quand celle-ci dérive d'un ovule anatrope ou orthotrope, elle est plus ou moins réniforme quand l'ovule qui l'a produite était campylotrope.

Ainsi que nous avons eu l'occasion de le dire déjà (p. 38), la graine se compose essentiellement : du *tégument séminal* et de *l'amande*. L'amande renferme toujours l'embryon, qui peut même la composer tout entière.

Tégument séminal, funicule, hile, etc. — L'enveloppe de la graine, ou *tégument séminal*, est revêtue d'un *épiderme* dont les caractères sont variables au plus haut degré : lisse dans certains cas (Haricot, Pois, etc.), il est ailleurs chagriné, aréolé, velu, etc. Chez les *Gossypium* ou Cotonniers, de la famille des Malvacées, il est recouvert de poils très longs, unicellulaires ; ces poils constituent le *coton* du commerce. Au lieu d'être uniformément répartis à la surface de la graine, les poils peuvent se localiser de façon à constituer des aigrettes ; des touffes de poils de ce genre existent au sommet de la graine des Asclépiadées et des Apocynées, à la base de la graine des Peupliers. Chez les Lins, les Plantains, le Coignassier, les éléments superficiels de la graine se gélifient fortement dans l'eau, et finissent par se résoudre en mucilage.

Quand l'ovule possède une seule enveloppe, c'est d'elle que provient le tégument de la graine. Lorsque l'ovule est enveloppé d'une *secondine* et d'une *primine*, celle-ci persiste ordinairement seule pour former l'enveloppe séminale (1).

---

(1) Chez les Graminées en général, la membrane enveloppante de l'ovule est complètement résorbée, ainsi que la partie la plus interne du péricarpe. Ce qui persiste de celui-ci adhère fortement à l'albumen de la graine ; le tout constitue le caryopse.

Le *tégument séminal*, dont la structure est alors à peu près homogène, devient, chez certaines plantes, pulpeux et épais, grâce au suc abondant qui en gonfle les cellules. Tel est le cas que présentent les graines des Passiflores, des *Opuntia* (Figuier de Barbarie), et surtout celles du Grenadier.

Généralement, le tégument séminal se dédouble lui-même en une enveloppe externe nommée le *testa*, et qui, dans le plus grand nombre des cas, est la plus épaisse et la plus résistante, et en une enveloppe interne, le *tegmen*. Le plus souvent, cette dernière constitue seulement une fine pellicule autour de l'amande.

En règle générale, le testa est solide et résistant lorsque le fruit est mou dans toutes ses parties, chez la Vigne, la Groseille, par exemple; il est, au contraire, simplement papyracé chez le Pêcher, l'Amandier, le Cerisier, etc., où l'endocarpe se durcit en un noyau protecteur. Il existe donc entre le degré de solidité du péricarpe et celui des téguments de la graine, une sorte de balancement.

Le *funicule*, lorsqu'il existait dans l'ovule non fécondé, continue plus tard à conduire dans la graine les sucs nourriciers. Il est parcouru par un faisceau libéro-ligneux qui se ramifie dans le tégument suivant différents types.

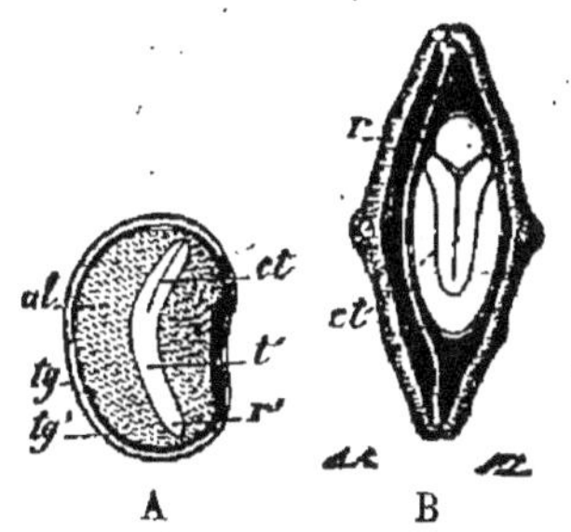

Fig. 101. — A, graine albuminée de *Galium*. — B, graine sans albumen de *Moricandia*, elle est contenue dans le fruit sec. — A, *Galium* : *al*, albumen ; *tg, tg'*, téguments ; *ct*, cotylédons ; *t*, tigelle ; *r*, radicule. — B, *Moricandia* : *cl*, cotylédons ; *r*, radicule.

La graine laisse encore reconnaître le *hile* qui s'élargit fréquemment, chez la Fève par exemple, et surtout chez le Marronnier, de manière à occuper une grande surface. Tout près du hile, on aperçoit assez souvent encore le micropyle, chez le Haricot, etc.; mais il peut se trouver aussi complètement oblitéré.

AMANDE ; ALBUMEN (fig. 101). — Chez la grande majorité des Angiospermes, *après la fécondation*, le noyau définitif du sac embryonnaire se divise en deux autres, qui se multiplient à leur tour par des bipartitions successives, puis les nombreux noyaux qui se forment ainsi gagnent la périphérie du sac, contre la paroi duquel ils forment une double assise. Enfin, des cloisons se constituant simultanément entre eux, cette région se trouve occupée par un parenchyme dont les éléments, en se cloisonnant toujours en direction centripète, tendent à envahir la totalité du sac embryonnaire.

Ce parenchyme est l'*albumen*, dont le rôle exclusif est de nourrir l'embryon pendant sa formation dans l'ovule fécondé, et souvent aussi plus tard, pendant la germination.

L'envahissement du sac embryonnaire par l'albumen est quelquefois très lent, si bien que sa région périphérique est occupée déjà par un parenchyme solide, alors qu'il ne renferme encore au centre qu'un liquide albumineux, comme chez le Cocotier.

A mesure que l'embryon grandit, il utilise peu à peu l'albumen; il le digère, au sens propre du mot, puisque la dissolution des diverses parties de ce parenchyme est déterminée par des sécrétions appropriées, émises par cet embryon. Lorsque ce dernier a atteint son complet développement, la digestion de l'albumen est souvent complète; l'embryon seul forme alors l'amande, et la graine est dite *sans albumen* ou *exalbuminée* (graine des Crucifères, des Rosacées, des Laurinées, etc.). Si la digestion en est incomplète, l'embryon se trouve, dans la graine toute formée, accompagné d'une quantité de tissu nourricier d'autant plus grande, qu'il en a utilisé une plus faible part; la graine est dite alors *albuminée* (graine des Solanées, des Caryophyllées, des Chénopodées, etc.).

Il est rare, d'ailleurs, que l'albumen manque dès le début, ainsi que cela se produit chez les Orchidées, les *Canna*, etc.

On distingue plusieurs sortes d'albumen, d'après leur consistance et la nature des substances qu'il renferme. On dit que l'albumen est *farineux* ou *amylacé*, quand l'amidon y constitue la majeure partie du contenu cellulaire (Graminées, Chénopodées, Nyctaginées, Polygonées, etc.). On dit qu'il est *charnu* lorsque sa consistance est plus grande, sans qu'elle atteigne pourtant la dureté du cartilage ou de la corne (Renonculacées, Ombellifères, Liliacées, etc.). Lorsqu'il est charnu, l'albumen contient généralement des corps gras au lieu d'amidon, ainsi que des réserves protéiques sous forme d'aleurone; si l'huile fixe y est abondante, on dit qu'il est *oléagineux* (chez les Euphorbiacées, par exemple). Enfin chez certaines plantes, l'albumen est formé de cellules à parois dures et épaisses; il offre alors une consistance qui peut être très considérable, et on dit qu'il est *cartilagineux* ou *corné* (Palmiers, Rubiacées, etc.). C'est alors la cellulose qui constitue la plus grande partie de la réserve nutritive. Les *Phytelephas*, genre de Monocotylédones très voisin des Palmiers, sont particulièrement remarquables par leur albumen, dont la dureté égale presque celle de l'ivoire (1).

Périsperme. — Il faut se garder de confondre avec l'albumen le *périsperme* dont l'origine est tout autre, bien que son rôle soit le même dans la graine.

A mesure que l'embryon grandit, qu'il soit ou non accompagné par un albumen, le nucelle est généralement peu à peu écrasé contre le tégument séminal, et ne tarde pas à disparaître. Mais chez certains végétaux, il est, au contraire, le siège d'une prolifération cellulaire plus ou moins active, et se remplit d'un parenchyme destiné, comme l'albumen, à servir d'aliment à l'embryon. Telle est l'origine du *périsperme*.

L'existence du périsperme est quelquefois transitoire, et la graine mûre n'en laisse reconnaître aucune trace (Rosacées-Amygdalées); mais il peut aussi former en grande partie l'amande, comme on l'observe chez les Balisiers (*Canna*).

La formation d'un périsperme n'exclut pas nécessairement celle de l'albumen ; c'est ainsi que chez des Pipéracées, les Nymphéacées, les Zingibéracées, l'embryon est entouré par un double tissu nourricier.

Embryon. — Nous savons déjà qu'un embryon complet est formé d'une *tigelle* avec sa *radicule*, d'une *gemmule* ou *plumule*, et de un ou deux *cotylédons* (v. p. 38 et 39). Très souvent, la radicule, toujours tournée vers le micropyle, est primitivement portée par une sorte de pied, le *suspenseur*, qui prend naissance, comme lui, aux dépens de l'œuf fécondé, et dont le rôle est, en s'accroissant, de plonger l'embryon dans le tissu nourricier. Le suspenseur disparaît, du reste, lorsque son rôle est terminé, et il n'y a pas lieu d'en tenir compte dans l'étude de la graine adulte (2).

Le degré de différenciation de l'embryon varie beaucoup suivant les plantes. Ses diverses parties sont, le plus souvent, bien distinctes les unes des autres dans la graine mûre, et s'il est rare d'y ren-

---

(1) Quelle que soit la dureté de l'albumen, la cellulose n'en est pas moins utilisée par l'embryon. Celui-ci sécrète, en effet, un ferment soluble qui la transforme chimiquement et la dissout.

(2) Normalement, il ne se développe qu'un seul embryon dans l'ovule fécondé. Il est cependant des cas de polyembryonie qui reconnaissent diverses causes : ce sont quelquefois les synergides qui sont fécondées en même temps que l'œuf, mais qui ne forment qu'un embryon imparfait et transitoire ; ailleurs un ou plusieurs *embryons adventifs* se forment, sans fécondation, aux dépens de certaines des cellules épidermiques du sac embryonnaire (chez les Fusains, les *Citrus*, les *Clusia*, par exemple), et quelques-uns de ces embryons peuvent arriver à développement complet. Chez une plante cultivée dans nos serres et dont on ne connaît que la fleur femelle, le *Cœlebogyne ilicifolia*, les graines ne développent même que des embryons adventifs.

contrer de vrais éléments vasculaires, on observe pourtant déjà un épiderme stomatifère, un cylindre central, et une zone corticale dans la tigelle et la radicule ; enfin, le plus souvent, les faisceaux primaires y sont indiqués par des traînées de cellules allongées. Par contre, chez certains embryons, le tissu est absolument homogène, et on ne peut y reconnaître aucune région distincte, ainsi qu'on l'observe, par exemple, chez les *Monotropa*, les Cuscutes, les Orobanches, etc.

Il s'établit presque toujours un balancement entre le développement de l'embryon (des cotylédons en particulier), et celui du tissu nourricier (albumen ou périsperme). Si ce dernier fait défaut, les cotylédons s'épaississent beaucoup, deviennent charnus, et sont alors eux-mêmes le siège des réserves qui seront utilisées à la germination (Amandier, Laurier, Noyer, Chêne, etc.). S'il est au contraire accompagné d'un tissu nourricier abondant, l'embryon se développe beaucoup moins, demeure même très petit parfois (Renonculacées, Ombellifères, etc.), et ses cotylédons restent minces et foliacés (ainsi qu'il est aisé de l'observer dans le Ricin).

L'embryon peut être *droit* ou *rectiligne* (chez le Ricin, l'Amandier, les Polygonées, etc.) ; ailleurs il se montre plus ou moins *arqué* (chez le Tabac et diverses Solanées); enfin il est parfois complètement *recourbé en cercle*, ou même *enroulé sur lui-même en spirale*, ainsi qu'on l'observe chez les Chénopodées.

Dans certains cas, la radicule forme brusquement un coude et se replie sur les cotylédons. Si ces derniers étant accolés par leur face ventrale, la radicule s'appuie sur la face dorsale de l'un d'eux, on dit qu'ils sont *incombants* par rapport à elle; si cette dernière s'appuie latéralement sur leurs bords juxtaposés, on dit qu'ils sont *accombants*.

Lorsque la graine est albuminée, l'embryon peut être *central* ou *périphérique*. On dit généralement qu'il est *intraire* lorsqu'il est caché dans la masse de l'albumen (Euphorbiacées, Polygonées, etc.), et *extraire* quand il est extérieur (chez les Graminées, par exemple).

Parties accessoires de la graine. — Chez certaines plantes, le funicule, à son point d'insertion sur le nucelle, devient le siège d'un développement spécial ; un bourrelet charnu se forme autour de l'ovule fécondé, puis se développe autour de lui en une membrane qui peut recouvrir entièrement la graine. On donne à cette formation le nom d'*arille*. Telle est, par exemple, la graine de l'If, chez laquelle l'ovule est orthotrope, et où la région micropylaire est envahie la dernière par cette enveloppe supplémentaire ; telles sont encore les graines des Nymphéacées, des Dilléniacées, etc., qui dérivent d'ovules anatropes, et chez lesquelles le micropyle, voisin du hile, est tout de suite caché par l'arille.

Ce sont parfois les bords mêmes du micropyle qui deviennent le siège de formations semblables. Tantôt le tégument se développe simplement en une masse charnue d'un volume variable, la *caroncule* (Euphorbiacées) ; tantôt il se constitue, tout autour du micropyle, une véritable enveloppe supplémentaire plus ou moins charnue, qui tend à envahir la surface entière de la graine, comme le fait l'arille, mais en sens inverse. On donne à cette formation le nom d'*arillode* ou de *faux arille* (Polygala, Fusain, Muscadier, etc.).

Fig. 102. — *Chelidonium majus L.* — *g*, la graine ; *s*, strophiole située sur le raphé (10/1).

Le raphé des ovules anatropes s'accroit aussi quelquefois sur la graine en un bourrelet charnu plus ou moins étendu, qu'on nomme *strophiole* (fig. 102).

Gymnospermes. — Chez les Gymnospermes, chaque corpuscule (v. p. 123), s'il est fécondé, peut se développer en un embryon ; parfois même, chez les Pins par exemple, un même corpuscule peut en former plusieurs. Cependant, en général, la graine n'en renferme qu'un seul à sa maturité.

On reconnaît, dans l'embryon des Gymnospermes, les mêmes parties que chez les Angiospermes ; mais le nombre des cotylédons n'est pas constant, et l'on en trouve fréquemment plusieurs verticillés au sommet de la tigelle, chez les Pins par exemple (voir les Conifères).

Endosperme. — Dans tous les cas, l'embryon est entouré d'un tissu nourricier dont la nature est tout autre que celle de l'albumen et du périsperme : c'est l'*endosperme* qui, nous l'avons vu (p. 118), se forme *avant la fécondation* dans le sac embryonnaire.

Le tégument séminal est diversement constitué. En général il est ligneux ou crustacé, et cette consistance est nécessaire chez des graines qui ne sont pas cachées dans un fruit clos. Chez les Cycadées, et surtout chez le Gingko (Conifères), la partie externe du tégument devient épaisse et charnue, tandis que l'interne se lignifie et forme noyau autour de l'amande. Cette graine ressemble ainsi à un véritable fruit drupacé.

II. — Physiologie.

La physiologie de la graine forme, dans l'étude de la Botanique générale, un chapitre des plus intéressants, que nous ne pouvons même pas aborder ici. Nous nous contenterons de résumer, en quelques lignes, les conditions dans lesquelles s'effectue le développement de l'embryon en jeune plantule.

Pour que la graine puisse germer, il faut qu'elle ait acquis ce qu'on peut appeler sa *maturité physiologique*. Or, il est à remarquer que certaines graines sont aptes à la germination avant qu'elles n'aient atteint leur structure et leur volume définitifs ; d'autres, au contraire, après être arrivées à ce stade, ne peuvent germer qu'au bout d'un certain temps de repos ; d'autres enfin germent immédiatement après l'avoir atteint. On exprime simplement ces faits en disant que suivant les espèces, la *maturité physiologique* précède ou suit la *maturité morphologique*, ou bien encore coïncide avec elle. Jusqu'au moment de la germination, la graine demeure à l'état de *vie latente*, ou mieux *ralentie*.

La maturité physiologique une fois acquise, la graine, pour germer, exige le concours de trois facteurs essentiels : l'*eau*, l'*oxygène*, la *chaleur*. Pour chacun d'eux, il existe un degré d'intensité *optimum*, en deçà et au delà duquel l'activité de la graine se ralentit de plus en plus, et même s'arrête définitivement au delà d'une certaine limite.

Des conditions extérieures, secondaires ou accidentelles, peuvent encore les unes entraver, les autres favoriser la germination. Parmi les premières on peut citer le chloroforme, l'éther qui retardent simplement l'évolution de l'embryon, l'acide borique, l'acide phénique et un grand nombre d'autres substances qui sont pour lui de véritables poisons.

La lumière agit comme cause retardatrice sur le phénomène, comme, d'ailleurs, sur tout accroissement chez les végétaux.

Par contre, des solutions très diluées de chlore ou de brome activent la germination.

Sous l'influence de l'humidité, l'amande absorbe de l'eau, se gonfle, et fait éclater le tégument séminal, généralement au niveau du micropyle où se trouve réalisé le maximum de tension. Alors, s'éveille l'activité de l'embryon qui commence à digérer ses réserves nutritives, quels que soient leur nature et le tissu où elles se trouvent. En général le développement débute par la radicule dans laquelle se forme le pivot, et celui-ci s'accroît dans le sol, ainsi qu'il a été dit ; puis la tigelle s'accroît en sens inverse et tend à soulever le ou les cotylédons qui entrent à leur tour en activité. Enfin la gemmule s'allonge et déploie ses jeunes feuilles au-dessus des cotylédons.

Ces derniers sont dits *épigés*, lorsque la tigelle s'allonge suffisamment pour les élever au-dessus de la surface du sol (Amandier, Ricin, Liserons, Crucifères, etc.) ; s'ils demeurent cachés dans la terre, pendant que la gemmule se développe à l'extérieur, ils sont dits *hypogés* (Chêne, Noyer, Vesce, Palmiers, Conifères, etc.).

La période germinative cesse au moment où la jeune plantule a acquis un développement suffisant pour pouvoir élaborer elle-même ses aliments, si elle possède de la chlorophylle, ou pour les puiser dans le monde extérieur, si elle est saprophyte ou parasite. Ce moment, d'ailleurs, est purement théorique, ainsi qu'il est aisé de le concevoir.

CHAPITRE XIII

PHÉNOMÈNES GÉNÉRAUX DE LA NUTRITION

Vie active et vie ralentie. — Nous avons vu qu'avant sa germination, la graine demeure souvent, pendant un temps plus ou moins long, dans un état d'inertie en apparence complète, sans perdre la faculté de revenir à la vie active dès que se trouveront réunies les conditions extrinsèques et intrinsèques exigées pour ce réveil.

Dans cet état d'inertie, la vie est, non pas supprimée, mais simplement *ralentie*, et il est aisé de démontrer que l'échange entre les tissus et l'atmosphère, bien que très faible pendant cette période de repos, continue à se produire.

Nous connaissons déjà, dans leurs traits généraux, les phénomènes qui caractérisent la germination des graines. Nous aurons à nous occuper plus tard de la germination des *spores*, cellules libres destinées à reproduire les Cryptogames, après fécondation ou sans fécondation. Nous dirons seulement qu'au point de vue physiologique, ces spores montrent une grande analogie avec les graines, en ce sens que beaucoup d'entre elles passent, avant de germer, par une période de vie latente. Parmi ces spores il en est qui, emportant avec elles une certaine quantité de réserve nutritive, peuvent, les conditions extrinsèques étant favorables d'ailleurs, commencer à germer dans un milieu quelconque; d'autres, privées de ces réserves, ne peuvent entrer en activité que dans un milieu approprié.

Nous avons exposé, en étudiant les divers organes de la plante, les principaux phénomènes physiologiques dont ils sont le siège. Nous n'aurons plus qu'à synthétiser ici les notions acquises déjà, en les complétant par certains détails qui n'ont pu trouver place dans les précédents chapitres.

Nutrition. — Assimilation. — Si la respiration est une fonction commune à tout organisme, et même à toute parcelle de matière vivante, seules les plantes vertes sont le siège des deux fonctions que nous avons étudiées sous le nom de *fonction chlorophyllienne* et de *chlorovaporisation.*

La première de ces deux fonctions est de beaucoup la plus importante. On la désigne souvent aussi sous le nom d'*assimilation;* ce mot, cependant, est susceptible d'un sens plus large, puisqu'il peut s'appliquer, non seulement à la fixation du carbone par les parties vertes, mais encore à tout cet ensemble de phénomènes chimiques, par lesquels le protoplasma s'approprie ou transforme en composés organiques nouveaux les matériaux qui lui sont offerts. Or, cette activité du protoplasma se manifeste aussi bien chez les organismes sans chlorophylle, que chez ceux qui en sont privés.

Aliments de la plante. — Si nous nous attachons à déterminer quels sont les éléments que la plante utilise pour sa nutrition, sans rechercher, pour le moment, quelle en est l'origine, nous trouvons que les composés dans la constitution desquels entrent ces éléments sont, les uns de nature organique, les autres de nature minérale.

Il résulte d'expériences nombreuses que, pour être complète, l'alimentation du végétal doit renfermer les douze corps simples suivants :

Carbone, hydrogène, oxygène, azote, phosphore, soufre, potassium, magnésium, silicium, fer, zinc et *manganèse.*

Bien que tous indispensables à la plante, tous ne doivent pas lui être offerts en quantités égales. C'est ainsi que le manganèse, le zinc, le fer, le silicium entrent pour une part très faible dans l'aliment complet, tandis que l'azote, l'oxygène, le carbone doivent y être bien plus abondamment représentés.

D'un autre côté, il n'est pas fait mention, dans cette liste, de certains corps, tels que le calcium, le sodium, le chlore, etc., dont la présence, chez les végétaux, paraît être cependant générale, parce qu'ils ne sont pas indispensables aux *phénomènes essentiels de la nutrition* pour toutes les plantes. On sait pourtant avec quelle abondance le sodium est absorbé par les végétaux des terrains salés, la chaux par ceux des sols calcaires ; on sait aussi que la plupart des plantes marines contiennent de l'iode, du brome, etc.

Aussi a-t-on constaté, dans les cendres des végétaux, la présence de tous les métalloïdes, sauf le tellure, le sélénium, le bore et l'arsenic. Parmi les métaux, outre ceux qui font partie de l'aliment complet, on trouve encore le lithium, le rubidium, le cuivre, le barium, le strontium, et même, chez les Algues-Fucacées, le nickel et le cobalt.

Les divers éléments que l'on rencontre chez les végétaux se divisent donc, relativement à la nutrition de ceux-ci, en deux catégories : les uns *indispensables à toutes les plantes*, les autres dont la nécessité n'est pas générale, ou dont la présence dans l'aliment est simplement accidentelle.

Ces éléments sont offerts à la plante sous différentes formes.

Si la plante contient de la chlorophylle, le *carbone* lui est fourni par l'acide carbonique atmosphérique et par celui qui est puisé dans le sol. Si elle est privée de chlorophylle elle emprunte ce même acide carbonique aux matières organiques toutes formées qu'elle puise dans le monde extérieur.

L'*oxygène* libre est toujours indispensable à l'organisme, sauf dans certains cas sur lesquels nous aurons à revenir. Mais la plante puise également ce corps dans l'eau et les divers composés, minéraux ou organiques, qui le contiennent.

L'*hydrogène* libre n'est jamais assimilé. Il est offert à la plante à l'état d'ammoniaque, et dans de nombreuses combinaisons plus complexes dont il fait partie.

Jamais non plus l'*azote* libre (sauf dans un cas exceptionnel dont il est question plus loin) n'est fixé par le végétal qui le puise dans les nitrates et dans l'ammoniaque absorbés par les racines dans le sol, en même temps que l'eau. Cependant, en dernière analyse, mais indirectement, l'azote atmosphérique est utilisé par la plante. Ce corps, en effet, est entraîné dans le sol à l'état d'ammoniaque, et l'on sait que celle-ci se forme aux dépens de l'azote de l'air et de l'hydrogène de l'eau sous l'influence de phénomènes électriques. Dans le sol, l'ammoniaque s'oxyde grâce à l'activité de deux ferments ; le premier la transforme en nitrite d'ammoniaque, le second achève l'oxydation de ce sel et le change en nitrate, sans qu'il puisse oxyder l'ammoniaque libre.

Le phosphore et le soufre sont pris à l'état d'acides sulfurique et phosphorique combinés aux bases.

Enfin les autres éléments sont puisés par la plante dans les divers sels qu'elle rencontre dans les milieux où elle vit.

Dans le sol et dans l'eau, les végétaux trouvent aussi des substances organiques dissoutes dont l'utilité, sinon la nécessité absolue, paraît être hors de doute.

SAPROPHYTISME; PARASITISME; SYMBIOSE. — Les notions précédentes nous permettent de préciser, beaucoup mieux que nous n'avons pu le faire jusqu'ici, les divers modes de nutrition des êtres vivants.

1° Il est des organismes qui, grâce à la chlorophylle qu'ils contiennent, peuvent fixer le carbone de l'acide carbonique de l'air et créer de toutes pièces, à l'aide de l'ammoniaque, de l'eau, et des sels qu'ils puisent dans le sol, les aliments qui leur sont nécessaires. Telle est la très grande majorité des plantes vertes.

2° Il en est d'autres qui, étant dépourvus de chlorophylle, sont obligés de puiser leurs aliments, tout formés, dans le monde extérieur.

Deux cas peuvent se présenter :

Ou bien ces êtres utilisent les produits de la destruction d'autres organismes, vivent par conséquent de matière morte : ce sont les *saprophytes* (tels sont, par exemple, un grand nombre de Champignons) ; ou bien ils se nourrissent aux dépens d'autres organismes vivants : ce sont les *parasites*.

Les plantes parasites ne sont pas toujours dépourvues de chlorophylle, et il en est qui peuvent puiser leur carbone à deux sources à la fois : dans l'air et dans l'hôte aux dépens duquel se fait en partie leur nutrition. On leur donne assez souvent le nom de *demi-parasites*. Tel est, par exemple, le Gui, qui vit sur les Pommiers, les Poiriers, beaucoup plus rarement sur les Chênes ; tels sont encore les *Melampyrum, Euphrasia, Pedicularis*, de la famille des Scrophularinées, l'*Osiris alba* (Santalacées), etc.

Les Champignons, tous parasites ou saprophytes, n'ont point de chlorophylle. Celle-ci fait également défaut chez certaines Phanérogames telles que la Cuscute, si fatale à nos plantes fourragères, les Orobanches, etc. Ce sont là des parasites complets.

Il est des plantes parasites qui vivent à la surface de leur hôte, dans les tissus duquel elles envoient des filaments absorbants ou des suçoirs; d'autres végètent à l'intérieur même du corps de leur victime. Les premières sont des *ectoparasites*, les secondes des *entoparasites* ou *entophytes*. Nous étudierons plusieurs végétaux de ce genre en faisant l'histoire des Champignons.

On nomme *symbiose*, un cas particulier de parasitisme, dans lequel l'organisme parasite et l'organisme nourricier se prêtent un tel secours mutuel, qu'ils forment, ainsi réunis, une unité, et souvent même ne sauraient vivre isolés. L'exemple le plus classique de symbiose nous est offert par les Lichens ; ces derniers, en effet, sont formés par l'association d'une Algue, végétal chlorophyllien, et d'un Champignon qui vit aux dépens des matériaux élaborés par elle. Mais, de même que le Champignon ne saurait vivre sans les substances préparées par l'Algue, de même, cette dernière ne saurait végéter sans l'abri que lui fournit son hôte contre les ardeurs du soleil et la dessiccation. En d'autres termes, le Champignon vit aux dépens de l'Algue comme, dans une plante verte, les tissus sans chlorophylle vivent grâce à l'activité de ceux qui en sont pourvus (1).

Respiration. — Nous n'insisterons pas sur ce phénomène, dont nous connaissons l'essence et la généralité.

Il est tout à fait distinct de la fonction chlorophyllienne, presque l'inverse de cette dernière. La fixation du carbone consiste, en effet, en un phénomène de réduction, qui exige la transformation en travail chimique d'une certaine quantité de lumière et de calorique ; la respiration est au contraire une oxydation, et s'accompagne de la mise en liberté d'une certaine quantité de force vive. Le premier est un phénomène d'assimilation, le second de désassimilation.

L'intensité de la respiration est soumise à diverses conditions. D'une manière générale, elle augmente avec la température et l'état hygrométrique de l'air ; elle diminue avec la lumière, et principalement avec la lumière diffuse (2).

La respiration est beaucoup plus active pendant la croissance des organes que lorsque ces derniers ont atteint leur état définitif.

Dans une même plante, elle ne s'accomplit pas partout avec la même énergie ; elle est particulièrement intense dans la fleur, surtout au moment de la fécondation, et dans les graines en voie de germination.

Lorsque la combustion respiratoire est très active, la plante ou la partie de la plante qui est le siège du phénomène peut émettre des radiations calorifiques, ou même lumineuses (phosphorescence de certains Champignons).

La différence entre les animaux supérieurs et les plantes, en ce

---

(1) Les *commensaux* se distinguent des parasites en ce qu'ils vivent en contact avec un autre organisme, sans puiser leur nourriture dans les tissus de ce dernier, mais en utilisant pour leur propre compte une partie des aliments offerts à leur hôte. Ainsi les Pinnothères, petits Crabes qui vivent dans la cavité du manteau de la Moule comestible, sont des commensaux de ce bivalve.

(2) Ce sont les rayons rouges et jaunes, les moins réfrangibles du spectre, qui se montrent les plus actifs.

qui concerne cette fonction, tient donc seulement à son intensité, beaucoup plus forte chez les premiers que chez les secondes.

Aérobies, anaérobies. — On nomme *aérobies* tous les organismes qui, pour vivre, ont besoin du contact de l'oxygène libre, soit dans l'atmosphère, soit dissous dans l'eau.

Cependant, lorsqu'il n'est pas dilué, ou même dans l'air sous une certaine pression, l'oxygène est nuisible à la plante aérobie, et peut même la tuer. Or, il est des organismes inférieurs chez lesquels cette sensibilité à l'action de l'oxygène libre est telle, qu'ils ne peuvent vivre que dans un milieu totalement privé de ce gaz ; ce sont des *anaérobies*.

Tout étrange qu'elle paraisse, cette exception n'est pourtant qu'apparente. Les anaérobies sont soumis à la loi générale, et respirent comme les aérobies ; mais ne pouvant utiliser l'oxygène libre, ils puisent ce corps dans les substances organiques des milieux où ils végètent, et dont ils déterminent la décomposition. Cette décomposition sous l'influence des anaérobies rentre dans cette catégorie de phénomènes que nous étudierons plus loin sous le nom de *fermentations;* ces organismes sont tous des *ferments* plus ou moins actifs. C'est ainsi que le *Bacillus amylobacter* amène la destruction d'une certaine variété de cellulose (v. p. 7).

Entre les êtres aérobies et les anaérobies, il existe cependant des intermédiaires. Certains microorganismes sont, en effet, l'un ou l'autre, suivant les conditions ou suivant les phases de leur existence. Les Champignons qui déterminent le dédoublement du sucre de raisin en alcool et acide carbonique n'exercent cette faculté qu'à l'abri de l'oxygène libre ; ils peuvent vivre cependant à son contact, mais alors, comme nous le verrons, leur action est toute différente. Il y a plus encore, puisqu'il est démontré que, non seulement des Champignons plus élevés que les ferments alcooliques, mais des parties de végétaux supérieurs, et même certains tissus animaux, peuvent résister pendant un certain temps à la privation complète d'oxygène, et dans ces conditions, ont la faculté de dédoubler les glucoses.

Sécrétion; excrétion. — Nous avons vu comment, dans le tissu glandulaire, se forment et se rassemblent certains corps spéciaux, dont la nature est très diverse (essences, résines, caoutchouc, matières sucrées, gommes, etc.). Le travail qui s'accomplit ainsi dans la plante porte le nom de *sécrétion*.

Bien que cette fonction ait son siège principal dans le tissu sécréteur, des composés spéciaux peuvent aussi exsuder simplement à la surface d'un organe quelconque. C'est par un tel procédé que de la cire vient recouvrir l'épiderme des feuilles et de la tige des *Eucalyptus*, de certains Palmiers, de la Canne à sucre. Des matières sucrées peuvent également se trouver emmagasinées dans les cellules superficielles d'un organe d'où elles sont entraînées au dehors par l'eau d'exsudation ; celle-ci apparaît superficiellement sous l'aspect d'un liquide visqueux et sucré qu'on appelle *nectar*. Ce sont là de véritables *sécrétions*. C'est dans le même ordre de phénomènes qu'il faut comprendre encore l'émission par l'embryon, au moment de la germination, de substances spéciales propres à dissoudre, à *digérer* des matériaux de réserve.

On nomme *excrétion* le rejet, ou tout au moins la localisation, dans certaines parties du végétal, des produits de désassimilation qui lui sont inutiles, ou même nuisibles.

Il est souvent bien difficile d'affirmer si l'on a affaire à un produit destiné à être utilisé plus tard, ou à des substances de rebut ; tels sont, par exemple, les latex, qui, considérés par certains botanistes comme des matériaux d'excrétion, ont été regardés par d'autres comme des sucs nourriciers. Même parmi les substances que la plante émet à l'extérieur, il en est dont l'utilité pour elle ne saurait être niée. C'est ainsi que certaines essences, dégagées par la plante au moment de la floraison, c'est ainsi que les sucs sucrés des nectaires floraux, attirent les insectes, dont l'intervention est souvent nécessaire pour la pollinisation.

D'ailleurs, le mode de formation de ces produits et les appareils dans lesquels ils naissent et se rassemblent étant les mêmes, quel que soit leur sort ultérieur, il n'y a pas lieu de distinguer là deux fonctions différentes.

On doit, à notre avis, réserver le nom d'*excrétion* pour l'émission au dehors, ou l'immobilisation dans certains tissus, de substances qui se montrent nettement comme inutiles ou nuisibles à la plante, et qui, d'ailleurs, sont éliminées par une autre voie que par l'appareil sécréteur. Ainsi l'alcool que les Champignons levures rejettent dans le liquide ambiant aussitôt qu'il se forme, l'acide acétique dont se débarrasse tout aussi promptement le ferment du vinaigre, l'acide oxalique qui devient insoluble, à l'état de sel calcaire, dans certains tissus, et souvent dans des organes superficiels destinés à tomber, sont bien des produits d'*excrétion*. On peut même considérer comme tel l'acide carbonique provenant de la respiration, et que la plante, comme l'animal, rejette dans l'atmosphère.

Transpiration ; émission de liquides. — Ces deux phénomènes, ou plutôt ces deux formes d'un même phénomène, ont été signalés déjà à propos des fonctions de la feuille (voir p. 79), qui, d'ailleurs, n'en est pas le siège exclusif. L'émission de liquides mucilagineux et sucrés ne s'en distingue pas essentiellement, puisque ces produits résultent de l'entraînement au dehors de certains principes, par l'eau d'exsudation qui les a dissous.

Nous avons montré comment de l'eau est également éliminée par l'effet de la *chlorovaporisation*.

Circulation de la sève. — Sève brute. — Au printemps, de l'eau est absorbée par l'extrémité des racines (voir p. 50) et, grâce aux forces de l'*osmose* et de la *diffusion*, le liquide s'engage, de cellule en cellule, dans la profondeur de l'organe, jusqu'au cylindre central. Pour arriver jusqu'aux vaisseaux, l'eau doit traverser l'endoderme et le péricycle ; mais cette pénétration ne rencontre aucun obstacle, puisque, au niveau de la région pilifère, aucune subérification n'a encore eu lieu. Cependant cette région absorbante se déplace peu à peu ; les poils, après avoir livré passage à une certaine quantité de liquide, se flétrissent et tombent, tandis qu'il s'en forme de nouveaux plus loin vers l'extrémité. En même temps, les membranes des cellules de l'assise sous-jacente se cutinisent (assise subéreuse), et l'absorption ne peut plus avoir lieu en cet endroit.

Ainsi puisée dans le sol, la sève brute monte dans les vaisseaux par *capillarité ;* mais d'autres causes ne tardent pas à s'adjoindre à la première pour favoriser cette ascension, entre autres les différences de température subies par les diverses parties de la plante (1), l'appel déterminé par le développement des bourgeons, et surtout la perte d'eau subie, dans les parties aériennes, par l'effet de la transpiration et de la chlorovaporisation.

Dès le début, de l'air se trouve interposé à l'eau de la sève ascendante ; les bulles gazeuses deviennent de plus en plus abondantes à partir du printemps jusqu'à l'automne et à l'hiver. Pendant cette

---

(1) L'élévation de la température dilate, en effet, les bulles ou les colonnes d'air qui sont toujours entremêlées à la sève ascendante, et comme les forces qui tendent à faire cheminer le liquide dans les vaisseaux font obstacle vers le bas, la colonne tout entière se dilate vers le haut, où la sève se trouve ainsi poussée.

dernière saison, on ne trouve à peu près que de l'air dans les vaisseaux.

Sève élaborée. — On nomme *sève élaborée*, le liquide riche en principes nutritifs qui circule, non plus par le système ligneux, comme la sève brute, mais bien par le liber, et surtout par le tissu criblé. Ce liquide n'est, d'ailleurs, autre chose que la sève brute qui s'est chargée de substances diverses en passant dans les tissus où celles-ci s'étaient formées, ou qui les contenaient en réserve.

Bien que la marche générale du liquide nourricier s'effectue de haut en bas, elle n'est pas nécessairement *descendante*. Elle peut se porter des parties vertes vers les organes où elle doit être utilisée, ou vers des tissus où certaines des substances qu'elle renferme doivent être emmagasinées; elle peut également, de ces mêmes lieux de réserve, se diriger en des points où les matériaux qu'elle charrie vont être employés. On comprend dès lors qu'elle doit circuler, non seulement de haut en bas, mais encore dans toutes les directions possibles.

Matières de réserve. — Le paragraphe précédent nous a montré que, dans bien des cas, les substances, avant d'être utilisées, sont mises en réserve pendant un temps plus ou moins long. Ces réserves, les unes ternaires, les autres quaternaires et azotées, s'amassent dans divers tissus (écorce, moelle, rayons médullaires, parenchymes ligneux et libérien de la racine et de la tige, etc.), et nous avons vu comment certaines parties de la plante se transforment en vue de cet emmagasinement.

Les réserves nutritives des plantes sont, d'ailleurs, de nature très diverse. Ce sont, parmi les composés ternaires, l'*amidon*, l'*inuline*, la *cellulose*, les *sucres*, les *tannins* et les différents *glucosides*, les *graisses*, etc.; les matières azotées sont surtout représentées par cette substance albuminoïde solide que nous avons décrite sous le nom d'*aleurone* (voir p. 16).

Tous ces corps mis en réserve, pour être repris et utilisés par la plante, doivent être dissous s'ils sont à l'état solide, et, dans tous les cas, chimiquement transformés. Cette transformation s'opère à l'aide de substances qui sont sécrétées, là où leur rôle devient nécessaire; l'action de ces *ferments solubles* sur les matériaux de réserve réalise une véritable *digestion*. C'est ainsi que, par la *diastase*, l'amidon est hydraté et transformé en *amidon soluble*, puis en *dextrine;* un autre ferment, sécrété par l'embryon du Dattier, du

Caféier, etc., digère la cellulose de l'albumen qui, chez ces plantes, est dur et corné, en la transformant en une sorte de dextrine; un autre agent analogue saponifie les corps gras dans les graines oléagineuses; la *myrosine* dédouble le *myronate de potasse* ou *sinigrine*, en *glucose*, *sulfocyanure d'allyle* et *bisulfate de potasse*, dans les graines de Moutarde noire, etc. De même les réserves azotées sont digérées, au moment de la germination des graines qui les contiennent, par une *pepsine* que sécrète alors l'embryon.

CHAPITRE XIV

PHÉNOMÈNES DE MOUVEMENT ET IRRITABILITÉ DU PROTOPLASMA

Le protoplasma, nous le savons, est la partie exclusivement vivante de la plante, et tous les phénomènes biologiques qui se passent en lui, toutes les substances organiques qui entrent dans sa constitution, sont les produits de son activité.

Mouvements dus à des causes internes. — La vitalité du protoplasma, en dehors de toute influence extérieure, se manifeste par des mouvements incessants, dus à des causes internes, et qu'on peut, dans bien des cas, directement constater. Ces manifestations varient, d'ailleurs, dans leur mode, suivant les conditions dans lesquelles elles se produisent. Les mouvements sont internes et se trahissent par de simples courants, si le protoplasma est emprisonné dans une enveloppe résistante. Les poils de *Tradescantia*, ceux de l'*Ecballium*, les cellules des *Nitella* (plantes aquatiques de la famille des Characées), constituent des objets classiques de démonstration, à cet égard. — Si la membrane est flexible, ou mieux encore, si le protoplasma est nu, sa contractilité peut être mise librement en jeu, et ses mouvements sont à la fois internes et externes. Il peut même se déplacer, comme le font les éléments fécondateurs mâles (*anthérozoïdes*) (1) de beaucoup de Cryptogames, et les spores (2) mobiles (*zoospores*) de certaines autres.

(1) A l'anthérozoïde est dévolu, chez les Cryptogames, le rôle d'élément fécondateur qui, chez les Phanérogames, est rempli par le noyau mâle.

(2) Les spores sont des cellules, nues ou pourvues d'une enveloppe, qui, chez les Cryptogames, dans des conditions convenables et sans avoir été fécondées, germent, pour donner naissance à un pied nouveau. Quand ces éléments sont mobiles, ou leur donne le nom de zoospores.

Mouvements dus à des causes extérieures; irritabilité. — Mais il est d'autres mouvements qui reconnaissent pour cause la propriété dont jouit la matière vivante de répondre, de réagir aux excitations venues du dehors, quelle qu'en soit la nature; c'est cette propriété que l'on désigne sous le nom d'*irritabilité* (1). La pesanteur, la chaleur, la lumière, l'électricité, l'humidité, le contact direct des corps solides, sont tout autant de causes qui agissent sur le protoplasma, suivant des lois que nous ne saurions exposer ici en détail. Or, toute cause qui modifie la vitalité générale du protoplasma, modifie nécessairement son irritabilité, qui n'en est qu'une manifestation.

Pesanteur. — Nous avons vu la *pesanteur* être la cause principale du géotropisme de la racine et de la tige, et, par suite, de la direction suivant laquelle s'accroissent ces organes (voir page 51).

Chaleur. — La chaleur, indispensable, d'ailleurs, aux manifestations de la vie, agit d'une façon très fréquente suivant son degré d'intensité, et nous savons qu'il est pour cet agent, comme pour beaucoup d'autres, un degré optimum au-dessus et au-dessous duquel l'irritabilité du protoplasma décroit, pour disparaître totalement au delà d'une certaine limite. Cette suspension des manifestations vitales peut être passagère, et le protoplasma reprend alors ses facultés, dès que la cause qui les entravait est supprimée; elle peut être aussi définitive, auquel cas le protoplasma est tué.

Degré d'humidité. — Parmi les conditions qui modifient le plus puissamment cette influence des températures trop élevées ou trop basses, il convient de signaler le degré d'humidité. Réduit à son minimum d'hydratation, le protoplasma montre, à cet égard, une résistance qui diminue rapidement, si la quantité d'eau contenue dans la cellule, ou le degré d'humidité extérieure viennent à augmenter. C'est lorsqu'elle est immergée que la cellule est le plus aisément tuée par le froid, et surtout par l'excès de chaleur. Les basses températures sont, d'ailleurs, beaucoup moins fatales au protoplasma que les températures élevées. L'action du froid paraît dépendre, le plus souvent, de causes mécaniques, le protoplasma

(1) Le mot de *sensibilité* est assez souvent pris comme synonyme d'*irritabilité*; il sert pourtant, en général, à désigner une faculté plus élevée que l'irritabilité, telle que nous venons de la définir. L'organisme sensible, non seulement réagit d'une manière ou d'une autre, mais encore, dans une certaine mesure, il a conscience des impressions qu'il subit. La sensibilité, ainsi comprise, n'est donc qu'une forme plus élevée de l'irritabilité, dont il est souvent difficile de la distinguer par l'observation. Les plantes et les animaux inférieurs paraissent ne posséder que l'irritabilité.

ne pouvant reprendre assez tôt, lorsque la température se relève brusquement, l'eau qu'il a perdue et qui s'est congelée en dehors de la cellule.

Pour ce qui est des températures élevées, on sait de quelle importance est, pour la conservation de l'espèce, chez les organismes inférieurs, cette résistance des germes de toute nature, et surtout des spores, à la dessiccation et aux températures élevées.

Lumière. — La lumière exerce, sur l'accroissement des végétaux, une influence retardatrice ; telle est la cause des phénomènes dits de *phototropisme*. Ici encore, il y a lieu de tenir un grand compte, non seulement du degré d'intensité, mais encore de la nature des rayons. Les rayons jaunes se montrent inertes ; l'activité de la lumière commence ensuite, de part et d'autre de cette région du spectre, pour atteindre, de chaque côté, un maximum qui, dans la partie la plus réfrangible, est situé à la limite du violet et de l'ultra-violet, entre les raies H et I.

La nécessité de la lumière pour les plantes vertes est suffisamment connue. Cet agent exerce encore une influence sur les corps chlorophylliens, qui en général, quand son intensité n'est pas trop considérable, se portent vers le côté éclairé de la cellule, et se disposent de manière à utiliser la plus grande quantité possible des rayons qui leur sont offerts.

Agents chimiques. — Parmi les agents chimiques dont on a étudié l'influence chez les végétaux, il en est qui exercent sur le protoplasma une action nuisible. Les uns en arrêtent seulement les mouvements et annulent momentanément son irritabilité ; mais il reprend bientôt son activité, lorsqu'il est soustrait à leur influence. Tels sont les anesthésiques (éther, chloroforme, etc.). D'autres agissent par déshydratation, et tuent le protoplasma, lorsque cette soustraction d'eau dépasse une certaine limite ; telle est l'action de l'alcool et de la glycérine.

Il est d'autres substances, enfin, qui, même en quantités très faibles, sont pour la plante d'énergiques poisons. Ainsi, le nitrate d'argent tue certaines moisissures à la dose de $\dfrac{1}{1\,600\,000}$, le bichlorure de mercure à la dose de $\dfrac{1}{5\,120\,000}$, l'acide sulfurique libre à la dose de $\dfrac{1}{500}$, dans le liquide où végètent ces plantes.

Dans l'étude qui vient d'être faite, il faut distinguer l'action de ces divers agents sur la croissance, de celle qu'ils exercent sur l'irritabilité du protoplasma. La pesanteur, par exemple, n'agit qu'en modifiant la croissance des organes ; la lumière, la chaleur, l'humidité, le contact des corps sont, suivant les cas, susceptibles de cette double action. Enfin, certains de ces agents, la chaleur ou la lumière portées brusquement à un haut degré, un choc subit, le passage de l'étincelle électrique, une piqûre, etc., peuvent agir sur le protoplasma en déterminant une contraction plus ou moins intense, ainsi que nous le verrons dans le dernier paragraphe de ce chapitre.

Action du contact des corps sur la croissance. — Parmi les causes extérieures qui peuvent agir sur le mode d'accroissement, il faut mentionner encore le contact direct des corps solides qui, tantôt semble activer le développement, tantôt et le plus souvent, agit comme cause retardatrice.

C'est à une action de ce genre qu'est due, en grande partie au moins, l'enroulement des tiges grimpantes volubiles et des vrilles, enroulement dont le mécanisme est cependant différent dans l'un et dans l'autre cas.

ENROULEMENT DES PLANTES VOLUBILES. — L'extrémité jeune en voie d'élongation d'une tige volubile, subissant un développement inégal sur ses divers côtés, décrit tout d'abord lentement dans l'air un mouvement de rotation, auquel on a donné le nom de *nutation* ou *circumnutation*. La nutation permet à l'organe d'explorer, en quelque sorte, l'espace environnant. S'il vient à rencontrer un corps solide, sa croissance est retardée au point de contact, et si ce corps est un support d'un diamètre favorable, la jeune extrémité se courbe autour de lui, et s'accroit désormais suivant une spirale dont le sens est le même que celui du mouvement nutatoire. La *nutation* et l'*action de contact*, telles sont donc les deux premières causes qui amènent l'enroulement de ces tiges. Bientôt une troisième cause intervient, c'est le *géotropisme* négatif qui tend à redresser l'organe. Mais, ne pouvant obéir à cette tendance, à cause du support, la tige s'applique étroitement sur lui, tandis que les tours de spire deviennent beaucoup plus allongés.

Le sens de l'enroulement est à peu près toujours fixe pour une espèce déterminée de plantes. Il s'effectue le plus souvent de gauche à droite (Haricot, Liseron des champs, Liseron des haies, *Aristolochia Sipho*, etc.), beaucoup plus rarement de droite à gauche (Houblon, Chèvrefeuille, etc.).

Il est à remarquer que l'enroulement des tiges étant un simple phénomène de croissance, cet enroulement sera favorisé ou retardé par toutes les causes qui tendront à modifier cette dernière.

ENROULEMENT DES VRILLES. — C'est encore par un mouvement de circumnutation que la vrille est amenée à rencontrer le support où elle doit s'attacher. Dès que le contact a eu lieu, la sensibilité de l'organe se manifeste par une courbure, qui amène bientôt d'autres points au contact du support. C'est ainsi que l'extrémité de la vrille s'attache, autour de ce dernier, par un certain nombre de tours serrés, sept à dix en général. A ce moment, toute la partie libre de l'organe, entre son point d'attache et sa base, se tord sur elle-même en une spire dont la direction est partout la même si la vrille n'est pas très longue, mais dont le sens peut changer deux ou plusieurs fois, si elle est d'une longueur considérable. Cette torsion a pour effet de raccourcir la vrille qui, dès lors, soulève vers son point d'attache la tige à laquelle elle appartient.

Mouvements indépendants de la croissance. — Un certain nombre de plantes sont intéressantes à étudier à ce point de vue. Les phénomènes de mouvements dont nous allons parler sont presque toujours présentés par des feuilles ; on peut en observer aussi de semblables sur certaines fleurs.

Tous se produisent sur des organes dont la croissance est achevée. On peut, en outre, les diviser en deux catégories : les mouvements *spontanés périodiques* et les mouvements *provoqués*. Ces derniers doivent être, à leur tour, subdivisés en deux sortes : les mouvements provoqués périodiques qui doivent être rapportés aux modifications régulières subies, dans l'espace de vingt-quatre heures, par les conditions du milieu ambiant, et ceux qui, résultant d'une excitation brusque accidentelle, n'offrent aucun caractère de périodicité.

MOUVEMENTS SPONTANÉS PÉRIODIQUES. — L'exemple le plus classique de ce genre de mouvement est celui qui s'observe sur les feuilles du *Desmodium girans* (fig. 103), Légumineuse de l'Inde dont les feuilles sont composées de trois folioles, dont une médiane, beaucoup plus grande ; les deux autres, plus petites et portées par de courts pétioles, s'insèrent à une certaine distance en arrière, sur le pétiole commun.

Les petites folioles latérales se meuvent continuellement autour de leur point d'insertion, en décrivant dans l'espace une surface conique. Leur rotation complète exige quatre à cinq minutes.

Indépendamment de ce mouvement, réellement dû à des causes internes, la même feuille est encore le siège de mouvements périodiques provoqués par les variations diurnes de température, de lumière et d'humidité. Cette influence se trahit par l'abaissement du pétiole commun et par celui de la grande foliole pendant la nuit, leur relèvement pendant le jour. Il est infiniment probable que les folioles latérales sont soumises aux mêmes influences périodiques ; mais chez elles, le mouvement spontané est plus énergique que celui que déterminent les agents extérieurs, dont l'influence se trouve ainsi masquée.

On peut, dans une certaine mesure, rendre indépendants l'un de l'autre ces deux genres de mouvement par l'emploi convenablement calculé d'une basse température, d'une lumière ou d'une

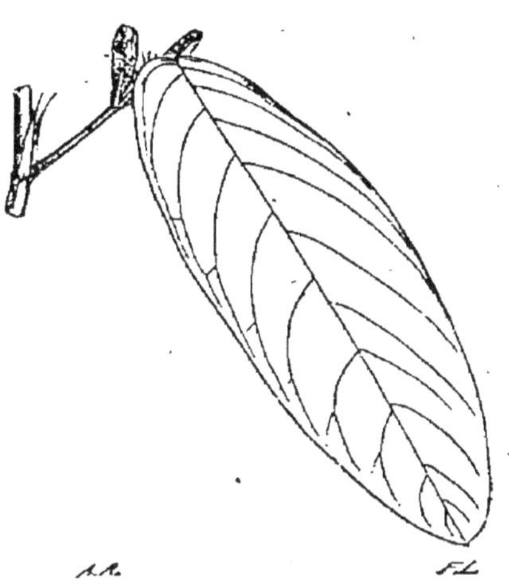

Fig. 103. — Feuille du *Desmodium girans*, pennée, trifoliolée, à foliole impaire, *f*, incomparablement plus grande que les latérales, *f'*.

obscurité constantes, et des anesthésiques. Ces diverses causes, en effet, annulent tout d'abord les mouvements provoqués en diminuant l'excitabilité du protoplasma ; mais si leur action est trop intense ou trop longtemps continuée, elles arrêtent aussi les mouvements spontanés.

Quoique à un degré d'intensité bien plus faible, beaucoup d'autres plantes appartenant aux genres *Mimosa*, *Phaseolus*, *Acacia*, *Oxalis*, *Marsilia*, etc., sont le siège de mouvements spontanés semblables.

On peut encore citer le mouvement alternatif d'élévation et d'abaissement qu'exécute le plus grand des trois pétales, le *labelle* d'une Orchidée africaine, le *Megaclinium falcatum*.

Le siège de ces mouvements est dans des renflements (*renflements moteurs*) qui se trouvent à la base du pétiole principal, des pétioles secondàires ou des folioles. Leur mécanisme lui-même est encore peu connu. On a essayé de l'expliquer en supposant que du sucre se forme en quantité inégale, et alternativement en plus grande quantité dans le haut et dans le bas de ces renflements; le pouvoir osmotique de cette substance déterminerait, dans la même mesure, un afflux de liquide, et, par suite, un excès de turgescence, tantôt vers le haut, tantôt vers la partie inférieure.

Mouvements provoqués périodiques. — Ces mouvements sont toujours déterminés par les variations, périodiques elles-mêmes, des conditions extérieures. Le nombre des plantes sur lesquelles on

Fig. 104.—Portion de tige feuillée de *Cassia floribunda*, Cavan., dans son état de veille, pendant le jour.

Fig. 105.—Portion de tige feuillée de *Cassia floribunda*, Cavan., dans son état de sommeil, pendant la nuit.

les observe est très grand, et elles appartiennent à des groupes naturels très divers, particulièrement aux Légumineuses.

Les feuilles qui offrent ce mouvement ont une position *diurne* ou de *veille*, pendant laquelle leurs diverses parties sont plus ou moins étalées, et une position *nocturne* ou de *sommeil*, pendant laquelle ces parties sont plus ou moins reployées sur elles-mêmes (fig. 104 et 105).

Le sens dans lequel ce mouvement s'opère est très varié : les Trèfles, les *Lotus*, les Luzernes, le Tabac, etc., relèvent leurs folioles ou leurs feuilles; les *Robinia*, les Lupins, le Haricot, les *Oxalis* les déjettent, au contraire, vers le bas. Pendant ce temps, dans les feuilles composées, le pétiole commun et les pétioles secondaires exécutent aussi des mouvements dans un sens ou dans l'autre. Chez les *Mimosa*, le pétiole principal s'abaisse, les pétioles secondaires se replient l'un vers l'autre en avant, et les folioles se relèvent et s'appliquent les unes sur les autres par leur face interne en s'imbriquant.

Les cotylédons sont fréquemment doués de mouvements semblables, et cela d'une façon indépendante de ceux des feuilles de la même plante, lorsque ces dernières en montrent également.

Comme les mouvements spontanés, les mouvements provoqués périodiques sont déterminés par un excès de turgescence sur l'un des côtés des renflements moteurs ; cette turgescence et la rigidité qui en est la conséquence ne sont réalisées que pendant la nuit.

Le mécanisme de ces mouvements n'est guère mieux connu. On admet que l'énergie plus ou moins grande de la chlorovaporisation, de la transpiration, l'activité variable avec laquelle se forment les substances à pouvoir osmotique, aux différentes heures de la journée, ont la plus grande action sur le phénomène.

Beaucoup de fleurs sont également douées de mouvements périodiques semblables ; la plupart d'entre elles s'épanouissent le matin pour se refermer le soir. Le *Silene nutans* (Caryophyllées) est cependant le siège d'un phénomène inverse.

L'utilité des divers mouvements foliaires que nous avons étudiés consiste vraisemblablement à protéger leur limbe contre un rayonnement trop intense.

MOUVEMENTS PROVOQUÉS PAR UNE IRRITATION MÉCANIQUE. — Ces mouvements s'observent très souvent chez les plantes qui sont douées de mouvements provoqués périodiques, et ils ont lieu dans le même sens. Le mécanisme, cependant, en est tout autre, car, bien loin d'être rigide, dans son état d'irritation, l'organe est flasque, et c'est précisément son retour à la situation normale qui s'accompagne d'une turgescence dans leur renflement moteur.

L'intensité du phénomène est très variable suivant les plantes ; elle est particulièrement remarquable chez la Sensitive (*Mimosa pudica*, fig. 106 et 107), qui sert généralement d'objet de démonstration. Un ébranlement général de la plante amène toutes les feuilles dans la position du sommeil. Un choc, une brûlure, etc., exercés sur une feuille, ou même sur une partie de feuille, agissent tout d'abord sur la région directement touchée ; mais l'irritation se propage ensuite rapidement, d'abord sur les autres parties de la feuille, puis sur les feuilles voisines qui sont toutes atteintes successivement, si l'excitation est assez forte.

On doit encore mentionner deux autres plantes chez lesquelles

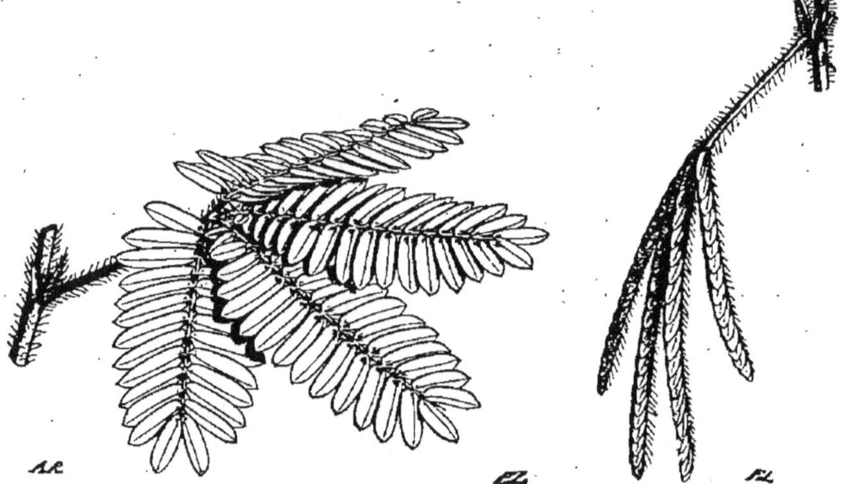

Fig. 106. — Feuille deux fois pennée ou bipennée de la Sensitive (*Mimosa pudica*, L.).

Fig. 107. — Une feuille entière de Sensitive (*Mimosa pudica*, L.), représentée dans sa position de sommeil.

ces mouvements provoqués s'accompagnent d'un autre phénomène

Fig. 108. — Dionée Gobe-Mouches. A droite, feuille ouverte ; à gauche, feuille fermée.

intéressant. L'une et l'autre appartiennent à la famille des Droséracées.

La première est la Dionée Gobe-Mouches (*Dionæa muscipula*) des marais de la Caroline du Nord. La feuille de cette plante se compose d'une portion basilaire étroite que surmonte une partie du limbe beaucoup plus large, séparée en deux lobes par la nervure médiane, et munie, sur le bord, de segments étroits et aigus, semblables à des épines (fig. 108). Chacun des lobes porte trois poils à sa face supérieure. Au moindre choc, et même au plus léger contact de ces poils par un corps étranger, les deux lobes foliaires se rabattent l'un contre l'autre par leur face interne, et les divisions latérales du limbe en s'engrenant réciproquement, amènent la clôture complète de cette sorte de piège, où sont fréquemment capturés de petits insectes. Ceux-ci sont ensuite attaqués et détruits par un suc acide qui est sécrété par la feuille.

L'autre genre de plante est celui des *Drosera* ou Rossolis (fig. 109), dont le limbe porte sur toute sa face supérieure et sur ses bords des poils, ou plutôt des segments très étroits du limbe, renflés à leur sommet, et parcourus par un faisceau libéro-ligneux. Si un insecte vient se poser sur la feuille, son limbe se replie vers sa base, tandis que tous ces processus se recourbent en dedans vers le point touché. Comme pour la Dionée, l'insecte se trouve capturé, puis attaqué par le liquide qui suinte de ces petits appareils (1).

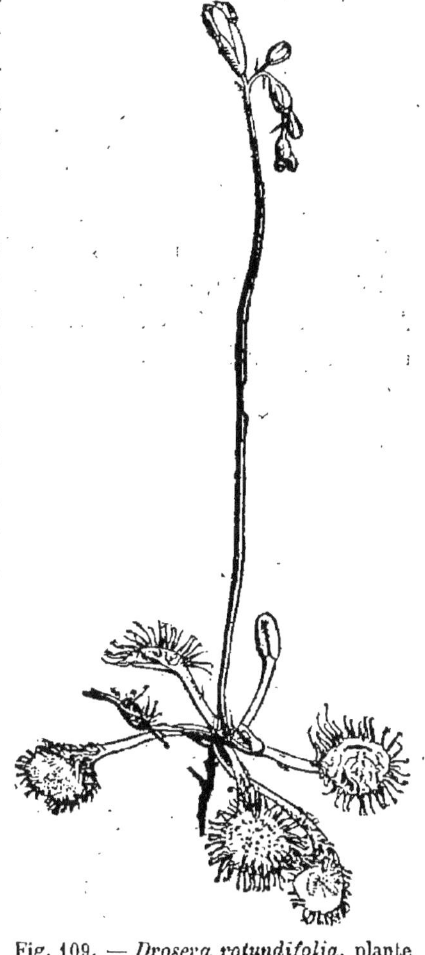

Fig. 109. — *Drosera rotundifolia*, plante dite carnivore.

Parmi les autres feuilles qui, à un degré moindre, offrent ce

---

(1) On désigne ces plantes, ainsi qu'un certain nombre d'autres qui sécrètent de même des sucs capables de digérer le corps des insectes capturés, sous le nom de *plantes carnivores*. On a beaucoup discuté pour savoir si ce terme leur convient réellement, sans qu'on soit arrivé à démontrer, d'une façon certaine, l'absorption par la plante des produits de cette digestion.

même genre de mouvements provoqués, nous trouvons des *Robinia*, divers *Oxalis*, plusieurs *Mimosa* (*sensitiva, casta, viva*, etc.).

Le mouvement, dans tous les cas, résulte d'une diminution rapide de la turgescence des cellules d'un des côtés du renflement moteur ; ce phénomène a lui-même probablement pour cause la contraction du protoplasma qui, ainsi irrité, expulse brusquement une partie de l'eau qu'il contenait. On s'est assuré que, dans les cas où, localisée d'abord, l'irritation se généralise plus ou moins, cette dernière se transmet par les faisceaux libéro-ligneux.

Certains organes floraux sont également doués de mouvements qui se manifestent sous une influence mécanique (étamines de l'Épine-Vinette, d'un grand nombre de Composées, carpelles des *Mimulus*, etc.). Ces mouvements sont en général destinés à favoriser la pollinisation.

CHAPITRE XV

INDIVIDUS, ESPÈCES, GENRES, ETC., ET GROUPES SUPÉRIEURS.

Individu. — Le nombre d'organismes, animaux ou plantes, qui peuplent actuellement la terre est, pour ainsi dire, infini, et chacun d'eux constitue un tout bien distinct, une unité, un *individu*.

Espèce. — Or, parmi ces individus, il en est qui ont entre eux une ressemblance beaucoup plus grande qu'avec tous les autres, et cette ressemblance est si évidente que, dès les temps les plus reculés, on n'a pas hésité à donner un même nom à tous les êtres qui présentent de tels caractères de similitude. La ressemblance n'est pas moindre entre ces mêmes organismes et leurs parents d'un côté, leurs descendants de l'autre, de sorte que la notion de l'*espèce*, telle que la définissait Cuvier, s'impose, en quelque sorte, à l'esprit :

« L'ensemble des individus nés les uns des autres ou de parents communs, et de tous ceux qui leur ressemblent autant qu'ils se ressemblent entre eux. »

VARIATIONS. — Cependant, tous les représentants d'une même espèce ne sont pas identiques, et quelque légères que soient les différences qui les séparent, chacun d'eux n'en possède pas moins des caractères *individuels*. Ces caractères, qui se montrent ainsi isolément et ne se transmettent pas par hérédité, sont de simples *variations*.

VARIÉTÉS. — Mais sous l'influence de causes plus générales, difficiles le plus souvent à déterminer, des caractères particuliers peuvent apparaître *à la fois sur un certain nombre d'individus d'une même espèce*, se transmettre même, dans une certaine mesure, à leurs descendants immédiats; toutefois ils disparaissent promptement dans les générations suivantes, le plus souvent même dès la première génération. C'est ainsi que se forment les *variétés naturelles*. On nomme *variétés artificielles* celles qui, ayant apparu sous l'influence de causes extérieures fortuites, soit encore par l'effet de la culture, l'emploi d'une nourriture abondante, etc., sont conservées par l'homme, qui y trouve des avantages que ne lui offre pas l'espèce type. Pour maintenir et propager une variété, on se sert, non point de semis, mais du bouturage, du marcottage, de la greffe (1); ces diverses opérations, en effet, réalisent bien plutôt une extension, un émiettement de l'individu que la production d'individus nouveaux. C'est ainsi que, dans nos jardins, diverses espèces de Roses, la Violette tricolore ou Pensée, le Pêcher, le Cerisier, le Poirier, etc., ont donné lieu à des variétés nombreuses, qui disparaîtraient promptement si on laissait leurs représentants se reproduire par graines.

(1) On nomme ainsi une opération qui consiste à transplanter sur un végétal une partie d'un autre végétal qui s'y soude, s'y développe et y fructifie, comme si elle végétait normalement dans le sol. Pour la réussite de la greffe, diverses conditions doivent être réalisées, entre autres l'affinité naturelle (espèces d'un même genre ou genres voisins d'une même famille) des deux végétaux, et l'analogie de leur mode de végétation. Il faut, en outre, que l'opération soit pratiquée à une époque de l'année où les deux plantes sont en sève.

On désigne sous le nom de *greffe* ou de *greffon* la partie du végétal que l'on implante ainsi, et sous le nom de *sujet* le pied sur lequel se fait la greffe.

La greffe se pratique suivant divers procédés :

1° *Par approche*. — Deux parties analogues des deux végétaux sont entaillées et maintenues au contact l'une de l'autre, jusqu'à ce qu'il y ait soudure. On détache alors de son pied mère la greffe, qui demeure nourrie par le sujet.

2° *Par scions* ou *rameaux*. — On implante dans une entaille pratiquée à travers l'écorce du sujet, l'extrémité taillée en biseau de la plante qui doit servir de greffe. La greffe est dite en *fente* ou en *couronne*, suivant qu'on n'implante ainsi qu'un seul greffon, ou qu'on en fixe plusieurs tout autour de la tige, sur le sujet.

3° *Par bourgeons*. — Ce procédé consiste à appliquer sur une partie du sujet dépouillée de son écorce, un fragment d'écorce de la greffe portant un ou plusieurs bourgeons. Si le fragment d'écorce est cylindrique, la greffe est dite en *fente* ou en *flûte*; elle est appelée en *écusson* si le fragment d'écorce transporté affecte la forme d'un disque plus ou moins allongé. Dans ce dernier cas on l'introduit sous l'écorce du sujet que l'on entaille en forme de T, en ayant soin que le bourgeon de la greffe corresponde à la rencontre des deux fentes,

RACES. — Des variétés apparaissent également parmi les espèces animales ; mais pour avoir chance de les maintenir, on peut seulement veiller à ce que leurs représentants ne s'accouplent qu'entre eux. Si, grâce à cette *sélection*, on parvient à fixer la variété, à en rendre les caractères transmissibles d'une génération à l'autre, on crée ce que l'on nomme une *race artificielle*. L'éleveur peut même arriver à accentuer tel ou tel caractère utile, en ayant soin de n'accoupler entre eux que les individus qui offrent ce caractère au plus haut degré. Telle est l'origine des diverses races de Moutons, de Pigeons, de Chevaux, etc., qui, livrées à elles-mêmes dans la nature, feraient bientôt retour aux caractères primordiaux de l'espèce.

Les végétaux, comme les animaux, sont susceptibles de donner des *races artificielles*.

Il est aussi des *races naturelles*. Elles sont nées de variétés dont les individus se sont *sélectionnés* spontanément, et elles se maintiennent jusqu'à ce que, par leur croisement avec les représentants de l'espèce pure, ou avec ceux d'autres races, leurs caractères distinctifs soient détruits.

La race n'est donc qu'*une variété fixée par sélection*, soit naturelle, soit artificielle.

HYBRIDES. — Le croisement entre deux espèces voisines peut être fécond, et le produit, qui porte le nom d'*hybride*, réunit, en général, des caractères de l'un et de l'autre parent. C'est ainsi que l'Ane et le Cheval, le Lapin et le Lièvre, le Chien et le Loup, le Chien et le Chacal, peuvent se féconder entre eux. Des croisements du même genre s'observent bien plus fréquemment encore parmi les plantes ; diverses espèces de Cistes, de Chênes, de *Carex*, etc., s'hybrident spontanément avec la plus grande facilité.

Le plus souvent l'hybride lui-même est stérile ; il est aussi quelquefois fertile, et alors la sélection peut, tout au moins pendant un certain nombre de générations, en fixer les caractères. Mais il arrive toujours un moment où, après quelques variations désordonnées, une partie des individus font définitivement retour à l'espèce du père, tandis que les autres reprennent les caractères de la mère ; il y a *disjonction des caractères*.

Le croisement n'est possible qu'entre espèces très voisines, et le plus souvent encore il n'a lieu que si l'on met obstacle au rapprochement des individus de la même espèce. Nous savons, en outre, que les hybrides sont souvent stériles, ou ne possèdent qu'une fécondité limitée.

Métis. — Le contraire s'observe dans le croisement de deux races appartenant à la même espèce, croisement dont les produits, nommés *métis*, sont toujours plus robustes que ceux qui proviennent d'individus d'une même race. On peut déduire de ces faits que *la reproduction sexuelle est favorisée par un certain degré de divergence, au delà duquel le croisement devient difficile d'abord, et bientôt impossible.*

Fixité, variabilité de l'espèce. — L'espèce peut être conçue de deux manières différentes.

Au siècle dernier et au commencement du siècle actuel, on admettait à peu près sans conteste que les diverses espèces d'animaux et de plantes avaient été créées telles qu'elles existent encore aujourd'hui, et qu'elles se perpétuaient ainsi, à travers les siècles, sans autres changements que ces modifications légères, et le plus souvent fugitives, qui déterminent la formation des variétés et des races. Linné, Cuvier et leurs élèves enseignèrent ainsi la *fixité des espèces*, et la défendirent contre les partisans d'une théorie nouvelle, qui devait prendre bientôt un grand développement : celle de la *variabilité.*

D'abord soutenue, au commencement du siècle, par Lamarck et Isidore Geoffroy Saint-Hilaire, cette seconde hypothèse fut appuyée plus tard par Ch. Darwin sur des données réellement scientifiques. Elle devint alors la *théorie de la descendance* qui, de toutes celles émises pour expliquer l'origine des espèces, est de beaucoup la plus propre à satisfaire l'esprit, bien qu'on ne puisse en donner une démonstration directe. Elle est basée sur les principes de la *sélection naturelle* et de l'*adaptation*, conséquences de la *concurrence vitale*, et sur l'*hérédité*, c'est-à-dire sur la faculté qu'ont les êtres de transmettre à leurs descendants les caractères acquis par *adaptation*, et conservés par *sélection* (1).

Si on admet que les formes actuelles proviennent de formes anciennes, éteintes pour la plupart, les unes et les autres ayant, d'ailleurs, une origine commune, on peut concevoir un arbre généalogique très ramifié, dans lequel seraient représentés tous les organismes qui ont vécu ou qui vivent encore à la surface du globe. Le tronc correspondrait aux ancêtres communs des animaux et des plantes, et les deux règnes organiques constitueraient

_____

(1) Comme la plupart des faits sur lesquels a été établie la théorie de Darwin sont empruntés au *Règne animal*, nous préférons en réserver l'exposé plus complet pour un *Traité de zoologie* que nous nous proposons de publier à la suite du présent ouvrage.

les deux grosses branches d'une première bifurcation. Les ramifications tendraient ensuite à devenir d'autant plus nombreuses qu'elles seraient plus éloignées du tronc. Mais à tous les niveaux un certain nombre de rameaux plus ou moins puissants, représentant les formes éteintes aux diverses périodes, seraient arrêtés dans leur développement ; seules les dernières ramifications, et celles des branches mères qui n'ont pas cessé de s'accroître en même temps que ces dernières, sont représentées dans la période actuelle.

Genres. — On nomme *genres* des réunions d'espèces assez voisines les unes des autres, pour constituer des groupes plus ou moins distincts dans l'ensemble des organismes d'un même règne. La circonscription du genre est, dans certains cas, très nette et très facile à concevoir (genres Rosier, Violette, Poirier, etc.) ; la délimitation en est, au contraire, difficile à établir, lorsqu'il se relie à des formes voisines par des types de transition. Elle dépend alors du plus ou moins de valeur que l'on attache à tel ou tel caractère, et se trouve ainsi subordonnée, dans une certaine mesure, à l'appréciation d'un chacun. Linné, par exemple, assignait à ses genres une circonscription très vaste, et la plupart d'entre eux ont été morcelés en un certain nombre d'autres moins étendus, dans les classifications plus récentes.

Puisqu'ils doivent être communs à un plus grand nombre d'individus que ceux qui distinguent les espèces, les *caractères génériques* devront nous être fournis par des organes moins sujets à varier, condition qui se trouve réalisée par les organes de la fécondation et de la fructification. Quoique bien plus propre à fournir les caractères spécifiques, l'appareil végétatif participe cependant, en général, à cette ressemblance.

Familles, classes et groupes supérieurs. — Les genres forment des groupements plus étendus nommés *familles naturelles*.

L'étendue de ces familles est plus ou moins vaste, car quelques-unes peuvent être formées par un ou deux genres seulement, tandis que d'autres en renferment un très grand nombre ; certaines d'entre elles sont même subdivisées en *sous-familles* ou en *tribus*. Il est des familles dont tous les représentants possèdent des traits communs si constants, une ressemblance telle, que leur place dans un même groupe naturel s'impose, en quelque sorte, dès le premier examen. Telles sont les Ombellifères, les Crucifères, les Graminées, etc. Ces familles sont dites *naturelles par évidence*.

Il est d'autres familles naturelles dont les genres se relient isolément les uns aux autres de façon à former une série continue, sans posséder des caractères communs aussi nombreux et aussi frappants que ceux des familles naturelles par évidence. On peut comparer ces groupes à des séries d'anneaux, dont chacun n'est en contact qu'avec un ou deux autres, et dont l'ensemble n'en forme pas moins une chaîne ininterrompue et bien délimitée. On comprend que deux genres, pris en deux points éloignés de cette chaîne, peuvent n'avoir entre eux que très peu de ressemblance, quoique reliés par de nombreuses formes intermédiaires. Ces groupes portent le nom de *familles naturelles par enchaînement*. Les Renonculacées nous en offriront un exemple.

Les familles elles-mêmes se groupent en *séries* ou *ordres*, les ordres en *classes ;* les classes forment les *sous-embranchements*, les *sous-embranchements* enfin constituent les *embranchements*, qui représentent les grandes divisions du règne végétal.

CHAPITRE XVI

PRINCIPES DE LA CLASSIFICATION

Dès l'antiquité, les naturalistes essayèrent de réunir les animaux et les plantes en groupes de différente étendue, en tenant compte de leur plus ou moins de ressemblance. Établir des rapprochements de cette nature, c'est *faire une classification*, et pour l'établir on a recours aux *caractères* (forme, couleur, structure, etc.) des êtres que l'on veut classer.

Les classifications sont de deux sortes :

1° Les *classifications artificielles* ou *systèmes ;*
2° Les *classifications naturelles* ou *méthodes*.

Classifications artificielles. — Les premières sont basées sur un ou plusieurs caractères arbitrairement choisis, tels que la taille, la couleur, la forme extérieure, etc. Des êtres, très voisins d'ailleurs par leur organisation interne et par leur degré de parenté, pourront être séparés dans un groupement de cette nature, où, par contre, se trouveront rapprochées des formes qui n'ont entre elles que des affinités naturelles très lointaines. Commodes dans la pratique, pour permettre d'arriver rapidement au nom d'un animal ou d'une plante, les *classifications artificielles* n'ont, par conséquent, qu'une faible valeur scientifique, et ne sauraient être une reproduction fidèle du plan de la nature.

Classifications naturelles. — C'est au contraire vers ce but que tendent les *classifications naturelles*, dans lesquelles se trouvent rapprochés les êtres qui ont entre eux le plus de ressemblance, et que l'on peut, d'après la théorie de la descendance, supposer le plus voisins au point de vue de la parenté. *Analogie de caractères* et *filiation*, tels sont donc les deux principes qui doivent guider dans l'établissement d'une pareille classification.

Les caractères seront pris, autant que possible, dans la nature même de l'organisme, et parmi ces caractères, on devra assigner le plus de valeur à ceux qui seront le moins sujets à varier chez les formes reliées par des affinités étroites. Nous savons déjà que ceux que fournissent les organes de reproduction, la fleur, le fruit et la graine chez les Phanérogames, réalisent ces conditions au plus haut degré. Et si l'on a su tirer de cet examen tous les renseignements qu'il est susceptible de fournir, on peut prévoir que les groupes ainsi formés concorderont assez exactement avec ceux que l'on pourrait établir d'après leur histoire généalogique, si cette dernière nous était parfaitement connue. En d'autres termes, nous pouvons nous représenter une classification naturelle parfaite, comme une sorte de projection, sur un plan, de toutes les ramifications de l'arbre généalogique dont nous avons parlé, qui se sont développées jusqu'à l'époque actuelle.

Dans un mode de classification semblable, il ne saurait plus être question d'une disposition en série linéaire, puisqu'un seul et même groupe se trouvera relié souvent avec deux ou plusieurs autres. Autour de certaines familles, que l'on est en droit de considérer comme la continuation directe des souches communes, viendront se ranger les groupes qui en dérivent, et ceux-ci seront d'autant plus rapprochés du groupe central, que les rameaux qu'ils représentent s'en seront détachés plus tardivement. A leur tour, ces familles dérivées serviront de centre de groupement à d'autres familles que l'on pourra supposer s'en être détachées plus récemment encore, etc.

Mais l'établissement d'une classification naturelle ainsi conçue offre de nombreuses et graves difficultés.

D'abord nous ne possédons sur l'histoire généalogique des différentes formes d'organismes que des connaissances très incomplètes. Un nombre incalculable de types éteints, représentant des souches communes à plusieurs groupes actuellement vivants, nous sont et nous demeureront toujours inconnus, soit que leurs débris n'aient pu résister aux agents destructeurs, soit que la mer recouvre le sol où ils sont ensevelis. En second lieu, il faut tenir compte des phénomènes de rétrogradation subis par certaines formes, qui, au lieu d'aller se différenciant et se perfectionnant de plus en plus à partir de leur origine, ont simplifié leur structure à un degré tel parfois, que seul, l'attentif examen de leur évolution permet de les rattacher aux groupes dont ils font réellement partie. Le parasitisme amène souvent un résultat semblable.

Cependant, en s'aidant du secours, tout insuffisant qu'il est, de la paléontologie, par une étude attentive de la structure des êtres et grâce aux précieuses données fournies par l'embryogénie et l'organogénie, on est parvenu à créer des classifications qui réalisent, dans les limites du possible, les conditions d'une bonne méthode naturelle. Telles sont, en particulier, celles de M. Van Tieghem, de M. Eichler (*Blüthendiagrammen*), et celle de MM. Engler et Prantl.

Nomenclature, détermination des plantes. — Jusqu'à la seconde moitié du xviiie siècle, on se servait, pour désigner les plantes, de périphrases longues, le plus souvent obscures, qui avaient la prétention de rappeler leurs principaux caractères ou quelques-unes de leurs propriétés. A Linné revient l'honneur d'avoir établi leur nomenclature d'après un petit nombre de règles très simples, qui furent bientôt universellement adoptées.

Les plantes, comme les animaux d'ailleurs, sont toutes nommées en latin.

Chacune d'elles reçoit deux noms : un nom qui en indique le genre et un autre qui désigne l'espèce (Ex. : *Viola tricolor, Viola odorata; Viburnum Tinus, Viburnum Lantana; Rubus discolor, Rubus Idæus*, etc.).

Cette *nomenclature binaire* est donc calquée sur celle qui sert à désigner les personnes, le premier nom correspondant au nom de famille, le second au prénom.

Le nom générique est toujours un substantif ; le nom spécifique peut être un second substantif ou un nom propre, ou bien un adjectif.

Les variétés sont indiquées par un second adjectif que l'on fait assez souvent précéder des lettres grecques α, β, γ, etc., lorsque la même espèce en comprend plusieurs (Ex. : *Podospermum laciniatum α genuina* ; *Podospermum laciniatum β integrifolia*, γ *decumbens*, et c.).

Pour désigner un hybride, on fait suivre le nom générique du nom spécifique de chacun des parents, en plaçant le premier le nom du père, et en les réunissant l'un à l'autre par un trait d'union (Ex. : *Cistus ladanifero-monspeliensis*, *Cistus monspeliensis-laurifolius*, etc.).

Il est de règle de faire suivre chaque nom de plante du nom abrégé de l'auteur qui l'a désignée (Ex. : *Oxalis acetosella* L., *Pinus Laricio* Poir., *Podospermum laciniatum* DC. (1), etc.). Si la plante a reçu de plusieurs auteurs des noms distincts à peu près également usités, il est bon d'indiquer cette synonymie (Ex. : *Podospermum laciniatum* DC. = *Scorzonera laciniata* L.).

Enfin, si deux plantes distinctes ont reçu de deux auteurs différents un nom identique, on a soin de faire suivre le nom de la plante que l'on veut désigner du nom abrégé de l'auteur dont on veut exclure l'espèce synonyme, en le faisant précéder de l'adverbe *nec* ou *non* (Ex. : *Rosa micrantha* DC. *nec* Smith.).

Nous ne saurions insister sur la manière dont on doit procéder à la détermination des plantes à l'aide d'une flore. Les règles précises qu'il faut suivre sont indiquées, d'ailleurs, au commencement de tous les ouvrages de ce genre. D'une manière générale, on arrive au nom de la plante à l'aide de tableaux ou de clefs dichotomiques ; dans ces tableaux on met en opposition deux ou trois caractères saillants de la plante, parmi lesquels l'observateur doit choisir celui qui convient à la forme étudiée. Il est ainsi renvoyé d'un premier à un second tableau, puis à un troisième, et il arrive enfin, par des exclusions successives, au nom cherché.

Nous ne pouvons qu'indiquer ici, d'une façon très succincte, les principes sur lesquels ont été établies les classifications les plus importantes.

---

1) C'est-à-dire de Linné, de Poiret, de de Candolle.

La première qui ait une valeur scientifique réelle, est celle que Tournefort fit connaître en 1694. Elle repose, en premier lieu, sur un caractère éminemment artificiel, la consistance et la taille des plantes ; puis sur la présence ou l'absence de fleurs ou de fruits, le mode d'inflorescence, la régularité, l'irrégularité et la forme de la corolle.

Le système que Linné publia en 1735 eut le mérite d'être plus naturel, puisqu'il repose, en grande partie, sur des caractères fournis par les organes sexuels, et en même temps beaucoup plus commode pour la détermination. Les 24 *classes* établies par Linné sont divisées en *ordres* d'après le nombre des styles, la nature du fruit, la *diœcie, monœcie* ou *polygamie* des plantes, etc.

CLASSIFICATION DE LINNÉ.

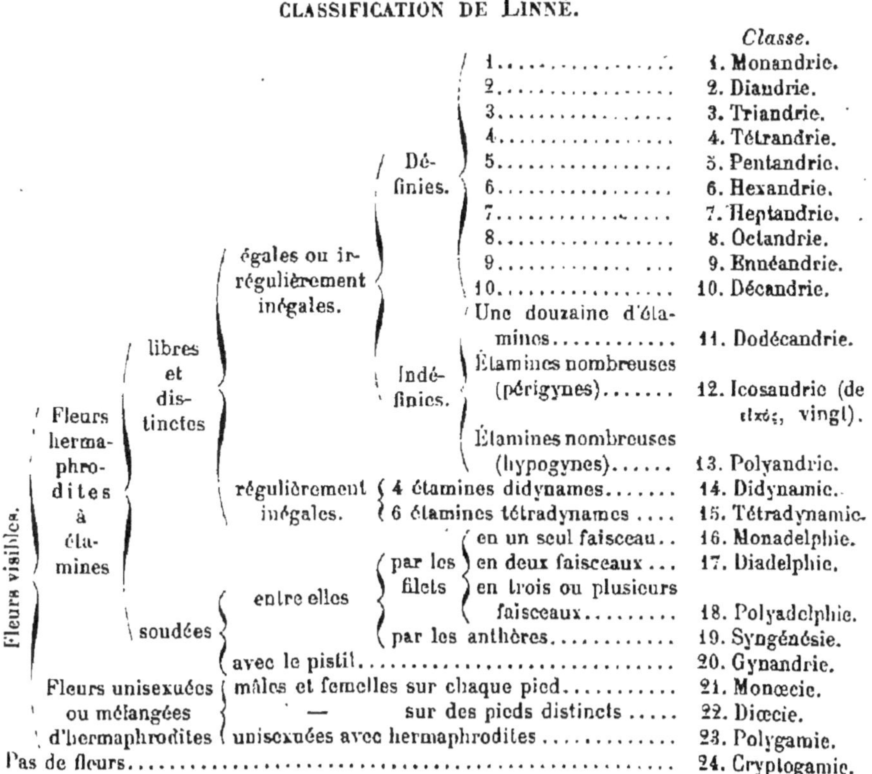

Les premiers essais d'une classification naturelle remontent à Linné lui-même qui, en 1738, distribua les plantes en 65 ordres naturels. Il fut suivi dans cette voie par Bernard de Jussieu qui s'inspira de la même idée dans l'arrangement du jardin botanique de Trianon, dont la disposition lui avait été confiée ; mais il ne publia rien à cet égard.

Vinrent ensuite les travaux d'Adanson qui, en 1763, distribua toutes les plantes alors connues en 58 familles naturelles, dans l'établissement desquelles il avait été tenu compte bien plus du *nombre* des caractères communs que de leur *valeur relative*.

Cette faute fut évitée par Antoine-Laurent de Jussieu, neveu de B. de Jussieu. Ce botaniste admit le principe de la *subordination des caractères* dont il distingue trois ordres :

1° Les *caractères primaires uniformes*, dont la constance est absolue dans une même famille naturelle (ils sont fournis par le nombre des cotylédons, l'insertion des étamines ou de la corolle quand celle-ci leur est concrescente) ;

2° Les caractères *secondaires presque uniformes*, dont la constance souffre quelques rares exceptions (présence ou absence d'un albumen de nature diverse, manière d'être des enveloppes florales, situation du pistil relativement aux autres parties de la fleur, etc.) ;

3° Les *caractères tertiaires* ou *demi-uniformes* qui n'ont une valeur réelle, pour l'établissement d'un groupe naturel, que s'ils sont réunis en assez grand nombre ; isolés, ils ne peuvent servir qu'à caractériser les genres.

En s'appuyant sur ces principes, A.-L. de Jussieu créa 100 ordres dans lesquels il distribua 1154 genres. Les ordres étaient eux-mêmes répartis en 15 classes.

CLASSIFICATION DE A.-L. DE JUSSIEU.

		Classes.	*Ordres.*
Acotylédones......................................		1. Acotylédonie....	Champignons. Algues. Fougères, etc.
	Hypogynes.............	2. Monohypogynie..	Aroïdées. Graminées, etc.
Monocotylédones.....{	Périgynes.............	3. Monopérigynie...	Palmiers. Asperges. Lis. Iris, etc.
	Épigynes.............	4. Monoépigynie....	Bananiers. Orchidées, etc.
Dicotylédones { Apétales à étamines.........{	Épigynes.............	5. Épistaminie	Aristoloches.
	Périgynes.............	6. Péristaminie	Thymélées. Lauriers. Polygonées, etc.
	Hypogynes.	7. Hypostaminie....	Amarantes. Plantains, etc.

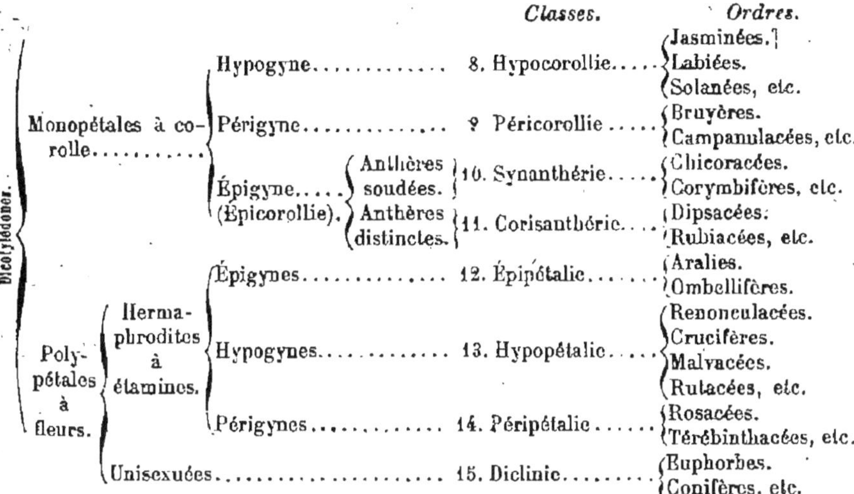

De Candolle, en 1819, publia une classification dont nous donnons le tableau résumé, car certains manuels, actuellement encore entre les mains de nos étudiants, sont conçus sur ce plan. Il faut remarquer que les termes d'*endogènes* appliqués aux Monocotylédones et d'*exogènes* aux Dicotylédones reposent sur une erreur anatomique (1).

MÉTHODE DE DE CANDOLLE.

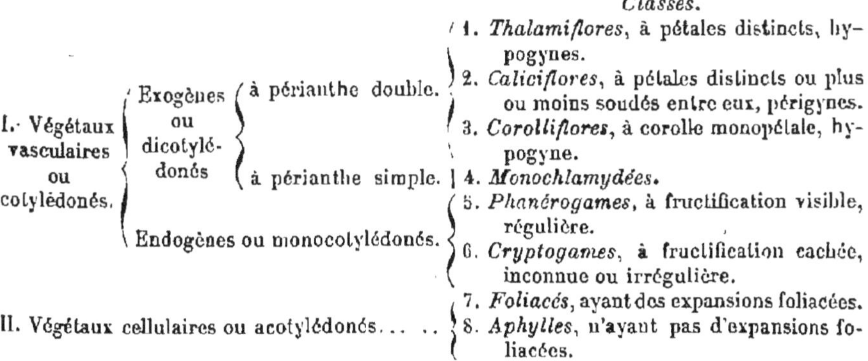

Endlicher (1836-1840) et Lindley (1845-1847) firent également connaître des essais de méthode naturelle d'une valeur incontestable.

(1) De Candolle admettait, comme beaucoup de botanistes, que la tige des Monocotylédones s'accroissait par apposition de nouveaux faisceaux à l'intérieur des premiers, et que le contraire se produisait chez les Dicotylédones et les Gymnospermes.

CLASSIFICATION DE BRONGNIART.

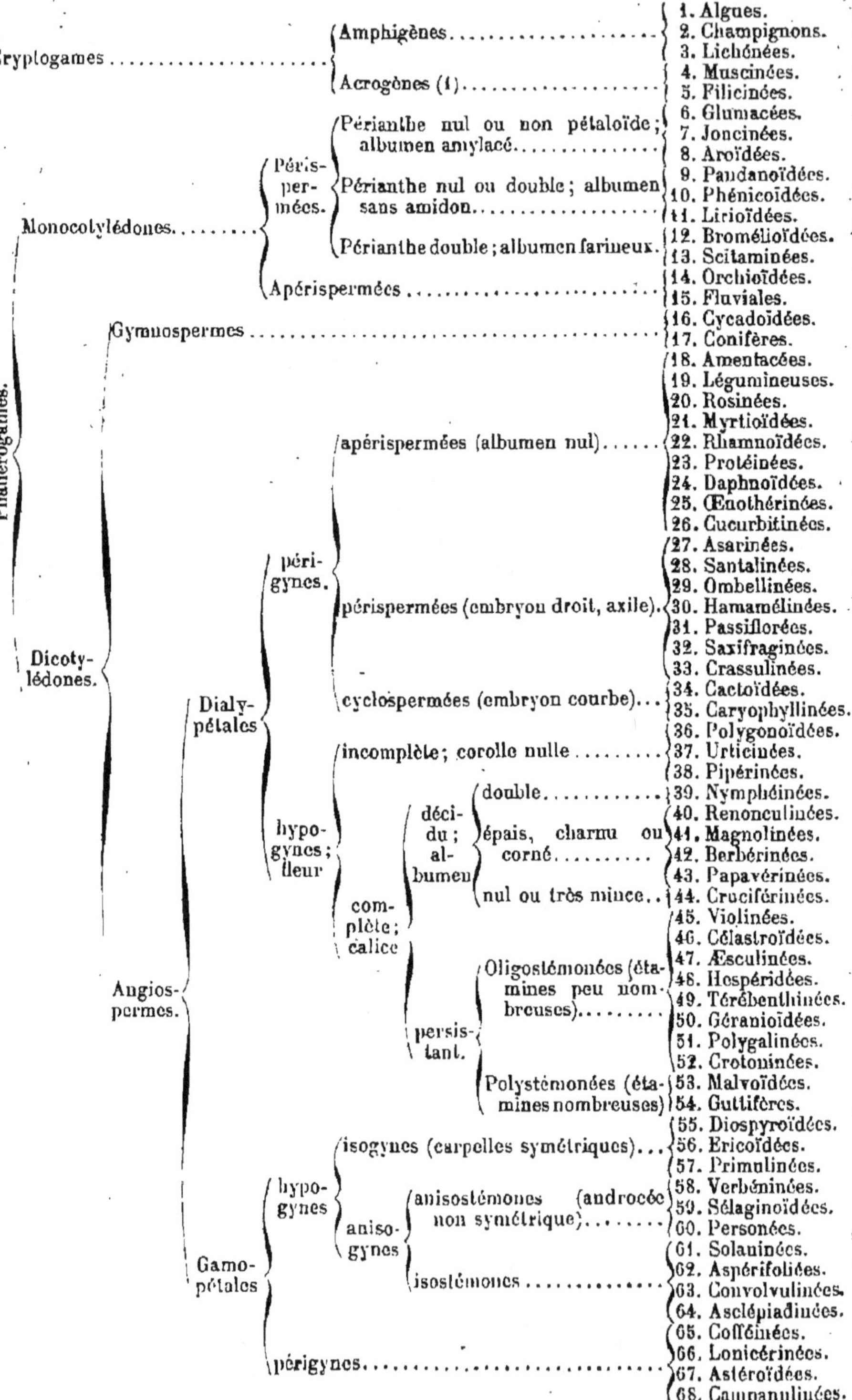

(1) *Amphigène* signifie qui « s'accroît par tout son pourtour ». C'est ainsi que se développe souvent, en effet, l'appareil végétatif des Thallophytes. Le nom d'*Acrogènes*, appliqué par Brongniart aux Cryptogames vasculaires, fait allusion au développement de leur tige par un point végétatif terminal.

Brongniart, en 1850, reprit la classification d'A.-L. de Jussieu à laquelle il apporta d'utiles additions et qu'il modifia d'une manière heureuse, en se servant des nouvelles données de la science. C'est d'après sa méthode et sous sa direction que fut replanté, en 1843, le Jardin des Plantes de Paris, et sa classification est encore suivie dans beaucoup d'ouvrages. Nous en donnons le tableau à la p. 174.

Nous mentionnerons encore la méthode beaucoup plus récente de MM. Bentham et Hooker (1862-1883), et la classification suivie par M. Van Tieghem.

CLASSIFICATION DE VAN TIEGHEM.

Embranchements.	Sous-embranchements.	Classes.	Ordres.
I. Thallophytes		Champignons	Myxomycètes.
			Oomycètes.
			Ustilaginées.
			Urédinées.
			Basidiomycètes.
			Ascomycètes.
		Algues	Cyanophycées.
			Chlorophycées.
			Phéophycées.
			Floridées.
II. Muscinées		Hépatiques	Jungermannioïdées.
			Marchantioïdées.
		Mousses	Sphagninées.
			Bryinées.
III. Cryptogames vasculaires		Filicinées	Fougères.
			Marattioïdées.
			Hydroptéridées.
		Équisétinées	Isosporées.
			Hétérosporées.
		Lycopodinées	Isosporées.
			Hétérosporées.
IV. Phanérogames.	A. Gymnospermes.		
	B. Angiospermes.	Monocotylédones	Graminidées.
			Juncinées.
			Liliinées.
			Iridinées.
		Dicotylédones	Apétales supérovariées.
			Apétales inférovariées.
			Dialypétales supérovariées.
			Dialypétales inférovariées.
			Gamopétales supérovariées.
			Gamopétales inférovariées.

Dans les classifications d'Eichler et d'Engler et Prantl, les familles sont groupées en séries (*Reihen*) qui ont à peu près la valeur que Brongniart assigne à ses ordres.

CLASSIFICATION D'EICHLER.

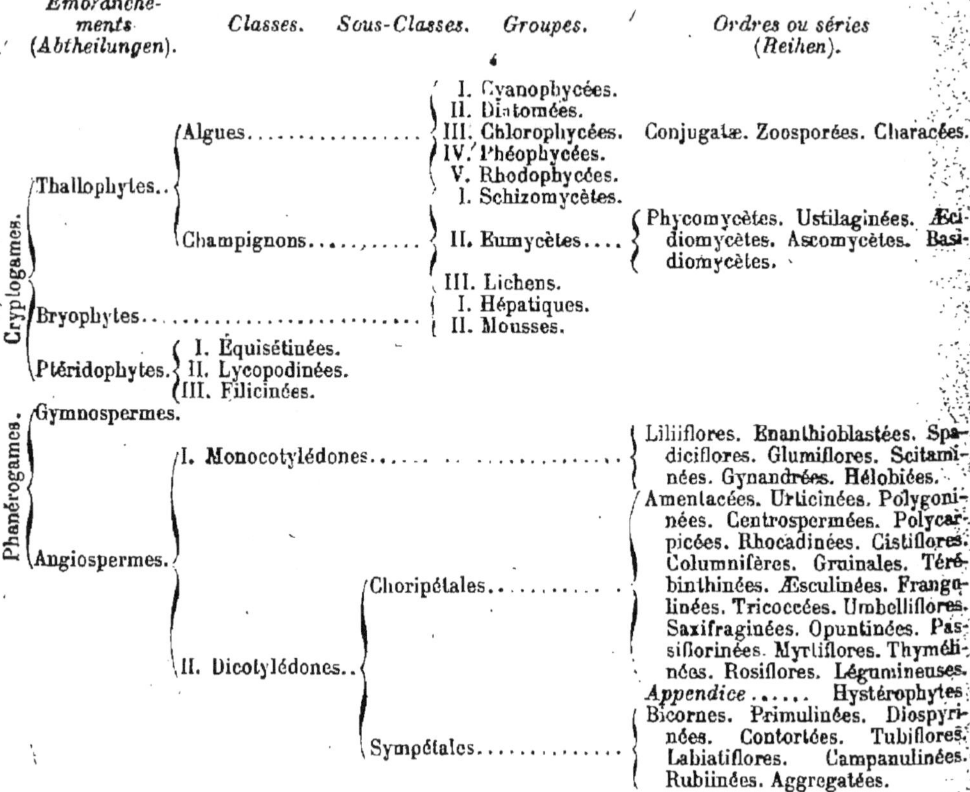

La classification de MM. Engler et Prantl s'écarte trop de celles habituellement suivies dans les manuels et exige l'emploi de trop de termes nouveaux pour que nous croyons devoir la suivre. Nous adopterons, dans son ensemble, celle de M. Eichler, qui réunit l'avantage d'être simple et facilement comprise à celui d'être conforme aux données les plus nouvelles de la morphologie végétale.

A l'exemple d'Eichler, nous réunissons les Cryptogames dans un premier embranchement, en adoptant, pour les subdiviser, les classes et les ordres admis par M. Van Tieghem, et en assignant aux *Thallophytes*, aux *Muscinées* et aux *Cryptogames vasculaires* la valeur de sous-embranchements.

DEUXIÈME PARTIE
BOTANIQUE SPÉCIALE

EMBRANCHEMENT DES CRYPTOGAMES

SOUS-EMBRANCHEMENT I. — THALLOPHYTES

Comme nous l'avons vu, *l'appareil végétatif des Thallophytes n'est pas différencié en tige, feuilles et racines, et leurs tissus ne renferment ni fibres, ni vaisseaux.* Le corps tout entier de la plante est représenté par un *thalle,* dont la forme et les dimensions sont très variables.

Nous diviserons les Thallophytes en deux groupes, les Algues et les Champignons, auxquels nous croyons pouvoir donner la valeur de classes.

Un seul caractère, d'une grande importance physiologique, il est vrai, justifie cette division : *la présence de la chlorophylle chez les Algues, son absence chez les Champignons.* Cependant, si l'on accorde aux caractères morphologiques la valeur qu'ils méritent, on est conduit à apporter à cette règle quelques restrictions ; elles sont relatives à certaines Thallophytes qui, bien que privées de chlorophylle, se rattachent, par leur organisation, trop étroitement aux Algues pour qu'on puisse les en séparer. En réalité, la distinction entre les Champignons et les Algues est purement théorique.

CLASSE I. — ALGUES

Afin d'éviter des descriptions obscures et l'emploi prématuré de termes et de noms qui ne pourront être compris que plus tard, nous ne donnerons les caractères généraux de ce vaste groupe qu'après en avoir étudié les grandes divisions.

Nous rappellerons seulement ici les deux caractères principaux sur lesquels on s'appuie généralement, pour distinguer les Algues des Champignons :

1° *Présence à peu près constante de la chlorophylle, pure ou unie à divers pigments ;*

2° *Vie presque toujours aquatique.*

Nous diviserons, avec M. Van Tieghem et beaucoup d'autres cryptogamistes, la classe des Algues en quatre ordres, en tenant compte surtout de leur coloration :

I. — Les Algues bleues, ou *Cyanophycées,*

II. — Les Algues vertes, ou *Chlorophycées,*

III. — Les Algues brunes, ou *Phœophycées,*

IV. — Les Algues rouges, ou *Floridées* (ou *Rhodophycées*).

Il faut remarquer que cette classification, tout avantageuse qu'elle soit au point de vue didactique, n'est pas toujours rigoureusement conforme aux affinités naturelles des plantes, ainsi qu'on le verra d'ailleurs par l'exposé qui va suivre.

ORDRE I. — CYANOPHYCÉES (ALGUES BLEUES)

FAMILLE I. — NOSTOCACÉES

Description d'un Nostoc. — Le thalle de ces Algues est toujours très simple ; il est plan, massif, ou bien encore filamenteux, ainsi que l'est celui des *Nostocs*, qui s'offrent à nous comme un exemple facile de ce groupe à observer.

Les *Nostocs* (fig. 110), que l'on rencontre assez fréquemment dans les lieux humides et les eaux douces, sont formés de masses gélatineuses, au sein desquelles sont immergés des filaments composés de cellules unies en chapelets. Ces cellules contiennent de la chlorophylle, associée à un pigment bleu, la *phycocyanine*. Quelques-unes d'entre elles, distinctes des autres par leur taille et l'épaississement de leurs parois, se font encore remarquer par leur coloration jaune. Ce sont les *hétérocystes*, qui divisent le filament en un certain nombre d'articles ; leur rôle est peu connu. A un moment donné, ces différents articles se disjoignent, sortent même de la masse gélatineuse commune pour s'entourer ensuite d'une gelée de nouvelle formation, puis se multiplient par accroissement intercalaire et bipartition, et constituent ainsi des colonies nouvelles.

La plante peut encore se reproduire par formation de spores, ou mieux de *kystes*. Ce sont, en effet, certaines cellules du thalle qui s'isolent après avoir épaissi et durci leur paroi, puis demeurent, à l'état de vie latente, jusqu'au moment où, les conditions extérieures étant favorables, elles germent et deviennent chacune l'origine d'un thalle nouveau.

Ce sont là, d'ailleurs, les seuls modes de multiplication constatés

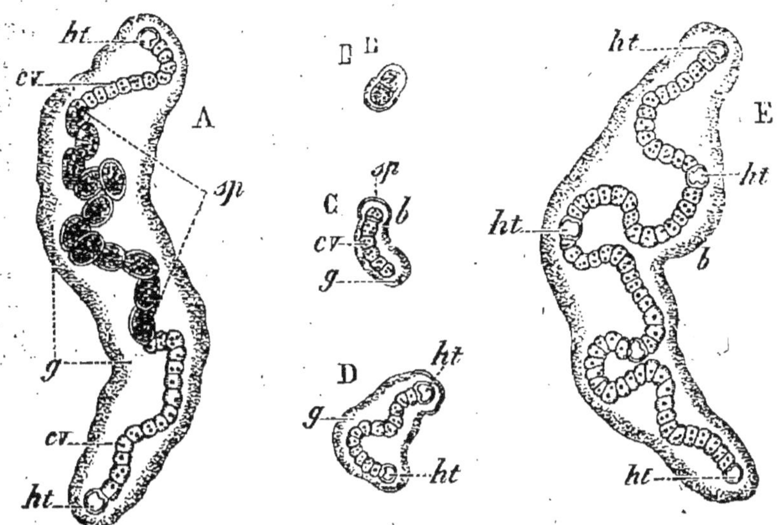

Fig. 110. — *Nostoc paludosum.* — A, très petit individu formé d'un filament sinueux, plongé dans la gelée, *g*, dont les cellules moyennes sont devenues des spores, *sp*; *cv*, cellules végétatives non transformées; *ht*, hétérocystes. — B, germination d'une spore. La cellule unique qui en forme le germe s'est partagée en deux. — C, germination plus avancée. La division successive a déjà donné six cellules végétatives, *cv*, formant un filament arqué, dont un bout est embrassé par les restes de la spore, *sp*; *g*, gelée. — D, filament plus développé qui a formé, à ses deux bouts, un hétérocyste, *ht*. — E, individu offrant des hétérocystes terminaux et intercalaires, *ht* (d'après Janczewski, 400/1).

jusqu'à ce jour chez les Cyanophycées; la reproduction sexuelle y est encore inconnue.

Quelques Cyanophycées sont particulièrement remarquables par la température élevée des eaux dans lesquelles elles vivent. Ainsi, on trouve encore des Cyanophycées, dont le thalle filamenteux est doué d'un mouvement oscillatoire continu, dans des sources thermales de 55°. Tels sont également les *Beggiatoa* qui, par leur manque complet de chlorophylle, se rattachent bien plutôt aux Bactériacées qu'aux Nostocacées, malgré leur analogie de structure avec ces dernières. Les *Beggiatoa* vivent dans les sources thermales sulfureuses, et jouissent de la singulière propriété de réduire les sulfates en dégageant de l'acide sulfhydrique, et en déposant, dans leur protoplasma, du soufre cristallisé.

Les Cyanophycées proprement dites ne comprennent qu'une seule famille, celle des NOSTOCACÉES avec les genres : *Nostoc, Anabœna, Rivularia, Oscillaria*, etc.

Mais l'analogie conduit à rattacher à la même classe le groupe tout entier des Bactéries, dont la place dans le monde organisé est actuellement encore si discutée.

FAMILLE II. — BACTÉRIACÉES

Les BACTÉRIES (ou SCHIZOMYCÈTES) se distinguent des Nostocacées, dont elles ne sont peut-être qu'une forme dégradée, par deux points essentiels :

1° *L'absence à peu près constante de chlorophylle ;*

2° *La faculté qu'elles possèdent de se reproduire, en même temps, par scissiparité et par spores.*

Le nom de *Bactéries*, actuellement consacré par l'usage, est simplement tiré du nom d'un des genres les plus connus, le genre *Bacterium*. On les a également nommés *Schizomycètes, Schyzophytes*, c'est-à-dire *Champignons* ou *végétaux pouvant se segmenter*. Cette dernière dénomination a l'avantage de ne rien préjuger sur la nature des Bactéries.

Morphologie. — FORME. — Les formes des Bactéries peuvent se ramener à trois types (voir fig. 111) :

1° La forme arrondie, dont les *Micrococcus* (A) nous offrent le type le plus parfait. Les Bactéries arrondies sont, d'ailleurs, isolées ou groupées en colonies de diverses manières.

2° La forme ovoïde (*Bacterium*, E) ou cylindrique (*Bacillus*, F). Les *Leptothrix* nous offrent l'exemple de Bactéries de cette forme, associées en filaments.

3° La forme de bâtonnets courts et simplement recourbés (*Vibrio*), ou bien allongés et contournés en spirale (*Spirillum, Spirochœte*, G).

DIMENSIONS. — Les Bactéries sont toutes microscopiques ; comme les dimensions sont loin d'être constantes pour une même espèce, on ne saurait y chercher un caractère de classification.

ORGANISATION. — Tous ces microorganismes sont formés par une substance dont les réactions sont celles des substances protéiques, et d'une délicate membrane enveloppante.

Le contenu protoplasmique est tantôt homogène, tantôt constitué par une masse centrale creusée d'alvéoles, et remarquable par la propriété qu'elle possède de fixer les réactifs colorants du noyau, masse autour de laquelle se montre une zone de protoplasma ordinaire. Ce dernier forme quelquefois un amas à chacune des extrémités de la masse alvéolaire.

Si l'on considère que chez les Bactéries, lorsque le contenu cellulaire n'offre pas cette différenciation, il montre dans son ensemble les réactions de la nucléine, on est en droit de penser que leur corps est presque tout entier formé par le noyau, ou que ce dernier n'est accompagné que par une faible quantité de protoplasma cellulaire. Cependant, les observations d'après lesquelles ce contenu serait quelquefois le siège de phénomènes semblables à ceux de la karyokinèse paraissent avoir besoin d'être confirmées.

La membrane cellulaire se montre, le plus souvent, de nature albuminoïde ; elle est très flexible et, dans certains cas, sa portion externe se
gonfle et se transforme en une gelée qui agglutine les divers membres
d'une colonie, dans laquelle ils peuvent même se montrer comme plongés.

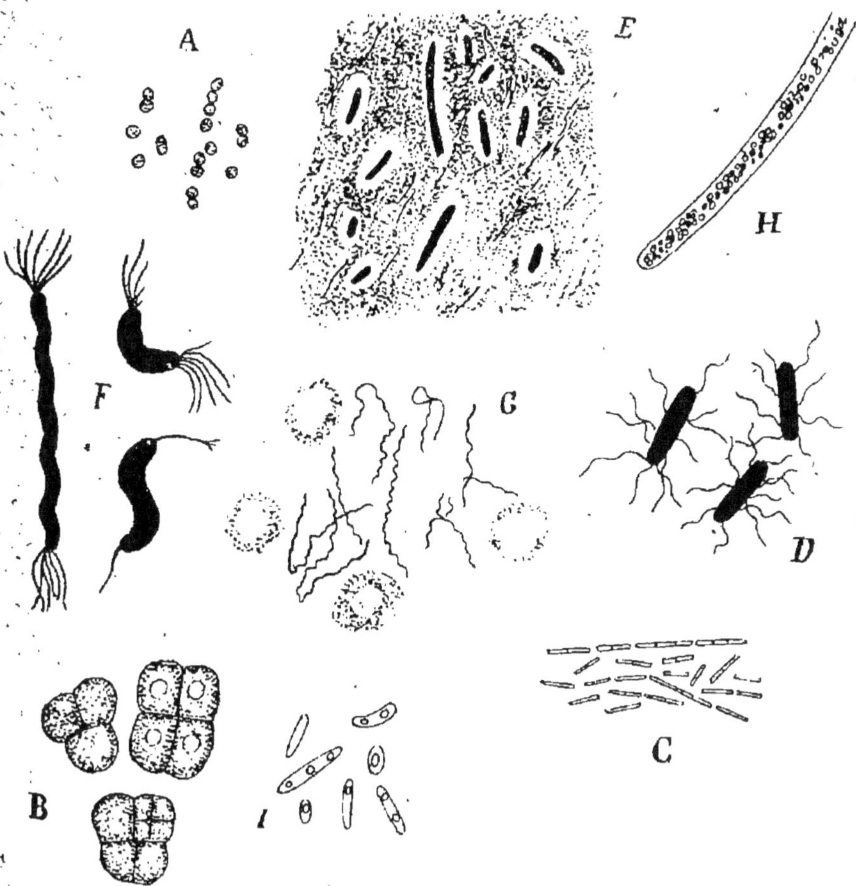

Fig. 111. — Principales formes des Bactéries. — A, *Micrococcus ureæ*. — B, *Sarcina ventriculi*. — C, *Bacillus subtilis*. — D, le même plus grossi et coloré pour montrer les
cils vibratiles. — E, *Bacterium pneumonicum*. — F, *Spirillum undulatum*, très grossi
et coloré. — G, *Spirochæte Obermeieri*. — H, fragment d'un filament de *Beggiatoa*, montrant des particules de soufre. — I, *Bacillus anthracis*, formant ses spores (D, F, G et H
d'après M. von Migula, dans Engler et Prantl, 1896).

Ce dernier caractère relie étroitement les Bactéries aux Algues, comme
nous allons le voir. Enfin, chez certaines d'entre elles, on a pu constater
dans l'enveloppe, un composé voisin de la cellulose.

CONTENU CELLULAIRE. — Bien que les Bactéries manquent généralement
de chlorophylle, la présence de ce pigment, chez certaines d'entre elles
(Bactérie verte, Bactérie verdissante, etc.), n'en est pas moins une nouvelle preuve de l'affinité qui relie ces organismes aux Algues.

Comme toutes les plantes vertes, les Bactéries à chlorophylle assimi-lent le carbone à la lumière.

Un pigment rouge, la *bactério-purpurine*, communique à quelques Bac-téries la faculté de décomposer l'acide carbonique dans les mêmes con-ditions, et sous l'influence des mêmes radiations (1).

D'autres Bactéries contiennent un pigment soit bleu (*Micrococcus syn-cyanum*, qui colore le lait en bleu), soit jaune (*M. synxanthum*, qui pro-duit le phénomène du lait jaune), etc.

Les Bactéries qui ne contiennent ni chlorophylle ni *bactério-purpurine*, sont nécessairement toutes parasites ou saprophytes.

Bien que l'on ne trouve de l'amidon granulé dans aucune Bactérie, il en est qui, dans certaines conditions, contiennent une substance qui en est au moins très voisine. Tel est le *Bacillus amylobacter* (voir p. 17 ; note) qui, lorsque les conditions de milieu deviennent moins favorables à sa nutrition, bleuit par la teinture d'iode à ses deux extrémités.

Motilité. — Certaines Bactéries sont immobiles au sein des liquides qu'elles habitent ; d'autres se meuvent avec une rapidité telle parfois, qu'elles déterminent la production de vrais tourbillons, et qu'on ne peut les observer qu'après les avoir tuées ou anesthésiées par l'éther ou le chlo-roforme. La contractilité du protoplasma, à laquelle se prête la flexibilité de la membrane, a certainement une grande part dans ce phénomène. Mais beaucoup de Bactéries possèdent encore de véritables organes lo-comoteurs ; ils sont représentés par des cils vibratiles (fig. 111, D, F) qui sont en continuité directe avec le protoplasma. Ces cils sont isolés, réunis par touffes, ou bien même uniformément répartis sur toute la sur-face du corps, comme chez le *Proteus vulgaris*, par exemple.

Polymorphisme. — Beaucoup de Bactéries peuvent modifier leur forme, suivant les conditions dans lesquelles elles se trouvent, et il faut tenir grand compte de ce polymorphisme dans la classification et dans la des-cription de ces êtres. C'est ainsi que le microbe des affections char-bonneuses, le *Bacillus anthracis*, est représenté par des bâtonnets isolés quand il vit dans le sang ; si on le cultive dans le bouillon de viande, ces bâtonnets, au lieu de se séparer, demeurent unis en filaments.

Mais ce polymorphisme n'excède jamais certaines limites, et il n'a, d'ailleurs, été observé que chez un nombre limité d'espèces. Il faut donc éviter, à cet égard, l'exagération de certains auteurs, pour lesquels toutes les formes de Schizophytes devraient être rattachées à une seule forme primitive, susceptible de se modifier très diversement, suivant les con-ditions.

Reproduction. — La reproduction des Bactéries s'effectue suivant deux procédés : la *scissiparité* et la *sporulation* ou *production des spores*.

Scissiparité. — La scissiparité consiste, le plus souvent, en un étran-glement transversal de la Bactérie, étranglement bientôt suivi d'une divi-sion complète. Certaines formes se divisent, par deux cloisons cruciales, en quatre individus nouveaux situés dans le même plan (le *Bacterium merismopedioides*, par exemple) ; d'autres fois encore, une troisième cloison, perpendiculaire aux deux premières, divise l'individu primitif

(1) Tels sont le *Bacillus photometricus*, le *Bacterium rubrum*, le *Spirillum rubrum*, le *Micrococcus prodigiosus* (qui se développe sur la farine et le pain humide), etc.

en huit autres, formant des groupes superposés de quatre (*Sarcina*, fig. 111, B).

Les nouveaux articles peuvent se séparer immédiatement après leur formation ; mais on les voit aussi souvent demeurer unis en filaments (chez les *Leptothrix*, par exemple), ou agglutinés dans une masse gélatineuse commune, en colonies que l'on désigne du nom de *zooglœa* (1).

FORMATION DES SPORES. — L'apparition des spores se montre, chez les Bactéries, comme un phénomène du même ordre que la fructification chez les plantes supérieures, c'est-à-dire comme un mode normal de reproduction qui intervient à un certain stade évolutif de ces êtres. On ne saurait nier, cependant, l'influence des conditions extérieures pour hâter ou retarder leur formation. En général, les spores se forment dès que les milieux deviennent moins propres à l'entretien des Bactéries, soit par défaut de substance nutritive, soit par insuffisance d'eau.

Chez la plupart des Schizophytes, les spores se forment à l'intérieur de la cellule mère, par condensation d'une partie plus ou moins grande du contenu, en une sphère réfringente qui s'entoure elle-même d'une fine membrane (*spores endogènes* ou *endospores*).

Chez d'autres Bactéries, certaines cellules unies en filaments épaississent simplement leurs parois, puis se désarticulent et deviennent elles-mêmes tout autant de spores, ainsi qu'on l'observe, par exemple, chez les *Leuconostocs* (*spores exogènes* ou *arthrospores*).

Rarement il se forme plus d'une spore par cellule mère.

La production des spores a, pour les Bactéries, un double résultat : elle assure à la fois la conservation de l'espèce et sa dispersion à la surface du globe. A l'état de spores, en effet, les Bactéries, comme tout microorganisme à l'état de vie latente, résistent beaucoup mieux à de hautes températures, à la gelée, à la dessiccation, que ces mêmes êtres à l'état végétatif ; en outre, les spores sont transportées avec la plus grande facilité par les vents, par l'eau ou même par les insectes, qui peuvent ainsi devenir d'actifs agents de dissémination.

Biologie. — Nous avons eu déjà l'occasion de parler des Nitrobactéries (voir p. 145), qui déterminent la fixation de l'azote dans le sol, à l'état de nitrites et de nitrates. Ces microorganismes sont les seuls qui, étant privés de chlorophylle et de bactério-purpurine, puissent se nourrir dans un milieu exclusivement minéral, en s'emparant du carbone des carbonates. Tous les autres exigent des composés organiques tout formés. Tandis que certains d'entre eux s'accommodent de substances très diverses et peuvent vivre et se multiplier sur différents substratums, d'autres exigent des conditions toutes spéciales, en dehors desquelles leur vie n'est plus possible. Cela est surtout vrai pour plusieurs Bactéries infectieuses, qui ne sont redoutables que pour certaines espèces d'animaux supérieurs.

ACTION DE L'OXYGÈNE. — Nous avons indiqué déjà les diverses manières dont se comportent les organismes à l'égard de cet élément (voir p. 148), et nous savons que les *aérobies* et les *anaérobies*, bien loin de constituer

---

(1) Des amas gélatineux semblables se forment fréquemment dans les cultures de Bactéries sur des milieux solides, tels que la gélatine et la gélose.

deux manières d'être radicalement distinctes, représentent seulement les deux termes les plus éloignés d'une série dans laquelle ils sont unis par de nombreux intermédiaires.

La famille des Bactériacées est bien propre à fournir des exemples caractéristiques à cet égard. Parmi les Bactéries franchement aérobies, nous trouvons, en particulier, le ferment du vinaigre (*Micrococcus aceti*), qui vit à la surface des liquides alcooliques dont il oxyde énergiquement l'alcool, en le transformant en acide acétique (voir plus loin aux *fermentations*). Cet acide est aussitôt rejeté par l'organisme, dont il représente un produit d'excrétion. Tel est encore le *Bacillus anthracis* (Bactérie charbonneuse), qui dispute au globule rouge l'oxygène puisé par le sang dans les poumons, le *Bacillus subtilis* des infusions végétales, etc.

Parmi les anaérobies sont compris l'Amylobacter dont nous avons cité plusieurs fois le nom, le ferment butyrique, qui transforme l'acide lactique en acide butyrique avec dégagement d'hydrogène et, d'une manière générale, tous les microbes qui se montrent comme les agents de la fermentation putride.

L'oxygène agit encore sur certaines Bactéries pathogènes (1), en diminuant leur virulence; par la culture dans des liquides appropriés, on peut obtenir un nombre indéfini de générations qui conservent ce même degré d'atténuation. Le *Bacillus anthracis*, par exemple, le microbe du choléra des poules, etc., se prêtent admirablement aux expériences de ce genre.

L'air, à une pression supérieure à la pression normale, agit sur les Bactéries dans le même sens que l'oxygène. A 30 ou 40 atmosphères, par exemple, le *B. anthracis* est tué dans l'air ordinaire à l'état végétatif ; 4 à 8 atmosphères suffisent pour obtenir le même résultat dans l'oxygène pur. Mais les spores de ces mêmes organismes sont beaucoup plus résistantes.

ACTION DE LA TEMPÉRATURE. — Plus que pour tous les autres facteurs, il faut tenir grand compte, en ce qui concerne la température, de l'état de vie active ou de vie ralentie dans lequel peuvent se trouver les Bactéries, et des conditions de sécheresse et d'humidité.

Toutes les autres conditions étant égales d'ailleurs, il y a, dans l'action de la température sur la végétation et sur le développement de ces organismes, trois degrés à considérer : un *minimum* au-dessous duquel le phénomène ne se manifeste pas, et que l'on désigne ordinairement par la lettre t, un *optimum* indiqué par θ, enfin un *maximum* T, qui est le degré de chaleur le plus élevé au delà duquel cesse toute manifestation vitale. Ainsi pour le *Bacillus subtilis*, Bactérie aérobie des infusions végétales, ces trois degrés sont :

$$t = 6° ; \quad T = 50° ; \quad \theta = 30°.$$

On trouve pour le *Bacillus amylobacter* :

$$T = 45° \text{ et } \theta = 40° ; \quad t \text{ n'est pas déterminé.}$$

Ces trois termes varient naturellement avec l'espèce ; mais ces variations oscillent dans des limites assez étroites, et les Bactéries qui font

____

(1) C'est-à-dire, comme nous le verrons, les Bactéries qui sont des agents de certaines maladies.

franchement exception sont assez peu nombreuses pour qu'on puisse considérer, avec M. Cohn et M. Arloing, les principes suivants, comme ayant une valeur générale :

1º La végétation des Bactéries commence vers + 5º ou + 6º; elle s'arrête entre 45º et 50º; elle est le plus active entre 20º et 40º.

2º A 45º ou 50º, les Bacilles se multiplient encore rapidement, formant des cellules et des spores, tandis que les autres microorganismes ne se reproduisent plus.

3º A 50º ou 55º tout développement et toute reproduction cessent, les filaments existants sont tués, tandis que les spores conservent encore pendant plusieurs heures leur vitalité.

4º Tandis qu'en général, les infusions de foin sont stérilisées par une température de 60º prolongée pendant vingt-quatre heures, certaines spores semblent pouvoir endurer pendant trois ou quatre jours, sans perdre leur faculté germinative, des températures de 70º à 80º.

Les Bactéries se montrent bien plus résistantes aux basses températures qu'aux températures élevées, et dans les cas où elles sont tuées par un relèvement subit de la température, la mort paraît provenir d'une cause semblable à celle qui tue la cellule végétale dans les mêmes conditions (voir p. 153 et 154). On a pu abaisser la température de certains liquides jusqu'à —30º, —110º, et même, dans certains cas, à —200º, sans tuer toutes les Bactéries qui le peuplaient. Les spores sont plus résistantes que les individus à l'état végétatif.

Parmi les cas exceptionnels, nous mentionnerons la Bactérie indéterminée que M. Van Tieghem a vue végéter encore à + 74º, et le *Tyrothrix filiformis* qui n'est pas tué dans du lait porté pendant quelques minutes à 100º.

La résistance des spores aux températures élevées est plus grande encore; ainsi, les spores du *Bacillus subtilis* ne sont tuées qu'en un quart d'heure dans un bain d'huile à 105º, en dix minutes à 107º, en cinq minutes à 110º.

Dans tous les cas dont il vient d'être question, la présence d'un acide, même en quantité très faible, diminue ou annihile même la faculté de résistance.

HUMIDITÉ. — L'influence de l'humidité sur les Bactéries se déduit déjà de ce que nous avons dit dans notre partie générale (page 153); comme pour toute cellule vivante, leur résistance est d'autant plus grande à l'égard des températures extrêmes, que leur degré d'hydratation est moindre.

L'eau toutefois leur est indispensable, comme à tout autre organisme; les spores seules résistent à une dessiccation prolongée.

LUMIÈRE. — La lumière agit sur la végétation des Bactéries comme cause retardatrice; elle peut, si elle est trop intense, arrêter tout phénomène vital, et tuer même la Bactérie (1).

On s'est assuré que les rayons les plus réfrangibles du spectre (violet et ultra-violet) sont seuls actifs.

(1) A cette cause doivent être probablement rattachés certains faits qui paraissent tout d'abord étranges, tels que la diminution du nombre des germes de l'air à la fin de la journée, l'affaiblissement des fermentations dans les liquides vivement éclairés, la pureté de l'atmosphère dans les lieux exposés en plein soleil, etc.

Rappelons que les Bactéries rouges et vertes assimilent le carbone de l'acide carbonique à la lumière.

Électricité. — Seuls les courants très énergiques ont, sur les Bactéries, une action nocive directe. Les courants faibles agissent indirectement en décomposant l'eau en hydrogène et en oxygène qui, comme on le sait, diminue leur vitalité.

Modifications du milieu nutritif. — Il résulterait d'un certain nombre d'observations que la présence, dans les liquides, de substances chimiques différentes, aurait pour résultat d'imprimer à certaines Bactéries des changements de forme, dans les limites entre lesquelles peut se révéler leur polymorphisme.

Action sur les milieux. — Les modifications imprimées aux milieux divers par les Bactéries sont toujours difficiles à observer dans leurs détails, et parfois très complexes.

Ces organismes épuisent d'abord ces milieux en leur enlevant les principes dont ils s'alimentent ; en second lieu, en y mêlant des composés nouveaux, véritables résidus du travail de nutrition qui s'accomplit en eux, et dont l'accumulation dans le liquide finit généralement par arrêter, en même temps que leur vitalité, les phénomènes de décomposition qui en sont la conséquence. Enfin beaucoup de Bactéries, comme la cellule des végétaux supérieurs dans certains cas, sécrètent des substances destinées à transformer chimiquement les composés organiques qu'elles ne peuvent directement assimiler. Ces sécrétions sont des *ferments solubles* de nature diverse, toujours appropriés à l'action chimique qu'ils doivent déterminer.

Il résulte de ces modifications chimiques différentes que le même micro-organisme ne saurait vivre et se multiplier indéfiniment dans un même milieu, ce dernier, pour les causes énoncées plus haut, lui devenant de moins en moins favorable. Il en résulte encore que deux ou plusieurs organismes se développeront et se multiplieront d'autant plus difficilement dans un même milieu, que leurs aliments et leurs produits d'excrétion seront plus semblables ; par contre, deux espèces dont l'action est bien distincte pourront, non seulement vivre côte à côte, mais encore se prêter quelquefois un mutuel secours, former une sorte de *consortium*, si les produits excrétés par l'une peuvent être utilisés par l'autre. C'est ce qui rend parfois redoutable, dans l'évolution de quelques maladies microbiennes, l'association de certaines Bactéries dont la vitalité s'épuise promptement lorsqu'elles sont isolées.

Ce que nous venons de dire sur l'influence réciproque des Bactéries et des agents extérieurs s'applique, d'ailleurs, non seulement aux Bactéries, mais à tous les microorganismes, tels que les levures et les moisissures, qui sont des Champignons.

Action sur les autres organismes. — Considérées d'après leurs relations avec les autres organismes, vivants ou morts, les Bactéries se laissent répartir en trois catégories qui n'ont rien à faire, d'ailleurs, avec des groupes naturels :

1º Les *Bactéries saprophytes* dont le nombre est immense. C'est grâce à leur action destructive que la matière organisée, par des phénomènes successifs de dédoublement, d'oxydation et de réduction, donne des composés de plus en plus simples, et fait enfin retour au monde inorganique.

2º Les *Bactéries parasites*, soit des plantes, soit des animaux.

On sait de quel intérêt est, pour le médecin, la connaissance de ces dernières, car c'est parmi elles que viennent se placer les *microbes pathogènes*.

3º Il est enfin des Bactéries que l'on peut appeler *commensales* d'autres organismes. Ainsi se comporte l'Amylobacter dans l'estomac des Ruminants; il y agit chimiquement sur les débris végétaux qu'il y rencontre, sans attaquer les tissus de son hôte. Le *Sarcina ventriculi* se comporte de la même manière dans l'estomac humain.

Phénomènes consécutifs de la vie des Bactéries. — Si nous avons égard aux phénomènes qui sont la conséquence de la vie des Bactéries et aux produits dont elles déterminent la formation, nous pourrons les grouper en plusieurs sections, indépendantes d'ailleurs de leurs affinités morphologiques. Nous pouvons distinguer en premier lieu, en considérant leur action sur l'acide carbonique libre :

A. Les Bactéries qui peuvent fixer le carbone à la lumière (Bactéries à chlorophylle et Bactéries à *bactério-purpurine*);

B. Celles qui ne peuvent assimiler le carbone à la lumière.

D'autre part, nous pouvons admettre, avec M. Van Tieghem et d'autres botanistes, les sections suivantes :

1º Les *Bactéries amyligènes* (*B. amylobacter*, *Spirillum amyliferum*, etc.) qui, à un moment donné de leur existence, produisent une substance très voisine de la granulose de l'amidon, l'*amyloïde*.

2º Les *Bactéries thiogènes* ou *Sulfobactéries*, qui vivent dans les eaux sulfureuses. Elles décomposent l'hydrogène sulfuré dont elles oxydent l'hydrogène, tandis que le soufre se dépose, dans leur contenu cellulaire, à l'état de petits cristaux réfringents. Ce soufre est lui-même oxydé ensuite et rejeté au dehors à l'état de sulfate. Parmi ces Bactéries, plusieurs contiennent de la *bactério-purpurine*.

Les organismes des eaux sulfureuses, que l'on désigne sous les noms de *sulfuraires* et de *barégines*, sont également des Bactéries thiogènes.

On peut rapprocher des Sulfobactéries celles qui, dans les eaux ferrugineuses, oxydent les sels de protoxyde de fer. Celui-ci se change en sesquioxyde qui se dépose dans la gaine gélatineuse de ces organismes (certains *Leptothrix* et *Crenothrix*). De puissants dépôts de fer limoneux peuvent se former ainsi au sein de ces eaux.

3º Les *Photobactéries* ou *Bactéries phosphorescentes*, auxquelles est due, en partie, la phosphorescence de la mer dans certaines régions. Une partie de l'énergie, dont la mise en liberté résulte des phénomènes de nutrition qui s'accomplissent en eux, se traduit, chez ces microorganismes, par l'émission de radiations lumineuses (1).

Cette phosphorescence, liée à certaines conditions d'alimentation et de milieux, n'est pas un phénomène essentiel de leur existence, puisque leur nutrition et leur multiplication peuvent s'accomplir sans qu'il se manifeste.

On ne connaît guère qu'une dizaine de Photobactéries, propres à des

---

(1) C'est à ces Bactéries, presque toutes saprophytes d'ailleurs, qu'il convient sans doute de rattacher cette phosphorescence bien connue des débris de poissons marins qui précède leur putréfaction.

climats très différents. Toutes exigent, pour se développer et se reproduire, la présence d'une certaine quantité (3 à 4 p. 100) de chlorure de sodium, ou de quantités équivalentes de certains sels analogues; en second lieu, le milieu où elles vivent doit être neutre ou légèrement alcalin; enfin, toutes exigent que l'aliment azoté leur soit offert sous forme de peptones.

Les peptones seules suffisent, à la rigueur, à quelques Bactéries photogènes qui peuvent y puiser en même temps leur carbone (*Bactéries à peptones*); d'autres exigent en outre, pour se développer et devenir lumineuses, des composés ternaires tels que de la glycérine ou des sucres du groupe des glucoses (*Bactéries à peptone-carbone*). Les peptones, les sels minéraux, les composés ternaires, doivent encore se rencontrer dans des proportions déterminées.

La température qu'exige, pour se produire, le phénomène de la phosphorescence, varie avec l'espèce, et paraît être en rapport avec le climat auquel elle est adaptée. C'est entre 30° et 35° qu'il se manifeste avec le plus d'intensité chez le *Photobacterium indicum* des mers chaudes de l'Inde, tandis que le *Ph. luminosum*, de la mer du Nord, brille le mieux entre 10° et 15°.

4° Les *Bactéries chromogènes* qui engendrent des matières colorantes.

Les pigments qui se forment ainsi sont les plus divers; quelquefois même une seule Bactérie en produit deux ou plusieurs. Ainsi, le *Micrococcus aurantiacus* détermine, dans le lait, la formation d'une matière jaune; le *Bacillus pyocyanus* produit le *pus bleu;* le *Bacillus cyanus*, le *lait bleu;* les *Bacillus prodigiosus, indicus*, etc., se teignent en rouge, le *B. fuscus* en brun, etc. Enfin, certaines Bactéries forment une matière fluorescente verte.

Un certain nombre de ces pigments ont pu être isolés et, par conséquent, étudiés d'une manière plus complète. Quelques-uns sont solubles dans les milieux liquides, d'autres ne peuvent colorer ces derniers; un grand nombre d'entre eux, enfin, se sont montrés voisins des pigments artificiels d'aniline.

La production de ces pigments, pas plus que la phosphorescence, n'est un phénomène essentiel à la vie de ces êtres. Il est lié à des conditions de milieu, de température, d'aération, etc., que l'on peut faire varier sans tuer la Bactérie, tout en la forçant à demeurer incolore. On a pu même dissocier le pouvoir chromogène des Bactéries à deux ou plusieurs pigments, en les amenant à ne produire qu'une seule matière colorante.

5° Les *Bactéries diastigènes* qui produisent des ferments solubles, des *diastases* susceptibles de transformer chimiquement et de rendre assimilables les matières organiques dont ces êtres doivent se nourrir (1).

Ainsi, le *Tyrothrix tenuis* du lait forme de la *caséase* qui dissout la caséine; l'Amylobacter sécrète de la *diastase* et de la *cellulase* qui transforment respectivement l'amidon et la cellulose, etc.

6° Sous le nom de *Bactéries-ferments*, M. Van Tieghem (2) désigne ces

(1) Nous savons que cette faculté d'émettre des *sucs digestifs* est presque générale dans ensemble des organismes.

(2) Van Tieghem, *Traité de botanique*, 6d. 1891, p. 1201.

microorganismes qui provoquent, dans les matières organiques dont ils se nourrissent, des transformations qu'on ne saurait rattacher à l'émission de diastases, et qui ne s'accomplissent pas en dehors de la présence de la Bactérie. Cette distinction, utile dans un exposé didactique, est assez difficile à établir scientifiquement, car, indépendamment de l'analogie profonde qui existe entre les phénomènes chimiques déterminés par les Bactéries diastigènes et les Bactéries-ferments d'une part, et ces deux sortes d'organismes de l'autre, rien ne prouve que toutes les Bactéries n'agissent pas par des diastases plus ou moins abondantes et plus ou moins faciles à isoler.

Quoi qu'il en soit, c'est à ces Schizophytes qu'est due presque en entier, comme nous l'avons dit, la destruction de la matière organique. La somme des éléments qui servent à constituer les êtres est nécessairement limitée et toujours la même, aussi bien que la somme des forces qui sont en jeu à la surface du globe; d'autre part, la vieillesse et l'usure amènent fatalement leur mort après un laps de temps plus ou moins long, et leur destruction se montre ainsi comme la conséquence naturelle et forcée de la vie. Aux microorganismes est dévolu le soin d'assurer la transformation complète du cadavre dont les éléments, après s'être de nouveau confondus dans la masse commune, pourront être repris dans la grande circulation vitale (1).

7° Les *Bactéries pathogènes*, microorganismes parasites qui déterminent des maladies plus ou moins graves chez les plantes ou chez les animaux. Pour beaucoup d'entre elles, le parasitisme est facultatif, et on peut les cultiver, à l'aide de certaines substances organiques, dans du bouillon de viande, par exemple, ou sur de la gélatine. L'histoire des Bactéries pathogènes, dont la connaissance a fait, dans ces dernières années, des progrès si éclatants, peut à peine être effleurée dans un ouvrage à la fois général et élémentaire. Nous renvoyons donc, pour l'étude complète de ce sujet, aux ouvrages plus spéciaux dont les titres suivent cet exposé (p. 197).

Les Bactéries parasites de l'homme actuellement connues sont déjà très nombreuses. Les principales sont :

Le *Bacillus anthracis*, Bactéridie charbonneuse ou du sang de rate, qui peut être inoculée d'un animal à un autre par les insectes;

Le *Bacillus typhosus* de la fièvre typhoïde;

Le *Bacillus diphteriæ* de la diphtérie;

Le *Vibrio choleræ*, le Bacille-virgule de Koch;

Le *Diplococcus pneumoniæ*, ou Pneumocoque de la pneumonie fibreuse;

Le *Staphylococcus aureus*, que l'on trouve dans le pus;

Le *Streptococcus erysipelatis* de l'érysipèle;

(1) M. Duclaux a exposé avec beaucoup de clarté cette destruction progressive. Il a montré comment, pour s'accomplir en totalité, cette dernière exige le concours de plusieurs fermentations successives ou concomitantes. Les anaérobies commencent, dans la profondeur des tissus, par des phénomènes de réduction, l'œuvre que viennent achever les aérobies par des oxydations de plus en plus complètes. Les composés intermédiaires, toujours plus simples, qui prennent naissance au cours de cette destruction, sont très nombreux (*leucine, tyrosine, glycocolle, butalamine, alcaloïdes divers*, etc.); il se produit, en dernière analyse, de l'acide carbonique, de l'hydrogène, de l'azote, et parfois de l'hydrogène carboné. Les éléments minéraux sont naturellement rendus au sol à l'état de sels.

Le *Streptococcus septicus*, qui se rencontre dans la métrite post-puér-
pérale ;

Le *Bacillus pyocyanus*, du pus bleu ;

Le *Vibrio tetani*, Bacille du tétanos ;

Le *Vibrio septicus*, de la septicémie gangreneuse, etc.

Les désordres produits par ces Bactéries chez les animaux peuvent
provenir de causes diverses :

1° Leur multiplication rapide agit parfois d'une façon mécanique, en
encombrant certains organes dont ils entravent le fonctionnement. Ce
sont les *parasites simples*, dont aucun n'est connu chez l'homme.

2° Ils peuvent priver l'organisme de substances qui leur sont utiles ou
même indispensables. Tel est le mode d'action de la Bactérie charbonneuse.

3° Ils peuvent encore sécréter des matières qui agissent à la manière
de véritables poisons. Ce mode d'action est de beaucoup le plus fréquent.

4° Enfin, il faut tenir compte des fermentations que les parasites déterminent dans les milieux de l'organisme, qui se trouvent ainsi plus ou
moins profondément modifiés.

Parmi les substances nuisibles sécrétées, nous trouvons surtout les
ptomaïnes, composés analogues aux alcaloïdes végétaux (1). Toutes sont
azotées, mais quelques-unes d'entre elles ne contiennent point d'oxygène,
comme d'ailleurs certains alcaloïdes des plantes.

RÉSISTANCE DE L'ORGANISME AUX BACTÉRIES PATHOGÈNES. — Si l'on considère que le nombre des Bactéries envahissantes s'accroît en progression
géométrique, tandis que l'organisme s'affaiblit de plus en plus sous leurs
atteintes, on peut se demander comment ce dernier parvient souvent à
en triompher, et revient à la santé. Plusieurs causes, qui agissent peut-
être de concert, ont été invoquées pour expliquer cette résistance. Parmi
celles-ci, on doit surtout signaler cette faculté qu'ont certaines cellules de
l'organisme (leucocytes, éléments des *endothéliums* et divers autres qui
se détachent des tissus) de se porter au-devant des Bactéries, et de les
détruire à l'aide de certaines sécrétions. Ce phénomène, analogue à ceux
qui se produisent dans la digestion des matières organiques, a été désigné
sous le nom de *phagocytose*, et on appelle *phagocytes* les éléments de
l'organisme attaqué qui sont chargés de l'accomplir. En outre, beaucoup de
Bactéries sont éliminées par les organes glandulaires où elles ont une
tendance à s'accumuler ; enfin, il faut tenir compte des substances excré-
tées par elles-mêmes et des modifications qu'elles déterminent dans les
milieux, lesquels leur deviennent ainsi de moins en moins favorables.

IMMUNITÉ A L'ÉGARD DES BACTÉRIES. — On sait que certaines affections
microbiennes confèrent, à l'individu qui en a été atteint, une *immunité
naturelle* plus ou moins complète à l'égard de cette même maladie (la
variole, la rougeole, etc.). Les causes de cette immunité sont encore
mal connues. On a invoqué, pour l'expliquer, les modifications apportées
dans les milieux de l'organisme par les Bactéries, modifications qui les
rendraient désormais impropres au développement du même microbe, et
surtout une adaptation spéciale qu'acquerrait ce même organisme à ré-

(1) M. Gauthier distingue, sous le nom de *leucomaïnes*, les alcaloïdes animaux qui sont
formées dans des organes sains, des *ptomaïnes* qui sont des produits cadavériques.

sister à une seconde atteinte, soit que les tissus puissent s'accoutumer à vivre dans des conditions particulières, soit encore, ce qui est plus probable, que leurs éléments puissent acquérir à un plus haut degré la propriété de se porter au-devant des Bactéries et de les détruire.

Quoi qu'il en soit à cet égard, on s'est demandé si on ne pourrait pas conférer, par des moyens artificiels, cette immunité que l'organisme acquiert naturellement en subissant une première fois la maladie microbienne. C'est le résultat que l'on se proposait d'obtenir par un procédé souvent dangereux, qui consistait à inoculer le virus variolique, lorsque Jenner reconnut que le même but était atteint, sans aucun danger, avec le vaccin de la vache. Dès cette époque, on admettait donc en principe que l'inoculation de virus (1) atténués dans leur action, peut préserver de l'infection comme le fait l'atteinte des Bactéries en pleine activité.

ATTÉNUATION DES VIRUS. — On peut, en effet, sans faire perdre aux virus leurs propriétés préservatrices, atténuer leur action et les rendre même tout à fait inoffensifs. Par certains procédés de culture, on parvient à maintenir cette innocuité pendant un nombre indéterminé de générations, à créer des races, en quelque sorte; mais celles-ci sont susceptibles de reprendre toute leur énergie et de faire retour aux caractères primitifs, si les conditions sont changées. Tout le monde connaît aujourd'hui les admirables travaux de M. Pasteur et de ses élèves Thuillier, Joubert, Roux et Chamberland sur le charbon, le choléra des poules, le Vibrion septique, le microbe de la rage, en France, ceux de Koch en Allemagne, et les résultat précieux pour l'art médical qui leur sont dus.

L'atténuation peut être *passagère*, c'est-à-dire se limiter à la génération bactérienne présente, ou *permanente*, c'est-à-dire transmisible aux générations qui seront obtenues dans les cultures. Plusieurs procédés sont employés pour réaliser l'atténuation permanente :

1° L'action longtemps continuée, dans certaines conditions, de l'air ou de l'oxygène à la pression normale ;

2° L'emploi de la chaleur ;

3° L'influence combinée de certains antiseptiques mêlés au bouillon de viande, et d'une température suffisamment élevée ;

4° La transmission des virus d'une espèce à une autre.

Les expériences de MM. Pasteur, Thuilier et Cornevin ont, en effet, démontré que l'organisme est un profond modificateur de certains virus. Il en est parmi eux dont la virulence s'accroît, par transmission d'un individu à un autre de la même espèce, jusqu'à un degré maximum qu'elle ne peut dépasser. Cependant ce même virus, redoutable pour cette espèce, est susceptible de se transmettre à une autre sur laquelle son action sera beaucoup moindre, et cette adaptation à des conditions nouvelles, ainsi que ce moindre degré d'énergie pourront se conserver, comme dans les cultures, à travers plusieurs générations. Mais cette même Bactérie reprendra par degrés son caractère redoutable, si on la

____

(1) On nomme *virus* des liquides de l'économie, sang, pus, salive, etc., chargés de Bactéries pathogènes ou de leurs germes, et susceptibles, par conséquent, de transmettre la maladie par inoculation.

reporte sur la première espèce ; son activité pourra même s'exalter sur certaines autres. Ainsi se comporte le virus rabique par son passage chez le lapin et le cobaye, tandis qu'il s'atténue lorsqu'on l'inocule au singe ; mais transmis à des chiens, ce virus atténué fait promptement retour à son activité originaire.

Enfin M. Pasteur a reconnu qu'on peut obtenir également l'atténuation du virus de la rage en desséchant convenablement des tissus qui en sont imprégnés, et particulièrement le tissu nerveux, qui constitue le lieu d'élection du microbe (1).

Culture des Bactéries. — Pour cultiver les Bactéries, on les ensemence dans certains milieux appropriés où on les maintient dans les conditions convenables de température, de pression, etc. Mais, pour empêcher le développement d'espèces autres que celle que l'on veut mettre en expérience, il faut *stériliser* aussi bien les milieux nutritifs que les divers récipients dont on doit faire usage, c'est-à-dire y détruire tous les autres organismes qui pourraient s'y trouver, soit à l'état végétatif, soit à l'état de spores.

STÉRILISATION. — On arrive à ce résultat par divers procédés :

Les milieux liquides peuvent être stérilisés par une *ébullition* suffisamment prolongée pour détruire les Bactéries, et surtout leurs spores qui sont plus résistantes. On emploie souvent aussi le *bain-marie* qui maintient la température d'une manière plus constante, et permet d'éviter certaines causes d'altération.

Il est des milieux qui ne sauraient, sans éprouver des modifications fâcheuses, subir la température de l'ébullition. On a recours alors à un chauffage renouvelé cinq ou six fois à un ou deux jours d'intervalle, à une température voisine de 60°. Les Bactéries a l'état végétatif sont seules, il est vrai, atteintes par les premiers chauffages ; mais les spores qui ont résisté ont le temps de germer pendant que la températrure est normale, et les Bactéries qui en proviennent sont tuées à leur tour par une élévation nouvelle de la température.

On peut encore se servir de la vapeur d'eau surchauffée (stérilisateur à vapeur de Koch), ou simplement de l'air porté à une température élevée.

Les filtres de nature organique se laissent traverser par les microorganismes ; mais les filtres en terre poreuse et ceux en porcelaine s'opposent parfaitement à leur passage, d'où leur emploi pour la stérilisation, soit de l'eau (filtre Chamberland), soit de milieux nutritifs destinés aux cultures, le lait en particulier.

Pour stériliser les instruments en verre, on les *flambe*, opération qui

(1) On peut obtenir, d'ailleurs, cette atténuation à divers degrés. Cette diminution d'énergie se révèle d'abord par la prolongation de la période d'incubation, qui est en moyenne de trente à quarante jours, laps de temps exigé sans doute pour que la Bactérie se propage jusqu'aux centres nerveux, puis par la suppression des symptômes morbides. M. Pasteur a reconnu en outre que, non seulement on peut conférer l'immunité à l'individu sain, en lui inoculant du virus atténué, mais encore que l'on peut, grâce à la longueur de la période d'incubation, empêcher l'éclosion des phénomènes morbides chez un animal déjà atteint, en pratiquant directement cette inoculation dans les centres nerveux non encore envahis.

consiste à les maintenir pendant une heure ou deux, dans une sorte de four, à une température supérieure à 100° (105° à 115°). Les récipients sont tout d'abord lavés avec soin avec des solutions acidules, puis alcalines. On flambe encore, au moment même d'en faire usage, les tubes en verre, les pipettes, les tiges métalliques, en les passant simplement sur la flamme d'une lampe à gaz ou à alcool.

MILIEUX DE CULTURE. — Les milieux de culture sont liquides ou solides.

Parmi les premiers, le *bouillon de viande* est l'un des plus importants. Il est préparé par macération de 500 grammes de viande hachée dans 1000 grammes d'eau distillée, à froid ou à +50°; on y ajoute ensuite 1/2 p. 100 de sel marin, et une légère quantité d'une solution potassique ou sodique, pour rendre sa réaction alcaline. Ce bouillon, d'ailleurs, peut être concentré, ou additionné de certaines substances, suivant le but que l'on veut atteindre.

On se sert, comme milieux liquides, du lait, de l'urine, du sérum du sang, soit pur, soit additionné d'eau ou de bouillon. On emploie également les infusions végétales, l'humeur aqueuse de l'œil, certains liquides minéraux, tels que le liquide Pasteur (eau 100 parties, sucre 10, cendres de levure de bière 0,075), etc.

Ces divers liquides sont introduits, avec beaucoup de précautions, dans des ballons ou des matras dont le goulot est fermé par un tampon de ouate destiné à retenir les germes atmosphériques, et que l'on a chauffés préalablement pendant deux heures à 170° dans un *four à flamber*. On procède ensuite à leur *ensemencement*. On se sert pour cela, soit de *pipettes Pasteur* qui sont des tubes étirés en un prolongement capillaire à un de leurs

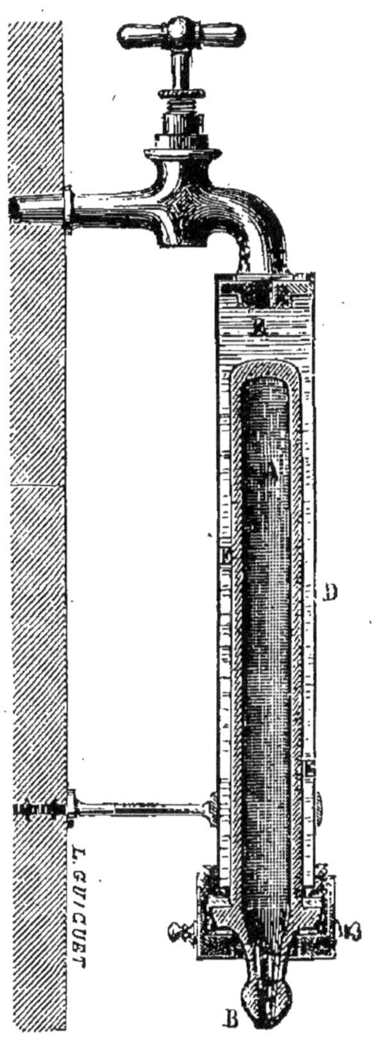

Fig. 112. — Filtre Chamberland.

outs, tandis que l'autre extrémité est fermée par un petit tampon de ouate, soit de tiges en platine que l'on stérilise comme il a été dit déjà. A l'aide de la pipette ou de la tige, on introduit rapidement dans le matras, que l'on débouche le moins largement et le moins longtemps possible, une petite quantité de la substance contenant la semence, et le récipient est ensuite maintenu à la température qui convient le mieux au développement des

Bactéries (30° à 40° en général), dans des étuves construites dans ce but.

Parmi les milieux solides, les uns sont transparents, les autres sont opaques.

On emploie fréquemment, comme milieu solide transparent, la *gélatine* préparée dans ce but. Pour l'obtenir, on mélange à du bouillon obtenu par macération de 250 parties de viande dans 500 parties d'eau distillée,

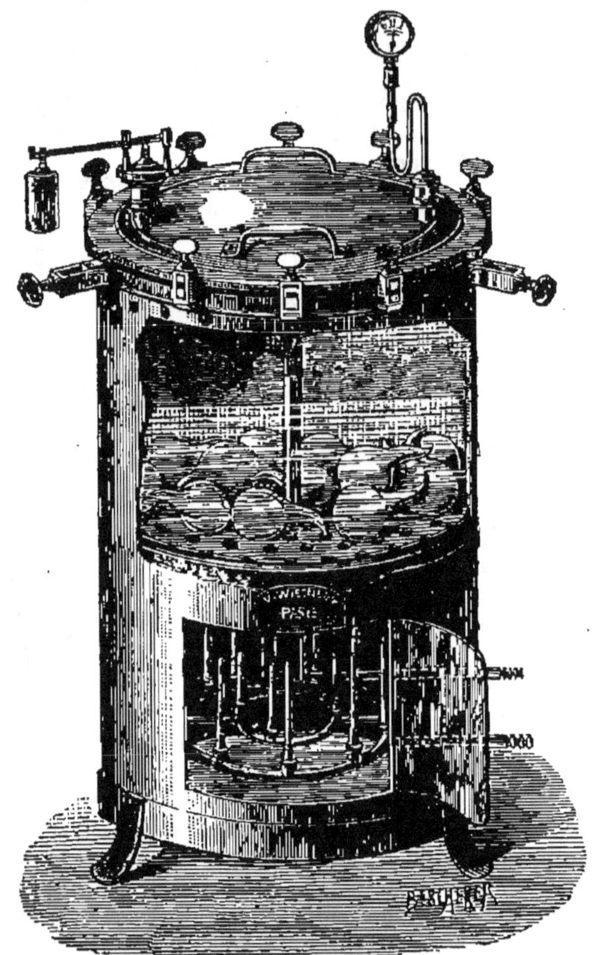

Fig. 113. — Autoclave de Chamberlaud.

10 p. 100 de gélatine très pure, 1 p. 100 de *peptone*, 1/2 p. 100 de sel marin, et des traces de phosphate de potasse. Le tout est maintenu à 100° pendant une heure dans une marmite autoclave (1) (fig. 113). Le li-

(1) On nomme ainsi des récipients à fermeture hermétique, munis d'une soupape de sûreté, dans lesquels les liquides peuvent être portés, sous pression, à des températures supérieures à 100°.

quide est ensuite filtré, puis distribué dans des tubes à essai fermés par un bouchon de ouate, et qu'on stérilise en les chauffant, dans l'autoclave, à 105°.

On remplace avantageusement la gélatine par la *gélose*, qui offre sur elle l'avantage de ne se liquéfier qu'à une température beaucoup plus élevée. On la prépare en faisant macérer d'abord dans de l'eau acidulée une Algue connue sous le nom d'*Agar-Agar*. On la traite ensuite par l'eau ammoniacale; enfin on la fait bouillir dans l'eau où elle se dissout entièrement. On ajoute au tout de la peptone et de la glycérine.

On se sert également du sérum du sang, solidifié par l'emploi d'une température élevée.

Parmi les milieux solides opaques, il convient de citer la Pomme de terre, la Betterave, les matières amylacées, le blanc d'œuf, etc.

Pour se servir de la Pomme de terre, on la nettoie, puis on la lave avec une solution diluée de sublimé corrosif. D'autre part, on lave avec cette même solution des cristallisoirs à bords rodés ; on couvre leur fond d'un disque de papier à filtrer qu'on imbibe du même liquide, et on y dépose le tubercule coupé par moitiés ou par fragments. On ferme hermétiquement par un disque de verre, puis on chauffe dans la marmite autoclave, d'abord pendant une heure à 100°, puis à 115° pendant environ un quart d'heure. La Pomme de terre est alors apte à être ensemencée.

La culture des Bactéries peut encore se faire sur des plaques qui permettent d'en observer l'évolution au microscope.

CULTURE DES ANAÉROBIES. — Les divers procédés qui viennent d'être succinctement exposés ont trait aux aérobies. S'il s'agit de cultiver des anaérobies, il faudra nécessairement procéder, soit dans le vide complet, soit dans un gaz inerte, tel que l'hydrogène ou l'acide carbonique.

Nous ne saurions insister plus longtemps sur une question qui ne se relie qu'indirectement à la botanique. Il nous a suffi de montrer quels sont les principes essentiels sur lesquels reposent la culture des Bactéries, et la stérilisation des divers milieux et appareils qui servent à cet usage. Nous renvoyons également aux ouvrages spéciaux pour la connaissance des procédés techniques concernant la recherche des microbes soit dans les matières inertes, soit dans l'organisme, leur préparation, leur coloration par les réactifs, enfin leur observation microscopique et leur détermination.

On peut purger d'oxygène un milieu liquide en y faisant barboter pendant un temps suffisant un gaz inerte, tel que l'hydrogène. Dans certains cas, une légère couche d'huile à la surface d'un liquide suffit pour empêcher le contact de l'air.

Si on veut étudier les anaérobies en culture, on emploie surtout les *tubes Pasteur* pour les milieux liquides. Ces tubes (fig. 114 et 115) sont, les uns simples, les autres doubles. Les tubulures latérales sont effilées et fermées à la lampe ; une troisième tubulure est située à la partie supérieure. Cette dernière est simplement bouchée par un tampon de ouate ; c'est par cette partie supérieure qu'on introduit le liquide nourricier, d'abord, et qu'on le prive ensuite d'oxygène. Pour y faire le vide, on se sert généralement de la trompe à mercure ou de la trompe à eau ; on peut encore chasser l'air et y introduire à la place un gaz, en y adaptant une tubulure à deux branches dont l'une est en communication avec un aspirateur, l'autre avec un gazomètre qui contient le gaz que l'on veut employer.

Quand on veut retirer du liquide des tubes pour le soumettre à l'observation, on casse l'une des pointes, et on en laisse écouler la quantité que l'on désire.

Pour la culture des anaérobies sur milieux solides, on se sert avec

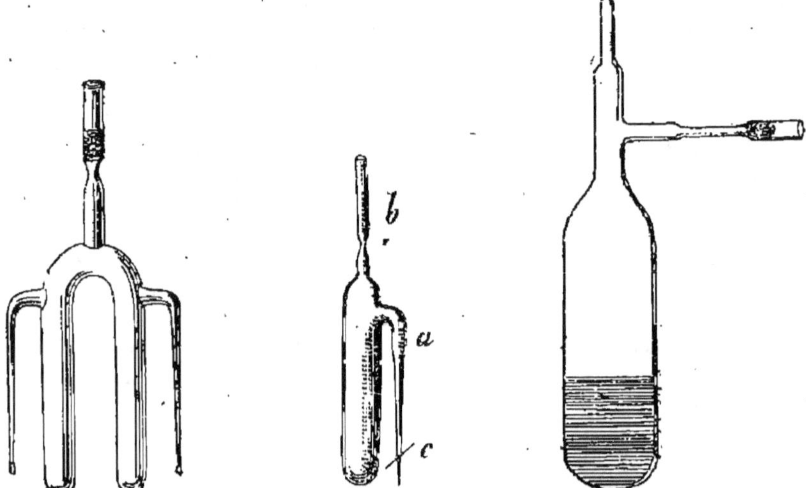

Fig. 114. — Tubes pour les cultures dans les bouillons.

Fig. 115. — Tube Pasteur à deux réservoirs.

Fig. 116. — Tube de Roux pour la culture en milieu solide des anaérobies.

avantage du flacon de Roux (fig. 116). Celui-ci est muni de deux tubulures, une supérieure et une latérale. La première sert à introduire dans le flacon la substance nourricière, que l'on ensemence ensuite, puis on ferme cette tubulure à la lampe. La seconde est destinée à faire le vide dans le flacon, ou à y introduire le gaz inerte.

Bactéries parasites des végétaux. — On n'en connaît qu'un petit nombre, la plupart des maladies parasitaires des plantes étant dues à des Champignons.

L'une des plus intéressantes est le *Streptococcus Bombyci* qui attaque la feuille du Mûrier, mais qui, de là, se transmet à la chenille du ver à soie, chez laquelle il détermine la maladie connue sous le nom de *flacherie*.

M. Macé a cru pouvoir identifier au *Micrococcus prodigiosus* le micro-organisme qui détruit l'amidon du Blé, dans une maladie de cette plante qu'on désigne sous le nom de *Blé rose*. Cette Bactérie serait donc, suivant les circonstances, saprophyte ou parasite. Tel est également le cas de l'Amylobacter, qui est susceptible de déterminer la maladie connue sous le nom de *morve de la Pomme de terre*. Il produit également la *pourriture blanche* des bulbes de Jacinthe, d'Oignon, etc.

Parmi les Bactéries parasites des plantes, celles qui déterminent la

formation de petits tubercules sur les radicelles de certaines Légumineuses sont très intéressantes au point de vue biologique. Ces organismes,
dont un a été reconnu comme étant très semblable, sinon identique,
au *Pasteuria ramosa*, possèdent la singulière propriété de fixer directement l'azote libre de l'atmosphère (faculté qui ne se montre dans aucune
autre plante). Mais dans ce milieu qui, probablement, est anormal pour
elles, ces Bactéries revêtent des formes inusitées, et ces conditions pathologiques finissent par entraîner leur mort. C'est alors dans leurs
cadavres que les racines de ces Légumineuses puisent, à l'état de combi-
naison, cet azote que l'on avait cru quelque temps pouvoir être absorbé
par elles à l'état libre.

Classification. — La classification des Bactéries offre des difficultés
sérieuses. Elle exigerait, pour être parfaite, que leur histoire évolutive
fût entièrement connue, et surtout que l'on sût la mesure exacte des
changements de forme et de propriétés que les milieux peuvent leur imprimer, en se modifiant eux-mêmes ; or on ne possède à ce sujet que des
données très incomplètes encore.

On ne peut donc, pour l'instant, que classer des *formes* de Bactéries ;
ce mode de groupement sera toujours éminemment provisoire. Tel
est le système suivant que nous empruntons à la Monographie de
M. von Migula (1) :

Principaux ouvrages à consulter :

Macé. — *Traité pratique de bactériologie.*

Cornil et Babès. — *Les Bactéries.*

Dubief. — *Manuel de microbiologie.*

Thoinot et Masselin. — *Précis de microbiologie.*

De Bary. — *Leçons sur les Bactéries.*

Flügge. — *Les microorganismes.*

Crookshank. — *Bactériologie.*

Duclaux. — *Chimie biologique. — Le microbe et la maladie.*

Bourquelot. — *Fermentations pharmaceutiques.*

Von Migula. — *Schizomycètes,* dans Engler et Prantl (129ᶜ livraison,
1896).

L. Guignard. — *Mémoire sur les Bactéries,* etc.

(1) Engler et Prantl, 129ᵉ livraison, 1896.

CLASSIFICATION DES BACTÉRIES, D'APRÈS M. VON MIGULA.

Cellules plus ou moins longues, cylindriques, ne se segmentant que dans une seule et même direction, et doublant de longueur avant de se diviser.

COCCACÉES. — Cellules presque rondes à l'état de liberté, ne s'accroissant pas, après leur cloisonnement, dans une direction plutôt que dans une autre. Cloisonnement s'effectuant suivant 1, 2 ou 3 directions......

- Cellules sans organes de mouvement; cloisonnement
  - dans une seule direction...................... *Streptococcus*. Bilroth.
  - dans deux directions........................ *Micrococcus*. Cohn.
  - dans trois directions........................ *Sarcina*. Goodsir.
- Cellules avec des cils vibratiles; cloisonnement
  - dans deux directions........................ *Planococcus*. Migula.
  - dans trois directions........................ *Planosarcina*. Migula.

BACTÉRIACÉES. — Cellules droites, formant de petits bâtonnets, dépourvues de gaine, immobiles ou se mouvant à l'aide de cils vibratiles.

- Cellules dépourvues d'organes de mouvement........................ *Bacterium*. Ehrenberg.
- Cellules pourvues de cils vibratiles.
  - Des cils sur toute la surface du corps................ *Bacillus*. Cohn.
  - Des cils seulement aux deux extrémités............ *Pseudomonas*. Migula.

SPIRILLACÉES. — Cellules recourbées, dépourvues de gaine............

- Cellules dépourvues de flexibilité,
  - sans organes de mouvement........................ *Spirosoma*. Migula.
  - pourvues de cils vibratiles.
    - 1 cil, très rarement 2 à 3 cils insérés aux pôles........................ *Microspora*. Schröter.
    - Des touffes de cils situées aux pôles.. *Spirillum*. Ehrenberg.
- Cellules flexibles, douées de mouvements ondulatoires serpentiformes..... .. *Spirochæte*. Cohn.

CHLAMYDOBACTÉRIACÉES. — Cellules entourées d'une gaine..........

- Contenu cellulaire sans particules de soufre.
  - Filaments cellulaires non ramifiés.
    - Toujours dans une même direction.
      - Sans gaine........... *Streptothrix*.
      - Avec gaine très visible. *Crenotrix*. Cohn.
    - Dans 3 directions avant la formation des spores.
      - Cellules entourées d'une membrane délicate à peine visible........ *Phragmidiothrix*. Engler. –
  - Filaments cellulaires ramifiés....................... *Cladothrix*. Colm.
- Contenu cellulaire avec particules de soufre........................ *Thiothrix*. Winograski.

BEGGIATOACÉES. — Cellules unies en filaments, mobiles par suite des mouvements ondulatoires de leur membrane (comme les Oscillaires), point de gaine. Des particules de soufre dans le contenu cellulaire...................... *Beggiatoa*. Trevisan.

Résumé.

Les Bactéries sont des Algues microscopiques, presque toujours sans chlorophylle, de forme variable : arrondies, oblongues, en bâtonnets droits, recourbés ou enroulés en spirale; dans certaines conditions elles se montrent groupées en amas gélatineux nommés *zooglea*. Elles sont formées d'un protoplasma montrant, en totalité ou en grande partie, les propriétés chromatiques de la nucléine. — Leur membrane cellulaire est de nature albuminoïde ou celluloïde.

Contenu cellulaire. — Elles contiennent rarement de la *chlorophylle ;* parfois la *bactério-purpurine* leur communique la faculté d'assimiler le carbone comme les plantes vertes. On y trouve encore quelquefois de l'amyloïde, des pigments très divers, quelquefois encore des particules de soufre.

Mobilité. — Les Bactéries sont, les unes immobiles, les autres mobiles, et ces dernières se meuvent à l'aide de cils vibratiles.

Polymorphisme. — Certaines Bactéries montrent une tendance à modifier leur forme suivant les milieux; ce polymorphisme, toutefois, n'excède pas certaines limites.

Reproduction. — Les Bactéries se reproduisent suivant deux modes :

1° *Par scissiparité*, soit dans une seule direction, soit dans deux ou trois directions de l'espace;

2° *Par des spores* qui peuvent être elles-mêmes *endogènes (Bactéries endosporées)* ou *exogènes (Bactéries arthrosporées)*.

Action de l'air, de l'oxygène, de la lumière, etc. — Les Bactéries sont les unes aérobies (agents d'oxydation), les autres anaérobies (agents réducteurs), d'autres encore aérobies ou anaérobies suivant les conditions.

L'air sous pression, l'oxygène libre, une température trop élevée ou trop basse, une lumière trop intense, la dessiccation, tendent à atténuer et même à détruire la vitalité des Bactéries. D'une manière générale, les spores se montrent beaucoup plus résistantes que la Bactérie à l'état végétatif.

Certaines d'entre elles, dans des conditions pathologiques, assimilent l'azote libre de l'air.

Rapport avec les autres organismes. — Les Bactéries sont *saprophytes*, *parasites* ou *commensales*. Seules, celles qui contiennent de la chlorophylle ou de la bactério-purpurine peuvent décomposer l'acide carbonique à la lumière.

Substances qu'elles produisent ; phénomènes qu'elles déterminent. — On peut les diviser à cet égard en *amyligènes, thiogènes, photogènes* ou *phosphorescentes, chromogènes, diastigènes, Bactéries-ferments, Bactéries pathogènes.*

Les Bactéries pathogènes vivent aux dépens des animaux ou des plantes.

Les Bactéries pathogènes des animaux peuvent agir :

1° Comme *parasites simples*, en encombrant mécaniquement les tissus;

2° En *modifiant chimiquement les milieux de l'organisme*, soit en leur enlevant des substances utiles ou indispensables, soit en déterminant des phénomènes de fermentations nuisibles à l'organisme atteint, soit en excrétant des substances délétères.

Immunité. — On désigne sous le nom d'*immunité* à l'égard des Bactéries la faculté que possède l'organisme de résister aux atteintes des Bactéries pathogènes. On distingue une *immunité naturelle* et une *immunité acquise.* Cette dernière peut s'expliquer par l'épuisement des milieux nutritifs de l'organisme à la suite d'une première atteinte, par l'addition à ces derniers de substances nuisibles à la Bactérie, ou bien enfin par une modification imprimée aux tissus qui leur permet de lutter contre les microorganismes.

On peut conférer l'immunité artificiellement à l'organisme en lui inoculant, soit certains virus voisins de ceux contre lesquels ils doivent le préserver, soit ces mêmes virus atténués.

Atténuation. — La virulence des Bactéries pathogènes s'atténue par toutes les causes qui tendent à en détruire la vitalité (chaleur, lumière, dessiccation, modifications chimiques des milieux, et même transport d'une espèce à une autre). L'atténuation, d'ailleurs, peut être *passagère et individuelle,* ou *permanente,* c'est-à-dire *transmissible* par la culture aux générations ultérieures.

Culture. Stérilisation. — Les procédés de culture des Bactéries diffèrent, suivant qu'on opère sur des aérobies ou sur des anaérobies. Dans le premier cas, on procède à l'air libre; dans le second on opère, soit dans le vide, soit dans un gaz inerte.

Les milieux de culture sont, les uns liquides (bouillon de viande, lait, sérum, humeur aqueuse, etc.), les autres solides, et alors soit demi-transparents (gélatine, gélose, sérum gélatinisé), soit opaques (pulpe de pomme de terre).

Mais dans tous les cas, il faut avoir soin de stériliser les milieux aussi bien que les appareils dont on se sert. On stérilise par l'ébullition, la vapeur d'eau surchauffée, l'air chaud, la filtration, etc.

L'étude que nous venons de faire nous permet de conclure que, malgré leur genre de vie différent et l'absence ordinaire de chlorophylle dans leurs tissus, la vraie place des Bactéries est à côté des Algues. Il en est même parmi elles qui sont morphologiquement si voisines de certaines Algues vertes, qu'on n'hésiterait pas à les ranger dans le même genre, si l'on n'accordait au caractère fourni par l'absence ou la présence de la chlorophylle une grande valeur. Ainsi le *Sarcina merismopedioides* doit son nom à sa ressemblance extrême avec les *Merismopedia,* Algues vertes qui se divisent, comme elle, dans trois directions différentes. Les *Beggiatoa* ne se distinguent des Algues oscillaires que par cette même absence de chlorophylle. La même ressemblance existe entre les *Spirochæte* et les *Spirulina,* les *Leuconostoc* et les *Nostoc,* etc.

ORDRE II. — CHLOROPHYCÉES (ALGUES VERTES)

FAMILLE I. — CONJUGUÉES

Description des Spirogyra. — Comme exemple de cet ordre, nous décrirons tout d'abord un de ces genres d'Algues auxquelles leur mode de reproduction a valu le nom de CONJUGUÉES, les *Spiro-*

gyra, Algues dont l'observation est, d'ailleurs, des plus faciles. Les *Spirogyra* sont représentés par des filaments qui forment, par leur ensemble, des touffes vertes très visqueuses au toucher, et glissant eutre les doigts.

Si l'on place sous le microscope une petite quantité de cette masse dans une goutte d'eau, on aperçoit (fig. 117) un grand nombre de filaments, formés chacun d'une série de cellules que séparent des cloisons transversales. Chaque cellule montre, au centre, un noyau (N) très apparent, et contre la paroi, un corps chlorophyllien ou *chloroleucite* rubané et contourné en spirale (*Chl*).

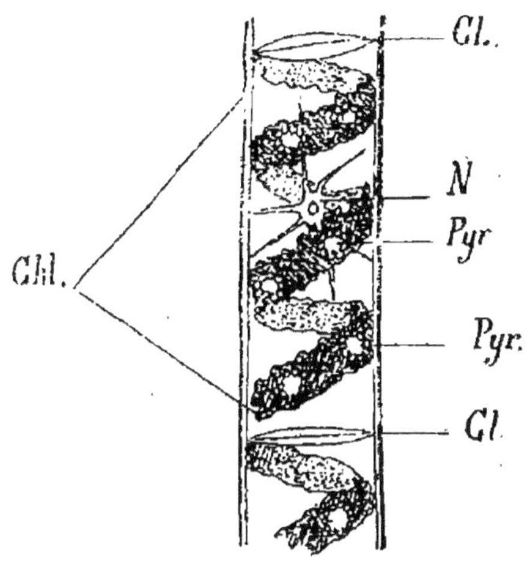

Fig. 117. — Une cellule de *Spirogyra.* — N, noyau; Pyr, pyrénoïde; *Chl*, chloroleucite; *Cl*, cloison cellulaire (Courchet).

Chez certaines espèces de *Spirogyra*, deux ou même plusieurs spires vertes marchent parallèlement contre la paroi cellulaire. Dans ces chloroleucites sont engagés des corps protéiques cristallins, nommés *pyrénoïdes* (Pyr), entourés de grains d'amidon (1). Ces filaments s'accroissent par l'élongation des articles qui les constituent, et par leur cloisonnement.

Ils se multiplient suivant deux modes :

1° *Par segmentation transversale;*

2° *Par conjugaison.*

Dans ce dernier procédé, on voit les parois voisines de deux cellules appartenant à deux filaments distincts, mais très rapprochés, émettre l'une vers l'autre une sorte de hernie. Les deux processus arrivent bientôt au contact, et leurs cavités respectives sont d'abord séparées par une double cloison qui ne tarde pas à se résorber (fig. 118). Pendant ce temps, le protoplasma des deux cellules se contracte en une masse arrondie, et entraîne dans cette contraction le ou les chloreucites dont les tours de spire se rapprochent jusqu'au contact. La masse protoplasmique de l'une des cellules demeure en place; mais l'autre avance vers elle en traversant le tube de communication, et s'y unit noyau à noyau, proto-

(1) Le nom d'*amylosphère* est souvent employé pour désigner l'ensemble formé par le pyrénoïde et les grains d'amidon qui l'entourent.

plasma à protoplasma. Si les chloroleucites formaient, dans les deux cellules, une seule spire, les deux rubans verts s'unissent bout à bout ; s'il existait plusieurs spires parallèles, celles-ci se fusionnent également entre elles. Dès que les deux protoplasmas se sont confondus, la masse totale subit une contraction telle, que son volume ne dépasse pas celui qu'occupait isolément chacune des deux masses protoplasmiques. Cette masse totale sécrète autour d'elle une membrane cellulosique qui l'isole dans la cellule où elle a pris naissance. Ainsi se trouve constitué l'*œuf* ou *zygo-*

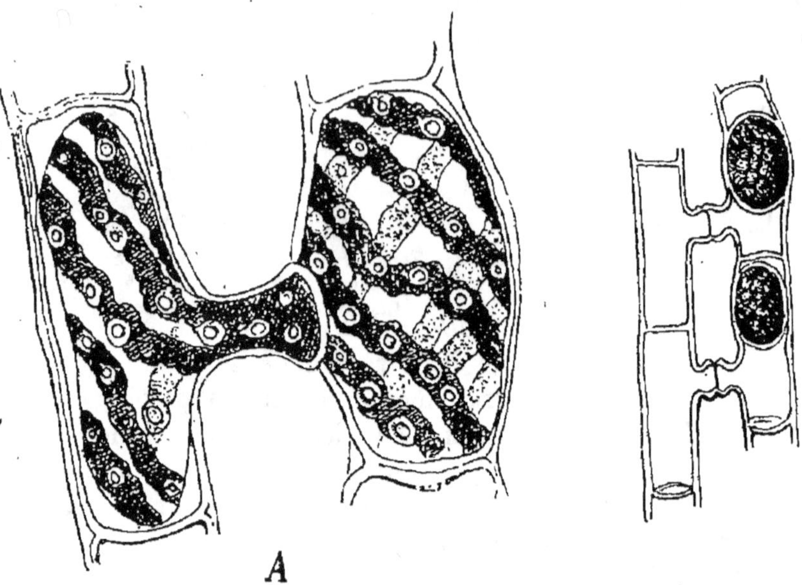

Fig. 118. — A, deux cellules de *Spirogyra conspicua*, appartenant à deux filaments voisins, au début de la conjugaison. La cellule de gauche envoie un tube conjugateur vers la cellule de droite, dont le chloroleucite ne s'est pas encore contracté. — B, deux filaments conjugués de *Zygnema*; deux zygospores s'observent dans le filament de gauche (d'après F. Gay).

spore (B) qui, désormais, demeurera à l'état de vie latente pendant un temps variable, et pourra subir, sans perdre sa faculté germinative, l'influence d'une dessiccation complète. Au printemps suivant, l'enveloppe extérieure de l'œuf se rompt, et son contenu s'allonge au dehors, entouré par une membrane interne formée, en même temps que l'externe, par dédoublement de la membrane primitive. Ainsi se constitue un filament nouveau qui s'allonge, se cloisonne transversalement, et se change enfin en un jeune pied de *Spirogyra*.

Ainsi se comportent encore les *Zygnema*, qui ne se distinguent des *Spirogyra* que par leurs chloroleucites en forme d'étoiles.

La sexualité chez les Conjuguées et les Thallophytes en général.
— On désigne du nom de *gamètes* les cellules qui, par leur fusionnement, sont destinées à donner naissance à une *oospore* (*spore-œuf*), c'est-à-dire à une spore susceptible de former, en germant, un individu nouveau. Les deux gamètes sont quelquefois semblables l'un à l'autre ; on dit alors qu'ils sont *isogames*. Mais, le plus souvent, les deux masses protoplasmiques qui vont se fusionner sont *hétérogames*, c'est-à-dire plus ou moins distinctes par leur forme et par le rôle qui leur incombe ; dans ce dernier cas, l'un des deux éléments devient l'*anthérozoïde* (élément mâle), l'autre l'*oosphère* (élément femelle).

Les deux gamètes des *Spirogyra* et des *Zygnema* mériteraient donc l'épithète d'*isogames*, si l'un d'eux ne se distinguait de l'autre par ce fait que seul, il passe d'une cellule dans l'autre. C'est là un premier acheminement vers la différenciation sexuelle : le protoplasma qui demeure en place représente l'*oosphère*, celui qui vient s'y confondre est l'*anthérozoïde*.

Mais l'isogamie est parfaite chez d'autres Conjuguées, les *Mesocarpus*, par exemple, chez lesquels les deux gamètes font chacun la moitié du chemin pour venir se fusionner au milieu même du tube conjugateur.

Nous voyons déjà, par ces exemples, qu'entre la *conjugaison* pure et simple, c'est-à-dire le fusionnement de deux protoplasmas semblables, et la *fécondation de l'œuf par l'élément mâle*, il est difficile d'établir une ligne de démarcation tranchée.

La conjugaison peut encore avoir lieu entre deux cellules d'un même filament, soit que celui-ci se reploie sur lui-même, soit qu'il s'établisse, entre deux cellules consécutives, un tube conjugateur en forme d'U.

Il est des Conjuguées dont les cellules, au moment de la reproduction tout au moins, sont toujours indépendantes, souvent même mobiles; elles forment la tribu des **Desmidiées**.

Leur reproduction par *gamètes immobiles, peu ou à peine différenciés*, et *l'absence de spores proprement dites*, constituent les deux caractères les plus importants de cette famille des Conjuguées, dont tous les représentants vivent dans les eaux douces.

FAMILLE II. — SIPHONÉES

Les *Siphonées*, marines pour la plupart, se distinguent des Conjuguées par leur thalle *non cloisonné* à l'état végétatif, mais contenant, dans son protoplasma, un nombre parfois très grand de noyaux. On est donc conduit à considérer le thalle des Siphonées comme formé par de nombreuses cellules renfermées dans une enveloppe commune, et dont les protoplasmas ne sont pas distincts.

Ces Algues sont, en outre, remarquables par la forme plus ou moins complexe de leur thalle, qui se ramifie quelquefois de manière à simuler une tige pourvue de ses rameaux et munie de racines. Les *Acetabularia*, très communs sur notre littoral, ont l'aspect de petits Champignons, dont le chapeau est formé par l'accolement de nombreux rameaux verticillés ; leur thalle est, en outre, incrusté de calcaire.

La reproduction asexuelle des Siphonées s'effectue, soit par des rameaux qui se détachent du thalle et se complètent pour former un thalle nou-

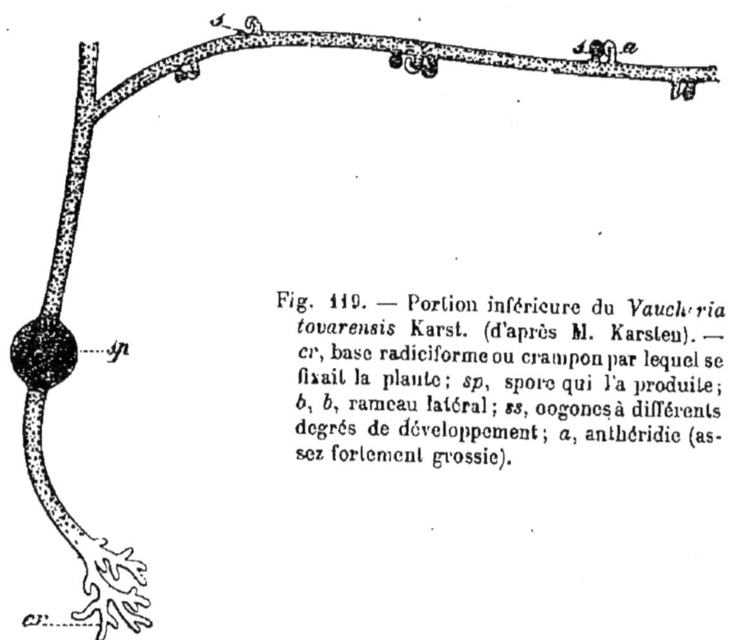

Fig. 119. — Portion inférieure du *Vaucheria tovarensis* Karst. (d'après M. Karsten). — *cr*, base radiciforme ou crampon par lequel se fixait la plante ; *sp*, spore qui l'a produite ; *b*, *b*, rameau latéral ; *ss*, oogones à différents degrés de développement ; *a*, anthéridie (assez fortement grossie).

veau, soit par des spores. Ces dernières sont souvent mobiles à l'aide de cils vibratiles ; on leur donne le nom de *zoospores*, pour exprimer leur ressemblance avec de petits organismes animaux.

La reproduction sexuelle s'effectue par gamètes plus ou moins dissemblables. La différenciation sexuelle est surtout très accusée chez les Siphonées du genre *Vaucheria*. Au moment de la reproduction sexuelle, on voit se former, le long du filament, de courts rameaux rapprochés deux par deux, et qui se séparent par une cloison de leur partie commune (fig. 119 et 120). Dans chaque paire, l'un des processus recourbe latéralement son sommet en une sorte de bec qui s'ouvre par gélification de la membrane, tandis que son protoplasma tout entier se contracte en une *oosphère*; ce petit ap-pareil porte le nom d'*oo-gone*. L'autre rameau sexuel est destiné à former les *anthérozoïdes* ; on lui donne le nom d'*anthéridie*(fig. 120). Il est plus grêle, droit, ar-qué ou plus ou moins re-courbé, et son protoplasma s'organise partiellement en un nombre considérable de petits anthérozoïdes à deux cils, très mobiles, qui s'é-chappent de l'anthéridie, et pénètrent en plus ou moins grand nombre dans l'oo-gone, où ils se fusionnent avec l'oosphère. Celle-ci se revêt immédiatement d'une membrane cellulosique, son

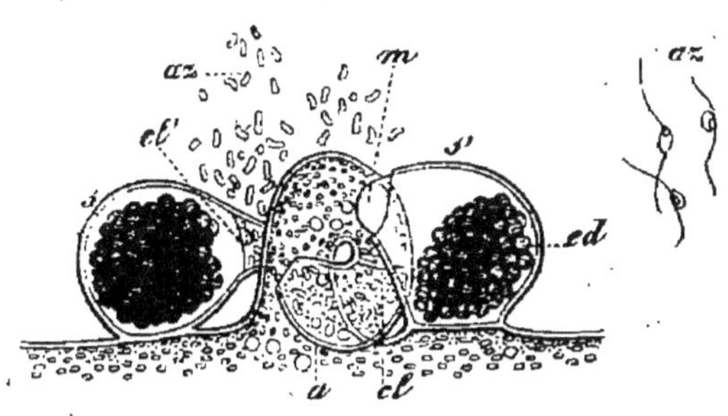

Fig. 120. — A, fécondation du *Vaucheria sessilis* DC. (d'après Pringsheim). — *a*, anthéridie ouverte au sommet et d'où sont sortis les anthérozoïdes *az*; *cl*, cloison qui l'isole; *s'*, oogone qui vient de s'ouvrir et à l'orifice duquel ressort le mucilage *m*; *ed*, masse de chlorophylle; *s*, oogone venant d'être fécondé; *cl*, membrane naissante de la spore. — B, trois anthé-rozoïdes (*as*) montrant leurs deux cils (200/1).

protoplasma rougit ou brunit, et l'oospore ainsi constituée peut germer après un temps plus ou moins long de vie latente.

Leur thalle non cloisonné et plurinucléé, leur reproduction qui s'effectue en même temps : 1° par scissiparité; 2° par spores agames, mobiles ou non; 3° par gamètes plus ou moins différenciés, sont les caractères distincts de ces Algues.

FAMILLE III. — CÉNOBIÉES

Les Algues de la famille des CÉNOBIÉES sont remarquables par leur thalle toujours formé par une colonie, un *cenobium* de cellules primitivement libres, et qui s'ac-colent plus tard. Ces colonies sont sou-vent immobiles; souvent aussi les divers éléments qui la composent sont munis de cils vibratiles, à l'aide desquels tout cet ensemble se meut dans l'eau d'une ma-nière plus ou moins rapide.

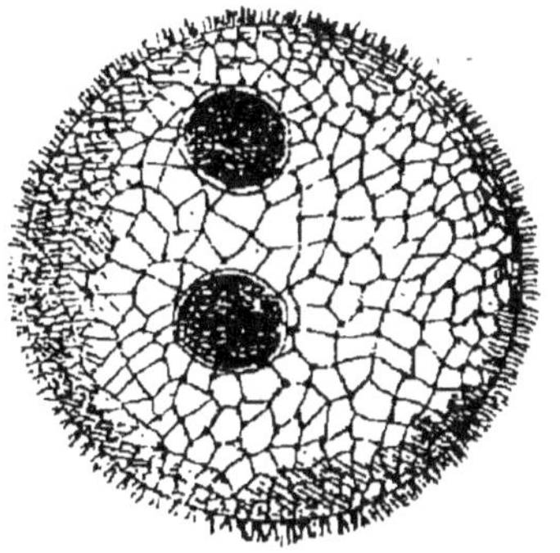

Les *Volvox* (fig. 121), par exemple, très faciles à observer, pendant l'été, dans nos bassins et nos mares, forment des colonies sphériques qui tour-nent sur elles-mêmes en se déplaçant dans l'eau.

Fig. 121. — Colonie de *Volvox glo-bator*, renfermant deux oospores (Courchet).

Les Cénobiées se reproduisent : 1° par des zoospores agames; 2° par des gamètes plus ou moins différenciés sexuellement.

Un seul caractère distingue bien nettement les PROTOCOCCACÉES des Cénobiées : leur thalle est *toujours unicellulaire, à un seul noyau, et elles ne forment jamais de colonies*. Elles se reproduisent, d'ailleurs, par division et par des spores, mobiles ou immobiles. On connaît, chez quelques espèces, une reproduction par gamètes.

Les *Protococcacées* sont des Algues qui vivent dans les eaux douces ou sur la terre humide, où elles forment assez souvent, comme le *Protococcus viridis*, une sorte de poudre verte.

Nous ne saurions insister, sans sortir de notre cadre, sur les autres familles dont les caractères essentiels sont indiqués dans le tableau suivant. Nous ferons seulement une courte description des *Characées*, qui se distinguent des autres Algues vertes par un degré de perfectionnement bien supérieur.

FAMILLE VII. — CHARACÉES

Cette famille n'est représentée que par deux genres : les *Nitella* et les *Chara*. Toutes vivent dans les eaux douces, où leur présence se révèle par une odeur alliacée spéciale.

Elles forment un groupe des plus homogènes.

APPAREIL VÉGÉTATIF. — Les *Nitella* possèdent une tige longue et grêle, fixée au sol par des sortes de crampons. Elle est elle-même formée d'articles de deux sortes : les uns longs, correspondant aux *entre-nœuds*, les autres courts (*cellules nodales*) marquant les *nœuds* (1).

A chaque cellule nodale correspond un verticille de feuilles dont une apparaît tout d'abord ; les autres se forment ensuite successivement à sa droite et à sa gauche. A l'aisselle de la première feuille de chaque verticille se développe un rameau qui reproduit la structure de l'axe principal. Comme chez les plantes supérieures, les verticilles foliaires des Characées alternent entre eux.

Les feuilles des *Nitella* ont la même structure que la tige. Elles portent, à leur tour, des verticilles de *folioles* ; mais la croissance de celles-ci est limitée, et les verticilles qu'elles forment sont superposés.

La paroi de tous ces articles, sur la tige et sur les feuilles, est incrustée de carbonate de chaux.

Les *Chara* ont un appareil végétatif en tout semblable à celui

(1) Les longs articles des entre-nœuds sont plurinucléés, comme les cellules des Siphonées, et leur protoplasma, dans lequel se montrent des chloroleucites et des hydroleucites (voir p. 13), se divise en une couche pariétale, incolore et immobile, et une portion interne, animée d'un mouvement continu de rotation. Les corps chlorophylliens ne sont pourtant pas entraînés dans ce mouvement, appliqués qu'ils sont contre le protoplasma pariétal immobile. Les chloroleucites font, d'ailleurs, défaut sur une ligne qui sépare la portion ascendante du courant de la partie descendante, et qu'on nomme *ligne d'interférence*.

Les entre-nœuds des *Nitella* constituent un exemple classique pour démontrer les mouvements intra-cellulaires du protoplasma.

des *Nitella*; mais ici les cellules basilaires des feuilles émettent, en haut et en bas, un processus qui, s'allongeant à la surface de l'entre-nœud, va s'appliquer contre des processus semblables issus des nœuds voisins. Seule, dans chaque verticille, la feuille qui

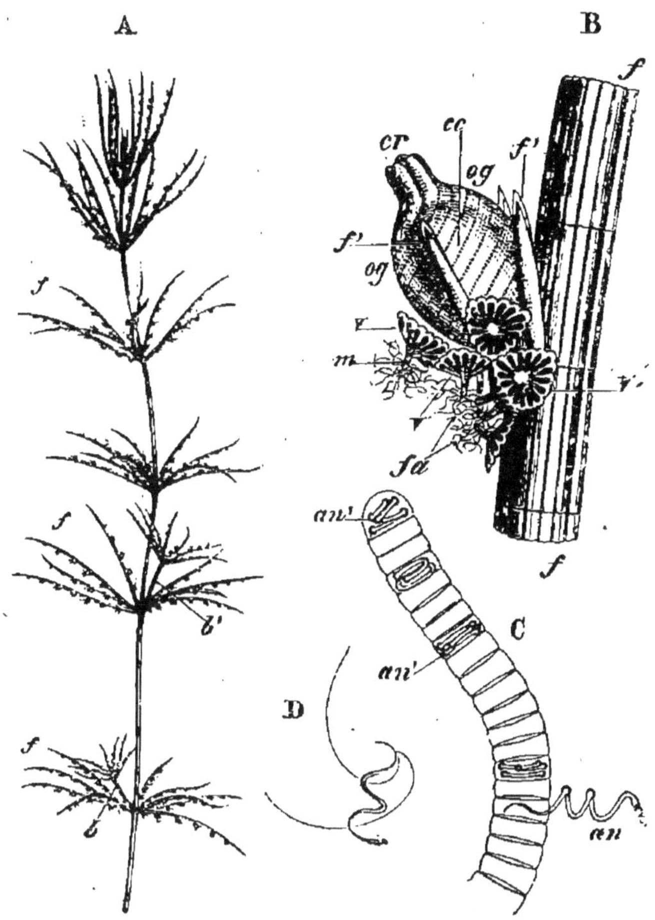

Fig. 122. — *Chara fragilis* (A, B, C, D, d'après Thuret). — A, portion supérieure de la plante montrant plusieurs verticilles de feuilles (*f*), qui portent en général des organes reproducteurs; *b, b'*, deux branches axillaires (1/1). — B, portion d'une feuille portant un oogone adulte (*og*), avec sa couronne (*cr*) et ses cinq cellules corticales, *cc*, ainsi que la plupart des valves isolées, *v. v, v'*, d'une anthéridie qui s'est déjà ouverte; *v'*, une valve de l'hémisphère inférieur vue par sa face externe; *m*, manubrium; *fa*, filets à anthérozoïdes; *f*, folioles. — C, extrémité d'un filament anthéridien dont les cellules sont presque toutes vides; *an*, un anthérozoïde sortant; *an', an'*, deux anthérozoïdes encore dans leur cellule mère (400/1). — D, anthérozoïde libre (400/1).

porte un rameau à son aisselle n'émet de prolongement qu'à sa face inférieure. Ainsi se constitue, autour des articles internodaux, une sorte d'écorce qui manque chez les *Nitella*. Les articles internodaux des feuilles sont cortiqués par le même procédé, aux dépens des cellules basilaires des folioles.

Reproduction. — La multiplication des Characées s'effectue, soit par des rameaux qui se détachent de la plante mère, pour se fixer et se développer dans le voisinage; soit par des sortes de tubercules, formés par des nœuds souterrains renflés et riches en réserves amylacées, entourés par des verticilles de feuilles très courtes; soit enfin par des sortes de stolons filamenteux, cloisonnés, semblables aux formations dont nous aurons à parler chez les Muscinées, et qu'on nomme *protonéma*.

Il ne se forme jamais de spores; mais il existe chez elles une reproduction par *gamètes hétérogames*, formés dans des appareils déjà très différenciés.

Ces plantes sont monoïques ou dioïques (1). Les *anthéridies* sont terminales et portées, soit sur la feuille, soit sur la foliole la plus âgée d'un verticille, dont elle représente le sommet. Telle est aussi la situation des *oogones* dans les espèces dioïques; mais chez les formes monoïques, l'oogone est situé à côté de l'anthéridie et sur le même nœud qu'elle, ou sur le dernier nœud de la feuille que termine l'anthéridie (2). L'oogone a la valeur morphologique d'une foliole modifiée chez les *Nitella*, d'un des tubes corticaux de la foliole chez les *Chara*.

Les anthéridies sont arrondies et colorées en rouge à la maturité. Elles sont constituées chacune par huit cellules aplaties en forme d'*écussons* (fig. 122 et 123), dont quatre supérieures triangulaires, quatre inférieures quadrangulaires. Les huit écussons, juxtaposés par leurs bords ondulés, forment la paroi de l'anthéridie. Au milieu de leur face interne, chacun d'eux porte une cellule cylindrique (*ma*) qui s'avance vers le centre de l'organe; c'est le *manubrium*, dont l'extrémité est munie d'une courte cellule en forme de *tête* (*t*). La *tête* sert elle-même de support à six cellules (*t′*), sur chacune desquelles s'insèrent quatre longs filaments ou *flagellums* (*fl*). Ces cent quatre-vingt-douze flagellums remplissent la cavité de l'anthéridie, dans laquelle ils sont enroulés plusieurs fois sur eux-mêmes. Ils sont, en outre, pourvus d'un grand nombre de cloisons transversales (fig. 123), et dans chacune des logettes ainsi constituées, naît un anthérozoïde (fig. 123, B). Il ne se forme ainsi pas moins de dix à vingt mille éléments fécondateurs.

(1) Voir page 90.
(2) Le mot d'*anthéridie* désigne l'appareil mâle; celui d'*oogone* l'appareil femelle.

L'oogone (fig. 122, *og*) est de forme ovoïde et porté par une très courte cellule basilaire. Il se compose de quelques cellules axiles superposées, enveloppées par cinq tubes qui finissent par s'enrouler autour d'elles en spirale, et représentent des ramifications de la foliole transformée en oogone. La partie terminale de ces cinq tubes prend une (*Chara*) ou deux (*Nitella*) cloisons transversales; l'ensemble des cinq ou dix courtes cellules (*cc*) qui terminent ainsi les tubes spiralés constitue la *couronne* (*cr*).

Au centre de cette enveloppe, portée par la cellule basilaire, se

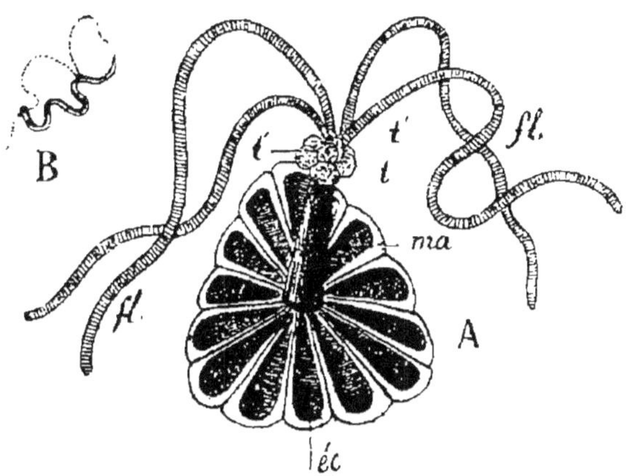

Fig. 123. — Anthéridie des *Chara*. — A, une des huit cellules en écussons qui forment l'anthéridie des *Chara*. — *éc*, écusson; *m*, manubrium; *t*, tête; *t't'*, têtes secondaires; *fl*, flagellums (1). — B, un anthérozoïde (Courchet).

dresse une grande cellule arrondie dont la partie inférieure se sépare en une seconde cellule très surbaissée. La grande cellule supérieure renferme un protoplasma riche en amidon, en chloroleucites et en gouttelettes d'huile; c'est l'*oosphère*.

A un moment donné, les cinq tubes corticaux se disjoignent au niveau du col qui sépare la couronne de la partie inférieure et renflée de l'oogone, et par les cinq petites fentes ainsi produites les anthérozoïdes pénètrent dans la gelée qui surmonte l'oosphère, arrivent au contact de cette dernière par un orifice qui s'ouvre au-dessus de l'oogone proprement dit, et s'y fusionnent.

L'oosphère fécondée s'entoure aussitôt d'une membrane cellulosique spéciale, puis la partie interne des cinq tubes enroulés se lignifie et brunit fortement, tandis que les chloroleucites se colorent

(1) Les flagellums n'ont été représentés que sur une des huit têtes secondaires, afin de ne pas nuire à la clarté de la figure.

en jaune brun. Plus tard enfin, toute la partie externe de ces tubes tombe, et l'œuf demeure protégé par leurs parois internes et latérales lignifiées. C'est à cet état qu'il se détache et tombe au fond de l'eau pour y passer l'hiver.

Au printemps suivant, l'oospore se divise transversalement en une grosse cellule qui demeure dans l'enveloppe où elle fonctionne comme réservoir nutritif, et en une cellule plus petite qui s'allonge au dehors en perçant l'enveloppe commune au niveau de la couronne. Cette cellule extérieure s'accroît en un long filament hyalin dont la partie inférieure porte des rhizoïdes (1), tandis qu'à son extrémité se forme la vraie tige.

Les caractères généraux des Characées, et des deux tribus que l'on admet dans ce groupe, peuvent se résumer comme suit :

CHARACÉES

	TRIBUS
Chlorophycées à tiges tubuleuses articulées, nues ou cortiquées par plusieurs longues cellules parallèles. Feuilles formant des verticilles externes au niveau des cellules nodales, portant elles-mêmes des verticilles superposés de folioles. Multiplication par marcottage naturel. Point de spores ; une reproduction par hétérogamètes.	**Nitellées.** Tige et rameaux non cortiqués. Cellules spiralées de l'oogone portant chacune deux cellules au niveau de la couronne. Genre : *Nitella.*
Anthéridies à structure compliquée ; anthérozoïdes très nombreux, de forme spiralée. Oogones ovoïdes, recouverts par cinq tubes spiralés formant une couronne au sommet, et renfermant une seule oosphère. Oospore ne produisant la nouvelle plante qu'après avoir donné naissance à un *protonéma.*	**Charées.** Tige et rameaux presque toujours cortiqués. Une seule cellule correspondant, dans la couronne, à chaque cellule spiralée. Genre : *Chara.*

AFFINITÉS. — Les Characées, bien que se rattachant aux Chlorophycées par leur thalle uniquement cellulaire, possèdent, dans leur appareil végétatif et dans leurs organes reproducteurs, un degré de différenciation qui les rapproche des Cryptogames vasculaires. Aussi leur place nous paraît-elle difficile à établir.

DISTRIBUTION GÉOGRAPHIQUE. — Les Characées végètent dans les eaux douces et dans les eaux saumâtres. Elles se trouvent sur toute la surface du globe ; on remarque cependant que leur nombre diminue vers les régions arctiques et antarctiques.

USAGES. — Les Characées sont à peu près sans utilité pour l'homme. Seules, quelques espèces de *Chara* servent à récurer la vaisselle, grâce au sel calcaire qui en imprègne les parois cellulaires.

(1) On nomme ainsi de simples prolongements cellulaires du thalle servant à le fixer sur le corps (sol, tronc d'arbre, etc.) qui le supporte.

ORDRE DES CHLOROPHYCÉES.

FAMILLES

1. — CONJUGUÉES. — Thalle filamenteux, cloisonné, en cellules uninucléées, homogène et capable de s'allonger dans toute son étendue. Pas de spores. Développement par gamètes immobiles.

Cellules restant unies en filaments.   Cellules se séparant immédiatement.
Zygnémées.   **Desmidiées.**

2. — SIPHONÉES. — Thalle ordinairement filamenteux, mais continu et sans cloison, quoique ramifié en général. Des zoospores et des isogamètes mobiles, ou bien une oosphère et des anthérozoïdes.

Botrydium.   *Caulerpa.*   *Acetabularia,* etc.

3. — CÉNOBIÉES. — Thalles continus, s'associant en une colonie ou *cénobium.* Des zoospores. Œufs formés, soit par isogamètes mobiles, soit par anthérozoïdes et oosphères.

Cénobium immobile.   Cénobium mobile.
Hydrodyctiées.   **Volvocées.**

4. — PROTOCOCCACÉES. — Thalle continu, unicellulaire et toujours libre. Des zoospores. Œufs formés par isogamètes mobiles.

Thalle immobile en général.   Thalle mobile en général.
Protococcées.   **Hœmatococcées.**

5. — PALMELLACÉES. — Thalle cloisonné dans une, deux ou plusieurs directions, mais sans dissociation des cellules. Des zoospores. Isogamètes mobiles.

Zoospores éphémères ne se divisant pas.   Zoospores permanentes

     à plusieurs cils; amidon dans les chloroleucites.   à 1 seul cil; paramylon dans les chloroleucites.
Palmellées.   **Dicelmées.**   **Euglénées.**

6. — CONFERVACÉES. — Thalle cloisonné en articles ou en cellules qui demeurent associées, de forme variable d'ailleurs, suivant le sens du cloisonnement. Des zoospores. Œufs formés par isogamètes, ou bien par oosphères et anthérozoïdes.

Thalle formé par des articles plurinucléés   Thalle formé par des articles unicellulaires

isogames.   hétérogames.   isogames.   hétérogames.
Cladophorées.   **Sphéropléées.**   **Confervées.**   **Œdogoniées.**

7. — CHARACÉES. — Thalle cloisonné et ramifié, portant des verticilles de feuilles. Reproduction par anthérozoïdes et oosphère. Point de spores.

Nitella.   *Chara.*

(1) Expression équivalente de *gamètes hétérogames,* de même qu'*isogamètes* est souvent employé pour *gamètes isogames.*

ORDRE III. — PHÉOPHYCÉES (ALGUES BRUNES)

Les Phéophycées, ou Algues brunes, sont caractérisées par la présence, dans les cellules de leurs thalles, de *phéoleucites*, chromatophores dans lesquels, à la chlorophylle, se trouve unie une matière colorante jaune brun, la *phycophéine*.

FAMILLE DES PHÉOSPORÉES

Description d'une Laminaire. — Nous décrirons, comme premier exemple de Phéophycée, la Laminaire digitée (*Laminaria digitata* Lamx.; *Houstoni* Edmonston) (fig. 124) dont on met quelquefois à profit, dans l'art chirurgical, la propriété que possèdent ses tissus de se dilater fortement par l'hydratation. Cette Algue, qui végète sur les côtes de l'Océan et qui abonde sur le littoral de la Manche, est fixée au sol par des crampons ramifiés en dichotomie, qui se rattachent à une sorte de pétiole ; celui-ci se dilate bientôt en une lame épaisse et plusieurs fois découpée en lobes digités. Le thalle ainsi constitué est d'un vert brunâtre, et il est formé par un massif de cellules cloisonnées en divers plans ; sa hauteur, dans l'eau où il flotte, peut atteindre 1^m,50 à 2 mètres. Le parenchyme qui le constitue est, d'ailleurs, assez différencié : on y distingue une sorte de zone corticale, formée de petites

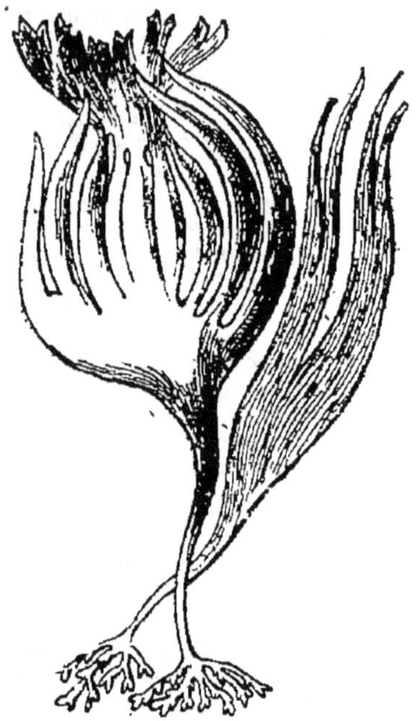

Fig. 124. — *Laminaria digitata.*

cellules dans laquelle on rencontre quelques canaux à mucilage (1), et une zone centrale à éléments plus volumineux où l'on aurait observé des tubes criblés. Ce thalle grandit par une croissance intercalaire dont le siège est précisément à la jonction de la partie élargie et de son support cylindrique.

(1) M. Guignard a décrit (*Observations sur l'appareil mucifère des Laminariacées*, 1892), chez les Laminaires, des appareils sécréteurs d'une structure spéciale. Ce sont des lacunes ramifiées en réseau, communiquant à l'extérieur par de fins canalicules, dans lesquelles le mucilage est déversé par des cellules munipores localisées dans certains points de ce système.

Sur le milieu des lobes étalés se dessine une aire assez bien délimitée, sur laquelle se trouvent localisés les organes *reproducteurs* ou *sporanges* (1). Ces derniers consistent en cellules ellipsoïdales qui proéminent à la surface, à la manière de poils; elles sont accompagnées de cellules semblables, mais stériles. Dans chaque sporange, le protoplasma tout entier se divise en petites masses qui deviennent autant de spores allongées, montrant un point rouge à l'une de leurs extrémités qui est hyaline; à ce niveau sont attachés deux cils dirigés l'un en avant, l'autre en arrière. Ces zoospores (voir p. 204) nagent quelque temps, puis se fixent par leur extrémité hyaline, perdent leurs cils, et germent immédiatement pour produire un nouveau thalle.

La Laminaire saccharine (*Laminaria saccharina* Lamx) se distingue de l'espèce précédente par son thalle qui s'allonge en une lame indivise et simplement gaufrée sur les bords, large de 4 à 5 centimètres. Les sporanges, accompagnés de *paraphyses* (2), forment, à sa surface, une aire ellipsoïdale très allongée.

Les Laminaires appartiennent à la famille de PHÉOSPORÉES qui comprend des formes très diverses. Les unes ont un thalle filamenteux, plus ou moins ramifié, parfois *cortiqué*, comme l'est celui des *Chara*; chez d'autres, le thalle soude ses rameaux en un massif compact. Il en est enfin dont l'appareil végétatif, comme celui des Laminaires, se divise en un support fixé par un crampon, et une partie flottante, plus ou moins richement ramifiée, très grande parfois. A cet égard, il convient de signaler les *Macrocystis*, dont la partie supérieure du thalle nage à la surface de l'eau et porte, d'un seul côté, une série de rameaux de 1 à 2 mètres de long, renflés chacun à sa base en une vessie hydrostatique. Le thalle, dans son ensemble, peut atteindre 200 et même 300 mètres de longueur.

On observe encore chez d'autres types de cette même famille une reproduction par gamètes isogames mobiles, ou hétérogames, et alors avec oosphère immobile.

FAMILLE DES FUCACÉES

Comme second exemple d'Algues brunes, nous décrirons encore

---

(1) On nomme *sporanges*, en Cryptogamie, de petits organes, unicellaires ou pluricellulaires, dans lesquels se forment les spores.

(2) On nomme ainsi les poils stériles qui, chez les Cryptogames, sont fréquemment entremêlés aux organes producteurs des spores.

un Varech (*Fucus vesiculosus* L.) (fig. 125). Cette plante, d'une abondance extrême sur nos côtes de l'Océan, aux points que la mer abandonne à marée basse, forme des bancs d'un brun olivâtre, très glissants. Elle constituait jadis une des principales sources du sel de soude.

Le Varech vésiculeux est fixé aux rochers par sa partie inférieure étalée en une sorte de plateau, où s'insèrent des crampons. La partie supérieure du thalle est aplatie, d'une hauteur de 15 à 20 centimètres, ramifiée dichotomiquement ; parfois l'une des divisions demeurant très courte, la ramification devient sympodique. L'axe principal et tous ses rameaux sont parcourus par une sorte de nervure médiane proéminente ; leur parenchyme est différencié en une zone corticale, formée de petites cellules d'un

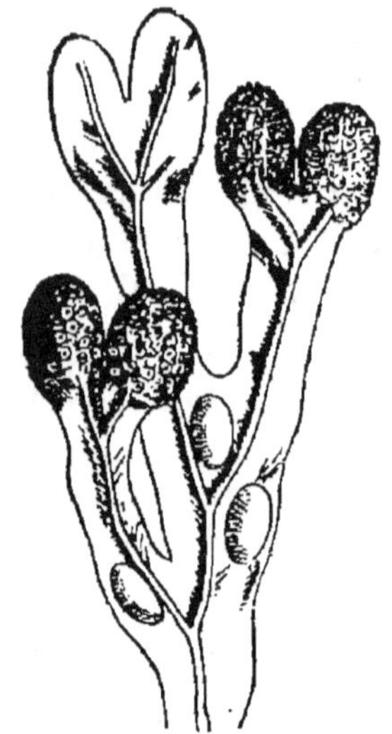

Fig. 125. — *Fucus vesiculosus.*

diamètre égal, et une région centrale constituée par des cellules

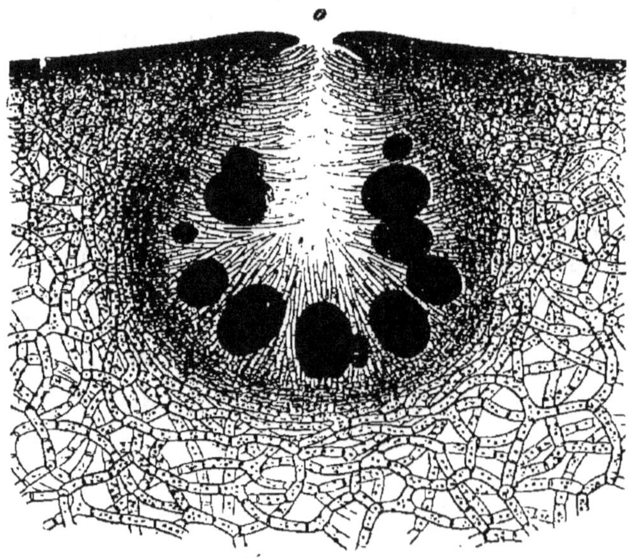

Fig. 126. — Coupe verticale d'un conceptacle femelle de *Fucus vesiculosus* L. montrant son ostiole o, de nombreux oogones, les poils pluricellulaires qui tapissent les parois de cette cavité et le tissu de la fronde qui entoure le conceptacle (50/1 ; d'après Thuret).

arrondies plus grandes, pourvues de parois épaisses. Çà et là, on voit le parenchyme se gonfler en vésicules remplies d'un gaz, qui paraît être de l'azote pur. Ces vésicules jouent le rôle de flotteurs.

Le *Fucus vesiculosus* est dioïque. Sur les individus de l'un et l'autre sexe, les organes reproducteurs sont réunis, à l'extrémité fortement renflée des rameaux, dans des cryptes ou *conceptacles* qui s'ouvrent à la surface par un étroit ostiole, et dont la paroi interne est munie de longs poils stériles ou *paraphyses* (fig. 126). Ces poils forment une sorte de pinceau, saillant par le goulot du conceptacle.

Les anthéridies occupent l'extrémité des branches de poils rameux (fig. 127, A, *a'a'*) ; elles sont ovoïdes, et produisent chacune, par division répétée de leurs noyaux et de leur protoplasma, soixante-quatre anthérozoïdes ovoïdes, pointus à l'une de

Fig. 127. — *Fucus vesiculosus* L. — A. Sortie de poil rameux, *p*, qui porte plusieurs anthéridies fermées, *a*, et d'autres déjà vidées, *o'* (150/1) — B, Une anthéridie, *a''* ouverte, pour laisser sortir les anthérozoïdes, *az* (300/1 ; d'après Thuret).

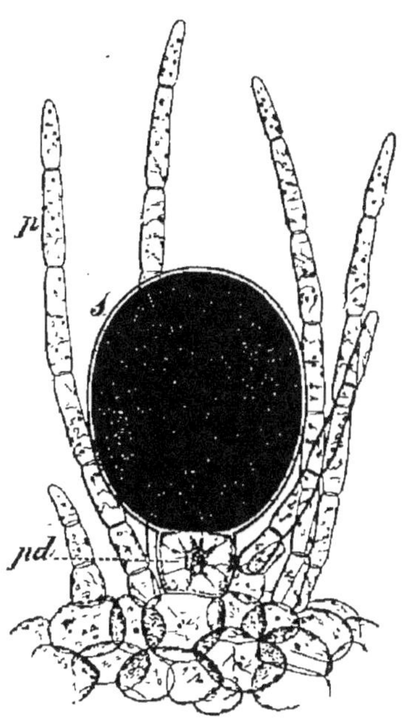

Fig. 128. — *Fucus vesiculosus* L. — Sporange entier, *s*, dont le contenu se montre divisé par les lignes en huit fragments ; *pd*, cellule qui lui sert de pédicule ; *p*, paraphyses qui tapissent les parois du conceptacle (150/1 ; d'après Thuret).

leurs extrémités, amincis à l'autre, marqués sur leur milieu d'une ponctuation rougeâtre et portant deux cils, dont l'un est dirigé en avant, l'autre en arrière (fig. 127, B, *a z*).

Les oogones (fig. 128) beaucoup plus gros, globuleux, et portés par une cellule basilaire, renferment un protoplasma coloré en jaune brun ; celui-ci est enveloppé par trois membranes dont la plus interne est très délicate.

Le noyau unique de l'oogone se divise d'abord en deux, puis en quatre, enfin en huit noyaux nouveaux, autour desquels le proto-

plasma se trouve simultanément partagé par des cloisons en huit
cellules nouvelles. Puis l'enveloppe externe se rompt pour laisser
sortir les huit oosphères, encore entourées par les deux enveloppes
communes internes (fig. 130). Les oosphères s'arrondissent de plus
en plus et le sac moyen se rompant à son tour, on les en voit sortir,
protégées seulement par la délicate membrane interne. C'est ainsi
qu'elles viennent flotter pendant la marée basse, par groupes de huit,
jusque vers l'ouverture du conceptacle, puis, au retour du flot,
l'enveloppe commune se brise, et les huit oosphères sont mises en

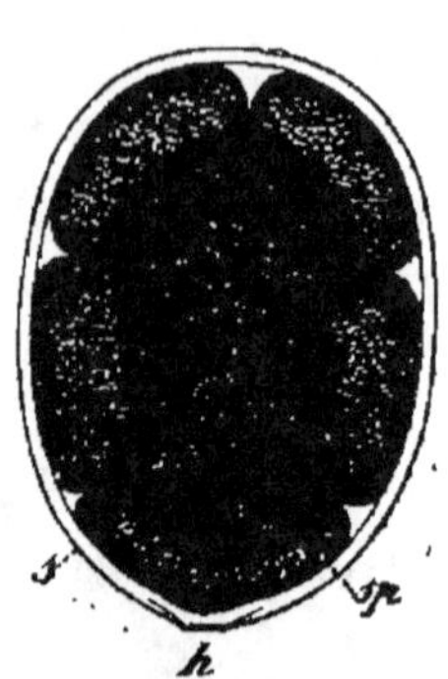

Fig. 129. — *Fucus vesiculosus* L. — Masse
de huit oosphères, *sp*, qui est sortie du
sac externe de l'oogone, encore enfermée
dans les deux sacs plus internes, *s* ; *h*, hile
ou point par lequel le sac moyen tenait au
fond du sac externe (150/1 ; d'après
Thuret).

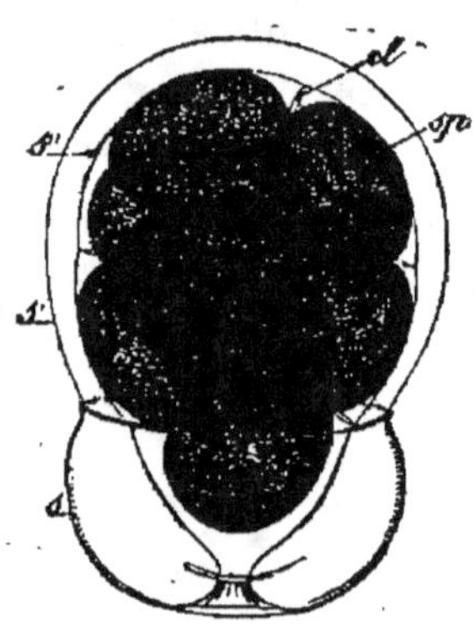

Fig. 130. — *Fucus vesiculosus* L. — Masse
de huit oosphères, *sp*, qui se sont sensiblement arrondies ; elle s'est dégagée du
sac moyen, *s*, tout en restant dans le sac
interne, *s'*. De la face interne de celui-ci,
s'', partent des lignes d'une extrême
ténuité, *cl*, qui semblent être des cloisons
ayant subdivisé la cavité en autant de
loges qu'il y a d'oosphères (150/1 ; d'après
Thuret).

liberté. Cet instant coïncide avec celui où les anthérozoïdes
s'échappent eux-mêmes des anthéridies. S'ils rencontrent une
oosphère, ils se fixent à sa surface, et lui impriment un mouvement de rotation qui peut durer jusqu'à une demi-heure, mais qui
n'est ni constant ni indispensable à la fécondation.

Il est probable que les anthérozoïdes se fusionnent ici, comme
chez les autres Cryptogames, avec l'élément femelle. Quoi qu'il en
soit, l'oospore s'entoure immédiatement d'une membrane, et
tombe au fond de l'eau pour y germer en une plante nouvelle.

En ce qui concerne les organes reproducteurs, nous voyons, chez les
Himanthalia et *Cystosira*, le contenu de l'oogone demeurer indivis et
former une seule oosphère ; il s'en forme deux chez les *Pelvetia*, quatre
chez les *Ozothallia*. Les anthéridies et les archégones, localisés à l'extré-

mité des rameaux chez les Varechs, le sont sur des segments fertiles du thalle, développés en forme de gousses, chez les *Halidra, Scythothalia, Himanthalia,* etc. Ils sont parfois aussi différemment répartis sur tout le thalle comme chez les *Durvillæa, Myriodesma,* etc.

FAMILLE DES DIATOMACÉES

APPAREIL VÉGÉTATIF.—Les *Diatomacées,* ou plus communément *Diatomées,* se rattachent aux Phéophycées. Ce sont de petits organismes presque microscopiques, dont l'étude est des plus intéressantes, et qui ont joué, à la surface du globe, un rôle important dans la constitution de certaines roches. On en connaît un nombre très considérable de genres et d'espèces, vivant toutes au fond des eaux douces, saumâtres ou salées.

Les Diatomées sont très abondantes dans le fond des ruisseaux, où on peut se les procurer aisément. C'est là que l'on trouve, par exemple, les Navicules, qui ont l'aspect de losanges allongés à côtés symétriques, et dont la surface est ornée de stries d'une délicatesse extrême. Elles possèdent un véritable test, formé par deux moitiés emboîtées longitudi-

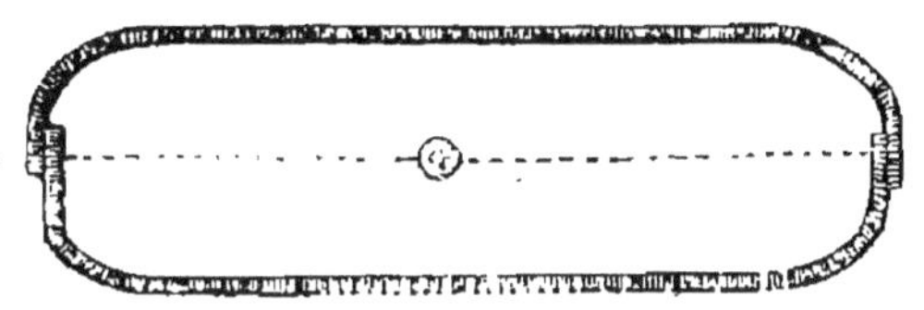

Fig. 131. — Figure théorique destinée à montrer le mode d'emboîtement des deux moitiés du test d'une Diatomée (Courchet).

nalement (fig. 131), l'une un peu plus petite pénétrant dans l'autre comme une boîte pénètre dans son couvercle. Les deux valves ne sont pas, d'ailleurs, rivées l'une à l'autre, et leur emboîtement peut être plus ou moins complet, suivant l'état plus ou moins grand de contraction ou de dilatation du protoplasma. Ce dernier contient un noyau, deux *phéoleucites* (1), rubanés et pariétaux, que leur teinte jaune brun rend très visibles à travers le test, et des gouttelettes d'huile. On voit ces Diatomées progresser au sein du liquide, dans la direction de leur grand axe, d'un mouvement continu ou saccadé, suivant qu'elles se meuvent librement ou au milieu d'obstacles. La contractilité du protoplasma est ici la seule cause de ce déplacement, les Diatomées étant entièrement dépourvues d'appendices locomoteurs.

REPRODUCTION. — Ces Algues se reproduisent par un phénomène particulier de division. Leur protoplasma se partage d'abord en deux masses par une cloison parallèle à leur grand axe ; puis les deux valves du test se séparent, entraînant chacune une des deux masses protoplasmiques partielles, et les deux moitiés ainsi formées ont nécessairement tout d'abord un côté recouvert simplement par l'un des deux feuillets de la cloison nouvellement formée. Mais chez l'un et l'autre individu, avant même qu'ils ne se soient isolés, ce feuillet cellulosique a reployé ses bords de façon à les emboîter dans la valve silicifiée ancienne, qui devient ainsi le couvercle de la Diatomée nouvelle, puis la moitié la plus récente du test se silicifie à son tour.

Cette division est parfois précédée d'un enkystement : le protoplasma

(1) Voir page 212.

se contracte tout d'abord dans le test, sécrète autour de lui une membrane silicifiée nouvelle en dedans de la première, puis une troisième, et ne se divise qu'après être demeuré pendant quelque temps à l'état de vie latente, protégé par cette triple enveloppe.

Il est aisé de comprendre que les deux individus issus d'une division sont l'un plus petit que l'autre, et tous deux plus petits que l'individu primitif. Le volume doit donc aller en diminuant d'une génération à l'autre, puisque, d'autre part, le test silicifié une fois formé, est incapable de s'accroître. Aussi ce mode de multiplication est-il, de temps en temps, interrompu par la formation de spores, qui rendent à l'espèce sa taille primordiale. A un moment donné, le protoplasma tout entier sort du test en écartant les deux valves et, revêtu d'une simple membrane cellulosique très extensible, se nourrit et s'accroît, jusqu'à ce qu'il ait atteint un certain volume maximum pour l'espèce. Il sécrète alors une nouvelle membrane cellulosique qui déchire l'ancienne, se silicifie et se transforme en un test bivalve. Ces sortes de spores ont été souvent nommées *auxospores*, c'est-à-dire *spores d'accroissement*.

C'est ainsi que la taille des individus d'une même espèce oscille entre un maximum et un minimum qui ne sont jamais dépassés.

Chez un certain nombre de Diatomées, on voit, à un moment donné, deux masses protoplasmiques ainsi débarrassées de leur test, se fusionner au sein d'une sorte de gelée. Ce sont, en réalité deux gamètes isogames immobiles, de la conjugaison desquels résulte une *zygospore*. Le protoplasma d'une même Diatomée peut donner encore deux gamètes qui, par leur fusion avec deux autres gamètes produits par un autre individu, formeront deux *zygospores*. Celles-ci sécrètent ensuite un nouveau test.

Les formes des diverses Diatomées sont innombrables. Leur cloisonnement a lieu dans une direction constante, perpendiculaire à la longueur du filament qui prendrait naissance si elles ne se désagrégeaient pas. Les individus, nés ainsi par division les uns des autres, demeurent quelquefois cohérents en une sorte de chaîne; chez d'autres espèces, plusieurs individus restent fixés sur un cordon commun de nature gélatineuse. Enfin, les dessins qui marquent la carapace sont variés à l'infini, et leur délicatesse est telle que certaines Diatomées servent de tests-objets.

En résumé, les Diatomées sont des Algues phéophycées à *thalles unicellulaires, presque toujours dissociés, pourvues d'un test siliceux à deux valves.*

Elles se multiplient par scissiparité longitudinale et par auxospores, avec ou sans enkystement préalable.

Enfin plusieurs se reproduisent, en outre, par isogamètes immobiles.

Les caractères des diverses familles de l'ordre des Phéophycées sont indiqués dans le tableau suivant.

ORDRE DES PHÉOPHYCÉES.

FAMILLES

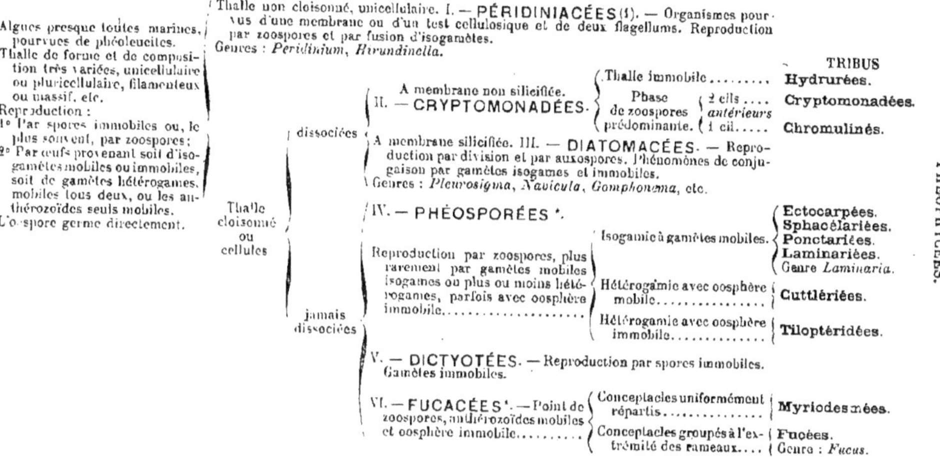

Algues presque toutes marines, pourvues de phéoleucites.
Thalle de forme et de composition très variées, unicellulaire ou pluricellulaire, filamenteux ou massif, etc.
Reproduction :
1° Par spores immobiles ou, le plus souvent, par zoospores;
2° Par œufs provenant soit d'isogamètes mobiles ou immobiles, soit de gamètes hétérogames, mobiles tous deux, ou les anthérozoïdes seuls mobiles.
L'oospore germe directement.

Thalle non cloisonné, unicellulaire. I. — PÉRIDINIACÉES (1). — Organismes pourvus d'une membrane ou d'un test cellulosique et de deux flagellums. Reproduction par zoospores et par fusion d'isogamètes. Genres : *Peridinium, Hirundinella.*

Thalle cloisonné ou cellules

dissociées

TRIBUS

II. — CRYPTOMONADÉES. A membrane non silicifiée.
- Thalle immobile . . . . — **Hydrurées.**
- Phase de zoospores prédominante.
  - 2 cils antérieurs . . . . — **Cryptomonadées.**
  - 1 cil . . . . . — **Chromulinés.**

A membrane silicifiée. **III. — DIATOMACÉES.** — Reproduction par division et par auxospores. Phénomènes de conjugaison par gamètes isogames et immobiles. Genres : *Pleurosigma, Navicula, Gomphonema,* etc.

jamais dissociées

IV. — PHÉOSPORÉES *.

Reproduction par zoospores, plus rarement par gamètes mobiles isogames ou plus ou moins hétérogames, parfois avec oosphère immobile . . . .
- Isogamie à gamètes mobiles. — **Ectocarpées. Sphacélariées. Ponctariées. Laminariées.** Genre *Laminaria.*
- Hétérogamie avec oosphère mobile . . . . — **Cuttlériées.**
- Hétérogamie avec oosphère immobile . . . . — **Tiloptéridées.**

V. — DICTYOTÉES. — Reproduction par spores immobiles. Gamètes immobiles.

VI. — FUCACÉES *. — Point de zoospores, anthérozoïdes mobiles et oosphère immobile . . . .
- Conceptacles uniformément répartis . . . . — **Myriodesmées.**
- Conceptacles groupés à l'extrémité des rameaux . . . . — **Fucées.** Genre : *Fucus.*

(1) Ces organismes sont souvent placés parmi les Infusoires, dans le règne animal. Seule, la présence de la cellulose dans leur enveloppe légitime leur place parmi les végétaux.

Affinités. — Les Phéophycées montrent un parallélisme frappant avec les Chlorophycées, aussi bien quant à l'organisation de leur thalle, que par leur mode de reproduction. L'examen des tableaux résumés des familles appartenant à ces deux ordres suffit pour le démontrer. C'est ainsi, par exemple, que chez les Péridiniacées le thalle est unicellulaire comme chez les Protococcacées, tandis que chez les Phéosporées, Fucacées, etc., le thalle est d'une organisation plus complexe, comme il l'est chez les Algues vertes les plus différenciées. Mais dans les deux ordres se trouvent des thalles filamenteux de formes très diverses.

Quant à la reproduction, nous trouvons dans les deux ordres tous les degrés que nous avons signalés dans la différenciation sexuelle, depuis la conjugaison entre isogamètes (Conjuguées et Diatomées), jusqu'à la fécondation de l'oosphère par des anthérozoïdes (Confervacées, Fucacées, etc.).

Distribution géographique. — Les Phéophycées sont surtout des Algues marines. Il en est cependant qui vivent dans les eaux douces, un grand nombre de Diatomées, par exemple.

Comme les Chlorophycées, d'ailleurs, les Algues brunes sont représentées partout à la surface du globe. On peut dire cependant que les plus grandes formes se montrent surtout vers la région arctique; telles sont les Laminaires, les *Fucus*, etc.

Plantes importantes, usages des Phéophycées. — Peu de plantes méritent d'être signalées dans ce groupe, pour leur application en thérapeutique ou en pharmacie. Les pétioles de la Laminaire digitée sont employés, en chirurgie, pour dilater certains conduits naturels et les trajets fistuleux, grâce à la propriété que possède le tissu qui les compose de se gonfler fortement par hydratation.

L'iode est assez abondant dans cette Algue (Gaultier de Gaubry). Par dessiccation le thalle des Laminaires, et surtout celui du *Laminaria saccharina*, se recouvre d'une efflorescence blanche de *phycite* qui a pu, d'ailleurs, être extraite de plusieurs Thallophytes. Ce principe sucré ne peut pas fermenter.

Certaines Phéosphorées sont mangées dans quelques pays, la *Laminaria saccharina*, par exemple et l'*Alaria esculenta*, de la mer du Nord, comme beaucoup d'autres Algues brunes.

Grâce à la facile gélification de leurs tissus, ces Algues peuvent aussi servir à faire des cataplasmes émollients.

Les *Fucus* ou *Varechs*, connus généralement sous le nom de *Goémons*, sont utilisés comme engrais dans certaines régions. Ils sont également employés, après incinération, pour l'extraction de l'iode.

Le *F. vesiculosus*, calciné en vase clos, donne un charbon d'une odeur sulfureuse qui était employé autrefois, sous le nom d'*éthiops végétal*, dans les maladies du système lymphatique.

Enfin, le *tripoli*, dont on se sert pour nettoyer et polir les métaux, est formé presque en entier par des carapaces siliceuses de Diatomées.

ORDRE IV. — FLORIDÉES (ALGUES ROUGES)

Les Floridées se montrent à nous comme réalisant le degré d'organisation le plus élevé parmi les Algues. Le nom de Floridées leur a été donné à cause de leur couleur généralement purpurine ; cette teinte est due à la *phycoérythrine*, pigment rouge soluble dans l'eau, insoluble dans l'alcool, qui se trouve uni à la chlorophylle dans les corps colorés, ou *érythroleucites*, de ces *Thallophytes*.

Quelques Floridées peuvent être considérées comme faisant partie de la matière médicale ; mais aucune, parmi elles, ne réalise assez bien le type de l'ordre, pour qu'on puisse la prendre comme exemple.

Appareil végétatif. — Le thalle des Floridées est extrêmement varié comme forme et comme complication de structure ; chez les types les plus élevés, son aspect rappelle celui des végétaux supérieurs. Les cellules extérieures offrent souvent, comme chez beaucoup d'autres Algues, une tendance à la gélification ; mais il en est aussi chez lesquelles le thalle s'incruste assez fortement de carbonate de chaux, pour conserver sa forme d'une manière intacte après incinération. La Coralline officinale nous offre un exemple connu de cette calcification (voir fig. 133).

Aux érythroleucites sont souvent mêlés, dans le protoplasma, des corps réfringents, se colorant en jaune brun par l'iode, formés par une substance très analogue aux grains de *paramylon* que contiennent les Euglènes (1) ; on lui donne le nom d'*amylodextrine* (2).

____

(1) Les Euglènes sont des organismes unicellulaires, contenant des grains de chlorophylle, et se mouvant librement dans l'eau à l'aide d'un flagellum. Ce sont pour certains naturalistes des *Infusoires flagellés*, pour d'autres des Algues vertes (voir le tableau de l'ordre des Chlorophycées, p. 211).

(2) Van Tieghem, *Traité de botanique*, p. 474.

On trouve encore, dans ces cellules, des cristalloïdes de nature
protéique.

Lorsque le thalle est plus ou moins massif, il se montre constitué
par une zone corticale, et par une région moyenne dont les cellules arrondies se distinguent par l'épaisseur de leurs parois. On
y rencontre parfois quelques tubes criblés.

Reproduction. — Les Floridées sont susceptibles de se multiplier
suivant trois modes diffé-
rents :

A. — *Par propagules ;*

B. — *Par spores asexuées ;*

C. — *Par hétérogamètes hautement différenciés.*

Décrivons rapidement ces
trois modes :

A. *Par propagules.* — Ce
mode de multiplication s'observe très rarement. Les
propagules sont des corps,
souvent unicellulaires, qui
se détachent du thalle après
avoir émis quelques prolongements en forme de cram-
pons, et germent sur le sol
en une plante nouvelle. Le
Griffithsia corallina, le *Mo-
nospora*, etc., offrent des
formations de ce genre.

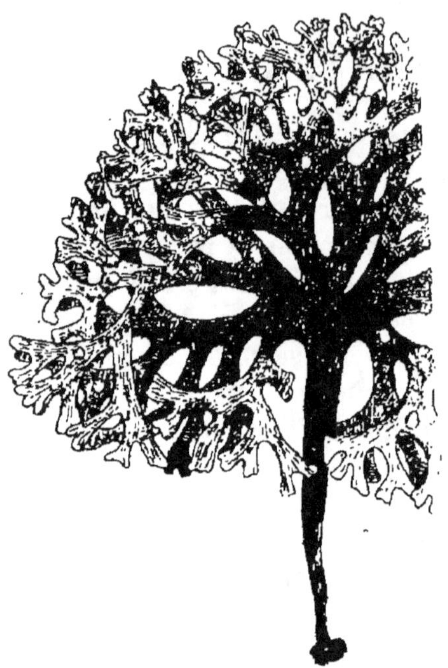

Fig. 132. — *Chondrus polymorphus* Lamx
(d'après Bentley et Trimen).

B. *Par spores asexuées.* — Ces spores portent souvent, et méritent dans la plupart des cas, le nom de *Tétraspores*, parce qu'elles
naissent presque toujours quatre ensemble dans une même cellule,
par cloisonnement du protoplasma.

Chez le *Chondrus polymorphus* Lamx. (fig. 132), par exemple, le
thalle se présente, chez certains pieds, sous l'aspect d'un ruban ou
d'une lanière, de couleur purpurine, plusieurs fois ramifiée dans
un même plan par dichotomie ; d'autres pieds, à ramifications
beaucoup plus larges, figurent une lame simplement lobée.

Les pieds de la première forme se reproduisent exclusivement
par *tétraspores ;* ceux de la seconde exclusivement par des œufs.

Les *tétrasporanges*, c'est-à-dire les cellules qui donnent naissance aux spores agames, sont groupés par îlots dans le tissu même du thalle, vers l'extrémité des dernières ramifications, où on peut les apercevoir par transparence. Le contenu de ces cellules, se divisant par deux cloisons cruciales, forme quatre spores rouges.

Chez les Floridées à thalle filamenteux, les tétrasporanges occupent l'extrémité de courts rameaux, où ils sont quelquefois protégés par des sortes d'involucres, tandis que, chez les formes massives,

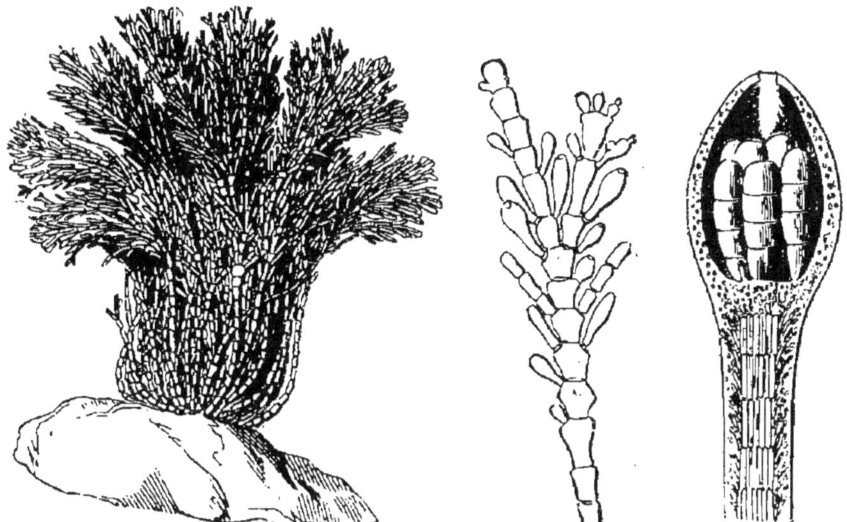

Fig. 133. — *Corallina officinalis.*

Fig. 134. — Rameau de Coralline, grossi.

Fig. 135. — Coupe verticale d'un conceptacle, montrant les tétraspores.

ils sont plus ou moins dissimulés dans la profondeur même du thalle, comme chez le *Chondrus polymorphus*.

La *Coralline officinale* (fig. 133, 134) nous offre une disposition différente. Ici les tétrasporanges, entremêlés de poils claviformes stériles (paraphyses), se dressent au fond d'un conceptacle en forme de bouteille, porté à l'extrémité de certains rameaux. En outre, le protoplasma de ces cellules se divise par trois cloisons horizontales parallèles, en quatre masses qui se transforment en quatre spores superposées (fig. 135).

Exceptionnellement, le contenu du sporange ne donne qu'une seule spore (chez le *Batrachospermum*, par exemple).

C. *Par hétérogamètes.* — Il y a presque toujours diœcie chez les

Floridées, et de plus, les thalles qui produisent des gamètes ne portent point de tétrasporanges.

L'appareil femelle (fig. 136, *tr'*) consiste essentiellement en une cellule, qui est l'*oogone*, terminée par un long poil auquel on donne le nom de *trichogyne* (*tr*). Ce poil est destiné à fixer les anthérozoï-

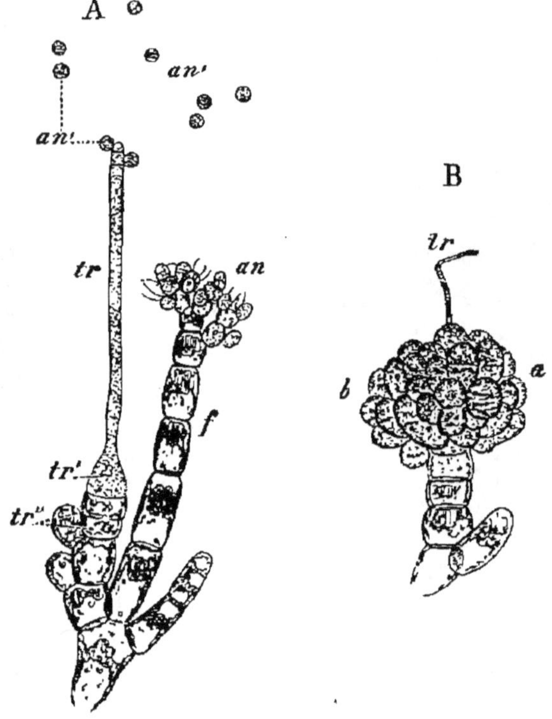

Fig. 136. — Fécondation chez le *Nemalion multifidum* J. Ag. — A, portion d'un faisceau de filaments dont celui de droite, *f*, se termine par un bouquet d'anthéridies, *an* ; celui de gauche est formé par deux cellules, *tr''*, qui supportent une cellule conique, *tr'*, continue avec le trichogyne *tr*, au bout duquel se sont fixées deux pollinides *an'* ; on voit d'autres pollinides flottant à côté. — B, groupe de filaments courts, terminés chacun par la cellule mère d'une spore, développée à la suite de la fécondation, et constituant par leur ensemble un cystocarpe presque adulte, *ab* ; *tr*, le trichogyne flétri (400/1 ; d'après Thuret et Bornet).

des, et à transmettre leur contenu jusqu'à l'*oosphère* que renferme l'oogone. Leur analogie physiologique avec le style des Phanérogames est évidente.

La situation de ces oogones sur le thalle est, d'ailleurs, variable. Si l'Algue est filamenteuse, ils sont portés, en général, à l'extrémité de certains rameaux soit isolément, soit deux par deux ; isolé, l'oogone est souvent entouré par des ramifications du thalle qui lui constituent une sorte d'involucre. Chez les Corallinées, plusieurs oogones sont réunis ensemble dans des conceptacles en forme de bouteilles, semblables à ceux qui entourent les tétrasporanges. Chez les *Chondrus*, dont le thalle est aplati et rubané, les oogones sont placés à la surface ou au bord des divisions de second ou de troisième degré.

L'appareil mâle, encore inconnu chez certaines Floridées, est généralement constitué, chez les formes filamenteuses, par des bouquets de petites cellules qui représentent chacune une anthéridie (fig. 136, *an*). Chez les Corallines, les anthéridies sont renfermées dans un conceptacle, comme les oogones ; enfin, chez les formes massives, elles sont groupées à la surface du thalle, où elles forment des plages plus ou moins nettement circonscrites (comme chez le *Chondrus polymorphus*, par exemple).

Dans tous les cas, chaque anthéridie ne produit qu'un seul anthérozoïde en expulsant simplement tout son protoplasma. Ainsi, né par une sorte de rénovation totale (voy. p. 14), l'anthérozoïde des Floridées diffère notablement de celui des autres Algues (fig. 136, *an'*) : il est formé d'une petite masse protoplasmique entourant un noyau et qui se revêt à la fin d'une délicate membrane de cellulose (1). Ces éléments fécondateurs sont immobiles, et leur arrivée sur le trichogyne qui surmonte l'oogone est livrée au hasard des courants et des vagues. Pour exprimer leur analogie avec les grains de pollen des Phanérogames, on leur a donné le nom de *pollinides*.

Une fois arrivées au contact du trichogyne, les pollinides soudent d'abord leur membrane à celle du filament, puis une perforation se produit au point d'adhésion, et l'anthérozoïde épanche tout son contenu dans le trichogyne, qui le conduit jusqu'à l'oosphère.

Le résultat de la fécondation, chez les Floridées, consiste dans la production de sortes de fruits nommés *sporogones* ou *cystocarpes* (fig. 136, B). Ce sont des agglomérations de petites cellules dont chacune, à la fin, laisse échapper une spore immobile. Plusieurs cas peuvent se présenter dans la manière dont ce fruit se constitue.

1° Le plus simple nous est offert par les Floridées de la famille des Némaliées (*Nemalion, Chantrasia, Batrachospermum*, etc.). Ici, *le cystocarpe se forme sur place et dérive directement de l'oogone fécondé.* Pour cela ce dernier, par des cloisonnements répétés, forme

(1) Nous savons que, chez les autres Cryptogames, l'anthérozoïde est nu, et formé exclusivement ou presque exclusivement par le noyau, le protoplasma n'en constituant que les cils vibratiles.

un groupe de cellules qui produisent chacune un petit filament;
ces filaments se divisent, à leur tour, par dichotomie, en un certain
nombre de ramifications dont les dernières cellules forment chacune une spore (1).

2° La famille des Cryptonémiacées (fig. 137) nous offre un second
degré de complication. L'oogone fécondé (*Oo*), au lieu de produire
sur place le cystocarpe, émet un certain nombre de filaments dits
connecteurs (*Fc*), qui cheminent, en rampant, à travers les cellules gélifiées du thalle, avec lesquelles ils contractent adhérence en divers points (*a,a,a*). En ces lieux de contact, il se produit de simples pores, ou bien les deux cloisons accolées se détruisent complètement, et le contenu du filament connecteur communique dès lors avec celui de la cellule à laquelle il s'est anastomosé. C'est là, pour le protoplasma de l'oogone, un surcroît de nourriture, et on peut dire

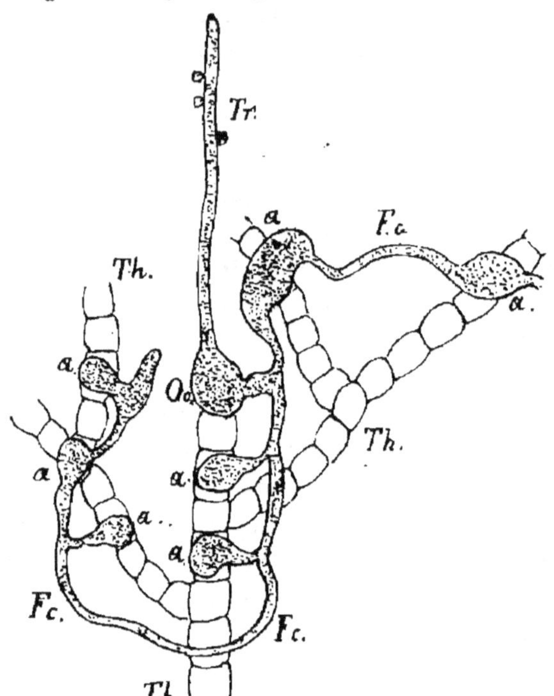

Fig. 137. — Figure montrant les filaments connecteurs issus
de l'oogone. — Tr, trichogyne sur lequel viennent se fixer
les pollinies. — Oo, oogone. — Fc, filaments connecteurs;
a, a, leurs anastomoses avec certaines cellules du thalle, Th.
(Courchet.)

que les filaments qui
en dérivent vivent sur le thalle comme de vrais parasites. A chacun
de ces points de soudure, le filament connecteur produit une touffe
de filaments sporifères; le cystocarpe est ainsi *diffus*.

3° Dans les deux cas qui précèdent, c'est toujours le protoplasma du
sporogone qui, avec ou sans supplément de nourriture, sur place ou
en divers lieux du thalle, donne naissance *directement* au *cystocarpe*.

(1) Chez les *Bangia* (famille des Bangiacées), le phénomène est plus simple encore, en ce
sens que l'oogone fécondé forme un sporange représenté par un massif de cellules, qui produisent chacune directement une spore.

Mais chez le plus grand nombre des Floridées, le développement de ce dernier est indirect, en ce sens que l'oogone fécondé déverse tout son contenu dans une, quelquefois dans deux *cellules auxiliaires*. C'est alors cette cellule ou ces deux cellules qui, se comportant comme l'oogone dans les deux premiers cas, donne immédiatement naissance au cystocarpe (chez les *Griffithsia*, par exemple), ou bien émet des filaments connecteurs qui forment sur le thalle un *cystocarpe diffus* (*Gigartina*, *Chondrus*, etc.), absolument comme le font les filaments connecteurs des Cryptonémiacées.

Pour les distinguer des spores agames ou tétraspores, les spores formées par les cystocarpes sont désignées par le nom de *protospores*. Ces dernières sortent de leurs cellules mères, s'entourent d'une membrane cellulosique et demeurent immobiles. Chez les Bangiacées seules, la protospore, nue d'abord, se meut, en changeant de forme, à la manière des amibes; ce sont des *zoospores*.

Les protospores forment presque toutes, en germant, un protonéma (1) d'où dérivent ensuite un ou plusieurs thalles.

Le tableau suivant résume les caractères généraux et la classification des Floridées :

ORDRE DES FLORIDÉES.

Algues contenant de la *phycoérythrine*, possédant un thalle de forme et de dimensions fort diverses, vivant presque toutes dans la mer.

Modes de reproduction :

1° Par *propagules*.

2° Par *spores asexuées* (tétraspores formées dans des tétrasporanges).

3° Par des *protospores* produites sur des *sporogones* ou *cystocarpes*. Ces derniers résultent directement ou indirectement de la fécondation d'un oogone par des *pollinides* qui viennent se fixer sur le trichogyne.

Les gamètes sont hétérogames et immobiles, sauf chez les Bangiées où les anthérozoïdes sont mobiles.

		FAMILLES.
L'oogone fécondé forme directement....	un sporange....	BANGIACÉES.
	un seul cystocarpe..	NÉMALIACÉES
	plusieurs cystocarpes (par l'intermédiaire de filaments connecteurs)....	CRYPTONÉMIACÉES.
L'oogone fécondé déverse son contenu dans une ou deux *cellules auxiliaires* qui forment indirectement........	un seul cystocarpe..	RHODYMÉNIACÉES.
	plusieurs cystocarpes (par l'intermédiaire de filaments connecteurs)....	GIGARTINACÉES.

(1) Nous avons vu qu'on nomme ainsi, chez les Characées, une formation filamenteuse issue de la spore, et destinée à donner naissance indirectement au thalle nouveau.

Affinités. — Les Floridées réalisent le type le plus élevé parmi les Algues, et nous ne trouvons chez elles aucune forme que nous puissions mettre en parallèle avec les types d'organisation inférieure que nous avons observés chez les autres ordres.

Distribution géographique. — Les Floridées sont, comme les autres Algues, répandues dans toutes les contrées du globe.

Plantes importantes ; usages. — Nous avons eu déjà l'occasion de parler du *Chondrus polymorphus* Lamx (*Ch. crispus* Lyngb., *Sphærococcus crispus* Agarth, *Fucus crispus* L.) de la famille des *Gigartinacées*, de la tribu des *Gigartinées*. Les tétrasporanges se rencontrent, par groupes, sur le bord ou à la surface des dernières ramifications, sur les individus dont le thalle est étroit ; les cystocarpes se montrent, par contre, sur les pieds les plus larges ; ils sont diffus dans le parenchyme des rameaux de deuxième ou troisième degré.

On trouve cette Algue sur les côtes de l'Atlantique, depuis les Açores jusqu'au cercle polaire arctique ; elle abonde aussi sur les rivages de l'Amérique du Nord.

Cette Floridée, improprement nommée *Lichen blanc*, sert à confectionner des gelées analeptiques et des cataplasmes émollients.

Cette espèce fournit plusieurs variétés, entre autres celle que l'on décrit fréquemment comme une espèce différente sous le nom de *Chondrus mammillosus* Grev. (*Gigartina mammilla* Ag.). Cette forme se distingue par son thalle, dont les divisions sont reployées en gouttière, et sur lesquelles les cystocarpes forment des saillies, arrondies ou ovales, ouvertes à la fin par un pore.

On trouve souvent mêlées au Carragaën des parties du thalle d'autres Floridées, entre autres des *Ceramium rubrum*, *Gigartina acicularis*, *Sphærococcus canaliculatus*, etc.

La Mousse de Corse n'est autre chose qu'un mélange de diverses espèces d'Algues, parmi lesquelles certaines sont particulièrement abondantes ; tels sont le *Gigartina Helminthocorton* Lamx, le *Grateloupia felicina* Ag., le *Gelidium corneum* Lamx, l'*Acrocarpus crinalis* Kütz., le *Corallina officinalis* L. On y rencontre encore des Cœlentérés de l'ordre des Sertulaires.

Le *Gigartina Helminthocorton* Lamx (*Sphærococcus Helminthocorton* Ag. ; *Ceramium Helminthocorton* Roth ; *Plocaria Helminthocorton* Endl.) est une Gigartinée qui se présente sous l'aspect d'une touffe serrée de filaments ramifiés par dichotomie (fig. 138), longs de 1 à 2 centimètres. Le cystocarpe y est diffus, et les touffes partielles qu'ils forment font de nombreuses saillies à la surface du thalle.

Le *Corallina officinalis* L. (fig. 133), qui autrefois était employé seul, jouit de faibles propriétés anthelmintiques. Il appartient à la famille des *Cryptonémiacées*.

Le thalle débute ici par la formation d'une expansion discoïdale qui s'applique contre les roches, mais d'où ne tardent pas à s'élever de nombreux filaments articulés, rouges, ramifiés suivant le type

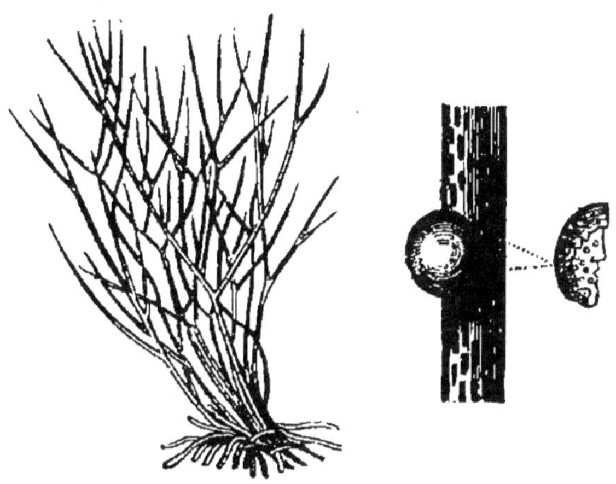

Fig. 138. — *Gigartina helminthocorton.*

penné, et fortement incrustés de carbonate de chaux. Les cellules qui constituent ce thalle sont trapézoïdales, leur extrémité large étant tournée en haut, et disposées en une seule série. Comme nous l'avons vu ailleurs, les tétrasporanges, les oogones et les anthéridies naissent dans des conceptacles portés à l'extrémité de certains rameaux. En se desséchant, cette Algue devient blanche, et prend l'aspect d'un polypier calcaire.

Plusieurs Floridées sont encore employées, soit pour confectionner des gelées, soit comme alimentaires. Tel est le *Gracilaria lichenoïdes* Grév. (*Sphærococcus lichenoïdes* Ag.; *Plocaria lichenoïdes* Nées) qui végète sur la côte de Ceylan et des îles de l'archipel Indien. Elle est décrite sous les noms de Mousse de Jafna, *Fucus lichenoïdes*, Mousse de Ceylan amylacée, et se présente en filaments blancs, ramifiés, minces comme des fils. Si on la soumet à l'ébullition, elle abandonne un résidu que l'on peut mange en guise de légume, et fórme une gelée, décrite par Payen sous le nom de *gélose*. Tel est aussi le nom d'un milieu gélatineux solide préparé en vue de la culture des Bactéries (voy. p. 195).

Le nom d'*Agar-Agar* sert à désigner plusieurs Algues étrangères susceptibles de fournir de la gelée, ou bien encore à désigner la gelée qu'on en retire.

La substance que l'on importe de la Cochinchine en France, et que l'on connaît sous le nom de *colle du Japon*, est, dit-on, préparée avec le *Gelidium spiniforme* Lamx. On l'emploie, dans l'Inde, en Cochinchine et à Maurice pour apprêter les étoffes de soie et la gaze, et pour fabriquer diverses colles ; enfin, on l'utilise également en Europe pour confectionner une gelée de groseille artificielle.

Beaucoup d'autres Algues donnent des produits analogues.

Caractères généraux des Algues.

Les Algues sont des Cryptogames cellulaires dont le thalle est de structure extrêmement variable : tantôt unicellulaire, isolé ou associé à d'autres semblables en un *cœnobium*, tantôt se cloisonnant en cellules qui se dissocient plus ou moins, tantôt enfin pluricellulaire et pouvant alors offrir toutes les formes et toutes les dimensions.

Quelquefois libres ou même mobiles, les Algues sont, le plus souvent, fixées par des sortes de crampons.

Elles croissent à peu près toutes, soit dans la mer, soit dans les eaux douces; plus rarement elles végètent sur la terre humide ou dans le corps d'autres organismes ; d'autres enfin (Bactériacées, par exemple) sont des saprophytes ou des parasites.

La présence de la chlorophylle caractérise essentiellement les Algues, et les distingue des Champignons. Il en est, cependant, qui manquent de cet élément, sans qu'on puisse les retrancher de la classe des Algues auxquelles les rattache intimement leur organisation.

La chlorophylle existe seule chez les Chlorophycées ; partout ailleurs elle est unie à des pigments divers qui en masquent partiellement ou complètement la couleur. Ces pigments, qui se distinguent de la chlorophylle par leur solubilité dans l'eau, leur insolubilité dans l'alcool et l'éther, sont :

La *phycophéine* (Algues brunes ou *Phéophycées*) ;

La *phycocyanine* (Algues bleues ou *Cyanophycées*) ;

La *phycoérythrine* (Algues rouges ou *Floridées*).

La présence de la chlorophylle dans les Algues assure leur faculté d'assimilation pour le carbone. La *bactério-purpurine* donne la même propriété aux Bactéries qui en contiennent.

Rappelons encore ici, chez un grand nombre d'Algues, les *pyrénoïdes* (1), et chez un certain nombre l'amylo-dextrine.

Les Algues peuvent se multiplier : 1° *Par simple division ;* 2° *Par propagules ;* 3° *Par des spores asexuées,* mobiles ou immobiles ; 4° *Enfin par gamètes plus ou moins différenciés,* mobiles ou immobiles. Chez les formes les plus perfectionnées, la reproduction sexuelle a lieu par la fécondation d'une *oosphère* formée dans un *oogone,* par des *anthérozoïdes* produits dans des *anthéridies.*

L'œuf fécondé ou *oospore* donne directement ou indirectement un nouveau thalle.

La répartition des Algues en ordres repose, comme nous le savons, surtout sur la nature de leur pigment. Bien qu'établis d'après un caractère qui semble n'avoir pas grande valeur, certains de ces ordres sont tellement bien définis, qu'ils ont été conservés par tous les classificateurs, avec des dénominations différentes. Tel est surtout l'ordre des *Floridées,* de Thuret, de Lamouroux, que Harvey avait nommé *Rhodospermées* et Decaisne *Choritosporées.* Les Phéophycées de Thuret étaient à peu près les *Aplosporées* de Decaisne et les *Mélanosporées* de Harvey, etc.

Les Algues sont des plantes essentiellement aquatiques. Un petit nombre seulement vivent dans les lieux simplement humides, d'autres enfin végètent en symbiose avec des Champignons, pour former avec eux des Lichens (voir plus loin) et, dans ces conditions, elles peuvent se rencontrer sur les sols les plus secs et les rochers les plus arides, à condition que de l'humidité soit fournie au Champignon qui les abrite.

Les Algues marines végètent sous des climats différents et à des profondeurs variables. Tandis que les Algues vertes sont à peu près également représentées sous toutes les latitudes, les Algues brunes appartiennent plutôt aux régions froides, les Algues rouges aux climats chauds et tempérés. L'*Anabaina thermalis,* qui est une Algue bleue du groupe des Oscillaires, vit dans des eaux minérales dont la température n'est pas moindre de 40°; d'autre part, le *Protococcus nivalis* se développe sur la neige.

Certaines Algues végètent à d'énormes profondeurs. Quelques *Sargassum* (Fucacées) ont été rencontrés à 200 mètres, et certaines Diatomées forment de véritables bancs à des niveaux bien inférieurs.

Nous signalerons encore cette énorme accumulation des *Sargassum natans* dans l'océan Atlantique (entre 40° et 43° de longitude O. et vers 37° et 38° de latitude N.), région traversée pour la première fois par Christophe Colomb, et appelée depuis *mer de Sargasses.*

____

(1) Cristalloïdes de substance albuminoïde, accompagnés ou non de grains d'amidon (v. p. 201).

CLASSE II. — CHAMPIGNONS

Nous savons déjà quels sont les liens et les différences qui existent entre les Champignons et les Algues (p. 177). Nous résumerons plus tard les caractères de cette seconde classe de Thallophytes.

Nous les répartirons, avec M. Van Tieghem, en six ordres : Myxomycètes, Oomycètes, Ustilaginées, Urédinées, Basidiomycètes et Ascomycètes.

ORDRE I. — MYXOMYCÈTES

Nous considérerons l'ordre des Myxomycètes comme le plus inférieur de tous les ordres de Champignons. Ils sont compris parmi ces organismes dont la place est presque intermédiaire entre les deux règnes (1).

Les Myxomycètes sont essentiellement saprophytes ; ils vivent dans les détritus de bois mort, au milieu des débris de feuilles, dans la poudre de tan. Nous allons esquisser rapidement les phases de leur évolution.

Spores. — Les spores de ces organismes sont arrondies au début ; elles deviennent plus tard concaves sur un de leurs côtés, et présentent, le plus souvent, une teinte rouge, jaune, violette, etc. ; rarement elles demeurent incolores. Elles possèdent un noyau à contours nets, et leur membrane donne les réactions de la cellulose. La présence de l'humidité est nécessaire pour que le contenu de la spore passe à l'état de vie active. A ce moment-là, l'enveloppe s'ouvre, et le protoplasma en sort avec son noyau.

Il demeure quelque temps immobile ; mais il s'allonge bientôt, et s'amincit à l'une de ses extrémités qui s'étire en un cil vibratile. C'est dès lors une *zoospore* (fig. 139, B, *a* et *b*) qui possède un noyau vers son extrémité ciliée, et une vacuole contractile à l'autre bout.

Myxamibes et plasmodium. — Après avoir rampé quelque temps, la zoospore s'arrête, perd son cil et commence une autre phase. A partir de ce moment elle se nourrit, augmente de volume, et devient tout à fait semblable à ces Protozoaires que l'on décrit en zoologie sous le nom d'*amibes* (C). Limité seulement par une mince pellicule protéique, le protoplasma se contracte ou s'étale dans diverses directions, émet des prolongements dans lesquels il coule, en quelque sorte, tout entier, et pendant qu'il se meut ainsi, il englobe des particules nutritives dont il utilise les principes assimilables, et dont le résidu est refoulé au dehors. A un moment donné, le *myxamibe* (on se sert de ce nom pour désigner

(1) Aussi la vraie nature des Myxomycètes a-t-elle été discutée ; Hœckel les rangeait parmi ses Protistes, et M. de Bary, qui les considérait comme des animaux, les nommait *Mycétozoaires*, pour indiquer à la fois leur nature animale et leur ressemblance avec les Champignons.

cette phase du Myxomycète) s'étrangle en son milieu, après avoir divisé son noyau, et se sépare en deux nouveaux myxamibes qui s'accroissent et se divisent à leur tour. Leur multiplication par division et leur nutrition se poursuivent aussi longtemps que la composition du milieu nutritif le permet; mais, quand celui-ci commence à s'épuiser, s'ouvre pour le Champignon une phase nouvelle, celle de *symplaste* ou de *plasmodium*.

On voit les myxamibes converger tous vers un point du milieu commun (D), et s'y fusionner lentement en une masse qui s'accroît sans cesse

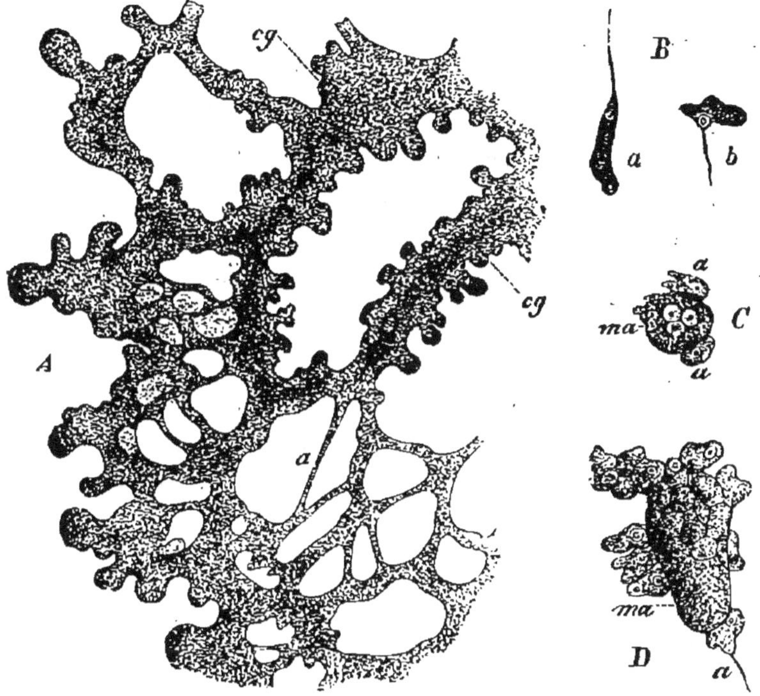

Fig. 139. — *Didymium leucopus* Fr. (d'après Cienkowski). — A, portion d'un plasmode bien formé, *cg*, courant de granules ; *a*, rameau extrêmement délié (100/1). — B, deux zoospores, *ab*, avec leur cil. — C, un myxamibe, *ma*, résultant de la fusion de plusieurs zoospores et auquel il vient s'en joindre deux autres, *aa*. — D, un myxamibe, *ma*, beaucoup plus développé, auquel il vient se réunir beaucoup de zoospores sans cils, mais dont une, *a*, conserve encore son cil.

par l'adjonction de nouvelles masses protoplasmiques. Il se forme ainsi un ou plusieurs *plasmodium* (A) ou plasmodes, dans lesquels cependant les noyaux conservent leur individualité, ce qu'exprime le nom de *symplastes* par lequel on les désigne également. La masse ainsi constituée, transparente et limpide à la surface, simplement limitée par une mince enveloppe protéique, est granuleuse dans son milieu, où se trouvent les noyaux.

Parvenu à cet état, le Myxomycète a été l'objet d'observations très intéressantes, car le symplaste, parfois très volumineux, fournit ainsi une quantité suffisante de protoplasma vivant pour servir, soit à l'étude de sa composition, soit à celle des divers phénomènes dont il est le siège. Le plasmode de l'*Æthalium septicum*, qui vit sur le tan, et quel'on nomme *fleur de tan* ou *tannée fleurie*, occupe jusqu'à 2 ou 3 décimètres de surface et 2 ou 3 centimètres d'épaisseur, et se montre particulièrement favorable à ce genre d'expériences.

Pas plus que les myxamibes, le plasmode que forment ces derniers n'est immobile. On le voit bientôt changer de forme, émettre des *pseudopodes* (1), tantôt épais et lobés, tantôt plus ou moins grêles, simples ou ramifiés, qui, en se rencontrant et se fusionnant de diverses manières, finissent par constituer une sorte de réseau à mailles irrégulières. Des courants protoplasmiques très appréciables, grâce au déplacement des granulations qui en occupent la région moyenne, parcourent ce réseau dans tous les sens, tandis que la masse entière se déplace sur son substratum, c'est-à-dire sur le corps qui le supporte, d'un mouvement oscillatoire, moins prononcé dans une direction que dans une autre, vers laquelle il y a progression lente. Ce mouvement d'ensemble est, d'ailleurs, lié à des conditions de lumière et d'humidité.

Les stades de *zoospores*, de *myxamibes* et de *plasmodium* constituent la période du Myxomycète que l'on peut appeler *période végétative*. Au plasmode succède enfin le *stade de fructification*.

Sporange. — Cette phase est annoncée par une tendance que montre le plasmode à s'élever, en rampant, le long des divers objets qu'il trouve à sa portée, tels que pieux, tiges de plantes, etc. Il s'arrête enfin, s'arrondit plus ou moins, et se transforme tout entier en un appareil fructificateur, de forme variée, qu'une portion étalée en disque fixe au substratum. Il s'entoure alors d'une membrane cellulosique, qui s'épaissit et se durcit de bas en haut. Dans la *tannée fleurie*, plusieurs sporanges sont ainsi plongés dans une masse commune, mais ici tout le protoplasma n'est pas employé à constituer les spores : une partie s'organise en un feutrage de filaments nommé *capillitium*, donnant aux réactifs les réactions de la cellulose cuticularisée, et dont le rôle est d'amener, en se détendant, la rupture des parois du sporange et la dissémination des spores mêlées à ces filaments. Chez l'*Æthalium* (ou *Fuligo*) *septicum*, cet appareil, dans son ensemble, s'offre sous l'aspect d'un gâteau, large de 3 à 33 centimètres, épais de 1 à 3 centimètres, d'un gris noir, et tombant en poussière dès qu'on en brise la couche extérieure desséchée.

Le sporange des Myxomycètes revêt, d'ailleurs, les formes les plus variées; il est, chez certaines espèces, plus ou moins longuement pédicellé; ailleurs il est sessile, globuleux ou allongé (fig. 140, A), parfois en forme de tube onduleux appliqué sur le support, etc. Le capillitium peut manquer; ailleurs les tubes qui le forment sont marqués, soit en dehors, soit en dedans, d'épaississements en forme d'anneaux (C), de spires (E) ou de verrues.

Très rarement, enfin, les spores sont produites à l'extérieur du spo-

(1) On nomme ainsi les *processus* ou prolongements qu'émet le protoplasma vivant, lorsqu'il n'est pas limité par une enveloppe, processus à l'aide desquels il se meut et se nourrit. Les pseudopodes peuvent se rétracter et se fondre dans le protoplasma commun, ce qui n'arrive jamais aux appendices locomoteurs proprement dits, dont l'existence est permanente (tels sont les cils des zoospores et des anthérozoïdes).

range, d'où le nom de *Myxomycètes exosporés* donné aux genres qui offrent ce caractère, les autres étant alors des *endosporés*.

Ces spores, en germant dans des conditions convenables, donnent naissance à des zoospores qui recommencent le cycle. Ce dernier comprend ainsi cinq phases :

1° *Spores dormantes* (c'est-à-dire demeurant quelque temps à l'état de vie latente).

2° *Zoospores.*

3° *Myxamibes.*

4° *Plasmodium.*

5° *Fructification.*

Comme beaucoup de Cryptogames inférieures, les Myxomycètes peuvent subir l'enkystement, si les conditions de milieu leur deviennent défavorables. Ce phénomène consiste, lorsqu'il s'agit d'un plasmodium, dans la concentration du protoplasma, autour de chaque noyau, en une petite masse qui s'entoure d'une membrane cellulosique, et l'ensemble ainsi constitué peut rester à l'état de vie latente pendant des mois et même des années.

Des zoospores, des myxamibes isolés peuvent également s'enkyster.

On ne connaît aucun cas de reproduction par gamètes chez les Myxomycètes.

Classification. — On établit généralement dans cet ordre trois familles dont la plus importante est celle des *Endomyxées*, qui réalisent les caractères que nous avons décrits plus particulièrement chez l'*Æthalium septicum.*

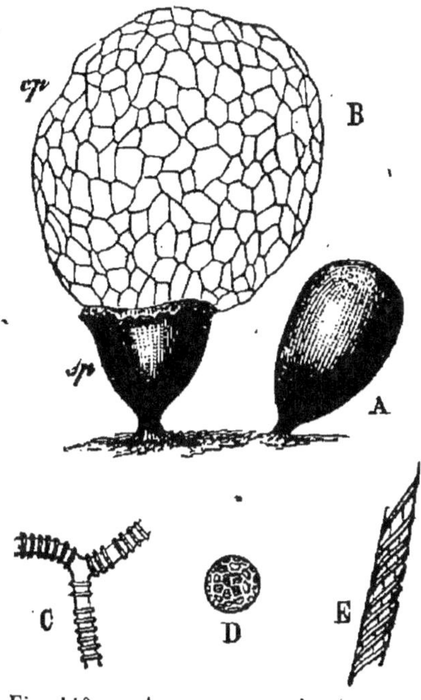

Fig. 140. — A, sporange mûr et encore fermé de l'*Arcyria incarnata* (20/1). — B, sporange ouvert, *sp*, avec son capillitium, *ep*, étalé. — C, portion de filaments du capillitium de l'*Arcyria serpula* Wigand. — D, une spore du même (390/1). — E, portion d'un filament du capillitium du *Trichia fallax* Fr.(390/1; d'après de Bary).

Les *Ceratium*, qui se développent en saprophytes sur le bois mort des Conifères, se distinguent essentiellement des Endomyxées *par leurs spores exogènes*. Ces dernières se forment, soit sur des filaments dichotomiques, dressés sur le plasmode condensé en une sorte de gâteau, soit sur la paroi de nombreuses alvéoles, dont se creuse la surface de ce dernier. Les *Ceratium* forment à eux seuls la famille des *Cératiées.*

Enfin les *Acrasiées*, qui végètent particulièrement sur les excréments des herbivores, sont nettement caractérisés par leurs myxamibes qui, au lieu de se fondre en un symplaste, se juxtaposent seulement en un plasmode agrégé, dans lequel on les voit grimper les uns sur les autres, pour constituer l'appareil sporifère. Ce dernier, d'ailleurs, ne forme point de membrane cellulosique ; les spores se trouvent seulement entourées d'une masse gélatineuse.

ORDRE II. — OOMYCÈTES

On range dans cet ordre tous les Champignons chez lesquels, *indépendamment de la reproduction par spores, on a constaté la formation d'œufs provenant de gamètes plus ou moins différenciés sexuellement.* Mais les limites de ce groupe doivent être considérées comme provisoires, car il est vraisemblable que beaucoup de Champignons en sont exclus, uniquement parce que leur histoire évolutive ne nous est pas complètement connue.

Les Champignons Oomycètes offrent encore, comme caractères communs, d'avoir *un thalle non cloisonné en cellules,* et revêtu d'une enveloppe qui, tôt ou tard, prend les caractères chimiques de la cellulose.

FAMILLE I. — VAMPYRELLÉES

On place quelquefois parmi les Oomycètes la famille des *Vampyrellées.* Ce sont des organismes d'une structure très simple, parasites ou commensaux, soit sur des animaux, soit sur des plantes, et qui, pendant leur période végétative, se présentent sous la forme de myxamibes susceptibles ou non de se fusionner en un plasmodium.

A un moment donné, ce plasmodium ou les myxamibes, lorsqu'ils demeurent isolés, rétractent leurs pseudopodes et s'entourent d'une enveloppe de cellulose; puis, leur protoplasma se divise en un nombre plus ou moins considérable de petites masses qui, mises en liberté, constituent tout autant de zoospores. Ces dernières, enfin, se transforment en myxamibes qui recommencent le cycle.

A chacun de ces stades (zoospores, myxamibes, plasmodium), ces petits organismes peuvent s'enkyster, si les conditions extérieures deviennent défavorables.

L'une des Vampyrellées les mieux connues est le *Protomyxa aurantiaca* découvert en 1867 par Hæckel, sur les côtes des îles Canaries, et qui vit en commensal sur la coquille d'un mollusque céphalopode, le *Spirula Peronii.*

L'apparition de la cellulose dans leur enveloppe, et leur *reproduction par spores* motivent la place des Vampyrellées parmi les végétaux; leur *genre de vie* et l'*absence de chlorophylle* d'une part, et de l'autre la *fusion fréquente de leurs myxamibes,* que l'on peut dès lors considérer comme des isogamètes, légitiment leur place parmi les Champignons Oomycètes.

FAMILLE II. — CHYTRIDIACÉES

Ces organismes sont, pour la plupart, parasites sur des Algues; quelques-uns s'attaquent aux Infusoires, d'autres enfin, beaucoup plus rares, à des plantes terrestres.

Parmi ces derniers sont les *Plasmodiophora*, dont une espèce attaque les Crucifères, et détermine la production de hernies sur leurs racines. Les spores, immobiles et pourvues d'une membrane cellulosique, épanchent, au moment de la germination, tout leur contenu dans une cellule de la plante nourricière. Là, le protoplasma parasite vit à la façon d'un myxamibe, sans jamais se revêtir d'une membrane, jusqu'au moment où il se condensera en petites masses pour former des spores nouvelles.

Chez les autres genres les spores sont mobiles (zoospores) et nues. Arrivée à son lieu d'élection, la zoospore devient un myxamibe qui, en partie ou en totalité, pénètre dans la cellule nourricière et se revêt, dans tous les cas, d'une membrane cellulosique.

Les zoospores naissent, soit dans la cellule nourricière même, si tout le protoplasma de l'amibe y a pénétré, soit en dehors d'elle, dans des *zoosporanges* qui se forment sur la partie extérieure du thalle.

Les spores ne passent jamais à l'état de gamètes. Mais souvent on constate la conjugaison de deux myxamibes, ou même la formation, sur le thalle, de tubes connecteurs semblables à ceux des Conjuguées, et dans lesquels se forme une *zygospore* par fusionnement de deux isogamètes.

On peut résumer ainsi qu'il suit ces caractères :

CHYTRIDIACÉES

Champignons inférieurs formant presque toujours des zoospores, rarement (*Plasmodiophora*) des spores immobiles pourvues d'une membrane, mais, dans tous les cas, ne se fusionnant pas pour former un plasmode. Chez certaines d'entre elles, il y a formation d'œufs par fusionnement de gamètes plus ou moins différenciés au point de vue sexuel.

Sporange extérieur. — **Chytridiées.**

Zoosporange ou sporange intérieur. — **Olpidiées.**

FAMILLE III. — MUCORINÉES

Presque toutes les Mucorinées vivent en saprophytes sur les matières organiques les plus variées, détritus d'animaux ou végétaux, fruits en voie de décomposition, matières alimentaires plus ou moins altérées. C'est, d'ailleurs, parmi les Mucorinées que l'on trouve certaines moisissures des plus communes. Nous verrons tout à l'heure que plusieurs d'entre elles offrent, dans leur manière de vivre, des phénomènes très intéressants et très instructifs au point de vue de la biologie générale.

Description spéciale de quelques Mucorinées. — Parmi les Mucorinées les plus faciles à observer, nous choisirons comme exemple le *Mucor mucedo* et le *Rhizopus nigricans*, que l'on est à peu près sûr d'obtenir, mêlés à d'autres moisissures que nous étudierons plus loin, en abandonnant à l'air de la pulpe de fruit ou du pain humide.

Mycélium (fig. 141, A). — Si nous prenons comme point de départ
la spore asexuée, nous verrons cette dernière, arrivée dans un milieu
favorable, rompre son enveloppe externe (*exospore*), et le protoplasma, limité par la membrane interne (*endospore*) s'allonger en
un tube qui, se ramifiant bientôt, suivant le mode penné s'il s'agit
du *Mucor*, finit par former un enchevêtrement blanchâtre de filaments de plus en plus fins. Cet *état filamenteux du thalle d'un Champignon dans sa période végétative* nous offre un premier exemple
de ce qu'on appelle un *mycélium*. Le mycélium caractérise le stade

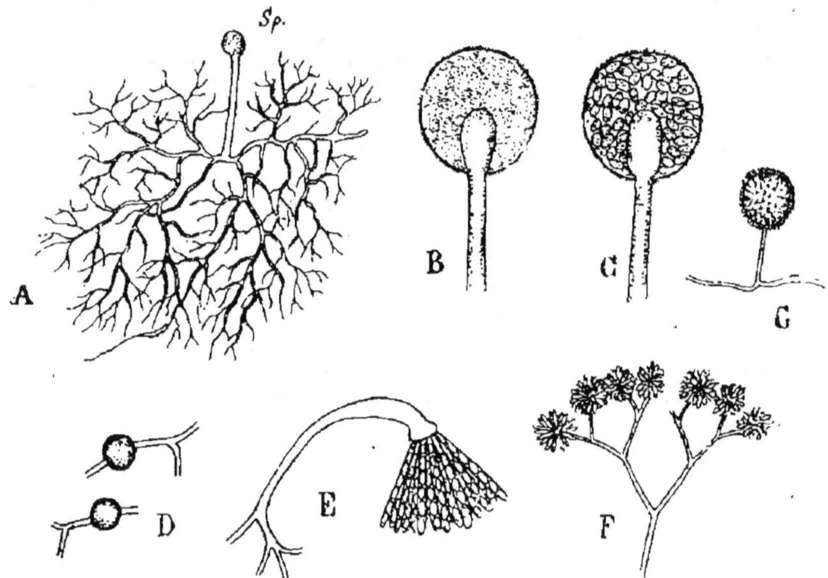

Fig. 141. — A, mycélium d'un *Mucor* avec un filament dressé sporangifère, S*p*. — B, un
sporange de *Mucor* avant la formation des spores. — C, sporange mûr. — D, chlamydospores. — E, capitule de *Syncephalis*. — F, capitules en cymes dichotomes de *Piptocephalis* (Courchet).

végétatif de la plupart des Champignons; mais nous verrons qu'il
peut varier beaucoup comme structure et comme aspect.

Le mycélium se nourrit aux dépens du substratum sur lequel
il s'étend de plus en plus en émettant des filaments absorbants
dans la masse nutritive ; le tube est, à ce moment, entièrement dépourvu de cloison. Mais le protoplasma, se portant toujours vers
l'extrémité des tubes, abandonne, en se retirant, des portions vides
de matière vivante, et remplies simplement d'un liquide hyalin.
Il peut arriver alors que la partie occupée par le protoplasma se
sépare du reste du mycélium par une lame cellulosique. On est

en droit de considérer cette lame bien plutôt comme une formation
cicatricielle que comme une vraie cloison, puisque le protoplasma
reste toujours tout entier sur un seul de ses côtés.

Chez le *Rhizopus nigricans*, le mycélium est superficiel, et envoie simplement des filaments absorbants dans la masse nutritive ; chez le *Mucor mucedo*, le mycélium se développe de la même manière, mais dans
les profondeurs mêmes de la substance organique qu'il envahit.

Formation des spores (fig. 141, A, B et C). — Quand le mycélium
est devenu suffisamment fort et étendu, le Champignon entre dans
la phase de fructification.

On voit à cet instant, chez le *Mucor mucedo*, par exemple, plusieurs des ramifications du thalle se dresser verticalement, et leur
protoplasma, condensé dans leur partie terminale, se sépare par une
cloison au-dessus de laquelle va se constituer le sporange. La cellule terminale ainsi formée s'arrondit, le protoplasma se ramasse
autour des nombreux noyaux qu'il contient, et des cloisons se forment simultanément de façon à diviser le contenu en autant de
cellules nouvelles, qui sont les *cellules mères des spores*. Dans chacune de ces cellules, le protoplasma s'entoure d'une membrane
propre, puis, les cloisons des cellules mères se détruisant, les spores deviennent libres dans l'intérieur du sporange, dont la paroi se
montre incrustée de pointes cristallines d'oxalate de chaux. Dans
les genres *Rhizopus* et *Mucedo* la cloison qui sépare le pédicelle de
la cavité du sporange fait, dans celle-ci, une hernie en forme de
columelle. En ce point est sécrétée une gouttelette de liquide qui
suffit pour dissoudre la paroi du sporange dont les pointes cristallines se dispersent, et les spores sont mises en liberté.

Reproduction par gamètes. — La reproduction par gamètes n'a été
tout d'abord observée que sur deux espèces : le *Sporodinia grandis*
et le *Rhizopus nigricans ;* mais on l'a depuis constatée chez un très
grand nombre d'autres, avec des modifications plus ou moins importantes. Chez le *Sporodinia* (fig. 142), qui vit en parasite sur certains
gros Champignons, on voit çà et là, sur le mycélium qui se ramifie
par division dichotomique, deux des filaments issus d'une même
bifurcation émettre directement l'un vers l'autre deux processus
qui arrivent enfin au contact. Alors, de part et d'autre de la double
cloison qui sépare leurs deux cavités, se produit, dans chaque processus, une cloison qui en isole une portion de forme discoïdale.
Enfin la double cloison se résorbe, et les deux protoplasmas se
fusionnent entièrement pour former l'*œuf*. Mais ce dernier ne

tarde pas à grossir beaucoup, aux dépens des matières nutritives accumulées dans les portions voisines des deux tubes connecteurs, portions qui se sont renflées à cet effet, et par bipartition répétée, son noyau donne naissance à un grand nombre d'autres. La masse protoplasmique, ainsi constituée, sécrète une membrane cellulosique solide et hérissée de verrues. Incolore par elle-même, cette masse demeure entourée par la membrane des deux cellules confondues, qui est d'une teinte brun foncé. C'est là ce qu'on nomme une *Zygospore* ou plutôt un véritable embryon, abondamment pourvu de réserves nutritives et surtout de corps gras, qui passe à l'état de vie latente.

En germant dans des conditions convenables, la Zygospore reproduit le thalle primitif.

Le *Mucor mucedo* donne lieu à un mode de reproduction par gamètes immobiles comparable à ce qui se passe chez le *Sporodinia* : les deux cellules qui se fusionnent sont tout à fait semblables, et l'isogamie est complète.

Chez le *Rhizopus nigricans*, les deux processus sont simplement issus de deux filaments voisins, produits ou non par un même rameau. Des deux cellules conjuguées l'une, que l'on considère comme l'élément femelle, est plus grosse que l'autre qui, dès lors, représente l'élément mâle.

L'analogie qui existe entre ce mode de conjugaison et celui qui caractérise les Algues vertes conjuguées est évidente.

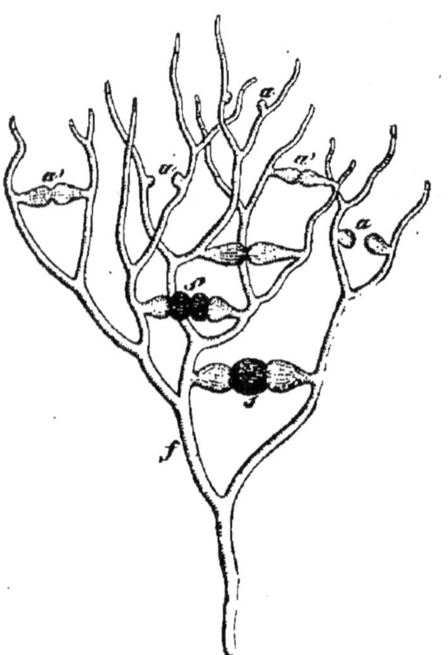

Fig. 142.— *Sporidinia grandis* Linck (*Syzyitges megalocarpus*), Ehr. — Un pied montrant la conjugaison à divers degrés. — *f*, filament dichotome qui constitue le Champignon ; *aa*, mamelons de conjugaison plus ou moins développés ; *a'a'*, les mêmes arrivés au contact ; *s'*, deux azygospores ; *s*, zygospore bien formée (fortement grossi ; d'après Bonorden).

Autres genres de Mucorinées. — Nous venons d'esquisser la marche ordinaire et les principales phases de l'évolution des Mucorinées. Nous allons essayer de compléter ces données par l'examen des particularités que nous offrent les genres voisins de ceux que nous venons d'étudier, et par quelques considérations plus générales sur l'ensemble du groupe.

Divers modes de vie du mycélium. — La forme filamenteuse et ramifiée du mycélium issu de la spore, telle que nous venons de la décrire, est normale chez les Mucorinées, lorsqu'elles végètent dans les conditions ordinaires d'aération et de milieu.

Mais si on plonge ce mycélium dans la profondeur des liquides, c'est-à-dire si on le force à vivre dans un milieu pauvre en oxygène ou privé d'oxygène, les diverses espèces ne se comportent plus de la même manière. Les *Mucor mucedo*, *Rhizopus nigricans* et bien d'autres, ne pouvant supporter l'asphyxie, meurent bientôt dans ces conditions. Mais le mycélium des *Mucor racemosus*, *spinosus*, *circinelloides*, etc., résiste en se déformant dans ce nouveau milieu ; les filaments que remplit le protoplasma se découpent, par des cloisons parallèles, en cellules qui ne tardent pas à s'arrondir comme les articles d'un chapelet, puis se séparent les unes des autres. Le thalle, en d'autres termes, *s'émiette*, suivant une expression souvent usitée. Les articles dissociés bourgeonnent à leur tour, donnent naissance à des articles semblables qui s'isolent de la même manière ; en un mot le thalle prend tout à fait l'aspect d'une levure (1).

Mais l'analogie ne se borne pas aux caractères morphologiques. Si dans le milieu nutritif non aéré il se trouve du sucre de Canne, ce dernier est absorbé par le Champignon sans se dédoubler, car ce mycélium ne forme point d'*invertine*, ferment soluble nécessaire pour intervertir ce sucre qui ne peut fermenter directement. Mais si le milieu renferme du sucre de Canne préalablement interverti, ou du glucose, ces principes sont aussitôt dédoublés par le Champignon, devenu pour l'instant anaérobie, en alcool, acide carbonique, acide succinique et glycérine. Il s'établit, en un mot, une fermentation alcoolique en tout semblable à celle que déterminent les vraies levûres et, comme dans tous les cas semblables, cette fermentation est essentiellement liée à la vie sans air du mycélium. Rétablit-on autour d'eux les conditions primitives, avant que l'asphyxie n'en ait éteint la vitalité (ce qui arrive fatalement après un temps plus ou moins long), on voit les articles du thalle émietté s'allonger de nouveau en filaments, pour reproduire le mycélium normal (2).

(1) Voir plus loin.

(2) Nous avons dit ailleurs comment on a reconnu que ce caractère des ferments alcooliques n'est pas spécial à tel ou tel organisme, mais se trouve essentiellement lié à une faculté plus ou moins grande de résistance à l'asphyxie (p. 148).

Plusieurs Mucorinées sont parasites sur d'autres Champignons, souvent même sur d'autres Mucorinées.

Chlamydospores (fig. 141, D). — Les Mucorinées qui montrent le plus de tendance à se modifier ainsi sont également celles qui, dans certaines conditions, peuvent s'enkyster d'une façon particulière. Sur certaines parties du mycélium, on voit le protoplasma se condenser en petites masses qui s'isolent par des cloisons du reste du filament, puis s'enveloppent d'une membrane propre. Ces sortes de spores solitaires sont susceptibles de germer à la manière des spores ordinaires, quand le milieu reprend ses propriétés primitives ; les mycologues leur ont donné le nom de *chlamydospores*.

Sporanges. — Les sporanges naissent isolément dans les exemples où nous avons étudié leur formation ; mais chez d'autres espèces ils sont réunis en grappes (*Mucor racemosus*), en épis (*Chetocladus*), en ombelles sessiles (*Rhizopus nigricans*) ou pédicellées, en capitules (*Syncephalis*, *Piptocephalis* fig. 141, E, F), etc.

Le sporange lui-même varie depuis la forme arrondie que nous trouvons chez les *Mucor*, *Rhizopus*, etc., jusqu'à celle d'un long cylindre dans lequel les spores naissent en une seule série ; tels sont les sporanges qui constituent les capitules des *Syncephalis*. Il peut arriver enfin qu'un même filament fructifère se termine par un sporange plus volumineux que ceux des ramifications latérales, ainsi qu'on le constate chez les *Mortierella*.

Les sporanges mûrs se déchirent d'une manière irrégulière, ou bien s'ouvrent par une fente qui se produit dans la région inférieure de la membrane ; nous avons vu cette paroi être complètement dissoute chez le *Mucor mucedo*, au moment de la dissémination des spores. Chez certains autres *Mucor*, l'enveloppe beaucoup plus résistante ne se détruit que bien après que le sporange s'est détaché de sa tige.

Chez les *Pilobolus*, l'appareil sporifère est projeté élastiquement par la partie renflée en boule du filament qui le supporte.

Conidies (fig. 141, G). — Les *Mucor*, *Rhizopus*, *Pilobolus*, *Sporodinia*, et bien d'autres, ne produisent que des spores formées dans des sporanges, spores qui sont communes à toutes les Mucorinées. Mais certaines d'entre elles, appartenant aux genres *Mortierella*, *Choanephora* et *Syncephalis*, placées dans des conditions déterminées, émettent de petits rameaux dressés, solitaires ou groupés, simples ou ramifiés suivant les types, et se terminant chacun *par une spore unique*, dont la membrane est ordinairement hérissée de verrues ou de pointes. Ces spores, différentes des spores normales comme aspect et comme mode de formation, peuvent en germant reproduire le thalle, ou former un petit filament terminé par un sporange. On donne ordinairement à ces spores le nom de *conidies* (1).

Suivant les circonstances, les Mucorinées susceptibles de produire des conidies ne forment que des spores de cette nature, ou ne portent que des spores ordinaires. Il est bien rare que le même thalle produise en même temps ces deux sortes de spores.

Œuf et embryon. — La formation des spores est le mode normal de reproduction chez les Mucorinées. Pour que les gamètes interviennent il faut, en général, que certains changements se produisent soit dans le milieu ambiant, soit dans le mycélium lui-même, changements propres à diminuer la vitalité de ce dernier. La formation de l'œuf survient alors pour assurer la conservation de l'espèce.

La marche du phénomène est plus ou moins différente de celle que nous connaissons déjà, suivant les genres chez lesquels il se manifeste. Ainsi, chez les *Syncephalis*, les deux tubes conjugateurs marchent d'abord parallèlement à côté l'un de l'autre, puis se courbent brusquement pour s'unir. Chez les *Phycomyces*, les deux tubes sont tout d'abord étroitement appliqués l'un contre l'autre et même engrenés l'un dans l'autre, puis ils s'écartent en décrivant une courbure qui les ramène enfin à se toucher par leurs extrémités comme les deux mors d'une pince. Dans ces deux cas, l'œuf se forme dans la partie supérieure commune aux deux tubes, où se trouvent localisés les deux protoplasmas confondus.

Ailleurs les deux tubes connecteurs émettent, tout autour de la zygospore qu'ils ont formée, un feutrage de filaments ramifiés qui la recouvre en entier. Il peut arriver que la cloison commune ne se résorbant pas entre deux tubes connecteurs accolés, chacun d'eux forme, vers son extrémité, un embryon capable de germer. On donne à cet embryon le nom d'*azygospore* (fig. 142, *s'*), pour indiquer qu'il ne résulte pas du fusionnement de deux protoplasmas. Il est enfin, parmi les Mucorinées, des espèces *apogames*, c'est-à-dire chez lesquelles il n'y a jamais fusionnement de gamètes, mais où des *azygospores* peuvent se former.

____

(1) Le mot de *conidies*, terme assez vague d'ailleurs, sert habituellement pour désigner des spores qui, chez certaines Cryptogames, ne se forment que dans des conditions particulières et d'une façon presque accidentelle, ou bien encore des spores qui, au cours de l'évolution de la plante, apparaissent comme un moyen de reproduction supplémentaire, à côté des spores normales.

Nous pourrons résumer de la manière suivante les caractères généraux des Mucorinées et ceux de leurs subdivisions.

Résumé.

Les Mucorinées sont des Oomycètes presque toujours saprophytes, rarement parasites sur d'autres Champignons, dont le *mycélium filamenteux*, plus ou moins richement ramifié, est formé de *tubes continus*, libres ou anastomosés, dans lesquels le protoplasma se porte sans cesse aux extrémités, et peut alors se séparer par une cloison de la portion demeurée vide. Le thalle de quelques espèces s'émiette lorsqu'on le force à vivre à l'abri de l'air, et devient alors semblable à une levure.

Les Mucorinées se reproduisent :

1° Par *spores endogènes,* naissant en plus ou moins grand nombre dans des sporanges portés par des filaments dressés ;

2° Par des *conidies,* spores qui ne se montrent que chez certaines espèces et dans des conditions spéciales ; elles sont solitaires au sommet de filaments dressés ;

3° Par des sortes de *gemmes* ou *spores internes,* naissant isolément le long du mycélium (*chlamydospores*) ;

4° Enfin par *gamètes isogames,* formés dans des tubes conjugateurs. Le résultat de la conjugaison est un *œuf* dont le noyau se divise rapidement, et qui se change bientôt en un véritable embryon nommé *zygospore.*

On nomme *azygospores* des embryons formés dans les tubes conjugateurs, sans qu'il y ait eu mélange de leurs protoplasmas. Certaines espèces, dites *apogames,* ne possèdent que des *azygospores.*

MUCORINÉES.

			Tribus.
Mycélium formés de *filaments non cloisonnés.* — Reproduction par *spores endogènes,* par *conidies,* par *chlamydospores* enfin par *zygospores* ou *azygospores.* Champignons presque toujours saprophytes.	Une columelle, pas de conidies.	Membrane du sporange cutinisée, excepté suivant un anneau basilaire où elle se détruit au moment de la déhiscence..............	**Pilobolées.** Genres : *Pilobolus, Pilaira,* etc.
		Membrane indéhiscente ou disparaissant en entier au moment de la déhiscence.....	**Mucorées.** Genres : *Mucor, Rhizopus, Phycomyces, Circinella,* etc.
	Pas de columelle, des conidies.	Sporanges sphériques, isolées.	**Mortiérellées.** Genres *Mortierella,* etc.
		Sporanges cylindriques groupés en capsules..........	**Syncéphalées.** Genres : *Syncephalis, Piptocephalis,* etc.

Affinités. — Nous trouvons pour la première fois dans les Mucorinées, le type de vrais Champignons; ce groupe, par l'aspect de son thalle et ses divers modes de reproduction, se sépare nettement des premières familles que nous avons étudiées, et se rattache bien plus étroitement aux formes supérieures, particulièrement aux Ascomycètes (voir plus loin).

Espèces importantes. — Beaucoup de Mucorinées constituent des moisissures (1) communes; quelques-unes s'attaquent volontiers aux conserves alimentaires de nature diverse, et même au pain sur lequel on les rencontre fréquemment à côté des *Aspergillus* (Champignons-Ascomycètes, voir plus loin). D'autres développent leur mycélium dans la chair des fruits dont ils déterminent la pourriture.

Quelques espèces, dont la végétation s'effectue bien encore à des températures relativement élevées, peuvent, si elles pénètrent accidentellement dans le sang des animaux, déterminer dans l'organisme des phénomènes redoutables et souvent mortels, connus sous le nom de *mycose*. On signale encore des cas d'inflammation douloureuse du tympan ou de l'oreille externe, par suite de la présence de Mucorinées dans le conduit auditif.

Nous savons que le thalle émietté de certaines Mucorinées peut déterminer la fermentation alcoolique en présence du sucre du raisin. On a pu avec le *Mucor circinelloides*, par exemple, obtenir une bière dont le goût diffère peu de celui de la bière ordinaire.

Parmi les espèces les plus remarquables, nous citerons : l'*Ascophora mucedo* qui s'attaque aux substances végétales abandonnées, au pain, aux confitures, etc., et dont les spores germent en dix ou douze heures; le *Mucor caninus* qui vit sur les excréments des chiens; le *Phycomyces nitens* qui végète exclusivement sur des corps imbibés de graisses, linge, bois, terre, humus, etc., et dont les filaments soyeux peuvent atteindre jusqu'à 1 décimètre de longueur; enfin, le *Mucor mucedo* et le *Rhizopus nigricans* qui se rencontrent à peu près partout.

FAMILLE IV. — ENTOMOPHTHORACÉES

Ainsi que l'indique leur nom, les Champignons de cette famille s'atta-

---

(1) On nomme *moisissures* des champignons saprophytes de très petites dimensions. Ce terme n'a rien de scientifique et sert à désigner des champignons d'ordres très différents (Mucorinées, Ascomycètes, etc.)

quent aux insectes qu'ils tuent promptement. Il est facile d'observer certains d'entre eux, en automne, sur les cadavres de mouches que l'on voit attachés contre les vitres des fenêtres, l'abdomen entouré d'une poussière blanchâtre. Cette poussière n'est formée que par un amas de spores émises par l'*Empusa* qui végète aux dépens de ce Diptère.

Chez ces Champignons, la spore s'attache à l'abdomen des insectes, le perce en germant, et le mycélium qui se développe au sein de l'organisme émet plus tard au dehors des filaments, simples ou ramifiés, qui se terminent chacun par une spore solitaire. A la maturité, ces spores sont violemment projetées dans l'air, soit par simple dédoublement de la cloison qui la séparait de la cavité du filament sporifère, soit par rupture de ce dernier à une hauteur variable. La spore ainsi lancée peut se coller à l'abdomen d'un insecte volant dans le voisinage, ou bien elle retombe auprès du cadavre, où, dans des conditions favorables, elle germe souvent en un petit thalle. Celui-ci produit de nouvelles spores plus petites, qui, d'ailleurs se comportent comme les premières.

On a constaté en outre, chez ces Champignons, un mode de reproduction par conjugaison, comparable à celui que nous avons décrit chez les Mucorinées. Le phénomène s'accomplit, soit entre des filaments voisins, soit entre deux portions d'un même filament; mais ici, l'un des protoplasmas seul fait tout le chemin pour aller s'unir à l'autre qui demeure immobile. Il y a donc un indice de différenciation sexuelle.

Les genres *Lamia*, *Empusa*, *Basidiobolus*, *Entomophthora*, etc., sont les principaux du groupe.

FAMILLE V. — PÉRONOSPORACÉES

Nous allons décrire quelques uns des principaux types de cette famille :

Phytophthora infestans. — L'une des Péronosporacées les plus redoutables est le *Phytophthora infestans* de de Bary (1) qui s'attaque à la Pomme de terre.

Le cycle évolutif débute par une zoospore munie de deux cils, l'un antérieur, l'autre postérieur, et d'une vacuole contractile ; à un moment donné, les cils se rétractent dans le protoplasma qui s'arrondit et s'entoure d'une fine membrane. La spore immobile ainsi constituée germe en émettant un filament qui perce directement l'épiderme foliaire, ce qui s'observe, d'ailleurs, chez tous les *Phytophthora* et les *Peronospora*, traverse de part en part la cellule épidermique attaquée, et pénètre dans les méats intercellulaires, où il se ramifie beaucoup sans se cloisonner jamais. De ces nom-

(1) Ce Champignon, que l'on croit être originaire du Chili, s'attaque d'ailleurs à plusieurs autres Solanées, telles que les *Solanum Lycopersicum* (Tomate), *utile*, *viscosum*, *dulcamara* (Douce-amère), etc. On l'a même rencontré sur une Scrophulariacée originaire du Chili, le *Schizanthus Grahami*

breux rameaux naissent ensuite des suçoirs qui pénètrent dans la cavité des cellules voisines, où il se ramifient au point de la remplir tout entière. Quand le mycélium s'est suffisamment multiplié, il émet des ramifications qui s'échappent par l'ouverture des stomates. Ces filaments fructifères, plus épais que les filaments végétatifs, se divisent en quatre ou cinq rameaux qui se renflent, vers leur sommet, en un corps terminé par un mamelon allongé. Ce sont là des *conidies*, car il existe, chez les autres Péronosporées du moins, un autre mode de reproduction (voir plus loin). Ces conidies se détachent et sont transportées sur d'autres pieds de Pomme de terre.

Là, deux cas peuvent se présenter : si la conidie se trouve dans l'air simplement humide, elle germe directement en émettant un suçoir ; si elle rencontre une goutte de pluie ou de rosée, sa membrane s'épaissit, se dédouble même en deux couches, tandis que le contenu protoplasmique se divise pour former les spores à deux cils dont nous avons parlé déjà.

Les feuilles, les tiges, les jeunes fruits sont atteints par le parasite. Celui-ci peut également attaquer le tubercule et continuer à s'y développer dans les greniers. Sa présence y détermine alors une sorte de pourriture noire dont les ravages peuvent être considérables.

On combat indirectement cette maladie par le choix que l'on fait de variétés de Pommes de terre à épiderme plus résistant, ou directement par l'emploi du sulfate de cuivre.

Le mycélium du *Ph. infestans*, d'après les observations de de Bary, est susceptible d'hiverner, pour reprendre activement son évolution au printemps suivant ; mais on n'a pas encore constaté de reproduction sexuelle chez cette espèce, bien connue cependant. Des œufs se forment dans les autres espèces de *Phytophthora*, et dans les autres Péronosporacées.

On voit se constituer sur les filaments de ces parasites, et dans le parenchyme même de la plante attaquée, des *oogones* contenant une seule *oosphère*. En même temps, sur une ramification du filament porteur de l'oogone ou sur un filament voisin, se forme une *anthéridie* qui n'en est que la partie terminale différenciée. Celle-ci s'applique sur l'oogone qui, très probablement, se perfore au point de contact pour laisser pénétrer le protoplasma mâle jusqu'à l'oosphère.

La fécondation s'effectue donc par *gamètes hétérogames immobiles*.

Une partie seulement du protoplasma de l'oogone s'était condensée en une oosphère. Après fécondation, l'œuf se trouve entouré par le contenu non utilisé de l'oogone, auquel on donne souvent le nom de *périplasme.* Il sécrète alors une enveloppe brune, à la formation de laquelle le périplasme prend une certaine part, et l'oospore ainsi constituée peut passer l'hiver pour germer au printemps suivant.

L'œuf en germant produit des filaments qui forment des zoosporanges, ou devient lui-même un zoosporange.

Plasmopora viticola Berkl. et Curt. — Le Mildew de la Vigne est produit par une Péronosporacée d'un autre genre, le *Plasmopora viticola* de Berkeley et Curtis (1).

Comme chez les *Phytophthora*, le mycélium issu de la spore des *Plasmopora* forme des filaments qui percent directement l'épiderme de la plante hospitalière ; mais les suçoirs se renflent simplement en sphère dans les cellules de la plante qu'ils ont envahies. Les filaments conidifères s'échappent par les ouvertures des stomates, et se ramifient ensuite d'une façon parfois très riche. L'oospore germe directement.

On connaît quinze espèces distinctes de *Phytophthora*.

Cystopus candidus Lév. — La rouille blanche des Crucifères est produite par le *Cystopus candidus* de Léveillé. La formation, sur la feuille des zoospores à deux cils, leur changement en spores immobiles, ont lieu comme dans les cas précédents ; mais le suçoir, au lieu de percer directement l'épiderme, pénètre dans la feuille par une ouverture stomatique. Il se ramifie dans le parenchyme en produisant des filaments qui, pareils à ceux du *Phytophthora*, se renflent en boules dans les cellules dont ils ont percé la paroi. Les tubes conidifères forment ici, sous l'épiderme, un massif serré qui le soulève, et chacun d'eux produit sur son sommet, par des cloisonnements transversaux successifs, des *spores en chapelets.* L'épi-

(1) La maladie causée par le parasite est connue depuis longtemps sur plusieurs vignes de l'Amérique du Nord (*Vitis æstivalis, Labrusca, californica, vulpina, riparia,* etc.). Elle a émigré de ces plantes sur le *V. vinifera,* où elle trahit sa présence par des taches jaunâtres sur les feuilles ; puis ces dernières se dessèchent et tombent. Les fruits eux-mêmes sont parfois atteints. C'est vers 1878 que l'on a vu apparaître le parasite en Europe, vraisemblablement introduit avec les plants américains. Le mal a débuté dans le Midi de la France, d'où il s'est rapidement répandu dans les diverses contrées de l'Europe, le Nord de l'Afrique, la région du Cap, l'Asie Mineure. C'est en 1882 seulement qu'on l'a, pour la première fois, constaté en Allemagne (Alsace). C'est en répandant sur les vignes du sulfate de cuivre en solution que l'on combat le *mildew ;* mais il est également indispensable, pour entraver la multiplication de cette Cryptogame, d'enlever et de brûler avec soin, à la fin de l'été, les rameaux et les feuilles qui renferment des œufs.

derme finit par se percer, et les spores s'échappent sous l'aspect d'une poussière blanche.

Le tableau suivant est destiné à résumer les caractères dominants de la famille et des genres.

FAMILLE DES PÉRONOSPORACÉES.

Champignons parasites à mycélium ramifié dans le parenchyme de la plante hospitalière, dans les cellules de laquelle il émet des suçoirs. Deux modes de reproduction :

1° Par *conidies* ; ces dernières, portées, en dehors des tissus attaqués, par des filaments fructifères, sont de formation exogène, et produisent des zoospores (dans une goutte d'eau) ou germent directement (dans l'air simplement humide).

2° Par *hétérogamètes immobiles* sans anthérozoïdes, l'anthéridie déversant dans l'oosphère une partie de son contenu.

Spores solitaires à l'extrémité du filament conidifère ou de ses ramifications.

Conidies formant des zoospores, ou se vidant de tout leur contenu avant la germination.

— Conidies en forme de chapelets, donnant des zoospores ...... *Cystopus.* Léveillé.

— Filaments conidifères produits avant la formation des oospores ne s'accroissant plus dans la suite.

— Filaments conidifères simples jusqu'au moment où se forme la première conidie, puis s'accroissant davantage et se ramifiant .... *Phytophthora.* De Bary.

— Filaments conidifères constitués par un filament simple qui porte sur son extrémité renflée en tête, de courts rameaux tous semblables .... *Basidiophora.* Roze et Cornu.

— Filaments conidifères ramifiés à divers niveaux.

   — Oospores étroitement adhérentes aux parois de l'oogone .... *Sclerospora.* Schröter.

   — Oospores libres dans l'oogone. *Plasmopora.* Schr.

— Conidies portées par des ramifications.

Conidies émettant directement un tube mycélien.

— Conidies terminées supérieurement par une papille par où s'échappe, au moment de la germination, le filament tubulaire .... *Bremia.* Regel.

— Conidies sans papilles, germant latéralement .... *Peronospora.* Corda.

FAMILLE VI. — SAPROLÉGNIACÉES

Appareil végétatif. — Les Saprolégniacées sont des Champignons qui végètent généralement en saprophytes sur des plantes ou des animaux divers, en voie de décomposition dans l'eau ; quelques espèces, cependant, vivent aux dépens d'organismes malades, d'autres enfin sont de vrais parasites ; tel est le *Pythium de Barianum* qui tue les jeunes plantules de Légumineuses.

Le mycélium consiste en tubes rameux, continus tout d'abord comme le sont ceux des Mucorinées, et dont certaines ramifications plongent dans la matière organique nourricière. Ces rameaux mycéliens, nombreux et enchevêtrés, forment souvent, autour des cadavres d'insectes qui pourrissent dans l'eau, une sorte de nuage qui en trahit la présence. Plus tard il s'y produit des cloisons irrégulières.

Reproduction. — Comme les Péronosporacées, les Saprolégniacées se reproduisent par des *spores asexuées*, et par des *oospores* nées par *hétérogamètes*, et sans formation d'anthérozoïdes.

Par spores asexuées. — Les éléments reproducteurs asexués (fig. 143, A) naissent dans des sporanges. Ceux-ci se forment aux dépens de l'extrémité renflée de certaines ramifications du thalle, qui se sépare du reste

du filament par une cloison. Son contenu protoplasmique se divise alors
en un certain nombre de masses qui deviennent tout autant de zoospores
munies de deux cils antérieurs. Ces zoospores demeurent souvent
agglomérées en sphère tout près de l'orifice du sporange d'où elles sont
sorties ; elles s'entourent alors d'une membrane, et forment à l'intérieur
de cette dernière, et par une sorte de rénovation, tout autant de nouvelles zoospores réniformes, pourvues de deux cils dans leur partie concave, et qui germent enfin pour produire un nouveau thalle. Telle est

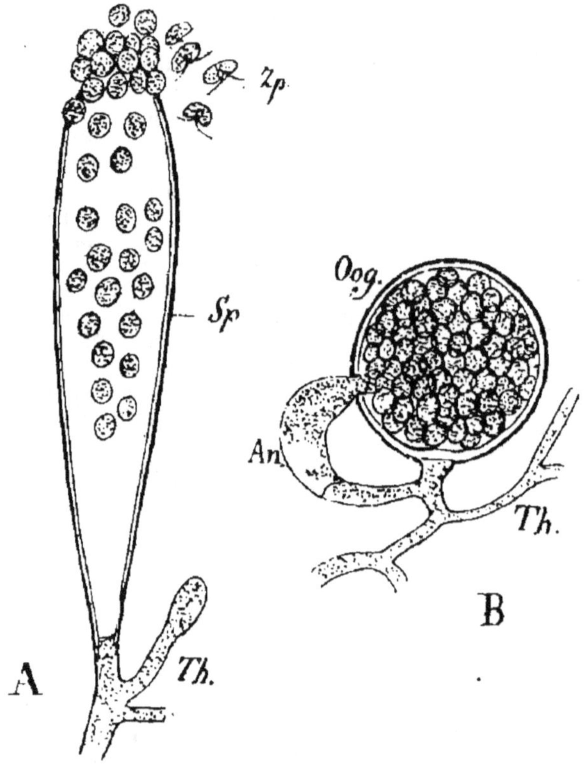

Fig. 143. — Reproduction des Saprolégniacées. — A, sporange, Th, thalle ; Sp, sporange ;
Zp, zoospores. — B, reproduction par gamètes. Th, thalle ; An, anthéridie ; Oog, oogone
contenant les oosphères (Courchet).

la marche du phénomène chez les *Saprolegnia*. Ailleurs, les premières
zoospores formées s'échappent au dehors et germent directement ; dans
d'autres cas, enfin, la germination a lieu dans le sporange lui-même.

Par gamètes. — La reproduction sexuelle est singulièrement semblable
à celle des Péronosporacées (B) ; mais l'hétérogamie s'y montre plus accentuée encore. Elle se produit, en général, vers la fin de la période végétative, alors que le milieu nutritif commence à s'épuiser. L'oogone (*Oog.*)
n'est lui-même que l'extrémité d'un filament ou d'un rameau mycélien,
qui se renfle en sphère et s'isole par une cloison ; puis son protoplasma
se différencie en une zone périphérique, destinée à jouer un rôle nutritif

relativement à la masse centrale. Cette dernière forme une, plus rarement, plusieurs oosphères. Comme chez les Péronosporacées, l'anthéridie se constitue aux dépens de l'extrémité d'un filament voisin, ou d'une ramification du filament même qui porte l'organe femelle (fig. 143, A*n*). Cet appareil se recourbe pour s'appliquer contre l'oogone; il en perce la paroi, et pénètre à l'intérieur pour arriver jusqu'à l'oosphère, ou aux oosphères, dans lesquelles il épanche une partie de son contenu. Le protoplasma de l'anthéridie, est homogène, ou bien la portion qui se mêle à l'oosphère en occupe le centre, et se différencie par certains caractères du protoplasma périphérique qui demeure inactif (1).

L'œuf fécondé s'entoure d'une enveloppe double, dont la partie externe, plus dure et plus épaisse, est lisse ou munie de saillies diverses. Au centre se trouve un globule de matière grasse. Après un temps plus ou moins long, l'œuf germe, soit en se transformant tout entier en un zoosporange, soit en produisant un seul zoosporange en dehors de lui, soit enfin en produisant un filament dont les ramifications portent chacune un zoosporange à son extrémité.

Les zoospores sont l'origine de tout autant de thalles nouveaux.

On a constaté, chez les Saprolégniacées, des cas de parthénogenèse. Certaines espèces sont même apogames; c'est-à-dire dans la multiplication desquelles la sensualité n'intervient jamais.

Classification. — On peut répartir tous les genres de cette famille en deux tribus :

Les **Pythiées**, chez lesquelles l'oogone ne produit qu'une oosphère.

Les **Saprolégniées**, dont l'oogone produit plusieurs oosphères.

FAMILLE VII. — MONOBLÉPHARIDÉES

Les Monoblépharidées, composées des genres *Monoblepharis* et *Gonopodya*, sont très voisines des Saprolégniacées dont elles réalisent presque entièrement le type, avec une différenciation sexuelle plus avancée.

Ce sont encore des Cryptogames saprophytes dont le mycélium se développe dans l'eau, comme celui des Saprolégniacées ; mais leur thalle *n'offre jamais, contrairement à ce que l'on observe chez les Saprolégniacées, les réactions de la cellulose.*

La reproduction asexuelle s'effectue par des zoospores triangulaires, *munies d'un seul cil dirigé en arrière*, qui se forment dans des sporanges terminaux.

La reproduction sexuelle a lieu par *hétérogamie avec anthérozoïdes*. L'œuf se forme dans un oogone terminal, au-dessous duquel se constitue l'anthéridie, dans une portion du même filament. L'oogone s'ouvre à son sommet, et les anthérozoïdes, dont la forme rappelle celle des zoospores avec des dimensions moindres, sortis de l'anthéridie, pénètrent par cet orifice jusqu'au contact de l'oosphère et la fécondent.

On ne connaît encore que trois espèces de Monoblépharidées : deux en France seulement, la troisième dans une partie de l'Europe.

(1) Une oosphère peut être en même temps fécondée par plusieurs anthéridies ; de même une seule anthéridie peut, en se ramifiant, féconder à la fois plusieurs oosphères par ses divers rameaux.

Les *Gonopodya* se distinguent surtout des *Monoblepharis* par leurs filaments pourvus de renflements successifs et comme articulés.

ORDRE III. — USTILAGINÉES

FAMILLE UNIQUE. — USTILAGINÉES

Cette famille comprend un nombre assez considérable de genres et d'espèces de Champignons, parasites des végétaux terrestres ; certaines d'entre elles sont redoutables pour nos récoltes. Tel est, par exemple, le *Tilletia Caries* qui détermine, sur nos Céréales, la maladie connue sous le nom de *carie*.

Certains groupes de Phanérogames sont plus particulièrement attaqués par les Ustilaginées : les Graminées, les Cypéracées et les Liliacées, parmi les Monocotylédones ; les Caryophyllacées, les Renonculacées, les Composées, les Polygonacées, parmi les Dicotylédones. Seuls, parmi les Gymnospernes, les *Juniperus* sont atteints par ces parasites.

L'organe de la plante attaquée, où le Champignon forme ses spores, est toujours complètement détruit. C'est l'ovaire dans la plupart des cas ; ce sont ailleurs les étamines (1); parfois enfin, c'est la fleur tout entière (2).

Le Champignon, au lieu d'envahir complètement le végétal hospitalier, se localise parfois en certains points, où il forme des sortes de pustules (par exemple l'*Ustilago maydis* sur les feuilles, les tiges et les fleurs du Maïs).

Appareil végétatif. — Dans le *Tilletia caries*, comme dans beaucoup d'autres, le mycélium qui se forme lors de la germination consiste en filaments ramifiés qui envahissent le corps tout entier de la plante hospitalière, et pénètrent même dans l'intérieur des cellules. Ces filaments sont, d'ailleurs, régulièrement cloisonnés.

Reproduction. — *Spores proprement dites.* — On ne connaît, chez les Ustilaginées, qu'une reproduction asexuelle. Chez les *Tilletia*, comme chez la plupart des autres Champignons de cette famille, il se forme des spores de deux sortes :

1° Arrivés dans l'ovaire, les filaments mycéliens attaquent l'ovule qu'ils détruisent entièrement, se substituent à lui et rem-

(1) *Ustilago violaceus* des Caryophyllée-.
(2) *Ust. segetum, bromivorus*, etc.

plissent bientôt la cavité ovarienne. Ils se couvrent ensuite de rameaux courts et grêles, dont le sommet gélifié se renfle en une spore à deux enveloppes ; l'extérieure (*exospore*) est brune et hérissée de crêtes réticulées.

2° Ces spores, mises en liberté par la destruction de l'ovaire, sont ensuite disséminées. Lorsqu'elles tombent sur un organe végétatif du Blé, où elles rencontrent les conditions d'humidité nécessaires à leur développement, elles germent en un filament qu'on a désigné sous le nom de *promycélium*, et dont l'extrémité forme un verticille de petites spores nouvelles ou *sporidies*, de forme allongée, et souvent anastomosées entre elles en forme d'H. Ces dernières, en germant, donnent naissance à des filaments mycéliens qui, pénétrant à travers l'épiderme de la plante nourricière, devient l'origine d'un nouveau thalle (1).

Conidies.— Indépendamment des'spores ordinaires et des sporidies, dont nous connaissons maintenant le mode de production chez le *Tilletia Caries*, certaines Ustilaginées forment encore des *conidies* à l'extrémité de filaments qui font saillie à la surface de l'organe attaqué. Seuls, comme on le voit dans le tableau synoptique qui suit, les *Turbicinia* et quelques *Entyloma* offrent cette particularité.

On voit également, dans ce tableau, que pour fructifier, les filaments mycéliens se pelotonnent parfois et s'enchevêtrent en une masse, au sein de laquelle les spores se montrent en grand nombre dans une sorte de gelée, aux dépens de laquelle elles se nourrissent. Plus tard, cette dernière étant tout entière consommée, les spores s'échappent sous forme d'une poussière noire (*Ustilago*). Ces amas de spores sont ailleurs entourés, soit de filaments stériles, soit d'une véritable enveloppe celluleuse incolore. Enfin chez les *Sphalotheca* l'appareil fructificateur montre, indépendamment de cette enveloppe extérieure, une sorte de columelle centrale.

Les spores germent directement chez les *Sorospora*, sans former de sporidies. Les sporidies des autres Ustilaginées sont tantôt solitaires, tantôt plus ou moins nombreuses et diversement disposées, comme on le verra ci-après, sur le promycélium.

(1) Il est à remarquer que ces sporidies, comme celles de beaucoup d'autres Ustilaginées, se comportent de manières différentes suivant les conditions dans lesquelles elles germent. Celles du *Tilletia caries*, semées dans un liquide nutritif, produisent un thalle rameux dont les dernières ramifications portent des *sporidies secondaires*. Dans les mêmes circonstances, les sporidies des *Ustilago* bourgeonnent avec activité et donnent des chapelets de cellules qui se dissocient bientôt dans le liquide, comme le fait le thalle des *Saccharomyces* (Voir plus loin).

ORDRE (ET FAMILLE) DES USTILAGINÉES

Champignons parasites des végétaux, à *mycélium cloisonné* et développé à l'intérieur des tissus de la plante hospitalière.

Reproduction par *spores asexuées et immobiles* et, chez certaines espèces, en outre *par conidies.* Spores isolées ou réunies par deux, ou cohérentes d'abord en une masse gélatineuse, libre ou protégée par une enveloppe de filaments ou de cellules.

Spores produisant à peu près toujours, en germant, *des sporidies.*

Multiplication sexuée inconnue.

TRIBUS

I. — SOROSPORINÉES. — Promycélium long et cloisonné, sans sporidies............

- Spores nombreuses, réunies en une masse au milieu d'une substance gélatineuse, entourées de filaments stériles............ — *Sorosporium* (fleurs des Silénées).
- Point d'enveloppe différenciée autour de la masse des spores................. — *Ustilago* (Maïs, Laiches, Caryophyllées, Céréales, diverses Graminées, etc.).

II. — USTILAGINÉES. — Promycélium court et cloisonné, à sporidies latérales............

- Masse des spores enveloppée par des filaments stériles.. — *Tolyposporium.*
- Masse des spores extérieurement protégée par une enveloppe celluleuse, et montrant une columelle centrale................ — *Sphacelotheca.*

III. — TILLETIÉES. — Promycélium court et indivis à sporidies terminales..........

Point de conidies.

  Spores jamais réunies dans une masse gélatineuse.

- Spores indépendantes, formées à l'extrémité des courtes ramifications des filaments qui remplissent l'ovaire................ — *Tilletia* (Froment, etc.).
- Spores unies deux par deux. — *Schrœteria.*

  Spores réunies dans une masse gélatineuse.

- Spores dans une masse gélatineuse, et protégées, par une enveloppe générale formée de cellules incolores, non persistante.......... — *Urocystis* (tige et feuilles du Seigle, Oignons, Violette, Colchique, etc.).
- Masse des spores protégée par une enveloppe celluleuse, dure et persistante. — *Doassansia* (*Alisma,* fruit des *Potamogeton*).
- Masse des spores simplement protégée par des filaments stériles................ — *Thecaphora* (*Juncus bufonius,* etc.).

Des conidies..........

- Conidies longues, cylindriques. — Mycélium formant des îlots pustuliformes................ — *Entyloma* (sur les feuilles des Renoncules, de la Ficaire, des Soucis).
- Conidies pyriformes. — Spores entourées de filaments stériles, et noyées dans une masse gélatineuse............ — *Tuburcinia* (*Trientalis europæa*).

ORDRE IV. — URÉDINÉES

FAMILLE UNIQUE. — URÉDINÉES

GENRE DE VIE. — Cet ordre de Champignons se réduit à l'unique famille des Urédinées. Ces Cryptogames, toutes parasites des végétaux, sont des plus intéressantes à observer à cause des phases diverses que traversent la plupart d'entre elles. Certaines Urédinées passent par tous les stades de leur cycle sur la même plante, tandis que d'autres émigrent d'un hôte à un autre, et n'achèvent leur évolution qu'après avoir vécu et s'être multipliées, avec des formes distinctes, sur deux plantes d'espèces différentes. Tulasne désignait les premières par l'épithète de *monoxènes*, les secondes par celle d'*hétéroxènes*. On leur donne encore les noms d'*autoïques* et d'*hétéroïques*.

Description du Puccinia graminis. — Nous décrirons avec quelques détails le *Puccinia graminis* qui constitue l'exemple le plus classique du groupe.

ÆCIDIES ET SPERMOGONIES. — Il n'est pas rare de constater au printemps, sur les feuilles du *Berberis vulgaris* L. (Épine-Vinette), et à leur face inférieure, des saillies d'un jaune orangé. Une coupe transversale du limbe montre qu'à ces points correspondent des sortes de poches (fig. 144, A, *ac*), dont la paroi, formée de cellules polyédriques, est due à la concentration et au cloisonnement de filaments mycéliens dont les ramifications ont envahi l'épaisseur tout entière du limbe. Le fond de la coupe est occupé par des cellules allongées, qui ne sont elles-mêmes que des terminaisons de filaments mycéliens, et qui portent des chapelets de spores contenant des granulations d'un jaune orangé. Si l'on suit le développement de ces appareils, on voit les filaments du parasite se pelotonner en divers points sous l'épiderme inférieur de la feuille, et y former des sortes de tubercules. Un peu plus tard, la région centrale de ces derniers se transforme en filaments sporifères, tandis que la région périphérique constitue le pseudoparenchyme dont nous avons parlé. La poche ainsi constituée est tout d'abord close (A*cc'*), et les spores y sont fortement serrées et de forme polyédrique, par suite de leur pression réciproque ; elles s'arrondissent plus tard, et s'échappent par un orifice qui se produit sur la paroi extérieure de l'appareil (A*ee*, A*ec*).

De Bary, qui avait étudié le parasite à ce stade, lui avait donné le nom d'*Æcidium berberidis*, et maintenant encore le nom d'*æcidium* est employé pour désigner cet appareil de fructification, et le nom d'*æcidiospores* pour désigner les spores qui s'y forment.

Vers la face supérieure du même limbe, les filaments parasites, se pelotonnant également par places, y forment des sortes de bouteilles oblongues qui se percent bientôt au sommet; leur paroi

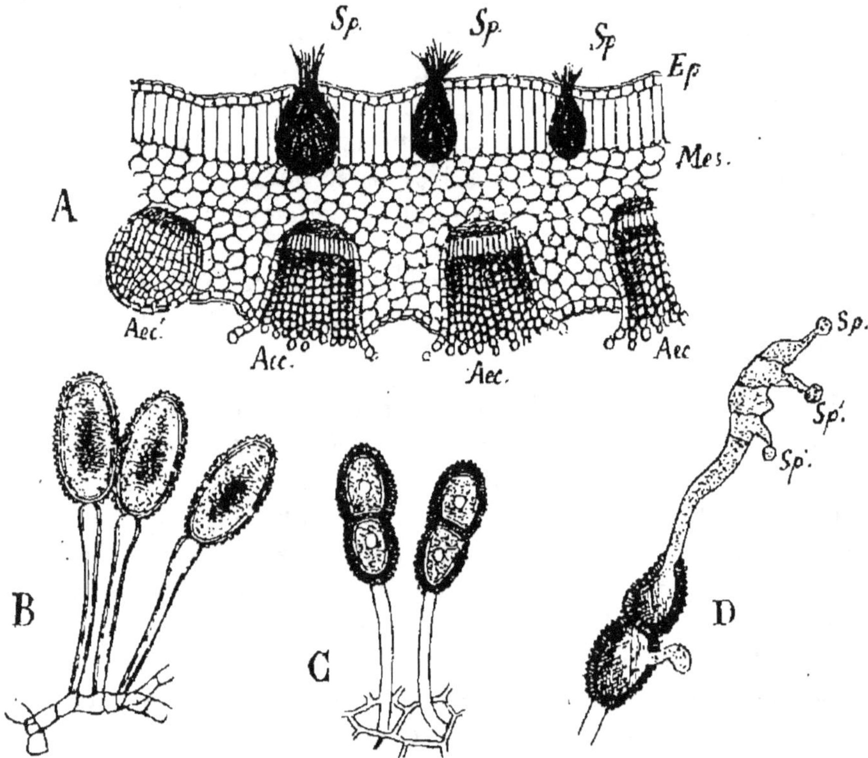

Fig. 144. — Diverses phases du *Puccinia graminis*. — A, coupe transversale d'une feuille d'Épine-Vinette attaquée par le Champignon; E*p*, épiderme supérieur ; Mé*s*, parenchyme foliaire. — Aec, Æcidies; en Aec', une poche non encore ouverte. — S*p*,S*p*, spermogonies. — B, urédospores. — C, téleutospores. — D, téleutospore germant et produisant des sporidies S*p*, S*p'* (Courchet).

est tapissée de poils qui font saillie en dehors de l'orifice, en forme de pinceau, et le fond est occupé par de nombreux filaments qui produisent des chapelets de spores très petites. On donne souvent à ces conceptacles le nom de *spermogonies*.

Les petites spores des *spermogonies* (S*p*), déposées dans un endroit humide, grossissent d'abord et deviennent ovoïdes, puis se mettent à bourgeonner en produisant des spores de seconde formation, comparables aux *sporidies* des Ustilaginées. Tout fait prévoir qu'elles sont destinées à germer à leur tour sur les feuilles du *Berberis*, et qu'il en naît des filaments qui, pénétrant dans le limbe, y deviennent l'origine d'un nouveau thalle (1).

Mais l'histoire des æcidiospores est mieux connue. Elles ne peuvent germer que sur les tiges et les feuilles des Graminées. Aussi sont-elles produites en nombre assez considérable pour compenser les chances qu'ont la plupart d'entre elles de tomber sur un milieu défavorable.

Urédospores. — Sur les organes végétatifs des Graminées les æcidiospores germent aisément et produisent des filaments qui pénètrent, à travers l'épiderme, dans le parenchyme qu'ils envahissent bientôt en entier. Au bout d'une semaine environ, il se forme, sous l'épiderme, des îlots de filaments mycéliens nombreux et serrés, placés parallèlement les uns aux autres, et perpendiculairement à la surface de l'organe attaqué, au dehors duquel ils se montrent bientôt, portant chacun une spore (B). Celle-ci est colorée par des granules rouges, et sa membrane verruqueuse est marquée de quatre pores dans sa région moyenne ; c'est par là que s'effectuera la germination. C'est aux taches rouges que forment ces petits appareils sporifères qu'est due le nom de *rouille*, donné à la maladie du Blé dont ils sont la cause. Sous cet état, le parasite avait été nommé du terme générique d'*Uredo*, et le nom d'*urédospores* est encore consacré pour désigner ces spores rouges, dont les relations avec les *æcidiospores* de l'Épine-Vinette nous sont maintenant connues.

Ces urédospores, tombant sur la même plante ou sur des plantes voisines de la même espèce, y déterminent la formation d'un nouveau thalle, lequel produit de nouvelles urédospores. C'est ainsi que, par des générations successives semblables, la *rouille rouge* se multiplie tout l'été sur les Graminées.

Téleutospores. — A l'automne, le même mycélium forme des îlots de filaments serrés comme ceux de la rouille rouge, mais qui portent chacun une spore (C) allongée, cloisonnée transversalement dans son milieu, à protoplasma granuleux et incolore, et à tégument brun et verruqueux. Chaque compartiment de ces spores montre

---

(1) A cause de leur petitesse extrême, ces spores ne renferment en elles-mêmes aucune réserve qui puisse subvenir à un commencement de germination, en dehors d'un milieu nutritif.

un pore germinatif. Le nom de *rouille noire* a été donné aux taches allongées que forment ces nouveaux appareils ; ces derniers, considérés autrefois comme un Champignon distinct, étaient appelés *Puccinia graminis*. Les mycologues les désignent aujourd'hui par le terme de *téleutospores* (spores de la fin). Ce sont là des spores hibernantes ; car elles ne se détachent pas de leur pédicelle, et ne germent qu'au printemps suivant. A ce moment, chaque compartiment de la spore émet, par son tube germinatif, un *promycélium* (D) qui se cloisonne au sommet, de façon à former une file de quatre cellules et chacune de celles-ci produit latéralement une petite sporidie. Les sporidies enfin, enlevées par le vent, ne sont susceptibles de germer que sur l'Épine-Vinette, où elles forment des *æcidium* et des *spermogonies* qui recommencent le cycle.

On connaît aujourd'hui un grand nombre d'Urédinées hétéroïques ; telles sont particulièrement les suivantes :

Le *Puccinia caricis* qui produit ses urédospores et ses téleutospores sur le *Carex hirta*, ses spermogonies et ses æcidiospores sur l'*Urtica dioica* ;

L'*Uromyces Dactylidis* qui, en été, vit sur le *Dactylis glomerata* et d'autres Graminées, et l'hiver sur divers *Ranunculus* ;

Le *Gymnosporangium fuscum* qui vit, en été, sur plusieurs Genévriers, la Sabine entre autres, et l'hiver sur les feuilles du Poirier (1).

L'évolution du *Puccinia graminis* peut se schématiser ainsi qu'il suit :

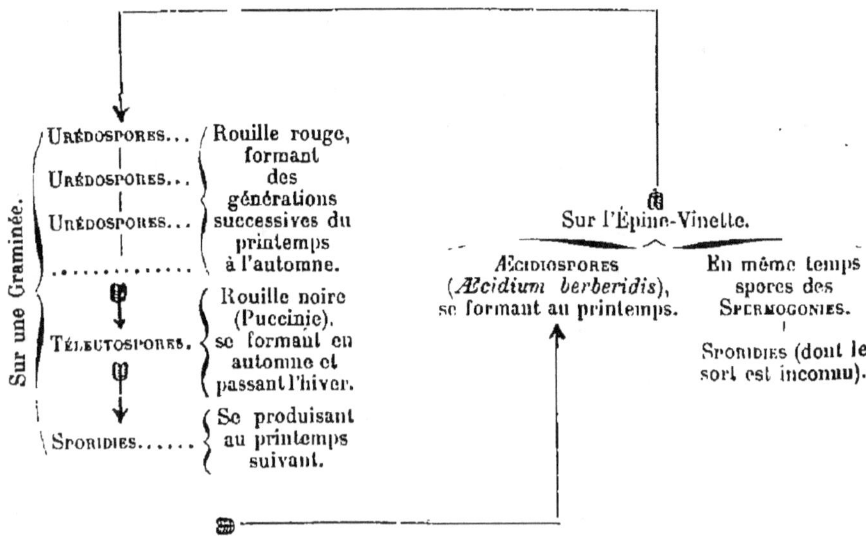

(1) Sous ce dernier état le parasite était depuis longtemps connu sous les noms de *Æcidium cancellatum* ou *Rœstelia cancellata.*

TRIBUS

Champignons parasites de plantes. *Mycelium richement développé et cloisonné,* contenant souvent des gouttelettes oléagineuses de couleur orangée, localisé ou étendu, hivernant quelquefois sur la plante hospitalière. *Terminaisons des filaments formant des spores sous l'épiderme de la plante atteinte.* *Reproduction simplement agame par urédospores, téleutospores et æcidiospores;* le Champignon peut encore produire des *sporidies* qui sont, en réalité, des conidies (2).

Téleutospores non gélatineuses, indépendantes.

Puccinïées. — Spermogonies le plus souvent globuleuses, enfoncées dans le parenchyme de la plante hospitalière. Æcidies également enfoncées, ordinairement avec une paroi de faux parenchyme. — Urédospores formant, avec les filaments qui les portent, une masse aplatie. — Téleutospores à une ou deux cellules, pourvues chacune d'un pore germinatif. — Développement complet ou privé de quelques-unes de ses phases............

- Téleutospores unicellulaires, avec un pore terminal. — Champignons autoïques ou hétéroïques. ...... *Uromyces.*
- Téleutospores bicellulaires. — Champignons autoïques ou hétéroïques ...... *Puccinia.*
- Téleutospores formées par trois cellules en triangle. Æcidies sans enveloppe............ *Triphragmium.*

Phragmidiées. — Spermogonies circulaires et aplaties en forme d'assiette; æcidies aplaties et sans enveloppe de pseudoparenchyme. — Téleutospores isolées, formées de une ou plusieurs cellules ......

- Téleutospores formées par une file de quatre à onze cellules, chacune avec quatre pores germinatifs, la dernière avec un seul pore terminal. — Tous autoïques. Développement complet ou raccourci.. *Phragmidium.*

Endophyllées. — Téleutospores réunies en une chaîne dont les articles se séparent facilement, et agglomérées en une couche arrondie, pourvue d'une enveloppe de pseudoparenchyme............

- Champignons autoïques, à développement complet ou raccourci. *Endophyllum.*

Téleutospores unies en masse par une substance gélatineuse.

Gymnosporangiées. — Téleutospores bicellulaires, toutes agglutinées en une masse par de la gelée provenant de leurs pédicelles. — Champignons hétéroïques hivernant sur les Conifères, passant le printemps et l'été sur les feuilles des Pomacées. — Développement incomplet et germination tardive.. *Gymnosporangium.*

Coléosporiées. — Téleutospores confluentes en une masse gélatineuse et à germination immédiate............

- Téleutospores unicellulaires avec un pore germinatif, agglutinées en croûtes noirâtres sous-épidermiques. — Autoïques. — Développement incomplet....... *Melampsorium.*
- Téleutospores sous-épidermiques cloisonnées. — Développement incomplet.................. *Phragmosporium.*
- Téleutospores en chapelets, latéralement soudées en un massif rouge cireux. — Point de promycélium .... *Coleosporium.*
- Mêmes caractères, mais avec un promycélium .... *Chrysomyxa.*
- Téleutospores unicellulaires, unies en une colonne dressée. — Urédospores se formant dans une enveloppe qui se perce à la fin au sommet................ *Cronartium.*

(1) Tableau d'après les données de M. Schröter (in Engler et Prantl).
(2) On a vu que le mot de *conidies* s'applique à des spores en quelque sorte supplémentaires que produisent certaines Cryptogames dont la reproduction s'effectue normalement par d'autres spores dont le rôle est prépondérant et l'apparition constante.

ORDRE V. — BASIDIOMYCÈTES

L'ordre des Basidiomycètes constitue un groupe extrêmement vaste dont tous les représentants possèdent, cependant, certains caractères communs dont nous ne signalerons maintenant que le plus important :

Les filaments fructifères émettent des ramifications auxquelles on donne le nom de *basides*, et dont la partie terminale donne, à son tour, naissance à des rameaux latéraux. Ceux-ci, nommés *stérigmates*, ne sont autre chose que les cellules mères des spores. Ces dernières, en effet, se forment aux dépens de l'extrémité des stérigmates, qui se renfle, s'isole du reste du filament par une cloison transversale, et ne tarde pas à se détacher de l'appareil fructifère.

Avec M. Van Tieghem, nous pourrons admettre dans cet ordre trois familles : les TRÉMELLINÉES ou TRÉMELLACÉES, les HYMÉNOMYCÈTES et les GASTROMYCÈTES.

Seuls, les deux derniers groupes nous intéressent assez pour que nous les décrivions avec quelque détail.

FAMILLE I. — TRÉMELLACÉES

Ces Champignons vivent généralement en saprophytes sur le bois mort. Quelques-uns, pourtant, végètent sur l'humus ; d'autres encore, beaucoup plus rares, sont parasites de certains végétaux.

En général leur mycélium, de forme très variée, est gélatineux, par suite de la transformation en gelée de la partie externe de ses filaments constitutifs. *Le caractère qui distingue essentiellement les Trémellacées consiste dans le cloisonnement des basides.* L'extrémité de ces dernières se partage, en effet, par trois cloisons transversales, en quatre cellules qui émettent chacune un stérigmate au-dessous de la cloison. Ces stérigmates sont plus ou moins allongés, suivant que le mycélium est gélatineux ou sec, et forment, comme à l'ordinaire, des spores à leur extrémité. Ce cloisonnement transversal du filament fructifère des Trémellacées rappelle celui que nous avons décrit déjà chez les tubes germinatifs des Urédinées.

Indépendamment des spores proprement dites, les Trémellacées peuvent former encore des *conidies* (1). La forme de celles-ci est, d'ailleurs, constante pour chaque genre et chaque espèce.

____

(1) Voir page 259, note 2.

FAMILLE II. — HYMÉNOMYCÈTES

Les Hyménomycètes tirent leur nom de la présence constante, chez ces Champignons, d'un *hyménium*. On désigne ainsi une sorte de membrane que forment, unis aux poils stériles qui leur sont entremêlés (*paraphyses*), les filaments fructifères serrés en grand nombre, et perpendiculairement insérés sur leur support commun. C'est dans cette famille que nous rencontrerons les Cryptogames qui seules, pour le vulgaire, représentent de vrais Champignons, et dont plusieurs sont comestibles, tandis qu'un grand nombre d'autres sont doués de propriétés malfaisantes.

Description de l'Agaricus campestris. — Nous pourrons prendre, comme exemple de description, un des Agarics les plus usités, l'Agaric champêtre (*Agaricus campestris* L., fig. 145) ou Champignon de couche. Cette espèce est cultivée dans les caves, et surtout dans les catacombes de Paris ; à l'état sauvage, on la rencontre fréquemment le long des haies, et surtout dans les prairies humides.

Appareil végétatif. — Comme tous les Champignons que nous avons étudiés déjà, cet Agaric végète d'abord à l'état de mycélium. Ce dernier consiste en un thalle souterrain formé de filaments, ou *hyphes* (1), soudés entre eux de façon à constituer des sortes de cordons blanchâtres anastomosés. C'est là ce que l'on nomme vulgairement le *blanc de Champignon*. Ce thalle s'étend périphériquement et, par ses bords, donne naissance aux appareils fructifères.

Appareil fructifère. — Aux points où ces appareils doivent apparaître, les cordons mycéliens ramifient leurs filaments, et les rameaux ainsi formés se soudent et s'enchevêtrent. Il se constitue ainsi des tubercules (fig. 145, I) qui ne tardent pas à se montrer à la surface du sol. Leur partie supérieure, s'accroissant plus rapidement que leur partie inférieure, se renfle en une sorte de bourrelet terminal qui descend ensuite le long de la base contre laquelle il s'applique, et qui, beaucoup plus étroite, forme une sorte de pied. Bientôt, dans ce corps pédiculé, massif d'abord, il se produit une cavité circulaire qui entoure une sorte de columelle centrale (II) ; sur la paroi externe et supérieure de cette cavité se montrent un nombre considérable de lamelles parallèles, qui rayonnent de la

____

(1) On donne encore assez souvent le nom de *hyphes* aux filaments cloisonnés des Champignons supérieurs.

partie supérieure de la columelle (III et IV). Les deux surfaces de
ces lamelles servent de support au tissu sporifère ou *hyménium*.
En même temps, à la partie externe de l'appareil, les hyphes, plus
serrées et plus résistantes, constituent une sorte de membrane cor-

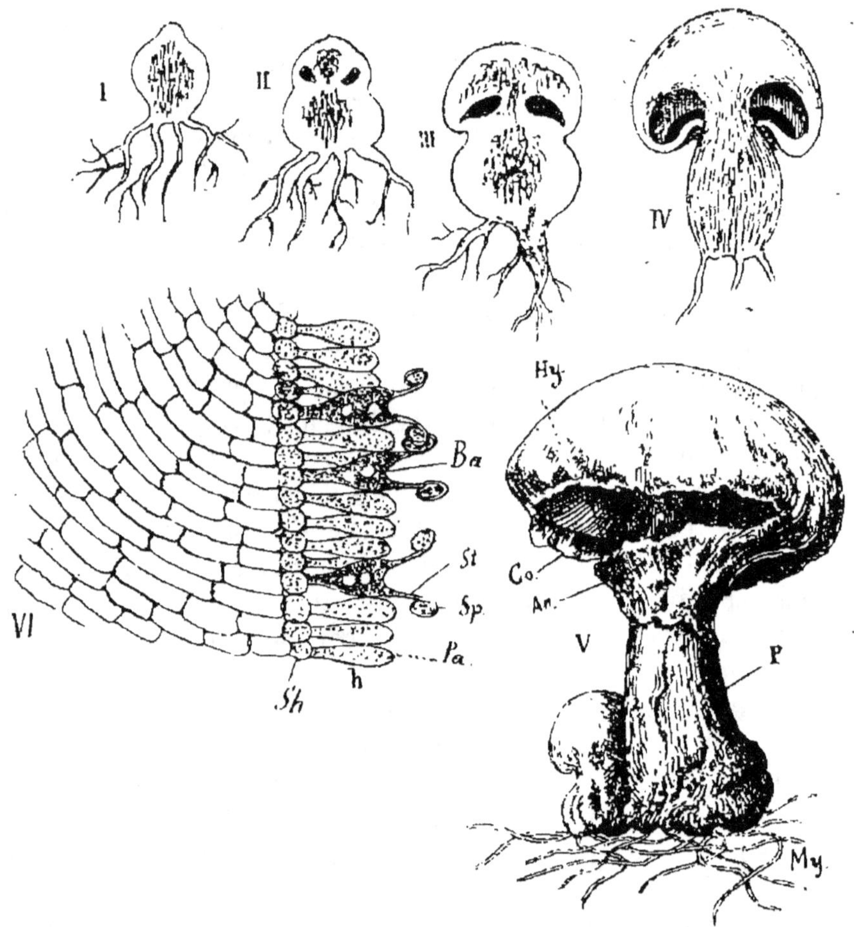

Fig. 145. — I, II, III, IV, V, divers états de développement de l'appareil fructifère de
l'*Agaricus campestris*. — VI, une portion de lamelle coupée transversalement ; *Sh*, couche
sous-hyméniale ; *h*, hyménium ; *Pa*, paraphyses ; *Ba*, basides ; *St*, stérigmates ;
Sp, spores. (Courchet.)

ticale. Plus tard, enfin, le tissu qui forme la paroi externe de la
cavité annulaire se déchire circulairement, et le chapeau, pourvu
de ses lamelles rayonnantes, s'ouvre à la manière d'un parapluie (V).
Une partie du tissu qui unissait son bord au pied se replie en forme
de manchette autour de ce dernier, et constitue l'*anneau* (V, **An**),

tandis que des lambeaux de ce même tissu restent adhérents au bord du chapeau (Co).

Étudions d'un peu plus près l'hyménium de cet Agaric (VI). Dans chacune des lamelles rayonnantes du chapeau nous rencontrons, au centre, des filaments cloisonnés, serrés et parallèles ; mais extérieurement, on les voit diverger de chaque côté, et se porter vers chacune des' surfaces de la lamelle, tandis que leurs cloisons deviennent de plus en plus nombreuses. Ils forment, enfin, une dernière assise de cellules arrondies (couche *sous-hyméniale*, VI, S*h*) qui sert de support immédiat à l'*hyménium* (*h*). Ce dernier est formé par de nombreuses cellules en massue, perpendiculairement insérées sur la lamelle (P*a*). Parmi ces éléments, les uns demeurent stériles et constituent les *paraphyses ;* les autres deviennent des *basides* (B*a*) : leur partie terminale développe deux prolongements (*stérigmates*, S*t*) dont l'extrémité se renfle en une *spore* (S*p*) qui s'isole par une cloison et se détache bientôt.

Chaque baside, chez l'*Agaricus campestris*, forme donc deux stérigmates et deux spores, dans chacune desquelles pénètre un noyau issu du dédoublement du noyau de la baside.

Les spores, en tombant sur un terrain approprié, germent et produisent un nouveau thalle mycélien.

Chez certains Agarics, le thalle ne fructifie qu'une seule fois ; il est dit alors *monocarpien*. Il est, au contraire, *polycarpien* chez l'*Agaricus campestris ;* il s'accroît fortement vers sa périphérie, qui demeure à peu près circulaire, et où se développent presque exclusivement les appareils fructifères. La présence du mycélium et son étendue se révèlent encore, sur le sol des prairies, par la végétation vigoureuse de l'herbe qui touche extérieurement au bord du thalle, tandis que sur tous les points occupés par le mycélium l'herbe se montre languissante et jaune. Ce phénomène est évidemment dû à l'action destructive du thalle sur toute la surface qu'il occupe, tandis que sur ses bords, avant d'être attaquée par lui, l'herbe trouve un surcroît de nourriture dans les débris organiques qui s'y accumulent. Ces cercles d'Agarics blancs dans les prairies étaient autrefois désignés sous le nom de *ronds de sorcières*.

Caractères généraux des Agaricées. — Tous les Champignons hyménomycètes chez lesquels l'*hyménium recouvre*, comme chez l'Agaric champêtre, *les deux faces de lamelles rayonnantes, à la face inférieure d'un chapeau*, forment une vaste tribu, celle des

Agaricées. Mais, avec les mêmes caractères fondamentaux, ces Cyptogames offrent, dans leur structure et leur mode d'évolution, des divergences dont les principales, au moins, méritent d'être signalées.

Genre de vie. — L'Agaric champêtre est saprophyte, comme beaucoup de ses congénères; certaines espèces se montrent cependant essentiellement parasites. Tel est, par exemple, l'*Agaricus melleus* qui amène la destruction de certains arbres, des Conifères, en particulier; des bois entiers peuvent être ainsi ravagés.

La manière dont le mycélium de cet Agaric envahit l'arbre attaqué et se propage ensuite sur les plantes voisines, nous fournit également l'occasion d'observer une forme intéressante que peut revêtir le thalle des Agaricinées. On la désigne sous le nom de *rhizomorphe*, pour exprimer sa ressemblance avec une racine.

On rencontre, en effet, le mycélium de l'*Agaricus melleus* dans les racines des Conifères et surtout des Pins, sous forme de cordons aplatis, anastomosés entre eux, formés eux-mêmes par des filaments serrés et soudés parallèlement. Ces cordons envahissent bientôt tout le cambium, et envoient des ramifications nombreuses, soit à l'intérieur vers la moelle, soit extérieurement vers l'écorce, à travers le liber, à la faveur des rayons médullaires. Ces dernières ramifications ne tardent pas à percer l'écorce, pour rayonner ensuite dans le sol tout autour de l'arbre envahi, à la recherche de nouvelles racines dans lesquelles ces sortes de stolons pénètrent et se ramifient bientôt à leur tour. Les cordons mycéliens qui serpentent au sein des tissus envahis offrent une phosphorescence remarquable; les stolons souterrains qui en émanent sont revêtus d'une enveloppe formée de filaments cutinisés, et ne présentent pas cette propriété.

Stroma. — D'une manière plus générale, on donne le nom de *stroma* au tissu plus ou moins compact qui résulte de l'accolement et de la soudure des filaments mycéliens. Certains Champignons ont leur mycélium ainsi partiellement transformé en un *stroma*.

Sclérotes. — Le mycélium de ces plantes peut aussi s'organiser en *sclérotes*. On nomme ainsi des sortes de tubercules, dépourvus de croissance terminale, dans lesquels s'accumulent des réserves nutritives et qui, dans des conditions favorables, peuvent devenir l'origine de thalles nouveaux. Leur rôle physiologique est donc le même que celui des vrais tubercules chez les Phanérogames.

Signalons encore, dans le tissu des Agarics de la section des

Lactaires, la présence de laticifères continus, parfois reliés par des anastomoses transversales, et qui sécrètent un latex blanc ou coloré. L'*Agaricus deliciosus* L. (1), par exemple, laisse exsuder, quand on le brise, un suc lactescent rouge orangé.

Conidies. — Indépendamment des spores proprement dites, certains Hyménomycètes produisent encore des *conidies.* Celles-ci se forment, tantôt dès le début de la période évolutive, tantôt sur le thalle entièrement développé. Leur manière d'être est fort diverse; mais elles sont toujours d'origine exogène, comme les spores proprement dites, très petites et à peu près dépourvues de réserve. Aussi ne peuvent-elles germer et produire un thalle que si elles tombent sur un milieu nutritif.

Chez les Hyménomycètes les plus connus (Agaricées, Polyporées, Clavariées, etc.), les conidies forment de petites chainettes au sommet de filaments dressés et groupés en touffes, dont les articles se détachent successivement. Si deux ou plusieurs de ces petites spores arrivent en contact, elles peuvent émettre l'une vers l'autre de courts filaments, et s'anastomoser; elles peuvent s'unir de la même manière avec les cellules du mycélium, lorsqu'elles arrivent au contact de l'une d'elles, et y déversent leur protoplasma.

Ce dernier phénomène, fréquent chez les Agaricées du genre *Coprinus*, avait fait croire à une reproduction sexuelle dont la réalité n'a pu être constatée encore chez les Hyménomycètes.

ANNEAU, VOLVE, etc. — Indépendamment de l'*anneau*, qui demeure attaché au pied du Champignon, les bords du chapeau emportent eux-mêmes des débris des tissus extérieurs de l'appareil fructifère, débris que les mycologues désignent encore sous le nom de *cortina*. Cette enveloppe partielle caduque avait reçu de Fries le nom de *voile partiel* (*velum partiale*). Chez certaines Agaricinées, l'appareil fructifère est encore protégé, dans sa jeunesse, par une enveloppe générale ou *volva* (*velum universale* Fries), due à une différenciation de la zone tout à fait extérieure. Telle est la membrane blanche qui cache entièrement, à son apparition au-dessus du sol, les Agarics du genre *Amanita*, genre dont fait partie l'Oronge comestible (*A. aurantiaca* Pers.). Plus tard, cette enveloppe se rompt, laissant encore sa base autour du pied, et souvent aussi des débris qui demeurent adhérents à la face supérieure du chapeau, comme chez la Fausse Oronge (*Amanita muscaria* Pers.).

(1) *Lactarius deliciosus* Fries.

Spores. — En ce qui concerne les spores elles-mêmes, leur nombre varie, d'une espèce à l'autre d'un même genre, sur chaque baside. Elles naissent par deux chez l'Agaric champêtre ; mais le plus souvent elles se montrent groupées par quatre. Le noyau de la baside subit alors deux bipartitions successives, et les quatre nouveaux noyaux, pénétrant dans les quatre stérigmates, deviennent chacun le noyau de la spore correspondante.

Le Champignon comestible connu sous le nom de Chanterelle (*Cantharellus cibarius* Fries) se distingue des Agarics par ses lamelles dichotomiquement ramifiées. Dans l'espèce dont il est ici fait mention, le chapeau est sinueux sur les bords et d'un jaune chamois. Il n'existe ni voile partiel, ni volva. Chaque baside produit six stérigmates et six spores.

Quelques autres genres (*Leptotus*, *Leptoglossum*, etc.) rentrent dans la même tribu.

Polyporées. — Très voisins des Agarics et des Chanterelles sont les *Bolets* qui en ont à peu près le port. Mais leur chapeau porte à sa face inférieure, au lieu de lamelles, des *tubes parallèles, soudés les uns aux autres, et dont la paroi interne est tapissée par l'hyménium.* Le plus estimé de ces Champignons est le *Cèpe franc* (*Boletus edulis* Bull.), dont le parenchyme, ferme et d'un blanc pur, est très estimé.

On trouve fréquemment, à la base du tronc des vieux arbres, des Chênes surtout, un Champignon auquel la forme et la couleur du chapeau, *dépourvu de pied* et de grandes dimensions, ont valu le nom de *Foie de bœuf* ou *Langue de bœuf*. Tendre et comestible dans sa jeunesse, ce Champignon devient plus tard dur et ligneux ; c'est le *Fistulina buglossoides* Bull., représentant du genre *Fistulina*. Ce genre, qui fait partie de la même tribu que les Bolets, se distingue de ces derniers par ses *tubes inégaux et libres* au-dessous du chapeau.

Chez les Bolets, les tubes hyménifères ont des parois simplement accolées et se séparent facilement du chapeau ; ils sont *beaucoup plus intimement soudés entre eux, et font, pour ainsi dire, corps avec le chapeau lui-même* chez les Polypores (genre *Polyporus*) dont deux espèces (*P. igniarius* Fries, qui croît sur les Saules, les Peupliers, les Hêtres, etc., et *P. ongulatus* Fries) fournissent l'amadou. Le pied, chez les Polypores, est nul ou peu développé.

Les *Dædalæa* portent, à la face inférieure de leur *chapeau co-*

riace et subéreux, des *lamelles irrégulièrement sinueuses et anastomosées entre elles*.

Avec quelques autres genres, les *Boletus*, les *Polyporus*, les *Dædalæa*, forment une seconde tribu, celles des **Polyporées**, caractérisées par un *hyménium porté sur des lamelles anastomosées entre elles, ou sur la paroi de tubes, libres ou soudés*.

Clavariées. — Plusieurs Champignons comestibles appartiennent au genre *Clavaria* (Clavaire), que l'on peut prendre comme type de la tribu des **Clavariées**. *L'appareil fructifère* est ici *dressé*, *simple* ou *rameux*, en forme de buisson, et *toute sa surface est recouverte par l'hyménium;* il est bien différent comme port, par conséquent, du chapeau des Agaricées et des Polyporées. L'une des espèces les plus communes est le *Cl. coralloides* L., connue sous le nom vulgaire de Barbe de chèvre, à cause des ramifications nombreuses de son appareil sporifère.

Les autres tribus et les autres genres d'Hyménomycètes n'offrant aucun intérêt pratique, nous nous bornerons à les indiquer sommairement :

FAMILLE DES HYMÉNOMYCÈTES

		Tribus.	*Genres.*
Basides et poils stériles (ou paraphyses) unis en un hyménium, formant une couche serrée à l'extérieur de l'appareil sporifère. Basides indivis.	Appareil sporifère gélatineux	**Dacryomitrées.**	*Dacryomyces.* *Guepinia.* *Calocera,* etc.
	Appareil sporifère réduit à l'hyménium........................	**Exobasidiées..**	*Exobasidium.* *Microstroma.*
	Appareil sporifère filamenteux......	**Hypochnées** ...	*Hypochnus.* *Hypochnella.*
	Basides couvrant la surface extérieure de l'appareil sporifère ordinairement dressé en colonne, simple ou ramifié.................	**Clavariées.. ..**	*Clavaria.*
	Basides couvrant une partie de la surface lisse du fruit, tantôt la face supérieure, tantôt la face inférieure	**Téléphorées....**	*Telephora.* *Corticium.* *Cyphella,* etc.
	Basides recouvrant des pointes de formes diverses à la face inférieure du chapeau....................	**Hydnées.......**	*Hydnum.* *Radulum,* etc.
	Basides recouvrant des lames anastomosées en réseau, ou des tubes plus ou moins larges, à la face inférieure du chapeau..............	**Polyporées.....**	*Polyporus.* *Boletus.* *Fistulina.* *Dædalæa.* *Cantharellus,* etc.
	Basides recouvrant des lames rayonnantes à la face inférieure du chapeau	**Agaricées......**	*Agaricus.* *Amanita.* *Coprinus,* etc.

Affinités. — Malgré leur étroite analogie avec les autres familles de Basidiomycètes, les Hyménomycètes se font remarquer par leur supériorité d'organisation, et surtout par leur appareil fructifère dont la structure est toute particulière.

Propriétés générales ; espèces importantes. — Nous ne saurions insister ici sur les caractères et les propriétés des diverses espèces connues d'Hyménomycètes, étude qui occuperait à elle seule plusieurs volumes. Certains d'entre ces Champignons sont inodores et insipides, d'autres exhalent une odeur dont la nature est très variable ; un certain nombre ont une saveur agréable et sont recherchés comme aliments, d'autres ont un goût âcre et caustique ; un grand nombre enfin agissent à la façon d'énergiques poisons.

Parmi les espèces comestibles nous citerons :

L'*Agaricus campestris* L., ou Champignon de couche, dont l'*A. arvensis* Schæff. n'est, sans doute, qu'une variété. Cette espèce se distingue aisément par la blancheur de son pied et de la face supérieure de son chapeau.

L'*Amanita aurantiaca* Pers. (*Agaricus cæsarius* Scop.), Oronge vraie. Cette espèce, caractérisée, comme toutes les Amanites, par sa volve complète, se distingue aisément à son chapeau rouge orangé en dessus, et à la teinte jaune citron de ses lamelles et de son pied renflé. Elle se montre en automne, dans les bois pierreux, surtout au milieu des Châtaigniers.

L'*Amanita alba* Pers. (Oronge blanche).

Le *Lepiota procera* Gillet, remarquable par sa forme élancée et gracieuse, l'anneau persistant autour du pied, sa volve à peu près nulle, et son chapeau régulièrement arrondi, mamelonné au centre, recouvert d'une sorte de peau brunâtre qui se détache en pellicules.

L'*Agaricus albellus* DC., ou vrai Mousseron.

L'*A. deliciosus* L., du groupe des Lactaires, facile à reconnaître à son chapeau ombiliqué, rouge brique avec des taches verdâtres, à ses lamelles irrégulières et décurrentes, enfin, au latex de couleur orangée qu'il laisse découler à la moindre blessure.

Le *Cantharellus cibarius* Fries, dont le chapeau est d'abord convexe, puis étalé ou même concave en dessus, d'un jaune citron, à lamelles ramifiées dichotomiquement.

Le *Boletus edulis* Bull., ou Cèpe de Bordeaux, dont le pied est plus ou moins renflé, le chapeau d'un fauve clair, et les tubes portant l'hyménium, blancs d'abord, puis jaune verdâtre.

Le *B. aureus* Bull., dont le chapeau est d'un brun fuligineux et les tubes jaune orangé.

Le *Clavaria botrytis* Schæff., etc.

Parmi les espèces vénéneuses nous citerons :

L'*Amanita muscaria* (1) Pers., ou Fausse Oronge, qui se distingue de l'Oronge vraie par son chapeau rouge orangé ou écarlate, sur lequel sont demeurés adhérents des fragments blancs de la *volva*, et sa chair blanche (et non jaune) à l'intérieur. Ce Champignon a une action assez énergique sur le système nerveux. Il contient deux alcaloïdes : l'*amanitine*, et la *muscarine* qui dérive de la première par oxydation. La muscarine agit en amenant des convulsions et l'arrêt du cœur. Elle est soluble dans l'eau acidulée (2).

L'*Amanita pantherina* Krombh., plus dangereux encore, dont le chapeau, de teinte fauve, est taché en blanc par des débris de volva, et dont les lamelles et la chair sont très blanches.

L'*Amanita bulbosa* Pers., très toxique, dont le pied est renflé en bulbe, etc.

Quelques espèces de Basidiomycètes peuvent être considérées comme officinales :

Le *Polyporus officinalis* Fries, le Polypore du Mélèze, que l'on trouve au pied des *Larix* dans le Dauphiné et l'Europe centrale. Son chapeau, de forme conique, est couvert d'une écorce dure, blanchâtre ; la face inférieure est occupée par des tubes jaunâtres, très serrés et très fins. Sa saveur est âcre. Il est employé comme purgatif drastique et hydragogue.

L'amadou est fabriqué avec deux Polypores. Le premier est le *Polyporus fomentarius* Fries, qui croît dans presque toute l'Europe sur le tronc des Chênes, des Hêtres, des Tilleuls, etc. Il a la forme d'un sabot de cheval ; son écorce, d'un noir luisant, est recouverte d'une sorte de pellicule d'un gris cendré, ocreuse par places. On obtient l'amadou en en faisant macérer dans l'eau les couches moyennes débarrassées des parties dures extérieures, et en les battant à plusieurs reprises au maillet, pour en éliminer les parties dures. La seconde espèce est le *Polyporus igniarius* Fries, qui croît au pied des Peupliers, des Saules, des Pruniers, etc. ; elle se distingue de la première par sa dureté plus considérable. Seul le

______

(1) Son nom est dû à la propriété qu'elle a, dit-on, d'attirer les mouches qui meurent bientôt à son contact.

(2) On sait que l'on conseille de faire macérer préalablement dans du vinaigre les Champignons suspects dont on voudrait faire usage.

Polyporus fomentarius, à cause de sa souplesse, peut être employé comme hémostatique.

FAMILLE III. — GASTROMYCÈTES

Les **GASTROMYCÈTES** se distinguent des Hyménomycètes par ce fait que l'*hyménium* (basides et paraphyses), au lieu d'être extérieurement porté sur des lamelles, sur la paroi de tubes, ou même à la surface de l'appareil fructifère, *est toujours plus ou moins profondément*

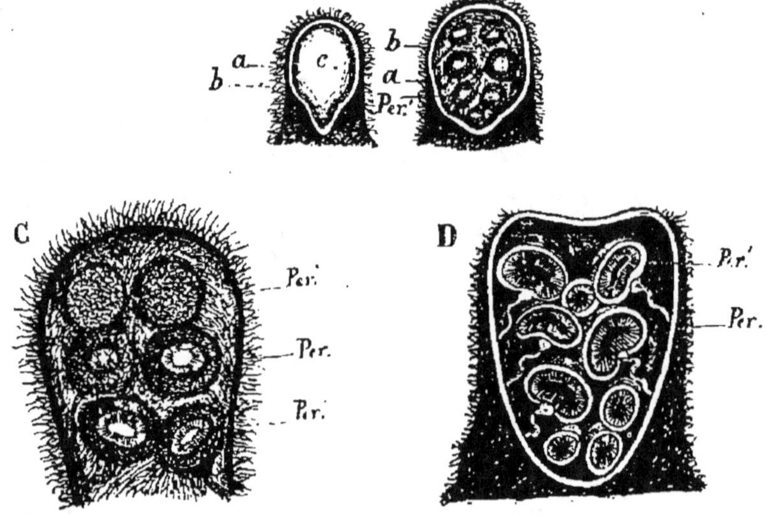

Fig. 146. — Développement de l'appareil fructifère chez le *Crucibulum vulgare*. — A, B, C, D, stades successifs. En A et B : *a*, couche externe ; *b*, couche moyenne ; *c*, zone centrale ; Per', péridioles. En C et D : Per, péridium ; Per', péridioles. (Courchet.)

caché dans l'intérieur du réceptacle, qui s'ouvre enfin pour laisser sortir les spores.

Chez le *Crucibulum vulgare* (fig. 146), par exemple, le mycélium forme des cordons qui rampent à la surface du bois mort. L'appareil fructifère s'y montre sous la forme d'un tubercule cylindrique, extérieurement hérissé de poils qui ne sont autre chose que des terminaisons de filaments (A). Compact d'abord, ce tubercule ne tarde pas à se différencier en trois zones :

1° A l'extérieur se forme une enveloppe brune *a*, beaucoup plus épaisse à la base qu'au sommet.

2° Cette enveloppe externe recouvre une seconde zone *b* plus étroite, dont les éléments sont susceptibles de se gélifier et de se détruire.

L'ensemble de ces deux zones constitue l'enveloppe générale de tout l'appareil, à laquelle on donne le nom de *péridium*.

3° Le centre est occupé par un tissu *c* homogène d'abord, mais qui ne tarde pas à se modifier lui-même par places.

Tandis que la plupart des filaments qui le forment tendent, comme ceux de la zone *b*, à se gélifier, on voit apparaître par places des amas lenticulaires de tissu plus résistants (B, Per'), qui sont l'ébauche de tout autant de fructifications partielles. En effet, les éléments qui forment ces amas se dissociant au centre, chacun de ces derniers se trouve creusé d'une cavité dont les parois sont occupées par l'hyménium (basides portant 4 spores et paraphyses). On donne à ces petits appareils le nom de *péridioles* (Per'). Plus tard, tous les tissus gélifiables se détruisent, le *péridium* s'ouvre à son sommet, et les *péridioles* devenus libres au milieu de la gelée que forment les tissus ambiants, tombent au fond de l'enveloppe générale, à la paroi de laquelle ils sont retenus par des sortes de filaments (C, D).

Les *Crucibulum* représentent le type de la tribu des **Nidulariées**.

L'appareil fructifère est plus simple chez les **Lycoperdées**. Tels sont, par exemple, les *Lycoperdon* (vulgairement nommés Vesces de Loup) (fig. 148), que l'on rencontre fréquemment en automne, dans les prairies humides, et dont les fructifications affectent la forme de sphères blanchâtres irrégulières qui éclatent, lorsqu'on les presse, en laissant échapper un petit nuage de spores.

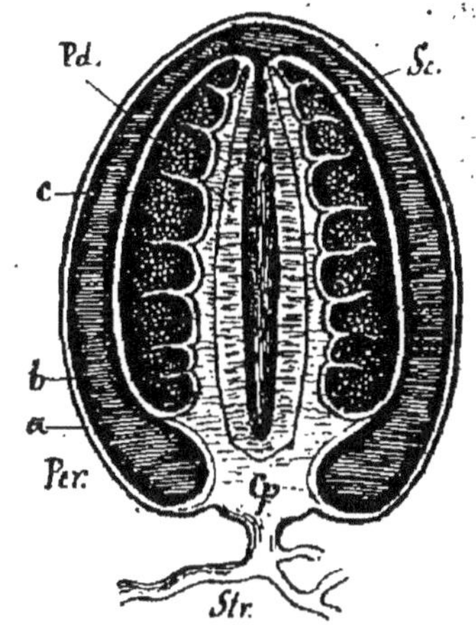

Fig. 147. — Structure de l'appareil fructifère chez le *Phallus impudicus*. — Per, péridium (*a*, *b*, *c*, les trois zones qui le constituent); Sc, sac sporifère; Pd, pédicelle; Cp, cupule; Str, stroma.

Fig. 148. — Lycoperdons en poire.

Ici la masse centrale ou *gleba* se creuse simplement d'alvéoles dont les parois sont tapissées par l'hyménium. L'intérieur de ces alvéoles est occupé par des filaments de deux sortes : les uns, gélifiables, sont destinés à se détruire ; les autres, plus résistants, forment une sorte de feutrage ou *capillitium* qui joue un rôle dans la déhiscence du *péridium*.

Par contre, la complication de structure est poussée à son plus haut degré chez les **Phallées**. Ainsi, chez le *Phallus impudicus* (fig. 147), l'appareil sporifère montre, de dehors en dedans :

1° Le *péridium* composé lui-même de deux couches résistantes, entre lesquelles est une zone épaisse gélifiable (Per : *a*, *b*, *c*) ;

2° Le sac sporifère, en forme de manchon creux, dont la cavité est divisée en alvéoles par des replis de sa paroi interne (Sc) ;

3° Un pédicelle central P*d*, formé d'un tissu spongieux, creusé en son milieu d'une cavité ;

4° Le pédicelle et les deux zones externe et interne du péridium sont en continuité, vers le bas, et se confondent en une sorte de cupule solide C*p*, supportée elle-même par le stroma (S*tr*).

A la maturité, la zone moyenne *b* du péridium se gélifie, le pédicelle P*d* s'allonge considérablement, grâce à l'élargissement des alvéoles aérifères dont il est creusé ; il perce l'enveloppe générale, qui se déchire irrégulièrement, et soulève jusqu'à 20 ou 30 centimètres le sac sporifère Sc, qui se rompt. Les spores alors tombent sur le sol, entraînées par la gelée qui résulte de la destruction du tissu interne de ce sac.

Les principales divisions de la famille peuvent être établies ainsi qu'il suit :

FAMILLE DES GASIROMYCÈTES

TRIBUS.

Basidiomycètes avec hyménium interne.

Péridium double, à cavités tapissées par l'hyménium, à cloisons se détruisant complètement à l'exception d'un capillitium abondant.............................. **Lycoperdées.**
G. *Lycoperdon*, *Bovista*, *Aster.*

Péridium simple, à cavités tapissées par le tissu fructifère.

Cloisons tout entières persistantes. Point de capillitium. Fruit demeurant charnu................... **Hyménogastrées.**

Cloisons se détruisant dans la partie moyenne, de manière à isoler tout autant de péridioles............ **Nidulariées.**
G. *Nidularia*, *Crucibulum*, etc.

Péridium formé de couches distinctes, hors duquel le tissu fructifère est entraîné par la dilatation d'un corps caverneux en forme de réseau.............................. **Phallées.**
G. *Clathrus*, *Phallus*, etc.

ordre des Basidiomycètes se divise donc, de la manière suivante, en trois familles :

			FAMILLES.
Ordre des BASIDIOMYCÈTES. — Spores naissant sur des basides	non cloisonnées. Appareil sporifère gélatineux. Souvent des conidies...		TRÉMELLINÉES.
	cloisonnées [et situées sur un hyménium	externe (sur des lamelles, des tubes, des branches ramifiées du thalle, etc.). Parfois des conidies...........	HYMÉNOMYCÈTES.
		interne, dans une enveloppe générale ou *péridium*, et souvent encore dans des appareils fructifères partiels ou *péridioles*.	GASTROMYCÈTES.

ORDRE VI. — ASCOMYCÈTES

Les Ascomycètes se distinguent des Basidiomycètes par la *formation endogène de leurs spores*.

Elles naissent, en effet, dans une cellule mère dont le noyau se divise par un nombre plus ou moins grand de bipartitions; puis le protoplasma se condense autour de chacun des noyaux nouveaux en une petite masse qui devient une spore. Le protoplasma de la cellule mère est employé en totalité (*division totale*) ou en partie (*division partielle*). Chaque spore sécrète ensuite une enveloppe dont la partie externe (*exospore*) se cutinise, tandis que la partie interne (*endospore*) demeure cellulosique. On donne à la cellule mère le nom d'*asque* ou de *thèque;* celle-ci se déchire ou se fend pour laisser échapper les spores.

Les autres caractères des Ascomycètes sont très variables. On les divise en quatre familles :

Les **Discomycètes**, les **Périsporiacées**, les **Pyrénomycètes**, et enfin les **Lichens** qui, pour beaucoup de cryptogamistes, forment une classe distincte de Thallophytes.

FAMILLE I. — DISCOMYCÈTES

Cette famille se distingue des trois autres par un caractère bien net : *l'hyménium (asques et paraphyses) n'est jamais caché dans une enveloppe commune ou périthèce.*

Description des Saccharomyces. — Nous décrirons tout d'abord les Levures ou *Saccharomyces*, type de Champignons qui, par leur simplicité extrême et leur genre de vie, sont tellement distincts des autres, que leur place dans la famille des Discomycètes est douteuse. Nous les y laisserons néanmoins, mais en faisant observer que certains botanistes les séparent, non seulement des Champignons de ce groupe, mais encore de tous les autres. Leur ressemblance avec les Bactéries est manifeste; d'autre part, on ne saurait nier leur analogie avec celles des Mucorinées dont le thalle s'émiette dans les milieux non aérés. Peut-être les *Saccharomyces* ne constituent donc qu'un genre provisoire.

Ces Champignons se montrent sous l'aspect de cellules microscopiques qui se multiplient plus ou moins activement par bourgeonnement, mais *qui jamais ne forment de mycélium ni de thalle proprement dit*. Ces globules se dissocient aussitôt, ou bien demeurent quelque temps unis en chapelets. Enfin, si les conditions extérieures deviennent défavorables, ces cellules sont toutes *susceptibles de former des spores endogènes* qui assurent la conservation de l'espèce.

La connaissance de ces organismes sera complétée dans le chapitre spécial sur les fermentations, que nous plaçons après l'étude des Discomycètes. On sait, en effet, que le plus connu de ces phénomènes, la fermentation alcoolique, est dû à des *Saccharomyces*.

Formes plus complexes. — Les Levures nous ont offert le type le plus simple des Discomycètes ; les *Pyronema* ou Pézizes, les Helvelles et les Morilles (*Morchella*), en sont les formes les plus complexes.

Pyronema. — Chez le *Pyronema confluens*, par exemple, qui se développe, dans les forêts, dans les lieux où l'on fabrique du charbon de bois, les appareils fructifères ont la forme de cônes renversés, dont la face supérieure est occupée par un hyménium composé de paraphyses et d'asques. Dans chacune de ces dernières se forment huit spores par condensation du protoplasma autour de huit noyaux, ainsi qu'il a été dit, p. 273.

La formation de cet appareil, auquel on donne, en général, le nom de *périthèce*, est précédée d'un phénomène qui a été diversement interprété (fig. 149). Le mycélium émet, en certains points, des filaments dressés plusieurs fois ramifiés. L'un des rameaux se renfle en une sorte de bouteille *sc'* qui s'isole par une cloison transversale ; au-dessous de celle-ci naît un second rameau assez long *p*, qui vient appliquer son extrémité renflée en massue contre le col *sc"* de la bouteille.

Pour M. Tulasne, il y aurait là une copulation véritable (par gamètes hétérogames immobiles), la cellule en bouteille représentant l'appareil femelle, le filament renflé en massue (*pollinode*), l'appareil mâle qui, à un moment donné, déverserait son protoplasma dans l'organe femelle. M. Van Tieghem ne voit là qu'une simple différenciation de deux protoplasmas dont l'un donnera le fruit lui-même, l'autre son enveloppe. Quoi qu'il en soit, à la suite de ce phénomène, à la base de chacun de ces couples dont la réunion forme souvent une rosette, naissent un grand nombre de filaments ramifiés. Leur ensemble figure un cône renversé dont la surface se couvre de paraphyses ; c'est entre ces dernières

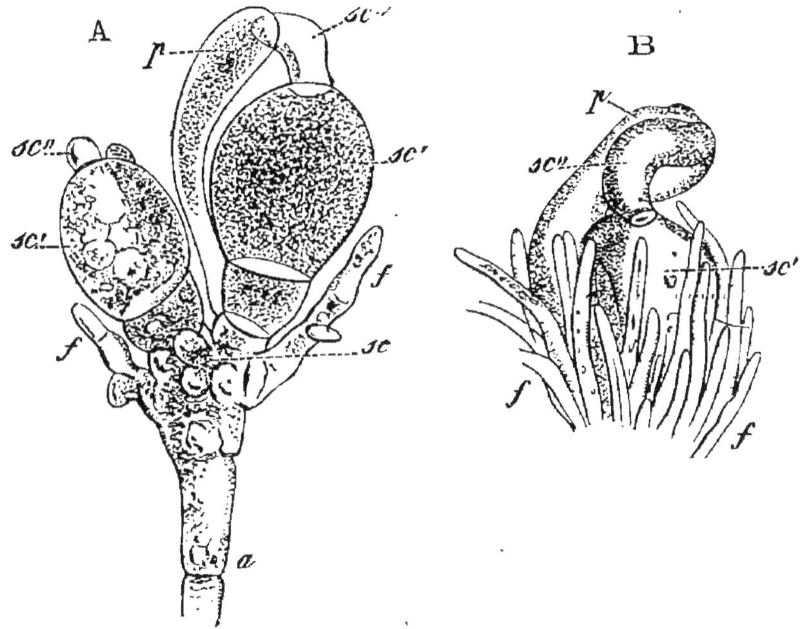

Fig. 149. — Copulation (?) chez le *Peziza* (*Pyronema confluens* Pers.) d'après Tulasne. — *sc, sc'*, cellule en forme de bouteille, considérée par Tulasne comme un appareil femelle ; *sc''*, son appendice terminal ; *p*, organe regardé comme mâle ; *f, f*, filaments dont la production est consécutive de la copulation et qui formeront tous ensemble l'hyménium. — B. État plus avancé ; les filaments *f* ont pris plus de développement. 380/1.

que se glissent les asques qui proviennent de la région renflée des organes en bouteilles.

Beaucoup de Pézizes vivent en parasites sur d'autres végétaux.

Parmi les Champignons de ce genre, il en est dont le mycélium se renfle par places en des sortes de tubercules formés de filaments accolés en un tissu serré. Ces formations portent le nom de *sclérotes*. Les sclérotes peuvent produire des périthèces, ou des mycéliums secondaires.

Certains Pézizes, indépendamment des périthèces, produisent aussi des *conidies* (voir p. 243) et, sous cet état conidifère, quelques espèces constituent des Moisissures communes que seules des observations judicieuses ont pu identifier avec leurs formes normales fructifères. Tel est, en particulier, le *Peziza Fukeliana* dont la forme conidifère vit en saprophyte sur des détritus végétaux. Les conidies forment ici des sortes de capitules échelonnés le long de filaments dressés sur le mycélium, à parois cutinisées. La forme et la disposition des conidies, chez les Pezizes, varient, d'ailleurs, dans de larges limites.

Helvelles; Morilles. — Aux Discomycètes se rattachent les Helvelles (fig. 150), et surtout les Morilles (*Morchella*). Dans ces deux genres, et

Fig. 150. — Hellevelle crépue.

quelques autres que certains mycologues réunissent dans une famille, celle des HELVELLACÉES, le périthèce est allongé, plus ou moins massif, et porté par un pied, comme le chapeau fructifère des Agaricinées.

Chez les Morilles, en particulier, Champignons très estimés que l'on récolte souvent dans les forêts incendiées, l'hyménium couvre les anfractuosités d'un périthèce oblong, creusé de dépressions qui lui donnent une ressemblance grossière avec une éponge.

Entre les formes supérieures représentées par les Pézizes, les Helvelles et les Morilles, et les types les plus simples offerts par les *Saccharomyces*, se placent un grand nombre d'intermédiaires dont la description ne saurait être faite ici : les **Exoascées**, dont l'appareil fructificateur se réduit à l'hyménium seul, les **Ascobolées** qui ont un périthèce gélatineux, et dont les asques projettent souvent leurs spores avec élasticité, les **Patellariées** dont le périthèce est subéreux ou coriace, etc.

Fermentations.

Définition. — Il convient tout d'abord de préciser ce que l'on doit entendre par ce mot de *fermentation*. Avant la découverte des microorganismes qui déterminent la décomposition des matières organiques, on désignait ainsi tout phénomène de ce genre auquel on pouvait attribuer la *spontanéité*. Cette hypothèse de la décomposition des matières organiques sans aucune intervention étrangère a été réduite à néant par les innombrables observations de Pasteur ; on sait aujourd'hui que ces substances demeurent parfaitement inaltérées, si elles ne contiennent aucun germe organisé, et si on les maintient dans des conditions telles qu'aucun ferment figuré ne puisse arriver jusqu'à elles.

Fermentations directes et fermentations indirectes. — Nous avons vu cependant qu'il est des composés solubles, sécrétés par l'organisme, qui, tels que la diastase, la pepsine, etc., déterminent des phénomènes semblables à ceux qui se produisent en présence même des ferments figurés, et nous savons qu'il est des Bactéries, l'Amylobacter, par exemple (voir p. 188), qui agissent ainsi indirectement sur les matières organiques à l'aide de *ferments solubles*. De là une différence que l'on a voulu établir entre les *fermentations directes* et les *fermentations indirectes* dues à des liquides spéciaux. Cette distinction est-elle bien naturelle ? Les phénomènes qui se produisent dans l'un et l'autre cas ont entre eux l'analogie la plus étroite ; en second lieu, beaucoup de fermentations qui s'accomplissent en présence de microorganismes vivants sont manifestement dues à l'action de substances actives sécrétées par eux ; il est à remarquer enfin que, dans bien des cas, nous sommes dans l'impossibilité de déterminer si le ferment figuré a une action immédiate, ou s'il agit par l'intermédiaire de ferments solubles. Ces considérations nous conduisent à admettre simplement que les phénomènes chimiques qui se produisent en présence de ferments figurés sécréteurs de diastases (1) peuvent s'accomplir encore en dehors de leur présence, sous la seule influence de ces dernières. Nous avons mentionné ailleurs les principaux d'entre ces ferments solubles et indiqué leur mode d'action (voir page 16). Mais ces substances, on le sait, ne sont pas seulement sécrétées par des microorganismes ; les plantes supérieures et les animaux en produisent également, et si on laisse au mot de *fermentation* son acception la plus large, on ne voit pas pourquoi on ne ferait

(1) Le mot de *diastase*, qui désigne spécialement le ferment soluble qui, dans la graine, transforme l'amidon en dextrine et en sucre, est souvent pris comme terme générique pour toutes les substances analogues.

pas rentrer dans ce même ordre de phénomènes les modifications chimiques subies par les matières organiques sous l'influence des sucs digestifs, soit animaux, soit végétaux.

Toutefois, dans l'exposé qui va suivre, nous n'admettrons comme *fermentations* que ceux d'entre ces phénomènes chimiques qui se montrent comme *étant étroitement liés à la présence et à la vie de l'organisme qui en est la cause.*

Nous prendrons tout d'abord comme exemple le plus anciennement connu et le plus classique des phénomènes de ce genre, la fermentation alcoolique. De cette étude ressortiront pour nous des données qui nous permettront de comprendre le sens plus restreint encore que certains savants, M. Pasteur et M. Van Tieghem, entre autres, assignent à ces mots de *fermentations* et de *ferments.*

Fermentation alcoolique. — La fermentation alcoolique consiste dans le *dédoublement des glucoses en alcool et en acide carbonique, sous l'influence de divers ferments appartenant au genre Saccharomyces* (Champignons-Ascomycètes). Voyons dans quelles conditions s'accomplit le phénomène.

Aliments des Levures. — Comme tout être vivant, la Levure, que nous supposerons être celle de la bière (*S. cerevisiæ* Meyen), pour fixer les idées, a besoin, pour végéter, d'avoir à sa disposition des aliments de trois sortes :

1° Des aliments minéraux. Pour déterminer la nature de ceux qui lui sont nécessaires, on n'a qu'à analyser des cendres de Levure. On voit ainsi qu'il lui faut de la *chaux,* de la *magnésie,* du *sodium* et surtout du *potassium,* sous forme de phosphates et de sulfates, puis une certaine quantité de *silice.*

2° Des aliments azotés. La Levure peut emprunter l'*azote* a des composés très divers : matières protéiques, nitrates, sels ammoniacaux.

3° Des aliments hydrocarbonés : les *sucres.*

Influence de l'oxygène. — Si on fait végéter la Levure dans un milieu qui réalise toutes les conditions exigées par sa nutrition, en ayant soin de maintenir le libre accès de l'air, ce Champignon se comportera comme le ferait tout autre organisme saprophyte, une Moisissure, par exemple, et le sucre absorbé sera tout entier brûlé pour former de l'eau et de l'acide carbonique.

Mais si l'air n'a qu'un accès difficile ou si on le supprime tout à fait, nous verrons apparaître les remarquables phénomènes dont il a été question déjà (voir p. 148 et 241). La multiplication des cellules de Levure deviendra de moins en moins active ; mais la quantité de sucre décomposé augmentera par contre d'autant plus que le milieu s'appauvrira davantage en oxygène. Ici commence la vie *anaérobie* de la cellule. La quantité de sucre détruit par un même poids de ferment est maintenant au moins dix fois plus forte, mais son oxydation est incomplète, puisque au lieu de composés dont la combustion ne peut être poussée plus loin (eau et acide carbonique), nous obtenons de l'acide carbonique et de l'alcool qui est susceptible de s'oxyder encore.

Cette disproportion entre le poids de la matière organique détruite et celui du ferment, ainsi que la vie anaérobie de ce dernier, sont prises comme caractéristiques des vrais ferments et des vrais phénomènes de fermentation par M. Pasteur et par M. Van Tieghem.

Cette différence dans le mode d'action de la Levure à l'air d'une part, à l'abri de l'air de l'autre, se trouve expliquée, en partie du moins, par la nécessité où se trouve cet organisme d'avoir toujours à sa disposition une certaine somme de calorique, sans laquelle il ne pourrait végéter. A l'état d'aérobie, la Levure empruntait l'oxygène nécessaire à l'atmosphère, et d'autre part la combustion du sucre lui fournissait tout le calorique que ce corps peut produire en s'oxydant ; lorsqu'il vit à l'abri plus ou moins complet de l'air, cet organisme n'utilise qu'une faible quantité de la chaleur produite par la combustion du sucre, combustion incomplète d'ailleurs, d'où la nécessité pour elle de détruire une quantité beaucoup plus considérable de matière pour arriver au même résultat.

M. Duclaux compare ingénieusement le ferment anaérobie à une machine à vapeur mal construite qui, ne transformant en travail qu'une faible proportion du calorique développé par la combustion du charbon, exigerait, pour arriver au même résultat qu'une bonne machine, la consommation d'une quantité de combustible beaucoup plus forte.

En outre, la Levure utilise pour son alimentation une certaine proportion des éléments du sucre ; mais cette proportion est toujours extrêmement faible.

Toutefois, la présence d'une petite quantité d'oxygène n'entrave pas le phénomène. Bien plus, la Levure, pour conserver toute son activité, a besoin de subir de temps en temps le contact de l'air, et seules les cellules jeunes et déjà en pleine végétation peuvent continuer à vivre dans un milieu qui en est complètement privé.

La Levure de bière est donc incomplètement anaérobie, comme d'ailleurs les autres *Saccharomyces*.

Analogie des Saccharomyces avec certaines Moisissures. — Nous savons d'autre part que les Levures ne sont pas les seuls organismes capables de déterminer la fermentation alcoolique, puisque des tissus vivants hautement différenciés peuvent aussi la produire, dans certaines conditions (p. 148). Mais parmi les végétaux qui, à cet égard, se rapprochent le plus des Levures, nous devons mentionner surtout certaines Moisissures (*Penicillium*, *Mucor*, *Rhizopus*, *Aspergillus*, etc.). S'ils végètent sur des matières sucrées dans des conditions normales d'aération, ces Champignons se comportent comme la Levure aérobie, en brûlant complètement le sucre, leur thalle conserve son aspect filamenteux, et ils fructifient à la manière ordinaire (p. 241). Mais si on les plonge dans le milieu sucré (contenant, d'ailleurs, tous les principes exigés par leur alimentation), si on empêche l'accès de l'air, certaines de ces Moisissures continueront à végéter ; seulement, au lieu de s'allonger en filaments, leur thalle produira, par bourgeonnement, des articles arrondis qui se sépareront presque aussitôt, il *s'émiettera* en prenant l'aspect d'une vraie Levure. En même temps s'établira, dans le milieu sucré, la fermentation alcoolique, de la même façon qu'avec les *Saccharomyces*.

Cependant ces végétaux, ne pouvant former de l'invertine, seront incapables d'agir sur le sucre de Canne, d'où un moyen de débarrasser ce dernier du glucose avec lequel il pourrait être mêlé dans un liquide.

Nature de Levures. — En tenant compte de l'étroite analogie de structure et d'action qui existe entre les Levures et le thalle émietté des Moisissures, on s'est demandé si les premières ne représenteraient pas également le thalle d'autres Champignons dont l'histoire serait encore ignorée, et que nous ne connaîtrions que sous une de leurs formes. On ne saurait prouver directement le contraire ; mais il faut remarquer que si on replace dans des conditions d'aération normale le thalle émietté des Moisissures, les cellules s'allongent de nouveau en filaments, et le Champignon ne tarde pas revenir à son état ordinaire ; on ne parvient jamais à transformer ainsi les Levures, quelles que soient les conditions dans lesquelles on les dispose. En second lieu on ne saurait nier que les Moisissures sont beaucoup moins résistantes que les Levures à l'égard de l'asphyxie et, d'ailleurs, on constate chez elles tous les degrés à cet égard, depuis le *Mucor circinelloides*, dont le thalle anaérobie végète presque aussi activement qu'une vraie Levure, jusqu'à ceux d'entre ces Thallophytes qui ne sauraient vivre un seul instant sans le contact direct de l'oxygène.

Spores. — Les Levures offrent encore une propriété que ne possède pas le thalle émietté des Moisissures. Lorsque le milieu nutritif vient à s'appauvrir, ou bien encore lorsqu'on les force à vivre dans des conditions défavorables, on voit le protoplasma se condenser, dans les cellules, en deux ou trois spores. Celles-ci étant, comme on le sait, beaucoup plus résistantes que les cellules végétatives, sont destinées à assurer la survivance de l'espèce, en même temps que son expansion au dehors.

Principales sortes de Levures (1) (fig. 151). — Le *Saccharomyces cerevisiæ* Meyen, dont les cellules bourgeonnantes sont globuleuses et mesurent en moyenne 8 à 9 μ (2) de diamètre, forme plusieurs variétés dont quelques-unes, peut-être, sont des races semblables à celles que l'on observe chez les plantes supérieures. Les deux formes principales sont celles que l'on désigne respectivement sous les noms de *Levure haute* et de *Levure basse*.

La *Levure haute* est caractérisée par des cellules rebondies, dont la membrane délicate recouvre un protoplasma gélatineux. La multiplication en est très active, et les éléments qui la constituent demeurent fréquemment réunis en chapelets. La fermentation qu'elle détermine est très énergique, et le gaz carbonique qui se dégage en abondance la soulève jusque dans les régions supérieures du liquide. La fermentation par *Levure haute* s'accomplit le mieux entre 16° et 20°.

La *Levure basse* se distingue de la première par ses globules plus pe-

---

(1) *Cryptococcus cerevisiæ* Kurtz; *Hormiscium cerevisiæ* Bail.; *Torula cerevisiæ* Turpin.

(2) Nous rappelons que la lettre grecque μ désigne les *millièmes de millimètre*.

tits et plus allongés, s'isolant beaucoup plus aisément les uns des autres. Elle demeure toujours dans les parties profondes du liquide, et
son action s'exerce entre 6° et 7°, jamais au-dessus de + 10°.

Le ferment ordinaire du moût de raisin est le *Saccharomyces ellip-*
soideus Reess, dont les globules courts, souvent réunis en flocons quand
la fermentation est rapide, mesurent environ 6 μ dans leur plus grand
diamètre, 4 sur leur plus petit. Chaque cellule peut produire 3 à 4 spores.
La température *optimum*, pour la fermentation déterminée par cette
Levure, est située vers 25°.

Le *S. conglemeratus* Reess (C) est plus rare. Il existe sur les grains
de raisin au début de la fermentation. Les globules sphéroïdaux mesu-

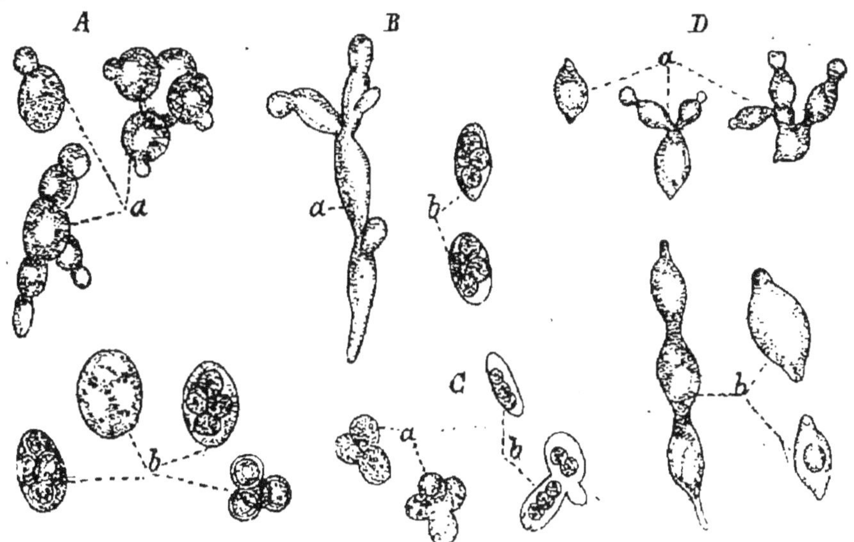

Fig. 151. — Diverses espèces de *Saccharomyces*. — A, *S. cerevisiæ* Meyen ; *a*, cellules
végétatives ; *b*, formation des spores. — B, *S. pastorianus* Reess ; — C, *S. conglomeratus*
Reess. — D, *S. apiculatus* Reess (A 750/1, B *a* 400/1, *b* 600/1, C *a* 600/1, *b* 400/1,
D 600/1) (d'après Reess).

rent 5 à 6 μ de diamètre ; ils demeurent ordinairement groupés en
amas irréguliers. Le nombre des spores est de 2 à 3 par cellule mère.

Le *S. exiguus* Reess apparaît spontanément vers la fin de la fermentation de la bière. Il est remarquable par la forme•turbinée et la petitesse de ses globules (5 μ sur 2, 5 μ). Il naît 2 à 3 spores dans chaque
cellule mère.

Le *S. pastorianus* Reess (B) existe dans le moût en pleine fermentation, et vers la fin de cette dernière. Il apparaît spontanément, d'ailleurs, dans tous les fruits sucrés que l'on expose à l'air. Ses globules
sont ovales et isolés lorsque leur vitalité diminue, plus grands, claviformes ou ovales et alors réunis, lorsque leur végétation est active.
Leur longueur peut atteindre 18 à 22 μ.

D'après M. Reess, cette espèce ne donnerait point d'invertine et, par
conséquent, serait sans action sur le saccharose.

Le S. *apiculatus* Reess (*Carpozyma apiculatum* Engel) est remarquable (D) par ses globules oblongs, longs de 6 à 8 μ, larges de 2 à 3 μ, et par le mamelon qui les termine aux deux bouts, et a fait comparer leur forme à celle d'un citron. Cette Levure, fréquente dans la fermentation du moût de raisin, disparaît avant la fin du phénomène.

Phénomènes chimiques. — L'action des Levures, dans la fermentation alcoolique, détermine, nous le savons, le dédoublement en *alcool* et *acide carbonique* des *sucres directement fermentescibles*, dont la formule est $C^6H^{12}O^6$. Si elles se trouvent en présence des *saccharoses* dont la formule est $C^{12}H^{22}O^{11}$, ceux-ci sont hydratés et dédoublés en *lévulose* et *glucose* ($C^{12}H^{23}O^{11} + H^2O = 2C^6H^{12}O^6$) sous l'influence de l'*invertine* que sécrètent presque toujours les Levures (1), puis la fermentation alcoolique s'établit comme à l'ordinaire. Les saccharoses ne fermentent donc pas directement.

On ne peut exprimer le dédoublement subi par les sucres pendant cette fermentation que par des formules approximatives, car indépendamment des deux produits principaux de ce dédoublement, le phénomène donne encore naissance à de faibles quantités d'autres corps dont plusieurs varient comme nature et comme proportion, suivant les conditions extérieures et l'espèce de Levure agissante. Les produits secondaires les plus constants sont : l'*acide succinique* et la *glycérine*. Il s'y joint souvent de petites quantités d'*acide acétique* et d'alcools homologues de l'alcool éthylique (*alcool propylique, alcool isobutylique, alcool amylique*, etc.). En général, la proportion de ces produits secondaires n'excède pas les 4 à 5 centièmes du poids de l'acide carbonique et de l'acool formés. En négligeant ces produits accessoires, on peut admettre, pour le dédoublement des glucoses, la formule suivante :

$$C^6H^{12}O^6 = 2CO^2 + 2C^2H^6O,$$

et pour celui du sucre de Canne après inversion, la formule :

$$C^{12}H^{22}O^{11} + H^2O = 4CO^2 + 4C^2H^6O$$

Action des divers agents sur la fermentation alcoolique. — La fermentation alcoolique étant sous la dépendance étroite de la vitalité des ferments, toute cause qui modifie l'une agit dans le même sens sur l'autre.

La *lumière* paraît activer le phénomène.

Nous connaissons, d'autre part, quelle est pour ce dernier la *température optimum*. Ajoutons seulement que la Levure sèche peut supporter, sans mourir, des températures de — 100° et de + 100° ; mais humide, elle est tuée à 70° dans un liquide neutre, et déjà vers 53° dans un liquide acide.

Elle est tuée rapidement par de *grandes étincelles électriques*.

Une réaction très légèrement acide favorise le phénomène qui, par contre, *est entravé par une acidité plus considérable.*

---

(1) Nous venons de voir que le *S. pastorianus* serait sans action sur le sucre de Canne.

Enfin, plusieurs corps tels que l'*acide prussique*, le *chloroforme*, le *sublimé corrosif*, etc., entravent la fermentation.

Ferments. — D'après ce que nous venons de dire, nous pourrons diviser les ferments, c'est-à-dire les agents qui déterminent les phéno-mènes de fermentation, en deux sortes : les *ferments organisés* ou *figurés*, et les *ferments solubles* ou *diastases*. Mais il faut se rappeler que ces deux sortes de ferments ont, dans leur mode d'action, la plus étroite analogie, et que les second sont bien souvent sécrétés par les premiers.

Ainsi que nous l'avons dit déjà dans la présente étude, nous admet-trons, avec M. Bourquelot dont l'excellent mémoire a été pour nous un guide précieux, comme fermentations proprement dites, celles qui s'ac-complissent en présence des ferments organisés qui les déterminent, que leur action soit directe, ou qu'elle s'accomplisse par l'intermédiaire de diastases.

Les ferments figurés sont de nature diverse. Ce sont en premier lieu les Levures (*Saccharomyces*, Champignons de l'ordre des Ascomycètes), les Moisissures (Champignons de l'ordre des Oomycètes, tels que les *Mucor*, *Rhizopus*, etc., ou des Champignons Ascomycètes, comme les *Aspergillus*, *Penicillium*, dont nous ferons bientôt l'étude) ; ce sont enfin les Bactéries dont nous nous sommes occupé déjà.

Substances fermentescibles. — Elles sont également de nature très va-riable, ainsi que nous le verrons dans les paragraphes suivants. Ce sont presque toujours des substances organiques. Cependant l'ammoniaque elle-même et le nitrite d'ammoniaque s'oxydent sous l'influence de cer-taines Bactéries.

Diverses sortes de fermentations. — Conçues ainsi qu'il a été dit plus haut, les fermentations se divisent en plusieurs catégories, sui-vant qu'elles déterminent le *dédoublement*, l'*hydratation*, la *réduction* ou l'*oxydation* de la substance fermentescible. Nous donnerons des exemples de chacune d'elles.

Fermentations par dédoublement. — A cette catégorie se rattache, en premier lieu, la fermentation alcoolique que nous connaissons déjà.

Fermentation lactique. — Elle consiste dans le *dédoublement du sucre de lait en acide lactique avec hydratation* ($C^{12}H^{22}O^{11} + H^2O = 4(C^3H^6O^3)$), sous l'influence d'une Bactérie, le *Bacterium acidi lactici* Zopf.

Ce ferment est représenté par des cellules oblongues ($1\ \mu$ à $1,7\ \mu$ sur $0,3$ à $0,4\ \mu$), demeurant parfois réunies en chapelets, et se multipliant par voie de bipartition. Elles sont immobiles, d'ailleurs, et dans cha-cune d'elles se forment, lorsque les circonstances l'exigent, 1 à 2 spores situées aux deux extrémités de l'élément.

Ce même ferment peut dédoubler encore dans les mêmes conditions, les *glucoses*, la *dulcite*, la *mannite*, etc.

Pour que l'action se continue, l'acide lactique produit doit être saturé à mesure qu'il se forme ; on se sert, dans ce but, de la craie dans la préparation de ce corps. L'azote peut être pris par le ferment à des

sels ammoniacaux ; mais, en général, on le lui offre sous forme de matières organiques, et principalement sous celle de vieux fromage (1).

Le ferment lactique est essentiellement aérobie. Son action s'exerce
le mieux vers 35° ; mais elle commence déjà vers 10° à 15°, et ne s'arrête qu'à 46°. Vers 110° le ferment humide est tué.

D'autres Bactéries (*Micrococcus prodigiosus*, *Bacterium coli commune*,
Microbe du pus, etc.), déterminent également la fermentation lactique.

Koumiss et *Képhir*. — Les boissons fermentées connues sous les noms
de *koumiss* et de *képhir* paraissent résulter de l'action de deux ferments sur le lait. Ceux-ci agissent l'un et l'autre sur le lactose qui se
trouve ainsi transformé, en partie en acide lactique, en partie en alcool
et acide carbonique.

Le koumiss est surtout fabriqué dans les steppes du Sud-Est de la
Sibérie et de l'Asie centrale, par différentes peuplades. Il résulte de
l'action, sur le lait de jument, d'un ferment, ou plutôt d'un mélange de
ferments mal déterminés.

Le képhir est fabriqué, avec du lait de vache, par certaines peuplades
de l'Asie centrale et par les montagnards du Caucase. On reconnaît,
dans le ferment du képhir, l'existence d'une Levure et d'une Bactérie,
le *Dispora caucasica* Kern. Peut-être ces deux ferments figurés ne sont-
ils pas les seuls à intervenir dans le phénomène.

Le koumiss et le képhir ont été introduits dans la médecine européenne.

Fermentations par hydratation. — *Fermentation ammoniacale*. — Le
type de ce genre de phénomènes nous est offert par la *fermentation
ammoniacale ;* elle consiste dans la *transformation de l'urée en carbonate
d'ammoniaque, avec fixation des éléments de l'eau.*

L'agent de cette fermentation est le *Micrococcus ureæ* Cohn, qui se
présente sous l'aspect de globules sphériques, mesurant environ 1,5 µ en
diamètre, et réunis en chapelets.

Sous l'influence de cette Bactérie, l'urine devient promptement alcaline ; les cellules se multiplient activement, puis se déposent au fond
du réservoir en même temps que du phosphate ammoniaco-magnésien,
et ne tardent pas à se détruire. L'urée est tout aussi bien décomposée
dans des milieux autres que l'urine, pourvu que la Bactérie y trouve
les aliments qui lui sont nécessaires.

Elle vit et se multiplie, d'ailleurs, activement dans un milieu fortement
alcalin.

La température optimum, pour cette réaction, est entre 30° et 35° ;
vers + 60°, le microbe est tué.

La réaction peut s'exprimer par la formule suivante :

$$CO\,(AzH^2)^2 + 2\,(H^2O) = (AzH^4)^2\,CO^3$$

Ce carbonate d'ammoniaque est, d'ailleurs, très instable et se décom-

(1) Liebig pensait que, dans ces conditions, c'était cet état de décomposition, cette rupture d'équilibre moléculaire des matières organiques ajoutées, qui se communiquait au
sucre et en amenait le dédoublement.

pose spontanément en dégageant des vapeurs ammoniacales, pour former du sesquicarbonate et du bicarbonate (1).

D'autres principes azotés peuvent fermenter de la même manière ; tels sont le *glycocolle*, la *leucine*, l'*asparagine*, l'*acide hippurique*, etc.

La Bactérie agit ici manifestement par l'intermédiaire d'un ferment soluble, l'*uréase*.

FERMENTATIONS PAR RÉDUCTION. — *Fermentation butyrique.* — Ce groupe comprend toutes ces fermentations putrides qui s'accomplissent à l'abri du contact de l'air, et dans lesquelles les matières organiques se détruisent avec formation d'*acide butyrique*, et mise en liberté de produits gazeux, parmi lesquels se trouvent surtout de l'*acide carbonique* et de l'*hydrogène*.

L'agent principal de ce phénomène est une Bactérie anaérobie que l'on assimile au *Bacillus Amylobacter* Van Tieghem (Vibrion butyrique de Pasteur, *Clostrydium butyricum* Prasmowski).

L'une des plus connues de ces fermentations est la *fermentation butyrique du lactate de chaux*. Elle intervient, au cours de la fermentation lactique, lorsque le liquide n'est pas assez aéré. La température optimum pour ce phénomène est entre 35° et 40° ; il cesse à 45° et le microbe est tué à 100°. Mais les spores résistent à cette chaleur et même à l'action de l'air, ce qui explique l'extrême expansion de ce ferment dans la nature.

La réaction se produit dans des milieux neutres, ou même un peu alcalins. Elle peut s'exprimer de la manière suivante, en ce qui concerne le lactate de chaux :

$$2(C^3H^5O^3)^2 Ca + H^2O = (C^4H^7O^2)^2 Ca + CaO,CO^2 + 3CO^2 + 8H$$

Les matières organiques les plus diverses, la dextrine, l'inuline, la cellulose (voir p. 7), etc., sont ainsi détruites.

Fermentation sulfhydrique. — C'est à ce même ordre de phénomènes que se rattacherait la réduction des sulfates par les Algues sulfuraires (voir p. 187) telles que les *Beggiatoa*, réduction d'où résulterait la production de soufre mou et d'acide sulfhydrique, ainsi que l'admettent Cohn, Étard et Olivier.

Mais pour d'autres savants, Winogradsky entre autres, les Sulfuraires seraient surtout des agents d'oxydation : elles oxyderaient, en effet, l'hydrogène sulfuré avec séparation de soufre, et ce dernier serait, à son tour, brûlé avec formation d'acide sulfurique.

Dans cette dernière hypothèse, l'hydrogène sulfuré des eaux sulfureuses proviendrait d'une source tout à fait étrangère aux *Beggiatoa*.

FERMENTATIONS PAR OXYDATION. — La plus connue et la plus importante de toutes est celle qui détermine la *transformation de l'alcool en acide acétique*.

---

(1) L'urée est encore décomposée par deux autres ferments : le *M. ureæ liquefaciens* Flügge, qui jouit de la propriété de liquéfier en même temps la gélatine, et le *Bacillus ureæ* Miquel. Ce dernier Bacille se présente en longs filaments, et se distingue surtout par ce fait qu'il résiste pendant deux heures à une chaleur de 80° à 90°, température qui tue rapidement le *Micrococcus ureæ*, dont on peut ainsi le séparer aisément.

Fermentation acétique. — L'acétification, spontanée en apparence, de l'alcool dans les sucs qui en contiennent était naturellement connue de temps immémorial, puisqu'il suffit d'abandonner du vin à l'air sur une large surface pour le voir rapidement s'aigrir ; mais le véritable facteur de ce phénomène, le *Mycoderma aceti*, a été découvert par Pasteur.

On supposait avant lui (et les procédés employés-pour la préparation du vinaigre semblaient justifier cette hypothèse) que l'oxydation de l'alcool s'effectuait grâce à la porosité du voile organique qui se forme alors au-dessus du liquide, ou à celle des copeaux de Hêtre sur lesquels on fait couler le vin dans la préparation du vinaigre par le procédé allemand (1). Il s'agit ici, en réalité, d'une véritable fermentation, au sens que nous avons attaché à ce mot.

Comme lorsqu'on l'oxyde par d'autres procédés, l'alcool commence par céder à l'oxygène de l'air une partie de son hydrogène, et se change en aldéhyde :

$$C^2H^6O + O = C^2H^4O + H^2O ;$$

puis l'aldéhyde fixe une molécule d'oxygène et devient acide acétique :

$$C^2H^4O + O = C^2H^4O^2$$

Ce phénomène débute à 10° ; sa température optimum est située vers 20° ou 30° ; il s'arrête à 35° et le ferment est tué à 50°.

Le *Mycoderma aceti* Pasteur (*Bacterium aceti* Kütz.) est formé par des cellules cylindriques ou fusiformes, longues de 1 μ à 1,5 μ. Ces cellules, dont la multiplication est active, forment d'abord des chapelets ; mais ceux-ci ne tardent pas à s'unir en une membrane veloutée, bien connue sous le nom de *mère du vinaigre*. L'ensemencement se fait spontanément par l'air, dans lequel les germes de ce microorganisme flottent en abondance.

Comme toutes celles par lesquelles on essaie d'exprimer le résultat chimique d'une fermentation, la formule précédente n'est pas tout à fait exacte. Indépendamment de l'*acide acétique*, il se forme encore, en général, un peu d'*acide carbonique* et de l'*eau*, peut-être par suite d'un phénomène secondaire ; souvent aussi un peu d'*éther acétique* et de l'*aldéhyde*, si l'oxydation n'est pas complète.

Comme l'alcool et l'acide carbonique dans la fermentation alcoolique, l'acide acétique que le ferment déverse dans le milieu où il végète nous apparaît comme un produit d'excrétion (voir p. 149).

L'action oxydante du ferment peut s'exercer sur d'autres substances organiques, sur le *glucose*, par exemple, qu'il transforme en *acide gluconique*, sur l'*alcool propylique* qu'il change en *acide propionique*, etc.

Les Anguillules, qui envahissent souvent les liquides en voie d'acétification et qui disputent l'oxygène à l'alcool en train de s'oxyder, constituent un des accidents de la fabrication du vinaigre.

Un autre accident consiste dans l'intervention d'un second ferment,

____

(1) On sait, en effet, que l'alcool peut s'oxyder de la même manière au contact de l'air lorsqu'on en imbibe un corps très poreux, tel que l'éponge de platine.

le *Mycoderma vini*, qui brûle complètement l'alcool en donnant de l'*eau* et de l'*acide carbonique*. Il forme, au-dessus des liquides, un voile muqueux, et non velouté comme celui du *Mycoderma aceti*.

C'est lui qui altère les vins peu alcooliques et gardés en vidange.

Cette fermentation ne peut se développer dans un milieu qui contient 2 p. 100 d'acide acétique. L'acide sulfureux tue également cette Bactérie ; c'est sur cette propriété que repose l'emploi de ce gaz pour empêcher le vin de tourner dans les fûts.

Fermentation nitrique. — Elle consiste, nous l'avons vu, dans la *transformation de l'ammoniaque en nitrite* d'abord, puis en *nitrate*, et cela grâce à l'action de deux ferments, ou peut-être de deux sortes de ferments.

En effet, les Bactéries qui déterminent la formation du nitrite d'ammoniaque dans le nouveau continent, paraissent différer génériquement de ceux qui déterminent le même phénomène dans l'ancien monde. Aussi a-t-on proposé le nom de *Nitrosomonas* pour les premiers, et celui de *Nitrosococcus* pour les seconds.

Le ferment nitreux commence l'oxydation qu'il ne saurait achever. Le ferment nitrique, par contre, est sans action sur l'ammoniaque ; mais il achève rapidement l'oxydation des nitrites.

C'est ainsi que l'azote de l'air, entraîné d'abord dans le sol à l'état d'ammoniaque, peut être utilisé par la plante qui l'absorbe à l'état de nitrate. Mais il ne faut pas oublier que l'ammoniaque du sol peut avoir une origine autre que l'azote atmosphérique, puisque la décomposition des matières azotées la fournit abondamment.

FAMILLE II. — PÉRISPORIACÉES

Les Périsporiacées se distinguent des Discomycètes par leur *hyménium recouvert et caché par le périthèce;* mais ce dernier est indéhiscent, et ne laisse échapper qu'en se détruisant les spores qu'il recèle.

État conidifère. — C'est à ce groupe que se rattachent plusieurs Moisissures des plus vulgaires, entre autres le *Penicillium glaucum*, qui forme si fréquemment, à la surface des conserves alimentaires, des fruits en voie de décomposition, du pain moisi ou du vieux fromage, des plaques d'un velouté bleuâtre. Dans son état le plus ordinaire, le *Penicillium glaucum* (fig. 152, A) forme un mycélium filamenteux, cloisonné, dont certains filaments se dressent perpendiculairement et se terminent par un chapelet de spores arrondies; puis, au-dessous des diverses cloisons horizontales qui le divisent, naissent, de haut en bas, des branches également sporifères, et qui, s'appliquant contre le filament principal, forment avec lui une sorte de pinceau (d'où le nom de

Penicillium). Dans un autre genre de Moisissure, les *Aspergillus*, le filament dressé ne se cloisonne pas; mais son sommet se renfle en une petite tête qui se couvre bientôt de bourgeons courts et renflés, servant chacun de support à un chapelet de spores. Chez les *Sterigmatocystis* (B), le capitule sporifère est composé, en

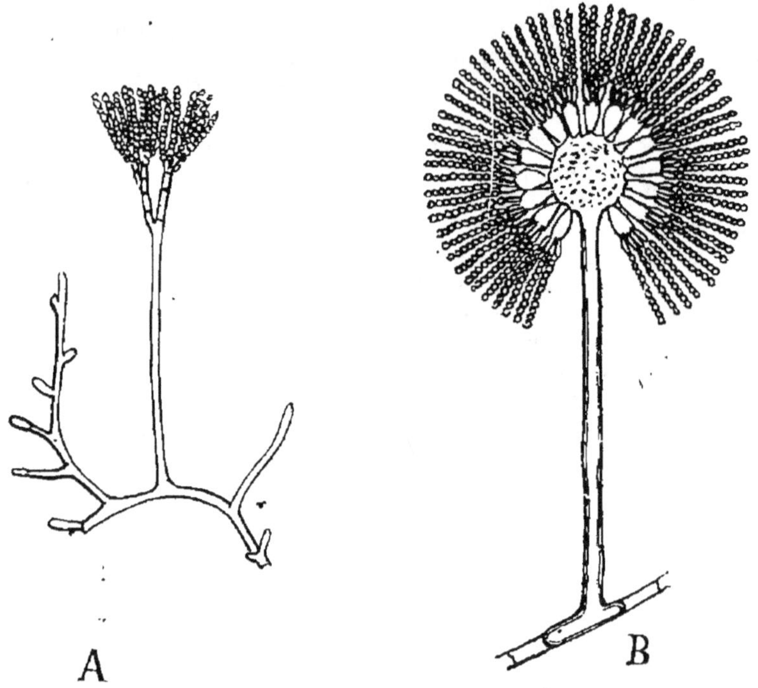

Fig. 152. — A, appareil conidien du *Penicillium crustaceum.* — B, appareil conidien du *Sterigmatocystis nigra,* en section longitudinale optique (d'après Van Tieghem).

ce sens que les bourgeons primordiaux servent eux-mêmes de support à tout autant de petits capitules partiels.

État sporifère. — Mais ces spores exogènes ne sont en réalité que des *conidies*, bien qu'elles se montrent beaucoup plus fréquemment, chez ces Champignons, que les spores endogènes.

Leurs spores proprement dites sont formées dans des asques, comme chez les Discomycètes. Chez les *Aspergillus*, par exemple (fig. 153, A), on voit un filament dressé, cesser tout à coup de croître, et s'enrouler en une spire serrée (*as*), tandis que de sa base naissent de nombreux rameaux qui, en grandissant et se cloisonnant abondamment (B, C et D), finissent par l'envelopper tout

entier d'un pseudo-parenchyme (1). Bientôt ils bourgeonnent vers
l'intérieur, et introduisent leurs ramifications qui se cloisonnent,
jusque entre les tours dissociés de la spire centrale. Ainsi se forme

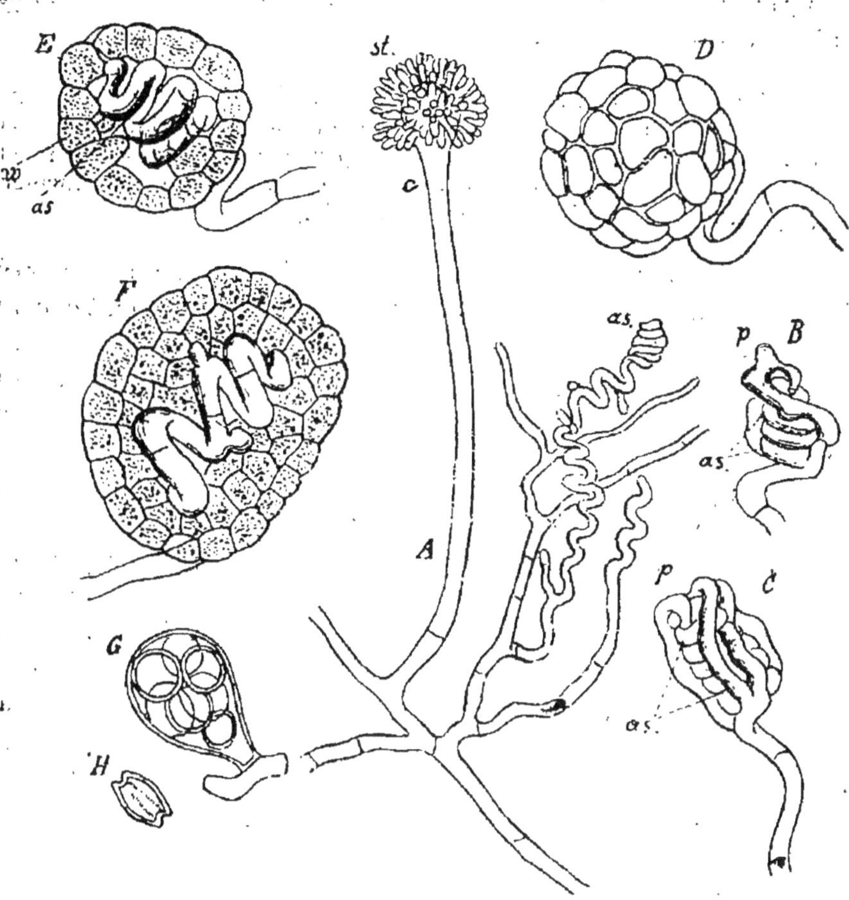

Fig. 153. — *Aspergillus repens.* — A, portion de thalle, avec un jeune appareil conidien *st*
et plusieurs branches en tire-bouchon *as*. — B, C, formation de rameaux *p* qui enveloppent la spire *as*. — D, la spire est recouverte d'une assise cellulaire continue. — E, les
cellules pariétales poussent vers l'intérieur en dissociant la spire. — F, formation du
tubercule massif *f*, dans lequel la spire étalée *as* commence à bourgeonner. — G, un
asque octospore. — H, une ascospore lenticulaire (d'après de Bary).

une sorte de tubercule (D) dans lequel les cellules du filament
primitif enroulé bourgeonnent à leur tour (E et F), et les dernières cellules de ses ramifications, pénétrant à travers les élé-

(1) Voir page 26.

ments du pseudo-parenchyme qui les environne, y deviennent tout autant d'asques à huit spores (G, H). Le tissu central se détruisant plus tard, ainsi que la paroi des asques, les spores, encore réunies par groupes de huit, se trouvent simplement enveloppées par la couche externe du périthèce. Cette dernière se rompt enfin et les spores sont mises en liberté.

Dans les genres voisins (*Sterigmatocystis*, *Penicillium*, etc.), les fructifications se forment d'une manière analogue, avec des modifications secondaires. Parfois, chez les *Erysiphe*, par exemple, deux filaments constituent le centre du tubercule, dont l'un se cloisonne pour former les asques, tandis que l'autre demeure stérile.

Chez les Truffes (*Tuber*) et les genres voisins, on n'a pas observé de forme conidifère ; on ne connaît même qu'imparfaitement encore la formation du périthèce. Aussi certains mycologues en forment-ils une famille distincte, sous le nom de *Tubéracées ;* M. Van Tieghem en fait une simple tribu des Périsporiacées, sous le nom de *Tubérées.*

Ce nom leur a été donné à cause de leur périthèce qui figure, en effet, une sorte de tubercule entouré par le mycélium, ou rattaché à lui par un cordon de stroma. Extérieurement, le pseudo-parenchyme se durcit en une zone corticale. Au centre se montre, sur une coupe, une trame assez compacte où l'on distingue deux sortes de tissus : 1° un tissu stérile formant des sortes de cordons ; 2° un tissu fertile tapissant des lacunes irrégulières, qui interrompent le tissu stérile. Dans ces lacunes on observe, en relation avec la paroi, des asques à 4 spores, parfois 3 ou 2 par avortement. Ces spores sont mises en liberté par destruction du tissu environnant.

Chez certaines Tubérées, les lacunes se réduisent à une seule, occupant le centre du tubercule ; chez d'autres, le tissu stérile forme une sorte de capillitium (voir p. 234) auquel se trouvent entremêlées les spores, etc.

Genre de vie. — Les *Aspergillus*, *Sterigmatocystis*, *Penicillium*, *Perisporium*, etc., sont saprophytes. Il en est de même des Tubéracées. Les Onygénées vivent principalement sur les formations épidermiques des animaux supérieurs (ongles, plumes, poils, etc.). Enfin il est des Périsporiacées parasites des végétaux, tels que les *Erysiphe*.

Ces derniers Champignons vivent sur divers organes des végétaux supérieurs, dans l'intérieur desquels ils enfoncent des suçoirs, comme le font les *Peronospora*, *Cystopus*, etc. Le thalle émet des filaments dressés qui portent des *conidies*; mais en divers points s'organisent des périthèces, à l'intérieur desquels naissent les spores endogènes. Les périthèces ne sont pas connus chez tous les *Erysiphe*; malgré cela, les caractères de ces Champignons à l'état conidifère sont trop nets pour qu'on puisse hésiter sur le genre dans lequel il convient de les placer. Tel est, en particulier, l'*Erysiphe Tuckeri* qui attaque les feuilles et le fruit de la Vigne, et que les cultivateurs connaissent trop bien sous le nom d'*Oïdium* (c'est l'*Oidium Tuckeri* de Berck). Sous son influence, le grain de raisin se durcit et se fend sans pouvoir atteindre sa maturité. Les soufrages successifs constituent le remède ordinairement employé contre ce parasite.

Espèces importantes. Usages. — Plusieurs espèces de Truffes (*Tuber*) constituent un mets fort recherché. Telle est surtout la truffe noire (*Tuber cibarium*); on mange également les *Tuber album*, *magnatum*, *griseum*, etc.

Certaines Helvelles et les Morilles sont également comestibles.

FAMILLE III. — PYRÉNOMYCÈTES

Les Pyrénomycètes se caractérisent essentiellement par leur *périthèce porté par un stroma, et s'ouvrant à son sommet pour laisser échapper les spores.*

Description d'un Pyrénomycète (*Claviceps purpurea* Tul.). — Nous prendrons comme exemple, pour cette famille de Champignons, l'Ergot de Seigle (*Claviceps purpurea* Tulasne) (1), dont l'importance, au point de vue médical, est considérable. L'évolution complète de ce Champignon peut être divisée en trois phases :

1° *Sphacélie.* — Au printemps, dans les années humides, l'ovaire des Céréales, et particulièrement celui du Seigle (*Secale cereale* L.), est envahi par le mycélium de ce Champignon dont les filaments finissent par s'y substituer entièrement, après l'avoir détruit (fig. 154 et 155). Filamenteux à la surface, ce thalle constitue, à l'intérieur, un tissu mou et blanc, qui conserve encore la forme de l'ovaire (fig. 155 *a*). Il est creusé de cavités sinueuses, s'ouvrant à l'extérieur, et dont la paroi est tapissée de basides formant un véritable hyménium (fig. 156 A). Ces basides produisent un nombre considérable de *conidies* ovoïdes. Dans cette phase,

(1) Ce Champignon, à l'état de sclérote, avait été considéré comme une espèce distincte, et avait reçu de De Candolle le nom de *Sclerotium clavus*. C'est le *Cordiceps* (*Sphæria*) *purpurea* Fries.

le Champignon avait reçu de Léveillé le nom de *Sphacelia sege-*

tum. Le thalle ainsi constitué porte souvent encore, à son sommet (fig. 155 o), les stigmates et les débris de l'ovaire détruit. Bientôt on en voit exsuder, surtout à la partie supérieure, un liquide mucilagineux qui entraîne les conidies. Ces dernières peuvent germer sur place, et produire une seconde génération de conidies qui, parvenues sur l'ovaire d'autres Graminées, y germent et y déterminent la production d'un nouveau thalle (1).

2° *Sclérote.* — A la base du thalle

(1) On croyait autrefois que ces conidies étaient des éléments fécondateurs, et on les désignait sous le nom de *spermaties;* on appelait *spermogonies* les cavités sinueuses dans lesquelles ces psores se forment, au sein de la sphacélie.

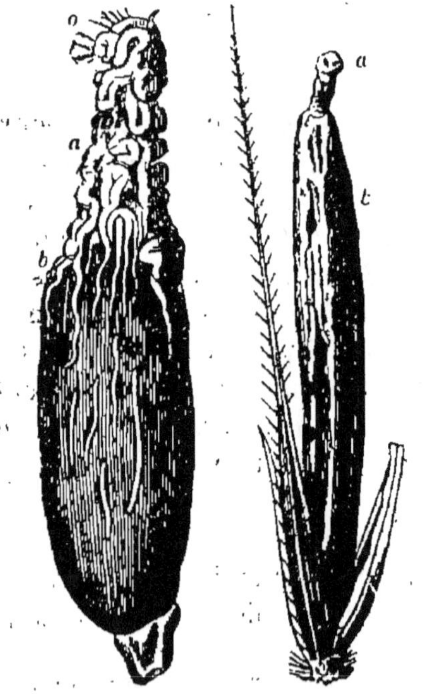

Fig. 154. — Épi de Seigle ergoté.

Fig. 155. — Ergot de Seigle et sa sphacélie.

(*sphacélie* des anciens mycologues), le tissu se condense peu à peu
en un pseudo-parenchyme serré, début de la formation du sclérote
(fig. 155 *b*, au-dessous de la sphacélie), qui s'accroît bientôt en lon-

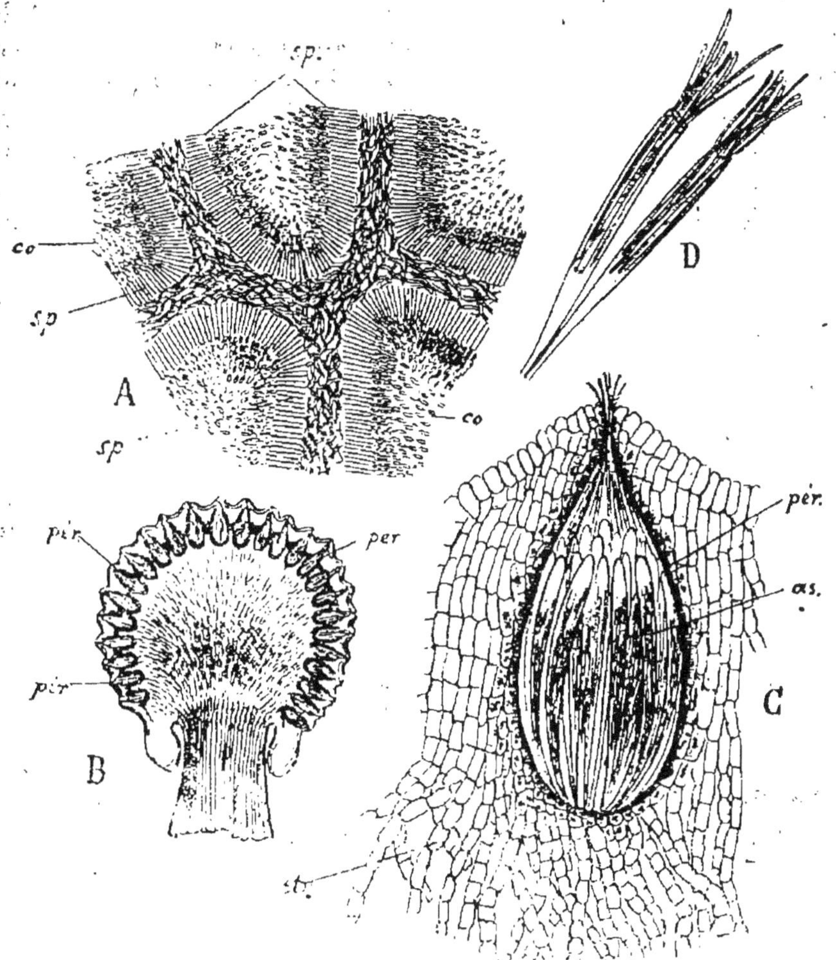

Fig. 156. — *Claviceps purpurea*. — A, coupe transversale à travers le mycélium à l'état de
sphacélie, montrant les spermogonies *sp*, et les conidies *co*, qu'elles produisent. — B, un
stroma de *Claviceps*, coupé longitudinalement, montrant les périthèces *pér*. — C, un
périthèce plus fortement grossi ; *str*, stroma, *pér*, périthèce ; *as*, asques. — D, deux
asques laissant échapper leurs huit spores filiformes.

gueur, et soulève la sphacélie qui en coiffe le sommet. Celle-ci se
dessèche peu à peu, se déchire et finit par tomber. Quant au
sclérote, dont la longueur peut atteindre 2 à 3 centimètres et qui
se recourbe généralement en forme de corne, il se colore en violet
sombre, et constitue l'*Ergot* des Graminées (fig. 157).

3º *État fructifère*. — C'est à cet état que le Champignon passe l'été; son activité ne se réveille qu'en automne, ou même au printemps suivant, sous l'influence de l'humidité du sol sur lequel il repose. Au-dessous de la couche extérieure du sclérote, figurant une sorte d'écorce, les filaments mycéliens forment, en divers points, des faisceaux qui la percent et s'accroissent au dehors; ainsi se produisent des excroissances cylindriques dont l'extrémité se renfle en une tête (fig. 156 B et 158). C'est là le *stroma*, *str*, dans lequel vont se produire les spores. A cet effet, en divers points situés sous la région corticale du stroma, on voit un filament se

Fig. 157. — Ergot de Seigle. Fig. 158. — Ergot de Seigle, *cr*, ayant produit plusieurs *Claviceps purpurea*, dont chacun montre son pied *a*, e son chapeau *b*.

cloisonner dans les trois directions, et former ainsi un îlot de *parenchyme vrai* (1), qui affecte la forme d'une bouteille dont le goulot viendrait s'ouvrir à la surface du stroma (fig. 156, B et C). Ainsi le constituent les *périthèces* (2), dont la région centrale se creuse plus tard par résorption de cellules. C'est de la base de ces périthèces que s'élèvent des asques allongées, portant chacune 8 spores filiformes (D); ces asques sont entremêlées de paraphyses dont plusieurs font, à l'ouverture du périthèce, une touffe en forme de pinceau.

(1) Nous rappelons que le *vrai parenchyme* est un tissu cellulaire qui résulte du cloisonnement d'une ou plusieurs cellules dans les trois directions; tandis qu'on nomme *faux parenchyme* le tissu qui résulte de l'accolement de filaments qui se cloisonnent seulement suivant leur longueur. La plupart des tissus cellulaires, chez les Champignons, sont de faux parenchymes.

(2) C'est-à-dire des cavités superficielles creusées dans le stroma, dans lesquelles vont se former les *sporanges* ou *asques*, nommés aussi quelquefois *thèques*.

Les spores ainsi formées, portées sur l'ovaire des Graminées, y germent en produisant de nouvelles sphacélies.

Genre de vie des Pyrénomycètes. — Les Pyrénomycètes, dont le caractère essentiel consiste dans la *production de périthèces qui s'ouvrent au sommet pour laisser échapper leurs spores*, sont les uns parasites sur des végétaux, comme le *Claviceps purpurea* et certains autres Pyrénomycètes dont la présence, sur les feuilles du Saule, du Houblon, etc., détermine la formation de taches noires désignées sous le nom de *fumagine*, ou même sur des animaux, comme le *Cordiceps militaris*, qui vit sur des chenilles ; d'autres enfin sont saprophytes.

Bien que le périthèce soit toujours, au début, un tubercule plein qui se creuse plus tard, son mode de production est très variable, non seulement d'un genre ou d'une espèce à l'autre, mais parfois encore dans une même espèce, suivant les circonstances. Nous ne croyons pas devoir, d'ailleurs, insister plus longuement sur ce groupe. Nous ajouterons seulement que souvent les périthèces sont isolés, au lieu d'être, comme chez les *Claviceps*, les *Cordiceps*, etc., réunis sur un même stroma.

Usages. Espèces importantes. — L'Ergot de Seigle constitue un important produit de matière médicale. On lui substitue quelquefois celui du Blé, qui est beaucoup plus court et plus gros, et celui du Diss (*Ampelodesmos tenax*, Graminée qui croît en Algérie).

La composition chimique, très complexe, de l'Ergot de Seigle, a été l'objet de nombreux travaux. Il contient, entre autres principes, l'*ergotinine* de Tanret et un autre alcaloïde, la *cornutine*, qui paraît être de l'ergotine altérée, de l'acide *ergotinique*, de la *mycose*, etc.

L'Ergot de Seigle est employé comme astringent et hémostatique, et pour activer les contractions utérines pendant les accouchements laborieux.

FAMILLE IV. — LICHENS

Les Lichens formaient autrefois une classe à part. La connaissance exacte de leur composition permet aujourd'hui de les ranger parmi les Champignons Ascomycètes. En effet, les Lichens, comme nous allons le voir, consistent tous en une symbiose, *consortium* (voir p. 146) d'une Algue et d'un Champignon, dans laquelle ce dernier domine et forme seul des spores ; en outre, ces spores prennent à peu près toujours naissance dans des asques, comme chez les Champignons Ascomycètes.

Description du Lichen d'Islande (*Cetraria islandica* Achard). — Le Lichen d'Islande (*Cetraria islandica* Ach.) (1) nous fournira un exemple d'un Lichen bien caractérisé ; cette espèce est en même temps l'une des mieux connues et des plus importantes au point de vue pharmaceutique. Elle abonde dans les contrées septentrionales (Sibérie, presqu'île Scandinave, Spitzberg, Groenland et surtout Islande), et même dans les régions montagneuses de nos contrées tempérées. On la rencontre, soit sur le sol et les rochers, soit sur l'écorce des arbres.

Thalle. — Ce Lichen (fig. 159) possède un thalle membraneux fixé par des filaments auxquels on donne habituellement le nom de *rhizines*, et qui s'enfoncent dans les fentes et les interstices des rochers ou des troncs d'arbres. Ce thalle est, d'ailleurs, divisé en ramifications irrégulières, arrondies au sommet, ciliées sur les bords ; sa couleur est le vert olive ou le vert brunâtre, d'une teinte toujours plus claire à la face inférieure.

Fig. 159. — Lichen d'Islande.

A l'extrémité de chaque ramification, et comme à cheval sur son bord, on aperçoit des disques rougeâtres que nous décrirons bientôt sous le nom d'*apothécies*, et dont nous ferons connaître le rôle.

Examiné au microscope sur une coupe transversale, le thalle de ce Lichen et d'un grand nombre d'autres laisse distinguer plusieurs régions (fig. 160) (2). Il est formé dans son ensemble par de longues cellules filamenteuses ramifiées, qui ne sont en réalité que les hyphes d'un Champignon. Vers les deux faces, ces filaments, cloisonnés et fortement serrés, constituent la *région corticale*, cc (3) ; elle est formée d'un pseudo-parenchyme, sans méats, et coloré en

(1) *Physcia islandica* DC ; *Lichen islandicus* L.

(2) La figure ci-contre se rapporte, non au Lichen d'Islande, mais au *Parmelia parietina*, dont la structure est, d'ailleurs, sensiblement la même.

(3) La couche corticale, dans la coupe figurée, manque à la partie supérieure parce que a section est faite au niveau d'une apothécie.

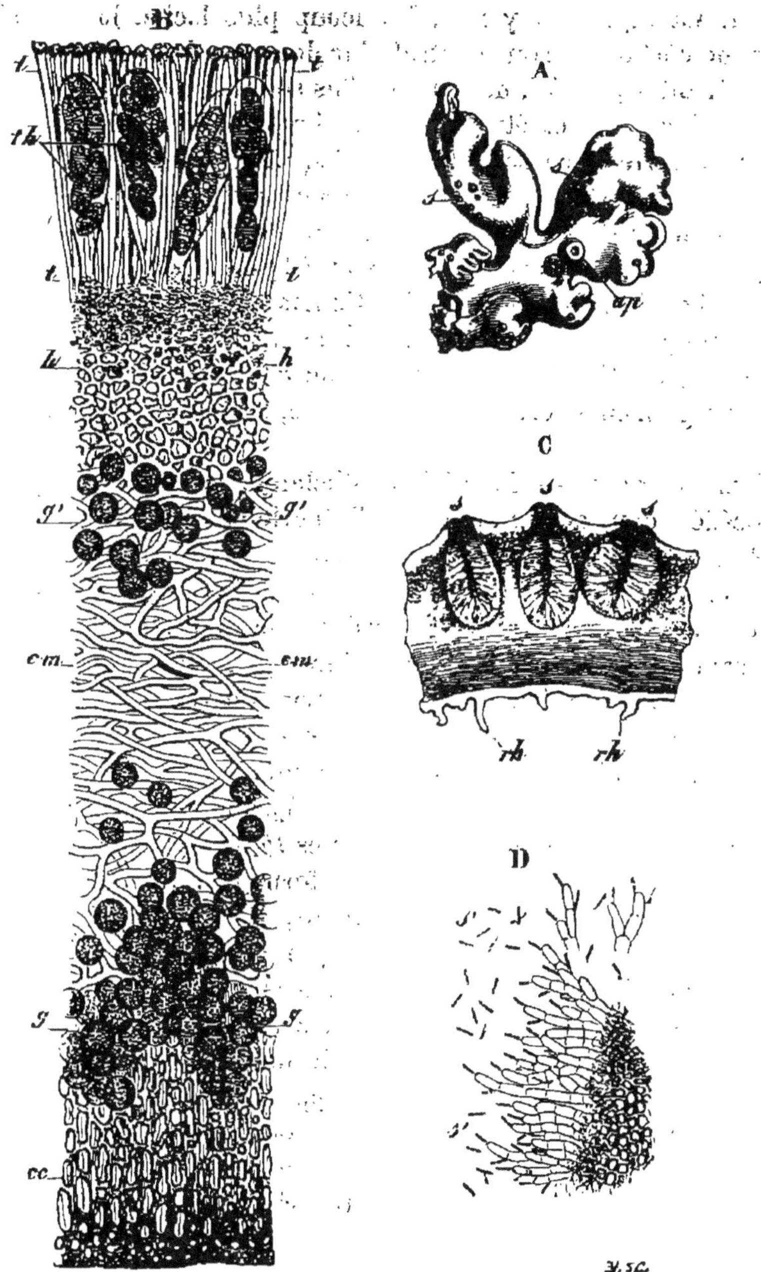

Fig. 160. — *Parmelia aipolia* Ach. (d'après Tulasne). — A, portion du thalle portant
deux apothécies, *ap*, et plusieurs spermogonies, *s, s*. — B, coupe transversale du thalle
passant par une apothécie : *c, c*, couche corticale ; *g, g'*, gonidies ; *cm*, couche médullaire ;
tl, thalamium ; *th*, thèques ; *hh*, hypothécium. — C, coupe passant par trois spermogonies,
s, s's. — D, portion fortement grossie d'une spermogonie montrant les spermaties *s', s'*,
les unes détachées, les autres en place.

brun. La région moyenne, beaucoup plus lâche, laisse voir, de chaque côté d'une zone centrale incolore *cm*, deux zones beaucoup plus étroites *gg, g'g'*, dans lesquelles se trouvent, mêlées aux filaments incolores et étroitement embrassées par eux, de grandes cellules vertes : ce sont les *gonidies*, et les deux couches qui les contiennent ont reçu le nom de *couches gonidiales* ou *gonimiques*. Les gonidies ne sont, en réalité, que les éléments dissociés d'une Algue verte, auxquels les hyphes du Champignon servent à la fois d'appui et d'abri contre la dessiccation, tandis que l'Algue elle-même assimile pour eux (voir p. 14). Le Lichen d'Islande, comme tous les Lichens, d'ailleurs, se montre donc comme une association de deux organismes formant une *symbiose*, ou un *consortium*.

REPRODUCTION. — Le Lichen d'Islande se reproduit par trois procédés, dans aucun desquels n'intervient la sexualité.

1° *Apothécies*. — Les appareils de fructification les plus importants sont les *apothécies*, formant ces disques rougeâtres que nous avons vus exister sur le bord des divisions du thalle. Sur une coupe passant à la fois par le milieu de l'un de ces disques et par la portion du thalle qui la supporte (fig. 160), on voit les filaments de ce dernier se dresser parallèlement les uns aux autres, sur tout le diamètre du disque, pour former l'hyménium *tt*. Les uns, en effet, se terminent en simples poils (*paraphyses*), les autres constituent des sporanges ou thèques claviformes *th*, plus courts que les paraphyses, et dans chacun desquels se forment huit spores arrondies. A la maturité, les thèques se rompent, et les spores sont projetées avec élasticité en même temps que le liquide interposé, sans doute sous l'influence de la pression exercée par les paraphyses.

2° *Appareils conidifères, spermogonies*. — Si on examine, à un grossissement modéré, le bord cilié du thalle, on remarque que chacun de ces cils consiste en un appendice irrégulièrement cylindrique, arrondi au sommet, droit ou recourbé, ordinairement simple, parfois ramifié. Ces processus sont creusés, au sommet, d'une cavité s'ouvrant par un petit orifice terminal. Les parois de ces sortes de bouteilles sont tapissées par des filaments délicats, ramifiés, dont l'extrémité se segmente en petits bâtonnets. Ces articles ne sont autre chose que des *conidies* (C, D) (1). Elles s'échappent,

(1) Les appareils conidifères figurés ci-contre sont très peu saillants en dehors du thalle; ils sont au contraire portés, chez le Lichen d'Islande, par des sortes de poils sur les bords marginaux; mais dans les deux cas, leur structure est la même.

à un moment donné, par l'orifice dont il a été question ; mais comme elles ne possèdent aucune réserve en elles-mêmes, elles ne peuvent germer que dans un milieu nutritif approprié. On les nommait jadis *spermaties*, comme les conidies des *Claviceps*, parce qu'on leur attribuait le rôle d'éléments mâles, les comparant aux anthérozoïdes des Cryptogames à reproduction sexuée. Or, aucune observation n'autorise à attribuer aux Lichens une reproduction par gamètes. Les appareils dans lesquels se forment les conidies n'en ont pas moins conservé le nom de *spermogonies*.

3° *Sorédies*. — Enfin le Lichen d'Islande, comme la plupart de ses congénères, se multiplie encore par *sorédies*. Les sorédies se composent d'une ou plusieurs cellules de l'Algue nourricière, étroitement serrées dans un certain nombre de filaments du Champignon. Ainsi constituées, les sorédies, lorsqu'elles sont en grand nombre, finissent par percer la couche corticale, et se répandent au dehors sous l'aspect d'une fine poussière. Chacune d'elles, dans des conditions d'humidité et de température favorables, est susceptible de germer pour donner naissance à un thalle nouveau. La sorédie, étant composée par une partie du Champignon et des cellules vertes de l'Algue, est susceptible de reproduire, en germant, le consortium qui constitue le Lichen. Les spores, au contraire, ne donnent naissance qu'à des filaments mycéliens qui, pour reproduire la plante parfaite, doivent rencontrer l'Algue qui fait partie de sa composition.

Caractères généraux des Lichens. Leur nature. — Il nous sera permis maintenant d'embrasser d'un coup d'œil plus général le groupe entier des Lichens.

Tous les Lichens sont, comme le Lichen d'Islande, constitués par l'association d'une Algue Chlorophycée de structure simple (Protococcée, Palmellacée, Confervacée filamenteuse), plus rarement d'une Cyanophycée, telle qu'un Nostoc, et d'un Champignon. Ce dernier est, le plus souvent, un Ascomycète, plus rarement un Basidiomycète (1).

(1) L'analogie des Lichens avec les Champignons avait été depuis longtemps reconnue, et Payer, en 1849, faisait de ces Cryptogames une famille de Champignons qu'il plaçait à côté des Pézizes. La présence des gonidies dans leur tissu, tout en donnant lieu, contre cette manière de voir, à de sérieuses objections, fit entrevoir de bonne heure leur composition double, composition que les expériences de Schwendener mirent bientôt hors de doute. Ces expériences furent ensuite confirmées par celles de M. Treub, de M. Max Reess, de M. Bornet de M. F. Cohn. Ces savants ont réussi à opérer artificiellement : 1° la *synthèse* de certains Lichens, c'est-à-dire à constituer un thalle de Lichen en

Thalle. — 1° *Mycélium*. — Le *thalle* ou *mycélium* n'est représenté, dans certains Lichens, comme le Lichen d'Islande, que par cet ensemble de filaments fixateurs que nous avons appelés *rhizines*. Mais ailleurs le mycélium est beaucoup plus abondant; il existe même seul, tout d'abord, dans certains genres. Quel que soit son développement, le mycélium sert toujours d'appareil fixateur, ou bien il est plongé dans le milieu nutritif.

2° *Stroma*. — Le *stroma* procède naturellement du mycélium; il est aérien et sa forme est très variable, comme sa consistance. C'est lui qui constitue, à proprement parler, le thalle du Lichen. Le port et la forme qui le caractérisent dépendent soit de l'Algue, soit du Champignon, suivant que l'un ou l'autre prédominent, ou bien de tous les deux à la fois.

On dit que le Lichen est *crustacé* lorsque le stroma s'étale et s'applique fortement sur le rocher ou le tronc d'arbre qui lui servent de support, et y forme une sorte de croûte; tels sont les *Graphis*, *Opigrapha*, etc.

On dit qu'un Lichen est *foliacé* quand son thalle est membraneux, entier ou lobé, n'adhérant, en général, au substratum qu'aux points où existent des *rhizines*. Tel est le *Parmelia parietina* que l'on voit former, sur les arbres et les murs, des plaques d'un vert bleuâtre, à bords souvent colorés, irrégulièrement ondulés; tels sont encore les *Physcia*, *Sticta*, *Peltigera*, etc.

Chez d'autres, le thalle, fixé au substratum par une surface étroite, se dresse en rameaux entiers ou divisés eux-mêmes, aplatis ou cylindriques, dont l'ensemble offre un aspect arborescent. Tels sont les *Cetraria*, *Cenomyce*, *Usnea*, etc., enfin les Orseilles (*Roccella*) dont nous aurons à parler bientôt. Ces Lichens sont dits *fruticuleux*.

Il peut arriver que les cellules de l'Algue, qui alors prédomine dans l'ensemble, forment une sorte de gelée dans laquelle sont englobés les hyphes du Champignon. C'est le cas des Lichens dits *gélatineux*, tels que les *Collema*.

A un autre point de vue, un Lichen est dit *homéomère* lorsque, les gonidies étant également réparties dans le thalle, sa structure

<hr>

forçant un Champignon déterminé à vivre en consortium avec une Algue d'une espèce également connue; 2° l'*analyse* de ces végétaux, c'est-à-dire à isoler le Champignon et l'Algue d'un Lichen, en forçant ce dernier à vivre dans des conditions défavorables à la vie de l'un des deux membres de l'association. Enfin, plus récemment, MM. Mattirolo, Krable, Johow, Mœller, Massée, G. Bonnier, Bachmann, ont fait, dans ce sens, des recherches qui ne laissent plus aucun doute.

est homogène; on dit qu'il est *hétéromère* lorsque les gonidies sont localisées dans certaines zones, comme chez le Lichen d'Islande. C'est ce qui a généralement lieu lorsque c'est le Champignon qui prédomine.

Appareils reproducteurs. — *Appareil fructificateur.* — Celui-ci, nous l'avons dit, consiste généralement en thèques entremêlées de paraphyses, constituant avec ces dernières un hyménium. Cet hyménium est, lui-même, entouré par un périthèce (voir p. 294). Celui-ci est, le plus souvent, extérieur au thalle, à la surface duquel il forme fréquemment un disque ou une coupe plus ou moins évasée, dont le fond est occupé par l'hyménium. C'est ce que nous avons observé chez le *Cetraria islandica*, et nous savons qu'on a donné aux petits appareils ainsi constitués le nom d'*apothécies* (1).

Mais le périthèce peut prendre naissance à l'intérieur même du stroma, et ne s'ouvrir que par un orifice plus ou moins étroit à la surface du thalle, pour laisser échapper les spores. Les Lichens sont dits, dans ce dernier cas, *angiocarpes*, par opposition aux Lichens *gymnocarpes* dont les périthèces sont extérieurs.

Dans la plupart des cas, le Champignon des Lichens est un Asco-mycète (*Lichens ascosporés*); beaucoup plus rarement c'est un Basidiomycète (*Lichens basidiosporés*).

En outre, comme nous l'avons vu, les Lichens produisent encore des spores accessoires ou *conidies*, dans des conceptacles auxquels on donne le nom de *spermogonies*.

Apothécies et *spermogonies* dépendent, non de l'Algue, mais exclusivement du Champignon. Les *sorédies* au contraire, formées par une ou plusieurs gonidies entourées par les hyphes, et capables de germer à l'extérieur pour donner un nouveau thalle, proviennent en même temps du Champignon et de l'Algue.

En tenant compte de la structure et de la disposition de l'appareil fructifère, de la forme et de l'organisation du thalle, etc., on peut diviser la famille des Lichens dans le tableau suivant qui en résume les caractères :

(1) La forme des apothécies est très variable. On leur donnait autrefois, en raison de leur aspect, les noms de *scutelles*, *lirelles*, etc.

FAMILLE DES LICHENS.

Thallophytes formés par la symbiose d'un Champignon et d'une Algue (Chlorophycée, rarement Cyanophycée). Thalle de forme variable. Reproduction s'effectuant : 1° par des *spores*, généralement endogènes, formées elles-mêmes dans des *sporanges* groupés en un *hyménium* sur des *apothécies* ; 2° par des *conidies* formées dans des *spermogonies* ; 3° par des *sorédies*, sorte de bulbilles constitués à la fois par des filaments de Champignon et quelques cellules d'Algue.

Lichens ascosporés.	Gymnocarpes. (Discomycètes-Lichens.)	Thalle homéomère	non gélatineux, fruticuleux (grâce à la prédominance de l'Algue)............. *Cænogonium*, etc.
			gélatineux................. *Collema, Omphalaria*, etc.
		Thalle hétéromère	crustacé.................. *Graphis, Opegrapha, Leucanora*, etc.
			foliacé .... *Parmelia, Sticta, Physcia, Peltigera*, etc.
			fruticuleux (grâce à la prédominance du Champignon)...... .... *Cetraria, Roccella, Usnea, Cladonia*, etc.
	Angiocarpes. (Pyrénomycètes-Lichens.)	Thalle homéomère	non gélatineux, fruticuleux, (forme déterminée par l'Algue)................ *Ephebe, Ephebella*, etc.
			gélatineux................. *Lichinia, Obrysum*, etc.
		Thalle hétéromère	crustacé.................. *Verrucaria, Pertusaria*, etc.
			foliacé .... *Endocarpon*, etc.
			fruticuleux (grâce au Champignon)................ *Spherophorus*, etc.
Lichens basidiosporés.	Gymnocarpes (Hyménomycètes-Lichens).........,		*Cora, Rhipidonema*, etc.
	Angiocarpes (Gastromycètes-Lichens)............		*Trichocoma*, etc.

Affinités. — Ces affinités se déduisent tout naturellement de ce que nous avons dit de la nature de ces Cryptogames. Ce sont des associations d'un Lichen et d'une Algue, avec prédominance de l'un ou de l'autre, ou bien avec égale participation des deux. La prédominance du Champignon est poussée très loin dans certaines espèces, chez l'*Arthonia vulgaris*, le *Graphis scripta*, par exemple, chez lesquels les gonidies n'apparaissent qu'au moment de la fructification. L'*Arthonia punctiforme* peut même former ses fructifications sans l'intervention d'aucune Algue.

Distribution géographique. Rôle dans la nature. — Les Lichens sont répandus partout à la surface du globe ; on voit, cependant, leur nombre s'accroître de l'équateur vers les pôles. Ils végètent sur les substratums les plus divers, sur les pierres, les murailles, les troncs d'arbres, des feuilles, et même sur d'autres Lichens, sur d'autres plantes vivantes, telles que les Mousses, sur les os, le cuir, le bois mort, le vieux fer. On en rencontre sur les vitres de certains lieux abandonnés. Le verre, dans ce dernier cas, est attaqué à la longue, sans doute parce que les principes acides du Lichen lui enlèvent de la potasse. D'ailleurs, tandis que certains d'entre eux, tels que le *Parmelia parietina*, dont nous avons parlé déjà, s'accommodent de tous les substratums, il en est d'autres qui montrent, à cet égard, une certaine faculté d'élection; certains ne se développent que sur des rochers calcaires, d'autres sur des roches siliceuses; les *Lichina*, les *Roccella*, dont nous allons avoir à parler, vivent sur les rochers des bords de la mer, etc. (1).

Le rôle des Lichens, dans la nature, est important; il se déduit naturellement des données que nous venons d'acquérir. Les Lichens, réunissant en eux-mêmes les conditions voulues pour se développer librement sur un sol absolument stérile, on comprend que leur présence sur ce dernier puisse préparer le terrain à toute une population d'autres végétaux qui, sans eux, n'y auraient apparu jamais.

En se détruisant, le Lichen laisse un détritus où pourront germer des graines qui, sur un roc dénudé, auraient été vouées à une mort certaine, et les plantes issues de ces graines viendront à leur tour augmenter l'épaisseur de ce sol nouveau.

Composition. Usages. Principales espèces. — Les Lichens sont très hygrométriques, et, d'après M. Léveillé, c'est à cette propriété qu'ils doivent de se maintenir vivants sur des objets privés d'eau, tels que le verre, le vieux fer, les rocs exposés au soleil. Plusieurs d'entre eux contiennent, indépendamment de la chlorophylle, de l'amidon, soit en grains (ce qui n'arrive jamais pour les Champignons isolés), soit sous une autre forme, mais toujours colorable en bleu par la teinture d'iode. Ils renferment souvent aussi de l'oxalate de chaux.

Plusieurs espèces de Lichens ont pour nous un certain intérêt. Nous allons les passer successivement en revue.

Nous avons décrit déjà le Lichen d'Islande (*Cetraria islandica* Achard).

Comme beaucoup de ses congénères, ce Lichen a été tout d'abord usité à titre d'aliment dans les pays du Nord. En 1633,

---

(1) Nous pouvons ajouter à ces données que l'on a rencontré certains Lichens fossiles des genres *Parmelia, Cladonia, Usnea,* et quelques autres, dans le Succin; certains *Graphis, Opegrapha, Verrucaria,* sur des Lignites.

il fut préconisé par Hjärne contre les maladies du poumon; son emploi en thérapeutique ne s'est généralisé cependant que plus tard, vers 1757. Cette espèce est en même temps émolliente et tonique amère. Elle doit la première de ces propriétés au principe amylacé qu'elle renferme en abondance, la *lichénine*, et la seconde à un composé amer, la *cétrarine* ou *acide cétrarique*, qu'on peut lui enlever en la faisant macérer préalablement dans la potasse.

Le Lichen pulmonaire ou Pulmonaire du Chêne est le *Sticta pulmonaria* Ach., le *Lobaria pulmonaria* DC., le *Lichen pulmonarius* L. Il appartient à la section des Lichens ascosporés à thalle foliacé.

Ce Lichen croît, dans les lieux ombragés, sur le pied des vieux arbres. Il est aisément reconnaissable à son thalle large, mince et profondément lobé. La face supérieure est marquée d'un nombre considérable de dépressions arrondies, séparées par des arêtes formant une sorte de réseau ; à la face inférieure, aux dépressions correspondent des bosselures. La face supérieure est d'un vert fauve rougeâtre ; la face inférieure est blanchâtre et glabre dans les concavités, brune et velue sur les parties saillantes.

Cette espèce, uniquement à cause de sa forme, était autrefois employée dans les maladies du poumon. Elle contient un acide nommé *stictinique*, très analogue au *cétrarin*, et une matière colorante carmélite usitée en teinture.

On employait aussi autrefois deux espèces, très voisines l'une de l'autre : le *Cenomyce pyxidatus* Ach. (*Scyphophorus pyxidatus* DC., *Lichen pyxidatus* L.), et le *Cenomyce cocciferus*, Ach. (*Scyphophorus cocciferus* DC., *Lichen cocciferus* L.).

Cette dernière espèce se distingue, par le bord de son thalle moins denté et ses apothécies d'un rouge vif, du *Cenomyce pyxidatus* qui est plus profondément entaillé et dont les apothécies sont d'un rouge brun.

L'un et l'autre possèdent un thalle étalé d'où s'élèvent des pédicules fructifères; ces derniers portent, sur leur bord évasé, des apothécies convexes. Ils sont moins riches en fécule, moins amers, mais plus désagréables au goût que le Lichen d'Islande. L'un et l'autre sont inusités aujourd'hui.

Le *Cenomyce rangiferina* Ach. (Lichen aux rennes), sert de pâture aux rennes dans les régions boréales.

On attribuait jadis au *Parmelia saxatilis* Ach. des propriétés merveilleuses, surtout lorsqu'on le récoltait sur de vieux ossements humains. On le désignait sous le nom d'Usnée du crâne, que l'on appliquait également à l'*Usnea plicata* DC.

Nous avons, à plusieurs reprises, mentionné le Lichen des murailles (*Parmelia parietina* Ach.). Il possède un thalle gris verdâtre ou jaune doré. Son odeur est semblable à celle du quinquina. Il a été employé comme fébrifuge, et il est usité encore dans la teinture. Il contient de l'*acide chrysophanique*, identique à la *rhéine* ou *rumicine* de la Rhubarbe.

Le Lichen vulpin (*Evernia vulpina* Ach., *Lichen vulpinus* L.) est d'un beau jaune; son thalle est composé d'expansions filamenteuses qui se dépriment diversement par la dessiccation. Quand on l'agite avec la main, il s'en échappe une poussière jaune très irritante. Le principe colorant réside uniquement dans la croûte ou membrane extérieure, l'intérieur étant parfaitement blanc. Ce Lichen est utilisé dans la teinture (1).

Les Lichens qui produisent une teinture d'un rouge violet ou bleue, suivant qu'elle est en contact avec un acide ou un alcali, ont reçu le nom d'*Orseilles*. Ce nom d'Orseille est donné aussi à la pâte rouge violacé qu'on prépare à l'aide de ces Lichens. Il en existe deux sortes bien distinctes : les Orseilles de mer et les Orseilles de terre.

Les premières appartiennent plus spécialement au genre *Roccella*, les secondes au genre *Variolaria*.

Les Orseilles de mer portent le nom d'*Herbes;* ce sont les *Roccella tinctoria* DC., *R. fuciformis*, etc. Ces Lichens se présentent en touffes ramifiées, dressées, portées par une petite souche commune. Les rameaux sont cylindriques, durs, plus ou moins charnus, grisâtres à la surface, et renferment tous des principes chromogènes.

Le *Roccella tinctoria* fournit l'Orseille dite des *Canaries*, qui est la plus estimée.

Les Herbes dites du *Cap Vert*, de *Madère*, de *Mogador*, de *Sardaigne*, viennent au second rang, bien qu'elles soient fournies probablement par la même espèce.

L'Herbe de Madère est pourtant mêlée au *R. fuciformis*. Celui-

(1) M. Hébert, de Chambéry, en a extrait une matière tinctoriale jaune qu'il a pu obtenir cristallisée. Ce Lichen est très utilisé dans la teinture. Il croît abondamment dans les forêts d'Augsbourg, au pied du mont Cenis et du Petit Saint-Bernard.

ci consiste en un thalle blanc, rubané, ramifié dichotomiquement, long de 5 à 10 centimètres.

L'*Herbe de Mogador* appartient au *Roccella phycopsis*. L'*Herbe de Valparaiso* est le *Roccella flaccida*.

Celle de l'*île de la Réunion* est le *Roccella Montagnei* de Bellanger; elle est très blanche, plate, rubanée, analogue au *Roccella fuciformis*, et de mauvaise qualité.

Les Orseilles de terre sont produites par des *Variolaria*, dont le thalle est aplati, lobé, membraneux, couché sur les arbres et les pierres où ils croissent. Les sortes employées sont :

Le *Variolaria dealbata* DC., des rochers dénudés des Pyrénées, des Alpes et des Cévennes, et connu sous le nom de *Orseille des Pyrénées*.

Le *V. orcina* Ach. est récolté en Auvergne, où il est connu sous le nom de *Pucelle, Parelle, Maîtresse, Varenne*, et constitue l'*Orseille d'Auvergne* de l'industrie.

Le *Lecanora tartarea* forme l'Orseille des Indes, et le *Lichen pustulatus* L. l'Orseille de Norvège.

C'est avec ces divers Lichens que se prépare le réactif connu sous le nom de *bleu de tournesol* ou *tournesol en pain* (1).

Nous nommerons en dernier lieu le Lichen comestible (*Lecanora esculenta*), qui est cité par M. Léveillé à l'appui de l'opinion tendant à établir que les Lichens empruntent leur nourriture à l'atmosphère. Ce Lichen, qui a été observé fréquemment en Algérie, se rencontre abondamment aussi dans les montagnes les plus arides du désert de la Tartarie dont le sol est calcaire et gypseux. On en trouve en abondance dans les déserts des Kirghizes. Eversmann et Pallas se sont assurés que ce Lichen naît indépendamment de tout support, autour d'un fragment de pierre.

---

(1) Les principes chromogènes sont contenus dans la poussière qui recouvre les Orseilles et qui seule est actuellement employée. Ces principes sont représentés par un certain nombre d'acides incolores, insolubles dans l'eau froide. Ce sont l'*acide érythrique* du *Roccella tinctoria* et du *R. Montagnei*; l'*acide alpha orcellique* d'une variété de la même espèce trouvée en Amérique; l'*acide roccellique* du *R. fuciformis*; l'*acide lecanorique* des *Lecanora* et *Variolaria*; l'*acide éverique* de l'*Evernia prunati*, et l'*acide usucique* dé de diverses espèces d'*Usuca*. Sous l'influence de la chaleur et des alcalis, ces acides donnent naissance à un principe sucré particulier, l'*orcine*, qui se transforme à son tour en *orcéine* sous l'influence de l'air et de l'ammoniaque.

Caractères généraux et classification des Champignons.

Thallophytes toujours dépourvus de chlorophylle (et, par suite, saprophytes ou parasites), à vie rarement aquatique.

Thalle formé de filaments isolés ou accolés en un pseudo-parenchyme. Ce thalle ou mycélium peut donc être filamenteux ; il peut aussi se condenser en un sclérote.

Reproduction asexuée par spores, exogènes ou endogènes, mobiles ou immobiles, produites dans des appareils très divers.

Reproduction sexuée s'effectuant par gamètes offrant tous les degrés de différenciation.

Ordre I. — MYXOMYCÈTES... Champignons formés par des masses protoplasmiques nues. Reproduction par *spores dormantes* d'où sortent des *zoospores*. Celles-ci deviennent des *myxamibes* qui s'unissent enfin en un *plasmode*. De ce dernier dérive l'appareil fructifère.

Ordre II. — OOMYCÈTES..... Champignons parasites des plantes ou des animaux, ou saprophytes, se reproduisant en même temps par *spores* et par des *œufs fécondés*.

Ordre III. — USTILAGINÉES.. Champignons parasites des végétaux, se reproduisant par *spores immobiles*, et quelquefois aussi par des *conidies*. Reproduction par gamètes inconnue. Évolution tout entière sur le même hôte.

Ordre IV. — URÉDINÉES...... Champignons parasites des végétaux se reproduisant par des spores de formes diverses et se succédant, soit sur la même plante hospitalière, soit sur des hôtes différents. (*Œcidiospores* et *conidies*, *urédospores*, *téleutospores* et *sporidies*.) Reproduction par gamètes inconnue.

Ordre V. — BASIDIOMYCÈTES. Champignons dont l'appareil fructifère consiste en cellules (*basides*) donnant naissance à des rameaux (*stérigmates*) à l'extrémité desquels se forment les *spores*. Reproduction par gamètes inconnue.

Ordre VI. — ASCOMYCÈTES... Champignons dont les *spores* prennent naissance dans des *asques*, disséminés ou disposés eux-mêmes dans des appareils spéciaux (*périthèces*).

Les Cryptogames qui nous restent à étudier se distinguent des Thallophytes par des caractères assez nets pour qu'un certain nombre de botanistes les aient réunies dans un second embranchement, celui des *Archégoniées* (1), les Thallophytes eux-mêmes constituant un groupe d'égale valeur.

Bien que, dans la classification adoptée, nous assignions aux Thallophytes, aux Muscinées et aux Cryptogames vasculaires la

(1) Le nom d'*Archégoniées* donné aux Cryptogames supérieures dérive du nom d'*archégone* par lequel on désigne l'appareil femelle de ces végétaux.

valeur de sous-embranchements, on ne saurait méconnaitre que les Muscinées et les Cryptogames vasculaires ont entre elles beaucoup plus de traits communs qu'elles n'en ont avec les Thallophytes. Ces traits communs sont les suivants :

1° Leur appareil végétatif, rarement d'aspect thalloïde, laisse à peu près toujours distinguer une tige et des feuilles (les vraies racines, nous le verrons, manquent chez les Muscinées).

2° Leur cycle évolutif se divise toujours en deux générations, l'une sexuée, caractérisée par l'apparition des organes de fécondation et par la production de l'œuf, l'autre asexuée, qui dérive de l'œuf fécondé et qui donne naissance à des spores. De ces dernières proviendra une génération sexuée nouvelle (1).

SOUS-EMBRANCHEMENT II. — MUSCINÉES OU BRYOPHYTES

Les Muscinées, dont la plupart des formes sont désignées vulgairement sous le nom de *Mousses*, se distinguent bien nettement par les caractères de leurs deux générations :

1° *La génération sexuée ou embryonale ne provient pas directement de l'œuf fécondé ;* ce dernier développe tout d'abord un appareil végétatif transitoire, le *protonéma*, qui produit ensuite cette première génération. *L'appareil végétatif qui constitue celle-ci est presque toujours différencié en une tige pourvue de feuilles ; mais cette tige ne produit jamais de véritables racines endogènes, et on n'y constate jamais la présence de vaisseaux.*

2° *La génération asexuée ou post-embryonnale se résume en un sporange capsulaire qui produit des spores toutes semblables les unes aux autres* (2).

Quelques exemples rendront ces caractères plus intelligibles.

Les Muscinées se divisent en deux classes : celle des **HÉPATIQUES**, et celle des **MOUSSES PROPREMENT DITES**.

Les premières offrent encore beaucoup d'analogie avec les Thallophytes, et possèdent même souvent un simple thalle non différencié ; les secondes se rapprochent des Cryptogames vasculaires.

(1) M. Schiffner (dans Engler et Prantl, fasc. 91, 92) désigne la première génération, qui se termine par l'évolution en *embryon* de l'œuf fécondé, sous le nom de *génération embryonnale*, et la seconde sous celui de génération *post-embryonnale*.

(2) On donne le nom d'*Isosporées* aux Cryptogames qui produisent, comme les Mousses, des spores d'une seule sorte, par opposition à celles dont les spores sont dissemblables et que l'on qualifie, pour ce motif, du nom de *Hétérosporées*.

CLASSE I. — HÉPATIQUES

Description du Marchantia polymorpha. — Appareil végétatif.
— C'est une petite plante (fig. 161, A), très facile à observer
sur le sol frais et humide des abords des fontaines, des pièces

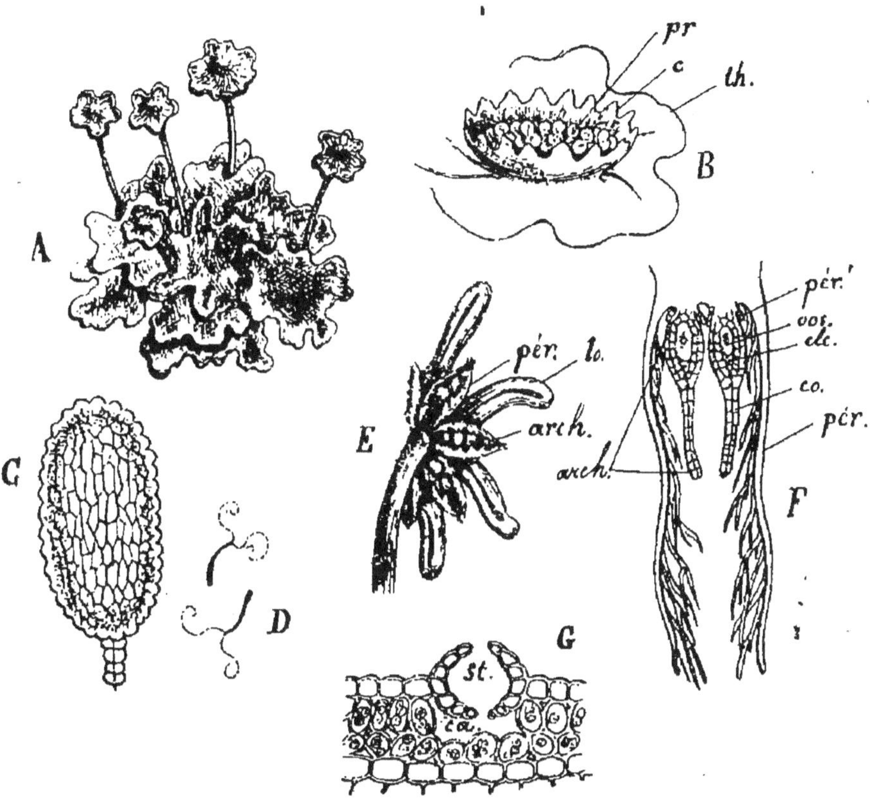

Fig. 161. — *Marchantia polymorpha.* — A, un thalle portant des réceptacles à anthéridies.
— B, un fragment du thalle portant un conceptacle *c* à propagules *pr*. — C, une anthéridie. — D, anthérozoïdes. — E, un fragment de réceptable femelle, vu par dessous,
montrant les archégones *arch*, enveloppés par groupes dans leurs périchèzes *pér*, et alternant avec les lobes *lo*. — F. Coupe théorique montrant deux archégones *arch*, entourés
chacun d'un périchèze spécial *pér'*; *pér*, périchèze commun; *oos*, oosphère; *clc*, cellules du canal; *co*. col. — G, coupe transversale dans le thalle au niveau d'un stomate
st'; *ca*, chambre à air (Courchet).

d'eau ou des cours d'eau. Elle offre l'aspect de membranes
vertes, de 5 à 8 centimètres de largeur environ, découpées en
lobes arrondis. C'est encore là un *thalle* (voir p. 177), analogue
à celui des Cryptogames cellulaires, maintenu sur le sol par

des poils absorbants unisériés, et composé lui-même par un petit nombre d'assises de cellules. La face supérieure de ces lames vertes se montre divisée en losanges assez réguliers, au milieu de chacun desquels l'épiderme porte un stomate. Chacun de ces losanges correspond à une grande lacune sous-épidermique, ou *chambre à air* (fig. 161, G, *ca*). Les stomates (*st*) eux-mêmes se distinguent par leur ostiole formé par l'écartement de plusieurs cellules épidermiques. Le milieu des lobes du thalle est parcouru par un rudiment de nervure formé de cellules simplement plus allongées que les autres, sans trace de vaisseaux. Cet appareil végétatif s'accroît par ses bords, grâce au cloisonnement de certaines cellules placées au fond des échancrures.

Reproduction. — Ce thalle représente la génération embryonnale, et il porte des organes reproducteurs, les uns asexués, les autres sexués.

Reproduction asexuée. Propagules. — Les premiers se montrent, à une certaine distance du bord, réunis dans des cupules ou *conceptacles* (B, *c*); ce sont de petites lames vertes brièvement pédicellées (*c*), pluricellulaires, échancrées sur deux côtés et comme bilobées. Ces lames se détachent à un moment donné de la cupule, et germent sur le sol humide, par chacune de leurs échancrures, et produisent ainsi deux nouveaux thalles. Ce ne sont pas là des spores, mais bien plutôt des sortes de *bulbilles* (voir p. 68), qui ont reçu le nom de *propagules*.

Reproduction sexuée. — Les organes sexués (*anthéridies* et *archégones*) sont portés sur des *réceptacles* insérés au bord de la face supérieure du thalle, au niveau des échancrures. Ils sont formés chacun d'un pédicelle et d'un plateau terminal. Si ce dernier porte des anthéridies, il se montre découpé en plusieurs lobes (A) à bords relevés, de telle sorte que sa surface est concave à la périphérie, convexe et lenticulaire au centre. Les *anthéridies* (C) sont enfoncées dans des dépressions de la face supérieure du plateau; chacune d'elles affecte la forme d'un sac elliptique, inséré sur un court pédicelle, à paroi formée par une seule assise cellulaire, et dont le centre est occupé par les *cellules mères des anthérozoïdes*. Nous ne pouvons décrire ici le mode de développement de ces petits appareils. Nous dirons seulement que, dans chaque cellule mère, le noyau s'allonge pour former le corps contourné en spirale de l'anthérozoïde, tandis que le protoplasma environnant se découpe en deux cils qui demeurent fixés à sa partie antérieure (D).

Les plateaux destinés à porter les organes femelles (E) sont profondément découpés en 8 à 10 lobes (*lo*). C'est dans leur intervalle que sont insérés les archégones (*arch*), réunis par groupes à la face inférieure, et recouverts par un repli des bords du réceptacle auquel on donne souvent le nom de *périchèze* ou *périanthe commun* (F, *per*). Chaque archégone est, en autre, entouré à sa base par un repli circulaire qu'on nomme *périanthe spécial* (*pér'*).

L'archégone (F, *arch*) affecte la forme d'une sorte de bouteille presque sessile, dont le ventre renferme l'œuf non fécondé (*oos*). Cette partie renflée est formée d'une double assise de cellules; elle se continue par un col (*co*) allongé que limite une assise simple. Au-dessus de l'oosphère et dans le col se montrent plusieurs cellules superposées (*clc*), destinés à se réduire en une gelée qui dilatera le canal du col; ce sont les *cellules du canal* (1).

Au moment de la fécondation, la paroi des anthéridies se déchire, et les cellules mères des anthérozoïdes sont mises en liberté. La membrane de ces dernières se détruit, les anthérozoïdes se développent et nagent, à l'aide de leurs cils, dans l'eau qui baigne la petite plante (2). Arrivé à l'orifice du col d'un archégone, l'anthérozoïde est pris dans la gelée qui remplit le canal, traverse ce dernier, et arrive au contact de l'oosphère à laquelle il se fusionne immédiatement; sa substance nucléaire et son protoplasma se confondent respectivement avec le noyau et le protoplasma de la cellule-œuf.

Sporogone. — Ainsi fécondé, l'œuf s'entoure d'une membrane cellulosique et se développe en un corps nouveau, le *sporogone*, qui, nous le savons, représente la seconde génération du cycle évolutif, la génération asexuée ou post-embryonnale.

Le *sporogone* a la forme d'un sac à paroi formée d'une simple assise de cellules, et dont le centre renferme les *cellules mères des spores*. Chaque cellule mère produit quatre spores par un procédé semblable à celui qui détermine la formation des grains de pollen dans les anthères, chez les Phanérogames (voir p. 112). Mais toutes les cellules qui forment le centre du sporogone ne produisent pas des spores; certaines d'entre elles, nommées *élatères*, longues et enroulées sur elles-mêmes, qui portent sur leur paroi interne deux

(1) Comparez avec ce qui a été dit à propos des Gymnospermes, p. 119.
(2) Eau de pluie ou de rosée.

bandes d'épaississement spiralées, ont un autre rôle à remplir. Au moment de la maturité, l'archégone se déchire, le sporogone (ou *sporange*) s'ouvre en plusieurs valves, et les élatères, en se redressant élastiquement, concourent à la sortie et à la dissémination des spores.

La spore en germant ne produit pas directement un nouveau thalle ; elle forme d'abord, chez les Muscinées, une expansion filamenteuse ou foliacée nommée *protonéma*, d'où dérive ensuite l'appareil végétatif de la plante. Le protonéma est toujours rudimentaire chez les Hépatiques, et chez le *Marchantia* en particulier.

Caractéres généraux des Hépatiques. — Chez toutes les Hépatiques, comme chez le *Marchantia* :

1° *Le protonéma est rudimentaire ;*

2° *L'appareil végétatif est représenté par un simple thalle, ou par une tige feuillée, mais rampante et à symétrie bilatérale, rarement par une tige dressée et à symétrie radiale ;*

3° *Le sporogone demeure enfermé dans l'archégone jusqu'à la maturité ; puis il déchire ce dernier, par suite de l'allongement du pied qui le supporte, et s'ouvre de diverses manières.*

En ce qui concerne l'*appareil végétatif*, on constate des degrés très divers de différenciation, depuis le thalle homogène des *Anthoceros*, des *Pellia*, etc., jusqu'aux axes dressés des *Haplomitra*, pourvus de trois séries de feuilles semblables, en passant par les formes à tiges rampantes et pourvues d'appendices disposés, les uns sur la face ventrale, les autres sur la face dorsale, en symétrie bilatérale.

La multiplication par *propagules* est ordinaire chez les Hépatiques. Nous avons vu ces propagules se former, chez les *Marchantia*, dans des *conceptacles* en forme de coupe ; ces derniers sont unilatéraux et en forme de croissant chez les *Lunularia ;* les propagules peuvent enfin provenir de simples cellules qui se détachent des bords du thalle, comme chez les *Madotheca*.

Les *appareils sexuels* naissent, chez les *Marchantia*, *Lunularia*, etc., sur des *réceptacles* spéciaux pédicellés ; ils se forment ailleurs dans des dépressions s'ouvrant à la face supérieure du thalle, parfois même dans des cavités closes de ce dernier, comme cela a lieu pour les anthéridies des *Anthoceros*.

La forme du *sporogone* varie : c'est tantôt, comme chez les *Anthoceros*, une sorte de silique bivalve, tantôt une capsule sphérique, enfoncée dans le thalle, à parois minces, et ne contenant que des spores (*Riccia*), tantôt une capsule sphérique courtement pédicellée, renfermant, outre les spores, des cellules stériles en forme d'*élatères* ou simplement destinées à nourrir les spores, comme chez les Marchantiées. Parfois, comme cela a lieu chez la plupart des Anthocérées, le tissu central du sporogone ne forme ni spores ni élatères, mais persiste à l'état de *columelle*, comme cela a lieu, d'ailleurs, chez les Mousses proprement dites.

CLASSE DES HÉPATIQUES

ORDRES.

Appareil végétatif représenté par un simple thalle ou par une tige munie de feuilles, ordinairement couchée et à symétrie bilatérale, rarement dressée et à symétrie radiaire.
Sporogone demeurant enfermé jusqu'à la maturité dans le sporange.
Protonéma rudimentaire.

Sporange s'ouvrant

en long.

JUNGERMANNINÉES

Sporange

pédiculé, s'ouvrant en 4 valves, avec élatères.

sessile s'ouvrant en 2 valves, sans élatères.

en travers ou au sommet.

MARCHANTINÉES.

Sporogone

sans pédicule ni élatères.

avec pédicule et élatères.

FAMILLES.

JUNGERMANNIACÉES

Appareil végétatif figurant, en général, une fronde thalloïde, le plus souvent aphylle, avec ou sans côte médiane, non différenciée en plusieurs systèmes de tissus, ou bien encore un axe cylindrique et feuillé. Entre ces deux formes, on trouve toutes les transitions possibles. Jamais de stomates. Organes sexuels groupés, mais jamais sur des réceptacles pédicellés ; rarement ils sont enfoncés dans le thalle. L'œuf se segmente tout d'abord en cellules disposées par étages. Le sporogone, pourvu d'un pédicelle et d'un pied, perce la coiffe à la maturité. La capsule s'ouvre toujours par quatre valves ; à l'intérieur on trouve toujours des élatères à côté des spores, mais point de columelle.

ANTHOCÉRÉES

Appareil végétatif figurant un thalle sans feuilles, pourvu de rhizoïdes lisses sur la face ventrale, souvent aussi sur la face dorsale. Archégones enfouis dans le thalle, déjà dès leur apparition. Les anthéridies naissent, par formation endogène, dans des cavités closes du thalle. Sporogone en forme de silique, avec un pied noueux, mais sans pédicelle, à paroi munie de chlorophylle et souvent de stomates. Il est doué d'une croissance intercalaire persistante vers le bas, et les spores mûrissent successivement du sommet à la base. Le plus souvent il existe une columelle dont le sommet dépasse en forme de dôme, le tissu formateur des spores. Ce dernier donne également des cellules stériles, le plus souvent en forme d'élatères.

RICCIÉES

Tissu chlorophyllien sans lacunes aérifères ou avec lacunes, mais alors sans tissu assimilateur dans ces dernières. Stomates rudimentaires ou nuls. Anthéridies et archégones enfoncés dans une cavité ouverte sur la face dorsale de l'appareil végétatif. Sporogone sans pédicelle ni pied, inclus jusqu'à la fin dans le ventre de l'archégone; sa paroi délicate se résorbe plus tard, et jusqu'à leur maturité, les spores demeurent incluses dans la partie renflée de l'archégone. Il ne se forme pas de cellules stériles à côté des spores.

MARCHANTIACÉES

Chambres aérifères toujours très développées, et ces chambres (sauf de rares exceptions) sont remplies par des trabécules de tissu assimilateur. Stomates très développés sur la face dorsale de l'appareil végétatif, circulaires ou en forme de tonneau. Organes sexuels toujours groupés et localisés sur des supports qui, le plus souvent, affectent la forme de réceptacles capités. Le sporogone pourvu d'un pédicelle perce la coiffe à la maturité et s ouvre par des dents ou par une fente circulaire, plus rarement par quatre valves. A côté des spores se développent toujours des cellules stériles, le plus souvent sous forme d'élatères.

CLASSE II. — MOUSSES

Ces végétaux vivent dans les conditions les plus diverses, partout où ils rencontrent de la fraîcheur et de l'humidité : sur le sol, sur les troncs d'arbres, les rochers, les murs, le toit de nos maisons, et même, pour certains genres, dans l'eau. Leurs dimensions, toujours humbles, varient pourtant beaucoup, de 1 millimètre ou 1/10 de millimètre à peine à 1 ou 2 décimètres.

Appareil végétatif. — La tige (fig. 162), simple ou ramifiée, toujours très grêle, est cylindrique, et jamais l'appareil végétatif n'affecte l'aspect thalloïde ni la symétrie bilatérale que nous lui avons vu revêtir souvent chez les Hépatiques. La structure de l'axe est, d'ailleurs, encore très simple : jamais de vaisseaux ni de véritables fibres, mais un tissu fondamental déjà divisé, par un endoderme, en une zone corticale externe et un cylindre central. Les assises externes de l'écorce deviennent assez souvent scléreuses, et forment ainsi une gaine protectrice ; les éléments du cylindre central, fréquemment allongés, représentent une ébauche des faisceaux vasculaires que nous allons trouver bien développés chez les Cryptogames supérieures.

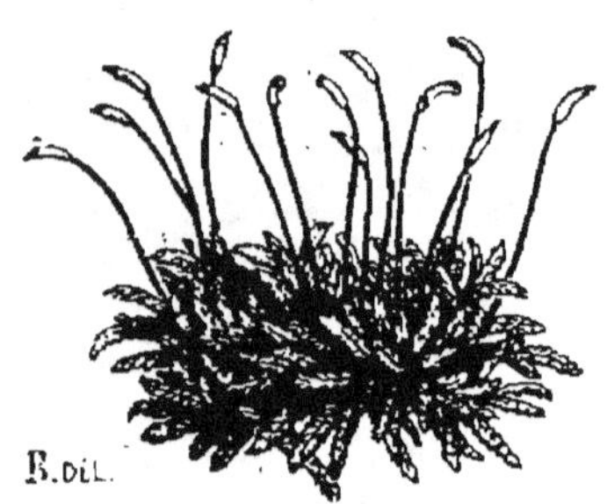

Fig. 162. — *Hypnum*. Faux Cyprès.

L'axe aérien est fixé au sol par des rhizoïdes, formés par de simples séries de cellules émanant de l'assise superficielle des tiges. Ces rhizoïdes peuvent naître, en un point quelconque des tiges et des rameaux ; c'est ainsi que les axes peuvent continuer à vivre par leur partie terminale qui se régénère sans cesse, tandis qu'ils se détruisent en arrière.

Les tiges et les rameaux portent des feuilles toujours sessiles, alternes, distiques ou sur plusieurs séries, parfois groupées, en manière d'involucre, au-dessous de l'appareil fructificateur. Le plus souvent ces feuilles sont composées d'une simple assise de cellules que parcourt une nervure médiane formée d'éléments allongés (1).

______

(1) Contrairement à ce qui a lieu chez les Phanérogames, les ramifications naissent, non pas à l'aisselle des feuilles, mais au-dessous et latéralement.

Reproduction. — Les Mousses se reproduisent asexuellement, par plusieurs procédés : 1° par un simple marcottage (voir p. 43) naturel, grâce à la propriété que possèdent les diverses parties de la plante de développer des rhizoïdes ; 2° par formation, en un point quelconque de l'appareil végétatif, de bourgeons qui peuvent demeurer 'un temps plus ou moins long à l'état latent ; 3° par formation de *protonémas* (voir p. 312) *adventifs ;* 4° enfin par des propagules semblables, physiologiquement du moins, à celles des Hépatiques (v. p. 310).

REPRODUCTION SEXUELLE. — Chez certaines espèces, on ne connaît qu'une multiplication asexuelle ; mais chez la plupart des Mousses, il existe des organes sexuels qui sont analogues à ceux des Hépatiques.

Ces végétaux sont monoïques (fig. 163) ou dioïques et, dans le premier cas, les fleurs des deux sexes peuvent être séparées ou réunies dans un involucre commun, formé de feuilles modifiées.

Quand elles sont isolées, les fleurs mâles sont entourées d'un cycle de feuilles plus épaisses, plus concaves que les feuilles végétatives ; ces feuilles constituent le *périgone*. Isolés, ou associés avec des anthéridies, les archégones sont entourés par un involucre

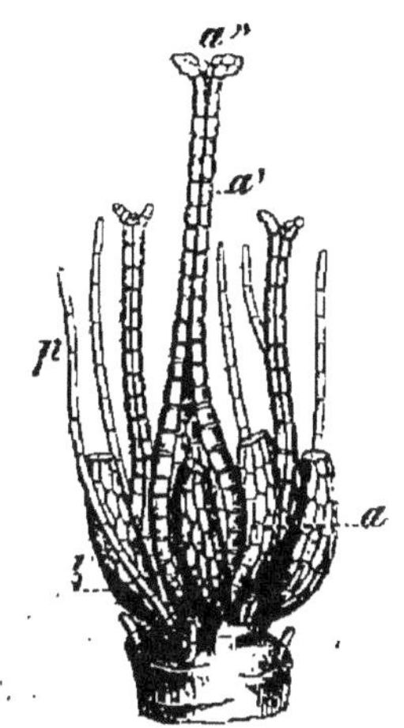

Fig. 163. — Groupe d'archégones *a, a'a"*, et d'anthéridies *b,* entremêlés de paraphyses *p*, pris sur le *Bryum bimum* (fortement grossi ; d'après Schimper).

formé d'appendices beaucoup plus semblables à des feuilles végétatives, souvent presque clos ; cet involucre porte le nom de *périchèze* (1).

Les anthéridies (*b*), sessiles ou plus ou moins pédicellées, oblongues ou, plus rarement, sphéroïdales, ont une paroi mince et sont, comme chez les Hépatiques, remplies par les cellules mères des anthérozoïdes. L'anthéridie s'ouvre au sommet, et les cellules mères qui s'en échappent perdent, au contact de l'eau, leur mince enveloppe et laissent échapper les anthérozoïdes, construits, d'ailleurs, comme chez les Mousses.

L'archégone (*a*) des Mousses est formé, comme chez les Hépa-

____

(1) Ce nom de *périchèze* est parfois employé pour désigner un verticille nouveau, qui ne se montre autour de l'archégone qu'après la fécondation (V. Le Maout et Decaisne, *Traité de Botanique générale, descriptive et analytique*, p. 676 et 677). On réserve, dans ce cas, le nom de *périgone* pour l'involucre des fleurs mâles, celui de *périgyne* pour l'involucre des fleurs femelles, enfin celui de *périgame* pour les involucres hermaphrodites.

tiques, d'une partie rénflée ou *ventre*, dont la paroi consiste en plusieurs assises de cellules, et d'un col allongé (*a'*) limité par une seule épaisseur d'éléments. Le ventre contient l'*oosphère* que surmontent les *cellules du canal*.

SPOROGONE. — La fécondation a lieu comme chez les Hépatiques, et l'œuf fécondé se développe en *fruit* ou *sporogone* (fig. 164). Le sporogone s'allonge à sa base en un pédicelle

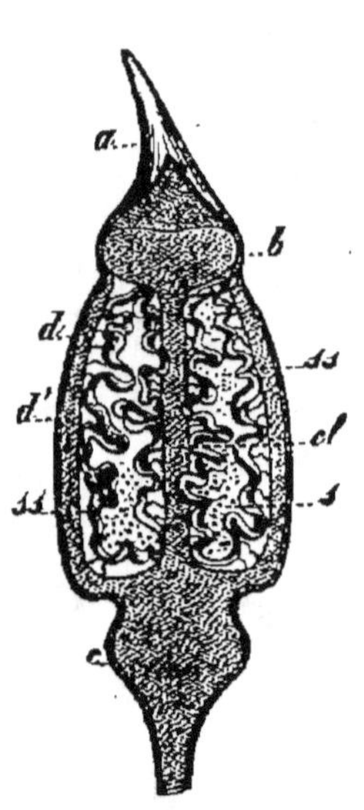

Fig. 164. — *Polytrichum formosum.* — Coupe verticale de sa capsule adulte. — *c*, apophyse ; *d*, épiderme ; *d'*, couche sous-épidermiques ; *s's*, parois du sac sporigère ou sporange propre, dans lequel se trouvent libres les spores *s* ; *cl*, columelle continue avec le renflement supérieur *b* ; *a*, opercule (5/1 d'après Schimper).

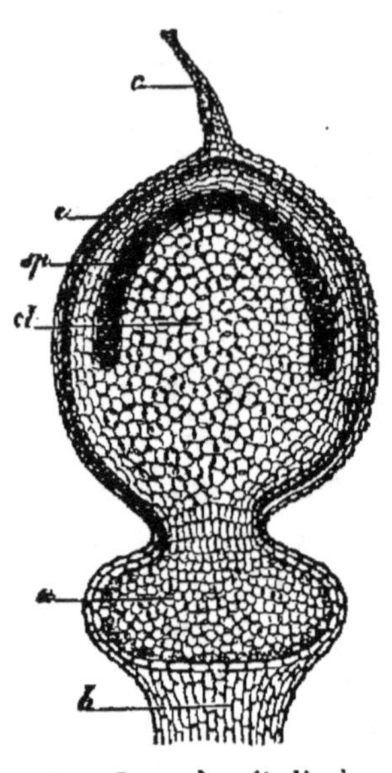

Fig. 165. — Coupe longitudinale grossie d'une capsule de *Sphagnum* (d'après Schimper). — *a*, pied logé dans l'extrémité dilatée du pseudopode *b* ; *cl*, columelle ; *sp*, sac sporigère ; *c*, coiffe.

épaissi, au-dessous du fruit, en un renflement qu'on nomme ordinairement *apophyse* (*c*). Comme chez certaines Hépatiques, le tissu sporifère n'atteint pas le centre du fruit où persiste une *columelle* (*cl*). En ce qui concerne cette dernière, deux cas peuvent se présenter : ou bien le sac sporifère n'atteint pas le sommet du sporogone, et la columelle est continue, du sommet à la base du fruit (fig. 164) ; ou bien le tissu sporifère se développe, en forme de calotte, au-dessus de la columelle qui, alors se termine brusquement, sans atteindre le sommet (fig. 165).

Généralement, par suite de l'élongation rapide du pédicelle, le sporogone déchire de bonne heure, à sa base, l'archégone qu'il soulève alors sous forme de *coiffe (calyptra)* et qui tombe bientôt (fig. 166). Les Mousses du groupe des *Sphaignes* font seules exception à cette règle, et ressemblent aux Hépatiques en ce sens que le sporogone, dont le pédicelle s'allonge fort peu, demeure jusqu'à sa maturité inclus dans l'archégone qui se déchire irrégulièrement à la fin.

Le sporange mûr s'ouvre, vers le sommet, par une fente circulaire d'où se détache un *opercule;* le reste du sporogone constitue alors l'*urne.* Mais, généralement, cette dernière, après la chute de l'*opercule*, est encore fermée par une assise cellulaire dont les parois sont épaissies, soit uniquement sur la portion moyenne de leur paroi postérieure, soit à la fois sur cette paroi et sur leur paroi antérieure. Ces cellules résorbent ensuite les portions de leur membrane demeurées minces, tandis que les régions épaissies se disjoignent et se rabattent en dehors pour former tout autant de dents. Si chacune de ces cellules n'est épaissie qu'en arrière, les dents formeront un cercle unique à l'orifice de l'urne ; si chaque cellule est épaissie en arrière et en avant, les dents formeront un cercle double. On nomme *péristome* les cellules qui ferment ainsi l'urne après la chute de l'opercule, et les dents qui en résultent.

Les cellules mères des spores, dans le *sac sporigère*, deviennent bientôt indépendantes les unes des autres, puis divisent leur contenu en quatre cellules filles qui deviennent tout autant de spores. Ces dernières enfin, avant l'ouverture du sporange, sont mises en liberté par destruction de la membrane des cellules mères.

Fig. 166. — *Polytric.* — Urne recouverte de l'opercule et de la coiffe, grossie.

Les spores en germant forment tout d'abord, chez les Mousses, un *protonéma* bien développé qui peut donner naissance en même temps à plusieurs appareils végétatifs de Mousses.

Parmi les Muscinées proprement dites, on peut distinguer deux ordres : les SPHAGNINÉES et les BRYINÉES. Les Bryinées réalisent le type normal des Mousses; les Sphagninées s'en distinguent par certains caractères spéciaux et, d'une manière générale, par un degré moindre de perfectionnement qui les rapproche des Hépatiques. Leurs caractères et leurs principales divisions sont résumés dans le tableau suivant :

CLASSE DES MOUSSES

ORDRES.

FAMILLES.

Appareil végétatif toujours représenté par une tige dressée, pourvue de feuilles et à symétrie radiaire. Protonéma bien développé. Sporogone soulevant, à la maturité, l'archégone qui constitue la coiffe.

SPHAGNINÉES — Sporange brièvement pédicellé, soulevé par un *pseudopode* (1). Columelle n'atteignant pas le sommet du sporogone, et coiffée par le tissu sporifère.

Mousses pourvues d'un protonéma filamenteux lorsque les spores germent dans l'eau, thalloïde quand elles germent sur un support solide. Les feuilles, à l'exception des deux à quatre premières, sont formées par deux sortes de cellules : les unes incolores, perforées au centre, et destinées à l'absorption de l'eau; les autres, entourant les premières, pourvues de chlorophylle, et de forme tubuleuse, représentant le tissu assimilateur. L'écorce des tiges présente une différenciation analogue. — Plantes monoïques ou dioïques.

Anthéridies et archégones, dans tous les cas, sur des axes distincts. Anthéridies latérales, s'ouvrant en valves qui se recourbent en dehors; archégones au sommet des rameaux. — Sporogone porté par un pseudopope (voir la note), pourvu d'un court pédicelle, implanté dans l'extrémité du pseudopode creusée en vaginule. — Columelle coiffée par le tissu sporifère et n'atteignant pas le sommet du fruit.

L'archégone se déchire d'une manière irrégulière à la maturité, et le sporogone s'ouvre par un simple opercule......... **SPHAGNACÉES.**

Mousses noirâtres, croissant sur les rochers; feuilles avec ou sans nervure médiane, à tissu homogène, comme l'écorce des tiges. *Protonéma thalloïde.*

Anthéridies mêlées de paraphyses, au sommet des branches mâles. Archégones normalement construits. Sporogone porté par un pseudopode, mais possédant aussi un court pédicelle et s'allongeant à sa base de façon à soulever l'archégone en forme de coiffe, comme chez les autres Mousses. Columelle coiffée, comme chez les Sphagnacées, par le tissu sporifère; sporogone s'ouvrant par quatre valves au sommet. **ANDRÉACÉES.**

BRYINÉES — Sporange pourvu d'un long pédicelle. Columelle nulle ou complète. Sporange indéhiscent ou déhiscent transversalement.

Petites Mousses à *protonéma vivace*, auquel les tiges demeurent attachées jusqu'à maturation du sporogone — *Sporogone pourvu d'une columelle complète, ou sans columelle et totalement rempli par quatre à vingt-huit grandes spores (Archidium).*

Pédicelle très court, renflé à sa base; sporogone demeurant, comme chez les Sphaignes, inclus dans la coiffe qui se déchire enfin irrégulièrement. Sporange lui-même indéhiscent .... **PHASCACÉES.**

Mousses à *protonéma filamenteux*; feuilles à tissu homogène, avec une nervure médiane. Anthéridies normalement construites et archégones pourvus d'*une columelle complète*, autour de laquelle les spores sont formées dans une cavité annulaire.

Sporogone développant à sa base un vrai pédicelle entouré lui-même par une vaginule que forme le sommet de l'axe. Déhiscence, après la chute d'un opercule et de la coiffe, en un cercle simple ou double de dents par la division du péristome..... **BRYACÉES.**

---

(1) Le *pseudopode* et le *pédicelle* désignent deux formations différentes. Ce dernier constitue le support spécial de l'archégone; le pseudopode est formé, chez les Sphaignes, par l'allongement du rameau fructifère lui-même, tandis que le pédicelle demeure très court.

Les caractères principaux des Muscinées sont réunis dans le tableau suivant :

SOUS-EMBRANCHEMENT DES MUSCINÉES

Cryptogames archégoniées, pourvues d'un appareil végétatif thalloïde ou différencié en tige et feuilles, mais ne contenant jamais de vaisseaux.

Jamais de vraies racines, mais simplement des poils absorbants.

Génération postembryonnale, consistant en un *sporange* (ou *sporogone*) produisant des spores toutes identiques, et se rattachant à la génération précédente par un *protonéma*.

CLASSE I. — HÉPATIQUES.

Génération embryonnale représentée, le plus souvent, par un appareil végétatif thalloïde ou plus différencié, mais presque toujours à symétrie bilatérale.

Sporange toujours inclus dans la paroi de l'archégone, ou perçant ce dernier au sommet, mais sans qu'il existe de véritable coiffe.

Protonéma rudimentaire.

CLASSE II. — MOUSSES.

Génération embryonnale toujours représentée par un appareil végétatif différencié, à symétrie radiaire.

Sporange mûr sortant de l'archégone et le soulevant sous forme de coiffe.

Protonéma bien développé.

Affinités. — Les Muscinées peuvent, à juste titre, être considérées comme formant le passage des Thallophytes aux Cryptogames vasculaires, dont l'étude va suivre, et c'est évidemment par les Algues Floridées qu'elles se rattachent aux premières. Comme elles, en effet, les Muscinées forment leur appareil sexuel sur le thalle de la plante, et la production du fruit et des spores succède, sur ce même thalle, à la fécondation de l'oosphère. En outre, comme beaucoup d'Algues, certaines Muscinées ont un thalle aplati et membraneux, et leur structure est toujours très simple.

D'un autre côté, quelques Hépatiques et la plupart des Mousses, bien que privées de racines, ont leur appareil végétatif divisé en un axe pourvu de feuilles, possédant même un rudiment de faisceaux libéroligneux ; enfin la structure des organes sexuels rappelle souvent déjà celle des mêmes organes chez les Cryptogames vasculaires.

Distribution géographique. — Les Mousses vivent sous tous les climats et se développent sur les substratums les plus divers. Leur rôle, dans la nature, est le même que celui des Lichens (voir p. 304) dont elles continuent l'action ; elles ajoutent, en effet, leurs débris aux matières organiques laissées par eux, et préparent ainsi un sol propice au développement de plantes plus hautement différenciées.

Les Sphaignes sont cependant plus localisés que les Mousses proprement dites ; on ne les rencontre guère, en effet, que dans des contrées tempérées ou froides. Ce sont des plantes de marécages, et leurs débris accumulés au sein des eaux constituent, à la suite des temps, un combustible précieux, la *tourbe*. Comme les autres Muscinées, d'ailleurs, les

Sphaignes préparent le sol où pourront se développer, dans la suite, des plantes plus élevées en organisation.

Usages. — Les Muscinées offrent un intérêt pratique très secondaire. Certaines espèces étaient jadis employées comme astringentes et diurétiques. On se sert encore, dans quelques régions, du *Leskea sericea* comme hémostatique. En Norvège et en Suède, quelques Mousses (telles que l'*Hypnum parietinum* et les *Fontinalis*) servent à calfeutrer les chaumières; l'*Hypnum triquetrum* est employé à l'emballage des plantes phanérogames, etc.

Les *Sphagnum*, dans certains pays où ils abondent, servent de pâturage aux troupeaux de rennes; mêlés aux poils de ces animaux, ils sont utilisés pour la confection de matelas. Enfin, en horticulture, les Sphaignes sont employés à faire une espèce de sol artificiel pour les Orchidées cultivées en serre.

SOUS-EMBRANCHEMENT III. — CRYPTOGAMES VASCULAIRES

Caractères généraux. — Comme chez les Muscinées, le cycle évolutif des Cryptogames vasculaires comprend deux générations, l'une *sexuée* ou *embryonnale*, l'autre *asexuée* ou *post-embryonnale*. Les unes et les autres sont des Archégoniées (voir p. 397).

Mais les Cryptogames vasculaires se distinguent par les caractères communs suivants :

1° *La génération sexuée ou embryonnale est représentée par un simple prothalle non différencié en tige, feuilles et racine, et elle constitue la phase évolutive la plus courte.*

2° *La génération asexuée ou post-embryonnale est représentée par un appareil végétatif hautement différencié en tiges, feuilles et racines, et elle constitue la phase évolutive la plus longue.*

(C'est le contraire que l'on observe chez les Muscinées, chez lesquelles (voir p. 308) la première phase est représentée par la plante différenciée, tandis que la seconde se résume en un simple sporange.)

3° *L'appareil végétatif est représenté, non seulement par une tige et des feuilles, mais encore par de vraies racines endogènes.*

4° *Les diverses parties de cet appareil contiennent des vaisseaux ligneux et des vaisseaux libériens, réunis en faisceaux isolés ou associés, comme chez les Phanérogames.*

Division. — On divise les Cryptogames vasculaires en trois classes : **FILICINÉES, ÉQUISÉTINÉES, LYCOPODINÉES.**

CLASSE I. — FILICINÉES

Caractères généraux. — Les caractères communs aux Filicinées, dont les Fougères constituent les représentants les plus connus, sont les suivants :

1° L'appareil végétatif de ces plantes se compose d'une tige peu ramifiée ou indivise, pourvue de grandes feuilles alternes et de racines latérales qui produisent elles-mêmes des radicules. Tige, feuilles et racines s'accroissent au sommet par une cellule mère unique.

2° Les sporanges, qui dérivent presque toujours d'une seule cellule épidermique et qui ont la valeur de poils, sont généralement groupés dans de petits appareils nommés *sores*.

Les Filicinées forment, pour la plupart, des spores d'une seule sorte (*isosporées*) ; d'autres produisent deux sortes de spores (*hétérosporées*). Des premières naît un appareil (*prothalle*) qui porte en même temps des anthéridies (organes mâles) et des archégones (organes femelles) ; des secondes naissent des appareils qui porteront des anthéridies seules ou des archégones seuls. Le prothalle des premières est donc monoïque ; celui des secondes dioïque.

Division. — Avec M. Van Tieghem et la plupart des botanistes, nous diviserons les Filicinées en deux sous-classes et en trois ordres :

Sous-classe I. — F. isosporées..	ORDRE I. — FOUGÈRES. ORDRE II. — MARATTINÉES.
Sous-classe II.—F. hétérosporées.	ORDRE III. — HYDROPTÉRIDÉES.

Sous-classe I. — Filicinées isosporées.

Sporanges d'une seule sorte, et donnant des prothalles indépendants, bien développés et monoïques.

ORDRE I. — FOUGÈRES

Sporanges formés chacun aux dépens d'une seule cellule épidermique.

Description de la Fougère mâle. — Nous décrirons comme type de Fougère le *Polystichum Filix mas* (1) Roth., l'une des plantes les plus connues de ce groupe, et dont le rhizome est utilisé comme anthelmintique (*rhizome de Fougère mâle*).

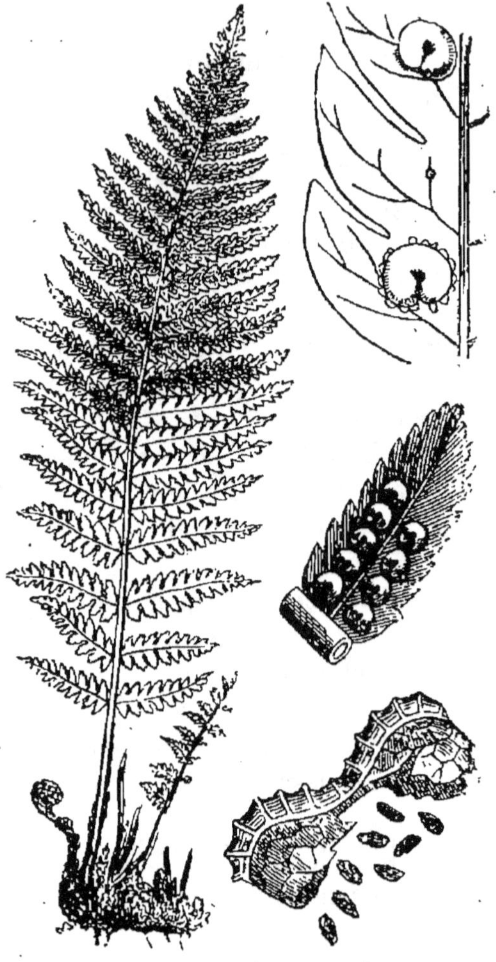

Fig. 167. — Fougère mâle.

APPAREIL VÉGÉTATIF. — Cette plante est à peu près cosmopolite. Elle possède (fig. 167) un rhizome traçant, aplati vers son extrémité antérieure en voie d'élongation, se détruisant successivement par sa partie postérieure. Ce rhizome est entièrement caché par les pétioles des feuilles qui s'y insèrent en une spire serrée, et qui se détruisent elles-mêmes d'arrière en avant, à mesure qu'il s'en produit de nouvelles à la partie antérieure du rhizome. En raison de leur organisation et de leur rôle physiologique spécial, ces feuilles ont reçu le nom de *frondes*.

Chez cette espèce, comme, d'ailleurs, chez toutes les Fougères des pays tempérés, cette tige demeure toujours souterraine.

La base des pétioles et le rhizome lui-même portent encore des formations de deux sortes :

1° De nombreuses racines adventives filiformes, noires et très résistantes ;

2° Des écailles épidermiques nombreuses et serrées, d'un rouge

____

(1) *Nephrodium Filix mas*, Stempel. ; *Polypodium Filix mas* L.

brun ou rougeâtres suivant l'âge, terminées par une longue pointe.

Les frondes seules se montrent au-dessus du sol, où elles forment une touffe à l'extrémité antérieure du rhizome. Elles sont grandes, droites et étalées à l'état de développement complet. Elles sont composées-pennées, le pétiole principal portant des folioles opposées par paires, pinnatiséquées elles-mêmes et à lobes dentés, opposés ou alternes. La feuille, dans son ensemble, présente un contour obovale, atténué vers le bas et surtout vers le haut.

Chacun des lobes des folioles est parcouru par une nervure médiane d'où partent, en formant un angle aigu, des nervures secondaires, bifurquées elles-mêmes à une certaine distance de leur lieu d'origine. Le pétiole commun et les divisions du limbe de la feuille sont tout d'abord reployés sur eux-mêmes en forme de crosse. Cette préfoliation, dite *circinée*, est générale chez les Fougères.

Appareil sporifère. — C'est sur ces nervures de troisième ordre que sont fixés les organes de reproduction asexuée.

Sores. — Ce sont de petits appareils rangés en série le long de la nervure médiane (voir fig. 167, à droite); on leur donne le nom de *sores*. Ils sont composés chacun (fig. 168, A) par un certain nombre de *sporanges* (Sp) entremêlés de poils stériles ou *paraphyses* (Par); le tout est inséré sur un bourrelet de la nervure (Ne), et protégé par une écaille épidermique (In) réniforme, fixée par son bord échancré, et nommée *indusium;* le bord libre et arrondi de cette lamelle laisse voir l'ensemble des sporanges et des paraphyses qu'il recouvre.

Toutes les formations qui constituent un *sore*, sporanges, paraphyses, indusium, ont la même valeur morphologique : ce sont des poils plus ou moins profondément modifiés.

Sporanges. — Entièrement développés, les sporanges (B) consistent en de petites capsules pédicellées, de couleur brune, obovales et légèrement comprimées par les côtés.

La paroi en est formée par une assise unique de cellules polygonales, tabulaires, d'un brun pâle. Parmi ces éléments, il en est qui se distinguent des autres par leur structure et leur fonction, et dont l'ensemble constitue l'*anneau* (B, An). Ce dernier consiste en une série de cellules qui, partant du point d'insertion du sporange sur le pédicelle, en contourne la face dorsale, se recourbe en avant, et vient se terminer à la partie supérieure du côté antérieur. La paroi de ces éléments, fortement épaissie en dedans et

sur les côtés, demeure mince en dehors. Or, au moment de la
dissémination des spores et sous l'influence de la dessiccation, le
côté externe aminci de la paroi de ces cellules subissant un retrait
plus considérable que la partie interne plus résistante, l'anneau
tend à se redresser, et le sporange, cédant à la traction, s'ouvre

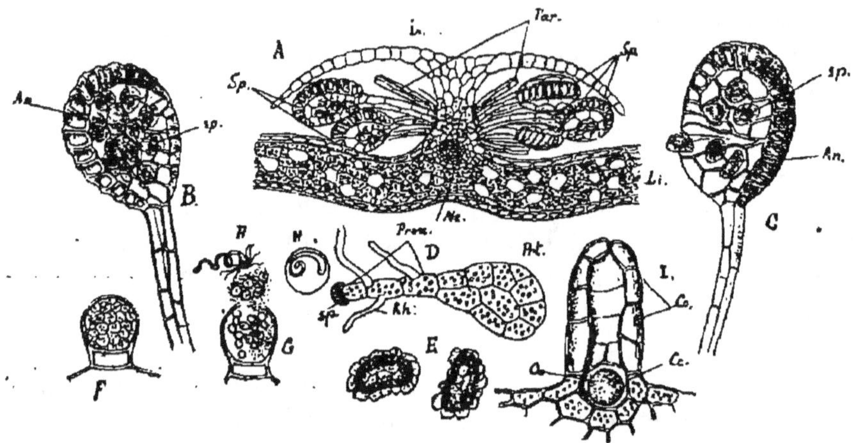

Fig. 168. — *Polystichum Filix mas* L.

A, coupe d'une fronde au niveau d'une sore : In, indusie; Sp, sporanges; Par,
paraphyses; Li, limbe; Ne, nervure. — B, un sporange avant sa déhiscence : An,
anneau; sp, spores. — C, un sporange déhiscent: An, sp, même signification. — D, une
spore en germination: Pron, protonéma; Prt, prothalle naissant; Rh, poils absorbants.
— E, spores avant leur germination. — F, anthéridie encore fermée, montrant les cellules mères des anthérozoïdes. — G, anthéridie déhiscente. — H, H', anthérozoïde
encore enfermé dans sa cellule mère spéciale, et anthérozoïde libre. — I, archégone :
Co, Col; Cc, cellule ventrale; Oo, osphère (d'après Berg et Schmidt).

par une fente perpendiculaire au sens dans lequel cette traction
s'exerce, c'est-à-dire transversalement.

Spores. — Les spores (E) sont pourvues de deux enveloppes :
une externe cutinisée, l'*exospore;* une interne cellulosique, l'*endospore.*

Développement du sporange et formation des spores. — Le développement du sporange et des spores s'effectue de la manière suivante :
Comme nous l'avons dit, le sporange a la valeur d'un poil. Il naît d'une
cellule épidermique qui se cloisonne une première fois transversalement;
la cellule supérieure se subdivise une fois encore de la même manière
en deux éléments superposés, dont l'un donnera le sporange même,
l'autre en formera le pédicelle. Pour se développer en sporange, la
cellule supérieure, par des cloisons obliques, se partage en cinq cellules, dont une centrale tétraédrique, et quatre externes. En s'accroissant
suivant le rayon et en se divisant par des cloisons tangentielles, ces
éléments externes vont former la paroi de la capsule, paroi qui, au

début, se compose de plusieurs assises cellulaires. Certaines des cellules qui la forment, en continuant à se diviser et en épaississant leurs parois internes et latérales, vont former l'anneau. Par des cloisonnements successifs, la cellule tétraédrique centrale donne naissance aux *cellules mères des spores*. Ces éléments divisent deux fois de suite leur noyau, puis forment simultanément deux cloisons perpendiculaires. Dans chacune des quatre cellules nouvelles ou *cellules mères spéciales*, le protoplasma sécrète une membrane autour de lui et se transforme en une spore. Les spores enfin deviennent libres dans le sporange par gélification et destruction des parois des cellules mères primitives et de leurs cellules mères spéciales. Quand les spores sont arrivées à leur maturité, la paroi du sporange n'est plus formée que par une assise de cellules, les plus internes s'étant détruites pour subvenir à leur nutrition (1).

D'abord appliqué par son bord contre l'épiderme de la fronde, l'indusium cache les sporanges; mais il se relève plus tard, au moment où ces derniers s'ouvrent pour laisser échapper les spores.

Telle est la génération asexuée d'une Fougère qui commence, comme nous le verrons, avec le développement de la jeune plantule aux dépens de l'œuf fécondé; elle correspond, chez les Mousses, à cette période de leur développement qui débute à l'œuf fécondé, se continue par la production du sporogone et des spores jusqu'à la dissémination de ces dernières.

GERMINATION DES SPORES. PROTHALLE. — La spore mûre, placée dans des conditions favorables d'humidité et de chaleur, germe sur le sol (fig. 168, D); c'est généralement au printemps qu'a lieu cette germination. L'exospore éclate alors sous la pression du contenu cellulaire qui s'hydrate et se gonfle, et l'endospore forme, par le point où s'est produite la rupture, une saillie arrondie qui s'isole bientôt par une cloison transversale. La cellule antérieure ainsi produite se divisant à son tour plusieurs fois, forme un court filament dont les éléments unisériés sont pourvus de grains chlorophylliens. C'est là un *protonéma* comparable à celui des Muscinées. Ce dernier produit, en arrière et en dessous, un ou deux poils absorbants qui le fixent au sol, tandis que sa partie antérieure, par des cloisonnements longitudinaux et obliques de ses cellules, s'élargit en une lame verte, spatuliforme, qui porte le nom de *prothalle (Prt)*. Le *prothalle*, en-

---

(1) L'analogie entre le mode de formation des spores chez les Fougères, et celui des grains de pollen chez les Phanérogames, est évidente.

tièrement développé (fig. 169), est cordiforme, étroit en arrière, très large à son bord antérieur où se trouve une échancrure profonde.

Cette lame verte, fixée au sol, dans sa portion postérieure rétrécie, par de nombreux poils qui fonctionnent encore comme organes absorbants, n'est tout d'abord formée que par une assise unique de cellules ; mais plus tard les éléments situés en arrière de l'échancrure se multiplient et donnent ainsi naissance à une sorte de coussinet (*Cous*). Sur ce bourrelet apparaissent des *archégones* (*Arch*), ou organes femelles, en nombre variable ; plus en arrière encore, dans la région rétrécie du prothalle, se montrent les organes mâles ou *anthéridies* (*Anth*).

Anthéridies. — Les anthéridies (fig. 168, F) sont globuleuses et brièvement stipitées ; leur paroi, composée d'une seule assise d'éléments, renferme, vers l'époque de la maturité, de nombreuses cellules polyédriques qui sont tout autant de *cellules mères d'anthérozoïdes*(H).

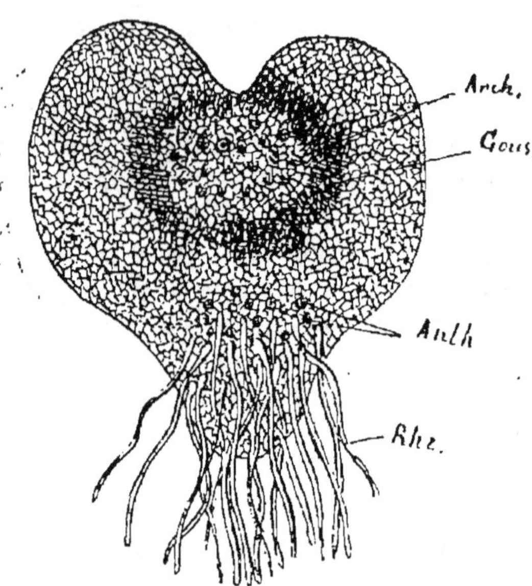

Fig. 169. — *Polystichum Filix mas* L. — Prothalle. *Cous*, coussinet ; *Arch*, archégones ; *Anth*, anthéridies, poils absorbants.

Comme chez les Mousses, ces derniers sont formés d'une portion rubanée, contournée en spirale (H'), constituée par le noyau de la cellule mère, dont le protoplasma a formé de nombreux cils vibratiles qui s'attachent à la partie antérieure rétrécie de l'élément fécondateur. A sa partie postérieure, le corps plus élargi de l'anthérozoïde traîne, pendant quelque temps, une vésicule remplie de liquide et contenant des granules amylacés, qui se détache peu après.

L'anthéridie s'ouvre au sommet (G) par une fissure étoilée, et les anthérozoïdes, mis en liberté par destruction des parois de leurs cellules mères, nagent pendant quelque temps dans une matière mucilagineuse qui provient des débris de ces dernières, et qui les entraîne enfin au dehors. Les anthéridies (1) arrivent à maturité avant les archégones.

Archégones. — Ces derniers appareils sont moins nombreux que les anthéridies. Ils se montrent sous l'aspect de petites saillies, dressées ou recourbées, cylindriques ou coniques (fig. 168, I). Ils sont formés par quatre étages de cellules superposées, composés chacun de 4 cellules. La partie saillante représente le *col* (Co) de l'archégone, au centre duquel, au moment de la fécondation, se trouve un mucilage qui dérive, comme chez les Muscinées, de la liquéfaction des *cellules du canal* (voir p. 311). C'est à la faveur de ce liquide, dont une gouttelette proémine généralement à l'orifice du col, que les anthérozoïdes sont retenus au passage, et peuvent ensuite, en traversant le col, arriver au contact de l'oosphère (Oo) que renferme une *cellule centrale*. Celle-ci montre, au moment de la fécondation, à sa partie supérieure, une tache claire par où s'effectue la pénétration de l'élément fécondateur (2).

Ordinairement un seul archégone arrive à développement complet; souvent même tous les archégones s'atrophient, en prenant une teinte brunâtre.

GERMINATION DE L'OOSPORE. — Aussitôt fécondée, l'oosphère devenue *œuf* (*oospore*) se recouvre d'une membrane cellulosique, puis, sans passer par état de vie latente, se divise d'abord en quatre cellules par deux cloisons perpendiculaires l'une à l'autre, et transversales par rapport au plan médian du prothalle. Ces quatre cellules sont ensuite divisées, toutes ensemble, par une cloison

(1) L'anthéridie débute par une cellule qui fait, à la face inférieure du prothalle, une saillie arrondie. Une cloison transversale isole cette dernière qui elle-même se subdivise par une cloison en forme de dôme, en une cellule centrale hémisphérique et en une cellule en forme de calotte creuse qui recouvre la première. La calotte se cloisonne à son tour transversalement en une cellule annulaire inférieure, et une supérieure en forme de couvercle. Ce couvercle et la cellule en forme de tore qu'il surmonte deviendront la paroi de l'anthéridie; ils renferment des grains de chlorophylle, appliquées sur leur côté interne. La cellule centrale se divise à son tour un certain nombre de fois pour donner naissance aux cellules mères des anthérozoïdes.

. (2) Pour former l'archégone, une cellule saillante du prothalle se cloisonne deux fois transversalement. Des trois cellules superposées qui naissent ainsi, l'inférieure demeure indivise, la moyenne sera la *cellule centrale* de l'archégone, la supérieure formera le *col*. A cet effet, cette dernière se partage d'abord par deux cloisons longitudinales cruciales, puis par des cloisons transversales, de façon à former 16 cellules en 4 étages superposés. La cellule centrale se divise à son tour transversalement en une cellule inférieure qui sera l'*oosphère*, une supérieure qui deviendra la *cellule du canal*. Cette dernière divise une ou deux fois encore son noyau, puis se gélifie, et la substance mucilagineuse ainsi produite pénètre entre les cellules du col qu'elle écarte, pour venir apparaître à l'orifice de l'archégone, comme il a été dit plus haut.

transversale, et des huit cellules ainsi produites dérivent les diverses parties de l'embryon :

1° Le *pied* formé, en arrière et en haut, par une masse conique qui s'enfonce dans le prothalle pour y puiser la nourriture
nécessaire;

2° En avant et en haut, la *tige;*

3° En avant et en bas, la *première feuille;*

4° En arrière et en bas, la *première racine.*

Les diverses parties qui constituent l'*embryon* ne tardent pas
à s'accroître. La tige se développe en un rhizome qui forme des
feuilles de plus en plus nombreuses et complexes, et sur lequel
naissent aussi des racines adventives, tandis que le prothalle et le
pied s'atrophient de plus en plus.

Telle est la génération sexuée de la Fougère mâle, génération
dont l'origine est à la germination de la spore, et qui se termine
au développement de la génération asexuée aux dépens de l'œuf.

CARACTÈRES GÉNÉRAUX DES FOUGÈRES.

Appareil végétatif. — Ces plantes sont très variables comme
taille et comme port : les unes ne dépassent guère les dimensions de certaines Mousses, d'autres sont arborescentes, et possèdent alors, comme les Palmiers, un stipe couronné par un bouquet de grandes feuilles. Chez les formes indigènes, la tige
consiste, comme chez la Fougère mâle, en un rhizome couvert des
pétioles de frondes détruites et fixé au sol par de nombreuses
racines adventives; en avant, il porte un certain nombre de frondes vertes qui s'élèvent au-dessus du sol.

La tige des Fougères s'accroît par un bourgeon terminal. Elle se
ramifie par des bourgeons latéraux de deux sortes : les uns, *normaux,* naissent au niveau des feuilles, parfois à leur aisselle, plus
souvent en-dessous ou sur le côté, quelquefois même sur la base
du pétiole; les autres, *adventifs,* se forment sur la feuille, le pétiole ou le limbe. Ces bourgeons passent quelquefois, avant de
se développer, par une période de vie latente (1).

(1) Cette facilité à produire des bourgeons adventifs est telle chez certaines Fougères
qu'un simple fragment de limbe, tombant sur le sol humide, suffit quelquefois pour donner
un nouveau pied.

Frondes. — Les frondes sont toujours enroulées en crosse dans leur jeune âge; leur forme et le degré de complication du limbe sont des plus variés. Simple et entier, seulement ondulé sur les bords chez la Scolopendre (*Scolopendrium officinale*, fig. 174), par exemple, le limbe se montre découpé en lobes arrondis et alternes chez la Doradille (*Ceterach officinarum* L., fig. 173); il est, le plus souvent, très découpé, et même composé au 2e ou au 3e degré (1). Le mode de division du limbe, la disposition et la ramification des nervures qui s'y détachent d'une façon très nette, constituent d'importants caractères pour la classification des Fougères.

Le pétiole des frondes, plus souvent encore le rhizome et la nervure principale du limbe, sont couverts de poils écailleux.

Chez les *Lygodium*, des contrées tropicales de Asie et de l'Amérique, les feuilles s'enroulent, comme des tiges volubiles, autour des supports voisins, et peuvent atteindre ainsi plusieurs mètres de longueur.

Reproduction. — Comme toutes les Archégoniées (voir p. 307), le cycle évolutif des Fougères comprend deux générations : l'une asexuée ou post-embryonnale, caractérisée par la formation des spores; l'autre sexuée ou *embryonnale*, représentée par un prothalle portant des anthéridies et des archégones.

Nous avons vu (p. 319) quels sont les caractères différentiels de ces deux générations chez les Muscinées, d'une part, chez les Cryptogames vasculaires, et par suite les Filicinées, de l'autre.

Sores. Sporanges. — Le plus souvent les sporanges mêlés de paraphyses forment, comme chez la Fougère mâle, de petits groupes ou *sores* attachés, au-dessous du limbe, sur une nervure de second ou de troisième ordre.

Nus chez certaines formes (les *Polypodium*, par exemple), les sores sont souvent protégés par une production épidermique nommée *indusium* (ou *indusie*), de forme variable (réniforme, peltée, linéaire, etc.).

Chez les *Ceterach*, sporanges et paraphyses couvrent librement la face inférieure du limbe.

Ailleurs, chez les Capillaires (fig. 171), par exemple, l'indusie naît des bords du limbe pour protéger les sores marginaux. Enfin chez les

(1) On désigne assez souvent ces divisions du limbe sous les noms de *pennes* et de *pinnules*.

Pterix, etc., les sores marginaux sont recouverts par le bord même du limbe reployé en dessous, et formant une *fausse indusie*. Chez les *Lygodium*, cette fausse indusie se replie en forme de coupe autour du sore.

Chez les Osmondes, représentées dans nos régions par une belle espèce, l'*Osmunda regalis* L., les sporanges sont portés par la partie terminale et les ramifications supérieures de la fronde, qui sont dépourvues de limbe et simulent ainsi un épi ramifié ; la partie verte inférieure de la feuille est stérile.

Les sporanges eux-mêmes montrent une grande variété de forme et de structure. Ils sont pédicellés chez les *Polystichum* et beaucoup d'autres genres ; ils sont ailleurs sessiles. L'anneau est vertical et, par suite, la déhiscence des sporanges s'effectue transversalement dans la tribu des Polypodiacées, c'est-à-dire chez la grande majorité des Fougères indigènes ; tel est également le cas pour les Cyathéacées, qui sont des Fougères presque toutes tropicales, le plus souvent pourvues d'un stipe arborescent.

Chez les Gleichéniacées, les sporanges sont sessiles encore, et possèdent un anneau complet transversal; leur déhiscence est, par suite, longitudinale. Chez les Osmondacées, l'anneau est transversal encore, mais très incomplet. Chez les Schizéacées, l'anneau très petit et transversal encore, forme le sommet du sporange.

Prothalle. — Soit immédiatement après sa mise en liberté, soit après un certain temps de vie latente, la spore germe et forme un *prothalle* (voir p. 325), ordinairement symétrique, souvent cordiforme, qui porte à la fois des anthéridies dans sa région postérieure et des archégones en avant, sur le coussinet dont nous avons parlé.

Chez les Hyménophyllacées, la formation du prothalle est précédée par celle d'un filament vert et ramifié, comparable au *protonéma* que forme, en germant, la spore des Muscinées. Ce protonéma, à peine indiqué chez le *Polystichum Filix mas* (voir p. 326) et la plupart des autres Fougères, manque tout à fait chez les Osmondacées. Le prothalle est quelquefois asymétrique, recourbé irrégulièrement, comme chez les *Ancimia*, et développe alors son bourrelet et les organes reproducteurs le long du bord concave. Ailleurs, il émet des processus latéraux, et son aspect est tout particulier. Chez les Osmondes, si la fécondation des archégones ne se produit pas, on voit le prothalle s'allonger en un ruban qui peut atteindre plusieurs centimètres, et vivre plusieurs années.

Apogamie (1). — La variété *cristata* de la Fougère mâle donne un prothalle sur lequel se développe, au lieu de l'œuf, un bourgeon adventif qui s'accroît bientôt en un pied nouveau. C'est un cas d'apogamie qui se retrouve chez le *Todea africana*, l'*Aspidium falcatum*, et d'autres espèces, mais ici, il se développe des anthéridies et des archégones qui, il est vrai, ne sont jamais fécondés.

Structure. — La tige des Fougères est essentiellement caractérisée par la présence de faisceaux concentriques (composés d'un système ligneux central entouré d'un anneau libérien), de forme variable, pourvues chacun d'un endoderme spécial. Le bois est, en grande partie, formé par des *vaisseaux scalariformes* (voir p. 9 et 36). Ces faisceaux sont parfois allongés, diversement contournés, comme chez le *Pteris aquilina*, qui doit son nom spécifique aux deux faisceaux accolés qui, sur une coupe transversale, simulent un oiseau aux ailes déployées.

La structure de la racine rappelle celle des Monocotylédones. Contre l'endoderme s'appuie une assise péricyclique bien développée. Le cylindre central comprend, le plus souvent, deux lames vasculaires binaires qui se rencontrent au centre, et deux bandes libériennes situées de chaque côté. Les radicelles naissent aux dépens d'une cellule de l'endoderme.

Tige et racine s'accroissent d'ailleurs, au sommet, par le cloisonnement d'une seule cellule mère.

Le pétiole des Fougères montre avec la tige les mêmes analogies de structure que l'on constate chez les Phanérogames.

Le limbe de la fronde est construit à peu près comme le limbe foliaire des Phanérogames; mais l'épiderme contient généralement de la chlorophylle et les stomates naissent d'une manière spéciale (2).

Le limbe des *Hymenophyllum* manque de stomates et n'est formé que par une seule assise de cellules.

(1) On nomme Apogames des plantes chez lesquelles, à la formation des œufs par fécondation, est substitué un autre mode de reproduction (parthénogenèse, production de bulbilles à la place des fleurs, etc., etc.).

(2) Le stomate naît, en général, d'une cellule demi-cylindrique qui se découpe dans une des cellules épidermiques par une cloison courbe s'appuyant d'un côté contre la paroi de cette dernière, ou bien encore par une cloison cylindrique qui, touchant seulement aux parois supérieure et inférieure de la cellule primitive, en isole la cellule mère du stomate; celle-ci affecte alors la forme d'un cylindre parfait. La cellule mère se dédouble enfin pour constituer les deux cellules stomatiques.

Cryptogames vasculaires, de taille et de port très variables, parfois arborescentes. — *Frondes* généralement grandes et plus ou moins découpées ou composées, portées par un rhizome ou formant une touffe terminale, à préfloraison circinée, pourvues de stomates.

Spores asexuées naissant dans des sporanges issus d'une seule cellule épidermique, rarement épars à la face inférieure de la fronde, ordinairement groupés en sores, ces derniers nus ou protégés par une *indusie*, sur les nervures de cette même face du limbe. Sporanges parfois portés sur le bord de la fronde, et simplement protégés par un repli du limbe (*fausse indusie*). — *Prothalle* issu de la spore presque toujours symétrique, formant une lame verte échancrée en avant, fixée en arrière par de nombreux *poils absorbants* ou *rhizoïdes*. — *Archégones* (formés d'une *cellule centrale* surmontée d'un *col* dans lequel s'engagent les *vellules du canal*) portés sur un bourrelet situé en arrière de l'échancrure du prothalle. — *Anthéridies* situées plus en arrière, et formant des *anthérozoïdes* rubanés, contournés en spirale et pourvus de cils vibratiles en avant. — L'oosphère fécondée ou *œuf* forme tout d'abord un *embryon* (composé d'un *pied* qui demeure engagé dans le prothalle, d'une *première tige*, une *première feuille* et une *première racine*) d'où dérive enfin la plante asexuée.

ORDRE DES FOUGÈRES

FAMILLES.   TRIBUS.

Sporanges pourvus d'un anneau vertical incomplet, et à déhiscence transversale. Fougères rarement arborescentes. **POLYPODIACÉES.**

- Sores couvrant la face inférieure des frondes, parfois même leurs deux faces..... **Acrostichées.**
- Sores ordinairement nus à la face inférieure du limbe. Frondes formant le plus souvent deux rangées dorsales sur le rhizome............ **Polypodiées.** *Polypodium* L., etc.
- Sores linéaires, ordinairement protégés par une indusie latérale, situés parfois sur le bord même du limbe.... **Aspléniées.** *Asplenium* L., etc.
- Sores à la face inférieure du limbe, rarement nus, ordinairement protégés par une indusie réniforme ou peltée. **Aspidiées.** *Aspidium* Sw., etc.
- Sores sur le bord du limbe, sans indusie vraie.......... **Ptéridées.** *Pteris* L., *Adianthum* L., etc.

Sporanges pourvus d'un anneau obliquement transversal et incomplet, à déhiscence verticale. Fougères le plus souvent arborescentes.
CYATHÉACÉES.

Sporanges réunis par deux ou trois en sores nus, à la face inférieure du limbe, pourvus d'un anneau transversal complet dans leur région équatoriale, et à déhiscence verticale. Fougères à rhizome.
GLEICHÉNIACÉES. *Gleichenia, Platyzoma*, etc.

Sporanges sessiles, coiffés d'un petit anneau terminal, et s'ouvrant longitudinalement. Rarement les sores sont disposés à la face inférieure des divisions normales de la fronde. Ils sont généralement groupés sur des segments spéciaux.
SCHIZÉACÉES. *Schizea, Aneimia, Lygodium*, etc.

Sporanges portés sur un pédicelle court ou épais, pourvus, vers le sommet, d'un anneau incomplet formé par un petit groupe de cellules à parois plus fortement épaissies. Déhiscence longitudinale. Parfois les sporanges sont portés par des segments de la fronde dépourvus de limbe, distincts des segments verts stériles.
OSMONDACÉES. *Osmunda*, etc.

Sores terminaux à l'extrémité nue des nervures, avec des sporanges sessiles ou courtement pédicellés, pourvus d'un anneau complet, équatorial et oblique, à déhiscence verticale. Limbe composé, le plus souvent, d'une assise cellulaire unique.
HYMÉNOPHYLLACÉES. *Hymenophyllum* Sm., *Trichomanes* L., etc.

Affinités. — Nous avons indiqué déjà les rapports et les différences qui existent entre les Filicinées et les Muscinées. Nous verrons quelles sont les relations qu'ont entre eux les Fougéres et les
autres ordres de la même classe.

Distribution géographique. — L'ordre des Fougères est représenté
sous tous les climats, et ne compte pas moins de 3500 espèces. Une
température uniforme et assez élevée, une humidité constante, sont
les conditions les plus favorables au développement de la plupart
d'entre elles. Aussi voyons-nous leur nombre diminuer rapidement
de l'équateur vers les pôles, et c'est surtout dans les iles des régions tropicales, où les conditions de chaleur et d'humidité se
trouvent le plus parfaitement réalisées, que cet ordre se trouve le
plus richement représenté. Ces contrées sont la patrie de ces Fougères arborescentes dont certaines espèces font l'ornement de nos
serres.

Les Fougères ont joué, dans les temps géologiques, un rôle important. Leur maximum de développement paraît coïncider avec la
période houillère, et le charbon de pierre contient fréquemment
des stipes de ces végétaux et de très belles empreintes de leur feuillage.

Propriétés générales. Espèces importantes. — Les Fougères de
la famille des Polypodiacées, les seules qui contiennent des espèces
utiles à connaître, possèdent des propriétés assez analogues. Leurs
frondes renferment du mucilage, auquel se joignent fréquemment
des principes astringents et parfois des substances aromatiques.

L'astringence domine surtout dans le rhizome qui, souvent aussi,
possède une certaine âcreté; on y trouve encore parfois des corps
gras d'une nature spéciale, des cires, des huiles volatiles, quelquefois même une sorte de manne. Plus souvent encore, ces rhizomes
se montrent riches en fécule.

Nous avons décrit déjà la Fougère mâle (*Polystichum Filix mas*
DC.). On n'utilise guère de la plante que le rhizome. On l'administre sous forme de poudre, de décocté, d'extrait alcoolique, et surtout d'extrait éthéré, contre les ténias et contre le bothriocéphale.

Il contient de 5 à 6 p. 100 d'une matière grasse verte, très soluble dans l'éther, la *filixoline*. A la saponification, ce corps donne deux
acides (*acide filosmylique* volatil, *acide filixolinique* fixe). On y trouve
encore un tannin particulier, l'*acide filicitannique* qui, par l'acide sulfurique dilué bouillant, se dédouble en sucre et en une matière rouge, le

rouge de Fougère. Mais la partie active de ce rhizome paraît être l'*acide filicique*, qui se dépose de l'extrait éthéré de Fougère mâle et qui, fondu avec de la potasse, se dédouble en *butyrate de potasse* et *phoroglucine*.

Plusieurs autres espèces étaient jadis employées comme succédanés de la Fougère mâle, entre autres l'*Asplenium Filix femina* Bernh. (*Athyrium Filix femina* Roth.) ou Fougère femelle, et le *Pteris aquilina* L., la Fougère impériale ou Grande Fougère. La première a des sores linéaires, protégés par un indusium inséré latéralement par

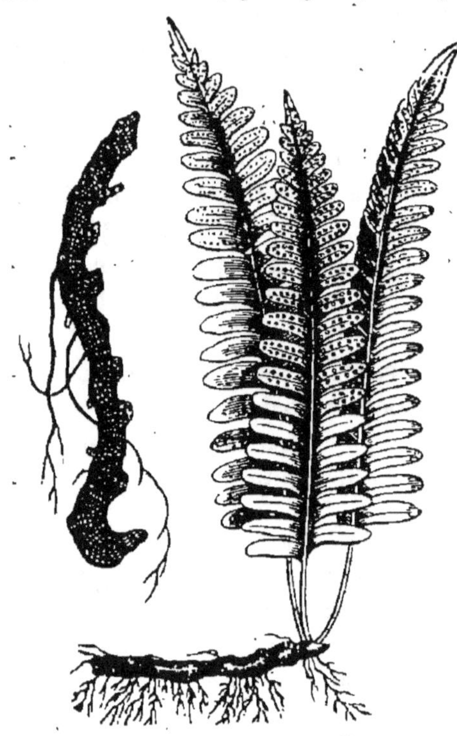

Fig. 170. — Polypode de Chêne.

un de ses bords ; chez la seconde, les sores et les paraphyses occupent d'une manière continue le bord du limbe qui se replie en dessous pour les protéger. On employait aussi, dans le même but, le *Polystichum Oreopteris* DC., qui croît dans les montagnes, et le *P. spinulosum* DC. Enfin, aux États-Unis, on substitue à la Fougère mâle les *Aspidium marginale* et *Goldieanum* Hoock.

On employait jadis comme laxatif et apéritif le rhizome du Polypode commun (*Polypodium vulgare* L., fig. 170). Les *Polypodium* sont caractérisés par des sores sans indusie, placés sous le limbe. L'espèce en question se distingue par ses frondes pinnatiséquées, à lobes ar-

rondis et alternes. Son rhizome, dont le diamètre ne dépasse guère celui d'un tuyau de plume, est irrégulier et tuberculeux du côté dorsal, où s'insèrent les frondes. Il possède une saveur sucrée d'abord, puis âcre et nauséeuse.

Sous le nom de *Calaguala*, on a préconisé contre la syphilis constitutionnelle et le rhumatisme chronique un rhizome que l'on croit être celui de l'*Aspidium coriaceum* Sw. (*Polypodium adianthifolium* Forst.) du Cap, de l'île Maurice, de l'Australie, etc.

On se servait autrefois comme béchiques, sous le nom de *Capillaires* (1), de diverses espèces appartenant aux deux genres *Adian-*

(1) À cause de la couleur noire et de la ténuité du pétiole et de ses ramifications.

thum et *Asplenium*. Les *Adianthum*, dont les sores oblongs sont protégés par une indusie née du bord même du limbe, sont légèrement aromatiques. Il convient de citer les espèces suivantes :

L'*Ad. capillus Veneris* L. (fig. 171), qui croît dans le Midi de la France, où il est vulgairement désigné sous le nom de *Capillaire de Montpellier*. Ses folioles sont cunéiformes, pourvues d'un court

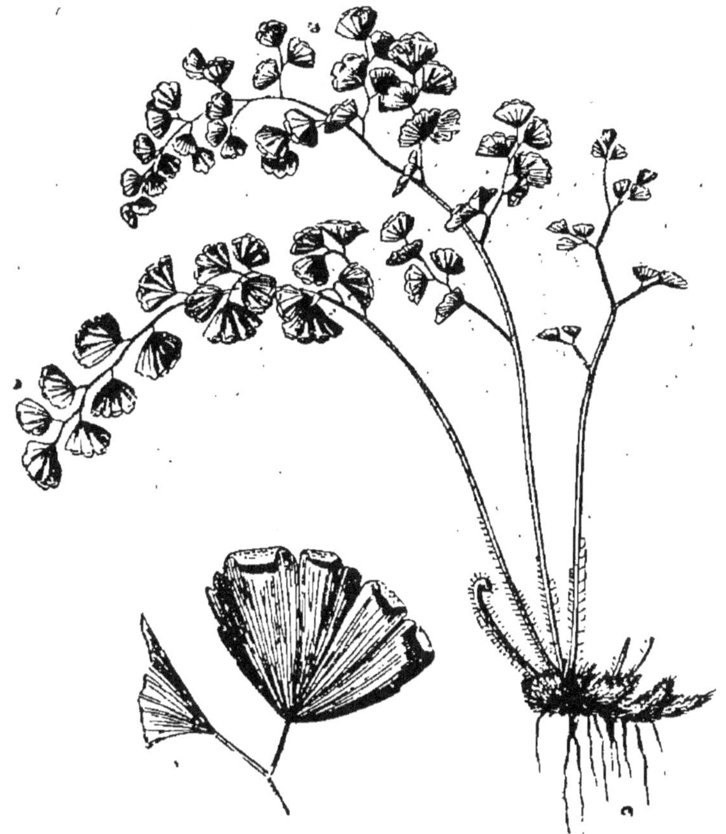

Fig. 171. — Capillaire de Montpellier.

pétiolule, à bord entaillé de 2 à 3 lobes, à nervures disposées en éventail ;

L'*A. pedatum* L. (fig. 172), la Capillaire du Canada, dont le pétiole est à deux grandes divisions pédalées portant elles-mêmes des rameaux alternes, ces derniers pourvus de folioles distiques, d'un beau vert, incisées sur la marge du côté interne seulement ;

L'*A. tenerum* Swartz, ou Capillaire du Mexique, dont le pétiole est très ramifié, et les folioles trapéziformes ou rhomboïdales, incisées, lobées, d'un vert sombre, à nervures fines et divergentes.

. Toutes ces plantes sont légèrement mucilagineuses et astringentes.

Quelques autres espèces, actuellement abandonnées, faisaient jadis partie de la matière médicale :

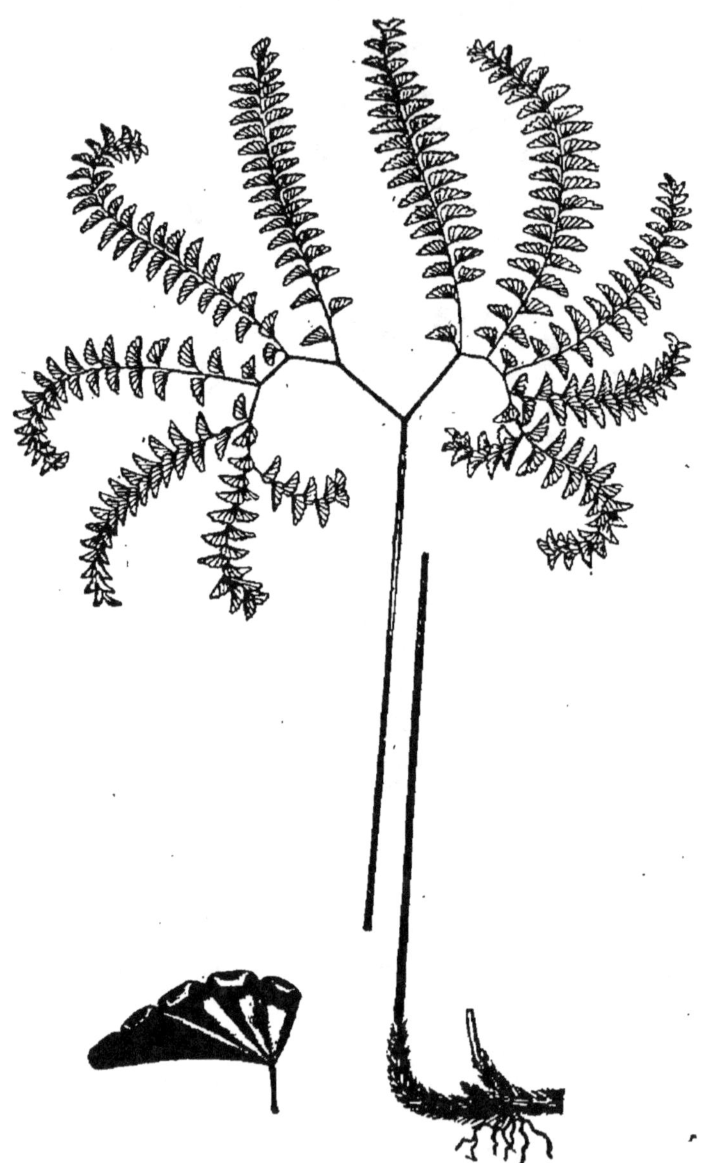

Fig. 172. — Capillaire du Canada.

L'*Asplenium Adianthum nigrum* L. (1) (Capillaire noir), qui croît

(1) Les *Asplenium* ont des sores linéaires avec une indusie de même forme, fixée par un bord, libre de l'autre. L'*A. Adianthum nigrum* a des frondes dont les segments sont d'au-

dans les vieux murs, comme l'*Aspl. trichomanes* L. (1) (Polytric des officines); l'*Aspl. ruta muraria* L. (2) (Sauve-vie, ou Rue des murailles), le *Ceterach officinarum* Willd. (3) (fig. 173) (Doradille ou Cétérach) qui passait pour diurétique, détersif et pectoral, etc.

La Scolopendre officinale (*Scolopendrium officinale* Smith) est en-

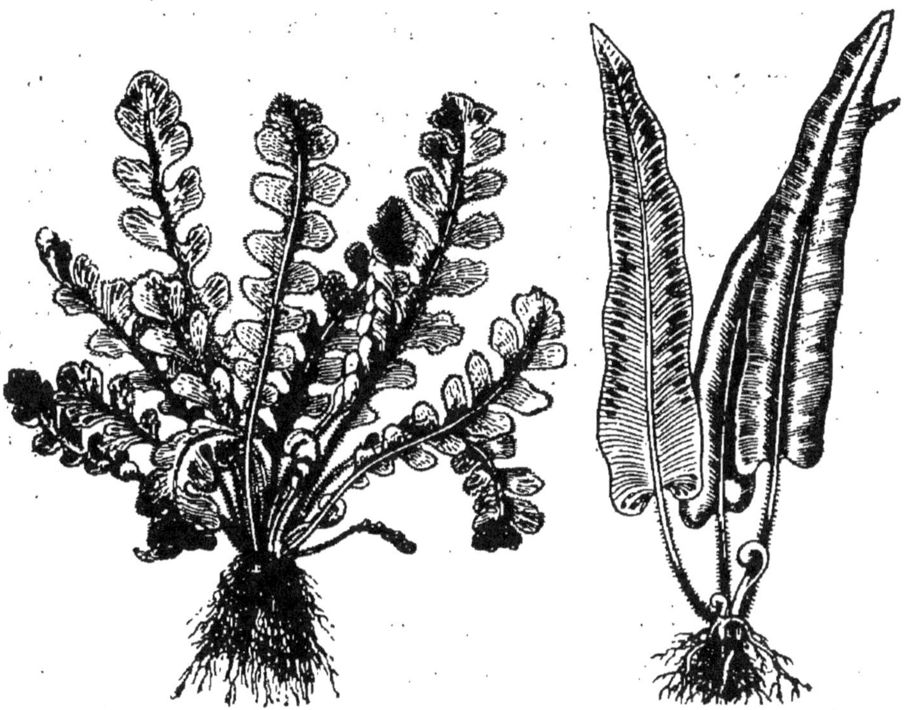

Fig. 173. — Cétérach.   Fig. 174. — Scolopendre.

core employée quelquefois dans les hôpitaux militaires. Ses frondes sont longues et entières (fig. 174), cordées à la base, parcourues par une nervure médiane d'où se détachent des nervures latérales pa-

tant plus courts qu'ils sont plus rapprochés du sommet, ce qui donne au limbe, dans son ensemble, un contour triangulaire. Le pétiole est très brun, aussi long que le limbe, et la fronde, dans sa totalité, atteint 15 à 25 centimètres.

(1) Cette espèce se distingue par ses frondes linéaires, d'une longueur de 8 à 10 centimètres. Le rachis, brun et luisant, porte des folioles disposées suivant le type penné, ovales et obtuses.

(2) La Rue des murailles croît dans le Jura, les Vosges, la Vendée. Ses frondes sont de 6 à 8 segments alternes et cunéiformes, les inférieures surtout, divisées au sommet en 2 ou 3 lanières.

(3) Les *Ceterach* ont leurs sporanges, mêlés à des écailles brunâtres, disséminés sur toute la face inférieure des frondes. Ces dernières sont en touffe et, comme nous l'avons dit, portent des lobes arrondis, alternes et épais.

rallèles fines, formant avec la première un angle très ouvert. Entre ces nervures sont les sores ; ces derniers sont linéaires, protégés par une indusie qui s'ouvre en deux valves sur son milieu. Cette plante fait partie du sirop de Rhubarbe composé ; elle est réputée béchique. Ses deux noms vulgaires de *Langue de cerf*, *Herbe à la rate*, font allusion, le premier à la forme de ses frondes, le second à l'une des propriétés thérapeutiques qu'on lui attribuait jadis.

On utilise, de nos jours encore, comme hémostatique, les poils de certaines Fougères des genres *Cibotium* et *Balantium*, exotiques, d'ailleurs, l'un et l'autre. Telle est la substance récoltée à Sumatra, et connue dans le commerce sous le nom de *Penghawar-Djambi*, et due au *Cibotium Baromez* Smith ; on l'importait jadis en même temps que le rhizome de cette même plante, rhizome auquel sa forme singulière a valu le nom d'*Agneau de Scythie* ou *Baromez*. Tels sont également le *Pulu* (dû au *Cib. glaucum* Hoock. et Arn., des îles Sandwich, et peut-être à d'autres espèces voisines) et le *Pakoë-Kidang*, fourni par le *Balantium chrysotrichum* Hassk., de Java.

Certaines Fougères sont mangées à l'état jeune, surtout dans le Nord de l'Europe. On mange également, dans l'Asie tropicale, le *Ceratopteris thalichtroides*, le *Pteris esculenta* en Nouvelle-Zélande, et le *Nephrodium esculentum* au Népaul, etc.

ORDRE II. — MARATTINÉES

FAMILLE UNIQUE. — MARATTIACÉES

Nous n'insisterons pas sur cet ordre, dont voici les caractères généraux :

Fig. 175. — *Marattia elata*. — Portion d'une feuille avec deux sores ; l'un *a*, à demi ouvert, se montrant presque de profil ; l'autre *a'*, très ouvert et vu par-dessus (4/1).

Tige courte et tuberculeuse, plus rarement rhizomateuse, ou plus ou moins dressée.

Feuilles grandes, à préfoliation circinée, comme celle des Fougères.

Sporanges groupés à la face inférieure de frondes peu ou pas du tout modifiées.

Sauf chez les *Kaulfussia*, tous les *sporanges d'un même sore sont concrescents* (fig. 175) *en une sorte de capsule pluriloculaire, dont la paroi se compose de plusieurs assises cellulaires. Anneau nul ou rudimentaire. Déhiscence par une fente longitudinale, rarement par un pore terminal. Spores nombreuses.*

Prothalle bien développé, terrestre, très riche en chlorophylle, monoïque, comme celui des Fougères.

Ces plantes sont toutes étrangères à nos régions, et constituent une seule famille, celle des **MARATTIACÉES**, avec les genres *Marattia, Kaulfussia, Angiopteris,* et *Danæa.*

GROUPE DES OPHIOGLOSSÉES

Caractères. — Les Ophioglossées forment un petit groupe que certains cryptogamistes réunissent aux *Marattiacées* à titre de simple famille.

Ces plantes sont à peu près toutes étrangères à nos régions. Leur tige (fig. 176) est un court rhizome R*h*, horizontal ou vertical, profondément souterrain, dont le sommet s'accroît lentement sans se ramifier, et demeure caché entre les gaines foliaires. *Leurs frondes n'offrent jamais de préfoliation circinée.* Les sporanges sont portés, en forme d'épi (E*p*) simple (*Ophioglossum*) ou composé (*Botrychium*), sur un axe que beaucoup de botanistes considèrent comme résultant d'un dédoublement parallèle du limbe de la fronde, dont une lame serait demeurée foliacée et stérile.

Ces sporanges n'ont plus ici la valeur de simples poils, comme chez les Fougères, tous les tissus de l'axe qui les porte prenant part à leur formation.

Ils manquent d'anneau.

Ils sont distincts ou soudés en deux rangées ; *leur déhiscence s'effectue transversalement en deux valves.*

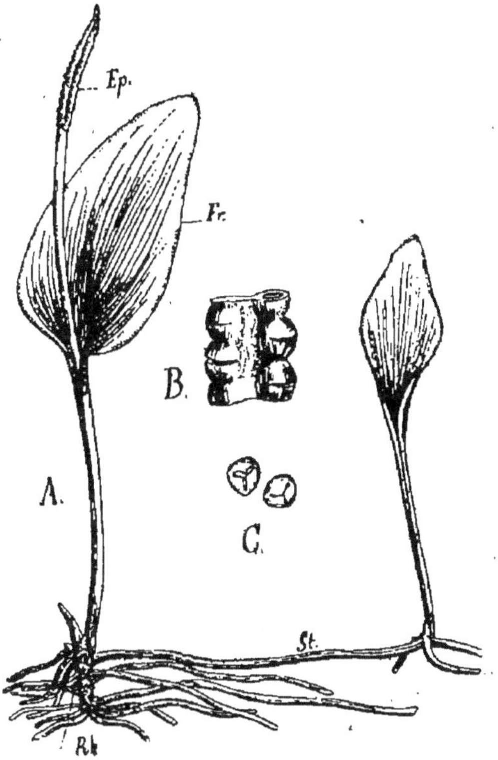

Les spores sont lisses et triangulaires. Elles forment, en germant, un *prothalle monoïque,* comme celui des Fougères, *mais souterrain, épais et tubéroïde.*

Fig. 176. — *Ophioglossum vulgatum* L. — A, plante entière : Ep, épi sporangifère ; Fr, ramification stérile de la fronde ; R*h*, rhizome ; R, racines. — B, portion plus grossie de l'épi sporangifère. — C, spores (d'après Le Maout et Decaisne).

Distribution géographique. — Les deux seuls genres de ce groupe, les *Ophioglossum* et les *Botrychium,* sont représentés en France.

Le premier, dont *l'épi est simple, et le limbe stérile entier et lancéolé,* comprend deux espèces indigènes : l'*O. lusitanicum* L. du Midi, et l'*O. vulgatum* L.

Le second genre, caractérisé *par ses sporanges en épi composé et son limbe stérile pinnatiséqué*, est représenté dans nos régions par le *Botrychium lunaria* Sw. et le *B. matricariæfolium* A. Braun.

Toutes les autres espèces sont exotiques (îles Mascareignes, Australie tropicale, etc.). Quelques espèces se rencontrent, dans le nouveau continent, entre l'Équateur et le tropique du Cancer. Le Nord de l'Asie, l'Amérique septentrionale, la région du Cap en renferment à peine une ou deux espèces.

Propriétés générales. — Ce sont des plantes mucilagineuses. L'*Ophioglossum vulgatum* L. (Herbe aux cent miracles, Herbe sans couture, Langue de serpent) était jadis estimé comme vulnéraire et, aujourd'hui encore, on l'emploie à titre d'astringent dans les angines.

On mange, dans les Moluques, les jeunes tiges de l'*Helminthostachys dulcis*, qui est également employé comme laxatif. On utilise encore, à Saint-Domingue, le *Botrychium cicutarium* comme antidote de la morsure des serpents.

ORDRE III. — FILICINÉES HÉTÉROSPORÉES (HYDROPTÉRIDÉES) (1)

Caractères généraux. — Ces Filicinées offrent les caractères distinctifs suivants :

1° *Leurs sporanges sont de deux sortes :* a, *microsporanges donnant plusieurs microspores d'où ne procèdent que des prothalles mâles ;* b, *macrosporanges donnant chacun définitivement une seule macrospore, d'où dérive un prothalle exclusivement femelle.*

2° *Microsporanges et macrosporanges ont, comme les sporanges des Fougères, la valeur de simples poils ; mais les sores qui résultent de leur réunion sont entourés d'une indusie close nommée sporocarpe.* Dans tout un groupe, le sporocarpe est formé d'un segment de feuille enveloppant plusieurs sores ainsi indusiés.

3° *Ce sont des plantes aquatiques ou des lieux humides, dont la tige rampante a toujours une symétrie bilatérale.* Sa face dorsale est pourvue de feuilles normales ; sa face ventrale porte des racines grêles, ou des feuilles modifiées qui en tiennent lieu.

On les divise en deux familles, les Salviniacées et les Marsiliacées, représentées l'une et l'autre dans nos régions.

FAMILLE I. — SALVINIACÉES

Les deux genres *Salvinia* et *Azolla*, le second entièrement exotique, représentent cette première famille.

(1) On donne encore assez souvent aux Cryptogames de cet ordre le nom très inexact de Rhizocarpées. Ce nom semble indiquer, en effet, que les fruits sont insérés sur les racines, tandis qu'ils sont, en réalité, des dépendances directes des feuilles.

Le *Salvinia natans* Hof., par exemple, qui végète dans les mares et les cours d'eau de nos régions méridionales, offre les caractères suivants :

Description du Salvinia natans Hof. — APPAREIL VÉGÉTATIF. — C'est une petite plante nageante, dont la tige horizontale porte des feuilles verticillées par 3 à chaque nœud (fig. 177). Chaque verticille comprend : deux feuilles supérieures arrondies et entières *ff*, vertes en

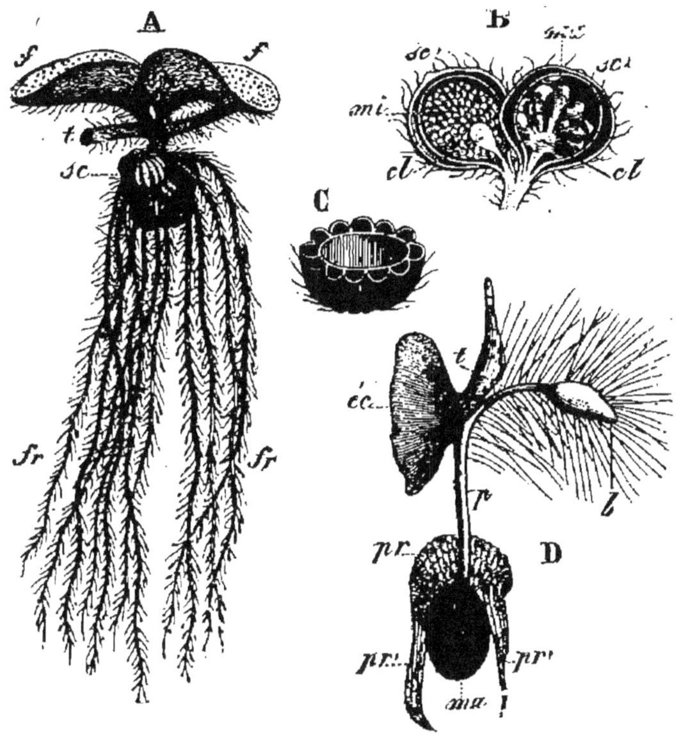

Fig. 177. — *Salvinia natans*. — A, portion d'une plante en fructification : *t*, tige; *ff* deux feuilles aériennes d'un verticille; *fr fr*, feuille submergée ayant pris l'apparence de racines, complétant le verticille et à laquelle s'attachent les sporocarpes *sc* (1/1). — B, coupe longitudinale de deux sporocarpes, l'un mâle, *sc'*, contenant de nombreux microsporanges, *mi*, l'autre femelle, *sc"*, contenant un nombre moindre de macrosporanges, *ma*; *cl*, columelle (grossi trois à quatre fois). — C, coupe transversale d'un sporocarpe montrant ses côtes tuberculeuses. — D, germination assez avancée d'une macrospore *ma*; *p*, pied de la jeune plante; *t*, sa tige; *b*, son bourgeon terminal; *pr*, prothalle; *pr*, ses deux prolongements latéraux en ailes descendantes; *ec*, écusson (d'après Pringsheim; 20/1).

dessus, rouges à la face inférieure qui repose sur l'eau, et une inférieure dont le limbe est remplacé par un faisceau de poils absorbants *fr*. Comme les verticilles alternent entre eux, l'axe porte 4 rangées de feuilles vertes supérieures, et deux rangées de feuilles inférieures absorbantes; ces dernières remplacent physiologiquement les racines qui manquent chez les *Salvinia*.

APPAREIL FRUCTIFÈRE. — Au moment de la fructification se montrent, vers la base des feuilles submergées radiciformes, un certain nombre de capsules arrondies *sc*, à surface marquée de côtes saillantes ; ce sont les *sporocarpes* dont la cavité renferme, insérés sur un support central (B), des sporanges à micro- ou à macrospores (*microsporanges mi*, ou *macrosporanges ma*).

Quelle que soit leur nature, *les sporanges des Salvinia ont, comme chez les Fougères, la valeur de poils*, et naissent sur un lobe de la feuille submergée qui demeure court, et se renfle au sommet pour former le support ou réceptacle des sporanges. Quant à la paroi du sporocarpe, elle naît en forme de bourrelet à la base de ce réceptacle, s'accroît peu à peu, et finit par envelopper complètement l'ensemble des sporanges ; elle dérive donc, elle aussi, du même segment foliaire. Morphologiquement, *ces groupes de sporanges sont des sores dont le sporocarpe représente l'indusie.*

La paroi du sporange n'est formée que par une seule assise de cellules toutes semblables. Elles prennent naissance, ainsi que la cellule centrale d'où naîtront les cellules mères des spores, par un processus semblable à celui que nous avons observé chez les Fougères (voir p. 323). Cette cellule centrale forme, par des cloisonnements successifs, 16 cellules mères, et en outre une zone périphérique transitoire qui double, en dedans, la paroi du sporange. Chaque cellule mère produit ensuite 4 spores ; il naît donc 64 spores dans chaque sporange. Mais les choses se passent ensuite différemment dans les microsporanges et dans les macrosporanges.

Chez les premiers, les 64 microspores arrivent à développement complet ; elles demeurent englobées dans une masse mucilagineuse résistante, provenant de la destruction des cellules mères et de l'assise transitoire dont il a été question. Dans les macrosporanges, une seule spore se développe complètement ; les autres se détruisent, et leurs débris s'ajoutent à ceux des cellules mères et de l'assise transitoire pour former autour de la macrospore une masse épaisse, creusée de lacunes, et présentant au sommet trois lames plus réfringentes, suivant lesquelles, plus tard, elle se fend en trois valves en se durcissant. On donne généralement, dans les deux sortes de sporanges, le nom d'*épispore* à cette substance nourricière qui environne les spores (1).

C'est dans l'épaisse gelée qui les retient et, par conséquent, dans le microsporange même, que germent les microspores. Chacune d'elles pousse, à travers l'épispore, un tube qui perce la paroi même du sporange et vient faire, à la surface, une saillie qui s'isole par une cloison transversale. La cellule ainsi formée se divise ensuite par une cloison oblique en deux cellules nouvelles, et ces dernières, par des bipartitions successives, produisent chacune *quatre cellules mères d'anthérozoïdes*. L'anthéridie donne donc naissance à huit éléments fécondateurs, et les anthérozoïdes s'échappent de chacune des deux cellules mères primitives dont la paroi s'ouvre circulairement. Quant au prothalle rudimentaire, il est représenté par le court filament issu de la spore.

(1) L'*épispore* est donc tout à fait étrangère à la spore elle-même, et ne doit pas être confondue avec une *exospore*.

La macrospore germe également au sein de l'épispore, qui se fend alors suivant les trois lignes réfringentes dont il a été question ; la membrane externe de la spore (*exospore*) se fend à son tour, laissant à nu la membrane interne (*endospore*). Une cloison qui se forme ensuite dans le protoplasma sépare du reste de la spore, une cellule en forme de calotte qui contient le noyau. D'elle seule dérive le prothalle. Ce dernier (fig. 177, D, *pr*) offre la forme d'un triangle à angles arrondis, dont un côté serait tourné en avant, les deux autres convergeant en arrière ; de plus, le côté antérieur est relevé verticalement, les deux latéraux se prolongent postérieurement en forme de cornes *pr'*, *pr'*. Il se forme un premier archégone en arrière du bord relevé du prothalle, sur la ligne médiane, et peu après il s'en produit un autre de chaque côté du premier. Si aucun d'entre eux n'est fécondé, il peut s'en former d'autres encore en avant (1).

L'oospore se développe en un embryon qui, pendant un certain temps, se nourrit aux dépens du prothalle (2), et se développe enfin en un nouveau pied de *Salvinia*.

Azolla. — Le genre *Azolla* est exotique. Les plantes qui le constituent ont le port des *Lemna* (3), et couvrent souvent d'une sorte de voile violacé continu la surface des étangs ou des cours d'eau tranquilles. Les feuilles sont bilobées et sur deux rangs seulement ; il existe en outre de *vraies racines filiformes* disposées en touffes à la face inférieure.

En résumé les Salviniacées sont des Hydroptéridées *dont les sores pourvues d'une indusie close, forment chacune un sporocarpe uniloculaire. Chaque sporocarpe ne contient que des sporanges d'une seule sorte. — Les racines peuvent faire défaut, et sont alors remplacées par des feuilles.*

Affinités de la famille. — L'affinité de ces plantes avec les Fougères se déduit aisément des détails qui précèdent. Nous allons voir quels étroits rapports les unissent aux Marsiliacées.

Distribution géographique. — Les *Salvinia* se rencontrent dans tout l'hémisphère Nord, et dans toute l'étendue du nouveau continent. Ce genre n'est représenté dans nos contrées que par le *Salvinia natans* Hof.

(1) Pour former l'archégone, une cellule superficielle saillante du prothalle se cloisonne en une cellule supérieure qui formera le *col* et en une *cellule centrale*. La cellule supérieure se divise en quatre éléments placés en croix qui, par une double bipartition, donnent naissance à trois étages de quatre cellules superposées. Les cellules de l'étage inférieur sont dites *cellules de fermeture*, les cellules supérieures sont dites *du col*. La cellule centrale se divise transversalement en une *oosphère* et en une *cellule du canal* qui, l'une et l'autre, jouent le même rôle que chez les Fougères.

(2) L'oospore se cloisonne d'abord verticalement en une cellule postérieure, tournée vers le canal, et qui donnera le pied, et en une cellule antérieure qui ne tarde pas à se diviser par une cloison à peu près perpendiculaire à la première. La cellule du pied se divise de même ; enfin une seconde bipartition amène la production de huit octants, comme chez les Fougères. Les deux octants antérieurs et supérieurs formeront la première feuille, l'un des deux inférieurs d'en avant formera la tige, l'autre demeure stérile. Le pied est tout entier formé par les quatre octants postérieurs.

(3) Les *Lemna* ou Lentilles d'eau sont de petites plantes vertes nageant au-dessus des mares, et dont l'appareil végétatif ressemble, en effet, à de petites Lentilles vertes accolées.

Les *Azolla*, étrangers à l'Europe, croissent dans l'Asie, l'Afrique, l'Australie et dans les deux Amériques.

L'*Azolla caroliniana* se multiplie aisément dans nos pièces d'eau.

FAMILLE II. — MARSILIACÉES

Cette petite famille n'est représentée que par les deux genres *Pilularia* et *Marsilia*, dont quelques espèces croissent en France. Tel est, par exemple, le *Pilularia globulifera* L., qui vit dans les mares et dans les lieux humides, sur le bord des eaux. La forme *natans* de cette espèce est caractérisée par ses feuilles flottantes, allongées en lanières.

Description du Pilularia globulifera. — Appareil végétatif. — La tige grêle, rampante et rameuse de cette plante, est fixée au sol par de nombreuses racines adventives, souvent réunies par faisceaux ; sa structure offre, d'ailleurs, certaines particularités. La face supérieure de l'axe porte deux rangées de feuilles réduites à leur pétiole, terminées en forme de poinçons et circinées, dans leur jeunesse, comme celles des Fougères (voir p. 323). Ces feuilles sont pourvues de stomates à leur partie supérieure.

Appareil fructifère. — L'appareil fructifère consiste en petits conceptacles globuleux insérés, par un très court pédicule, tout à fait à la base des feuilles dont ils représentent, en réalité, un segment fertile. Ces conceptacles, ou mieux *sporocarpes*, ont à peine 2 millimètres de longueur, et sont couverts de poils roussâtres ; leur forme a valu à ces plantes leur nom générique. Chaque sporocarpe (fig. 178, A et B) est creusé de quatre logettes longitudinales, pourvues chacune d'une paroi propre. *Ce sont là, en réalité, tout autant de sores accolés par leurs indusies closes, et renfermés tous ensemble dans une enveloppe ou sporocarpe qui, morphologiquement, doit être considéré comme un segment foliaire* (1).

Sur la paroi externe de chaque logette règne un bourrelet longitudinal sur lequel sont insérés les sporanges. Ces derniers sont de deux sortes dans une même loge : vers le haut ce sont des *microsporanges*, au nombre d'une trentaine ; vers le bas existent une douzaine de *macrosporanges*. En face de chaque logette se montrent extérieurement, sur la paroi du sporocarpe, trois faisceaux libéro-ligneux, dont un médian.

Les phénomènes qui président à la formation des microspores et des macrospores sont très analogues à ceux que nous avons décrits chez les Salviniacées ; il se forme seulement ici 32 microspores dans les microsporanges ; une seule macrospore arrive à maturité dans les macrosporanges.

La macrospore (C) est ovoïde et, au moment de la maturité, elle est revêtue d'abord d'une membrane cellulaire propre, la première par ordre d'apparition (1), brune, solide et cutinisée, recouverte par une seconde enveloppe (2), mince comme la première, mais incolore, et formant à l'une des extrémités de cette spore, une saillie conique ridée *p*. Un peu plus tard viennent s'adjoindre deux autres enveloppes, incomplètes l'une et l'au-

(1) Le nombre des logettes et des sores varie avec les espèces : il y en a trois dans le *Pilularia americana*, deux seulement chez le *P. minuta*, quatre dans le *P. globulifera*.

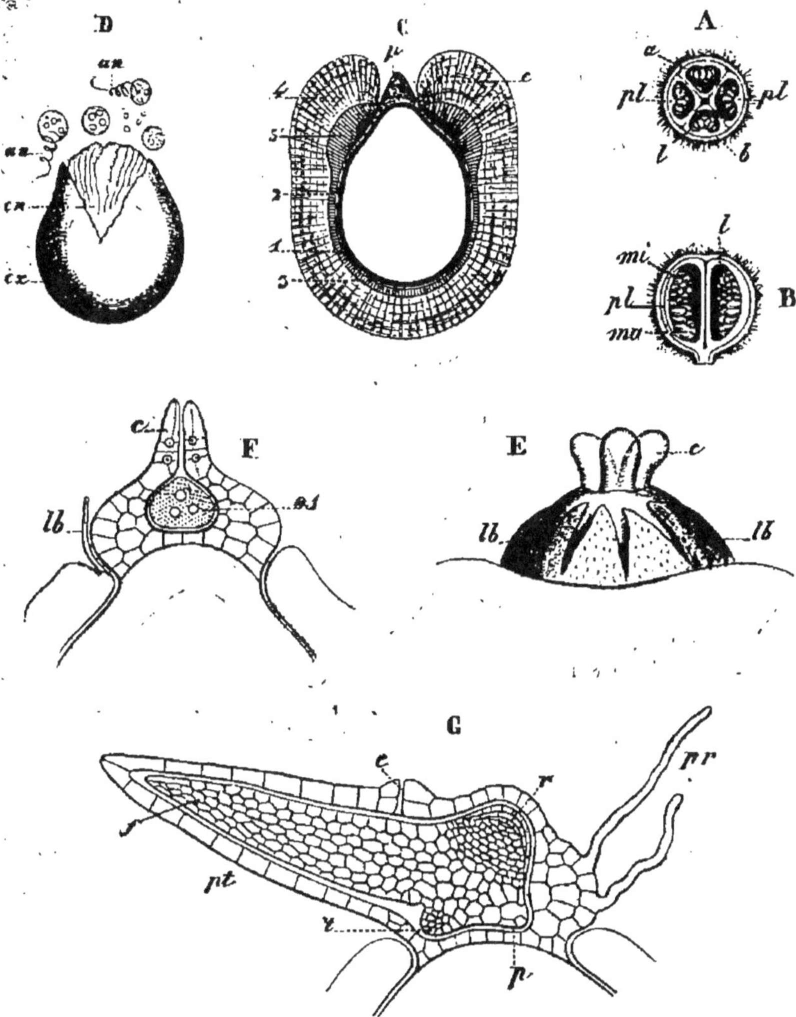

Fig. 178. — *Pilularia globulifera* L. (d'après Hofmeister et Sachs.) — A, sporocarpe coupé transversalement, montrant ses quatre loges *l* ; *pl*, placenta ; *a*, enveloppe de la loge ; *b*, enveloppe générale du fruit. — B, coupe longitudinale du fruit : *pl*, *l*, placenta et loges ; *ma*, macrosporanges ; *mi*, microsporanges. — C, coupe longitudinale d'une macrospore adulte : 1, 2, 3, 4, ses quatre enveloppes ; 3', portion épaissie de la troisième enveloppe ; *e*, entonnoir terminal laissé par les enveloppes externe et moyenne ; 4' *p*, papille formée par la deuxième enveloppe. — D, germination d'une microspore : *ex*, exospore ; *en*, endospore ; *an*, anthérozoïdes. — E, sommet d'une macrospore germante où le col *c* de l'archégone ressort au-dessus des lobes *lb* de la papille déchirée sous son effort. — F, coupe longitudinale d'un prothalle avec l'archégone prêt à être fécondé ; *c*, col ; *os*, oosphère ; *lb*, l'un des lobes de la papille déchirée. — G, embryon déjà assez développé pour montrer sa première feuille *f* ; *r*, sa première racine ; *t*, sommet de la tige ; *p*, le pied ; il est encore logé dans l'archégone dont le col fermé se voit en *c* ; *pr*, poils radicaux du prothalle.

tre : l'une assez mince sur ses deux tiers postérieurs (3), épaissie en avant (3'), où elle forme, autour de la papille qu'elle ne recouvre pas, un large bourrelet d'une consistance gélatineuse et pourvu d'un grand nombre de stries rayonnantes, l'autre (4) beaucoup plus épaisse et marquée en même temps de stries rayonnantes et concentriques. Cette dernière forme, comme la précédente, une sorte de puits profond autour de la papille dénudée.

Les microspores sont simplement protégées par une endospore et une exospore (1).

Au moment de la dissémination, la paroi propre du sporange s'ouvre en quatre valves, et laisse écouler sur le sol humide la gelée qu'il renferme, dans laquelle les spores sont entraînées. C'est dans cette gelée, en dehors du sporange par conséquent, qu'a lieu leur germination.

GERMINATION DES SPORES. — Comme chez les Salviniacées, le prothalle mâle est rudimentaire; la microspore (D) se divise, dans ses enveloppes encore closes, en deux cellules dont une demeure stérile, tandis que l'autre plus grande se cloisonne en deux autres qui produisent chacune 32 anthérozoïdes spiralés et ciliés, comme chez les Cryptogames précédemment étudiées. Alors seulement l'exospore se rompt, l'endospore se gonfle et fait une hernie qui s'ouvre à son tour pour mettre en liberté les éléments fécondateurs.

Dans la macrospore, le prothalle femelle très réduit aussi, mais contenant de la chlorophylle, alors même qu'il se développe dans l'obscurité, se forme au-dessous de la papille dont il a été question (F) ; il est séparé du reste de la cavité de la macrospore, contenant des matériaux de réserve. Ce prothalle ne forme qu'un seul archégone dont le col finit par faire saillie en dehors de la papille alors déchirée en plusieurs lobes. Cet archégone est, d'ailleurs, construit comme celui des Salviniacées et des Fougères; nous ne le décrirons donc pas ici.

FÉCONDATION. GERMINATION DE L'ŒUF. — D'après M. Hanstein, la fécondation s'effectue à l'ouverture même qui se produit au sommet du sporocarpe déhiscent en 4 valves, et dans la gelée que laisse échapper cet orifice. Cette gelée, d'ailleurs, disparaît après la fécondation.

L'œuf fécondé se segmente, à peu près comme chez des Fougères, en quatre cellules d'abord, puis en huit, dont les deux inférieures postérieures donneront, par leurs divisions répétées, le *pied*, les autres la partie végétative de la nouvelle plante.

____

(1) Ces deux membranes correspondent aux deux enveloppes internes de la macrospore.

Description des Marsilia. — APPAREIL VÉGÉTATIF. — Le genre *Marsilia* serait, d'après R. Braun, représenté par 37 espèces; par 32 seulement d'après d'autres cryptogamistes. En France, il en existe deux espèces : le *M. quadrifolia* L., qui est le plus commun, et le *M. pubescens* Ten., spécial à la région méditerranéenne. Ces plantes vivent dans des mares peu profondes.

Leur rhizome rampant et fixé au sol par de nombreuses racines adventives est pourvu, sur sa face dorsale, de deux rangs de feuilles dont les longs pétioles portent, à leur sommet, deux paires de grandes folioles. Ces dernières sont étalées pendant le jour, redressées pendant la nuit.

APPAREIL FRUCTIFÈRE. — Comme chez les *Pilularia*, les fruits ou *sporocarpes*, légèrement comprimés latéralement, sont portés par des segments foliaires; ils sont insérés isolément ou deux ensemble au sommet d'un pédicelle, simple dans le premier cas, bifurqué dans le second, inséré à la base d'un pétiole.

Chaque sporocarpe contient, à l'intérieur, deux rangées de 8 à 9 logettes superposées, étendues entre les deux bords dorsal et ventral, de chaque côté d'une cloison médiane verticale. Sur la paroi externe de chaque logette règne un bourrelet qui porte une rangée de macrosporanges pédicellés, entre deux files de microsporanges plus petits et sessiles.

Morphologiquement, les sporanges d'une même logette constituent un sore, et les indusies des sores d'un même sporocarpe, en s'accolant les unes aux autres, forment les cloisons verticales et transversales de ce dernier.

Microspores et macrospores offrent, d'ailleurs, une structure semblable à celle que nous avons décrite chez les *Pilularia;* chez les *Marsilia*, l'enveloppe gélatineuse externe est seulement plus épaisse, et le puits qu'elle forme au-dessus de la papille est plus profond.

Mais la déhiscence du sporocarpe est différente. Le long des bords ventral et dorsal règne une sorte de cadre formé d'un tissu susceptible de se gonfler et de se gélifier, dès que la paroi du sporocarpe s'étant ouverte, l'eau peut y pénétrer. Cet anneau ainsi gonflé fait alors saillie par la fente, retenant encore, fixées par leurs deux extrémités, les logettes qui se sont pourtant dissociées, et dont l'indusium s'est détaché de la paroi du sporocarpe. Enfin, à un moment donné, l'anneau se rompt vers sa région ventrale, et se redresse en une lame épaisse qui porte, encore attachées par leur extrémité dorsale, les logettes insérées en double série.

La germination des spores après leur mise en liberté, la formation des prothalles mâles et femelles, le développement des anthéridies et des archégones, la fécondation de l'oosphère et le développement de l'œuf ne diffèrent pas sensiblement de ce qui vient d'être décrit chez les *Pilularia*. Les anthérozoïdes forment ici un ruban enroulé 10 à 12 fois sur lui-même en hélice, et traînent longtemps après eux la vésicule centrale qui, chez les *Pilularia*, demeure dans la cellule mère.

Affinités de la famille. — Les Marsiliacées se rapprochent des autres Hydroptérides par les caractères communs aux deux familles de cet ordre, tels que nous les avons fait connaître.

Elles se distinguent des Salviniacées par *leur port différent, leurs feuilles d'une forme spéciale, à préfoliation circinée, insérées sur deux rangs, la structure et le mode de déhiscence de leurs sporocarpes contenant à la fois des macrosporanges et des microsporanges.*

ORDRE DES FILICINÉES HÉTÉROSPORÉES
(HYDROPTÉRIDÉES)

Sporanges de deux sortes : *microsporanges* donnant des prothalles mâles, *macrosporanges* donnant des prothalles femelles, renfermés dans des cavités closes ou *sporocarpes*, uniloculaires ou pluriloculaires.

Plantes aquatiques ou des lieux humides, dont la tige est toujours à symétrie bilatérale.

FAM. I. — SALVINIACÉES.

Sporocarpes toujours uniloculaires et ne renfermant qu'une seule sorte de sporanges et de spores.

Point de racines... *Salvinia* Mich.

Des racines flottantes. *Azolla.*

FAM. II. — MARSILIACÉES.

Sporocarpes toujours pluriloculaires, représentant plusieurs sores accolés par leurs indusies closes, et enveloppés dans un segment de feuille formant le sporocarpe. Microsporanges et macrosporanges dans chacune des logettes.

Sporocarpe creusé de 4 logettes longitudinales. Sporange s'ouvrant en 4 valves......... *Pilularia* L.

Sporocarpe contenant deux séries longitudinales de logettes superposées, et s'ouvrant par l'extension d'une bande de tissu spéciale (*anneau*) qui entraîne les sores dissociés. *Marsilia.*

Ces plantes croissent dans les régions tempérées et chaudes des deux continents, et dans la Nouvelle-Hollande. Le *Salvinia salvatrix* doit son nom à ce que ses sporocarpes servirent d'aliment à des explorateurs perdus dans les déserts de l'Australie.

Ces végétaux sont, d'ailleurs, sans usage.

CLASSE II. — ÉQUISÉTINÉES

Considérée dans son ensemble, la classe des Équisétinées est ca-ractérisée :

1° *Par des feuilles relativement petites, verticillées;*

2° *Par des racines, également insérées par verticilles au-dessous de chaque nœud;*

3° *Par des sporanges qui naissent, plusieurs ensemble et côte à côte, sur des feuilles modifiées formant elles-mêmes un épi terminal, et par le mode de production des spores qui procèdent ici, dans chaque sporange, d'une seule cellule mère primordiale.*

Comme chez les Filicinées, les sporanges sont d'une seule sorte ou de deux sortes. D'après ce caractère, on les divise en deux ordres : 1° ÉQUISÉTINÉES ISOSPORÉES; 2° ÉQUISÉTINÉES HÉTÉROSPORÉES. Le premier ordre seul est représenté dans la flore actuelle.

ORDRE I. — ÉQUISÉTINÉES ISOSPORÉES

FAMILLE UNIQUE. — ÉQUISÉTACÉES

La famille des Équisétacées ne comprend que le genre Prêle (*Equisetum*) dont on compte une quarantaine d'espèces. Il en existe huit en France, parmi lesquelles l'*E. arvense* L., très commun dans nos campagnes, peut être pris comme exemple.

Description de l'Equisetum arvense L. — APPAREIL VÉGÉTATIF. — Cette plante croît dans les champs, principalement sur le bord des cours d'eau. Elle possède un rhizome rampant à une profondeur considérable (60 centimètres à 1 mètre), particularité que nous expliquerons plus loin. Ce rhizome offre des nœuds à chacun desquels s'insère une sorte de gaine annulaire dont le bord est découpé en un verticille de lanières. Ce sont là de véritables verticilles foliaires dont les pièces sont concrescentes par la base. Le rhizome se ramifie par des bourgeons qui naissent au niveau des nœuds, sous la gaine foliaire qu'ils devront percer pour se développer au dehors. C'est de la partie inférieure de ces bourgeons, et jamais sur les axes développés, que naissent les racines, au nombre de six à huit et, comme le bourgeon dont elles procèdent, elles ne s'allongent qu'après avoir percé la gaine foliaire. Ajoutons enfin que le rhizome, dans la Prêle des champs et dans beaucoup d'autres espèces (*E. palustre* L., *E. sylvaticum* L., *E. Telmateja* Ehr., etc.), peut renfler ses nœuds en des tubercules amylifères, susceptibles de germer et de fournir de nouvelles tiges après un temps plus ou moins long de vie latente.

Les rameaux qui naissent du rhizome et qui se redressent pour apparaître au-dessus du sol sont de deux sortes : les uns, porteurs d'épis fructifères (fig. 179, A) se montrent et disparaissent les premiers ; les seconds, stériles, sont plus tardifs, et offrent une coloration rougeâtre. Chez beaucoup d'autres espèces l'apparition de ces deux ordres d'axes est simultanée. Stériles ou fertiles, ces rameaux aériens offrent une structure semblable.

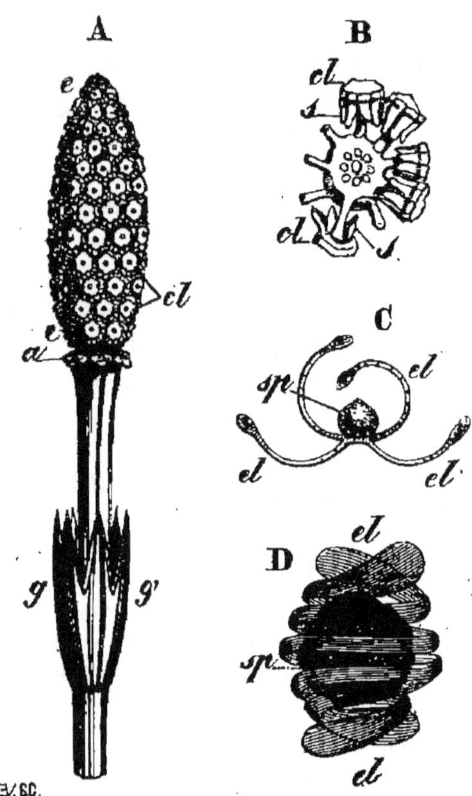

Fig. 179. — *Equisetum arvense* (d'après Bischoff). — A, sommité d'une tige fertile avec sa gaine supérieure *gg'*, l'anneau *a* et l'épi *ee* ; *cl*, écussons ou clypéoles. — B, coupe transversale de l'épi passant par un verticille ; *cl*, clypéoles ; *s*, sporocarpes. — C, une spore *sp* avec ses deux élatères en croix *el, el*. — D, une spore *sp* mûre d'*Equisetum limosum* avec ses deux élatères *el* enroulées autour (d'après J. Sachs ; 800/1).

Chaque entre-nœud est marqué superficiellement d'un certain nombre de crêtes longitudinales correspondant aux feuilles ; et comme les verticilles foliaires sont alternes, chaque côte se divise, à chaque nœud, en deux branches ; chacune de celles-ci s'unit à une des branches de la côte de l'entre-nœud suivant ou précédent. Ces cannelures sont nulles ou à peu près sur les rhizomes (1). Les feuilles étant, par suite de leur faible développement, d'une importance très secondaire dans l'ensemble, la fonction assimilatrice est dévolue, chez les Prêles, aux axes aériens dont l'écorce est abondamment pourvue de chlorophylle.

Les petites feuilles des Prêles ne sont parcourues que par une nervure médiane, et n'ont de stomates qu'à l'épiderme extérieur.

APPAREIL FRUCTIFÈRE. — Les rameaux fertiles portent d'abord un certain nombre de verticilles foliaires normalement construits, puis une gaine rudimentaire à peine dentée au sommet, enfin les verticilles fructifères. Ceux-ci se composent de feuilles transformées en écussons pédicellés (A, *cl*), alternes d'un verticille à l'autre, et devenus polygonaux par pression réciproque. Chacun d'eux (B, *cl*, *s*) porte, en dessous, 8 à 10 sporanges. Dans ces derniers, une seule cellule sous-épidermi-

(1) Elles sont nulles également sur les divisions du premier ordre de l'*E. Telmateja*. Dans ces rameaux également, la chlorophylle manque ; mais elle est très abondante sur leurs ramifications.

que devient la *cellule mère primordiale des spores*. Celle-ci, en se cloisonnant, produit les *cellules mères spéciales* dans chacune desquelles se forment, comme à l'ordinaire, quatre spores. La paroi du sporange n'est définitivement constituée que par une seule assise de cellules qui sont pourvues d'épaississements spiralés sur la face dorsale du sporange, annelés sur sa face ventrale; c'est sur cette dernière que s'effectue la déhiscence par une fente longitudinale.

Les spores ont une structure spéciale (C, D). Elles sont enveloppées par trois membranes dont l'externe (*sp*) s'agrandit beaucoup, se détache de la seconde en forme de sac, excepté à sa base, et se rompt enfin suivant une double spirale. Au contact de l'air sec, ces deux rubans spiralés se déroulent et s'étalent en croix; l'humidité les contracte et leur fait reprendre leur situation primitive. On les désigne sous le nom d'*élatères*; leur rôle est important dans la dissémination des spores (1).

Par leurs élatères, les spores s'accrochent les unes aux autres en sortant du sporange, et tombent sur le sol dont l'humidité contracte à nouveau leurs rubans spiralés; c'est dans cette situation que ces spores commencent à germer.

Germination des spores. Prothalles. — La spore, même à l'obscurité, contient de la chlorophylle. A la germination, son contenu se divise en deux cellules. L'antérieure, dans laquelle se réunissent tous les grains chlorophylliens, va donner naissance au *prothalle* par des divisions répétées; la postérieure, demeurée incolore, s'allonge en un poil absorbant hyalin.

Chez l'*Equisetum arvense*, comme chez beaucoup d'autres Prêles, les prothalles sont unisexués, bien que procédant de spores semblables.

Les prothalles mâles sont plus petits que les prothalles femelles (ils n'atteignent souvent que quelques millimètres de longueur) et ramifiés. Ils se montrent çà et là monoïques, par suite du développement de quelques archégones sur certains de leurs segments tardivement développés. C'est à l'extrémité des plus grosses ramifications du prothalle mâle que se forment les anthéridies (fig. 180, A, *an*). Ces dernières ont une paroi simple, et laissent échapper des anthérozoïdes nombreux (de 100 à 150), contenus encore dans leurs cellules mères (B), de taille relativement considérable, et conformés comme chez les Fougères. Comme chez ces dernières, l'anthérozoïde embrasse tout d'abord dans ses tours une vésicule hyaline amylifère qui est ensuite rejetée.

Les prothalles femelles peuvent atteindre une longueur de 1 à 2 centimètres et, comme sur les prothalles mâles, il peut s'y développer tardivement des organes de l'autre sexe. Nés tout à fait sur le bord du prothalle, les archégones finissent par être rejetés sur la face supérieure, grâce à la croissance continue de ce bord, ce qui constitue un caractère différentiel remarquable, relativement à la situation des archégones chez les autres Cryptogames vasculaires. Leur structure, d'ailleurs, est analogue à celle que nous connaissons déjà; seulement la cellule du canal n'atteint pas l'orifice du col, dont les quatre cellules de

(1) Ces élatères, formant ainsi quatre branches, avaient été prises par les anciens botanistes pour quatre étamines, la spore centrale étant considérée par eux comme un pistil. Les Prêles auraient donc eu des fleurs tétrandres et monogynes, libres à un moment donné.

bordure s'écartent en se recourbant en dehors pour laisser l'orifice béant.

Germination de l'œuf. — Comme chez les Filicinées, l'œuf fécondé se partage en quatre cellules d'abord, puis en huit octants dont les quatre postérieurs donnent le *pied* et la *première racine ;* l'un des quatre octants antérieurs fournit la *tige*, les deux autres la *première feuille*. La tige se dresse ensuite, et forme dix à quinze nœuds portant trois feuilles seu-

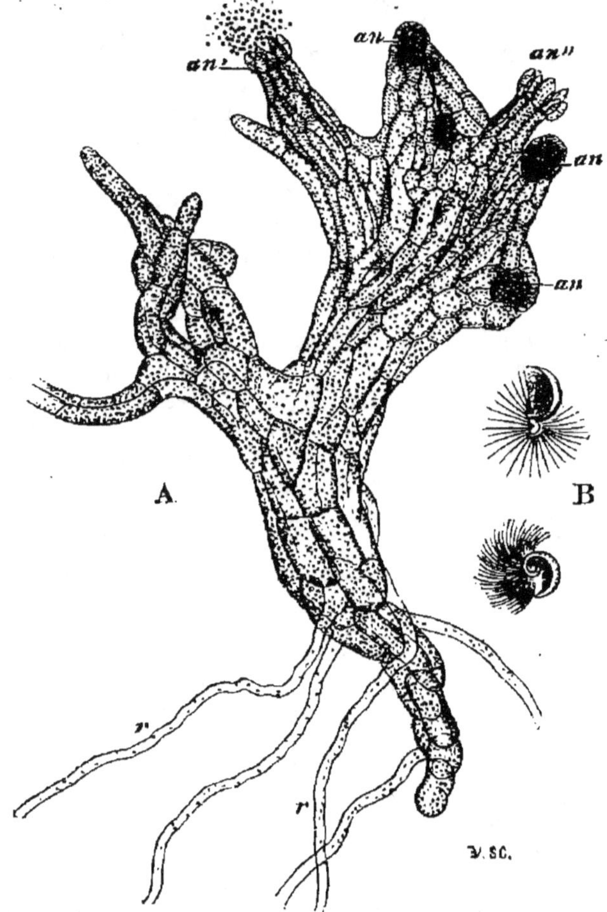

Fig. 180. — A, prothalle mâle d'*Equisetum limosum :* r, r, poils radicaux ; an, an, an théridies encore fermées ; an', une anthéridie en train d'émettre les anthérozoïdes ; an une anthéridie entièrement vidée. — B, anthérozoïdes isolés, dans deux situations différentes (d'après G. Thuret).

lement ; puis, de sa base, naît un rameau plus fort, à verticilles quaternaires. Celui-ci en produit un troisième dont les feuilles sont plus nombreuses à chaque nœud, et ainsi de suite. La troisième pousse, ou l'une des pousses suivantes, est douée d'un géotropisme positif énergique (voir p. 51) ; elle s'enfonce verticalement dans le sol où elle donne naissance à une grande profondeur, au rhizome que nous avons étudié déjà, et duquel procède toute la plante.

Structure des Équisétacées. —L'épiderme est fortement silicifié, et ne porte de stomates que dans les sillons. Au-dessous de l'épiderme règne une zone sclérenchymateuse formant un faisceau plus épais au niveau de chaque côte. Le parenchyme cortical sous-jacent est creusé d'une lacune aérifère au niveau de chaque sillon. Chez les *E. arvense, E. palustre*, etc., la structure des tiges est normale : le cylindre central, extérieurement limité par un endoderme continu, montre des faisceaux collatéraux en même nombre que les côtes auxquelles ils correspondent; en dedans de chacun d'eux est une lacune aérifère. Mais chez d'autres espèces (*E. limosum, E. littorale*, etc.), les divers faisceaux forment chacun un cylindre central spécial, pourvu de son endoderme et de son péricycle particuliers; chez d'autres enfin (*E. hyemale, repens*, etc.) ces divers systèmes sont soudés en un anneau limité, en dedans aussi bien qu'en dehors, par un endoderme et un péricycle communs (1). Excepté dans certains rhizomes, la moelle se creuse d'une large lacune centrale aérifère.

Distribution géographique. — Les Prêles sont surtout des plantes des régions tempérées, et on voit leur nombre décroître en approchant vers les pôles; elles manquent dans l'hémisphère sud, et sont rares sous les tropiques. Les plus grandes formes (dont la hauteur atteint parfois 10 mètres) ont été pourtant rencontrées dans les environs de Caracas.

Usages. — Les rhizomes de quelques espèces sont féculents, comme nous avons eu l'occasion de le signaler déjà. Les *E. arvense, hyemale, fluviatile, limosum*, étaient employés jadis comme astringents.

Aujourd'hui, les Prêles ne sont plus guère employées que pour leur revêtement épidermique siliceux qui en fait de véritables limes végétales. On s'en sert pour polir les métaux et le bois.

ORDRE II. — LYCOPODINÉES HÉTÉROSPORÉES

Cet ordre ne comprend qu'une seule famille, celle des Annulariées, complètement éteinte, mais richement représentée, par les genres *Annularia* et *Asterophyllites*, dans les anciens terrains, depuis le dévonien jusqu'au permien. Ces plantes y sont accompagnées par un genre d'Isosporées gigantesques, les *Calamites*, dont les tiges cannelées mesuraient parfois 10 à 12 centimètres de diamètre.

Les caractères généraux des Équisétinées sont exposés en tête de cette étude.

(1) Pour ces caractères de structure sur lesquels nous ne saurions insister, voir Van Tieghem, *Traité de Botanique*, p. 1413 et suiv.

CLASSE III. — LYCOPODINÉES

Les **LYCOPODINÉES** se distinguent des Filicinées et des Équiséti-nées par les caractères essentiels suivants :

1° *Par leur port, qui est ordinairement celui de grandes Mousses, à tiges rampantes ou dressées, pourvues de feuilles petites et nombreuses* (les Isoétées et les Phylloglossées font exception à cette règle, comme nous le verrons).

2° *Par leurs racines qui se ramifient en dichotomie vraie.*

3° *Par la disposition des sporanges qui forment, excepté chez les Isoetes, et les Phylloglossum, des épis terminaux.*

4° *Par la réduction plus accentuée de leur prothalle, surtout dans le sexe mâle, où il reste toujours rudimentaire ; il est plus volumineux chez le sexe femelle, mais il demeure inclus dans la macrospore.*

Comme les Filicinées (voir p. 321), les Lycopodinées se divisent en deux ordres : les LYCOPODINÉES ISOSPORÉES et les LYCOPODINÉES HÉTÉROSPORÉES.

ORDRE I. — LYCOPODINÉES ISOSPORÉES

FAMILLE UNIQUE. — LYCOPODIACÉES

Nous prendrons, comme premier exemple, le *Lycopodium clava-tum* L.

Description du Lycopodium clavatum. — Cette plante croît dans les lieux ombragés et couverts de Mousses, dans les bois, dans les prairies, sur les pentes des montagnes ; on la trouve dans toute l'Europe, dans l'Amérique septentrionale et tout le nord de l'Asie.

Appareil végétatif. — *Tige.* — Son port, comme celui de tous les Lycopodes, est celui d'une Mousse gigantesque (fig. 181). Sa tige et ses rameaux, grêles et rampants, sont fixés au sol par des racines adventives, et émettent çà et là verticalement des ramifications dont les unes sont stériles, les autres destinées à porter l'appa-reil fructifère. Tiges et rameaux, quelle qu'en soit la direction, sont couverts de petites feuilles. La ramification de ces axes est toujours latérale, mais les rameaux ne montrent aucune relation avec les feuilles. Souvent, l'axe principal demeurant plus court que le rameau qu'il produit, ce dernier s'y substitue en grosseur et en direction ; il se constitue ainsi de vrais sympodes.

Feuilles. — Les feuilles sont petites, sessiles, presque linéaires, et prolongées, à leur sommet, en une longue pointe. Elles sont alternes et en disposition spiralée, très serrées les unes contre les autres.

Racines. — Les racines, longues et grêles, naissent de la face inférieure des tiges rampantes. Elles se ramifient latéralement et aussi, à leur sommet, par une *vraie dichotomie* (voir p. 53-54).

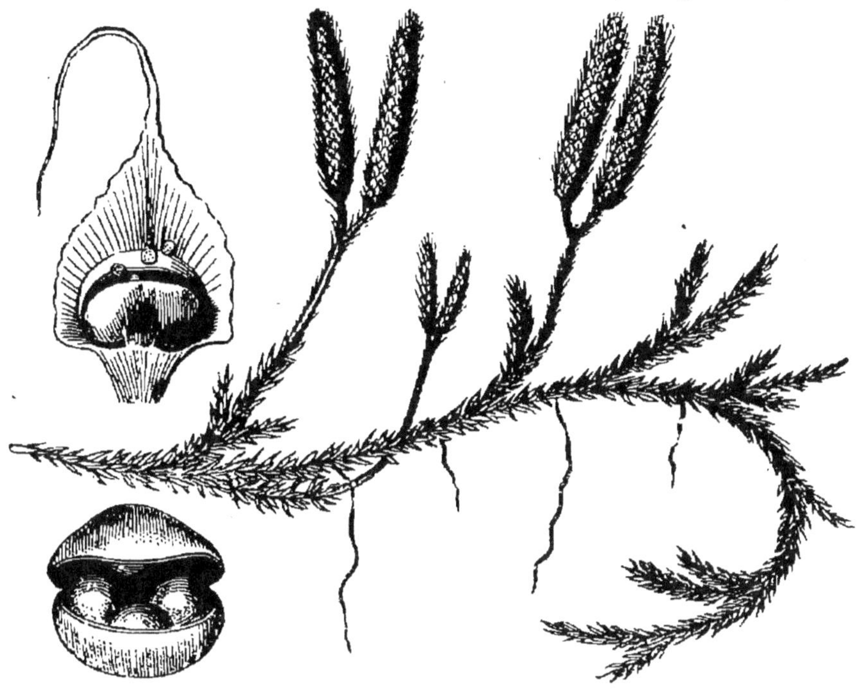

Fig. 181. — Lycopode officinal.

APPAREIL FRUCTIFÈRE. — Les rameaux fructifères sont dressés, grêles, revêtus à leur base de feuilles ordinaires ; celles qui leur succèdent en dessus sont de même forme, mais un peu plus petites et plus distantes.

Les sporanges sont solitaires à la base des feuilles fertiles. Celles-ci, étroitement imbriquées, constituent, à l'extrémité des axes fructifères, des épis isolés, ou bien encore géminés ou ternés, longs et cylindriques, d'un jaune verdâtre. Les feuilles fertiles, beaucoup plus larges que les feuilles stériles, figurent à peu près un cœur renversé ; leur bord est irrégulièrement dentelé, et elles sont surmontées d'un long appendice sétacé. La base épaissie de ces bractées supporte le sporange (fig. 181). Celui-ci est réniforme, comprimé d'avant en arrière ; sa paroi est définitivement constituée par une assise unique de cellules, les assises internes qui existent au début étant résorbées dans la suite pour subvenir à l'accroissement des spores. Ces dernières, très nombreuses dans chaque sporange, naissent, comme à l'ordinaire, par tétrades dans chaque cellule mère. A la maturité, le sporange s'ouvre transversalement en deux valves.

Spores. — Les spores sont d'un jaune pâle, de forme tétraédrique, l'une des faces étant généralement plus convexe. Cette forme est due à la pression qu'elles exercent l'une sur l'autre, dans chaque tétrade. Elles sont pourvues, le long de trois de leurs arêtes, de trois sutures confluentes au sommet. L'exospore montre une structure réticulée et porte de petites excroissances en forme de poils capités.

GERMINATION DE LA SPORE. — PROTHALLE. — C'est au niveau des trois arêtes mentionnées plus haut que l'exospore se fend ; l'endospore forme alors une saillie arrondie et se divise en deux cellules, l'une interne qui ne se cloisonne plus, l'autre externe.

De celle-ci dérive le prothalle, qui est précédé par la formation d'une sorte de tubercule vert. Ce dernier produit lui-même un prothalle cylindre, à la partie supérieure duquel se développent en même temps des anthéridies et des archégones, au-dessous d'une couronne de ramifications lobées qu'il porte à son extrémité. Les anthéridies produisent des anthérozoïdes spiralés, comme ceux des autres Cryptogames vasculaires, sous une sorte de calotte constituée par plusieurs assises de cellules. Les archégones se forment comme à l'ordinaire.

GERMINATION DE L'ŒUF FÉCONDÉ. — La germination de l'œuf fécondé donne lieu à une remarque intéressante. Celui-ci se partage d'abord, perpendiculairement à la direction de l'archégone, en deux cellules dont la supérieure devient, pour l'embryon, un *suspenseur* analogue à celui que l'on observe chez les Phanérogames (voir p. 139) ; il n'en existe nulle part ailleurs chez les Cryptogames.

La cellule inférieure se divise en huit octants disposés en deux étages dont le supérieur est employé tout entier à former le *pied* ; de l'inférieur dérivent les divers organes de la plante nouvelle.

STRUCTURE. — Contrairement à ce qui a lieu chez les autres Cryptogames vasculaires, la racine des Lycopodes s'accroît, au sommet, non par une cellule mère unique, mais par un petit massif de cellules initiales, comme chez les Phanérogames. Mais la tige rentre, dans la règle ordinaire, et ne possède à son sommet qu'une initiale.

La tige est pourvue d'une écorce extérieurement scléreuse, et ne renferme qu'un seul cylindre central d'une structure spéciale. En dedans d'un endoderme bien caractérisé et d'un péricycle formé par plusieurs assises de cellules, existent un certain nombre de faisceaux ligneux allongés, dont le développement est centripète, et qui, en se fusionnant deux à deux par leur partie interne, forment des lames parallèles avec lesquelles alternent un nombre égal de lames libériennes.

Telle est à peu près la structure de la racine qui, nous l'avons vu, se ramifie par dichotomie vraie. Or à chaque bifurcation le nombre des lames vasculaires et des lames libériennes diminue jusqu'à ce qu'il n'en reste plus que deux de chaque sorte. A la dichotomie suivante, chaque racine ne possède plus qu'une lame vasculaire et deux moitiés de lames libériennes ; celles-ci s'unissent en arc. A partir de cet instant, chaque nouvelle branche entraîne la moitié du faisceau libérien et la moitié du faisceau ligneux de la racine mère.

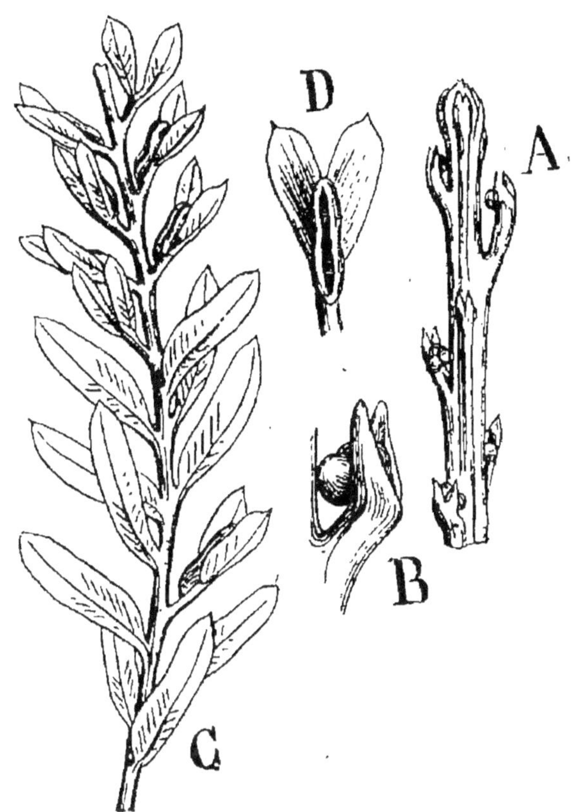

Fig. 182. — A, rameau fructifère de *Psilotum*. — B, pédicelle fructifère de *Psilotum triquetrum*. — C, portion de fronde fructifère de *Tmesipteris*. — D, sporange de *Tmesipteris*, vu de face (d'après MM. Lemaout et Decaisne).

Les feuilles sont pourvues de deux épidermes stomatifères.

Tous les *Lycopodium*, au nombre d'environ 100 espèces, répartis dans les diverses contrées tempérées et tropicales du globe, offrent les caractères communs suivants :

Tiges grêles, ramifiées et à rameaux latéraux, verticales ou rampantes, couvertes de feuilles vertes, petites et sessiles ; elles sont fixées au sol par des racines adventives grêles et dichotomes. Sporanges tous semblables, portés isolément à la face interne de feuilles fertiles, agrégées elles-mêmes en épis terminaux ; ils s'ouvrent transversalement en deux valves. Spores tétraédriques donnant des prothalles monoïques, verts en général. Embryon pourvu d'un suspenseur.

Les caractères fondamentaux des autres genres de cette famille sont indiqués dans le tableau suivant :

FAMILLE DES LYCOPODIACÉES

Sporanges et spores d'une seule sorte. Prothalles monoïques.

Des racines.

Plantes à port de Mousses, dont les tiges, les unes rampantes, les autres dressées, sont pourvues de feuilles sessiles, nombreuses, prolongées en une longue pointe.

Sporanges en épis terminaux, solitaires, à déhiscence transversale.

Prothalle monoïque précédé d'un protonéma tuberculeux, bien développé (1).

Sommet végétatif des racines formé par un massif de cellules mères spéciales.... *Lycopodium* Brong.

Plantes pourvues d'un rhizome tubéreux surmonté d'une rosette de six longues feuilles dont une abortive ; au-dessous de cette dernière, naît un rameau qui s'enfonce dans le sol pour produire un nouveau tubercule.

Sporanges en épi terminal, solitaires à l'aisselle de feuilles verticillées par trois, à déhiscence transversale.............. *Phylloglossum.*
(Terre de Van-Diemen, S.-Ouest de l'Australie, Nouvelle-Zélande.)

Racines remplacées par des poils absorbants.

Tiges dressées, ramifiées en fausse dichotomie, pourvues de feuilles petites, distantes et sans nervures.

Sporanges concrescents trois par trois sur les rameaux fertiles, à l'aisselle de feuilles bifides, et formant une capsule qui s'ouvre par trois fentes convergentes (fig. 182, A et B)...................... *Psilotum.*
(Régions intertropicales.)

Tiges pourvues de feuilles assez grandes disposées sur deux rangs, avec nervure médiane prolongée en pointe.

Sporanges concrescents verticalement deux par deux à l'aisselle de feuilles fertiles bifides, alternant avec les feuilles stériles, et s'ouvrant, dans chaque groupe, par une fente longitudinale conique (C et D). *Tmesipteris.*
(Australie, Nouvelle-Zélande.)

(1) Chez certaines espèces, telles que les *L. phlegmaria, carinatum*, etc., le prothalle croît dans les couches mortes de l'écorce des arbres. Il est sans chlorophylle, en forme de cordon rameux, et sa croissance est indéfinie. Le prothalle du *Lycopodium annotinum* est également sans chlorophylle et se développe sous le sol. Il est petit et en forme de tubercule.

Propriétés générales; espèces importantes des Lycopodiacées. — Les Lycopodes sont loin d'être dépourvus de toute activité. Le *Lycopodium clavatum* L. est lui-même susceptible de procurer des vomissements et des symptômes d'ivresse. Le *Lycopodium Selago* possède des propriétés drastiques, émétiques, emménagogues et anthelmintiques.

La première de ces deux espèces est encore, dit-on, administrée en Russie contre la rage.

Les *L. myrsinites* et *catharticum* sont purgatifs.

D'autres espèces sont employées, en diverses régions, comme plantes médicinales.

Les spores du *Lycopodium clavatum* L. sont usitées en pharmacie à divers usages, sous le nom de *poudre de Lycopode*. Leur forme caractéristique permet de les distinguer des autres poudres organiques, telles que pollen de Conifères et de *Typha*, qui pourraient leur être mélangées ou substituées. L'inflammabilité extrême de cette poudre lui a valu le nom de *soufre végétal*.

On désigne sous le nom de *Piligan*, un petit Lycopode (*Lycopodium saururus* Lam.), qui croit sur les hauts plateaux de l'Amérique du Sud, au Brésil, dans la Colombie, aux îles Mascareignes.

MM. Adrian et Bardet en ont extrait une résine et un alcaloïde, la *piliganine*, qui est à la fois vomitive et convulsivante.

Ce produit est employé, en Amérique, contre le catarrhe gastrique dû à un défaut d'alimentation.

Certaines Sélaginelles sont cultivées comme plantes d'ornement.

ORDRE II. — LYCOPODICÉES HÉTÉROSPORÉES

Les *Isoetes* et les Sélaginelles sont les deux genres qui représentent l'ordre des LYCOPODINÉES HÉTÉROSPORÉES; l'un et l'autre constituent, à eux seuls, toute une famille.

FAMILLE I. — ISOÉTACÉES

Les *Isoetes* (fig. 183) sont répandus dans le monde entier. Quelques-uns sont terrestres et forment une sorte de gazon, d'autres sont amphibies, d'autres enfin sont aquatiques, et c'est parmi ces derniers qu'on trouve les plus grandes espèces (dont quelques-unes atteignent 50 à 60 centim.).

Appareil végétatif. — Leur tige se réduit à un petit rhizome tuberculeux, souvent subglobuleux, parfois creusé en entonnoir sur sa face supérieure, et divisé inférieurement et sur les côtés par deux, trois ou

quatre sillons, en des lobes qui, plus tard, peuvent se séparer et
donner naissance à des pieds distincts (1).

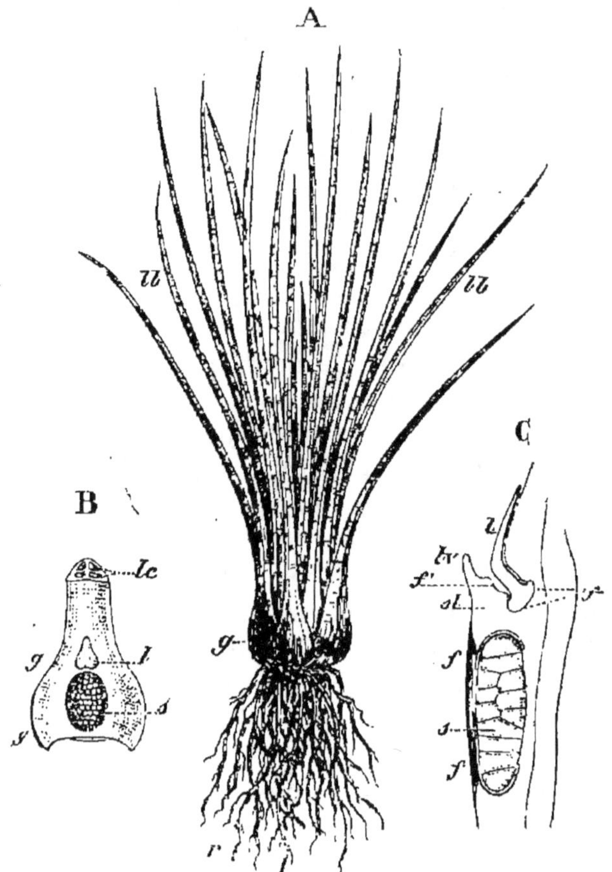

Fig. 183. — *Isoetes lacustris.* — A, plante entière : *r*, racines ; *g*, gaines des feuilles ;
lb, *lb*, leur limbe. — B, base d'une feuille grossie trois ou quatre fois ; *gg*, gaine vue
par sa face interne et concave, montrant en place un sporange *s*, qui occupe la cavité
de la fossette et la ligule *l* ; *lc*, les quatre lacunes visibles sur la section transversale du
bas du limbe. — C, coupe longitudinale des mêmes parties montrant la section d'un
sporange *s* (macrosporange) non mûr, dans la fossette *ff* ; *sl*, de la selle avec son prolongement marginal ou lèvre *lv* ; de la ligule *l* qui ressort de la fovéole *ff'* (d'après
J. Sachs).

Les racines (A, *r*) naissent, en séries longitudinales doubles, dans
les sillons qui séparent les lobes.

(1) Cet axe possède un cylindre central plein, dans lequel le bois se forme par voie centripète ; le liber qui l'entoure est mince, imparfait. Enfin, phénomène que l'on ne constate,
à l'exception des *Isoetes*, que chez les Phanérogames, le *péricycle donne naissance à des
tissus secondaires*. Il s'y forme une assise génératrice qui fournit en dedans du liber et
du bois, en dehors un parenchyme qui devient surtout puissant au niveau des lobes dont
il a été question.

Les feuilles (*lb*, *lb*), très rapprochées, embrassent le tubercule par leur base engainante (*g*), et sont insérées sur une spire très surbaissée. Leur gaine est surmontée d'un limbe, plane en dedans, convexe en dehors, dont la longueur varie de 4 à 60 centimètres, et que termine une pointe sétiforme. Il est parcouru par quatre lacunes aérifères longitudinales, et par une nervure médiane contenant un faisceau vasculaire. Seules, les formes émergées ont des stomates, situés au niveau des lacunes.

APPAREIL FRUCTIFÈRE. — C'est dans la gaine même des feuilles, ou mieux des frondes fertiles, que se forment les sporanges (B et C). Chaque année il apparaît d'abord quelques frondes à *macrosporanges*, puis un nombre moindre de frondes à *microsporanges*, semblables aux premières, enfin un certain nombre de frondes stériles.

Les sporanges, divisés par des lames de tissu nommées *trabécules* en loges incomplètes superposées, sont nichés dans une cavité dont est creusée la face interne de la gaine. Les bords de cette cavité lui forment une sorte de cadre dont le côté supérieur se prolonge en un *voile* ou *indusie* plus ou moins développé (*lv*). L'indusie est quelquefois complète, et la cavité sporangifère demeure tout à fait close. Au-dessus, et séparée de cette dernière par une saillie, se montre une seconde alvéole plus petite, limitée en haut et en bas par une sorte de lèvre, et du fond de laquelle s'élève la *ligule* (*l*), appendice membraneux cordiforme à la base, étiré en pointe au sommet.

Dans les microsporanges, chacune des cellules mères primordiales des spores se partage en un groupe de cellules nouvelles dans chacune desquelles se forment quatre microspores. Il s'en produit ainsi plus d'un million dans chaque sporange, et leur ensemble a l'aspect d'une fine farine blanchâtre.

Dans les macrosporanges, les cellules mères primordiales se divisent directement pour former chacune quatre macrospores. Aussi le nombre de ces dernières ne dépasse-t-il pas 80 ou 100 par sporange (1).

Les sporanges sont indéhiscents, et les spores ne sont mises en liberté que par la destruction de leurs parois.

Les microspores et les macrospores possèdent une endospore mince et une exospore beaucoup plus épaisse, granulée ou hérissée.

GERMINATION DES SPORES. — La microspore est convexe d'un côté, creusée d'un sillon longitudinal de l'autre. A la germination, elle se divise d'abord en deux cellules de grandeur inégale, dont la plus petite représente le prothalle mâle rudimentaire ; la plus grande se change, au bout de quatre semaines environ, en une anthéridie dont la paroi n'est formée que de huit cellules, dont quatre externes (deux dorsales et quatre ventrales) et quatre internes, produisant chacune un anthérozoïde. Les quatre anthérozoïdes sont mis en liberté par dissociation des cellules ventrales, encore enveloppés dans leurs cellules mères spéciales. Leur forme est, à peu de chose près, la même que chez les Fougères.

La macrospore offre une moitié hémisphérique, et l'autre est divisée

---

(1) Pour former la spore, le protoplasma de la cellule mère se divise d'abord eu deux, puis eu quatre parties ; après cette double partition seulement, le noyau se divise à son tour en quatre nouveaux noyaux qui deviennent ceux des quatre spores.

par trois arêtes en trois facettes triangulaires. Elle se remplit tout entière d'un tissu cellulaire dans lequel l'apparition des cloisons est tardive, et qui n'est autre que le prothalle femelle. Ce dernier finit par faire éclater l'exospore suivant les quatre arêtes, tandis que l'endospore se détruit à ce niveau. Il se forme ensuite, au sommet de ce prothalle, un archégone, bientôt suivi de plusieurs autres si celui-ci n'est pas fécondé.

EMBRYON. — L'embryon qui naît de l'œuf est pourvu d'un pied qui plonge dans le prothalle.

FAMILLE II. — SÉLAGINELLACÉES

Les *Selaginella*, formant l'unique genre de cette famille, comprennent deux à trois cents espèces, le plus souvent tropicales. Leurs dimensions sont très variables : de quelques centimètres (*Selaginella apoda*, par exemple) jusqu'à 3 mètres et au delà (*S. Wildenowii*).

APPAREIL VÉGÉTATIF. — La tige, couchée ou oblique, se ramifie toujours dans le même plan ; la ramification est toujours latérale, et certains rameaux peuvent se transformer en bulbilles. Tous ces axes portent de petites feuilles vertes, élargies à la base, étirées en pointe au sommet, le plus souvent disposées par paires en quatre séries longitudinales, et de telle sorte que, dans chaque paire, l'une des feuilles, celle située sur la face ventrale, est plus petite que celle du côté dorsal. La tige des Sélaginelles offre ainsi une symétrie nettement bilatérale. Chaque feuille est accompagnée, en dedans, d'une sorte d'expansion membraneuse (*ligule*).

Les racines naissent au niveau des ramifications, de chaque côté du rameau. Les premières qui apparaissent sont souvent dépourvues de coiffe, s'enfoncent dans le sol, et là produisent, à l'intérieur de leur extrémité, des radicelles qui sont pourvues de coiffe, comme à l'ordinaire (1).

APPAREIL FRUCTIFÈRE. — Les fructifications, comme chez les Lycopodes, affectent la forme d'épis terminaux. Les feuilles y sont toutes semblables, disposées sur quatre rangées, et les sporanges se développent au-dessous de leur ligule, du côté de l'axe commun. Une ou plusieurs des feuilles inférieures de l'épi portent des *macrosporanges* ; les autres produisent des *microsporanges*. Les premiers sont volumineux et jaunâtres ; les seconds, beaucoup plus petits, ont une couleur rougeâtre.

Microsporanges et microspores se développent à peu près comme chez les Lycopodes. Dans chacune des nombreuses cellules mères du microsporange se forment quatre microspores. Dans les macrosporanges, une seule cellule mère se cloisonne et forme quatre macrospores ; les autres sont plus tard résorbées.

GERMINATION DES SPORES. PROTHALLES. — Comme dans les groupes précédents, la microspore donne, par une première division, une cellule

---

(1) Ces racines sans coiffe étaient désignées par Nægeli sous le nom de *porte-racines* (*Wurzeltræger*) ; elles sont d'origine exogène. Certaines d'entre elles, au lieu de produire des radicelles, peuvent se développer en une nouvelle pousse.

stérile, désormais indivise, qui seule représente tout le prothalle mâle, et une cellule plus grande qui, par ses divisions ultérieures, forme l'anthéridie. La paroi de cette dernière est constituée par huit cellules, limitant les cellules mères des anthérozoïdes. L'exospore éclate ensuite suivant les trois arêtes qu'elle possède, comme les spores des Lycopodes, et les anthérozoïdes s'échappent de l'endospore et de l'anthéridie, dont la paroi se dissocie. Les anthérozoïdes sont courts, un peu recourbés, renflés en arrière, amincis à leur partie antérieure munie de deux cils vibratiles.

La macrospore se divise d'abord en deux cellules par une cloison convexe ; la cellule externe qui résulte de cette partition se cloisonne seule, au début, pour former un prothalle qui simule une sorte de calotte, au-dessus de la grande cellule inférieure. Celle-ci, au moment de la dissémination des spores, se cloisonne à son tour, et produit un tissu de réserve pour le jeune embryon. Ces phénomènes se manifestent déjà dans la macrospore encore close. Le prothalle femelle porte un archégone semblable à celui des autres Lycopodinées.

Comme chez les Lycopodes, l'œuf fécondé se divise d'abord, par une cloison perpendiculaire au col de l'archégone, en deux cellules dont la supérieure devient le *suspenseur* ou *proembryon*. L'inférieure, par ses divisions ultérieures, donne le pied, la tige, les deux premières feuilles, avant même que l'embryon ne soit sorti de la macrospore.

ORDRE DES LYCOPODINÉES HÉTÉROSPORÉES

Deux sortes de sporanges et de spores (microsporanges et microspores, macrosporanges et microsporanges). Prothalle mâle toujours rudimentaire. Prothalle femelle demeurant inclus dans la macrospore.

FAM. I. — ISOÉTACÉES. — Rhizome tuberculeux, muni de feuilles très rapprochées, engaînantes, longues et sétacées, les unes stériles, les autres fertiles.

Sporanges indéhiscents, logés dans la gaine des frondes fertiles, et divisés incomplètement en loges superposées. Cavité sporangifère munie d'un cadre dont le bord supérieur se développe en une indusie. *Isoetes* L. (Genre cosmopolite.)

FAM. II. — SÉLAGINELLACÉES. — Tiges couchées ou obliques, à symétrie bilatérale, pourvues de feuilles nombreuses, petites, disposées deux par deux, et de grandeur inégale dans chaque paire.

Microsporanges et macrosporanges groupés en épis, au-dessous de la ligule des feuilles fertiles.

Anthéridies formées par deux à quatre cellules internes produisant chacune un anthérozoïde, et huit cellules externes... *Selaginella* Spring. (Presque exclusif aux régions tropicales.)

EMBRANCHEMENT II. — PHANÉROGAMES

Les Phanérogames sont des végétaux chez lesquels les organes de la reproduction sexuelle, toujours hautement différenciés, seuls ou accompagnés d'organes accessoires, constituent une fleur (v. p. 81). C'est aux Cryptogames supérieures hétérosporées que les Phanérogames se rattachent le plus étroitement.

Les organes mâles sont représentés par une ou plusieurs *étamines* (v. p. 94). Les *sacs polliniques* doivent être assimilés à des *microsporanges*, à ceux des *Isoetes*, par exemple, et les *grains de pollen* à des *microspores*. Dans le grain de pollen, la *cellule végétative* représente un *prothalle mâle* rudimentaire inclus (v. p. 120 et suiv.). La *cellule germinative* représente une *anthéridie ;* mais une simplification se trouve ici réalisée : il ne se forme point d'anthérozoïdes, le protoplasma et le noyau mâle, portés par le tube pollinique, allant directement se fusionner avec l'oosphère.

Les organes femelles sont représentés par le ou les *carpelles*, qui ont la signification morphologique de feuilles (v. p. 99). Sur ces carpelles se forment les *ovules* dont le *nucelle* doit être assimilé à un *macrosporange ;* mais dans celui-ci se forme *une seule macrospore* qui est le *sac embryonnaire*. Comme chez beaucoup de Cryptogames supérieures, les Lycopodinées par exemple, le *prothalle femelle* plus ou moins développé reste inclus dans la macrospore ; il est représenté par l'*endosperme* chez les Gymnospermes (v. p. 118); il est beaucoup plus réduit chez les Angiospermes où il est représenté par les *synergides*, les *cellules antipodes* et les *deux noyaux dont la réunion doit constituer le noyau définitif du sac embryonnaire* (v. p. 117). Chez les Gymnospermes il se forme des *archégones* ou *corpuscules* dont la structure a la plus grande analogie avec les archégones des Cryptogames vasculaires (*cellule centrale* contenant l'*oosphère*, *cellules du col*, *cellules du canal*), et nous savons que l'oosphère représente une cellule de troisième ordre relativement à la cellule du prothalle qui forme le corpuscule (1) (v. p.119). Une simplification considérable intervient chez les Angiospermes, chez lesquelles il ne se forme point d'archégone, une des cellules du prothalle devenant directement l'oosphère.

On peut résumer ces considérations dans le tableau comparatif suivant :

(1) La *cellule mère du corpuscule* se divise, en effet, tout d'abord une fois transversalement en deux éléments dont le supérieur formera les *cellules du col*. La cellule inférieure se cloisonne une fois encore pour former la *cellule du canal* et la *cellule centrale* dont le contenu n'est autre que l'*oosphère*.

Chez les *Isoetes.*	Chez les Phanérogames	
	Gymnospermes.	Angiospermes.
Organes mâles. Microsporange (émergence de la feuille qui le produit)......	Sac pollinique (émergence de la feuille staminale).	Id.
Microspores......	Grains de pollen......	Id.
Prothalle mâle......	Éléments dérivés de la cellule végétative du grain de pollen......	Cellule végétative du grain de pollen.
Anthéridie......	Cellule germinative du grain de pollen......	Cellule germinative.
Anthérozoïdes......	Supprimés......	Supprimés.
Organes femelles. Macrosporange (émergence de la feuille qui le produit)......	Nucelle (émergence de la feuille carpellaire)......	Id.
Macrospore......	Sac embryonnaire......	Id.
Prothalle femelle inclus..	Endosperme......	Les huit cellules dérivées du noyau primitif du sac embryonnaire.
Archégones......	Corpuscules......	Supprimés.
Oosphère.......	Oosphère, cellule du 3ᵉ ordre (excepté chez le *Weltwitschia*), relativement à la cellule mère du corpuscule......	Oosphère, l'une des huit cellules formant le prothalle.

Tandis que le développement des deux gamètes se simplifie chez les Phanérogames, la structure générale de ces dernières se différencie hautement.

L'embranchement des Phanérogames se divise en deux sous-embranchements : les **GYMNOSPERMES** et les **ANGIOSPERMES**.

Le caractère différentiel le plus important consiste dans la manière d'être des feuilles carpellaires : *Chez les Gymnospermes le carpelle demeure toujours étalé et l'ovule reste nu ; chez les Angiospermes l'ovule est toujours caché dans une cavité ovarienne* (v. p. 100).

Chez les Angiospermes, le tube pollinique, pour arriver à l'oosphère, doit donc traverser le stigmate et le style presque toujours développé ; il arrive directement sur le nucelle chez les Gymnospermes.

Le tissu nourricier qui entoure l'embryon chez les Gymnospermes représente le *prothalle femelle accru et persistant*, dont la signification morphologique est différente de celle de l'albumen et du périsperme des Angiospermes (v. p. 137 et suiv.).

Les Gymnospermes forment donc le passage entre les Cryptogames vasculaires, dont elles dérivent, et les Angiospermes.

SOUS-EMBRANCHEMENT I. — GYMNOSPERMES

Les Gymnospermes comprennent seulement trois familles : les CYCADACÉES, les CONIFÈRES et les GNÉTACÉES.

FAMILLE I. — CYCADACÉES

Cette famille constitue un type de transition entre les Cryptogames vasculaires et les Phanérogames supérieures, qu'elles ont précédées, dans l'ordre chronologique, à la surface de notre planète. Les formes actuellement encore vivantes sont, en effet, les derniers représentants d'un groupe dont le maximum de développement coïncide sensiblement avec le milieu de la période jurassique, mais qui apparaît déjà pendant la période houillère.

Description des Cycas. — Les caractères essentiels de la famille peuvent être étudiés chez les *Cycas* dont quelques espèces, le *C. revoluta* L. du Japon méridional, et le *C. circinalis* L. des Indes orientales, entre autres, sont généralement cultivées dans nos serres.

Appareil végétatif. — Ce sont des plantes ligneuses dont le port rappelle celui des Palmiers. Leur tige, renflée et tuberculeuse chez plusieurs espèces, s'élance chez d'autres en un stipe cylindrique qui porte, à son extrémité, une couronne de grandes feuilles composées-pennées. Par analogie avec celles des Fougères, ces feuilles sont assez souvent désignées sous le nom de *frondes*.

D'une manière générale, les Cycadacées portent d'ailleurs des feuilles de deux sortes, qui se succèdent périodiquement sur l'axe :

1o Les *feuilles normales*, qui donnent au végétal sa physionomie particulière. Elles sont grandes, composées d'un long pétiole commun engainant à sa base, sur lequel sont insérées, dans deux sillons longitudinaux, de nombreuses folioles linéaires. Ces dernières sont parcourues par une nervure médiane, la seule qui existe dans le limbe et, dans la feuille non épanouie, elles sont enroulées en crosse, comme les divisions de la fronde chez les Fougères.

2o Les *feuilles écailleuses*. Morphologiquement ces dernières représentent les feuilles de la première sorte réduites à leur gaine. Elles sont très courtes, et couvertes extérieurement de poils laineux ; ce sont elles qui protègent le bourgeon terminal pendant la période de repos (qui est d'un an en général), à laquelle succède la production d'une nouvelle série de feuilles végétatives.

Les feuilles écailleuses, en tombant, ne laissent que de très faibles traces ; mais la base des feuilles végétatives persiste sous forme de débris qui en hérissent la surface. Il en résulte que le stipe des *Cycas* est marqué d'une série d'anneaux alternativement lisses et hérissés, correspondant aux différentes périodes végétatives de la plante.

Fleurs. — Comme toutes les Cycadacées, les *Cycas* sont dioïques. La fleur mâle et la fleur femelle ne sont autre chose que des feuilles dont le rachis principal porte des étamines dans un cas, des ovules nus dans l'autre. Ces fleurs se développent à l'extrémité de la tige, et suivant un ordre spiralé qui continue celui des feuilles végétatives. Après avoir ainsi porté un certain nombre de fleurs, l'axe produit une série de feuilles normales, puis des écailles foliaires, enfin, après une période de repos, une nouvelle série de fleurs.

Fleur mâle. — L'ensemble des étamines qui forme la fleur mâle simule un chaton. Elle est composée d'un axe principal sur lequel sont insérées

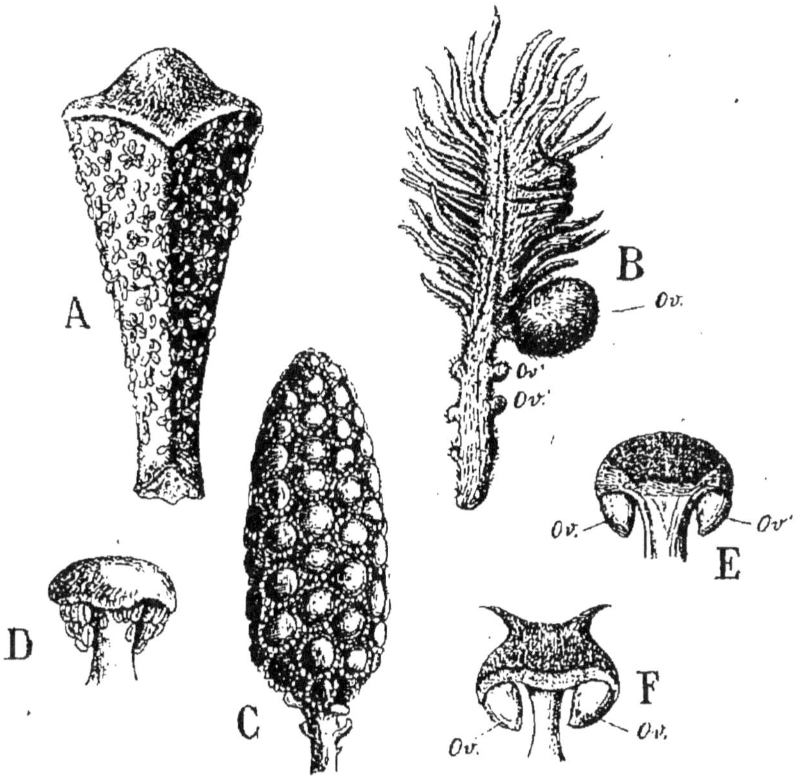

Fig. 184. — A, étamine de *Cycas.* — B, un carpelle de *Cycas.* — C, fleur mâle de *Zamia.* — D, étamine de *Zamia.* — E, carpelle de *Zamia.* — F, carpelle de *Ceratozamia.* — *Ov*, ovules (Courchet).

un grand nombre de feuilles dépourvues de folioles, dilatées à leur sommet devenu plus ou moins prismatique par pression réciproque (fig. 184, A). Au-dessous du filet sont attachés des sacs polliniques arrondis, s'ouvrant en déhiscence longitudinale.

Fleur femelle. — La fleur femelle n'est formée que par des carpelles. Chaque feuille carpellaire représente une feuille végétative dont les folioles moyennes sont remplacées par des ovules (B). Au-dessus et souvent aussi au-dessous de ces derniers, le rachis commun porte des folioles à peine modifiées, d'un jaune fauve, couvertes de poils tomenteux.

Ovules. — Les ovules (*Ov*) sont orthotropes, horizontaux ou plus ou moins obliquement dressés, pourvus d'un seul tégument qui, vers le sommet, n'adhère pas au nucelle, et se prolonge, au-dessus du micropyle, en une sorte de tube à bord lobé.

Le nucelle est creusé, vers sa partie supérieure, d'une dépression (*chambre pollinique*) destinée à conserver les grains de pollen jusqu'au moment de la maturité de l'oosphère.

Le sac embryonnaire se remplit d'un tissu nourricier (*endosperme*) (v. p. 114) dans lequel se différencient quelques *corpuscules*, dont la cellule centrale renferme l'*oosphère*.

Graine. — Après la fécondation, l'œuf divise son noyau un grand nombre de fois, et forme un massif cellulaire qui s'allonge de haut en bas, pénètre dans l'endosperme, et constitue un *suspenseur* dont la cellule terminale se divise ensuite pour constituer définitivement l'*embryon*. Celui-ci se trouve ainsi plongé dans le tissu nourricier qui doit subvenir à son premier développement.

Le *tégument séminal* se différencie en une zone externe charnue et une interne sclérifiée, ce qui donne à la graine l'aspect d'une drupe. Elle prend, en même temps, une coloration rouge orangé.

Autres genres de Cycadacées. — Les genres voisins offrent quelques divergences de caractères, dont les plus essentielles sont indiquées dans le tableau qui termine cette étude, et qui repose essentiellement sur les données de M. A.-W. Eichler (1).

Nous voyons la tige se ramifier assez souvent chez les formes naines, ce qui est exceptionnel chez les Cycadacées à stipe élevé.

Les feuilles écailleuses manquent chez quelques espèces de *Macrozamia*. Chez les *Ceratozamia* les feuilles sont de deux sortes, et leur base est pourvue de deux dents stipuliformes.

Le stipe des *Zamia* et *Stangeria* demeure à peu près nu ; celui des *Macrozamia* est simplement recouvert d'une sorte de bourre qui finit par disparaître.

Chez les *Bowenia*, la feuille est doublement pennée, etc.

Dans la fleur mâle, le filet se dilate de diverses manières à son sommet, et porte, soit sur ses bords seulement, soit sur toute sa face inférieure (D) des sacs polliniques en nombre variable, souvent disposés en groupes de 4 ou de 6.

De même les ovules, terminaux et toujours découverts chez les *Cycas*, sont, chez les autres genres, portés à la face inférieure de carpelles dilatés à leur sommet, soit en une sorte de T dont chaque branche en supporte un (E,F), soit en un écusson sous lequel sont insérés deux ovules. Serrés les uns contre les autres avant la fécondation, ces carpelles se dissocient lors de l'arrivée du pollen, puis s'accolent de nouveau, et les graines mûrissent ainsi dans un espace clos. L'embryon plongé dans l'endosperme et porté à l'extrémité d'un suspenseur pelotonné est muni, le plus souvent, de 2 cotylédons, plus rarement d'un seul ou de plusieurs.

(1) Voy. Engler et Prantl. IIe partie, p. 20 et suiv.

FAMILLE DES CYCADACÉES.

CARACTÈRES GÉNÉRAUX.

Plantes toujours dioïques, rappelant certains Palmiers par leur port, dont le stipe, souvent hérissé, porte presque toujours et alternativement deux sortes de feuilles : les unes écailleuses et petites, les autres grandes et pennées, à préfoliation généralement circinée, toutes insérées suivant une disposition spiralée.

Fleurs toujours sans périanthe.

Mâles figurant des chatons au sommet de la tige, et formés d'un axe portant de nombreuses étamines. Chacune de celles-ci est constituée par une écaille élargie au sommet, portant à sa face inférieure un nombre variable de sacs polliniques uniloculaires.

Femelles constituées par un ensemble de feuilles carpellaires, alternant souvent avec de simples écailles ou avec des feuilles végétatives, et portant chacune 2, rarement plusieurs ovules orthotropes et nus.

Graines à tégument charnu en dehors, scléreux en dedans (fausse drupe). Embryon pourvu d'un suspenseur pelotonné, et entouré d'un endosperme charnu abondant.

Tribu I. — Cycadées.

Ovules, au nombre de 4 à 8, rarement de deux, portés latéralement sur le rachis de la feuille carpellaire, et toujours à découvert. — L'axe qui porte les fleurs femelles continue à s'accroître après les avoir produites. — Les folioles ne montrent qu'une nervure médiane.

Tribu II. — Zamiées.

Carpelles en forme d'écailles élargies au sommet, et ne portant jamais plus de deux ovules insérés à leur face inférieure.

Folioles avec nombreuses nervures longitudinales parallèles.

- Folioles dont la nervure principale se ramifie suivant le type penninerve......... { *Stangeria* Th. Moore (*St. paradoxa* de Port-Natal).

Feuilles simplement pennées.

- Feuilles doublement pennées................................. *Bowenia* Hook fils (*B. spectabilis*, de l'Aust.).
- Ovules se montrant comme des excroissances charnues de la feuille carpellaire................................... { *Dioon* Lehm. (2 espèces, l'une et l'autre américaines). *Encephalartos* Lehm. (continent africain).

Ovules bien différenciés, sessiles sur la feuille carpellaire.

- Carpelles élargis au sommet en forme d'écussons. — *Zamia* L. (Amérique tropicale).
- Carpelles acuminés au sommet................ — *Macrozamia* Miq. (Australie).
- Carpelles surmontés de deux cornes.......... — *Ceratozamia* Brong. (Mexique).
- Filets staminaux aplatis. Carpelles élargis en écussons .... — *Microcycas* A. D. C. (de Cuba, genre mal connu).

Cycas L. (16 espèces environ, dont 8 en Asie, 5 en Australie et dans la Polynésie, les 3 autres dispersées dans les régions tropicales).

Considérations anatomiques. — *Racine*. — La racine est pourvue d'une coiffe bien caractérisée et elle s'accroît au sommet par un groupe de cellules primordiales. Aux formations primaires succèdent, comme chez les racines vivaces de Dicotylédones, des formations libéro-ligneuses qui se produisent d'une façon normale. La moelle existe le plus souvent.

Tige. — La tige est pourvue d'une moelle abondante qui renferme, comme le parenchyme cortical, de nombreux *canaux sécréteurs à contenu gommeux*. Comme chez les Conifères (v. p. 37), il n'existe de trachées que dans le bois primaire ; le bois secondaire ne renferme que des vaisseaux ponctués, aréolés ou scalariformes.

La tige des *Cycas* et des *Encephalartos* montre des zones concentriques de bois et de liber qui correspondent à des périodes végétatives de plusieurs années, et qui constituent une anomalie remarquable. Après avoir fourni une première zone libéro-ligneuse, le cambium cesse de fonctionner. Mais plus en dehors, dans le péricycle, apparaît alors une seconde assise génératrice qui est, à son tour, remplacée par une troisième plus extérieure, etc.

Les canaux à gomme manquent dans la racine, mais on les retrouve dans la feuille.

Affinités. — Nous avons déjà fait ressortir l'analogie qui relie les Cycadacées aux Cryptogames supérieures. Ces végétaux s'offrent à nous comme les descendants d'un groupe très ancien qui formait la transition des Filicinées aux Angiospermes.

Distribution géographique. — Autrefois répandues sur tout le globe, ces plantes sont actuellement localisées presque toutes dans la zone équatoriale. Leur station la plus élevée dans l'hémisphère Nord paraît être, pour le nouveau continent, le Mexique, où certaines formes croissent encore par 30° de latitude septentrionale, et le Sud du Japon pour l'ancien continent. L'examen du tableau ci-joint montre, d'ailleurs, que des genres différents vivent en Amérique et dans l'ancien monde.

Propriétés générales. Usages. — Peu de Cycadacées fournissent des produits réellement utiles. Nous n'avons guère à signaler que certains sagous que l'on retire, dans les Moluques et au Japon, de la moelle du *Cycas revoluta*.

Dans le Sud de l'Afrique, on fabrique une sorte de pain avec la fécule des *Encephalartos*.

Les semences des *Zamia* et des *Cycas* sont nutritives, mais en même temps très astringentes lorsqu'elles sont crues. On attribue des propriétés émétiques à la graine d'une espèce australienne.

FAMILLE II. — CONIFÈRES

La famille des Conifères se laisse diviser en deux sous-familles, les **PINOIDÉES** ou **ARAUCARIÉES** et les **TAXOIDÉES**, comprenant chacune plusieurs tribus.

Nous étudierons à part chacune de celles-ci.

SOUS-FAMILLE I. — PINOIDÉES (ARAUCARIÉES)

Cônes parfaits, semences cachées entre les écailles carpellaires. Tégument séminal cartilagineux, osseux ou ligneux, toujours simple.

Cette sous-famille comprend deux tribus : les **Abiétinées** et les **Cupressinées**.

Tribu I.—Abiétinées.

Description du Pinus Pinea L. — APPAREIL VÉGÉTATIF. — Le *Pinus Pinea* (Pin à pignons), qui croît en abondance dans la région méditerranéenne, jusqu'au Caucase, est un arbre de 20 à 30 mètres de hauteur, remarquable par ses ramifications qui forment, au-dessus du tronc, une vaste ombelle touffue, d'où le nom de *Pin parasol* sous lequel on le désigne encore. L'écorce de toutes les parties lignifiées est rude, crevassée, et laisse exsuder des larmes résineuses.

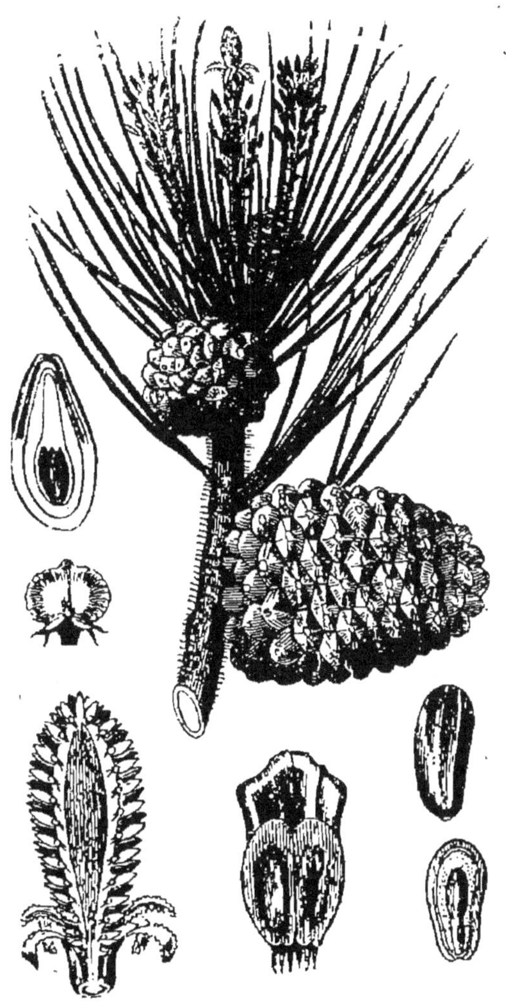

Fig. 185. — Pin pinier ou pin à pignon.

Les rameaux, chez les Pins, sont de deux sortes, ainsi que les feuilles qui y sont insérées (fig. 185). Les uns sont longs et se développent d'une façon normale, mais ils ne portent que des feuilles sans chlorophylle, petites et écailleuses, insérées en ordre spiralé. Les autres naissent sur les premiers, à l'aisselle des écailles foliaires ; ils sont très courts et ne portent, chez l'espèce en question, que deux feuilles vertes très étroites et aciculaires, embrassées par une gaîne commune, elle-même entourée par quelques minces écailles. Ces courts rameaux se détachent de l'axe mère avec les feuilles qu'ils portent, mais comme leur chute est successive et

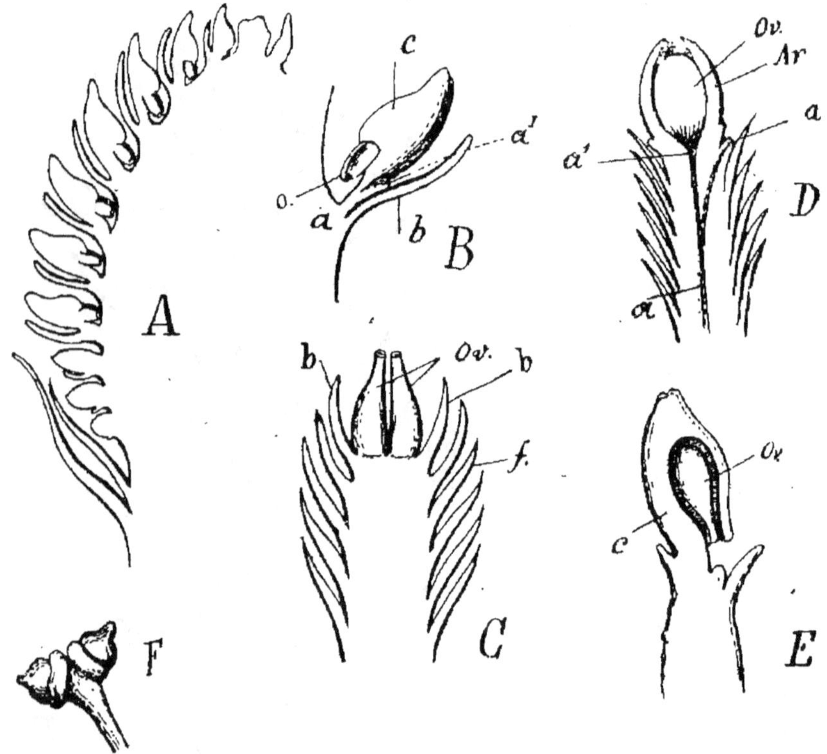

Fig. 186. — Principaux types de fleurs femelles de Conifères. — A, *Pinus*, coupe longitudinale d'un cône montrant les carpelles, à l'aisselle de leurs bractées mères, portant les deux ovules renversés. — B, figure théorique, d'après l'interprétation de M. Van Tieghem : *a* axe de l'inflorescence, *b* bractée mère, *a'* axe floral avortant après avoir produit les feuilles carpellaires *c*, sur son côté postérieur. — C, *Juniperus*, coupe longitudinale d'une fleur, *Ov* ovules dressés, à l'aisselle de leurs feuilles carpellaires *b*, *b*; *f* écailles foliaires. — D, *Taxus*; *a*, *a* axe mère se terminant sous la fleur, à droite; *a'* axe floral produit par l'axe *a* dont il paraît être la terminaison; *Ov* ovule; *Ar* arille. — E, *Podocarpus* : *c* carpelle; *Ov* ovule anatrope, concrescent avec le carpelle. — F, *Gincko biloba*. (Courchet.)

sans cesse compensée par la formation de nouveaux rameaux semblables, l'arbre ne change jamais de physionomie, ce qui est, du reste, le cas de la plupart des Conifères que l'on qualifie, pour ce motif, du nom d'*arbres toujours verts*.

Les bourgeons naissent à l'aisselle des écailles foliaires, sur les rameaux de la première sorte; mais comme les derniers formés au sommet de ces axes se développent seuls, les rameaux qui en proviennent se trouvent rapprochés en faux verticilles étagés.

Fleurs. — Les fleurs sont unisexuées et monoïques.

Fleurs mâles. — Les mâles figurent des chatons oblongs, qui se montrent, au printemps, associés en nombre variable à la base des rameaux de nouvelle formation, rameaux qui vont se développer en axes végétatifs normaux. En réalité nous avons affaire à un épi dont l'axe principal s'accroît plus tard en un rameau ordinaire, et qui porte, insérées en ordre spiralé, à l'aisselle de feuilles écailleuses, des fleurs mâles dont l'organisation est très simple.

Elles sont sans périanthe, et formées chacune d'un axe allongé (l'axe floral) sur lequel sont insérées, en ordre spiralé, de nombreuses étamines. Ces dernières sont constituées par des écailles orbiculaires à base rétrécie, dilatées au sommet, et portant à leur face inférieure deux sacs polliniques situés de part et d'autre de la ligne médiane, et concrescents dans toute leur longueur avec l'écaille staminale. Ces sacs polliniques sont uniloculaires, et s'ouvrent par une fente longitudinale, à la maturité du pollen. Ce dernier est très léger et formé par des grains dont l'exine présente les deux boursouflures latérales dont nous avons parlé (V. p. 96) (1).

Fleurs femelles. — Les fleurs femelles sont solitaires ou associées deux ou plusieurs ensemble à l'extrémité des rameaux. Ce sont elles que l'on décrit, en morphologie végétale, sous le nom de *cônes*, en leur donnant alors la valeur morphologique, non pas d'une seule fleur, mais de toute une inflorescence.

Chaque cône est placé à l'aisselle d'une écaille. Il est lui-même formé d'un axe allongé (fig. 185 en bas et à gauche, et 186 A) portant, disposées suivant une spire très surbaissée, de nombreuses bractées à l'aisselle de chacune desquelles s'insère une écaille cunéiforme, élargie et épaissie vers son extrémité, portant sur sa face supérieure deux ovules orthotropes, mais renversés, et dont le micropyle est voisin du point d'insertion de l'écaille ovulifère (fig. 185 au milieu et en bas). *Cette dernière n'est autre chose qu'un carpelle étalé*, et les ovules sont, par conséquent, nus comme chez les Cycadacées.

Nous venons de considérer le cône comme une inflorescence entière, hypothèse dans laquelle chaque écaille ovulifère représenterait une fleur fe-

(1) Seul, parmi toutes les Conifères-Abiétinées, le *Tsuga canadensis* présente un pollen dont les grains sont autrement organisés.

melle. D'après M. Van Tieghem, à l'aisselle de chacune des bractées du cône naîtrait un petit axe (fig. 186, B *a'*) qui donnerait naissance à deux feuilles carpellaires au-dessus desquelles il avorterait aussitôt. Les deux carpelles *c*, repoussés sur le côté postérieur de cet axe, seraient concrescents. Il résulte de cette disposition que les feuilles carpellaires porteraient leurs ovules sur leur face dorsale, comme les feuilles staminales leurs sacs polliniques. Telle n'est pas l'opinion de M. Eichler (Engler et Prantl, *loc. cit.*, II° partie, p. 45), qui considère le cône comme une simple fleur formée d'un axe sur lequel sont insérés de nombreux carpelles, de même que la fleur mâle consiste simplement en un axe portant de nombreuses étamines. La pièce considérée par d'autres auteurs comme une bractée mère ne serait que la partie inférieure, plus ou moins nettement individualisée, de la feuille carpellaire elle-même. Presque complète chez les Pins, cette individualisation est bien moins accentuée, nulle même, dans quelques genres. Il s'agirait donc ici, non plus de la concrescence d'une bractée mère avec l'axe qu'elle porte à son aisselle ou avec les feuilles de cet axe, mais bien du dédoublement antéro-postérieur d'une pièce primitivement unique, le carpelle.

Ovule. — Comme chez les Cycadacées, l'ovule consiste en un nucelle dont le sac embryonnaire (*macrospore*) se remplit d'un endosperme abondant. Ainsi qu'il a été dit ailleurs (V. p. 118 et 119), les *corpuscules* ou archégones se forment, en nombre variable et plus ou moins rapprochés l'un de l'autre, dans ce prothalle femelle. Enfin l'ovule est entouré d'un tégument unique qui se prolonge, au-dessus du micropyle, en un appendice tubulaire.

Fruit en graine. — Le cône se transforme en un fruit, vulgairement nommé *pomme de Pin*. Il consiste dans l'axe devenu ligneux sur lequel les écailles carpellaires, accrues et durcies considérablement, très épaissies et terminées en une pointe raide, ont rapprochées tout d'abord, puis s'écartent les unes des autres pour permettre aux graines de s'échapper. Ces dernières, nues comme les ovules dont elles proviennent, ont un tégument dur et ligneux, auquel reste adhérent un large appendice membraneux, aliforme, qui se détache, avec la graine, de la surface de l'écaille carpellaire. L'amande, qu'entoure immédiatement une mince membrane (différenciation d'une partie du tégument), se compose d'un embryon droit, axile dans l'endosperme abondant et huileux (V. fig. 185 à droite et en bas). Les cotylédons sont en nombre variable, toujours supérieur à deux (1).

(1) Pour certains botanistes, on aurait affaire à deux cotylédons bifides ou multifides pour d'autres, et c'est l'opinion la plus généralement admise, l'embryon serait réellement polycotylédoné.

Autres genres d'Abiétinées. — *Cedrus* Loud. — Les Cèdres, très voisins des Pins, sont des arbres à port majestueux, dont les rameaux sont également de deux sortes, *mais tous pourvus de feuilles aciculaires isolées.* Il n'en existe guère que trois espèces, peut-être même trois variétés d'une même espèce.

Larix. — Les *Larix* Mill ou Mélèzes se distinguent des Cèdres par leurs feuilles caduques, portées sur des courts rameaux qui les entraînent dans leur chute.

A côté des Pins, représentés par de nombreuses espèces dans l'hémisphère Nord, des Cèdres et des Mélèzes, se groupent un certain nombre d'autres genres constituant avec eux une première tribu, celle des *Abiétinées,* que caractérise essentiellement la *disposition en cône des fleurs femelles.*

Abies. — Ici se placent les Sapins (genre *Abies* Tourn.), confondus avec le genre *Pinus* par Linné. Les *Abies* se distinguent de ce dernier genre principalement :

1° *Par leurs feuilles toutes vertes et toutes semblables (abstraction faite des écailles protectrices des bourgeons), alternes, plus courtes que chez les Pins et aciculaires comme chez ces derniers ;*

2° *Par leurs cônes dressés, à écailles caduques avec les graines* (les Pins ont des cônes pendants, à écailles persistantes) ;

3° *Par leurs écailles carpellaires arrondies au sommet, beaucoup moins lignifiées, que dépassent les bractées mères très développées, dont le bord externe denticulé se termine par une pointe réfléchie.*

4° *Par leurs graines qu'accompagne un appendice aliforme large, beaucoup plus court que chez les Pins.*

Ce genre est important au point de vue des produits qu'il fournit.

Chez les Sapins, les feuilles sont insérées régulièrement tout autour des rameaux dressés ; mais sur les ramifications latérales, bien que leur insertion soit la même, elles tendent à s'orienter horizontalement de façon à simuler une disposition distique. Cette tendance est très accentuée chez l'*Abies pectinata* DC qui lui doit son nom spécifique.

Picea. — Les *Picea* Linck, dont une espèce (*P. excelsa* Lam.) fournit la poix de Bourgogne, se distinguent des Sapins par les caractères suivants :

Les rameaux, tous pourvus de feuilles vertes et alternes, comme chez les Abies, sont d'une seule sorte.

Les feuilles sont de forme quadrangulaire, régulièrement disposées autour des axes. Sur les dernières ramifications seules, elles montrent une tendance à s'orienter horizontalement.

Les cônes sont pendants, et leurs écailles persistent après la chute des graines, sur l'axe qui les porte.

Les *Araucaria* Juss., beaux arbres à feuillage persistant de l'Amérique du Sud et de l'Australie, se distinguent des genres précédents par la *concrescence à peu près complète, dans le cône femelle, de la bractée et du carpelle* en une pièce commune qui montre à peine, au sommet, une légère division. Les *Araucaria*, comme les Pins, ont deux sortes d'axes et deux sortes de feuilles.

Les *Dammara* Lam. (*Agathis* Salisb.) sont souvent cités pour leur *feuilles élargies, lancéolées*, parcourues par de nombreuses nervures parallèles longitudinales. Ce sont, d'ailleurs, des plantes exclusivement océaniennes.

Le *Sciadopitys verticillata* Sieb. et Zucc., du Japon, se fait remarquer par une particularité intéressante : ses rameaux et ses feuilles sont de deux sortes, comme ceux des Pins et, comme chez les pins, les rameaux courts portent dès feuilles géminées, mais celles-ci sont *concrescentes, par leur bord en contact, en une lame unique* dont la nature se révèle par le nombre et la disposition des faisceaux. En outre, *chaque écaille carpellaire porte 6 à 9 ovules.*

Les *Sequoia* Endl. de l'Amérique du Nord, dont une espèce, le *S. gigantea* Torr. des montagnes de la Californie, atteint une taille gigantesque, ont également leurs *feuilles carpellaires concrescentes, sur une certaine étendue, avec la bractée, et chaque carpelle porte 3 à 6 ovules. Mais ces derniers sont tout d'abord plus ou moins dressés ;* ils se renversent plus tard après avoir été soulevés par l'allongement de la base du carpelle.

Cette orientation des ovules nous conduit à celle qu'on observe chez les *Taxodium* Rich., où *ils sont toujours dressés.* Ces arbres, propres aux lieux marécageux de l'Amérique du Nord, ont leurs feuilles ariculaires insérées en spirale sur de courts rameaux caducs, et perdent leur feuillage en hiver, comme les *Larix*.

Les **Abiétinées**, dont nous venons de passer en revue les principaux genres, peuvent se caractériser ainsi qu'il suit :

Conifères dont les feuilles sont toujours alternes et spiralées, assez souvent de deux formes portées par deux sortes de rameaux : les unes écailleuses sur des axes allongés, les autres aciculaires sur des rameaux courts et plus ou moins caducs.

Fleurs femelles formant des cônes plus ou moins parfaits. Ovules orthotropes, presque toujours renversés.

Tribu II. — Cupressinées.

Les *Sequoia* et surtout les *Taxodium* forment une transition vers les *Cupressinées* chez lesquelles *les ovules orthotropes sont toujours dressés, et adhérents simplement par leur base avec le carpelle. Les feuilles carpellaires, beaucoup moins nombreuses que chez les Abiétinées, ne forment jamais un cône parfait. Enfin les feuilles, sauf quelques exceptions, sont toujours opposées ou verticillées, et cette disposition se retrouve même dans les pièces florales.*

Cette tribu a reçu son nom de celui des Cyprès (*Cupressus* L.) qui en représentent le type.

Description des Cupressus. — Les Cyprès sont des arbres, parfois de haute taille, propres aux régions tempérées de notre hémisphère, et auxquels leurs feuilles décussées, petites, squamiformes et décurrentes sur les petits rameaux qu'elles revêtent, donnent un aspect spécial. Les fleurs sont monoïques : les mâles figurent de petits chatons à l'aisselle des feuilles supérieures ; ces chatons portent un certain nombre d'étamines dont le filet se dilate à son sommet en une sorte d'écaille peltée, portant en dessous deux à six sacs polliniques à déhiscence longitudinale. Les cônes sont formés par un axe sur lequel s'insèrent, en disposition décussée, trois à quatre séries d'écailles, membraneuses d'abord, devenant plus tard ligneuses et peltées ; ces formations représentent les carpelles concrescents avec leurs bractées mères correspondantes. Les écailles supérieures et inférieures sont généralement stériles ; mais les moyennes ont à leur aisselle un nombre variable d'ovules orthotropes et dressés, avec lesquels elles ne contractent aucune adhérence.

Ce cône se transforme en une sorte de fruit, nommé souvent *galbule* ou improprement *noix de Cyprès*. Il est formé par les écailles carpellaires lignifiées, fortement épaissies et peltées, mucronées en dehors, unies tout d'abord latéralement de façon à cacher les graines, puis se disjoignant pour en permettre la dissémination. Celles-ci ont un tégument ligneux, latéralement dilaté en une aile étroite. L'embryon n'offre ici que deux cotylédons perpendiculaires au plan de symétrie de la graine ; mais, comme chez toutes les Conifères, il est entouré d'un endosperme huileux abondant.

Parmi les genres voisins des Cyprès nous pouvons citer les *Thuya,* qui ont à peu près le même feuillage, mais dont les *cônes plus petits n'ont que deux ou trois écailles carpellaires fertiles, protégeant chacune deux, rarement trois ovules.* Étrangers à l'Europe, les *Thuya* sont répandus dans presque tout notre hémisphère ; certaines espèces sont cultivées en bordure dans nos parcs (par exemple le *T.* ou *Biota*) *orientalis*, de la Chine.

Le *Callitrix quadrivalvis* Vent. (*Thuya articulata* Shaw), plante du Maroc à laquelle nous devons la Résine Sandaraque, appartient à un genre très voisin des *Thuya*. Il est représenté en Afrique, à Madagascar et dans la Polynésie. *Toutes les écailles carpellaires du cône, au nombre de 4 à 8, sont ici fertiles.*

Description des Juniperus. — Les Genévriers (*Juniperus* L.) diffèrent des Cyprès par leur taille moins considérable, leurs feuilles verticillées par trois, leurs cônes qui deviennent de fausses baies ou de fausses drupes. Trois espèces indigènes sont particulièrement importantes pour nous.

Le *Genévrier commun* (*J. communis* L.) dont les fausses baies sont vulgairement employées sous le nom de *baies de genièvre*, est un arbuste (fig. 187) à feuillage permanent, dont la taille est susceptible de varier beaucoup suivant les conditions où il végète, car on le rencontre depuis la Méditerranée jusqu'à l'Océan Arctique, dans les stations élevées de l'Himalaya, dans la Russie d'Asie et dans l'Amérique du Nord. Les feuilles

Fig. 187. — Genévrier.

sont verticillées par trois ; elles sont aciculaires, étalées et rigides, très entières et d'un vert cendré. Leur face supérieure, légèrement canaliculée, est marquée d'une bandelette blanche continue ; leur face inférieure est carénée.

Les fleurs sont dioïques. Les mâles simulent de petits chatons solitaires à l'aisselle des feuilles (sur la figure à gauche et en haut et second dessin à gauche en bas). L'axe floral porte d'abord quelques écailles stériles, puis des étamines à connectif élargi en lame triangulaire, et qui se prolonge vers le haut en un appendice squamiforme acuminé, formant à sa base un simple rebord. C'est au-dessous de ce dernier que sont insérés les sacs polliniques, au nombre de trois ou de quatre (voy. fig. 187, second dessin à gauche et en bas).

Les cônes femelles, également solitaires, sont embrassés infé-rieurement par quelques bractées stériles apprimées ; viennent en-suite trois carpelles fertiles (que l'on considère comme étant con-crescents avec leurs bractées mères) à l'intérieur de chacun desquels se dresse un ovule ortho-trope (fig. 187, à droite et en bas, et 186 C). Le tégu-ment de ces ovules se pro-longe, au delà du micropyle, en un petit tube légèrement bilabié au sommet. Après la fécondation les carpelles s'accroissent, deviennent charnus, et s'accolent laté-ralement de manière à en-clore complètement les grai-nes dont la maturité exige deux ans pour s'accomplir.

Les fausses baies du Ge-névrier commun (fig. 187, en bas et à gauche) laissent encore reconnaître à leur sommet l'extrémité des trois écailles carpellaires ; les trois ſ   qu'elles renferment   trigones, revêtues d'un tégument dur. Leur endosperme   huileux, et l'embryon possède deux cotylédons.

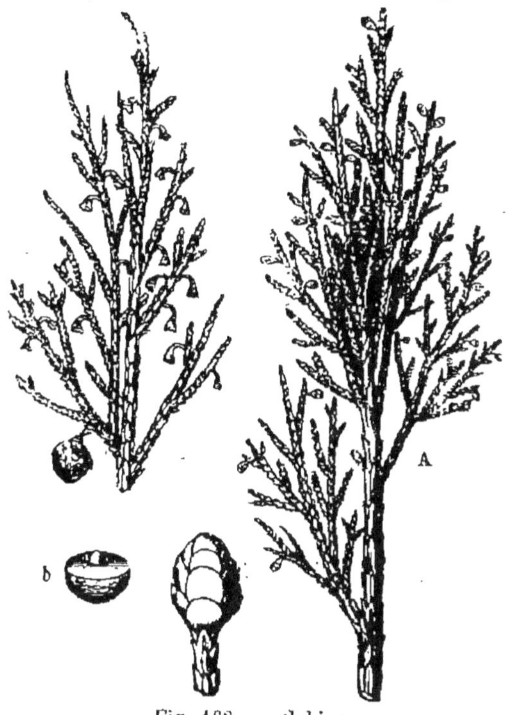

Fig. 188. — Sabine.

L'huile dit.   Cade est due à une espèce très voisine de la pré-cédente, l'Oxycèdre ou Cade (*J. Oxycedrus* L.), qui croît dans le Midi de la France, en Espagne et dans le Levant. Ses fruits sont deux fois plus gros que ceux du Genévrier commun, d'une couleur rougeâtre, et renferment deux graines renflées à la base, compri-mées et tronquées au sommet. Ses feuilles, semblables à celles du Genévrier commun, se distinguent par la présence de deux ban-des blanches à leur face inférieure.

La Sabine (*Juniperus Sabina* L.) se distingue des deux espèces précédentes par la disposition presque partout opposée-décussée de ses feuilles et par le dimorphisme de celles-ci (fig. 188). Les ramuscules sont entièrement cachés par des feuilles squamiformes, semblables à celles des Cyprès, brièvement mucronées ; elles sont étroitement appliquées contre l'axe, et montrent une glande dans leur région dorsale (1). Celles des rameaux sont également adhérentes à l'axe par une large base, mais leur sommet est divergent et plus allongé. En outre, la Sabine est monoïque. Les fleurs mâles sont dressées, les cônes femelles pendants ; les uns et les autres sont insérés à l'extrémité de petits rameaux. Les carpelles sont disposés en verticilles binaires, dont le supérieur demeure stérile. Il ne se développe d'ailleurs, que deux graines dans la fausse baie.

Chez certains Genévriers, le *J. drupacea* Labill., par exemple (de l'Asie Mineure, des Balkans, etc.), la partie interne des carpelles se lignifie, et le fruit devient une fausse drupe.

SOUS-FAMILLE II. — TAXOÏDÉES

Les genres qui nous restent à étudier offrent tous, comme caractères communs, d'avoir des *fleurs femelles non réunies en cônes ; l'ovule nu est toujours beaucoup plus développé que le carpelle correspondant, ou même encore ce dernier est abortif et la fleur femelle est représentée par l'ovule seul. La graine est entourée d'un arille, ou bien son tégument devenant pulpeux dans sa partie externe, la semence, offre l'apparence d'une drupe.*

Tribu III. — Taxinées.

Description des Taxus. — Les *Taxus* L. (Ifs) peuvent être considérés comme le type de cette sous-famille. Ce sont des arbustes toujours verts dont les feuilles, à peu près distiques, sont linéaires ou falciformes, courtement pétiolées (fig. 189).

Les fleurs sont dioïques.

Les mâles, placées dans l'aisselle de certaines feuilles, consistent en un axe floral qu'entourent à la base un certain nombre de bractées stériles, et qui porte au-dessus quatre à douze étamines composées (dessin à gauche et en haut) d'un filet dilaté au sommet en un appen-

(1) Certains Genévriers, le *J. virginiana*, par exemple, montrent sur le même pied, des feuilles aciculaires semblables à celles du Genévrier commun, et des feuilles squamiformes, semblables à celles de la Sabine.

dice pelté, au-dessous duquel s'insèrent cinq à huit sacs polliniques.

La fleur femelle (fig. 186 D et fig. 189 en bas et à droite) offre ici une structure très simple. Dans l'axe d'une feuille verte naît un petit rameau qui porte tout d'abord un certain nombre d'écailles opposées-décussées. C'est à l'aisselle de la dernière que naît l'axe floral proprement dit (fig. 186 *a'*), tandis que le rameau avorte immédiatement au-dessus (*a*). L'axe de la fleur, qui paraît n'être que la continuation du premier, porte encore quelques bractées décussées, et se termine par un ovule orthotrope et dressé (O*v*). Le carpelle ne se développe pas, ou tout au moins n'est représenté que par le tissu sur lequel repose l'ovule (1). Après la fécondation, il se forme autour de la jeune graine un bourrelet basilaire charnu qui l'enveloppe en s'accroissant peu à peu (fig. 186 A*r* et fig. 189, à droite). Vert d'abord, cet arille (v. p. 140) forme définitivement, autour de la graine mûre, une cupule profonde, d'un rouge pourpre. C'est la réunion de cette cupule et de la graine que l'on appelle improprement le *fruit de l'If*. L'embryon est à 2 cotylédons.

Fig. 189. — If.

Les Ifs offrent l'intéressante particularité d'être *dépourvus de canaux sécréteurs*.

Autres genres de Taxinées. — C'est tout auprès des Ifs que se placent les *Torreya* (de la Chine, du Japon et de l'Amérique du Nord). *Les*

(1) Pour M. Van Tieghem, l'ovule lui-même ne terminerait pas l'axe floral, mais naîtrait à l'aisselle de la dernière écaille de cet axe.

fleurs femelles, ou mieux *les ovules sont portés deux par deux sur les axes floraux*. L'arille charnu qui entoure la graine, plus développé encore que dans l'If, est plus ou moins adhérent avec elle.

Les *Cephalotaxus* (Chine et Japon), avec le port et le feuillage des Ifs, ont une structure florale semblable à celle des *Torreya;* mais ils se distinguent des deux premiers genres *par l'absence complète d'arille.* En outre, tandis que la portion interne du tégument séminal se change en une sorte de noyau, la partie externe devient charnue, de telle sorte que *la graine simule une véritable drupe.*

Le *Gincko biloba* L. (*Salisburia adianthifolia* Smith), de la Chine, nous offre le singulier exemple d'une Conifère dont *les feuilles caduques, à limbe étalé en une sorte d'éventail échancré au sommet, parcouru par de nombreuses nervures rayonnantes et ramifiées dichotomiquement,* rappellent les divisions de la fronde des Capillaires. C'est un bel arbre à fleurs dioïques. Les mâles sont représentées par des étamines insérées sur un axe commun, et formées elles-mêmes par deux sacs polliniques pendants au sommet d'un filet qui se prolonge, au-dessus d'eux, en un très court appendice. — *Les fleurs femelles* (fig. 189, F), *solitaires ou géminées, sont portées par un axe nu.* Il n'y a point de cupule; mais, comme chez les *Torreya, la graine se transforme en une fausse drupe* dont la pulpe exhale, en mûrissant, une forte odeur de valériane.

Tribu IV. — Podocarpées.

Dans toutes les Conifères que nous avons étudiées, l'ovule est orthotrope. *Il est anatrope* chez quelques genres que l'on rattache aux Taxoïdées, et dont on a fait la tribu des *Podocarpées.*

Chez les *Podocarpus*, par exemple, Conifères à feuilles étroites ou plus ou moins lancéolées des régions tempérées de l'Asie et de l'Amérique, les carpelles, libres ou concrescents plusieurs ensemble sur un réceptacle commun qui devient charnu à la maturité, portent chacun *un ovule anatrope* (fig. 189 E). Ce dernier est parfois presque terminal ; mais souvent aussi il est inséré latéralement sur le carpelle, avec lequel il est concrescent sur une étendue plus ou moins grande.

Le tégument de l'ovule est double. L'enveloppe externe devient charnue et semblable à l'arille des Ifs, l'interne se lignifie, et *le fruit consiste ainsi en une ou plusieurs fausses drupes portées sur un réceptacle qui, lui-même, devient fréquemment charnu et bacciforme.*

Chez les *Dacrydium* (des îles Malaises, etc.), l'anatropie de l'ovule est moins accentuée ; l'enveloppe charnue est moins complète autour de la graine, qui se redresse peu à peu en mûrissant.

Enfin, malgré leur ovule dressé, c'est parmi les Podocarpées que l'on range les *Phyllocladus* (Tasmanie, Bornéo, etc.) dont les rameaux sont de deux sortes, les uns allongés et de forme normale, les autres courts, produits par les premiers et élargis en cladodes. Les uns et les autres portent de petites feuilles écailleuses qui, sur les cladodes, n'occupent que les deux bords des lames vertes que ces derniers constituent.

L'ovule est ici dressé, mais il naît à l'aisselle d'une écaille carpellaire nettement formée, ce qui exclut les *Phyllocladus* des Taxinées proprement dites.

CARACTÈRES GÉNÉRAUX DES CONIFÈRES

Appareil végétatif. — Plantes ligneuses, dont la *tige* est toujours plus ou moins richement ramifiée, de tailles très diverses. Ramifications assez souvent de deux sortes, les unes longues, les autres courtes, pourvues de feuilles semblables ou dissemblables. Parfois rameaux élargis en cladodes.

Feuilles généralement persistantes, le plus souvent étroites ou même aciculaires, ou bien en forme d'écailles vertes étroitement appliquées contre l'axe, plus rarement à limbe élargi (*Dammara* p. e.) ou même étalées en forme d'éventail (*Gincko*). Quelquefois deux sortes de feuilles (*Pinus*, *Scyadopitys*, etc.) : les unes courtes et écailleuses, portées par les longs rameaux, les autres vertes, longues et étroites, sur les rameaux courts. Ces derniers sont quelquefois caducs, avec le feuillage qu'ils portent.

Disposition des feuilles spiralée, verticellée ou opposée.

Fleurs. — *Fleurs unisexuées*, monoïques ou dioïques, *sans périanthe.* *Mâles* figurant des chatons allongés ou globuleux, formés d'un nombre variable d'étamines. Filet staminal à connectif étroit ou bien élargi en lame, ou pelté et portant sur sa face inférieure (dorsale) un nombre variable de sacs polliniques, s'ouvrant par une fente transversale ou oblique.

Pollen globuleux, ou pourvu de deux ballonnets latéraux formés par l'exine. Avant la formation du tube pollinique, le grain de pollen se divise en deux cellules inégales dont l'une se cloisonne une ou deux fois encore (1).

____

(1) Nous avons dit, dans notre partie générale (p. 122), que chez les Gymnospermes, à l'encontre de ce que l'on observe chez les Angiospermes, c'est la plus grande des cellules provenant de la division du grain de pollen qui devient la cellule germinative. Les études faites dans ces dernières années par M. Belajeff (1891) et M. Strasburger (1892) tendent à démontrer que c'est toujours la petite cellule qui, dans les deux sous-embranchements, devient la cellule germinative, et les données fournies par ces deux observateurs sont

Femelles isolées ou associées de diverses manières, et *formant alors des cônes plus ou moins parfaits.* Carpelles naissant à l'aisselle d'une bractée avec laquelle ils sont plus ou moins concrescents et diversement conformés : écailles imbriquées chez la plupart des Abiétinées, élargies en tête de clou et plus ou moins nettement verticillées chez les Cupressinées, enfin carpelles peu développés ou abortifs chez les Taxinées.

Ovules toujours nus, orthotropes ou rarement anatropes, pourvus d'un tégument simple, ou plus rarement double, souvent prolongé en un tube au-dessus du nucelle ; portés en nombre variable ou isolément à la face supérieure du carpelle (la face dorsale de la feuille carpellaire d'après la manière de voir exposée plus haut) et alors renversés (Abiétinées en général), ou bien dressés et simplement insérés à la base du carpelle (comme chez les Cupressinées), ou bien leur fleur femelle représentée par un ovule seul ou porté par un carpelle rudimentaire.

Fruit. — Fruit de structure variable :

actuellement admises à peu près sans conteste. La figure suivante (fig. 190), établie d'après

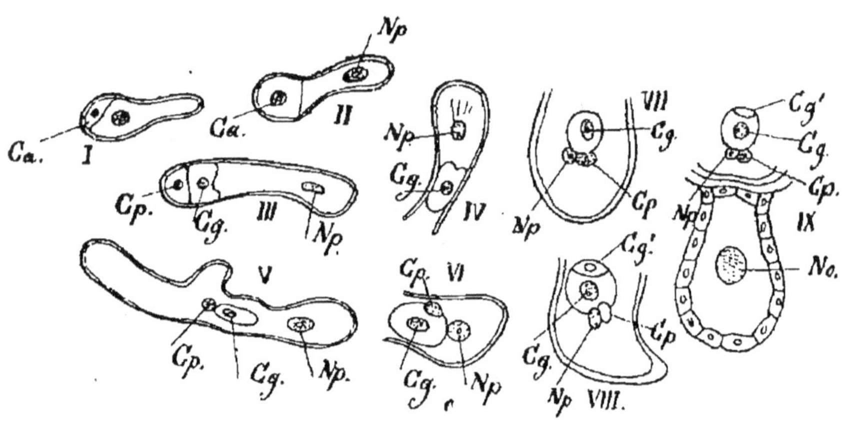

Fig. 190. — Noyau germinatif.

les données de M. Balajeff, est destinée à montrer à l'aide de que. processus e noyau germinatif se forme et arrive au nucelle, chez le *Taxus baccata.*

Le grain de pollen se divise, comme il a été dit, en deux cellules inégales (I) dont la plus grande s'allonge pour former le boyau pollinique ; la plus petite est la *cellule-anthéridie* (Ca). Cette dernière s'agrandit (II), tandis que le noyau de la grande cellule (Np) s'avance dans le tube. A un stade ultérieur (III), la cellule-anthéridie se divise en une *cellule-pédicelle* (Cp) et une cellule germinative (Cg). Bientôt (IV) la cellule-pédicelle se rompt, et son noyau (Cp), ainsi que celui de la cellule génératrice (Cg) se porte, à son tour, dans le boyau pollinique où ces deux éléments arrivent au contact (V). Le noyau de la cellule pédicelle (Cp) et celui de la grande cellule (Np) se placent alors en avant de la cellule germinative (VI) qui se divise (VIII) en deux éléments nouveaux (Cg, Cg') de grandeur inégale. C'est le plus grand seul, Cg (IX) qui est utilisé dans la fécondation.

1° Chez les Abiétinées, écailles carpellaires plus ou moins lignifiées et durcies, portant chacune sur sa face supérieure deux graines à tégument très dur, accompagnées presque toujours d'une aile
membraneuse qui se détache du carpelle.

2° Chez les *Cupressus*, écailles peltées unies tout d'abord latéralement en un corps globuleux ou oblong (galbule), se désunissant
ensuite pour laisser tomber les semences, dont le tégument est
toujours ligneux. Chez les *Juniperus*, écailles charnues, en partie
ou en totalité, formant une fausse baie ou une fausse drupe.

3° Chez les Ifs (*Taxus*), fruit uniquement représenté par la graine
qu'enveloppe un arille charnu et rouge, sacciforme, accompagné de
quelques écailles à la base.

4° Chez les *Gincko*, les *Podocarpus*, *Cephalotaxus*, etc., il n'y a
point d'arille charnu.

GRAINE. — Graine toujours formée d'un tégument (ligneux ou
plus ou moins charnu), et d'un embryon à 2 ou plusieurs cotylédons (*Abies*, *Pinus*, etc.), droit et axile dans un endosperme huileux
abondant.

CONIFÈRES.

SOUS-FAMILLE I. — PINOÏDÉES (ARAUCARIÉES).

Cônes parfaits. Semences cachées entre les écailles carpellaires. Tégument séminal cartilagineux, osseux ou ligneux, toujours simple.

Tribu I. — Abiétinées.

Conifères pourvues de feuilles spiralées. Ovules orthotropes, presque toujours renversés.

- Fleurs femelles formant des inflorescences arrondies ou coniques. Carpelles situés à l'aisselle de bractées dont ils sont à peu près indépendants, avec 2 ovules renversés.
  - Deux sortes de rameaux, les uns longs, les autres courts, poussant à l'aisselle des appendices foliaires des premiers.
    - Rameaux longs avec des feuilles écailleuses ; rameaux courts portant 2, plus rarement 1-7 feuilles aciculaires et vertes, unies dans une gaine membraneuse commune. Écailles carpellaires du cône ligneuses et persistantes, mucronées... ***Pinus*** L. (Régions tempérées de l'hémisphère Nord ; quelques espèces tropicales).
    - Rameaux longs et rameaux courts portant des feuilles vertes aciculaires.
      - Feuilles persistantes. — Écailles du cône larges et planes, sans pointe raide. — Graines mûrissant en 2 ou 3 ans... ***Cedrus*** Loud. (Himalaya ; Afrique orientale et septentrionale).
      - Feuilles caduques. — Cône ascendant, à écailles persistantes... ***Larix*** Mill. (Europe ; Asie septentrionale ; Amérique du Nord).
  - Rameaux d'une seule sorte.
    - Feuilles aciculaires à 4 angles. Cônes pendants avec écailles persistantes, sacs polliniques à déhiscence longitudinale... ***Picea*** Linck. (Zones tempérées de l'hémisphère Nord).
    - Feuilles aciculaires et aplaties. Cônes dressés, avec écailles caduques... ***Abies*** Juss. (Zones tempérées et froides de l'ancien continent ; Amérique du Nord).

- Fleurs femelles en inflorescences plus ou moins coniques. — Carpelles entièrement ou presque entièrement concrescents avec la bractée mère. — Un seul ovule orthotrope et renversé, sur le milieu du carpelle.
  - Ovule peu ou point du tout concrescent avec le carpelle. Feuilles plus ou moins élargies, avec nombreuses nervures parallèles, à limbe coriace... ***Dammara*** Lam. (*Agathis* Salisb.). (4 espèces des îles Malaises, îles Philippines, îles Fidji, Nouvelle-Zélande, ... et l'Australie).
  - Ovule concrescent avec le carpelle. Feuilles en forme d'écailles vertes ou de courtes aiguilles... ***Araucaria*** Juss. (Amérique du Sud ; Australie).

- Bractée mère et carpelle distincts, ou bien carpelle simplement pourvu, sur son côté externe, d'une excroissance de forme variable. Ovules 2-8, tantôt à l'aisselle du carpelle et dressés, tantôt insérés sur sa face interne et renversés.
  - Des rameaux d'une seule sorte, pourvus de feuilles normales.
    - Des rameaux de deux sortes, les longs avec de petites feuilles écailleuses, les courts avec des feuilles vertes, longues et concrescentes 2 par 2, simulant des verticilles... ***Sciadopitys*** verticillata Sieb. et Zucc. (Japon).
    - Ovules renversés. Feuilles persistantes. Carpelle élargi au sommet en forme de bouclier, sans aucune saillie interne... ***Sequoia*** Endl. (*Wellingtonia* Lindl. ; *Washingtonia* Winsl.). (2 espèces californiennes).
    - Ovules dressés. Feuilles caduques. Carpelle pourvu en dedans d'une expansion ondulée, à bords dentelés, qui n'apparaît nettement qu'à la maturité. — Écailles carpellaires persistantes ; graines anguleuses... ***Taxodium*** Rich. (2 espèces de l'Amérique du Nord).

SOUS-FAMILLE II. — TAXOÏDÉES.

Point de cônes proprement dits. Semences le plus souvent saillantes au-dessus des carpelles ; ces derniers souvent très réduits ou nuls. Graines pourvues d'un tégument simple ou double, drupiforme, ou pourvues d'un arille charnu.

Tribu II. — Cupressinées.

Feuilles à peu près toujours opposées ou verticillées, disposition que l'on retrouve dans les pièces qui forment le cône. Ovules orthotropes toujours dressés.

- Cônes ligneux formés par deux verticilles inégaux de carpelles rapprochés valvairement, anguleux par pression réciproque, et simulant un verticille unique, se séparant finalement par le sommet. Cône formé par 4, 6 à 8 valves, sans involucre spécial. — Feuilles disposées sur 2, 3 ou 4 rangées... ***Callitris*** Vent. (Afrique ; Madagascar ; Australie ; Nouvelle-Calédonie).
- Cônes plus ou moins ligneux, formés par des écailles imbriquées au nombre de 6 à 8, les inférieures ou les moyennes seules fertiles, avec 1 ou 2 ovules. — Feuilles partout sur deux rangs... ***Thuya*** L. (Japon ; Chine ; Amérique).
- Cônes ligneux, au nombre de 4 ou plusieurs, rapprochés valvairement, puis se séparant à la maturité. — Plusieurs ovules par carpelle. — Rameaux cylindriques ou peu comprimés, couverts de feuilles vertes squamiformes, opposées... ***Cupressus*** L. (Région méditerranéenne ; Asie moyenne ; Amérique du Nord).
- Cônes mûrs bacciformes ou drupacés, formés par 1 à 4 verticilles de carpelles dont 1 seul verticille fertile, en général, finalement soudés. — Graines anguleuses, à tégument osseux... ***Juniperus*** L. (30 espèces environ, répandues dans l'hémisphère Nord).

Tribu III. — Podocarpées.

1 seul ovule par carpelle, anatrope, inséré à sa face interne, ou plus rarement basilaire, et alors orthotrope et dressé. Graine à tégument externe pulpeux, plus ou moins développé.

- Ovule complètement anatrope, sur un réceptacle devenant souvent charnu à la maturité. Graine toujours saillante entre les écailles carpellaires, complètement entourée par le tégument externe pulpeux... ***Podocarpus*** L'Hér. (Asie orientale, régions tempérées de l'hémisphère Sud).
- Ovule droit ou faiblement anatrope. Graines insérées sur la moitié inférieure ou à la base des carpelles. Arille moins développé... ***Dacrydium*** Soland. (Archipel Malais ; Nouvelle-Zélande ; Tasmanie).

Tribu IV. — Taxinées.

Ovule toujours orthotrope et dressé. Carpelle peu développé ou nul. Graine pourvue d'un arille, ou drupiforme à la maturité. — Des rameaux de deux sortes.

- Rameaux de deux sortes, les uns longs et cylindriques, les autres courts, cylindriques ou aplatis.
  - Des rameaux de deux sortes, les courts aplatis en phyllodes. Feuilles petites et dentiformes. Arille court et lobé... ***Phyllocladus*** Rich. (Tasmanie ; Nouvelle-Zélande ; Bornéo).
  - Rameaux courts et rameaux longs semblablement conformés et cylindriques. Feuilles élargies en éventail, à nervures dichotomiques. — Point d'arille. Tégument séminal charnu en dehors, ligneux en dedans... ***Ginkgo*** Kœmpf. (*Salisburia* Smith, *G. biloba* L.). (Chine et Japon).
- Rameaux d'une seule sorte et normalement conformés.
  - Carpelles peu développés à la maturité, avec 2 ovules. Graine drupiforme, mais sans arille... ***Cephalotaxus*** Sieb. et Zucc. (Chine et Japon).
  - Carpelles non développés.
    - Axe des fleurs femelles portant 2 ovules. Étamines avec 2 sacs polliniques. Graine drupiforme, sans arille... ***Torreya*** Arn. (Amérique ; Chine et Japon).
    - Axe des fleurs femelles avec 1 seul ovule. Étamines avec 4-8 sacs polliniques. Graine non drupiforme mais pourvue d'un arille charnu... ***Taxus*** L. (Régions tempérées des deux hémisphères).

Structure. — Nous rappellerons que seul le bois primaire de la tige et de la racine des Conifères contient de vrais vaisseaux (p. 59), qui sont des trachées, des vaisseaux annelés, réticulés, etc. Les formations ligneuses secondaires ne sont plus représentées que par des trachéides.

La présence de canaux sécréteurs ou de nodules à oléo-résine constitue l'un des faits les plus caractéristiques de l'anatomie des Conifères. Seuls les *Taxus* n'en montrent dans aucun de leurs organes végétatifs. Le siège ordinaire de ces petits appareils est l'écorce de la racine et de la tige. La plupart des Abiétinées en contiennent aussi dans le bois (*Pinus, Larix, Picea, Abies*, etc.). La moelle elle-même en renferme chez les *Gincko*. La disposition des organes sécréteurs se montre également à des places déterminées.

Affinités. — Comme les Cycadacées et pour des motifs semblables, les Conifères ont beaucoup d'affinité avec les Cryptogames vasculaires. Dans les deux familles, le grain de pollen, correspondant à une microspore, développe un prothalle mâle rudimentaire, et la macrospore, représentée par le sac embryonnaire, un prothalle femelle (l'endosperme), au milieu duquel apparaissent les archégones (corpuscules).

Mais tandis que les Cycadacées paraissent dériver spécialement des Filicinées, les Conifères se rattachent surtout aux Lycopodinées (feuilles le plus souvent petites et écailleuses et alors souvent opposées, ou étroites et linéaires; situation des organes mâles et femelles à l'aisselle de bractées, etc.). Il existe également certaines analogies entre les Conifères et les Équisétinées (plateau sporangifère des *Equisetum*, étamines à filet dilaté en disque de beaucoup de Cupressinées, etc.).

Au total, Cycadacées et Conifères se montrent à nous comme deux termes de passage entre les Cryptogames vasculaires et les Angiospermes, mais elles paraissent se rattacher à deux rameaux distincts des premières. Il existe en effet, entre ces deux familles de Gymnospermes, bien plutôt un parallélisme qu'une parenté étroite. Leur histoire paléontologique confirme cette manière de voir.

C'est par les Gnétacées, dont l'étude va suivre, que les Conifères se rattachent aux Angiospermes.

Distribution géographique. — Malgré l'importance de cette famille dans la plupart des flores de notre hémisphère, les Conifères ne comprennent guère qu'environ 350 espèces, réparties en 34 genres; mais les individus qui représentent ces espèces sont généralement très nombreux dans une même région, et l'on sait quelles immenses étendues de terrain couvrent les forêts de Pins, de Sapins, de Cèdres, etc.

Les Conifères sont surtout propres aux régions tempérées et froides de l'hémisphère Nord. Leur limite septentrionale, qui passe à travers la Sibérie, l'Europe et le Nord de l'Amérique, forme une ligne très sinueuse et coupe en plusieurs endroits le cercle polaire, dont elle ne s'écarte qu'assez peu. On la voit cependant descendre jusqu'au 54ᵉ degré dans le Labrador. La zone des steppes dans l'Asie centrale, et celle des prairies dans l'Amérique du Nord, forment en plusieurs endroits leur limite méridionale. Mais on les voit reparaître dans la région méditerranéenne et sur les montagnes de régions plus méridionales encore, telles que l'Himalaya, les régions montagneuses des îles de la Sonde et des Philippines, les montagnes de l'Amérique du Nord, etc.

Elles sont très rares dans l'hémisphère Sud. Sur le continent africain, elles ne sont représentées que dans les monts Atlas, sur les montagnes de l'Abyssinie, sur la côte de la région du Cap. On en retrouve à Madagascar. Il existe, à cet égard, quelques exceptions remarquables. Ainsi, dans les montagnes de l'Amérique du Sud, les Conifères reparaissent avec une assez grande abondance, et leur nombre ne diminue qu'à partir du 50ᵉ degré, en se dirigeant vers le détroit de Magellan.

Propriétés générales. Plantes importantes. — Les propriétés les plus importantes des Conifères résultent surtout de la présence, dans leurs tissus, des organes sécréteurs dont nous avons parlé. Beaucoup de Conifères fournissent des résines ou des oléorésines; peu d'espèces sont dépourvues de principes de ce genre. Enfin on n'a constaté que chez quelques-unes d'entre elles des propriétés franchement délétères.

Le nombre des espèces qui méritent d'être signalées est considérable. Nous passerons en revue les principales, en suivant le même ordre que dans nos descriptions.

ABIÉTINÉES. — Nous avons décrit déjà le Pin maritime (*Pinus Pinaster* Solander; *Pinus maritima* Link). On le cultive en grand dans les Landes qui s'étendent de Bordeaux à Bayonne, et c'est là qu'on en extrait la *Térébenthine* dite *de Bordeaux*, par des incisions successives, pratiquées à diverses hauteurs et sur tout le pourtour du tronc. Un arbre peut être exploité à partir de l'âge de trente ans, et peut fournir, dit-on, de l'oléo-résine jusqu'à l'âge de cent ans et au delà. La récolte annuelle commence en février et se continue jusqu'au milieu de l'automne. Les autres produits fournis par le même arbre sont :

1° L'*Essence de Térébenthine*, produit de la distillation de l'oléorésine.

2° Le *Galipot* ou *Barras* que l'on recueille, après la récolte, sur le tronc des Pins, et qui n'est autre chose que de la térébenthine qui s'est solidifiée sur l'écorce où elle a coulé, par suite de l'évaporation d'une partie de l'essence, et de la résinification de l'autre partie.

3° La *Colophane* (*Arcanson* ou *Brai*), résine sèche que l'on prépare, soit en chassant, par la cuisson, les dernières traces d'essence que retient le galipot, préalablement purifié et filtré (*Colophane de galipot*), soit en cuisant ce qui reste après la distillation de la térébenthine en vue d'en obtenir l'essence (*Colophane de térébenthine*).

4° La *Poix jaune* ou *Poix résine* que l'on obtient en brassant avec de l'eau ce même résidu de la distillation.

5° La *Poix noire*. Cette dernière s'obtient, par une sorte de distillation *per descensum*, dans des fours sans courant d'air, des filtres de paille qui ont servi à filtrer la térébenthine, et des éclats des vieux troncs de Pin. On recueille le produit dans une cuve pleine d'eau, au-dessus de laquelle vient flotter une partie plus liquide qu'on recueille sous le nom d'*Huile de poix*, tandis que la *Poix noire* gagne le fond du vase.

6° Le *Goudron végétal* ou *Goudron de Pin*, produit beaucoup plus liquide et plus impur que la poix noire, et que l'on prépare par un procédé analogue; mais on utilise seulement ici les vieux troncs desséchés des Pins épuisés, et le produit est recueilli simplement dans un réservoir, sans employer l'eau comme intermède.

7° Enfin le *Noir de fumée*, que l'on obtient en brûlant les divers produits résineux des Pins dans un fourneau dont la cheminée débouche dans une chambre. Celle-ci n'a qu'une ouverture supérieure à laquelle aboutit un cône de toile, et la fumée noire qui y pénètre y dépose le charbon et les produits empyreumatiques qu'elle entraîne.

La plupart des autres espèces de Pins peuvent fournir des produits analogues. Tels sont :

Le *Pinus sylvestris* L., Pin sauvage, de Genève ou de Russie, dont la taille peut s'élever à 25 mètres et au delà. Les feuilles aciculaires ont une longueur qui peut atteindre jusqu'à 8 centimètres;

celle des cônes est de 4 à 7 centimètres. On rencontre surtout cette espèce dans les contrées du Nord, où son bois est très estimé comme bois de construction; mais on la retrouve aussi dans les Alpes, les Pyrénées et les Vosges.

Le *Pinus Laricio* Poiret, Pin de Corse ou Pin Laricio. Sa hauteur peut atteindre 40 à 50 mètres, et ses feuilles aciculaires ont 14 à 19 centimètres. Les cônes, longs de 5 à 8 centimètres, isolés, géminés ou verticillés par 3, ont une forme pyramidale, et leur extrémité est légèrement déjetée en dehors. C'est le plus beau de nos Pins indigènes. On le rencontre surtout en Corse et en Hongrie; d'après certains auteurs, il ne serait pas étranger au Nord de l'Amérique.

Le *Pinus Pinea* L., Pin parasol, Pin pignon, si remarquable par ses rameaux ascendants et par son feuillage étalé en un parasol plus ou moins régulier.

Le *Pinus halepensis* Mill., d'une taille plus faible, et qui croît abondamment dans les terrains calcaires du Midi.

Certains Pins de l'Amérique du Nord nous fournissent des produits semblables à ceux que l'on retire du Pin maritime. Tels sont les *P. australis* Michx (*palustris* de Mill.) qui croît dans la Virginie, la Géorgie, la Caroline, la Floride ; le *P. Tæda* L. de la Caroline et de la Virginie, le *Pinus rigida*, ou Pin hérissé, de l'Amérique du Nord, espèces remarquables par leurs feuilles en aiguilles groupées par cinq dans une même gaine (1).

Le genre Sapin renferme aussi plusieurs espèces utiles. Citons en première ligne l'*Abies pectinata* DC (2), dont le feuillage forme une pyramide de 30 à 40 mètres. Le nom de *Sapin argenté* lui a été donné à cause de la couleur blanche de la face inférieure de ses feuilles ; on le nomme encore *Avet* ou *Vrai Sapin*. Cet arbre est répandu sur toutes les hautes montagnes de l'Europe, principalement dans les Alpes du Tyrol, du Dauphiné et de la Suisse, dans les Vosges, le Jura, la Forêt-Noire ; on le retrouve en Norvège, en Suède et en Russie. C'est de ce Sapin qu'on extrait l'oléo-résine qu'on désigne, en tenant compte de ses propriétés et de sa provenance, sous les noms de *Térébenthine d'Alsace, au citron, Térébenthine de Strasbourg*. Le nom de *Térébenthine de Venise* qu'on lui donne quelquefois s'applique plus exactement à la térébenthine du Mélèze.

---

(1) D'autres Pins, avons-nous dit, ont des feuilles groupées par trois; tels sont le *P. Strobus* du Canada, et le *P. Cembra* de la Sibérie et des Alpes.

(2) *Pinus Abies* L.; *Abies taxifolia* Desf.

On l'extrait, non par des incisions, comme la térébenthine des Pins, mais en perçant des utricules qui se forment sur le tronc et les branches.

On utilise encore comme balsamiques les bourgeons du Sapin, auxquels, d'ailleurs, on substitue fréquemment ceux des Pins.

Le produit que l'on désigne et que l'on emploie en optique sous le nom de *Baume du Canada* est très voisin du précédent. Cette térébenthine, limpide, peu colorée et aisément solidifiable, comme la précédente, s'obtient par un procédé analogue. L'arbre qui la fournit est l'*Abies balsamea* Mill. ou Baumier du Canada, dont le port et les feuilles rappellent notre Sapin argenté. Il est moins élevé pourtant, et offre dans ses fleurs et ses cônes, certaines particularités.

Ce Sapin ne doit pas être confondu avec le *Sapin du Canada*, *Abies canadensis* Michx, dont la hauteur n'excède guère 20 à 27 mètres, dont les cônes sont pendants et les feuilles d'une couleur simplement plus claire en dessous. Son écorce sert, dit-on, au Canada, au tannage des cuirs.

La poix de Bourgogne est récoltée sur le tronc du *Picea excelsa* Lam. (*Abies excelsa* Poir.; *Pinus abies* L.), Sapin élevé, Faux Sapin, Épicéa ou Pesse. Il se distingue par sa taille élevée (30 à 40 mètres), ses feuilles quadrangulaires, insérées tout autour des axes, et ne simulant plus un ordre distique, comme chez le Sapin argenté et les espèces voisines.

On cultive encore, en France, d'autres Sapins étrangers comme plantes ornementales. Tels sont l'*Abies alba* de Michx et l'*A. nigra*, l'un et l'autre originaires de l'Amérique du Nord; tel est aussi le magnifique *A. Pinsapo* de la Sierra Nevada.

Le Mélèze (*Larix europæa* DC.) fournit, par incision, la *Térébenthine* dite *du Mélèze* ou *de Venise*. La même plante produit une manne connue sous le nom de *Manne du Mélèze* ou *de Briançon*, dont la substance fondamentale est un sucre du groupe des saccharoses, la *Mélézitose*.

C'est au pied des vieux Mélèzes que l'on récolte le *Polyporus officinalis*, improprement appelé Agaric blanc (V. p. 270).

Citons encore, parmi les Abiétinées, les *Araucaria*, belles Conifères qui forment d'immenses forêts dans les montagnes du Brésil et du Chili. Les *Arthrotaxis* de la Tasmanie, dont le port rappelle celui des Lycopodiacées, le *Cedrus Libani* ou Cèdre du Liban que les Hébreux regardaient, à tort, comme fournissant un bois incorruptible, et le *Cedrus Deodora* des montagnes du Népaul et du Thibet, sont souvent cultivés dans nos parcs.

Bien que certaines résines dites *de Dammar* soient produites par des plantes étrangères aux Conifères, il en est cependant qui sont dues à des *Dammara*. Ainsi le *Dammara alba* Rumph. (*D. orientalis* Lamb.) fournit, dans les montagnes d'Amboine et des îles voisines, le *Dammar Puti* ou *Dammar Batu;* le *Dammara australis* de la Nouvelle-Zélande donne le *Dammar austral* ou *Kouri*.

CUPRESSINÉES. — Nous avons décrit déjà le *Cupressus sempervirens* L. dont les cônes mûrs, improprement nommés *Noix de Cyprès*, sont astringents et étaient autrefois employés comme vulnéraires. Son bois est dur, rougeâtre et très résistant. Cette espèce est spéciale à l'Asie méditerranéenne. On la cultive, ainsi que plusieurs espèces voisines, comme plantes funéraires; le *Cupressus funebris*, remarquable par ses rameaux pendants, remplace notre Cyprès pyramidal dans les cimetières chinois.

Les Thuyas sont souvent cultivés en bordures dans nos jardins et nos parcs. Tels sont le *Thuya* (*Biota*) *orientalis* L. f., de Chine, et le *T. occidentalis* L. d'Amérique. Cette dernière espèce était jadis vantée comme diurétique.

Le *Callitris quadrivalvis* Vent., qui croît dans la Mauritanie, fournit, au Maroc, la *Résine de Sandaraque*, que l'on emploie dans la confection de certains vernis, et en poudre pour empêcher le papier de boire l'encre après qu'on l'a gratté.

Le *Juniperus communis* L., Genévrier commun, qui croît dans presque toute l'Europe, fournit ses cônes balsamiques, improprement nommés *baies de Genièvre*. Ces fruits servent à préparer une liqueur, une *eau-de-vie* dite *de Genièvre* ou *Gin*, et une essence. L'*extrait de Genièvre* est également employé comme stomachique. Ces fausses baies contiennent du sucre, en même temps que de la résine et de l'essence. Elles sont balsamiques et diurétiques.

Le Cade (*Juniperus Oxycedrus* L.), qui croît dans le Midi de l'Europe, fournit l'*Huile de Cade*. Ce produit s'obtient en brûlant le bois de Genévrier dans un fourneau sans air. C'est donc une sorte de goudron végétal. On l'utilise surtout à l'extérieur contre certaines affections cutanées ou parasitaires.

La Sabine (*Juniperus Sabina* L.), remarquable par son feuillage de Cyprès et ses fruits bleuâtres, portés sur des pédoncules recourbés, croît dans les lieux incultes du Midi de l'Europe. Elle contient, dans toutes ses parties, une huile essentielle qui lui donne des propriétés anthelmintiques et emménagogues. C'est un abortif assez puissant.

On lui substitue, en Amérique, le *Juniperus virginiana* L., improprement appelé *Cèdre rouge*. Le bois de ce Genévrier, très odorant et rougeâtre, sert à fabriquer les crayons à la mine de plomb.

Le *Taxodium distichum*, nommé communément *Cyprès chauve d'Amérique* à cause de son feuillage caduc, originaire des lieux marécageux de la Louisiane, est aisément cultivé dans nos régions méridionales. Ses cônes sont employés comme diurétiques en Amérique, et la résine que ce végétal fournit est vantée contre les douleurs des articulations.

Taxinées. — L'If commun (*Taxus baccata* L.) formait autrefois de véritables forêts en Europe ; il est aujourd'hui beaucoup plus rare, et surtout cultivé dans les jardins. Son feuillage passe pour vénéneux, tandis que l'arille charnu qui entoure les graines est simplement mucilagineux.

Au Japon et en Chine, on plante comme arbre sacré, autour des temples, le *Gincko biloba* L. L'enveloppe charnue de la graine mûre exhale une odeur butyrique des plus désagréables ; mais l'amande elle-même est comestible, et sa saveur rappelle celle de la noisette unie à une certaine âpreté. Elle passe pour digestive au Japon.

FAMILLE III. — GNÉTACÉES

La famille des Gnétacées ne comprend que trois genres, d'aspect très dissemblable. Nous les décrirons rapidement.

Ephedra L. — Ce genre, dont une espèce, l'*Ephedra distachya* L., croît le long de nos plages, est représenté par des arbustes très ramifiés dont le port rappelle assez bien celui des Prêles. Leurs rameaux longs et grêles, striés longitudinalement et d'un vert plus ou moins intense, sont pourvus de petites feuilles opposées, plus rarement ternées, squamiformes, concrescentes par la base dans chaque verticille.

Les fleurs sont à peu près toujours dioïques.

Les fleurs mâles sont groupées en épis axillaires. Chaque fleur consiste en un périgone (fig. 191 A, *per*) formé par deux bractées concrescentes, au-dessus desquelles l'axe floral se prolonge et porte un nombre variable (2, 6, 4 ou 8) d'étamines (*ét*). Ces dernières sont pourvues chacune de deux sacs polliniques, déhiscents par de courtes fentes transversales ou obliques.

Les rameaux femelles, groupés également à l'aisselle des feuilles, portent des bractées disposées par paires, à l'aisselle desquelles naissent des ramuscules. La dernière paire de bractées du rameau principal et de ses ramifications produit une ou deux fleurs. Chacune d'elles consiste (B) en deux bractées concrescentes en forme de bouteille, à goulot garni de papilles, au centre desquelles se dresse un ovule orthotrope ;

l'unique tégument de cet ovule se prolonge en un tube micropylaire qui dépasse l'orifice de l'enveloppe et s'étale en entonnoir.

A la maturité, les 4 ou les 6 bractées supérieures de l'épillet deviennent charnues autour de la semence unique ou des deux graines que renferme le périgone. Ce dernier se lignifie et forme avec les graines, dont le tégument demeure membraneux, une sorte de noix que recouvre l'enveloppe bacciforme et colorée en rouge formée par les bractées.

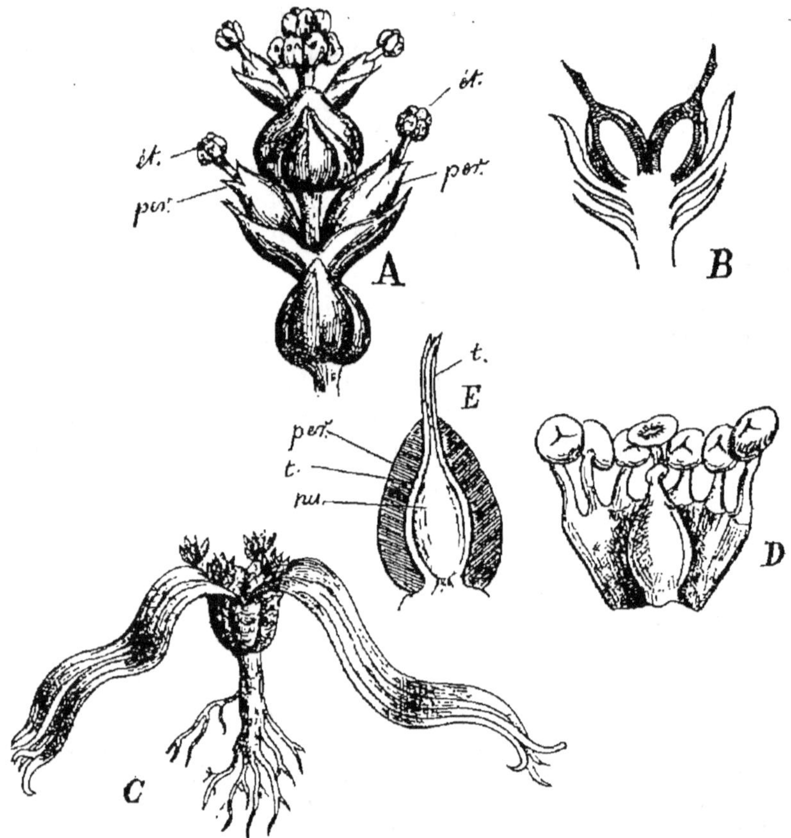

Fig. 191. — A, *Ephedra*. Inflorescence mâle : *pér*, périgone ; *ét*, étamines. — B, inflorescence femelle (coupe longitudinale). — C, *Weltwitschia mirabilis*, port de la plante. — D, fleur hermaphrodite de *Weltwitschia*. — E, fleur femelle de *Weltwitschia* (coupe longitudinale) (Courchet).

L'amande est constituée, comme chez les autres Gymnospermes, par l'endosperme au sein duquel se trouvent groupés plusieurs *archégones* (corpuscules). Ces derniers sont conformés comme chez les Conifères ; leur col est constitué par plusieurs étages de cellules. L'embryon est enfin muni d'un suspenseur pelotonné.

Gnetum L. — Ce sont des lianes ou des plantes ligneuses dressées, propres à l'Asie et à l'Amérique tropicales, dont les tiges articulées et noueuses sont pourvues de feuilles opposées, composées d'un limbe élargi porté sur un pétiole.

Les fleurs sont presque toujours dioïques et réunies, dans les deux sexes, en épis ordinairement axillaires, rarement terminaux, le plus souvent associés eux-mêmes en grappes simples ou composées. Les épis portent des bractées opposées-décussées, insérées sur des épaississements nodaux de l'axe de l'inflorescence. Les fleurs sont insérées par verticilles à l'aisselle de ces bractées.

A chaque nœud de l'épi mâle se montrent 30 à 40 fleurs disposées en plusieurs verticilles. Celles-ci sont formées d'un périgone sacciforme, anguleux, rétréci au sommet, du fond duquel s'élève un axe grêle qui le dépasse, et porte à son sommet 2 anthères uniloculaires, à déhiscence transversale, et orientées à droite et à gauche du plan médian de la fleur.

Sur les épis femelles on ne trouve que de trois à huit fleurs par verticille. Ces fleurs sont construites comme celles des *Ephedra*, mais l'ovule possède deux téguments dont l'interne se prolonge en un tube micropylaire.

Sur la graine mûre, le tégument externe se lignifie, et le périgone devient charnu autour de lui. Cet ensemble forme ainsi une sorte de drupe.

Comme particularité de structure il importe de signaler, chez les lianes de ce genre, la production, dans la tige, de plusieurs cercles de faisceaux libéro-ligneux. Cette disposition est due à la même cause que celle qui en détermine une semblable chez les *Cycas* (v. p. 370) et chez les Ménispermacées.

Weltwitschia Hook. fils. — Ce genre n'est représenté que par une espèce, le *Weltwitschia mirabilis* Hook fils (C.), qui croît dans les plaines arides de l'Afrique austro-occidentale. Sa tige, courte et ligneuse, élargie au sommet, porte, au-dessus des cotylédons et en croix avec eux, deux énormes feuilles opposées, les seules que développe la plante, et qui s'étalent en longues lanières sur le sol. Au-dessus de ces feuilles, la tige forme un dôme qui porte les fleurs monoïques, associées en grappes d'épis.

La fleur mâle (D), qu'entourent à sa base deux paires de bractées décussées, consiste en 6 étamines portant chacune une anthère qui s'ouvre par 3 fentes rayonnantes. Les filets staminaux sont concrescents en un tube large, au centre duquel est un gynécée rudimentaire et stérile.

Les fleurs femelles (E), analogues à celles des *Ephedra*, consistent en un ovule caché par une sorte de périanthe gamophylle, très comprimé; le tégument de cet ovule se prolonge en un tube micropylaire. Les fruits sont samaroïdes, et demeurent groupés de manière à former une sorte de cône.

GNÉTACÉES

Gymnospermes possédant des vaisseaux ordinaires dans toute la masse du bois et dépourvues de canaux sécréteurs. *Feuilles* simples, opposées, ou rarement verticillées. *Fleurs* unisexuées, ordinairement dioïques, pourvues d'un périgone formé de 2-4 pièces. — 2-8 étamines à la *fleur mâle*. — Dans la *fleur femelle* un seul ovule orthotrope dressé, à tégument simple ou double. — *Graine* comme chez les Conifères.

Arbrisseaux ramifiés, à feuilles opposées ou ternées, squamiformes.

Fleurs dioïques, en épis axillaires. Fleur mâle : 2, 4 à 6 étamines sur un pédicelle commun, inséré au fond du périgone, pourvues d'anthères biloculaires. — *Fleurs femelles* composées d'un ovule orthotrope, dressé au fond du périgone, à tégument simple prolongé en un tube micropylaire.

Fruit nucamenteux, entouré par les bractées supérieures charnues de l'inflorescence......... *Ephedra* L. (20 espèces, des régions tempérées chaudes des deux mondes).

Arbrisseaux dressés ou lianes, à feuilles opposées, élargies.

Fleurs dioïques en général, *en épis axillaires ou terminaux, verticillées.* — *Fleurs mâles :* 2 anthères uniloculaires, portées sur un axe grêle, inséré au fond du périgone. — *Fleurs femelles* comme chez les *Ephedra*, mais *2 téguments ovulaires.*

Fruit drupacé, dont la partie charnue est formée par le périgone..................... *Gnetum* L. (15 espèces, dont 7 dans l'Amér. équatoriale, les autres dans diverses régions du globe).

Plante dont la tige, en forme de cône renversé, ne porte que les 2 cotylédons persistants et 2 feuilles allongées en lanières, traînant sur le sol.

Fleurs monoïques, en grappes d'épis. — *Fleurs mâles :* 6 étamines à filets concrescents ; anthères s'ouvrant par 3 fentes rayonnantes. Un ovule stérile au centre. *Périgone* formé par 2 paires de bractées décussées. — *Fleurs femelles* comme chez les *Ephedra*, mais avec périgone très comprimé.

Fruit samaroïde............... .... *Welwitschia* Hook. (*W. mirabilis*, des déserts de l'Afrique australe).

Affinités. — Les Gnétacées ont avec les Conifères des affinités si étroites que certains auteurs les y rattachent à titre de simple tribu. Elles s'en distinguent essentiellement :

1º Par la présence de véritables vaisseaux dans le bois ;

2º Par l'absence de canaux sécréteurs ;

3º Par la présence, autour de la fleur, de bractées concrescentes formant un périanthe.

Distribution géographique. — Les Gnétacées sont représentées dans la plupart des régions chaudes et tempérées du globe (voir le tableau ci-joint).

Propriétés générales. Espèces importantes. — Nous signalerons ici spécialement les *Ephedra* méditerranéens dont les rameaux fleuris et les fruits étaient employés jadis comme styptiques. Les fruits de notre *E. distachya* sont même réputés fébrifuges et antiputrides. L'*E. antysiphilitica* du Mexique fait partie de la matière médicale américaine.

Les fibres corticales des *Gnetum* sont employées comme textiles dans l'Indo-Chine. Le *G. funiculare* Rumph. est fébrifuge. Dans les Moluques, on mange, comme légumes, les feuilles et les fruits du *Gnetum Gnemon* L. Les graines du *Gn. urens* sont également comestibles.

Nous résumons dans le tableau suivant les caractères généraux des Gymnospermes :

SOUS-EMBRANCHEMENT DES GYMNOSPERMES

Ovules nus, portés sur le carpelle ouvert ou inséré directement sur l'axe. Le grain de pollen arrive ainsi sur le nucelle où il germe directement.

Prothalle femelle (endosperme) se développant dans le macrosporange (sac embryonnaire) avant la fécondation, et contenant plusieurs archégones (corpuscules) presque toujours formés d'une cellule centrale, d'un col, avec ou sans cellule du canal.

Les microspores (grains de pollen) forment, avant leur germination, un prothalle mâle rudimentaire.

Fleurs sans périgone. — Point de vaisseaux proprement dits dans le bois secondaire. Des canaux à oléo-résine ou des canaux à gomme.

FAM. I. — CYCADACÉES.

Tige peu ou pas du tout ramifiée.

Feuilles grandes, toujours découpées latéralement ou composées-pennées, formant une couronne terminale.

Fleurs dioïques, ne formant point d'inflorescence.

Embryon pourvu presque toujours de deux cotylédons, unis entre eux au sommet ou vers le milieu de leur hauteur. — *Des canaux à gomme.*

FAM. II. — CONIFÈRES.

Tige ramifiée.

Feuilles petites, presque toujours linéaires ou aciculaires, ou réduites à de simples écailles, rarement pourvues d'un limbe élargi.

Fleurs dioïques ou monoïques, les mâles simulant des chatons, les femelles ordinairement groupées en cônes.

Embryon pourvu de 2 à 15 cotylédons, toujours libres. *Presque toujours des canaux ou des réservoirs à oléo-résine.*

Fleurs pourvues d'un périgone. Des vaisseaux proprement dits dans le bois secondaire. Point de canaux sécréteurs.

FAM. III. — GNÉTACÉES.

Tige simple ou ramifiée.

Fleurs unisexuées, parfois avec une première indication d'hermaphrodisme, réunies en inflorescences, plus ou moins cachées par les bractées.

Graine pourvue de 2 cotylédons libres.

SOUS-EMBRANCHEMENT II. — ANGIOSPERMES.

Les Angiospermes sont essentiellement caractérisées par leurs ovules toujours cachés dans une cavité ovarienne (v. p. 100), et par leur graine qui se développe dans un fruit clos tout d'abord.

Elles se divisent en deux classes, les Monocotylédones et les Dicoty-

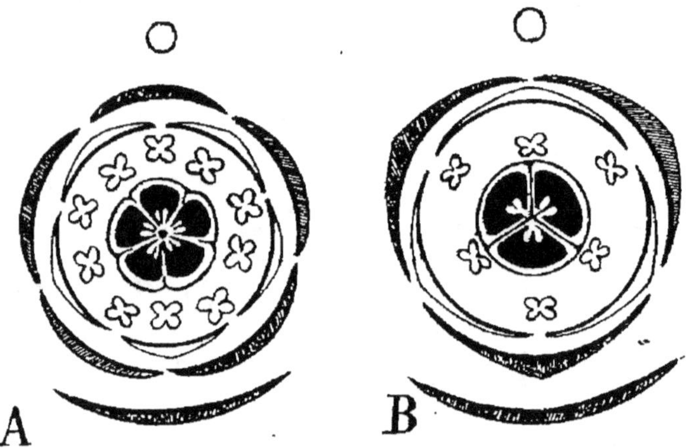

Fig. 192. — A, diagramme d'une fleur actinomorphe et pentamère de Dicotylédone, avec un double verticille staminal. — B, diagramme d'une fleur typique de Monocotylédone.

lédones qui se distinguent l'une de l'autre par le nombre des cotylédons de l'embryon (v. p. 39); à ce caractère différentiel fondamental s'en joignent d'autres qui concourent à donner à chacun de ces deux groupes une physionomie spéciale :

Monocotylédones.	Dicotylédones.
Embryon pourvu d'un seul cotylédon.	*Embryon* pourvu de deux cotylédons.
Fleur (fig. 192 B), généralement composée par cinq verticilles, le plus souvent trimères (rarement 2-mères, 4-mères ou même 5-mères), dont les deux premiers constituent le périanthe, les deux autres l'androcée, le cinquième le gynécée. — Verticille externe et verticille interne du périanthe ordinairement de même forme et de même structure.	*Fleur* (fig. 192 A), généralement composée par quatre ou cinq verticilles 5-mères (plus rarement 3-mères, 4-mères, 6-mères, etc.), dont les deux extérieurs forment un calice et une corolle, bien distincts l'un de l'autre comme couleur et comme structure.

Tiges ligneuses arborescentes, ordinairement peu ou point ramifiées, et formant un *stipe* couronné par une touffe de grandes feuilles. (Plantes non arborescentes très variables comme port.)

Feuilles ordinairement longues et rubanées, sans pétiole et sans stipules, rectinerviées, presque toujours simples.

Le *cylindre central* de la racine conserve à tout âge ses *formations primaires* (v. p. 44).

Les *faisceaux libéro-ligneux* de la tige sont nombreux et disposés sans ordre apparent (v. p. 60).

Tiges ligneuses arborescentes formant presque toujours un *tronc* plus ou moins richement ramifié vers le sommet (v. p. 56).

Feuilles généralement pourvues d'un limbe élargi, penninervié ou palmatinervié avec nervures secondaires ou d'ordre supérieur anastomosées entre elles, très souvent pétiolées et stipulées.

Aux *formations primaires* de la racine viennent s'adjoindre des *formations secondaires*, lorsque cet organe est vivace.

Les *faisceaux libéro-ligneux* de la tige sont disposés presque toujours en un cercle unique; le bois et le liber, dans les tiges vivaces, s'accroissent en direction contraire, grâce à l'activité d'une zone cambiale généralement continue.

Il faut se garder de considérer ces caractères différentiels comme ayant une valeur absolue, ainsi que nous aurons bien des fois l'occasion de le constater.

CLASSE I. — MONOCOTYLÉDONES

ORDRE I. — HÉLOBIÉES

Les caractères généraux de cet ordre, comme de tous ceux dont l'étude va suivre, sont indiqués après la description des principales familles qu'il renferme (p. 407).

Fig. 193.— Lentille d'eau (grossie).   Fig. 194. — Lentille d'eau : fleur (très grossie).

FAMILLE I. — LEMNACÉES.

Petites plantes nageanies (fig. 193 et 194) dont l'appareil végétatif se réduit à une sorte de thalle ramifié dans un seul plan, et constituant ainsi des articles qui restent unis ou se séparent ensuite pour constituer des pieds nouveaux. — *Racines flottantes* très grêles, ou nulles dans certains cas. — *Feuilles nulles* ou *réduites à deux stipules* membraneuses à la base des rameaux.

Fleurs nues, groupées en *inflorescences monoïques*, formées de deux fleurs mâles (représentées chacune par une seule étamine pourvue d'une anthère biloculaire, à déhiscence transversale) et d'une fleur femelle (constituée par un ovaire uniloculaire, libre, terminé par un style simple portant un stigmate en forme d'entonnoir). — Ovules orthotropes ou semi-anatropes, à double tégument, 1 à 6, à placentation basilaire.

Achaine monosperme ou polysperme.

Graine à tégument externe épais ; *embryon droit* dans un albumen charnu plus ou moins abondant.

Tribu I. — Lemnées.

Axe principal et ramifications pourvus de racines. Inflorescences pourvues d'une spathe, renfermant deux étamines avec anthères 4 loculaires. Ramifications au nombre de deux, naissant chacune dans des dépressions latérales en forme de poche, sur l'axe principal.

Tribu II. — Wolfiées.

Point de racines. Inflorescences dépourvues de spathe, et ne comprenant qu'une fleur femelle et une seule fleur mâle (1 étamine). Anthère biloculaire. Une seule ramification naissant dans une dépression dorsale de l'axe mère.

Lemna L. (dans toutes les parties du monde).

Spirodella Schleid (id.).

Wolffa Horkel. (Régions chaudes du nouveau et de l'ancien continent).

Affinités. — Groupe naturel assez isolé, se rapprochant cependant des Najadacées et, par leur port, des *Pistia* (Aracées).

Distribution géographique. — Plantes surtout répandues dans les contrées tempérées, où ne sévissent jamais de longues sécheresses.

Le genre *Lemna* (Lentilles d'eau) est représenté, en France, par une demi-douzaine d'espèces.

FAMILLE II. — POTAMOGÉTONACÉES

Plantes des eaux douces, saumâtres ou marines, *entièrement immergées ou tout au plus avec inflorescences émergées.* — Feuilles ordinairement distiques, parfois rapprochées par paires, pourvues de stipules intra-axillaires.

Fleurs presque toujours petites et peu apparentes, en épis simples ou composés, ou en fausses ombelles, ou solitaires, unisexuées ou hermaphrodites, actinomorphes, avec 1-4 verticilles. — Corolle nulle ou diversement représentée. — Anthères sessiles.

Plusieurs carpelles libres, ou presque libres ou tout à fait indépendants. — Presque toujours *un seul ovule suspendu et orthotrope,* plus rarement latéral et recourbé. — *Stigmates* en même nombre que les carpelles, ou bien 2 par carpelle, allongés et rubanés. — *Fruits drupacés ou membraneux, indéhiscents.*

Graine dépourvue d'albumen. Tigelle de l'embryon très développée en général; Plumule toujours (sauf chez les *Posidonia*) enveloppée dans la gaine de l'embryon.

Fleurs en épi, dépourvues de corolle.

Inflorescence en épi sur un axe cylindrique, jamais cachée dans la gaine de la feuille supérieure au moment de la floraison,

Tribu I. — Zostérées.

Inflorescence en un épi dont l'axe est comprimé et caché, avant la floraison, dans la feuille végétative la plus élevée qui lui sert de spathe. — Style court, terminé par deux stigmates allongés, rubanés.

Plantes marines toujours immergées, à pollen filiforme.

Tribu II. — Posidoniées.

Épis composés. Épillets naissant à l'aisselle de feuilles végétatives plus longues qu'eux, terminées par une longue pointe.

Plantes marines immergées, à pollen filiforme.

Tribu III. — Potamogétonées.

Épis simples, complètement libres au moment de la floraison. — Fleurs hermaphrodites. — Stigmate sessile ou presque sessile.

Plantes des eaux douces ou saumâtres, avec pollen sphérique ou arqué.

Tribu IV. — Cymodocées.

Corolle nulle. Style plusieurs fois plus court que les deux stigmates rubanés.

Plantes immergées marines, à pollen filiforme.

Tribu V. — Zannichelliées.

Corolle présente, au moins dans la fleur femelle. Style plusieurs fois plus long que le stigmate, ce dernier en forme de bouclier ou d'entonnoir, ou cylindrique.

Plantes immergées des eaux douces ou saumâtres.

Fleurs isolées ou en fausses ombrelles, unisexuées.

Affinités. — Par la simplicité de leur structure, leurs fleurs souvent nues, leur androcée fréquemment réduit à une seule étamine et leur gynécée ordinairement unicarpellé, les Potamogétonacées méritent d'être placées au voisinage des Lemnacées.

Distribution géographique. — Ces plantes sont répandues à peu près dans le monde entier. Elles vivent dans les eaux douces, saumâtres ou salées.

Un assez grand nombre d'espèces de *Potamogeton* (*natans* L., *rufescens* Schrad., *crispus* L., *marinus* L., etc.) vivent dans nos régions, au sein des eaux salées ou saumâtres.

Le *Zostera marina* L. abonde sur notre littoral de l'Océan et de la Méditerranée. Ses feuilles allongées et rubanées servent souvent pour emballer certains objets.

FAMILLE III· — NAJADACÉES

Ce groupe naturel, représenté par les *Caulinia* Wild. à fleurs monoïques, et par les *Najas* L. à fleurs dioïques, est très voisin des Potamogétonacées. Ce sont des plantes aquatiques annuelles, dont les fleurs unisexuées sont monoïques ou dioïques. — Fleurs mâles composées d'une étamine centrale, uniloculaire ou 4 loculaire, enveloppée par 2, rarement 3 folioles en forme de spathe, dont la dernière est concrescente avec elle. La fleur femelle est représentée par un ovaire nu, ou bien entouré par 1 ou 2 bractées, avec un stipe terminal et 2 à 3 stigmates. Un seul ovule anatrope et dressé est fixé à la base de la suture ventrale.

Fruit indéhiscent. Graine sans albumen.

Le *Najas major* Roth. vit dans nos cours d'eau. Le *Caulinia fragilis* Wild. est également représenté dans nos lacs et nos rivières.

FAMILLE IV· — HYDROCHARITACÉES

Plantes submergées, le plus souvent pourvues de feuilles émergées ou flottantes, spiralées, opposées ou verticillées.

Fleurs isolées ou en fausses ombelles, d'abord renfermées dans une spathe composée de une ou deux folioles engaînantes, dioïques ou rarement hermaphrodites.

Périanthe actinomorphe, double en général et 3 mère. — *Étamines* au nombre de 3, 6, 9 ou 12, les intérieures souvent réduites à des staminodes, les extérieures parfois dédoublées, disposées en verticilles ternaires.

Ovaire infère et concrescent avec le réceptacle formé par 3, 6 ou 9 carpelles, uniloculaire ou divisé en loges plus ou moins complètes. *Ovules orthotropes ou anatropes,* insérés contre la paroi, pourvus d'un tégument double. Stigmate souvent profondément bifide.

Fruit coriace ou légèrement charnu, le plus souvent déhiscent d'une façon irrégulière.

Graine sans albumen, avec un embryon droit.

Tribu I. — Vallisnériées.

Plantes d'eau douce, avec de longues feuilles linéaires immergées, portées sur une tige très courte. — Placentas peu proéminents.......... G. *Vallisneria* Mich.

Tribu II. — Stratiotées.

Plantes d'eau douce, pourvues de feuilles nageantes, portées par une tige très courte. Placentas très proéminents................. G. *Hydrocharis* L., *Stratiotes* L., etc.

Tribu III. — Thalassiées.

Plantes marines.

Tribu IV· — Hydrillées.

Plantes d'eau douce. Tige allongée, couverte de petites feuilles immergées. Placenta peu proéminent........... G. *Elodea* L., *Hydrilla* L.

Les Hydrocharitacées se rattachent aux Najadacées, Alismacées, Butomacées, etc., par divers caractéres.

Ces végétaux, qui habitent presque exclusivement les eaux douces, et qui sont répandus dans toutes les contrées tempérées du globe, sont des herbes généralement mucilagineuses ou légèrement astringentes.

FAMILLE V. — ALISMACÉES

Les Alismacées sont des plantes aquatiques dont la fleur actinomorphe et hermaphrodite se caractérise essentiellement :

Par son périanthe formé de deux verticilles ternaires dont l'extérieur est foliacé, l'intérieur pétaloïde ;

Par son androcée composé d'étamines indépendantes, hypogynes, pourvues d'anthères extrorses ou introrses, et disposées par verticilles ternaires alternes, simples ou dédoublés, ou suivant une ligne spiralée ;

Par leurs nombreux carpelles indépendants ou à peine cohérents, conte-

Fig. 195. — *Alisma.* A. Fleur en coupe longitudinale. — B. Diagramme.

nant un (plus rarement 2-3) ovules anatropes, et formant tout autant de fruits secs (achaines ou follicules).

Enfin par leur embryon sans albumen, fortement recourbé.

Cette famille est représentée, en France, par les genres *Alisma* (5 espèces), *Damasonium* (1 espèce) et *Sagittaria* (1 espèce).

Description des Alisma L. — L'*Alisma natans* L., par exemple, est une plante herbacée-vivace des mares et des étangs. Du milieu d'une rosette de feuilles longues et linéaires sortent des tiges filiformes, rampantes ou flottantes ; celles-ci portent des feuilles également flottantes et différentes des premières, longuement pétiolées, à limbe ovale. Les feuilles sont donc dimorphes ; les unes et les autres sont engaînantes.

Les fleurs, simplement axillaires dans cette espèce, sont élevées au-dessus des eaux par de longs pédoncules grêles.

Le périanthe (fig. 195) se compose d'un calice formé de 3 sépales herbacés, à préfloraison imbriquée, dont l'impair est antérieur, et de 3 pétales blancs, caducs, à préfloraison tordue. — L'androcée est hypogyne, et composé de 6 étamines insérées deux par deux entre les pièces de la corolle ; elles résultent du dédoublement collatéral de 3 étamines épisépales. Les filets sont libres; les anthères dorsifixes et extrorses, à déhiscence longitudinale. Au centre de la fleur, le réceptacle floral se soulève légèrement en un tronc de cône qui porte un nombre indéfini de carpelles. Ces derniers sont munis d'un style ventral, très court, que termine un stigmate simple. Dans chaque carpelle est un ovule anatrope, basilaire et dressé.

Le fruit consiste en une réunion d'achaines, contenant chacun une graine sans albumen, dont le tégument membraneux est occupé tout entier par un embryon volumineux fortement recourbé.

L'*Alisma ranunculoides* L. diffère de l'espèce précédente par ses fleurs rosées, en fausses ombelles, ses tiges nues, et ses feuilles toutes étroites, atténuées aux deux bouts.

Chez l'*A. Plantago* L., les fleurs, de même teinte, forment également de faux verticilles; les feuilles, longuement pétiolées, ont un limbe ovale-oblong.

Autres genres. — La *Sagittaire* ou *Fléchière* (*Sagittaria sigittæfolia* L.), assez commune dans nos fossés, possède des feuilles toutes radicales, mais de deux sortes : les unes longues et rubanées, réduites à des phyllodes, les autres pourvues d'un limbe en fer de flèche; les premières sont immergées, les secondes se dressent au-dessus de l'eau. — Les fleurs sont blanches, et forment, sur la hampe qui les porte, une grappe où elles se montrent par groupes de 2, opposées ou verticillées par 3.

Leur périanthe est construit comme chez les *Alisma*, mais elles sont monoïques. Les étamines, libres et extrorses, sont ici nombreuses, et on doit admettre, dans l'androcée, l'existence de plusieurs verticilles ternaires, dont le premier ou même plusieurs des suivants ont subi le dédoublement collatéral. Le centre de la fleur mâle est occupé par des carpelles stériles. — Les carpelles, dans la fleur femelle, sont nombreux et groupés en une masse arrondie, entourée par des staminodes.

Chez les *Damasonium*, le *D. stellatum* Pers., par exemple, de nos régions, les fleurs hermaphrodites, avec un périanthe et un androcée semblables à ceux des *Alisma*, ont de nombreux carpelles légèrement concrescents par leur partie interne, et dans chacun d'eux se montrent deux ovules anatropes superposés. Les fruits n'en sont pas moins monospermes, indéhiscents ou tardivement déhiscents par leur suture ventrale.

Les caractères généraux de la famille et ceux des trois genres principaux qui la composent se trouvent résumés dans le tableau suivant :

ALISMACÉES.

Plantes herbacées d'eau douce, à feuilles immergées ou nageantes, souvent dimorphes, engaînantes à la base. *Fleurs* actinomorphes et 3 mères, ordinairement hermaphrodites, rarement monoïques ou dioïques, formant des grappes simples ou composées ou de faux verticilles, etc., rarement solitaires. *Calice et corolle nettement distincts*, le premier herbacé, la seconde pétaloïde. — Étamines 6, 9, 12 ou plus nombreuses, indépendantes, pourvues *d'anthères extrorses ou introrses*. *Carpelles* 6, 9 ou plus nombreux, *libres ou peu concrescents entre* eux, contenant 1, 2 ou 3 ovules analtropes. *Fruits* : achaines ou follicules. *Graine sans albumen ;* embryon recourbé fortement.

Réceptacle à peu près plan. — Étamines 6, disposées par paire en un seul verticille. — Carpelles disposées également en un verticille, plus ou moins net. Fleurs hermaphrodites.

 Carpelles entièrement indépendants, contenant chacun un seul ovule dressé. — Péricarpe de consistance parcheminée.......... *Alisma* L. (Régions tempérées de l'hémisphère Nord, Amérique tropicale).

 Carpelles concrescents par la base, contenant chacun 2, rarement plusieurs ovules. *Damasonium* Tourn. (Régions tempérées de l'hémisphère Nord. Australie ori entale).

Réceptacle convexe. — Étamines en nombre supérieur à six, et disposées suivant une ligne spiralée. — Carpelles insérés au centre du réceptacle. — Fruits fortement comprimés par les côtés. — Fleurs monoïques..... *Sagittaria* L. (10 espèces environ, presque toutes américaines).

Les autres genres (*Lophiocarpus* Miq., *Echinoderus* Engelm, etc. sont étrangers à nos régions.

Affinités. — Par leur périanthe nettement divisé en calice et corolle, les Alismacées réalisent un type hautement différencié parmi les Monocotylédones. Elles se relient assez étroitement aux Butomacées et aux Joncaginées.

La fleur, avec ses étamines parfois nombreuses à anthères extrorses et ses nombreux carpelles ordinairement uniovulés et indépendants, offre une singulière ressemblance avec celle des Renoncules. Cette ressemblance se poursuit dans la nature et la disposition des fruits.

Distribution géographique. — Les Alismacées sont représentées à peu près dans toutes les contrées de l'hémisphère Nord, mais elles sont exclues des contrées froides.

Propriétés générales. Plantes importantes. — Les plantes de cette famille ont de petits canaux sécréteurs à résine dans leurs tiges et leurs feuilles ; elles possèdent aussi presque toutes un suc âcre, qui les faisait jadis considérer comme médicinales. Ainsi l'*Alisma Plantago* L. était préconisé, on ne sait trop pourquoi, contre la rage.

Le *Sagittaria sagittæfolia* L. (Sagittaire) possède des rhizomes féculents qui, par la dessiccation, perdent leur âcreté. Aussi sont-ils utilisés par les Tartares comme alimentaires ; tel est également l'usage que l'on fait, en Chine, du *Sagittaria sinensis*, et du *S. obtusifolia* dans l'Amérique du Nord.

L'ordre des Hélobiées renferme encore quelques familles naturelles dont la description ne saurait trouver place ici (voir le tableau).

ORDRE DES HÉLOBIÉES

Plantes aquatiques ou des lieux marécageux. — Fleurs actinomorphes, généralement construites sur le type normal des Monocotylédones.

Carpelles 1 ou plusieurs, mais alors presque toujours indépendants. — Albumen peu abondant ou nul.

Fleurs pourvues d'un périanthe simple, souvent peu développé ou nul. Graines avec ou sans albumen.

- Appareil végétatif thalloïde. — Fleurs diclines et sans périanthe. — Ovules basilaires, orthotropes ou semi-anatropes. — Achaine. — Albumen peu abondant ou nul... **LEMNACÉES.**

Plantes pourvues d'une tige et de feuilles bien différenciées.

- Fleurs hermaphrodites ou diclines, nues ou avec périanthe simple. — Ovule solitaire et suspendu, ordinairement orthotrope. — Fruits drupacés ou membraneux, indéhiscents. — Albumen plus ou moins abondant..... **POTAMOGÉTONACÉES.**

- Fleurs diclines, nues ou simplement entourées par des bractées spathiformes. — Ovule solitaire, orthotrope et dressé. — Fruits indéhiscents, nucamenteux ou bacciformes. — Graine sans albumen .... **NAJADACÉES.**

Fleurs toujours pourvues d'un périanthe double. Graines sans albumen.

- Ovaire infère, formé par un ou plusieurs carpelles concrescents. — Fruit indéhiscent. — Albumen nul ; embryon droit..... **HYDROCHARITACÉES.**

Périanthe externe herbacé, interne pétaloïde.

Carpelles nombreux et libres, ou légèrement concrescents. — Ovaires toujours supères.

- Ovules solitaires, dressés. — Fruits folliculaires. — Embryon recourbé, sans albumen. **ALISMACÉES.**

- Ovules nombreux, insérés sur toute la paroi des carpelles. — Embryon droit ou recourbé. ...... **BUTOMACÉES.**

Périanthe externe et périanthe interne calicoïdes. — Anthères toujours extrorses. — 3 carpelles libres, ou 6 concrescents. — Embryon droit................. **JUNCAGINÉES.**

ORDRE II. — SPADICIFLORES

FAMILLE I. — TYPHACÉES

Cette famille se compose de deux genres assez différents l'un de l'autre pour que certains auteurs en fassent deux groupes naturels distincts : les *Sparganium* et les *Typha*.

Typha. — Les *Typha* Tourn. ou Massettes (fig. 197), sont représentés par une douzaine d'espèces, dont trois sont spontanées en France. Ce sont des plantes aquatiques dont les rhizomes rampants produisent des axes

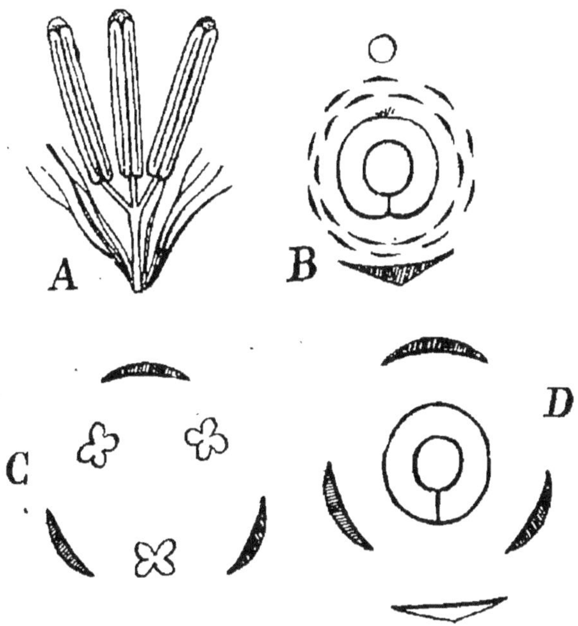

Fig. 196. — A et B, fleurs mâle et femelle de *Typha*. — C et D, fleurs mâle et femelle de *Sparganium* (Courchet).

aériens dressés. Ces derniers sont embrassés, à la base, par des feuilles distiques, étroitement engaînantes, dont le limbe est dressé, étroit et linéaire. Ces feuilles sont plus espacées vers le sommet des tiges qui, d'ailleurs, ne s'allonge guère que dans la seconde année ; c'est alors que se montrent les fleurs.

L'inflorescence est terminale et figure deux épis superposés, le supérieur composé de fleurs mâles, l'inférieur de fleurs femelles. Au-dessous de chacun d'eux est une spathe qui les recouvre étroitement avant la floraison.

Les fleurs mâles, directement insérées sur l'axe commun de l'inflorescence, sont représentées (fig. 196 A) par un très petit nombre d'étamines (1 à 3 en général, rarement 5), concrescentes par les filets. Les anthères sont claviformes, biloculaires, surmontées d'un appendice transversal. Assez souvent leurs grains de pollen demeurent réunis par tétrades. Ces étamines sont accompagnées de filaments pluricellulaires, les uns simples, les autres bifides, qu'on a voulu considérer comme un périanthe rudimentaire (1).

Les fleurs femelles (B) sont quelquefois isolées sur l'axe général; mais, le plus souvent, elles sont insérées sur de petits axes secondaires, où on les voit surmontées de quelques fleurs stériles. Celles-ci sont représentées par des corps pyriformes, longuement stipités.

Dans la fleur fertile, l'axe floral se rétrécit à la base en un pédoncule plus ou moins long, et porte un carpelle unique entouré par des filaments semblables à ceux de la fleur mâle. L'ovaire uniloculaire contient un seul ovule anatrope, pendant, dont le micropyle est dirigé en bas ou contre la suture ventrale. Le style, simple et terminal, porte un stigmate allongé ou spatulé.

Le fruit est une sorte de noix qui se fend d'un côté à la maturité. Il est rempli tout entier par la graine qui se soude plus ou moins avec l'endocarpe, et dont la région micropylaire est protégée par une sorte de couvercle formé par le tégument séminal. Ce couvercle est rejeté au moment de la germination. L'amande consiste en un albumen abondant dans l'axe duquel se montre un embryon droit. L'albumen est lui-même entouré par une mince couche de périsperme (v. p. 139).

Sparganium. — Les fleurs sont donc nues chez les *Typha*. Elles possèdent, chez les *Sparganium* L. ou Rubaniers, un périanthe com-

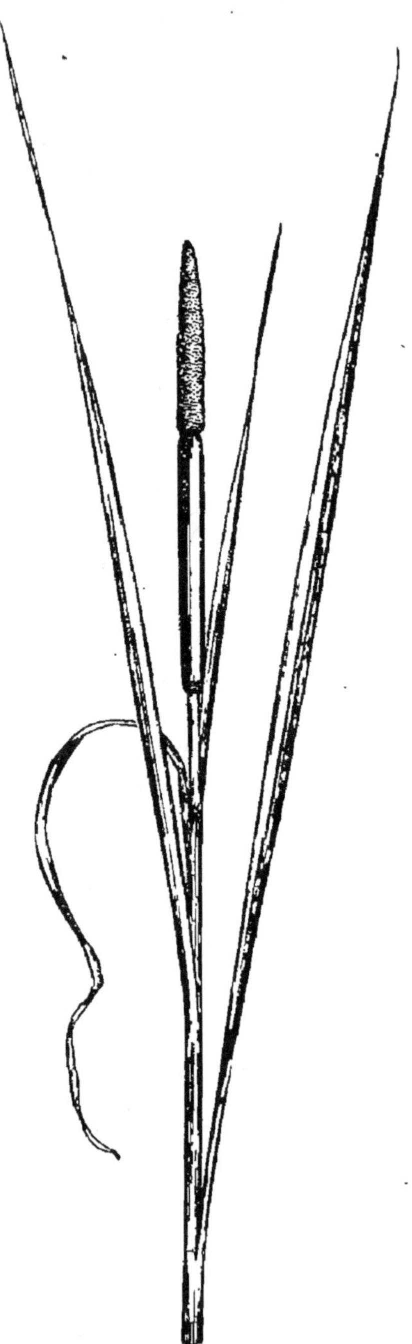

Fig. 107. — Masselle (dimensions réduites).

(1) La situation de ces filaments n'est soumise à aucune règle, et on ne peut y voir que de simples poils.

posé de 3 à 6 folioles membraneuses. — En second lieu, les fleurs sont ici groupées en capitules sphériques, insérés eux-mêmes sur l'axe de l'inflorescence terminale. Les capitules du sommet sont mâles, ceux de la base sont femelles. Sur les uns et sur les autres, les fleurs sont insérées chacune à l'aisselle d'une bractée très semblable aux pièces du périanthe.

Dans la fleur mâle (C) se trouvent trois ou plusieurs étamines, alternes avec les pièces du périanthe quand elles sont en même nombre qu'elles. Leurs filets, libres ou légèrement concrescents, portent des anthères oblongues ou claviformes, à deux loges.

Dans la plupart des cas, l'ovaire n'est formé que par un seul carpelle; il est uniloculaire (D), et renferme un seul ovule anatrope, suspendu vers la région inférieure de la suture ventrale. Le style est simple, terminé par un stigmate unilatéral. Parfois deux carpelles se soudent en un ovaire dont la loge reste unique, mais il renferme alors deux ovules et porte deux stigmates.

Les fruits, qui demeurent réunis sur le capitule femelle, sont des drupes remplies tout entières par la graine. Celle-ci est pourvue, dans sa région micropylaire, d'un double couvercle dont l'origine est la même que chez les *Typha*. L'embryon est droit, dans l'axe d'un albumen farineux.

Au point de vue végétatif, les *Sparganium* ressemblent aux *Typha;* les feuilles sont seulement moins fortement carénées à la base, plus molles et plus longues.

TYPHACÉES.

Plantes aquatiques à rhizome traçant, pourvues de feuilles longues et linéaires, distiques.

Fleurs monoïques, en épis terminaux superposés (le supérieur mâle, l'inférieur femelle), ou en capitules également unisexués, groupés en une inflorescence terminale, *accompagnées*, dans les deux cas, *de bractées enveloppantes*.

Périanthe nul ou *formé par des folioles membraneuses*.

Étamines en petit nombre, à filets libres ou plus ou moins concrescents à la base. Anthères biloculaires.

Ovaire uniloculaire, sessile ou stipité, contenant 1 ovule anatrope pendant, rarement 2. Style et stigmate simples (rarement doubles).

Fruit drupacé, ou nucamenteux et alors souvent déhiscent par un côté.

Graine pourvue d'un obturateur micropylaire; *embryon droit dans l'axe d'un albumen charnu ou farineux*, accompagné ou non d'une mince couche de périsperme.

Fleurs en épis, sans périanthe, accompagnées de bractées spathiformes bien développées.
Ovaire longuement stipité.
Fruit sec, s'ouvrant généralement par un côté.
Albumen entouré d'un mince périsperme...... *Typha* Tourn.
(12 espèces des contrées tropicales et tempérées).

Fleurs en capitules formant un épi terminal, accompagnées de bractées moins développées, mais toujours pourvues d'un périanthe.
Ovaire sessile.
Fruit subdrupacé, indéhiscent.
Albumen sans périsperme. *Sparganium* L.
(6 à 8 espèces des contrées tempérées de l'hémisphère Nord, de l'Australie et de la Nouvelle-Zélande).

Affinités. — C'est avec les Pandanacées, dont les caractères essentiels sont indiqués plus loin, que les Typhacées ont les affinités les plus étroites. Elles représentent, d'ailleurs, les formes les plus simples parmi les Monocotylédones.

Distribution géographique. — Les Typhacées sont à peu près cosmopolites ; mais les *Sparganium* vivent dans des régions plus froides que les *Typha*, que l'on rencontre également sous les tropiques. Les uns et les autres sont beaucoup plus rares dans l'hémisphère Sud que dans l'hémisphère Nord.

Propriétés générales. Usages. — Les usages des Typhacées sont peu importants et peu nombreux. On emploie, dans l'Asie orientale, le rhizome féculent des *Typha* contre la dysenterie, les aphtes, l'uréthrite, etc., à cause de ses propriétés astringentes.

Les feuilles des *Typha* et des *Sparganium* servent à fabriquer des paillassons et à recouvrir des chaumières.

Enfin le pollen des *Typha* indigènes sert assez fréquemment à falsifier le Lycopode, dont on le distingue, d'ailleurs, aisément à ses grains réunis par tétrades.

FAMILLE II. — PALMIERS

La famille des Palmiers est une des plus naturelles, mais en même temps des plus vastes du règne végétal. Elle est aussi une des plus importantes au point de vue du grand nombre des espèces utiles qu'elle renferme ; enfin les Palmiers se font encore remarquer par leur élégance et leur beauté.

Description du Phœnix dactylifera L. — Nous décrirons tout d'abord le Dattier (*Phœnix dactylifera* L.), l'une des espèces les plus connues (fig. 198).

Appareil végétatif. — Cette plante croît sur une vaste étendue de pays, dans l'Inde, la Perse et surtout dans le Nord de l'Afrique. Son stipe cylindrique, d'un diamètre à peu près partout uniforme, atteint une hauteur de 16 à 20 mètres. Comme chez toutes les plantes de cette famille, les feuilles se détruisent à mesure que l'axe s'allonge, et forment seulement à son sommet une vaste couronne. La surface du stipe est couverte d'une sorte de bourre grossière laissée par la base persistante des feuilles.

Les entre-nœuds sont très courts, et les feuilles très rapprochées les unes des autres. Elles sont très grandes et composées d'un pétiole engaînant, qui se continue en un long rachis commun. Sur ce dernier sont insérées latéralement de nombreuses folioles coriaces, linéaires à nervures parallèles. Les plus basses d'entre ces folioles sont transformées en épines. La feuille du Dattier est donc composée-pennée, mais cette structure ne caractérise que la feuille entièrement développée. Avant qu'elle ne s'étale hors du bourgeon, elle est pourvue d'un limbe entier, qui forme de chaque côté de la

Fig. 198. — Deux Dattiers (*Phœnix dactylifera*) L. destinés à donner une idée du port des monocotylédones arborescentes à tige simple.

nervure médiane de nombreux replis parallèles. C'est le long de ces derniers que le limbe se déchire en tout autant de lobes distincts.

Inflorescences et fleurs. — Les fleurs sont dioïques, réunies en grand nombre sur une grappe ramifiée, enveloppée tout d'abord dans une grande spathe. Les ramifications de l'axe florifère sont charnues et reployées en zigzags ; les fleurs y sont insérées sur de courts pédoncules, chacune à l'aisselle d'une bractée spéciale, à chacun des angles saillants. Ce mode d'inflorescence est généralement désigné sous le nom de *régime*.

Considérées en elles-mêmes, les fleurs offrent la structure suivante :

Elles sont, dans les deux sexes, actinomorphes et 3 mères. Le périanthe est double. Il se compose de trois sépales dont l'impair est dirigé en avant, peu développés et concrescents en une sorte de coupe et d'une corolle dont les trois pétales sont plus grands que les sépales avec lesquels ils alternent. La préfloraison du calice est libre ; celle de la corolle est valvaire chez les fleurs mâles, imbriquée chez les fleurs femelles. Les deux verticilles sont, d'ailleurs, d'une même teinte jaunâtre et de même texture.

L'androcée se compose de six étamines en deux verticilles qui continuent l'alternance des pièces du périanthe. Leurs filets indépendants et hypogynes portent des anthères introrses biloculaires, à déhiscence longitudinale.

Dans la fleur femelle l'androcée n'est représenté que par six staminodes linéaires (1). L'ovaire est formé par trois carpelles opposés aux trois sépales, indépendants les uns des autres, surmontés chacun par un style charnu et un stigmate simple. Chaque carpelle renferme un seul ovule très petit, anatrope, dressé à la base de l'angle interne.

Fruit et graine. — Le fruit, connu sous le nom de *datte*, est une baie à épicarpe lisse, de forme elliptique et de la grosseur du pouce, dont l'endocarpe se laisse pourtant isoler sous l'aspect d'une fine membrane qui entoure lâchement la graine. Celle-ci est oblongue, elliptique, concrescente par son raphé avec l'endocarpe. Elle montre, sous un tégument membraneux brunâtre, un albumen très abondant, de consistance cornée, formé de cellules dont les parois épaisses sont traversées par de nombreux canalicules. Le côté externe est marqué d'un profond sillon longitudinal ; le côté interne est convexe. Il montre, à côté du micropyle, une petite cicatrice circulaire qui indique la place de l'embryon. Ce dernier est très petit, en forme de toupie, et situé excentriquement sur le côté micropylaire de l'albumen.

(1) La présence d'un androcée rudimentaire dans la fleur femelle démontre que la diclinie de la fleur n'est pas essentielle. Les fleurs des Palmiers sont presque toujours unisexuées par avortement.

Autres types de Palmiers. Coryphinées. — Le Dattier, qui réalise assez bien le type de la famille, appartient à une première tribu, celle des *Coryphinées*, qui se caractérise surtout *par ses carpelles peu cohérents ou indépendants, isolés dans tous les cas à la maturité, et par ses fruits bacciens*, pourvus d'un épicarpe lisse.

A cette même sous-famille se rattachent d'autres genres dont les feuilles affectent le type flabellé. Le limbe, tout d'abord entier, est alors arrondi ou oblong, pourvu de nombreuses nervures rayonnant de l'extrémité du pétiole; la feuille offre ainsi la forme d'un éventail. Les nervures sont quelquefois toutes sensiblement égales; d'autres fois la médiane, qui continue en direction le pétiole, est plus grande que les autres dont la longueur diminue ensuite à droite et à gauche, à partir du sommet. Dans tous les cas, le limbe est plissé dans l'intervalle de ces nervures, et c'est le long de ces plis qu'il se découpe plus ou moins profondément, à sa sortie des bourgeons, en tout autant de divisions digitées.

En outre, sur la même inflorescence, se rencontrent des fleurs chez lesquelles l'un ou l'autre sexe demeure stérile, mais qui sont, d'ailleurs, semblablement construites. Malgré leur forme identique, elles sont même, le plus souvent, dioïques.

C'est parmi ces Coryphinées à feuilles flabellées que nous trouvons le *Chamærops humilis* L. ou Palmier nain, du Nord de l'Afrique et des contrées les plus méridionales de l'Europe, et le *Trachycarpus excelsa* Thunb. qui croît dans l'Himalaya, en Chine et jusqu'au Japon.

Dans le même groupe nous mentionnerons encore les *Corypha* L., palmiers de l'Inde et de l'archipel Malais, à port élevé et chez lesquels la floraison n'a lieu qu'une fois. Il se développe à ce moment, au sommet du stipe et au-dessus de la couronne de feuilles, un vaste spadice de fleurs hermaphrodites.

Les fleurs sont également hermaphrodites chez les *Sabal* Adans. du Nouveau-Monde et les *Livistona* R.B. de l'Asie tropicale et de l'Australie.

Borassinées. — La tribu des Borassinées est également représentée par des Palmiers à feuilles flabellées, mais *les fleurs sont ici rigoureusement dioïques, les mâles et les femelles ayant d'ailleurs un aspect tout différent. En outre les trois carpelles sont toujours cohérents en un ovaire à 3 loges, ou à 1 à 2 loges par avortement.* Dans le cas où un seul carpelle se développe en fruit, il n'est pas rare de voir, sur ce dernier, les restes du stigmate qui occupait primitivement le sommet de l'ovaire, être rejeté tout à fait vers le bas, par suite d'un développement inégal.

Ce fruit se fait, en outre, remarquer par l'énorme développement de l'endocarpe qui forme définitivement autour de la graine une épaisse enveloppe ligneuse (*putamen* de certains auteurs) qui se soude avec elle.

Les Borassinées comprennent un certain nombre de genres intéressants.

Les *Hyphæne* Gœrtn. sont des Palmiers africains dont le stipe offre le rare caractère d'être assez souvent ramifié. A ce genre appartient le Doun (*H. thebaica* Mart.), dont les fruits sont comestibles dans le Nord-Est de l'Afrique.

Les *Latania* Comm. (Lataniers) des îles Mascareignes et de la côte voisine du Sud de l'Afrique, ont des fleurs mâles pourvues d'étamines nombreuses (15-30) légèrement concrescentes à la base.

Les étamines sont également nombreuses (30 environ) chez les fleurs mâles du *Lodoicea Sechellarum* Labill. Celles-ci sont, en outre, enfoncées par groupes de 20 à 30 dans des alvéoles creusées dans les rameaux épaissis du régime. Le fruit est une sorte de noix gigantesque dont le noyau, profondément bilobé, renferme une seule graine de forme correspondante. Au point par où doit sortir la radicule, l'endocarpe est percé d'un orifice, ainsi qu'on l'observe chez la plupart des fruits de Palmiers pourvus d'un noyau dur (1).

Le *Borassus flabelliformis* L., de l'Afrique tropicale et de l'Inde, est caractérisé par ses fleurs mâles à 6 étamines seulement, mais concrescentes vers le bas avec le périanthe qui devient longuement tubuleux. Ces fleurs sont, d'ailleurs, logées par glomérules de 10 environ dans des alvéoles de l'axe florifère charnu. Les fleurs femelles sont de forme bien différente, globuleuses et insérées isolément sur l'axe. Le fruit forme trois noyaux distincts.

Lépidocaryinées.— Le caractère le plus saillant de la tribu (Lépidocaryinées) est offert par le fruit. *Celui-ci résulte de la concrescence entière des trois carpelles en un ovaire plus ou moins complètement triloculaire ; il est généralement monosperme par avortement à la maturité, et sa surface est recouverte d'une véritable carapace d'écailles ligneuses* (fig. 199, à gauche) *imbriquées* comme les tuiles d'une toiture (2).

L'ovaire est complètement triloculaire chez les *Raphia* P. de B. de l'Afrique tropicale. La tige dressée de ces arbres porte un bouquet de feuilles pennées dont la longueur atteint parfois jusqu'à 15 mètres, et se termine, au-dessus, par un énorme spadice monoïque où les fleurs des deux sexes naissent chacune à l'aisselle d'une bractée mère et sont pourvues de préfeuilles. Ce sont les divisions latérales de ces feuilles dont on utilise les fibres très tenaces, sous le nom de *raphia*, en guise de liens et pour la fabrication de certains objets.

L'ovaire est incomplètement triloculaire chez les *Metroxylon* Rottb. (*Sagus* des anciens auteurs), arbres de l'Inde dont plusieurs espèces fournissent le Sagou (voir plus loin). Leur port est celui de la plupart des Palmiers et le stipe se termine, au-dessus d'un bouquet de grandes

---

(1) Ailleurs il existe au même point un tissu moins dur par où la radicule peut se frayer un passage, ou même une sorte de couvercle qui est rejeté au moment de la germination.

(2) On donne assez souvent à ces fruits l'épithète de *loriqués* (de *lorica*, cuirasse).

feuilles pennées, par un spadice monoïque qui clôt la période végétative de la plante.

Les Rotangs (*Calamus* L.) forment un vaste genre représenté en Afrique, en Asie, en Australie, etc. Ces Palmiers se distinguent tout d'abord par leur stipe grêle, semblable au chaume des Roseaux ou des Bambous, dressé parfois, le plus souvent grimpant, et pouvant atteindre ainsi une grande longueur. Ses entre-nœuds sont très longs, et au lieu

Fig. 199. — Sagou.

de la touffe terminale de la plupart des Palmiers, les Rotangs sont munis de feuilles distantes, composées-pennées, et dont la côte médiane se prolonge souvent, au delà du limbe, en une sorte de fouet. Les fleurs, dioïques ou monoïques-polygames, sont portées sur un spadice dont les ramifications nombreuses et grêles ont un aspect particulier. La base de l'axe commun est entourée par quelques bractées complètes, mais courtes ; d'autres bractées plus petites et incomplètement engaînantes se montrent sur les ramifications. Les fleurs des deux sexes sont peu dissemblables.

Arécinées. — Les Arécinées ont, comme les Borassinées, *un fruit lisse, résultant ordinairement de la concrescence des trois carpelles, qui* s'isolent cependant quelquefois à la maturité ; mais *ce fruit est une baie plus ou moins fibreuse*. Les fleurs sont le plus souvent monoïques et disposées alors par séries ou par groupes de trois, dans lesquels une fleur femelle est accompagnée par deux ou plusieurs fleurs mâles. Ces arbres sont, en outre, pourvus de feuilles pennées.

Dans ce groupe, les *Caryota* L. (Indes ; Archipel Malais, etc.) se font remarquer par leurs feuilles pennées dont les folioles, ordinairement élargies en éventail, sont elles-mêmes plus ou moins profondément dentées à leur bord antérieur. Les régimes ne se développent pas seulement à l'aisselle des feuilles qui forment la couronne terminale, mais ils s'échelonnent encore au-dessous de cette dernière, placés dans l'axe des feuilles dont il ne reste que des débris. Les rameaux de l'inflorescence portent des glomérules de trois fleurs dont la médiane est femelle, les deux latérales mâles et pourvues de 9 ou d'un nombre beaucoup plus considérable d'étamines.

Les *Arenga* Labill., dont une espèce, l'*A. saccharifera* Labill., peut être comprise parmi les plantes utiles de la famille, se distinguent des *Caryota* par leurs feuilles simplement pennées, et leurs régimes unisexués.

Enfin cette tribu doit son nom au genre *Areca* L. (Indes ; Malacca, etc.), dont une espèce, l'*A. Catechu* L., fournit la noix d'Arec. Ce sont des Palmiers à feuilles pennées, dont les spadices monoïques portent des fleurs femelles directement insérées sur l'axe principal ou à la base de l'inflorescence générale, tandis que les fleurs mâles occupent les ramifications latérales. Le fruit est une baie fibreuse, renfermant une graine dont l'albumen est profondément ruminé (1).

Cocoïnées. — Les *Cocoïnées* sont surtout caractérisées par leur fruit. C'est une *drupe formée par les 3 carpelles concrescents, mais dont deux avortent le plus souvent, laissant seulement deux excavations à la base du seul noyau qui persiste.*

Les deux genres principaux de la tribu sont les *Cocos* et les *Elæis*.

Les *Elæis* Jacq. (Afrique et Amérique) ont des spadices monoïques où les fleurs sont insérées dans des alvéoles profondes. Les fleurs mâles ont leurs étamines monadelphes. Le fruit est une drupe dont le mésocarpe est riche en huile. Le noyau anguleux est marqué de trois perforations voisines du sommet, et l'albumen de la graine est lui-même riche en corps gras.

Enfin la gaine du régime se déchire irrégulièrement à la maturité.

Chez les *Cocotiers* (*Cocos* L.), qui sont représentés par de nombreuses espèces américaines, les fleurs mâles et femelles forment de petits glomérules superficiels de trois fleurs insérées, dans de simples dépressions des rameaux du régime. Celui-ci est accompagné par une grande spathe ligneuse en forme de nacelle. Les étamines sont libres dans la fleur mâle.

---

(1) On dit que l'albumen d'une graine est ruminé lorsque sa surface offre des anfractuosités dans lesquelles pénètre le tégument.

Le fruit est une drupe à noyau fibreux vers son sommet, et marqué de trois excavations basilaires.

Caractères généraux. — Les Palmiers sont des plantes toujours ligneuses et vivaces, mais quelquefois monocarpiques (*Metroxylon, Raphia, Corypha*, etc.), à port variable dans de certaines limites.

DÉVELOPPEMENT. — La graine émet généralement une racine qui s'enfonce profondément dans le sol où elle forme des ramifications nombreuses ; puis le pivot se détruit, comme cela a lieu, d'ailleurs, chez la plupart des Monocotylédones. La gemmule se développe, tandis que le cotylédon gonflé et accru, demeure inclus dans l'albumen qu'il transforme chimiquement, et où il fonctionne comme appareil absorbant, jusqu'à ce que la plante puisse vivre par elle-même. Les premières feuilles forment, tout d'abord, à la surface du sol, une rosette au milieu de laquelle la tige se développe et s'accroît. Les feuilles se détruisent ensuite successivement le long de l'axe, tandis qu'il s'en forme sans cesse de nouvelles à son sommet, et sa surface demeure plus ou moins couverte des débris de leurs pétioles. Certains Palmiers forment tout d'abord un rhizome qui produit ensuite une rosette foliaire, d'où naît enfin l'axe dressé aérien (1).

TIGE. — 1° Le stipe des Palmiers s'accroît généralement en une colonne droite, d'un diamètre à peu près égal, à surface ordinairement hérissée par les débris des feuilles anciennes, et couronnée par un faisceau de grandes feuilles vertes (*Phœnix, Areca, Cocos*, etc.). Le stipe est quelquefois renflé dans son milieu. Il est généralement simple ; il est ramifié vers le haut chez plusieurs *Hyphacne.*

2° Ailleurs le stipe, mince et élancé, porte des feuilles distantes les unes des autres, séparées par de longs entre-nœuds. Ces Palmiers ont, dès lors, un aspect qui rappelle celui de certaines Graminées ligneuses, ou mieux encore celui des Zingibéracées (les *Chamædorea* par exemple).

3° Les *Calamus* ont également une tige longue et grêle ; mais, trop faible pour se maintenir dressée, elle s'appuie et grimpe sur les arbres voisins.

4° Enfin certains Palmiers, improprement désignés par l'épithète

(1) Le stipe des Palmiers offre une extrême variété comme dimensions : celui de l'*O-reodoxa frigida* égale à peine la grosseur d'un petit roseau, tandis que la tige du *Jubæa* mesure un mètre et plus de diamètre. Certaines espèces sont acaules, d'autres s'élancent à plus de 80 mètres de hauteur.

d *acaules*, ont une tige qui demeure toujours très courte (*Astrocaryum acaule, Phœnix acaulis*, etc.).

FEUILLES. — Les feuilles sont toujours alternes, spiralées, amplexicaules. Le pétiole embrassant est parfois muni, à sa partie supérieure, d'une excroissance désignée sous le nom de *ligule*.

Le limbe offre deux types principaux :

1° *Type penné* (V. p. 72). Les folioles ordinairement simples, sont quelquefois, dans ce type, découpées elles-mêmes à leur côté supérieur.

2° *Type flabellé*. — Les folioles, ou les divisions dans lesquelles le limbe est plus ou moins profondément divisé, rayonnent toutes du sommet du pétiole.

Rarement les feuilles sont peu divisées ou simplement bifides au sommet (*Phœnicophorium*).

INFLORESCENCES. — L'inflorescence (1) générale des Palmiers est le *spadice* ou *régime*, formé d'un axe principal ramifié une ou plusieurs fois, rarement simple (certain *Cocos*), accompagné d'une spathe enveloppante, elle-même formée par une ou plusieurs bractées. Généralement latéraux chez les Palmiers polycarpiques, les spadices peuvent être aussi terminaux, et alors la plante ne fructifie qu'une seule fois (chez les *Corypha, Raphia*, etc.).

Les fleurs sont assez souvent disposées en une spire continue, isolées sur le spadice et ses ramifications, ou serrées les unes contre les autres et pouvant alors devenir polyédriques par pression réciproque.

Elles sont ailleurs disposées en ordre distique (chez la plupart des Lépidocaryinées, en général), ou bien encore en séries parallèles. Elles peuvent être toutes du même sexe ; mais, s'il y a monœcie, la fleur inférieure de chaque série est femelle, toutes les autres sont mâles. La fleuraison commence au sommet et se termine alors à la fleur mâle qui ne s'épanouit généralement que beaucoup plus tard. La fleuraison s'effectuant ainsi en deux temps successifs, ces végétaux sont physiologiquement dioïques.

Chez certains Palmiers, les *Caryota*, par exemple, les inflorescences monoïques portent des groupes de trois fleurs dont la médiane est femelle, les deux latérales mâles. Ces groupes sont souvent enfoncés dans de profondes alvéoles de l'axe qui, alors, est très charnu

____

(1) L'abondance des fleurs, chez les Palmiers, est quelquefois prodigieuse. On a compté 12.000 fleurs dans une spathe de Dattier, 207.000 dans une spathe d'*Afonsia amygdalina*, et 600.000 dans celle d'un seul individu de cette espèce.

et n'apparaissent au dehors qu'au moment de la fleuraison.

Fleurs. — Les fleurs sont généralement unisexuées, et alors monoïques ou dioïques, souvent profondément dissemblables dans les deux sexes. Elles sont aussi parfois polygames-dioïques, c'est-à-dire toutes semblablement conformées et avec les organes mâles et femelles développés, mais les uns ou les autres demeurant stériles sur un même pied. L'hermaphrodisme proprement dit est rare (chez le *Corypha*, par exemple).

La fleur des Palmiers est actinomorphe et répond, dans son ensemble, à la structure typique des fleurs de Monocotylédones (fig. 192).

Le *périanthe* est constamment formé par un calice et une corolle de même structure et de même teinte, libres ou concrescents. La préfloraison est souvent inverse dans les deux verticilles d'une même fleur, imbriquée dans l'un, valvaire dans l'autre.

Dans la fleur typique des Palmiers, l'*androcée* est représenté par six étamines libres hypogynes, avec des anthères introrses, biloculaires, à déhiscence longitudinale, et formant deux verticilles alternes. Leur nombre peut se réduire à trois ; elles peuvent être aussi au nombre de neuf, de douze, de quinze ou même de trente (chez les *Borassus* et *Lodoicea*, par exemple). Elles sont, d'ailleurs, libres ou diversement concrescentes.

Les *carpelles* sont normalement au nombre de trois, opposés aux pétales, rarement de six, ou bien encore de deux. Exceptionnellement l'ovaire est unicarpellé.

Libres en général chez les Coryphinées, les carpelles, dans les autres groupes, sont plus ou moins concrescents en un ovaire triloculaire. Parfois alors ils se séparent au moment de la maturité du fruit ; d'autres fois ils demeurent unis.

Chaque carpelle renferme presque toujours un seul ovule, le plus souvent très petit, anatrope ou semi-anatrope, plus rarement orthotrope, dressé à la base de sa suture ventrale. Les styles sont indépendants ou plus ou moins cohérents.

Ordinairement un ou deux des ovules avortent, avec les carpelles qui les contiennent ; ces derniers laissent alors chacun une cicatrice à la base du carpelle persistant.

Fruit et graine. — Le fruit est une baie, une drupe ou une sorte de noix, suivant que l'endocarpe demeure indistinct ou membraneux, ou qu'il se développe autour de la graine ou des graines en un ou plusieurs noyaux. Le noyau, quelquefois très épais et très dur, ligneux ou plus ou moins fibreux, montre, au niveau de l'embryon, un orifice, ou tout au moins un point prédisposé pour la sortie de la radicule.

Les *Lépidocaryinées* ont des fruits écailleux.

La graine est oblongue, ovoïde ou sphérique, dressée ou appendue latéralement. Le testa est souvent adhérent à l'endocarpe. L'albumen est copieux, cartilagineux ou corné, ou subligneux, sec ou huileux, lisse ou ruminé. L'embryon est appliqué à la périphérie de la graine, recouvert en dehors d'une mince couche d'albumen. Il est turbiné, cylindrique ou conique.

En résumé : les Palmiers sont des Monocotylédones ligneuses dont la tige est généralement représentée par un stipe, simple ou rarement ramifié, couronné par un bouquet de grandes feuilles pennées ou flabellées.

Les fleurs, ordinairement diclines, sont dioïques, monoïques ou polygames, actinomorphes, construites sur le type normal des Monocotylédones, réunies en spadices latéraux ou terminaux; périanthe à 2 verticilles ternaires ordinairement semblables ; le plus souvent 6 étamines et 3 carpelles libres ou concrescents, mais toujours ovaire supère. — Ovules ordinairement solitaires dans chaque carpelle, anatropes ou rarement orthotropes.

Fruit : baie ou drupe, assez souvent uniloculaires et monospermes par avortement.

Graine pourvue d'un albumen dur ou corné, lisse ou ruminé, renfermant un embryon droit excentrique.

Gynécée formé par trois carpelles indépendants dès le début ou plus ou moins cohérents entre eux tout d'abord, mais toujours indépendants à l'état de fruits. — Fruits représentés par de véritables baies ou des baies drupacées.

Feuilles pennées ou flabellées.

Tribu I. — Coryphées.

Gynécée formé par 3 carpelles indépendants dès le début.

Plantes polycarpiennes, — Inflorescences toujours axillaires. — Fleurs dioïques ou polygames-dioïques.

Fleurs dioïques et dimorphes. — Albumen lisse, creusé d'un profond sillon ventral. — Feuilles pennées................................. *Phœnix* L.
(11 espèces environ. Asie et Afrique tropicale et subtropicale).

Fleurs polygamos-dioïques. Albumen ruminé ou lisse. Feuilles flabellées.

Feuille à divisions égales. Stipe normalement développé.

Albumen ruminé. Graine dressée............ *Chamærops* L.
(2 espèces. Nord de l'Afrique; extrême sud de l'Europe).

Albumen non ruminé. — Graine recourbée. *Trachycarpus* Wendl.
(4 espèces. Région himalayenne; Chine, Japon).

Divisions du limbe d'inégale grandeur. Stipe en colonne grêle..................................... *Rhapis* L.
(5 espèces. Asie orientale).

Inflorescences terminales sur un stipe monocarpien. Fleurs hermaphrodites............ *Corypha* L.
(6 espèces. Indes; Ceylan; Archipel Malais).

Gynécée formé par trois carpelles fortement cohérents ou même soudés, au début, par leurs faces en contact, mais toujours définitivement indépendants à l'état de fruits. — Baie avec endocarpe assez dur (baie drupacée).

Albumen creusé d'une dépression dans laquelle pénètre une excroissance sacciforme du funicule.

Étamines insérées sur une cupule charnue cohérente avec la corolle................ *Licuala* Wurmb.
(36 espèces. Indes; Malaisie; Australie).

Étamines libres ou peu cohérentes à la base. *Livistona* R. B.
(Environ 12 espèces. Sud de l'Asie; Malaisie; Australie).

Albumen normalement conformé.......................... *Pritchardia* Seemb. et Wendl.
(13 à 14 espèces. Océanie; Amérique).

Tribu II. — Borassinées.

Fleurs rigoureusement dioïques et dimorphes.
Carpelles 3, toujours cohérents en un ovaire à 3 loges, ou à 1 ou 2 par avortement. — Fruit avec endocarpe formant un noyau épais ou 3 noyaux. Débris du stigmate souvent déjetés vers le bas.
Feuilles flabellées.

Fleurs mâles insérées isolément dans des fossettes des axes florifères cylindriques.

Six étamines libres. Drupe uniloculaire et monosperme par avortement, renfermant un seul noyau épais, fibreux extérieurement. Stipe assez souvent ramifié.............. *Hyphaene* Gaertn. (Afrique tropicale).

Étamines au nombre de 15 à 30, concrescentes. Drupe ordinairement avec 3 noyaux, rarement un seul par avortement. Stipe toujours simple......................... *Latania* Comm. (3 espèces des îles Mascareignes).

Fleurs mâles insérées dans des fossettes profondes d'axes florifères épaissis, et formant des cymes unipares scorpioïdes.

Étamines six, concrescentes avec la corolle en un tube étroit. Drupe avec, le plus souvent, trois noyaux distincts .... *Borassus* L. (*B. flabelliformis*, L. Afrique tropicale; Indes; Ceylan).

Étamines 30 environ, concrescentes en colonne. Drupe dont l'unique noyau est profondément divisé en deux lobes réniformes. Graine profondément bilobée.............. *Lodoicea* Labil. (*L. Sechellarum* Labil.).

Tribu III. — Lépidocaryinées.

Fleurs monoïques, dioïques ou polygames-dioïques.
Carpelles 3, cohérents en un ovaire plus ou moins complètement triloculaire.
Fruit généralement monosperme, à mésocarpe charnu, recouvert par de nombreuses écailles dures et imbriquées. Endocarpe membraneux ou plus ou moins durs.
Feuilles pennées ou flabellées.

Feuilles flabelliformes, dont les divisions sont régulièrement ou irrégulièrement réparties .... *Mauritia* L. (*Lepidocaryum* Mart.).

Feuilles composées-pennées. — Spadice terminal sur un stipe monocarpique ou latéral. Fleurs monoïques, dioïques ou polygames-dioïques.

Ovaire complètement triloculaire. — Spadice terminal sur un stipe monocarpique. — Fleurs mâles et fleurs femelles insérées sur un même rameau florifère, mais à l'aisselle de bractées distinctes... *Raphia* P. de B. (6 espèces, Afrique; Amérique).

Ovaire incomplètement triloculaire.

Tige toujours dressée. Feuilles formant une couronne terminale, et dont la côte médiane ne se prolonge pas au delà des dernières folioles. — Spadice terminal sur un stipe monocarpique. *Metroxylon* Rottb. (*Sagus* des anciens auteurs). (2 espèces, de l'Inde).

Tige le plus souvent grimpante, toujours grêle, à longs entre-nœuds. — Feuilles distantes, et côte principale souvent prolongée, au delà des folioles, en une sorte de fouet. — Spadices lâchement ramifiés, sans spathe ou seulement avec quelques gaines tubuleuses à la base... *Calamus* L. (Espèces nombreuses de la flore africaine, de l'Inde, la Polynésie, l'Australie).

Tribu IV. — Arécinées.

Fleurs dioïques ou monoïques, sur des spadices distincts ou sur le même spadice. — Carpelles 3, toujours concrescents au début, puis réunis ou indépendants. Fruit charnu (baie drupacée), non écailleux, à 1, 2 ou 3 loges. Feuilles flabellées ou pennées.

Fleurs monoïques, en glomérules triflores ou sur des spadices distincts. Ovaire uniloculaire, bi ou triloculaire.

Préfloraison de la corolle valvaire dans la fleur femelle.

Fleurs monoïques, en glomérules triflores (une fleur femelle entre deux fleurs mâles). — Étamines nombreuses dans la fleur mâle ; un à deux carpelles dans la fleur femelle. — Graine avec albumen ruminé.— Feuilles doublement pennées .... *Caryota* L.
(0 espèces. Indes ; Archipel Malais, Océanie ; Australie).

Fleurs monoïques, mais sur des spadices distincts. Trois carpelles dans la fleur femelle. Albumen non ruminé. Feuilles simplement pennées.... *Arenga* Labill.
(7 espèces. Indes ; Iles Kiu-Siu ; Archipel ; Malais ; Océanie ; Australie).

Préfloraison de la corolle imbriquée dans la fleur femelle........ *Ceroxylon* H. B. Kth.
(5 espèces. Andes de l'Amérique du Sud).

Fleurs monoïques. Femelles insérées directement sur l'axe principal, ou à la base de l'inflorescence générale ; fleurs mâles couvrant les rameaux du spadice, possédant chacune 3 à 5 étamines. — Ovaire uniloculaire. — Baie monosperme. — Albumen profondément ruminé... *Areca* L.
(14 espèces. Andes, Malacca, etc., jusqu'à la Nouvelle-Guinée).

Tribu V. — Cocoïnées.

Fleurs diclines. Fruit à noyau, contenant le plus souvent 2 à 3 graines, et marqué de tout autant de cicatrices. — Endocarpe soudé avec le tégument.

Spadices très ramifiés, unisexués, entourés chacun d'une spathe qui se déchire ensuite irrégulièrement. — Fleurs isolées, ou bien mâles disposées par paires dans des alvéoles profondes des rameaux florifères. — Étamines concrescentes. — Fruit drupacé, à mésocarpe huileux... *Elæis* Jacq.
(2 espèces. Amérique et Afrique équatoriales).

Spadice monoïque avec ramifications simples, entouré d'une grande spathe ligneuse. — Fleurs des deux sexes en glomérules triflores. — Étamines 6, incluses, indépendantes. — Fruit drupacé à mésocarpe ligneux, fibreux vers le sommet.............. *Cocos* L.
(30 espèces environ, Régions équatoriales).

Affinités. — Les Palmiers forment un groupe nettement circonscrit dans l'ensemble des Monocotylédones, et leurs affinités sont très obscures. Seules les Phythéléphasées, qu'on leur réunit assez souvent à titre de sous-famille, montrent avec les Palmiers une analogie réelle.

Distribution géographique. — Les espèces de Palmiers connues, au nombre de 600 environ, se trouvent réparties en proportion sensiblement égale entre les deux mondes. Ils appartiennent presque exclusivement aux zones torrides, et aux parties les plus chaudes des zones tempérées; ils occupent une bande large d'environ 10° au Nord et 10° au Sud de l'Équateur. De là, leur nombre va en diminuant vers les tropiques, au delà desquels ils deviennent rares. Les espèces qui atteignent les plus hautes latitudes sont, pour l'hémisphère Nord, le *Chamærops excelsa* qui croît encore dans le Nord de la Chine, et le *Ch. hystrix* qui vit dans la Géorgie et la Floride. On peut signaler aussi le Dattier, qui donne de bons fruits à Elche, en Espagne, dans la province de Valence, et surtout le *Chamærops humilis* qui abonde en Algérie, et croît encore spontanément sous le climat de l'Europe méridionale.

Les Palmiers sont comparativement rares en Afrique.

Propriétés générales. Espèces importantes. — La famille des Palmiers est l'une des plus utiles du règne végétal. Toutes les espèces peuvent fournir des fibres pour la fabrication de certains tissus ou de certains papiers. Leurs grandes feuilles servent souvent à confectionner des toitures, des nattes, des chapeaux et divers autres objets. Les stipes longs et solides de certains d'entre eux sont utilisés comme solives; ceux d'autres espèces fournissent de la fécule, ou bien encore une sève sucrée qui peut se transformer, par fermentation, en une liqueur vineuse. Plusieurs donnent des fruits comestibles. On mange également, en guise de légumes et sous le nom de *Choux palmistes*, les bourgeons terminaux de certains *Areca*, de l'*Euterpe oleracea*, et de plusieurs autres, tels que le *Cocos nucifera* L., *Maximiliana regia* Mart., etc.

Les espèces suivantes méritent une mention spéciale.

La fécule granulée connue sous le nom de *Sagou* est fournie par la région médullaire du stipe de plusieurs Palmiers, entre autres par les *Metroxylon* (*Sagus*) *Rumphii* Mart. et *M. læve* Mart. des Iles Moluques. On en retire également de l'*Areca oleracea* L., du *Phœnix farinifera* Rxb. Certains *Mauritia*, Palmiers du Nouveau Continent, fournissent des produits analogues.

Nous avons parlé déjà du *Phœnix dactylifera* L. et de son fruit qui fait l'objet d'un important commerce. Depuis bien longtemps, les Arabes connaissent l'art d'assurer artificiellement la fécondation de cette plante en suspendant, au-dessus de l'inflorescence des pieds femelles, des régimes mâles prêts à atteindre leur maturité sexuelle. Dans les conditions ordinaires, comme chez la plupart des Palmiers dioïques, la reproduction est livrée au hasard des vents qui transportent leur pollen.

Le *Cocos nucifera* L. habite les rivages de la plupart des contrées tropicales. Il fournit à certaines peuplades du sucre, une sorte de lait (partie centrale de l'albumen non encore organisée), un liquide fermenté, un vinaigre, des fibres avec lesquelles on fabrique des cordages et de la toile grossière; le noyau du Cocotier sert à confectionner des vases; l'amande fournit une huile comestible et propre à l'éclairage, etc.

Le *Palmier Avoira* (*Elaeis guineensis* L.), de la côte occidentale d'Afrique, donne un corps gras connu sous le nom d'*Huile de Palme*, que l'on extrait du péricarpe du fruit.

Le *Ceroxylon andicola* Spreng., des Andes du Pérou, laisse découler spontanément de ses feuilles et de ses tiges, au niveau des nœuds, une cire inodore et insipide, fusible à 72°. Le *Copernicia cerifera* Mart. fournit également une cire qui exsude à la surface des feuilles, et que l'on connaît dans le commerce sous le nom de *Cire de Carnauba*.

L'*Areca Catechu* L. ou Arec, qui croît à Ceylan, dans l'Inde, etc., fournit à la matière médicale une sorte de Cachou que l'on prépare avec ses fruits. L'amande du même Palmier (*Noix d'Arec*), saupoudrée de chaux et enveloppée d'une feuille de Bétel (1), constitue, dans l'Inde, un masticatoire très usité (2).

Le produit connu sous le nom de *Sang-Dragon* est fourni, en très grande partie, par un Rotang, le *Calamus Draco* Willd., de l'Asie tropicale. Cette résine est obtenue à l'aide des fruits (3).

Parmi les Palmiers qui sont utilisés pour leurs fibres textiles, nous citerons le *Leopoldinia Piaçaba* Wall., des rives du Rio Negro

---

(1) *Piper Betle* L.

(2) Le Cachou ordinaire est fourni, comme nous le verrons plus loin, par une Légumineuse, l'*Acacia Catechu* L.

(3) Deux autres sortes de Sang-Dragon sont obtenues, l'une du *Pterocarpus Draco* L. (Légumineuses), l'autre du *Dracæna Draco* L. (Asparaginacées).

et de l'Amazone, et l'*Attalea funifera* Mart., de l'Amérique du Sud.

On retire, au Brésil, des feuilles de plusieurs *Bactris* et surtout du *B. setosa*, une matière textile plus tenace que le chanvre, et connue sous le nom de *Tecum*, avec laquelle on fabrique divers objets, entre autres des hamacs et des paniers.

GROUPE DES PHYTÉLÉPHASIÉES

Ces plantes sont très voisines des Palmiers, auxquels on les rattache souvent comme tribu. Ce sont des plantes à tige très courte, munie de grandes feuilles régulièrement pennées. Les fleurs sont groupées en grand nombre sur de vrais spadices, les mâles et les femelles situées sur des rameaux différents de la même inflorescence, ou sur des inflorescences distinctes.

Le *périanthe, peu développé*, se compose d'une double série de pièces, dont généralement 3 extérieures et 5 à 10 internes plus longues dans la fleur femelle; les mâles ont un périanthe cupuliforme, divisé en lanières inégales, ou formé de 4 folioles disposées en croix.

Les étamines sont nombreuses dans la fleur mâle, et pourvues d'un long filet.

Dans la fleur femelle l'*ovaire, entouré de staminodes, est pluriloculaire* (4-5 à 9 loges) et renferme un même nombre d'ovules dont la forme et la disposition sont comme chez les Palmiers. Le style est divisé lui-même en 4-5 et jusqu'à 9 branches stigmatifères.

Les fruits constituent des drupes serrées en un syncarpe ou fruit composé. Dans chacune d'elles, *l'endocarpe forme un épais noyau* à une ou plusieurs loges, dans chacune desquelles est une semence *pourvue d'un albumen d'une extrême dureté*.

Ces plantes, dont les analogies avec les Palmiers sont très étroites (les caractères différentiels sont soulignés dans la description qui précède), comprennent surtout le genre *Phytelephas* R. et P., du Pérou.

L'amande du *P. macrocarpa* R. et P., d'abord remplie d'un liquide laiteux, comme celle du Cocotier, durcit son albumen de telle sorte qu'il peut être tourné comme de l'ivoire (*Ivoire végétal*).

La petite famille des Cyclanthacées, de l'Amérique tropicale, se rapproche également beaucoup des Palmiers.

FAMILLE III. — ARACÉES

Ces plantes, dont la taille et le port sont des plus variables et souvent des plus bizarres, se distinguent essentiellement par les caractères suivants :

Les fleurs hermaphrodites ou unisexuées, ordinairement monoïques, sont groupées, en nombre le plus souvent considérable, en un épi qu'accompagne une grande spathe en forme de cornet.

Cette famille est représentée seulement dans nos régions par quelques formes.

Description de l'Arum maculatum L. — L'*Arum maculatum* L. (Gouet, Pied de veau) (fig. 200) croît dans les lieux ombragés et

Fig. 200. — Arum.

humides. C'est une plante herbacée vivace, pourvue d'un tubercule de la grosseur d'un marron, garni de nombreuses racines adventives et portant un certain nombre de feuilles alternes, à longs pétioles engainants, à limbe hasté, entier sur les bords, souvent taché de noir. Indépendamment de la nervure médiane et des nervures latérales qui s'en détachent suivant le type penninerve, ce limbe est encore parcouru par un réseau de nervures anastomosées.

Les fleurs sont unisexuées et monoïques, sessiles sur un spadice claviforme volumineux qu'entoure une grande spathe en forme de cornet, verte en dehors, presque blanche en dedans. L'axe du spadice se termine par un prolongement en forme de massue, complètement nu, de couleur purpurine et caduc. Au-dessous sont insérés d'abord des filaments stériles formant un anneau, puis des fleurs mâles, enfin, au-dessous, des fleurs femelles, séparées des fleurs mâles par un espace nu.

Les fleurs mâles consistent seulement en petits groupes d'étamines, concrescentes 4 par 4, pourvues d'anthères extrorses, biloculaires, à déhiscence longitudinale.

Les fleurs femelles consistent chacune en un seul carpelle, formant un ovaire uniloculaire qui renferme quelques ovules orthotropes à placentation suturale, presque basilaire. Le stigmate est sessile, indivis.

A ces fleurs succèdent tout autant de baies rouges, uniloculaires, contenant chacune une ou plusieurs graines.

Celles-ci sont revêtues d'un testa épais, coriace ; elles renferment un embryon à peu près droit, dans l'axe d'un abondant albumen charnu.

Autres genres d'Aracées. — L'*Arum italicum* Mill., de l'Europe méridionale, est très voisin de l'espèce précédente.

L'*Anisarum vulgare* Reichb. est l'unique représentant d'un genre différent du précédent par l'absence de filaments stériles (fleurs rudimentaires) sur le spadice, les étamines réduites à une seule dans les fleurs mâles, enfin par sa tige souterraine développée en rhizome.

Les *Dracunculus* Schott. sont très voisins des *Arum ;* telle est la Serpentaire commune (*D. vulgaris* Schott., *Arum Dracunculus* L.) qui croît dans le Midi. Cette plante se distingue des précédentes par sa tige assez haute, marquée de cicatrices annulaires et tachetée de noir, et par ses feuilles pédalées. La spathe est grande, d'un rouge brun en dedans, comme la partie stérile du spadice. Enfin les fleurs mâles sont contiguës aux fleurs femelles, et il n'y a point de filaments au-dessus des premières.

Un grand nombre d'autres genres (*Caladium, Dieffenbachia, Philodendron*, etc.), ont ainsi des *fleurs diclines, nues ou accompagnées d'un simple rudiment de périanthe.*

Chez d'autres Aroïdées, *les fleurs sont hermaphrodites et pourvues d'un périanthe bien caractérisé.* Tel est l'Acore vrai (*Acorus Calamus* L.) qui croît dans nos fossés et sur le bord des eaux (fig. 201). Cette plante, originaire, dit-on, d'Asie et naturalisée en Europe, est vivace, pourvue d'un long rhizome rampant, articulé, donnant attache à des feuilles alternes, comparables à des feuilles d'Iris (voir plus loin), longues, rectinerviées, et à deux tranchants. Le spadice naît également du rhizome, à l'aisselle d'une longue spathe semblable aux autres feuilles, et qui le rejette latéralement.

Les fleurs couvrent toute la surface du spadice. Le périanthe est petit, à six divisions. L'androcée est représenté par deux verticilles alternes de trois étamines libres, pourvues de filets assez longs et d'anthères introrses, biloculaires. L'ovaire est tricarpellé et triloculaire. Dans chaque loge les ovules sont nombreux, orthotropes et pendants. Le stigmate est sessile. Les fruits sont charnus. Les graines, également albuminées, ont un embryon anguleux.

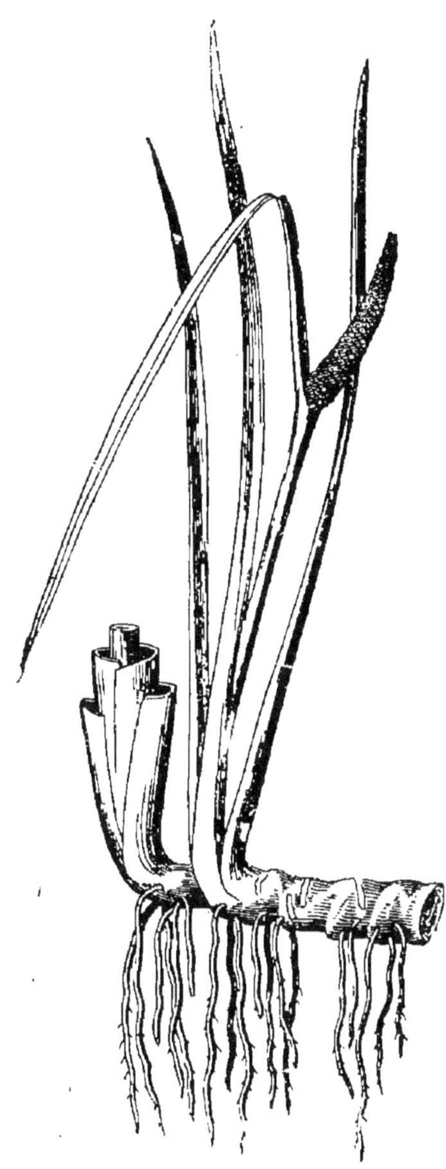

Fig. 201. — Acore vrai.

Chez le *Calla palustris* L., qui croît également dans nos marais, les fleurs, bien qu'hermaphrodites, manquent de périgone, comme celle des *Arum.*

Le spadice est tout entier occupé par des fleurs composées de 7 à 9 étamines dont la disposition ne saurait être exactement déterminée, à filets dilatés, entourant un ovaire uniloculaire, avec nombreux ovules orthotropes et dressés. Les fruits sont rouges, charnus, contenant plusieurs graines.

On peut diviser cette famille en trois tribus, suivant que les fleurs sont nues et unisexuées (Arées), nues et hermaphrodites (Callées), ou hermaphrodites et pourvues d'un périanthe (Orontiées).

FAMILLE DES ARACÉES.

Plantes à port très variable, parfois grimpantes ou épiphytes, ou nageantes, à rhizome tuberculeux ou rampant.

Feuilles alternes, simples, entières ou lobées, parfois pédalées ou rubanées, à limbe perforé dans quelques genres, engainantes, sans stipules.

(Souvent des laticifères ou des glandes diverses dans l'appareil végétatif.)

Inflorescence en épi terminal, accompagné d'une spathe ordinairement grande, souvent colorée.

Fleurs hermaphrodites ou diclines, toujours dépourvues de bractées mères, nues ou pourvues d'un périanthe, parfois accompagnées de fleurs stériles.

Étamines en nombre variable, pourvues d'anthères introrses ou extrorses.

Ovaire uniloculaire ou pluriloculaire, portant dans chaque loge 1 ou plusieurs ovules ordinairement orthotropes, rarement anatropes ou campylotropes, basilaires ou fixés à un niveau variable le long de la suture ventrale.

Ordinairement *fruit baccien* et *péricarpe* rarement membraneux.

Graine pourvue d'un testa épais et coriace, contenant, dans un albumen féculent ou charnu (rarement peu abondant ou nul), un embryon droit.

TRIBUS.

I. Arées.
Fleurs unisexuées et nues.

II. Callées.
Fleurs hermaphrodites et nues.

III. Orontiées.
Fleurs hermaphrodites et pourvues d'un périanthe.

Fleurs mâles et fleurs femelles formant des groupes distincts, entremêlées de fleurs hermaphrodites, avec un anneau de fleurs stériles. — Fleurs mâles avec 3-4 étamines. — Placentation pariétale. — Plantes à bulbe. — Feuilles ordinairement sagittées............. *Arum* L.
(15 espèces de l'Europe moyenne et de la région méditerranéenne).

Fleurs des deux sexes contiguës, sans fleurs rudimentaires sur le spadice,

Placentation basilaire et apicale. Plantes à bulbe. Feuilles pédalées. — *Dracunculus* Schott.
(2 espèces méditerranéennes).
1 seule étamine à la fleur mâle. Plantes à rhizome. — *Arisarum* Targ. Tozz.
(*A. vulgare.* Région de l'Olivier).

Autres genres : *Colocasia* Schott. *Dieffenbachia* Schott. *Pistia* L.

Fleurs 3-mères ; 6 étamines à courtes anthères. Ovaire uniloculaire, avec 6 à 9 ovules anatropes, à insertion basilaire. Graines oblongues, à tégument épais........ *Calla* L.

Autres genres: *Monstera* Adans. *Scindapsus* Schott, etc.

Ovaire 2-3-loculaire. Ovules orthotropes, suspendus. — Fruits rougeâtres, entourés par le périanthe persistant. — Plantes à longues feuilles rubanées et à rhizome aquatique. *Acorus* L.
(2 espèces : 1 européenne, 1 au Japon).

Autres genres : *Orontium* L. *Dracuntium* L. *Anthurium*, etc.

Affinités. — Les Aracées forment un groupe naturel, mais dont les affinités sont multiples. Leur inflorescence, leur structure florale, leur mode de végétation offrent d'incontestables rapports avec ceux des Typhacées et des Pandanacées. Les *Pistia* sont des Aracées aquatiques qui ont non seulement le port des *Lemna*, mais encore leurs fleurs peu nombreuses et réduites (v. p. 401); aussi certains auteurs les ont-ils rangés parmi les Lemnacées. La tribu des Callées se rapproche, d'autre part, des Potamogétonacées et des Najadacées chez lesquelles on remarque une tendance à varier dans le même sens. Enfin les *Orontium, Acorus*, etc., avec leurs fleurs régulières, hermaphrodites, 3-mères, se rattachent aux Joncacées, aux Liliacées, etc., dont l'étude va suivre.

Distribution géographique. — Presque toutes les Aracées vivent sous les tropiques, surtout au sein des vastes forêts du Nouveau-Monde et dans les régions tempérées des Andes. Peu d'entre elles se rencontrent en deçà du tropique du Cancer.

Les deux tribus des Orontiées et des Callées s'avancent le plus avant vers le Nord ; le *Calla palustris*, entre autres, se rencontre encore par 61° de latitude. Les *Arum* sont surtout propres à la région méditerranéenne.

Propriétés générales. Usages. — Les propriétés de ces plantes sont assez diverses. Beaucoup d'Aracées exotiques sécrètent un suc très âcre et même toxique, le *Lagenandra toxicaria* Dalz., par exemple. Le suc du *Dieffenbachia Seguinum* Schott., déposé sur la peau, y détermine une inflammation intense. Les feuilles des *Colocasia*, et même des *Arum*, sont douées d'une certaine âcreté qui se dissipe par la dessiccation.

L'*Arum maculatum* L (Gouet ou Pied de veau) était employé autrefois comme excitant dans les affections muqueuses gastro-intestinales et pulmonaires. D'ailleurs les propriétés de cette plante paraissent se modifier avec l'âge.

L'*Arum italicum* Mill., du Midi, jouit de propriétés analogues. Il en est de même pour la Serpentaire commune (*Dracunculus vulgaris* Schott.) dont l'activité est moindre pourtant.

En Amérique, on utilise de la même manière l'*Arum triphyllum*, qui croît dans la Caroline et au Brésil.

Le *Calla palustris* L. est réputé diurétique.

Le *Symplocarpus fœtidus* Bartl. fournit à la médecine américaine sa racine que l'on emploie contre l'asthme et les toux chroniques.

Les feuilles du *Monstera pertusa* L., remarquables, d'ailleurs, par leur limbe perforé, constituent, dans l'Amérique tropicale, un topique contre l'anasarque.

Les rhizomes féculifères de plusieurs Aracées sont comestibles. Tels sont, en Égypte, celui du *Colocasia antiquorum* Schott., ceux du *Colocasia himalayensis* et de l'*Arisaema utile* du Nord de l'Inde. Le *C. macrorhiza* est mangé, en Océanie, sous le nom de *Taro*.

On mange aussi, en Amérique, la racine de l'*Orontium aqualicum* L. ; il en est de même, au Mexique, du spadice parfumé du *Tornelia fragrans*, et aux Antilles, des jeunes pousses du *Xanthosoma sagittæfolia*, connu sous le nom de *Chou caraïbe*.

L'*Acorus Calamus* L., très aromatique, presque inusité aujourd'hui, était autrefois employé en médecine sous le nom d'Acore vrai. On se sert également, en Chine, du *Calamus gramineus*. Enfin, les *Pistia* sont souvent employés, à titre d'émollients, dans l'Afrique centrale et en Égypte.

Aux Spadiciflores se rattachent encore quelques petites familles dont nous ne pouvons donner ici la description : les NIPACÉES et les PANDANACÉES entre autres. Le principal genre de ce dernier groupe est représenté par les *Pandanus* L. f. ou Vaquois, des régions tropicales de l'ancien continent.

Les fleurs des Vaquois ont une odeur suave. Leurs feuilles sont employées, comme celles des Palmiers, pour confectionner des nattes d'emballage.

Le suc de certaines espèces possède des propriétés astringentes.

ORDRE DES SPADICIFLORES.

Fleurs le plus souvent unisexuées, petites et peu apparentes, nues ou pourvues d'un périanthe plus ou moins développé, réunies en grand nombre en une inflorescence enveloppée par une spathe avant l'anthèse. — Feuilles le plus souvent différentes de celles des autres Monocotylédones,

Plantes ligneuses, pourvues d'un stipe et de grandes feuilles composées. — Inflorescences formant un régime axillaire ou terminal. — Fleurs pourvues d'un périanthe double, ordinairement unisexuées. — Ovaire presque toujours triloculaire, à loges uniovulées. — Fruit drupacé ou baccien. — Graine pourvue d'un albumen corné.

PALMIERS

Plantes généralement herbacées, variables comme port, munies de feuilles alternes et simples.
Fleurs nues ou pourvues d'un périanthe plus ou moins développé, inflorescence en épis ou en capitules.

Plantes herbacées des bords des eaux, à feuilles longues et rubanées.
Fleurs monoïques, en capitules ou en épis terminaux. — Ovaire uniloculaire, avec 1 ou 2 ovules anatropes pendants. — Fruits nucamenteux ou drupacés. — Albumen farineux ou charnu.

TYPHACÉES.

Plantes généralement herbacées, aquatiques ou terrestres, à feuilles dont le limbe élargi est pourvu de nervures anastomosées. — Fleurs hermaphrodites ou monoïques, en épis simples terminaux. — Ovaire 1 ou pluriloculaire. — Fruit ordinairement bacciforme. — Albumen amylacé.

ARACÉES.

ORDRE III. — GLUMACÉES

Fleurs à périanthe nul ou très réduit. — Androcée formé, le plus souvent, d'un nombre d'étamines inférieur à 6. — Inflorescence composée d'épillets accompagnés de bractées dont l'ensemble constitue la glume. — Ovaire libre et supère, uniovulé. — Feuilles étroites, rectinerviées.

FAMILLE I. — GRAMINÉES

Tige aérienne représentée par un chaume. —Feuilles à gaine fendue, pourvue d'une ligule. — Fleurs nues. — Anthères dorsifixes et versatiles. — Fruit : caryopse. — Albumen farineux.

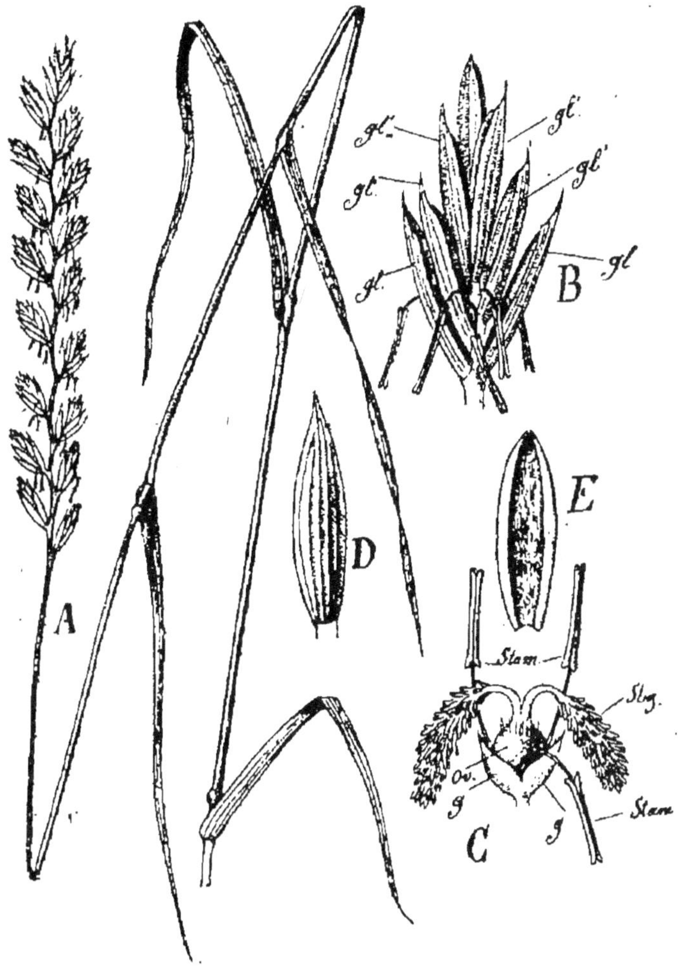

Fig. 202. — A, une tige florifère d'*Agropyrum repens.* — B, un épillet plus grossi : *gl, gl*, glume (formée par les deux préfeuilles stériles de l'épillet). *gl', gl'*, bractées fertiles. — C, une fleur isolée : — *g, g*, pièces de la glume; *Stam*, étamines; *Ov*, ovaire; *Stig*, stigmates (la glumelle a été enlevée). — D, pièce externe de la glumelle. — E, pièce interne de la glumelle (Courchet).

La famille des Graminées est l'une des plus vastes et des plus importantes parmi les Monocotylédones; c'est aussi l'une des plus intéressantes au point de vue scientifique.

Description de l'Agropyrum repens Beauvois. — Appareil végétatif. — Nous prendrons comme exemple le Petit Chiendent
(*Agropyrum repens* Beauvois; *Triticum repens* L.). C'est une herbe
vivace, des plus communes. Elle est pourvue d'un rhizome ramifié
(v. p. 64, fig. 43), très long, marqué de nœuds espacés à chacun
desquels s'attache une écaille foliaire, et sur lequel s'insèrent de
nombreuses racines adventives. A l'aisselle des écailles naissent les
tiges aériennes florifères. Elles atteignent 60 à 100 centimètres de
hauteur; elles sont glabres, renflées aux nœuds, fistuleuses sauf
au niveau de ces derniers où existent des sortes de diaphragmes (1)
formés par l'entre-croisement et l'anastomose
des faisceaux libéroligneux.

Ces tiges portent des feuilles (fig. 203) alternes, composées de deux parties : un *limbe* (L)
long et rubané, longuement acuminé au sommet, parcouru par de nombreuses nervures
parallèles, un peu rude à la face supérieure, et
une *gaine* (G) qui forme un angle avec le limbe.
Cette gaine enveloppe l'axe presque sur la longueur de tout l'entrenœud, et elle est fendue
sur le côté opposé, les deux bords de la fente
chevauchant l'un sur l'autre. A la jonction du
limbe et de la gaine se montre, placée transversalement, une petite expansion membraneuse
qu'on nomme *ligule* (*Lig*).

Inflorescence. — Les fleurs sont hermaphrodites, groupées en petit nombre sur de courts
épis ou *épillets* qui forment eux-mêmes, au

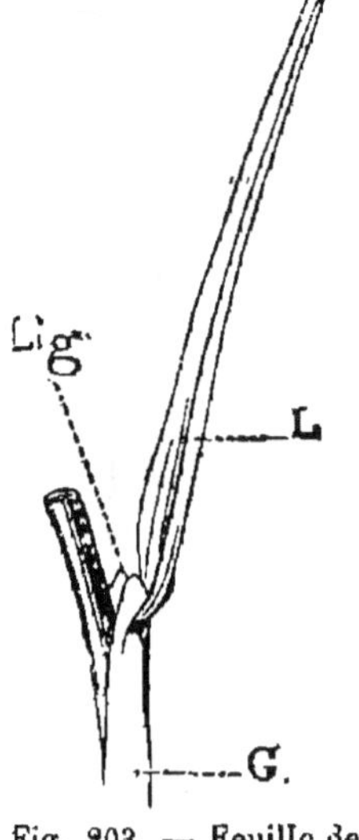

Fig. 203. — Feuille de
Graminée.

sommet des axes, des épis composés terminaux, et s'y montrent
insérés en ordre distique (fig. 202, A et B).

L'axe de chaque épillet porte, tout d'abord, deux bractées oblongues, parcourues par 5 à 7 nervures, placées transversalement par
rapport à l'axe général de l'inflorescence et presque opposées l'une
à l'autre (fig. 202, B, *gl,gl*, et fig. 204, 2,2); elles embrassent, à la
manière d'un involucre à deux feuilles, l'épillet tout entier qui les
dépasse à peine. Leur ensemble est désigné sous le nom de *glume*.
Ce sont, en réalité, les deux premières feuilles (*préfeuilles*) de l'axe
spécial de l'épillet; elles sont toujours stériles. Au-dessus d'elles

(1) Ces divers caractères, spéciaux aux tiges des Graminées, ont mérité à ces axes le
nom de *chaume*.

sont insérées trois à neuf fleurs, en ordre distique, et chacune d'elles naît à l'aisselle d'une bractée fertile verte, lancéolée, terminée par une pointe aiguë ou une arête, et parcourue par une nervure médiane et des nervures latérales (fig. 202, B, *gl,gl*, et D; — fig. 204, D, 2').

L'axe propre de la fleur porte tout d'abord, étroitement adossée contre l'axe de l'épillet, une préfeuille membraneuse (fig. 202, E; fig. 204, A et B, Pr*f*, et D, 3), dont les bords sont ciliés et enroulés en dedans; il n'existe ici aucune nervure médiane, mais seulement deux nervures marginales qui forment deux dents au sommet du limbe. L'ensemble de la bractée mère de la fleur et de cette préfeuille est désigné sous le nom de *glumelle*; en réalité les deux pièces qui forment la glumelle appartiennent à deux axes différents, et *ne représentent nullement un périanthe externe*, comme on l'a souvent dit.

FLEUR. — A l'intérieur de la pièce externe de la glumelle (bractée mère de l'axe floral), et des deux côtés de sa base, se montrent deux petites folioles membraneuses (fig. 102, *C, g*, et fig. 104, A,B,D, *gl,gl,gl'*), obliquement acuminées en dehors, et ciliées vers le sommet, le plus souvent insymétriques. Elles constituent ce que les auteurs nomment la *glumellule* et elles sont fréquemment accompagnées, chez d'autres genres, par une troisième pièce semblable (fig. 204, B), mais symétriquement développée et située, dans le plan médian de la fleur, en dedans de la pièce interne de la glumelle (préfeuille de l'axe spécial de la fleur). Ce serait là, d'après certains botanistes, un véritable périanthe trimère, dont les deux pièces antérieures sont seules développées chez le Chiendent, et comme les étamines sont alternes avec elles, on est amené à admettre, dans cette hypothèse, que *ces pièces représentent le cycle interne du périanthe* dans le diagramme ordinaire d'une fleur de Monocotylédone; le cycle externe avorterait toujours chez les Graminées. Mais pour d'autres auteurs, *la fleur des Graminées serait nue, et ces pièces représenteraient une seconde préfeuille dédoublée de l'axe floral.*

L'*androcée* qui vient immédiatement après (fig. 202, C, *stam*, et fig. 204, A,B,*Et*) est composé de trois étamines à insertion hypogyne, indépendantes, dont deux postérieures, la troisième antérieure et située dans le plan médian de la fleur. Leurs filets, longs et grêles, pendent à l'extérieur, et portent de longues anthères linéaires, dorsifixes et primitivement introrses, puis vacil-

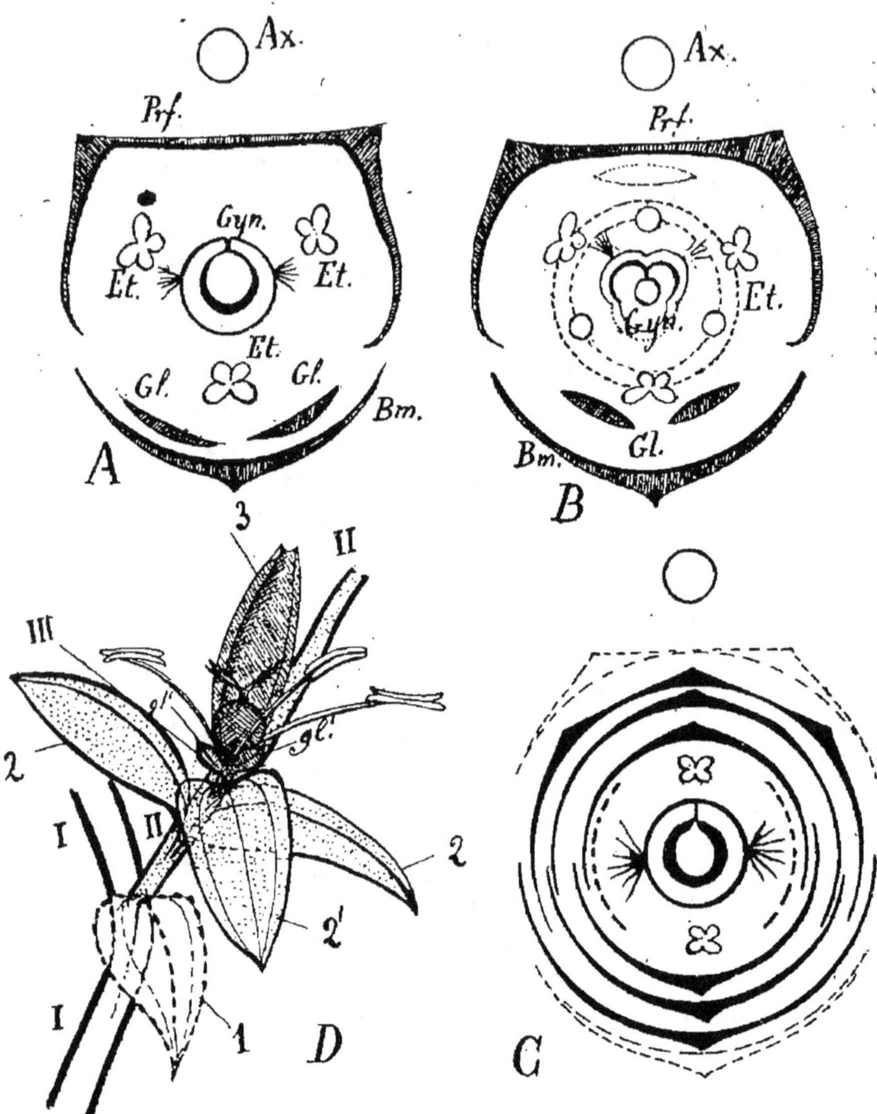

Fig. 204. — A, diagramme empirique de la fleur de l'*Agropyrum repens.* — B, diagramme théorique d'une fleur de Graminée. — *Bm,* bractée mère de la fleur (pièce externe de la glumelle) ; *Prf,* préfeuille de l'axe floral (pièce interne adossée de la glumelle) ; *Gl,* glumellule ; *Et,* étamines ; *Gyn,* gynécée (en B, les étamines du verticille interne sont figurées par des cercles, et le gynécée est supposé formé par 2 carpelles). — C, diagramme de l'*Anthoxanthum.* (Ces trois figures, d'après les données d'Eichler.)
D, figure théorique d'une portion d'inflorescence de Graminée. — I, axe commun ; 1 bractée mère, ordinairement absente de l'épillet. — II, axe de l'épillet ; 2, 2, préfeuilles de l'épillet (glume). — III, axe floral naissant à l'aisselle de la bractée fertile ; 2', pièce externe de la glumelle ; 3, préfeuille adossée de l'axe floral (pièce interne de la glumelle ; *gl',* *gl'* glumellule. A l'intérieur sont placés les étamines et le pistil (Courchet).

lantes dont les deux moitiés, se séparant aux deux extrémités, affectent la forme d'un x allongé. Le verticille interne manque chez les *Agropyrum ;* mais nous verrons qu'il existe chez d'autres Graminées (v. le diagramme théorique B, fig. 204).

Le *Gynécée* (fig. 202 C, *ov* et fig. 204 A, *Gyn*) est central et formé par un seul carpelle dont la suture ventrale est dirigée en arrière ; ce carpelle est donc antérieur, puisque sa ligne dorsale est tournée en avant, dans le même plan que l'étamine antérieure. On peut, par conséquent, admettre théoriquement que des trois carpelles du diagramme typique des Monocotylédones, l'antérieur se développe seul chez les *Agropyrum*, comme chez toutes les Graminées (1). L'ovaire uniloculaire est obovale, velu au sommet ; il est surmonté par deux stigmates latéraux, ascendants d'abord, puis recourbés et pendants en dehors, glabres à la base, hérissés de longues papilles sur tout le reste de leur surface. Si l'on admet la présence d'un seul carpelle au gynécée (et c'est là l'interprétation la plus plausible), la présence de ces deux stigmates ne peut s'expliquer que par un dédoublement du stigmate de ce carpelle.

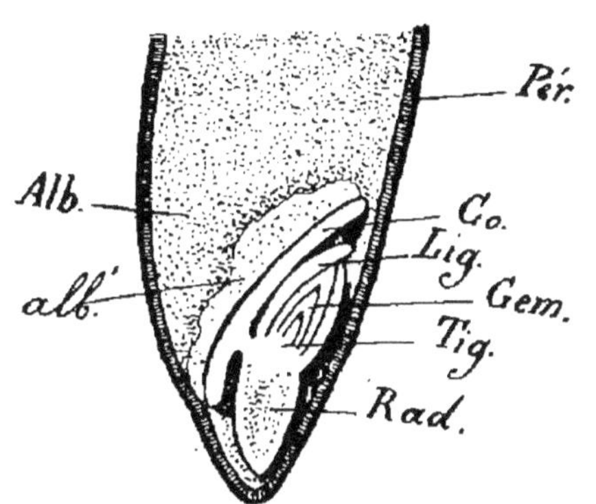

Fig. 205. — Une portion du caryopse de l'*Agropyrum repens* en section longitudinale. — *Pér*, péricarpe soudé au tégument séminal : *Alb*, albumen ; *Alb'*, Portion d'albumen plus molle, en contact avec l'embryon ; *Co*, cotylédon ; *Lig*, ligule ; *Gem*, gemmule ; *Tig*, tigelle ; *Rad*, radicule (Courchet).

Il n'existe qu'un seul ovule anatrope, fixé par une large surface contre la suture ventrale du carpelle (en arrière, par conséquent) ; il est ascendant, à raphé ventral et à micropyle externe.

Fruit et graine. — Après la fécondation et à mesure que s'accroît l'ovaire, le tégument externe de l'ovule (qui devient le tégument de la graine) se soude intimement à l'endocarpe. Ainsi se constitue le *caryopse* caractéristique des Graminées. Il est, chez le Chiendent, oblong, velu au sommet, creusé en arrière d'un sillon longitudinal, enveloppé par les deux pièces de la glumelle.

La *graine* est de même forme que le caryopse ; elle est en ma-

____

(1) Nous verrons que certains botanistes admettent la présence de deux carpelles correspondant aux deux stigmates, mais avec un seul fertile.

jeure partie constituée par un albumen farineux abondant (1) sur le côté antérieur et inférieur duquel se trouve un petit embryon dont le plan de symétrie coïncide avec celui de la fleur (fig. 205). Cet embryon est très différencié. Sa tigelle (*Tig*) porte, sur sa face postérieure, du côté du raphé, un large cotylédon (*Co*) qui enveloppe l'embryon tout entier en se reployant en avant, et qui se prolonge également en dessous. L'épiderme extérieur de cet embryon est étroitement appliqué contre l'albumen qui l'environne et qui, dans cette région, offre une consistance plus molle (*Alb'*). La tigelle porte en outre, en avant et à l'intérieur du cotylédon, une gaine membraneuse binerviée qui, pour M. Van Tieghem, représente la *ligule* du cotylédon (*Lig*). Enfin vient la gemmule (*Gem*), constituée tout d'abord par une première feuille diamétralement opposée au cotylédon et suivie, en ordre distique, par plusieurs autres, de plus en plus petites, qui entourent le point végétatif de la tigelle (2). La radicule (*Rad*) est bien développée.

Au moment de la germination, le pivot de la racine (très fugace comme chez la plupart des Monocotylédones) et les racines latérales percent la poche cotylédonaire qui enveloppe la radicule, pour se développer au dehors. Le cotylédon demeure enfermé dans la graine ; sa ligule s'allonge tout d'abord, puis elle est percée au sommet par la gemmule.

Caractères généraux. — La famille des Graminées est des plus homogènes.

Organes végétatifs. — Les Graminées sont généralement herbacées, soit annuelles (comme l'Orge, le Froment, etc.), soit vivaces par leur rhizome, comme le Chiendent. Quelques-unes, cependant, sont ligneuses ; tels sont la Canne de Provence (*Arundo donax* L.), et les Bambous. Chez ces derniers, la tige peut atteindre jusqu'à 30 mètres de hauteur.

Tige. — La tige caractéristique des Graminées, ou *chaume* est simple ou ramifiée. Dans certains cas la moelle est persistante (Maïs,

(1) L'assise ou, suivant les genres et les espèces, les assises externes de cet albumen, au lieu d'amidon, renferment d'abondantes granulations de nature protéique. On les nomme *assises à gluten.*

(2) L'interprétation des diverses pièces dont se compose l'embryon des Graminées n'est pas la même pour tous les botanistes. L'enveloppe externe, que nous considérons, avec M. Van Tieghem, comme le cotylédon, était autrefois appelée *écusson* ou *scutellum* par Gærtner. Richard, A. de Jussieu, Brongniart, etc., considèrent cet écusson comme une expansion de la tigelle, et la *ligule* de M. Van Tieghem comme le cotylédon.

Sorgho, Canne à sucre, etc.). L'épiderme des tiges de Graminées s'incruste souvent de silice, et acquiert une dureté considérable ; parfois même ce corps y constitue de véritables concrétions.

Feuilles. — Les feuilles, alternes et distiques, sont composées d'un limbe ordinairement rubané et rectinervié, et d'une *gaine fendue* qui enveloppe l'axe généralement sur la longueur d'un entre-nœud, accompagnée d'une *ligule* (voir ci-dessus, et page 73). Très rarement cette gaine forme un tube fermé, comme chez les *Bromus, Melica, Glyceria*, etc. Citons encore les feuilles des Bambous chez lesquelles, entre la gaine et le limbe, s'interpose un pétiole bien caractérisé.

La première feuille des rameaux axillaires est presque toujours adossée contre l'axe mère, et autrement conformée que celles qui lui succèdent sur le même rameau : elle demeure mince au milieu et présente deux nervures latérales ; souvent même elle est bifide au sommet. C'est la *préfeuille* de ce rameau, et sa forme dépend de la compression qu'elle subit entre ce dernier et l'axe dont il dérive.

INFLORESCENCE. — Les Graminées ont une inflorescence toujours composée d'*épillets* dont le nombre, l'organisation, la disposition dans l'ensemble, varient dans de larges limites.

Ils sont souvent assez brièvement pédicellés pour que l'inflorescence puisse être désignée sous le nom d'*épi composé* (le Blé, le Seigle, par exemple). Mais le plus souvent ces pédicelles s'allongent plus ou moins ; l'inflorescence devient alors une grappe d'épillets (certains *Bromus*) ou une panicule d'épillets (*Avena*), suivant que les axes secondaires demeurent simples ou sont eux-mêmes ramifiés.

Par suite d'une croissance inégale de l'axe, les épillets peuvent devenir unilatéraux, ainsi qu'on l'observe chez les *Dactylis, Cynosurus, Cynodon*, etc.

Ordinairement multiflores, les épillets peuvent ne porter qu'une seule fleur ou deux fleurs fertiles, accompagnées ou non de fleurs stériles.

Glume. — La glume est formée par les bractées stériles, qui, à la base de l'axe de chaque épillet, précèdent les bractées fertiles. C'est donc une sorte d'involucre, ou mieux d'involucelle, puisqu'il appartient à une inflorescence partielle.

Chez l'*Agropyrum*, la glume est formée par deux préfeuilles transversales ; la même disposition s'observe chez les *Triticum, Secale*, etc. Mais leur orientation peut être longitudinale, c'est-à-dire dans le même plan que l'axe mère de l'épillet (*Bromus, Festuca, Lo-*

lium, etc.). Dans ce dernier cas, les deux pièces de la glume sont semblablement développées, ou bien la pièce postérieure adossée à l'axe principal devient bicarénée, ou bien enfin elle avorte.

Les bractées fertiles qui succèdent, le long de l'épillet, aux bractées stériles de la glume peuvent être orientées de la même manière; mais souvent aussi elles sont placées transversalement par rapport à elles, comme on l'observe, par exemple, chez les *Hordeum*.

Le nombre des bractées stériles peut être supérieur à deux. Il est de trois, par exemple, chez les *Panicum*, *Andropogon*, etc. Chez les *Streptochæta* du Brésil, chez l'*Anthroxanthum odoratum* L. (Flouve odorante), la fleur unique qui termine l'épillet est précédée d'une glume formée par plusieurs paires de bractées stériles disposées en ordre distique (fig. 204, C).

La bractée mère de l'épillet (qu'il ne faut pas confondre avec les pièces de la glume) est abortive ou rudimentaire chez la plupart des Graminées. On la trouve cependant normalement développée chez certains Bambous; elle devient même une véritable spathe chez l'*Anomochloa maranthodea* Brong. du Brésil.

Fleur. — *Glumelle*. — Les pièces qui constituent la glume appartiennent toutes au même axe (axe de l'épillet). Il n'en est pas de même pour la glumelle qui accompagne chacune des fleurs, et qui se compose : 1° de la bractée mère de l'axe floral (une des bractées fertiles succédant aux pièces de la glume); 2° de la préfeuille que surmonte la fleur sur l'axe spécial de cette dernière (voir les figures qui précèdent).

Les bractées fertiles des épillets (pièces externes des glumelles) se prolongent assez souvent en une arête qui en représente morphologiquement le limbe; la partie inférieure en constitue la gaine. L'arête est parfois terminale; elle peut être aussi insérée au-dessous du sommet de la bractée (chez les *Bromus*, p. e.), ou au milieu de la région dorsale de la bractée (*Avena*), ou même vers le bas. Dans ces derniers cas, on est amené à considérer tout ce qui surmonte le point d'insertion de l'arête comme une formation ligulaire (voir p. 73).

La préfeuille de l'axe floral (pièce interne de la glumelle) adossée contre l'axe de l'épillet est ordinairement bicarénée, par suite de la pression qu'elle subit, et qui en amène, dans quelques genres, le dédoublement complet; elle avorte aussi quelquefois (*Elionurus*,

A lopecurus). Lorsqu'elle ne subit aucune pression, cette préfeuille se montre pourvue d'une nervure médiane normale.

Glumellule. — La glumellule se compose normalement de deux pièces membraneuses ou plus ou moins charnues, symétriquement placées des deux côtés de la bractée fertile (pièce externe de la glumelle). Elles sont libres ou concrescentes, assez souvent accompagnées d'une troisième foliole postérieure, de forme généralement différente. Ces pièces avortent quelquefois (1).

Un certain nombre de botanistes considèrent la glumellule comme le périanthe propre de la fleur réduit à son verticille interne (souvent lui-même incomplet) (2). Mais pour d'autres, tels que M. Van Tieghem et M. E. Hackel (3) la fleur des Graminées serait nue. Les deux pièces externes de la glumellule représenteraient une seconde préfeuille dédoublée de l'axe floral ; la pièce interne, lorsqu'elle existe, serait une troisième préfeuille (4).

Androcée. — La disposition normale de l'androcée est celle qui se trouve réalisée chez l'*Agropyrum repens* : deux étamines postérieures et une antérieure correspondant à l'intervalle que laissent entre elles les deux pièces de la glumellule.

Les filets longs et grêles portent des anthères primitivement introrses, puis vacillantes, à deux loges divergentes aux deux extrémités. Libres en général, les filets staminaux sont quelquefois concrescents (*Streptochæta, Gigantochloa,* etc.).

Mais plusieurs genres s'écartent de cette structure ordinaire.

1° La fleur peut être dimère avec un seul verticille staminal (*Anthoxanthum*), ou avec deux verticilles de deux étamines (*Tetrarrhena, Anomochloa,* etc.).

2° Chez les *Oriza, Bambusa, Streptochæta,* etc., les deux verticilles ternaires sont développés, et la fleur a 6 étamines.

3° Les deux étamines postérieures du verticille normal avortent chez les *Festuca, Myosurus,* etc., et la fleur reste monandre.

(1) La glume, la glumelle, la glumellule et les pièces qui les constituent ont reçu des dénominations très diverses.

La *glume* était nommée *calice* par Linné, *lépicène* par Ach. Richard, *bâle* ou *tegmen* par Palisot de Beauvois.

La *glumelle* était appelée *corolle* par Linné, *périanthe* par R. Brown, *bâle* ou *balle* par certains botanistes, *périgone* par D. Candolle, *stragule* par Palisot de Beauvois. Les deux bractées de la glumelle ont reçu les noms de *paillettes, valvules, spathelles,* etc.

Enfin les pièces de la glumellule sont appelées *paléoles, squamules* ou *lodicules.*

(2) Voy. Eichler, *Blüthendiagrammen,* t. I; p. 122.

(3) Voy. E. Hackel, in Engler et Prantl. II Teil, 2Abteilung, p. 1 et suiv.

(4) Cette manière de voir est basée surtout sur ce fait que la glumellule apparaît, d'après Payer, après les étamines.

4° Le nombre des étamines augmente enfin parfois d'une façon singulière ; il en existe, par exemple, 7 à 14 chez les *Luzula*, 18 à 40 chez les *Pariana*. Leur disposition et leur genèse sont, dans ces derniers cas, mal connues.

Dans les cas de diclinie, les étamines ne sont représentées par aucune trace dans la fleur femelle.

Gynécée. — La place et l'organisation du pistil sont d'une constance remarquable : ovaire libre, uniloculaire, à suture placentifère dirigée en arrière, contenant un seul ovule légèrement campylotrope, dressé, à micropyle inférieur et extérieur. Il existe ordinairement deux stigmates transversalement placés, parfois convergents en avant, directement insérés au sommet de l'ovaire.

Les divergences les plus importantes offertes par certains genres sont les suivantes :

1° Il existe un seul style terminal, mais divisé en 2 branches stigmatifères chez les *Zea* (Maïs), *Lygeum*, *Ammochloa* (1), etc.

2° Le style est divisé en 3 branches, ou bien encore il existe 3 styles distincts chez beaucoup de *Bambusa*, d'*Arundinaria*, etc.? Les *Oriza*, les *Phragmites* et quelques autres genres ont deux stigmates latéraux bien développés, et un antérieur rudimentaire.

Dans tous ces cas, les stigmates correspondent aux trois étamines.

3° Les *Nardus* ne possèdent qu'un seul style antérieur.

L'ovule unique est pourvu d'un double tégument ; il est, d'ailleurs, ascendant et concrescent sur une étendue plus ou moins considérable avec le placenta sur lequel il est inséré à différents niveaux. Son raphé est ventral, son micropyle dirigé en bas et en dehors.

Fruit et graine. — Le *fruit* est presque toujours un caryopse dur, ligneux même parfois. Très rarement c'est un fruit sec et déhiscent comme chez les *Sporobolus* où la graine est élastiquement projetée par le péricarpe.

La *graine* enfin est pourvue d'un abondant albumen farineux, à la partie antérieure et basilaire duquel est un embryon d'organisation assez complexe.

---

(1) L'organisation du pistil peut être interprétée de deux manières différentes :

1° On peut, comme nous l'avons admis avec MM. Eichler, Hackel, etc., le considérer comme n'étant formé que par un seul carpelle, le carpelle antérieur, dont le style, rarement simple, se diviserait généralement en deux, quelquefois en trois branches.

2° On peut aussi, avec M. Van Tieghem, par exemple, admettre, dans la constitution de ce pistil, autant de carpelles qu'il y a de stigmates, mais avec un seul fertile.

GRAMINÉES.

Plantes herbacées ou ligneuses. — *Feuilles* alternes, avec une longue gaine ordinairement fendue, généralement sessiles, rubanées, pourvues d'une ligule.

Fleurs ordinairement hermaphrodites, rarement diclines ou polygames, en épillets groupés eux-mêmes en épis, grappes ou panicules.

Au bas de chaque épillet, le plus souvent une *glume* formée par 2 bractées stériles. — Axe spécial de la fleur naissant à l'aisselle d'une bractée mère (foliole externe de la *glumelle*), et portant une pré-feuille le plus souvent bicarénée (foliole interne de la *glumelle*). — Plus à l'intérieur, 2 ou 3 pièces formant la *glumellule* (périanthe ou préfeuilles) avec lesquelles alternent ordinairement 3 *étamines* libres, exsertes, à anthères versatiles, en forme d'X à la maturité (rarement 1.2 ou un nombre d'étamines supérieur à 3).

Ovaire supère, uniloculaire, terminé par 2 ou 3 stigmates, rarement par 1 seul. Un *ovule* anatrope, basilaire ou pariétal.

Fruit : caryopse, rarement achaine.

Graine pourvue d'un albumen farineux copieux, et d'un embryon antérieur de structure assez complexe.

Tribus.

Épillets uni- ou pluriflores; épillets uniflores souvent avec un prolongement de l'axe au-dessus des fleurs, articulés le plus souvent au-dessus de la glume qui est, par suite, persistante après la chute de l'épillet. — Chez les épillets bi- ou pluriflores, des entre-nœuds distincts existent entre les fleurs.

- Tige herbacée, annuelle. Feuilles sans pétiole, point d'articulation entre le limbe et la gaine.
    - Épillets portés sur des pédoncules, formant des grappes composées ou des panicules spiciformes.
        - Épillets uniflores avec 4 pièces à la glume. — Pièce interne de la glumelle à une seule nervure.......... **Phalaridées.** — *Tetrarrhena* Brown.; *Phalaris* L.; *Anthoxanthum* L.; etc.
        - Épillets uniflores, avec 2 pièces à la glume. Glumelle interne à 2 nervures. **Agrostidées.** — *Stipa* L., *Milium* L., *Agrostis*, etc.
        - Épillets biflores ou multiflores. — Pièce externe de la glumelle ordinairement plus courte que la glume, et munie d'une arête dorsale tordue, plus rarement d'une arête terminale, ou même mutique c'est-à-dire sans arête; dans ce dernier cas les épillets ont toujours deux fleurs presque opposées, sans prolongement de l'axe.............. **Avénées.** — *Holcus* L.; *Avena*, L., etc.
        - Mêmes caractères; mais pièce externe de la glumelle le plus souvent plus longue que la glume, mutique ou terminée par une pointe non recourbée.. **Festucées.** — *Gynerium* Humb. et Bonpl.; *Ampelodesmos* Beauv.; *Arundo* L.; *Bromus* L., etc.
    - Épillets sessiles en 2 séries unilatérales, formant par leur ensemble une grappe ou un épi inarticulé.
        - Épillets tous fertiles, formant des épis unilatéraux, digités ou en panicule, sessiles sur la face interne d'un rachis continu... **Chloridées.** — *Cynodon* Pers.; *Spartina* Schreb., etc.
        - Épillets formant deux séries opposées............ **Hordéées.** — *Nardus* L.; *Lolium* L., *Triticum* L.; *Secale* L., *Hordeum* L., etc.
- Tige ligneuse, tout entière ou seulement à la base. Limbe-foliaire souvent pourvu d'un court pétiole, se détachant à la fin de la gaine comme un limbe articulé. Souvent 6 étamines, 3 stigmates............ **Bambusées.**

Épillets uniflores, sans prolongation de l'axe au-dessus des fleurs, rarement biflores, et alors la fleur inférieure incomplète; ils se détachent tout entiers à la maturité, entraînant même parfois l'axe qui les porte.

- Hile linéaire. Épillets comprimés par les côtés.
    - Épillets tous fertiles, en grappes ou en panicules, tantôt uniflores, et alors souvent privés de glumes; tantôt 2-3 flores, les fleurs inférieures ne possédant qu'une seule pièce à leur glumelle, neutres, la terminale seule fertile. Étamines souvent 6, mais quelquefois moins nombreuses, ou même réduites à l'unité... **Oryzées.** — *Hydrochloa* Beauv., *Oryza* L., etc.
- Hile punctiforme. Épillets comprimés par le dos ou cylindriques.
    - Glumelle formée de pièces membraneuses. Folioles de la glume résistantes, l'antérieure enveloppante. Épillets le plus souvent en grappes ou en épis composés, qui deviennent articulés à la maturité. Fleurs diclines, les mâles et les femelles sur des inflorescences distinctes, ou sur des parties distinctes d'une même inflorescence............ **Maïdées.** — *Zea* L.; *Coix* L., etc.
    - Mêmes caractères; mais épillets hermaphrodites, ou bien fleurs mâles et hermaphrodites mêlées sur la même inflorescence, formant des groupes de deux fleurs de sexualité différente............ **Andropogonées.** — *Saccharum* L.; *Andropogon*, etc.
    - Pièces de la glumelle cartilagineuses, plus résistantes que celles de la glume, l'extérieure étant la plus courte. Épillets se séparant des rameaux d'une grappe ou d'un épi inarticulé, et composés ordinairement d'une fleur hermaphrodite accompagnée d'une fleur mâle ou neutre............ **Panicées.** — *Paspalum* L.; *Panicum* L., etc.

Affinités. — Malgré son immense étendue, la famille des Graminées constitue un tout bien homogène et parfaitement délimité. Aussi n'offre-t-elle d'affinités étroites qu'avec une seule famille, celle des Cypéracées qui leur ressemblent tellement que les anciens botanistes leur avaient donné le nom de *Graminées bâtardes* (*Gramineæ spuriæ*). Nous verrons plus loin quelles différences séparent ces deux groupes.

Les Graminées arborescentes, telles que les Bambous, se rapprochent par leur port de certains Palmiers.

Distribution géographique. — Les Graminées au nombre de plus de 3500 espèces, sont répandues dans toutes les contrées et à toutes les latitudes du globe, aussi bien sous les tropiques que sous le ciel glacé des deux pôles. On peut dire cependant qu'elles abondent surtout dans les zones tempérées. Quelques groupes secondaires sont plus spéciaux aux régions tropicales : telles sont les Panicées, Chloridées, Oryzées, Andropogonées et Bambusées.

Propriétés générales. Plantes importantes. — Comme pour beaucoup de familles naturelles, l'analogie qui relie entre eux les innombrables types des Graminées se retrouve dans leurs propriétés générales, sauf quelques exceptions. Elles renferment dans leurs tissus des mucilages, du sucre, divers principes azotés (albumine, fibrine, caséine), et des sels qui ajoutent encore à leur valeur comme plantes alimentaires, entre autres le phosphate de chaux. La fécule abonde dans leurs graines, et tout le monde connaît, à cet égard, la valeur de nos Céréales.

Nous devons nous contenter de mentionner les plus importantes des innombrables espèces qui méritent d'être signalées.

On nomme *Céréales* les Graminées dont les graines sont alimentaires pour l'homme.

La plus importante de toutes est le Blé ou Froment (*Triticum sativum* L.,) dont on connaît un grand nombre de formes qui, pour certains botanistes, constitueraient plusieurs espèces distinctes.

M. Hackel les réduit à trois qu'il caractérise ainsi (1) :

(1) In Engler et Prant. IIe partie, 2e fascicule, p. 80.

<table>
<tr><td>Partie supérieure de l'épi languissante. Pièce adossée de la glumelle se divisant en deux segments à la maturité. Dent latérale des pièces de la glume aiguë......................</td><td colspan="2">Triticum monococcum L</td></tr>
<tr><td rowspan="2">Partie supérieure de l'épi bien développée. Pièce adossée de la glumelle demeurant entière. Dents des deux bractées de la glume émoussées.</td><td>Pièces de la glume plus courtes que les bractées fertiles et de consistance cartilagineuse. — Pièce adossée de la glumelle aussi longue que la bractée mère (pièce externe de la glumelle)..</td><td>T. sativum L.</td></tr>
<tr><td>Pièces de la glume aussi longues ou plus longues que les bractées fertiles, et de consistance papyracée. — Bractée adossée de la glumelle aussi longue que la bractée mère.........</td><td>T. polonicum L.</td></tr>
</table>

Mais ces espèces elles-mêmes, si leur autonomie est admise, ont fourni plusieurs variétés.

On cultive surtout en France le *T. sativum* Lam. sous ses différentes variétés *turgidum, durum, hybernum, æstivum, compositum, monococcum* (1).

Au point de vue des caractères physiques et des propriétés alimentaires, on distingue les *Blés durs*, cultivés en Afrique, en Asie, en Sicile, dans l'Amérique du Sud, etc. ; les *Blés demi-durs*, ou *mitadins*, cultivés surtout dans le Midi et une partie de l'Est de la France ; et les *Blés tendres* ou *blancs*, cultivés dans le Nord de la France, en Russie et en Angleterre.

Le Froment est, d'ailleurs, une plante qui s'adapte à toutes les conditions et à tous les climats, et il se cultive aisément dans les régions tropicales, telles que Madagascar et Ceylan.

L'Ergot, que nous avons étudié parmi les Champignons, attaque fréquemment le Blé (v. p. 293).

(1) Vers 1814, on admettait l'existence de nombreuses espèces de Blé, mais déjà, en 1830, Metzger avait réduit ce nombre à 7 seulement, reconnues par Linné :

T. sativum L., *T. turgidum* L. (Blé des miracles), *T. durum* L., *T. polonicum* L., *T. Spelta* L., *T. monococcum* L., *T. amyleum* Seringe.

Il résulte des expériences de M. Louis Vilmorin que ces diverses formes se croisent avec la plus grande facilité, et donnent des produits fertiles, ce qui est le propre des variétés ou des races d'une seule et même espèce (V. p. 162 et suiv.). La question de l'unité spécifique des Blés actuellement cultivés est donc encore pendante, et d'autant plus difficile à résoudre qu'on ne retrouve nulle part leur forme sauvage, et que leur histoire se perd dans la nuit des temps. Le Blé trouvé dans les anciens tombeaux d'Égypte (Blé des momies) n'a jamais pu germer ni être identifié sûrement avec une forme quelconque actuellement connue, et l'opinion d'après laquelle cette antique Céréale ne serait autre que le *T. turgidum* ne repose que sur une supercherie. Doit-on considérer comme mieux fondée l'hypothèse qui nous enseigne à voir la forme ancestrale des Blés cultivés dans les *Ægilops*? Ce genre est, dans tous les cas, très voisin des *Triticum*, auxquels on les rattache quelquefois à titre de simple section, et l'*Ægilops ovata* L. s'hybride avec le *Triticum sativum* L.

Le Seigle (*Secale cereale* L.) possède à peu près le même port que le Blé. Les fleurs sont également en épis composés, et les épillets ont deux fleurs fertiles avec le rudiment d'une fleur stérile. Le fruit, d'un jaune grisâtre, est velu au sommet, long de 5 millimètres environ, profondément sillonné. Cette Céréale, plus rustique que la précédente, s'étend beaucoup plus haut qu'elle vers le Nord et sur le versant des montagnes. Sa farine est moins estimée.

L'Orge (*Hordeum vulgare* L.) possède une tige droite, de 50 à 70 centimètres, terminée par un épi à épillets biflores, comme le Seigle, disposés, le long de l'axe principal, sur 6 rangs dont deux plus proéminents. La pièce externe des glumelles est souvent aristée (1), et le grain adhère généralement aux enveloppes. Chez l'*H. distichon* L., les épillets sont insérés seulement sur deux rangs ; chez l'*H. hexastichon* L. (2), ils forment six rangées également proéminentes. — On connaît l'emploi pharmaceutique de l'Orge, comme émollient et béchique ; cette plante est peu estimée pour la nourriture de l'homme.

L'Avoine (*Avena sativa* L.), annuelle comme les espèces précédentes, élève ses tiges à 60 ou 100 centimètres. Les épillets sont ici pendants à l'extrémité de pédoncules grêles, et forment par leur ensemble une panicule terminale. Chaque épillet contient trois fleurs dont la première seule est fertile, la seconde est stérile, et la troisième terminale, rudimentaire. La pièce extérieure de la glumelle est munie d'une arête dorsale tordue. Le fruit est pointu aux deux extrémités, soudé à la pièce supérieure de la glumelle.

L'Avoine sert surtout de nourriture aux animaux. On s'en sert également à titre d'émollient, et on lui fait subir les mêmes opérations qu'à l'Orge.

Le Riz (*Oryza sativa* L.) est originaire de l'Inde et de la Chine, où il croît en abondance dans les endroits chauds et humides. Peu connue dans l'antiquité en Europe, cette plante s'est plus tard répandue par la culture en Égypte, en Italie, en Espagne et en Amérique.

Le Riz est annuel. Sa tige, qui peut atteindre 100 à 130 centimètres, est munie de feuilles larges et longues, semblables à celle des Roseaux. Les fleurs forment de grandes panicules terminales, composées d'épillets courtement pédicellés, comprimés latéralement, réduits à une seule fleur fertile. Les deux pièces de la glume sont

(1) C'est-à-dire pourvue d'une arête.
(2) Ce ne sont là peut-être que des variétés de l'*Hordeum vulgare* L.

petites, et la pièce extérieure de la glumelle est terminée par une arête. Les fleurs sont hermaphrodites et hexandres. Le fruit enfin est comprimé, étroitement serré dans la glumelle.

Le Riz contient jusqu'à 85 p. 100 d'amidon. Son usage comme aliment et comme émollient est répandu dans le monde entier.

Le Maïs (*Zea Maïs* L.), qui paraît originaire de l'Amérique (1), est actuellement cultivé dans toutes les contrées tempérées et chaudes de l'Ancien Continent. Il est remarquable par ses tiges annuelles, à moëlle persistante, pouvant atteindre jusqu'à 2 mètres de hauteur, munies de feuilles grandes et larges. Les fleurs sont ici diclines et monoïques, les mâles sur des épillets biflores formant une grande panicule terminale, les femelles groupées en épillets uniflores, formant des épis composés, au-dessous de l'inflorescence mâle ; ces épis sont protégés par plusieurs spathes roulées d'où s'échappent, en un faisceau pendant, de longs stigmates verts et soyeux. Les fleurs mâles sont triandres, sans arête. L'inflorescence femelle grossit beaucoup après la fécondation, et les caryopses volumineux, arrondis à l'extérieur et acuminés à leur base, restent enchassés dans l'axe commun de l'épi. Ils sont lisses et luisants, jaunes en général ; mais leur teinte diffère suivant les variétés. L'albumen est ici d'une consistance cornée.

Le Maïs, peu usité par l'homme comme nourriture, est une excellente matière alimentaire pour les animaux de basse-cour. On l'utilise comme plante fourragère, dans les contrées où le fourrage est rare ; enfin la feuille sèche est employée pour la fabrication de certains papiers, des chapeaux, des nattes, etc., et pour la confection des paillasses.

Indépendamment des céréales, beaucoup d'autres Graminées sont alimentaires dans certaines contrées, soit pour l'homme, soit pour les animaux. Ainsi le *Bromus Mango* Desv. était cultivé au Chili avant l'importation en Amérique de nos Graminées alimentaires. Les nègres se nourrissent des fruits du *Sorghum saccharatum* et du *Penicillaria spicata* Willdn., etc.

Parmi les Graminées les plus utiles pour l'homme, nous devons mentionner la Canne à sucre (*Saccharum officinarum* L.). Très probablement originaire de l'Inde et de la Chine, cette plante a été connue en Europe à la suite des conquêtes d'Alexandre ; elle fut transportée, vers la fin du xiiie siècle, en Arabie et dans la région

(1) Comme bien d'autres plantes dont la culture est universellement répandue, le Maïs est inconnu sous sa forme sauvage.

méditerranéenne, puis au commencement du xve siècle à Madère, par les Portugais, enfin, de là, aux îles Canaries et à Saint-Thomas. C'est en 1506 que les Espagnols l'introduisirent aux Antilles, dans l'île de Saint-Domingue, d'où elle se répandit bientôt dans toute l'Amérique tropicale.

En Europe la Canne à sucre peut être encore cultivée dans quelques régions chaudes, telles que la Sicile et l'Italie méridionale; mais elle n'a pu réussir en Provence.

La culture de cette Graminée varie naturellement avec les sols et les climats très différents dans lesquels on la force à produire. Ainsi dans l'Inde, on la propage par bouture à la fin de mai, après les grandes pluies, et on la récolte avant la floraison, en janvier ou février. En Amérique, sa maturation est plus lente, et on ne la récolte que douze mois après sa plantation.

Le *Saccharum officinarum* L. est une Graminée dont le port est à peu près celui de notre Canne de Provence. L'inflorescence est une panicule terminale, dont les épillets biflores ne renferment qu'une fleur hermaphrodite fertile, l'inférieure étant stérile; la pièce antérieure de la glumelle est aristée, et la fleur est triandre (1).

Indépendamment du sucre de Canne, cette Graminée donne encore la *cérosie*, cire végétale qui exsude de la cuticule des feuilles et des tiges, et qui jouit de propriétés analogues à celles de la cire d'abeilles.

On a essayé d'utiliser, pour l'extraction du sucre, le Sorgho (*Sorghum saccharatum* Pers.). C'est une belle Graminée dont la tige, pleine comme celle de la Canne à sucre, peut atteindre une hauteur de 2^m,50 à 3 mètres. L'inflorescence qui la termine est très grande, rameuse, à fleurs monoïques polygames, un épillet uniflore hermaphrodite étant accompagné par 1 ou 2 épillets également uniflores et mâles. Les fruits sont presque sphériques, lisses et luisants. Le Sorgho, originaire de Chine, est cultivé en Afrique et dans le Midi de l'Europe. Bien que cette plante soit assez riche en sucre, l'extraction de ce produit est difficile et peu pratique; aussi ne s'en sert-on guère que pour fabriquer de l'alcool (2).

(1) Le genre *Saccharum* est représenté dans nos régions par le *S. Ravennæ* L., plante vivace des sables humides, dans le Midi, et que l'on utilise souvent pour retenir les terres et pour faire des litières. Cette plante est rattachée par quelques botanistes au genre *Erianthus* Michx (*E. Ravennæ* Beauv.), qui ne se distingue des *Saccharum* que par ses épis soyeux.

(2) D'autres espèces sont également cultivées : le *S. cernuum* Willd., en Afrique, et le *S. vulgare* Pers., dans le Midi. Le *S. Halepense* Pers. est indigène dans la région méditerranéenne.

Le rhizome de l'*Agropyrum repens* L. fait partie de notre matière médicale à titre d'apéritif et d'adoucissant : il est connu sous le nom de *Petit Chiendent*. On désigne sous le nom *Gros Chiendent* celui du *Cynodon Dactylon* Rich. (*Panicum Dactylon* L.), également nommé Chiendent Pied-de-poule. C'est une Graminée vivace très commune, semblable à la précédente pour le mode de végétation, mais chez laquelle les épillets sont groupés, sur deux rangs unilatéraux, le long de plusieurs axes divergents du même point au sommet des tiges. Les épillets sont formés d'une fleur fertile accompagnée d'une fleur rudimentaire ; il n'y a point d'arête à la glumelle.

On emploie comme antilaiteux, sous le nom de racine de Canne, le rhizome de la Canne de Provence (*Arundo Donax* L.), ou Grand Roseau. Sa tige s'élève à plus de 3 mètres de haut ; elle est pourvue de larges feuilles rubanées et se termine, comme la Canne à sucre, par une grande panicule. Les épillets renferment 5 à 7 fleurs hermaphrodites, velues à la base. Cette Graminée croît sur le bord des eaux, dans le Midi de la France et de l'Europe.

On employait quelquefois aussi, comme dépuratif et antisyphilitique, le rhizome du Petit Roseau ou Roseau à balais (*Arundo Phragmites* L., *Phragmites communis* Trin.), dont la tige ne dépasse guère 12 décimètres de hauteur ; chaque épillet renferme plusieurs fleurs dont l'inférieure est mâle, les supérieures sont hermaphrodites.

Les *Calamagrostis*, de nos contrées, sont employées parfois comme diurétiques par les gens de la campagne. Il en est de même, dans l'Inde, du *Perotis latifolia*.

Les Chinois cultivent, à titre de plante médicinale, le *Coix Lacryma* L. (Larmille, Larme de Job) ; c'est une plante originaire de l'Asie tropicale ; elle est monoïque, et ses épillets femelles sont protégés par des involucres qui deviennent pierreux à la maturité. Ses graines sont réputées toniques et diurétiques ; on les administre également en tisanes contre la phtisie et l'hydropisie.

On emploie, dans l'Inde, la racine du *Manisuris granularis* Sw. contre les engorgements des viscères abdominaux.

Enfin on utilise en Afrique les graines du *Dactyloctenium ægyptiacum* Wild., contre les douleurs néphrétiques ; les parties herbacées de cette plante, appliquées à l'extérieur, passent pour efficaces contre les ulcères.

Certaines Graminées du genre *Andropogon* contiennent des principes volatils et sont employées à titre de plantes aromatiques. Ce sont des herbes ordinairement vivaces par leurs rhizomes, et dont l'inflorescence est en panicule ou digitée, comme celle du *Cynodon Dactylon*. Les épillets sont géminés, l'un hermaphrodite et sessile l'autre mâle et pédicellé. Tel est l'*Andropogon lanigerum* Desf. (*A. Eriophorus*, Willd.), qui est originaire d'Égypte, et qui produit le Schœnanthe officinal, usité jadis pour ses propriétés excitantes et diaphorétiques. L'*A. Schœnanthus* Roxb. et Wall. produit le Schœnanthe de l'Inde, dont les propriétés sont analogues.

La racine de Vétiver, de nos droguiers, usitée comme excitante et que l'on emploie également pour préserver le linge des mites, est due à l'*Andropogon muricatus* de Retz., qui est originaire de l'Inde. Enfin, dans l'Inde également on emploie au même titre l'*A. Nardus* L. (Faux Nard ou Spicanard), et les *A. Ivarancusa, citratus*, etc.

On peut citer encore, parmi les Graminées aromatiques, l'*Anthoxanthum odoratum* L., ou Flouve odorante, dont la fleur est à 2 étamines. Cette herbe communique au fourrage une odeur agréable due, dit-on, à l'acide benzoïque contenu dans ses racines.

Les Bambous, dont nous avons également indiqué les caractères morphologiques, sont des Graminées arborescentes originaires des pays chauds, et que l'on cultive pour leur utilité aussi bien que pour leur beauté. Les chaumes du *Bambusa arundinacea* Retz. sont utilisés dans les constructions en Chine et au Japon; leurs jeunes pousses contiennent une moelle sucrée; on en extrait même, dit-on, un véritable sucre qui exsude de leurs rameaux plus âgés. Le *Gigantochloa verticillata* (1) Munro est employé aux mêmes usages. Nous avons parlé plus haut des concrétions siliceuses qui se forment dans les entre-nœuds des tiges.

Certaines Graminées constituent, dans la famille, une exception remarquable par leurs propriétés délétères ou purgatives. Tel est le *Bromus catarthicus* Vahl., connu au Chili sous le nom de *Guilno*, et le *Bromus purgans* de l'Amérique septentrionale (2). La Mélique bleue (*Molinia cærulea* Moench), qui croît dans nos bois humides, devient, dit-on, délétère pour les bestiaux à l'époque de la fleuraison. Mais des propriétés toxiques bien plus actives résident chez le *Festuca quadridentata* Kunth, qui est très répandu aux environs de Quito.

---

(1) Les *Gigantochloa* ne se distinguent des *Bambusa* que par leurs étamines monadelphes.

(2) Les nombreuses espèces de *Bromus* de notre flore (B. *erectus, madritensis, tectorum*, etc., etc.) sont complètement inertes.

Citons encore, parmi les Graminées délétères, l'Ivraie enivrante (*Lolium temulentum*, L.), qui croît au milieu de nos moissons, et dont les graines ont des propriétés narcotiques.

L'Ivraie enivrante agit sur le système nerveux, et détermine des tremblements, des vertiges et des phénomènes d'ivresse. Un dix-huitième de cette farine, mêlé à celle du Froment, suffit, dit-on, pour lui communiquer des propriétés mauvaises. MM. Baillet et Filhol la rangent parmi les narcotico-âcres.

Les autres *Lolium* de nos contrées sont inoffensifs, et plusieurs peuvent servir de pâturages.

Chez plusieurs Graminées, les fibres sont assez résistantes pour qu'on puisse en utiliser les tiges dans la sparterie. Tels sont, en particulier, le *Lygeum spartum* L. et le *Macrochloa tenacissima* Kunth.

Comme Graminées ornementales, nous mentionnerons :

le Grand Roseau (*Arundo Donax*) dont les rhizomes font partie de la matière médicale, et dont les tiges servent à divers usages industriels (fabrication des cannes à ligne, des claies dont on se sert pour sécher les fruits et pour l'élève des vers à soie dans nos provinces du Midi, etc.) ;

le *Gynerium argenteum* Nees., ou Roseau des pampas, espèce dioïque très recherchée pour l'ornementation des parcs, à cause de ses magnifiques inflorescences longues et plumeuses ;

les Bambous, dont quelques espèces peuvent être cultivées jusque sous le climat de Paris et qui sont également très répandus ;

l'*Arundinaria falcata* Nees, dont le port est à peu près celui des Bambous, et qui végète bien également dans les provinces du Midi et dans quelques-unes de l'Ouest.

FAMILLE II. — CYPÉRACÉES

Tige aérienne ne formant souvent qu'un seul entre-nœud. — Feuilles à gaîne entière. — Périanthe nul ou rudimentaire. — Anthères basifixes. — Fruit ordinairement représenté par un achaine. — Albumen farineux ou charnu.

Description des Carex arenaria. — Le *Carex arenaria* L. (Laiche des sables), auquel son emploi médical dans l'Europe centrale a valu également le nom de Salsepareille d'Allemagne, est une plante des bords sablonneux de l'Océan et des mers voisines Elle est vivace (fig. 206) et possède de longs rhizomes définis et sympodiques. Les axes de divers degrés se redressent et se développent, au-dessus du sol, en des tiges aériennes triangulaires formées presque tout entières par un long entrenœud. Leur base est embrassée par un certain nombre de feuilles alternes, tristiques, assez semblables à des feuilles de Graminées ; mais *leur gaîne est close et la ligule y est rudimentaire.*

Les fleurs sont unisexuées, et disposées en inflorescences terminales monoïques ; ce sont des sortes de grappes portant des inflorescences partielles uniflores, mâles à la partie supérieure, femelles en dessus.

Fig. 206. — *Carex arenaria* ou Laiche des sables.

Les *fleurs mâles* (fig. 207 A) sont insérées isolément sur des axes de second degré, à l'aisselle de bractées mères. Ce sont là des épillets uni-flores, et la fleur, *sans préfeuille ni périanthe*, est uniquement repré-sentée par 3 étamines libres, dont une antérieure et deux latérales postérieures. Les *anthères sont basifixes*, introrses, à débiscence longi-tudinale. Il n'existe aucun rudiment de gynécée.

Les *inflorescences femelles* (B et D) sont un peu plus complexes. L'axe de deuxième degré (II), né à l'aisselle de la bractée mère (*Bm*), porte tout d'abord *une préfeuille adossée et bicarénée* (*Pr*), comme la pièce interne de la glumelle chez les Graminées. A l'aisselle de la préfeuille s'insère la fleur femelle, *nue* comme la fleur mâle, et *formée uniquement par le gynécée.* Au-dessus d'elle, l'axe du deuxième degré se termine par un moignon.

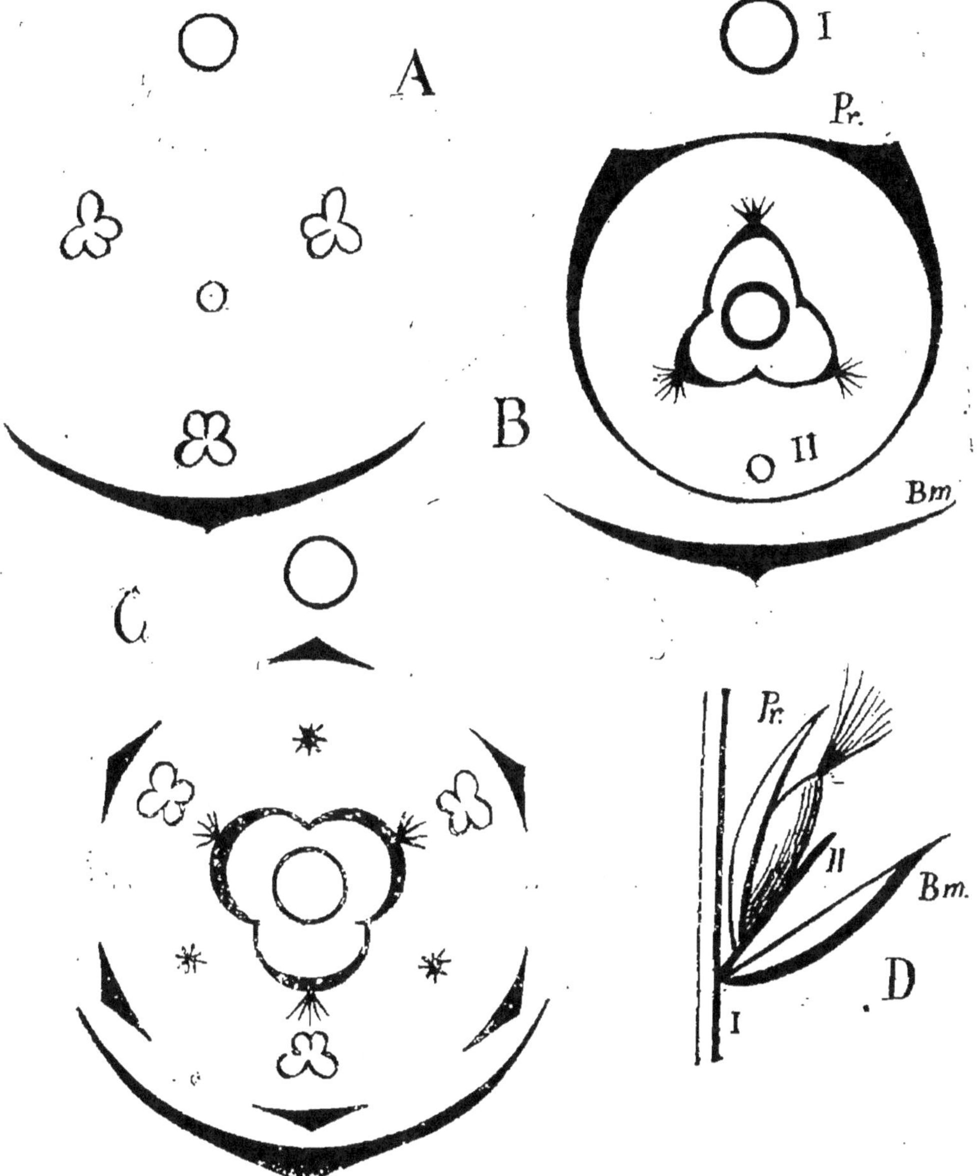

Fig. 207. — A et B. *Carex* (fleur mâle et fleur femelle). D, un épillet de *Carex* portant une fleur femelle ; I, axe commun de l'inflorescence ; *Bm*, bractée mère de l'épillet ; II, axe de l'épillet ; *Pr*, préfeuille adossée de l'axe floral (utricule).

Le *gynécée*, enveloppé par la bractée bicarénée comme dans un périanthe unifoliolé, est lui-même uniloculaire et surmonté par trois stigmates, dont un impair postérieur et deux latéraux antérieurs. L'ovaire ne renferme qu'un seul ovule anatrope presque basilaire et dressé sur la suture ventrale.

Le *fruit* est un achaine qui demeure enveloppé par la bractée bicarénée constituant l'*utricule*.

La *graine* renferme, sous un testa coriace, un albumen charnu abondant, à l'extrémité antérieure et inférieure duquel se trouve un petit embryon lenticulaire. Comme chez les Graminées, la gemmule porte, sur son côté postérieur, une ligule à une seule nervure qui coiffe la gemmule.

Autres genres. — Autour des *Carex* se rangent un certain nombre d'autres genres constituant avec eux la tribu des **Caricées**, *dont les fleurs sont toujours unisexuées et nues*. Tels sont les *Uncinia* chez lesquels le sommet de l'axe de l'épillet (axe n° 2) se prolonge au-dessus de la fleur femelle en un appendice denté, les *Elyna* où l'axe secondaire porte une fleur mâle au-dessus de la fleur femelle, et les *Kobresia* où des inflorescences partielles androgynes se montrent en même temps que des inflorescences unisexuées.

Les *Scirpus* ont une organisation différente. Ce sont des plantes des lieux humides, ou même des végétaux aquatiques, dont les tiges cylindriques, très lacuneuses, sont pourvues de feuilles semblables à celles des *Carex*.

Les inflorescences sont des épis simples, ou des épillets associés en grappes, en ombelles, en panicules, etc. Sur l'axe de ces épillets, les bractées sont disposées en ordre spiralé, et l'inférieure ou les deux inférieures sont stériles, comme les pièces qui forment la glume chez les Graminées. Les fleurs sont directement insérées à l'aisselle des bractées fertiles, et leur axe spécial est dépourvu de préfeuille.

Les fleurs sont hermaphrodites, nues parfois, comme chez les *Scirpus fluitans* et *setaceus*, ou pourvues d'un *périanthe* (C) représenté par six soies disposées en deux verticilles 3 mères, ou au nombre de 3 seulement. Avec quelques autres genres, les *Scirpus* constituent une seconde tribu, celle des Scirpées. Viennent ensuite 3 étamines normalement construites, qui appartiennent au verticille externe de l'androcée, l'interne avortant ici.

Affinités. — C'est évidemment aux Graminées que les Cypéracées se montrent le plus étroitement liées. Cependant on trouve entre ces deux groupes des différences quelquefois très profondes, et il n'existe aucune forme que l'on puisse considérer comme formant entre eux un intermédiaire bien naturel.

C'est ainsi que les Graminées manqueraient de périanthe, si l'on admet l'opinion que nous avons exposée (v. p. 437), tandis qu'il en existe un, bien que rudimentaire, chez beaucoup de Cypéracées. — Les anthères sont basifixes et non dorsifixes chez les Cypéracées ; la bractée mère s'y montre toujours bien développée à la base des épillets.

Les fleurs sont beaucoup plus souvent et plus complètement diclines que chez les Graminées.

L'ovule n'est jamais concrescent avec le placenta.

Le fruit est presque toujours un achaine.

CYPÉRACÉES.

Plantes herbacées, annuelles ou vivaces par leur rhizome sympodique. — *Tiges* aériennes souvent triangulaires, sans feuilles ou pourvues de feuilles ordinairement en ordre tristique, à *gaîne entière;* limbe rubané, parfois très réduit.

Fleurs sans périanthe ou *pourvues d'un périanthe très réduit,* hermaphrodites ou unisexuées, et alors le plus souvent monoïques, formant des inflorescences partielles (épillets ou faux épillets) groupés eux-mêmes en grappes, en épis ou en panicules; elles sont pourvues ou dépourvues de préfeuilles. — *Étamines* ordinairement 3 ou 6; *anthères basifixes* et introrses.

Gynécée formé en général de 3 (rarement de 2) carpelles; ovaire toujours uniloculaire, surmonté par 3 (plus rarement 2 ou plusieurs) styles. Ovule unique, anatrope et ascendant, à tégument double.

Fruit : presque toujours a·haine.

Graine pourvue d'un *albumen charnu* abondant, renfermant un embryon petit, avec ligule enveloppante.

Fleurs presque toujours hermaphrodites et pourvues d'un périanthe sans préfeuille.

Écailles des épillets disposées sur deux rangs, portant plusieurs fleurs sans préfeuille.................. *Cyperus* L.
(400 espèces environ, répandues dans les contrées tropicales et subtropicales).

Écailles des épillets disposées en spirale. Fleurs dépourvues de préfeuilles.

Soies du périanthe accrescentes... *Eriophorum* L.
(13 espèces, répandues sur les deux continents).

Soies du périanthe peu développées ou nulles...... *Scirpus* L.
(200 espèces, répandues partout sur le globe).

Fleurs unisexuées et nues, formant, le plus souvent, des épillets composés d'une fleur femelle surmontée d'une ou de plusieurs fleurs mâles. Préfeuille ordinairement bien développée, et formant un utricule autour du fruit..................... *Carex* L.
(Plus de 500 espèces, de toutes les régions tempérées et froides du globe).

L'albumen charnu entoure complètement l'embryon.

Enfin les feuilles ont ici une gaîne close et la tige aérienne est souvent formée par un seul entre-nœud.

Distribution géographique. — Les Cypéracées, qui comprennent plus de 3000 espèces connues, sont abondamment représentées dans notre hémisphère, du Pôle à l'Équateur, mais elles abondent surtout dans les climats du Nord. Elles habitent en grand nombre, soit les marais et les cours d'eau, ou simplement les lieux humides, soit plus rarement les pentes sèches des montagnes. Il est à remarquer qu'à mesure qu'on descend vers l'Equateur on voit devenir plus rares les *Carex* et les *Scirpus*; par contre les *Cyperus* augmentent en nombre, et se montrent en abondance le long des fleuves tropicaux.

Propriétés générales. Plantes importantes. — La fécule et le sucre sont beaucoup moins abondants chez les Cypéracées que chez les Graminées, et leurs organes végétatifs ne constituent qu'un médiocre pâturage.

Certains rhizomes de Cypéracées doivent cependant à un principe amer et à une certaine quantité d'huile volatile, unis à l'amidon, d'être comptés parmi les drogues de la matière médicale.

Le rhizome de la Laiche des sables (*Carex arenaria* L.) est employé, comme succédané de la Salsepareille, dans la syphilis et certaines affections cutanées.

Celui du *Scirpus lacustris* L. est, dit-on, astringent et diurétique. C'est au même titre que l'on emploie, dans l'Amérique tropicale, le *Remirea maritima* Aub.

Les *Eriophorum* étaient jadis préconisés contre la dysenterie, et leur moëlle passait, en Allemagne, pour être un bon ténifuge.

Certains *Cyperus* méritent également d'être mentionnés. Ce genre est, on le sait, remarquable par ses épillets à bractées distiques.

Le *C. longus* L. ou Souchet long, possède un rhizome pourvu, de distance en distance, de renflements oblongs, d'une saveur à la fois amère, astringente et aromatique. On en préparait autrefois un hydrolat. Cette espèce croît en France et en Italie.

Le *C. rotundus* L., ou Souchet rond, croît en Orient et dans le Midi de la France. Son rhizome porte des tubercules arrondis, réunis, comme les grains d'un chapelet, par des portions de rhizome demeurées cylindriques. Les propriétés de ces tubercules sont semblables à celles des précédents.

Le *C. esculentus* L., ou Souchet comestible, est originaire d'Afrique. Les ramifications du rhizome se renflent, à leur extrémité, en un tubercule ovoïde marqué de cicatrices circulaires, d'une saveur huileuse et sucrée que l'on compare à celle de la noisette. L'huile qu'il contient produit une émulsion lorsqu'on le pile avec de l'eau; il mérite, à certains égards, le nom d'*amande de terre* que lui ont donné les Allemands. Ce tubercule passe pour excitant et aphrodisiaque.

On trouve parfois des tubercules analogues à l'extrémité des radicelles de *Scirpus*, en particulier chez le *Scirpus tuberosus*.

Plusieurs Cypéracées sont utilisées dans la sparterie; tels sont, en

Égypte, les *Cyperus dives* et *alopecuroides*, qui sont très estimés à cet égard. On se sert des tiges du *Scirpus lacustris*, en France, pour la fabrication des paillassons, et des tiges du *Carex nervosa* pour la fabrication des chaises.

Enfin c'est avec les fibres du *Papyrus antiquorum*, plante des marais de la haute Égypte, que les anciens fabriquaient leur papier.

ORDRE DES GLUMACÉES.

Fleurs à périanthe nul ou très réduit. Étamines en nombre souvent inférieur à 6 (nombre ordinaire chez les Monocotylédones). Inflorescences composées d'épillets accompagnés chacun par une ou plusieurs bractées glumiformes, et réunis eux-mêmes en épis ou en grappes. — Ovaire supère, uniloculaire et uniovulé. — Feuilles étroites, rectinerviées.

Tige aérienne représentée par un *chaume*.
Feuilles à gaîne fendue, pourvues d'une ligule bien développée.
Fleurs nues (1). — Anthères dorsifixes et versatiles.
Fruit : Caryopse.
Albumen farineux........ Famille I.
GRAMINÉES.

Tige aérienne ne formant souvent qu'un seul entre-nœud.
Feuilles à gaîne entière.
Fleurs nues ou pourvues d'un périanthe rudimentaire. — Anthères basifixes.
Fruit : ordinairement achaine.
Albumen farineux ou charnu. Famille II.
CYPÉRACÉES.

ORDRE IV. — ENANTHIOBLASTÉES

Cet ordre est caractérisé spécialement par l'*orthotropie constante des ovules*. On y range un certain nombre de familles assez différentes, d'ailleurs, dont les types, à peu près tous exotiques, ne nous offrent qu'un intérêt très secondaire. Les principales familles de cet ordre sont :

Les *Centrolépidacées*, les *Restiacées*, les *Ériocaulacées*, les *Xyridacées*, les *Commélinacées*.

Nous décrirons sommairement la dernière.

FAMILLE DES COMMÉLINACÉES

Caractères. — Ce sont des plantes généralement succulentes et charnues, annuelles ou vivaces par leurs rhizomes parfois renflés en tubercules. Les axes aériens, cylindriques et noueux, sont pourvus de feuilles alternes, entièrement engaînantes à la base.

Les *fleurs*, rarement solitaires à l'aisselle des feuilles, sont le plus souvent réunies en *cymes unipares héliçoïdes*.

(1) Nous admettons avec M. Van Tieghem, M. Hackel, etc., que la glumellule est formée par des bractées.

Elles sont presque toujours *hermaphrodites, actimorphes ou plus ou moins zygomorphes*, construites sur le type 3 mère.

Comme chez les Alismacées (v. plus loin) *le périanthe est formé par un calice herbacé, et une corolle pétaloïde*, à structure délicate, blanche, rouge, ou bleue le plus souvent. Si la fleur est zygomorphe (comme chez les *Commelina*) le plan de symétrie est oblique par rapport à l'axe principal. La préfloraison est imbriquée dans les deux verticilles.

La structure de l'*androcée* (typiquement formé par deux verticilles ternaires) est variable. Il est tout entier formé d'étamines fertiles et égales chez les *Tradescantia*, fertiles mais inégales chez les *Dichorisandra*. Chez les *Commelina*, les 3 étamines postérieures sont déformées et stériles ; quelquefois enfin (*Callisia*), le verticille externe existe seul. Les filets staminaux sont presque toujours munis de poils articulés (1) ; le connectif, plus ou moins élargi, porte des anthères introrses et biloculaires.

Les trois *carpelles* du verticille femelle sont généralement développés (2). Ils sont concrescents en un *ovaire libre, à trois loges, contenant chacune, en placentation axile, un, deux ou plusieurs ovules orthotropes*. Le style est simple, terminal ; le stigmate simple ou trilobé.

Le *fruit* est une capsule loculicide, beaucoup plus rarement un achaine ou une baie.

Sous un tégument plus ou moins membraneux et diversement conformé, la *graine* renferme un albumen farineux abondant, à l'extrémité micropylaire duquel se trouve un petit embryon en forme de poulie.

Affinités. — La famille des Commélinacées forme un groupe assez isolé, et qui n'offre de parenté étroite avec aucune autre famille. Leur périanthe nettement divisé en un calice et une corolle, les rapproche des Alismacées ; mais là s'arrête la ressemblance.

Distribution géographique. — Les Commélinacées sont à peu près toutes des plantes tropicales ou intertropicales des deux continents ; l'Amérique est surtout riche en plantes de cette famille. Un petit nombre s'étendent jusqu'au 40e degré de latitude Nord, et quelques-uns, en Australie, descendent jusqu'au 35e degré de latitude australe.

Propriétés générales. Plantes importantes. — Très peu d'espèces de ce groupe peuvent être considérées comme utiles. On trouve chez un grand nombre de Commélinacées des principes mucilagineux qui leur communiquent des propriétés nutritives, après leur coction. On peut surtout citer, à cet égard, les rhizomes des *Commelina tuberosa* L., *cœlestis* Wild., *angustifolia*, *stricta*, etc., dans lesquels se développe du mucilage, indépendamment de la fécule. Quelques espèces mexicaines passent pour efficaces dans certaines affections hépatiques.

Le rhizome du *C. Rumphii* est emménagogue.

(1) Les poils staminaux de *Tradescantia* constituent un objet classique de démonstration du mouvement intracellulaire du protoplasma (v. p. 152).

(2) Excepté chez les *Heterocarpus*.

On administre, en Chine, contre la toux, l'asthme, la pneumonie, etc., les tubercules du *Commelina medica.*

Cuit dans l'huile, le *Tradescantia malabarica* est employé contre certaines affections cutanées. Enfin le *T. diuretica* fait partie de la matière médicale brésilienne.

ORDRE V. — LILIIFLORES

Cet ordre que caractérisent essentiellement la présence d'un *périanthe dont les deux verticilles, de structure semblable, sont généralement pétaloïdes, actinomorphes* ou plus rarement *zygomorphes, des fleurs presque toujours hermaphrodites, des ovules ordinairement anatropes ou campylotropes,* comprend un certain nombre de familles importantes.

FAMILLE I. – LILIACÉES

Un périanthe formé par six pièces pétaloïdes; six étamines libres, pourvues d'anthères biloculaires et introrses; un ovaire supère triloculaire, surmonté d'un style simple et d'un stigmate à 3 lobes; un fruit capsulaire loculicide; des graines pourvues d'un albumen charnu, tels sont les caractères les plus saillants de ce groupe naturel.

Nous prendrons comme type des Liliacées proprement dites le Lis blanc (*Lilium candidum* L.), cultivé partout dans les jardins.

Description du Lilium candidum L. — C'est une plante dont *la tige souterraine se renfle en un bulbe écailleux;* ce dernier se continue par un axe aérien dressé, d'une hauteur de 8 à 10 décimètres, muni de *feuilles alternes,* ovales-lancéolées, entières, d'autant plus petites qu'elles sont plus éloignées de la base. L'axe se termine par *une grappe* de fleurs blanches et odorantes (1), placées chacune à l'aisselle d'une bractée.

Ces fleurs, actinomorphes et complètes, répondent exactement au diagramme normal des Monocotylédones (fig. 192).

Le *périanthe* est formé par *deux verticilles ternaires de folioles* blanches, nectarifères à la base, presque indépendantes, *pétaloïdes,* réfléchies en dehors après l'anthèse. Ces pièces sont imbriquées dans la préfloraison, dans chaque verticille.

---

(1) Chez les Lis, les fleurs sont quelquefois réunies en petites cymes unipares, associées elles-mêmes en grappes.

Plus en dedans sont insérés, sur le réceptacle floral légèrement convexe, les *deux verticilles ternaires de l'androcée*. Les filets indépendants portent des *anthères introrses* et dorsifixes, à déhiscence longitudinale.

Le *gynécée est formé par trois carpelles* alternes avec les étamines internes, *concrescents en un ovaire libre triloculaire* que surmonte *un style simple terminé par un stigmate à 3 lobes*. Dans chaque loge de l'ovaire existent un certain nombre d'*ovules anatropes, bisériés dans l'angle interne*. On doit signaler encore, dans les cloisons de l'ovaire du Lis (comme dans celles de toutes les Liliacées et d'un certain nombre d'autres familles) la présence de *glandes nectarifères dites septales*.

Le *fruit* est *une capsule oblongue, trigone, qui s'ouvre en trois valves loculicides*. Les *graines*, recouvertes d'un tégument spongieux, d'un brun pâle, contiennent *un albumen charnu abondant, à l'extrémité micropylaire duquel existe un petit embryon droit*.

Autres genres. Tulipées. — A côté des Lis, dont on connaît environ 45 espèces, se groupent un certain nombre de genres qui forment avec lui la tribu des **Tulipées** dont les caractères communs les plus importants sont d'avoir *des fleurs actinomorphes, à pièces du périanthe indépendantes ou à peu près, des étamines libres, hypogynes ou très légèrement périgynes, plusieurs ovules dans chaque loge de l'ovaire, des graines à testa membraneux et pâle*. Enfin les Tulipées ont un *bulbe écailleux ou muni de feuilles membraneuses*.

A cette tribu appartiennent les Tulipes (*Tulipa* L.), dont les fleurs sont terminales et solitaires et les anthères basifixes (1), et les Fritillaires (*Fritillaria* L.) dont les fleurs penchées sont remarquables par leurs pièces périgoniales tachetées de couleurs diverses, et pourvues à leur base d'une fossette nectarifère. Dans ce dernier genre, les fleurs sont également presque toujours solitaires (2).

Hémérocallinées. — Les Hémérocalles (*Hemerocallis* L.) se distinguent des genres précédents par la tendance de leurs fleurs à la zygomorphie. Le périanthe, *dont les pièces sont concrescentes*

---

(1) On en connaît environ 50 espèces. Plusieurs sont cultivées, d'autres croissent spontanément dans nos régions (*T. Oculus Solis* S. Am., *T. sylvestris* L., *T. gallica* Lois., etc.).

(2) La Fritillaire impériale, cultivée dans nos jardins, est originaire d'Orient ; mais ce genre renferme plusieurs espèces indigènes.

à la base en un tube staminifère, est un peu recourbé. Les filets staminaux sont ascendants et *le bulbe est remplacé par un rhizome*. Les Hémérocalles sont les représentants de la tribu des **Hémérocallinées**. Comme chez les Tulipées, le *tégument séminal est membraneux et pâle*. On y range encore les *Phormium* Forst., de la Nouvelle Zélande, dont les feuilles bisériées sont étroites et raides, les *Agapanthus* L'Hér., de l'Afrique australe, et quelques autres genres.

Aloïnées. — Les Aloës (G. *Aloe* L.) de l'Afrique australe, de Madagascar, etc., ont donné leur nom à la tribu des **Aloïnées**. Les Aloès (1) sont des Liliacées arborescentes (fig. 208), mais de taille très variable, dont les tiges, simples ou ramifiées, portent des feuilles épaisses et charnues, souvent épineuses sur les bords. Les fleurs formant des grappes simples au sommet de la hampe ou de ses ramifications, sont pendantes. Les *six folioles du périanthe, concrescentes en tube à la base, forment un limbe à 6 lobes rapprochés dans le bouton* et qui s'écartent ensuite les uns des autres sans se réfléchir. *Les six étamines sont concrescentes par leur base avec le périanthe* qu'elles égalent à peu près en longueur. — Dans la même tribu se rangent, entre autres genres, les Asphodèles (*Asphodelus* L.), dont les feuilles ont une structure normale, et dont les fleurs, en grappes terminales, ont un périanthe à pièces

Fig. 208. — Aloès.

---

(1) Il ne faut pas confondre avec les vrais Aloès, dont nous nous occupons ici, les *Agave*, qui sont des Amaryllidacées (Voy. plus loin).

libres ou à peine concrescentes à leur base, étalées. Les filets staminaux sont fixés dans une fossette de la face dorsale des anthères.
Toutes ces plantes habitent la région méditerranéenne.

Les **Aloïnées** ont pour caractères communs *d'être pourvues d'un rhizome ou d'un système de racines fibreuses*, jamais d'un bulbe ; leurs fleurs ont un *périanthe dont les pièces sont plus ou moins concrescentes*, rarement tout à fait libres. Les graines ont un *testa membraneux et pâle, ou bien noir et crustacé.*

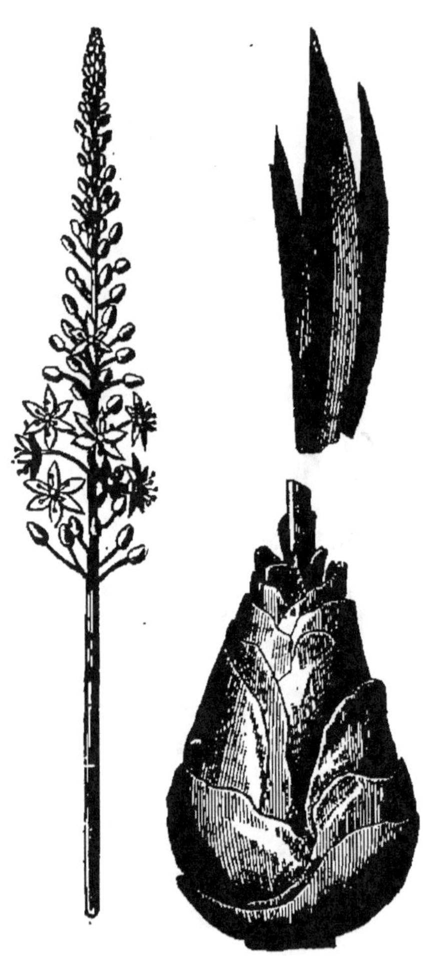

Fig. 209. — Scille.

Hyacinthinées. — La dernière tribu, celle des *Hyacinthinées* est très grande et susceptible d'être subdivisée elle-même en sous-tribus. Telle qu'on l'admet généralement, elle constitue un groupe, d'ailleurs mal défini. Le caractère le plus constant consiste *dans la présence, autour de la graine, d'un testa noir et crustacé.*

Nous trouvons ici les Scilles (*Scilla* L.), caractérisées par *leurs fleurs ordinairement bleues, en grappes terminales, dont les pièces du périanthe sont libres et étalées. Les graines sont à peu près globuleuses.* Parmi les 24 espèces connues de Scilles, 7 à 8 sont indigènes dans notre Midi.

Les *Urginea* Steinh., dont une espèce, l'*U. maritima* Bak. (fig. 209) fournit son bulbe à la matière médicale, ne se distinguent guère des Scilles que *par leurs graines aplaties.*

Les *Allium* L. forment un vaste genre (250 espèces environ) qui se distingue par certains traits spéciaux. La base de leur tige se renfle en un *bulbe* qu'enveloppent des *tuniques complètes* (v. p. 67) ; parfois aussi plusieurs bulbes axillaires s'accolent autour du bulbe central (comme chez l'Ail commun). *Les feuilles sont longues, pla-*

nes ou fistuleuses. Les fleurs forment de *fausses ombelles terminales* (composées en réalité de cymes unipares contractées et groupées sur un axe commun), enveloppées, avant l'anthère, par une *spathe* formée par deux ou trois bractées membraneuses. *Les pièces du périanthe sont libres ou à peine cohérentes par la base.* Les filets staminaux sont assez souvent tridentés au sommet (v. p. 94). L'ovaire, complètement ou incomplètement triloculaire, renferme 2 ou plusieurs ovules dans chaque loge.

L'embryon cylindrique est parfois un peu recourbé. Les fleurs sont quelquefois remplacées par des bulbilles (v. p. 68).

A ce même groupe appartiennent encore les Jacinthes (*Hyacinthus* L.), les *Muscari* dont le périanthe est tubuleux, les *Ornithogalum* L. dont les pièces du périanthe sont libres et les filets staminaux aplatis, etc.

On range assez souvent parmi les Tulipacées les *Yucca* L., Liliacées américaines qui, par leur port et leur tige arborescente, simple ou souvent ramifiée, ont de grands rapports avec les *Dracæna* que l'on s'accorde à classer parmi les Asparaginées. Or ces dernières ne se distinguent guère des Liliacées que par leur fruit charnu, et le seul genre *Yucca* possède des fruits qui, suivant les espèces, sont capsulaires ou bacciformes. C'est donc là un terme de passage entre les Liliacées et les Asparaginées, si difficilement séparables d'ailleurs.

Nous avons indiqué déjà les caractères communs dominants de la famille.

FAMILLE DES LILIACÉES.

Plantes herbacées, sous-frutescentes ou arborescentes. *Fleurs* solitaires, en grappes, panicules, épis ou fausses ombelles, hermaphrodites, actinomorphes ou très légèrement zygomorphes. *Périanthe* polyphylle ou gamophylle (1), pétaloïde, à 6 pièces en deux verticilles. *Étamines* 6, introrses, libres ou peu concrescentes, hypogynes ou légèrement périgynes, assez souvent insérées sur le périanthe. *Gynécée* à 3 carpelles. Ovaire triloculaire, style terminal, stigmate entier ou 3 lobé. — Ovules anatropes, à placentation axile, solitaires ou plus ou moins nombreux. *Capsule* presque toujours loculicide, rarement septicide, très rarement *fruit charnu*. *Graines* avec albumen charnu abondant. Embryon droit ou légèrement arqué.

Tribu I. — Tulipacées.

Plantes le plus souvent pourvues d'un bulbe écailleux ou entouré de feuilles membraneuses. — Pièces du périanthe libres ou à peine concrescentes à leur base. — Tégument séminal d'un brun pâle, spongieux ou plus ou moins dur.

- Un bulbe, et une hampe toujours herbacée. Fruit : toujours capsule loculicide.
  - Anthères basifixes. — Fleurs presque toujours terminales et solitaires.
    - Fleurs inclinées. Périanthe campanulé, à folioles réfléchies après l'anthère........ *Fritillaria* L. (40 espèces environ. Hémisphère Nord).
    - Fleur terminale dressée.................. *Tulipa* L. (50 espèces environ. Europe méridionale et moyenne. Asie jusqu'au Japon).
  - Anthères dorsifixes. — Fleurs en grappes terminales. Périanthe infundibuliforme ou presque campanulé.............. *Lilium* L. (Environ 45 espèces. Régions tempérées de l'hémisphère Nord).
- Point de bulbe. Tige ligneuse, parfois arborescente, simple ou ramifiée. Feuilles lancéolées, épineuses au sommet. — Fleurs en panicules terminales. — Fruit : capsule septicide ou loculicide, quelquefois charnue.... *Yucca* L. (Une vingtaine d'espèces. Sud des États-Unis, Mexique, Amérique centrale).

Tribu II. — Hémérocallinées.

Plantes pourvues d'un tubercule, d'un rhizome ou d'un système de racines fibreuses. — Pièces du périanthe unies en un tube souvent plus ou moins recourbé (tendance à la zygomorphie) et staminifère. — Tégument séminal membraneux et pâle.

- Feuilles longues et flexibles................. *Hemerocallis* L. (15 espèces environ. Europe moyenne, Asie centrale et Japon).
- Feuilles étroites, ensiformes et raides..... *Phormium* Forst. (2 espèces. Nouvelle Zélande).

Tribu III. — Aloïnées.

Plantes pourvues d'un rhizome ou d'un système de racines fibreuses. — Pièces du périanthe libres ou concrescentes en un tube. — Étamines insérées ou non sur le périanthe. — Graines à testa membraneux et pâle, ou bien noir et crustacé.

- Pièces du périanthe libres ou à peine concrescentes à la base, étalées. Filets staminaux fixés dans une fossette dorsale de l'anthère. — Feuilles de structure normale. Plantes herbacées. *Asphodelus* L. (3 espèces. Région méditerranéenne).
- Pièces du périanthe concrescentes en un tube cylindrique ou renflé, droit ou un peu recourbé, terminé par 6 lobes rapprochés. — Anthères dorsifixes. — Feuilles très épaisses et charnues. Tige simple ou ramifiée, parfois arborescente.... *Aloë* L. (Environ 85 espèces. Région du Cap, Afrique orientale, Madagascar, île de Socotora, etc.).

Tribu IV. — Hyacinthinées.

Plantes pourvues d'un bulbe ou d'un système de racines fasciculées. — Pièces du périanthe indépendantes ou concrescentes en un tube staminifère. — Graines pourvues d'un testa noir et crustacé.

- Graines comprimées ou anguleuses.
  - Pièces du périanthe indépendantes et étalées......... *Urginea*. Steinh. (24 espèces environ. Le Cap, Afrique trop., Indes, Algérie, Sardaigne, Corse, région méditerranéenne).
- Graines sphéroïdales ou simplement oblongues.
  - Pièces du périanthe libres.
    - Pièces du périanthe uninerviées, écartées ou rapprochées en cloche. — Filets staminaux filiformes, ou aplatis seulement à la base. Fleurs en grappes..... *Scilla* L. (Environ 80 espèces. Europe, Afrique et Asie tempérées).
    - Pièces du périanthe divergentes. Filets staminaux aplatis. — Fleurs longuement pédonculées, en grappes ou en ombelles. *Ornithogalum*. L. (70 espèces. Europe, Afrique, Asie occidentale).
  - Pièces du périanthe concrescentes en tube staminifère. — Fleurs en grappes.
    - Périanthe plus ou moins renflé et globuleux............ *Muscari*. Mill. (40 espèces environ. Région méditerranéenne).
    - Périanthe à tube non renflé............. *Hyacinthus* L. (Environ 30 espèces, presque toutes de la région méditerranéenne, quelques-unes tropicales).

(1) C'est-à-dire à pièces libres ou concrescentes.

Affinités. — Les Liliacées peuvent être considérées, au point de vue de la structure florale, comme un centre auquel se rattachent la plupart des familles de Monocotylédones; il en est deux, pourtant, qu'on n'en peut presque pas séparer, et que nous n'étudions isolément que pour ne pas nuire à la clarté de l'exposition par la multiplicité des subdivisions dans un même groupe; ce sont les Asparaginées et les Smilacées, dont nous ne ferons, d'ailleurs, qu'une famille.

Distribution géographique. — A l'exception des zones glaciales, tous les climats et toutes les contrées du globe possèdent des représentants, nombreux parfois, de cette famille. Certaines tribus sont cependant assez localisées : les Tulipacées, par exemple, appartiennent à l'hémisphére Nord à l'exception des *Methonica;* les Hémérocallinées abondent surtout au delà du Capricorne; les Hyacinthinées sont, au contraire, également répandues dans les contrées tempérées des deux hémisphères.

Propriétés générales. — Plantes importantes. — Les propriétés de ces plantes et leur composition chimique sont assez diverses. Toutes contiennent un abondant mucilage, du sucre, de la fécule, une matière résineuse amère, une huile volatile, un principe extractif, le tout combiné dans des proportions très variables. Quelques-unes, très âcres, perdent entièrement cette propriété par la coction, et deviennent simplement alimentaires; d'autres renferment, en outre, des principes purgatifs ou même drastiques; enfin, un certain nombre sont vénéneuses.

La Scille maritime (*Urginæa maritima* Baker; *Scilla maritima* L.) (1); fournit son bulbe à la matière médicale.

La hampe florifère (fig. 209) qui se montre avant les feuilles peut atteindre une hauteur de 60 centimètres, et les fleurs forment à son sommet une grappe serrée. Leur périanthe, d'un vert jaunâtre pâle, est étalé, et chaque lobe montre, dans son milieu, une bande verte. Les feuilles sont ovales, lancéolées, aiguës, largement embrassantes. Chaque fleur naît à l'aisselle d'une bractée, et son pédoncule est muni, au-dessous d'elle, de deux petites préfeuilles. L'ovaire, à son sommet, porte trois glandes nectarifères. Le fruit est une capsule membraneuse, et les graines, recouvertes d'un testa noir, sont aplaties et marginées. — La Scille maritime croît dans les sables maritimes des bords de la Méditerranée, dans le Midi de la France, en Italie, en Dalmatie,

____

(1) *Urginea Scilla* Steinheil.

en Grèce, en Asie Mineure, dans le Nord de l'Afrique, en Espagne et en Portugal.

Cette espèce comprend, d'après M. Baker, plusieurs variétés : le *Scilla Pancration* Steinh., le *Sc. numidica* Jord. et Four., le *Scilla insularis* Jord. et Four., le *Scilla littoralis* Jord. et Four.

Il est à remarquer que d'autres bulbes de Liliacées, jouissant des mêmes propriétés que celui de la Scille maritime, pourraient lui être substitués, si cette substitution offrait quelque avantage pratique. Tels sont ceux de l'*Urginea altissima* Baker (sud de l'Afrique), du *Scilla indica* Baker (Inde et Abyssinie), etc.

Le principe actif de la Scille maritime est, dit-on, la *Scillitine*, qu'accompagnent, d'ailleurs, un certain nombre d'autres principes spéciaux. Parmi eux se trouvent la *Scillaïne*, alcaloïde auquel, d'après Jameristed, seraient dues les propriétés diurétiques de la plante, du mucilage, des substances âcres et amères, etc.

On employait jadis en Europe, comme anthelmintique, la racine de l'*Erythronium Dens cianis* L.; dans l'Amérique du Nord, plusieurs *Erythronium* sont employés comme émétiques. Les racines des *Methonica* sont, dit-on, toxiques, et les bulbes des *Gagea* émétiques.

On préparait autrefois, avec le périanthe du *Lilium candidum*, un hydrolat et une huile vulnéraire; les bulbes de la même plante, cuits sous la cendre, sont émollients.

Les *Yucca* ont des fruits purgatifs, et leurs racines peuvent, dit-on, servir au nettoyage comme celles de la Saponaire.

Les feuilles du *Phormium tenax* Forster contiennent des fibres d'une grande solidité, que l'on utilise pour la fabrication des cordages. Cette plante est, d'ailleurs, acclimatée actuellement en France.

Les *Aloë* contiennent, dans leurs feuilles charnues, un suc qui se colore vivement à l'air en rouge. Ce suc desséché constitue les diverses sortes d'Aloès.

Comme nous l'avons dit, ces plantes sont presque toutes originaires des contrées chaudes de l'Afrique australe ou orientale, et des iles avoisinantes. Les principales espèces sont les suivantes :

Aloë socotrina Lamk. La tige de cette espèce, fréquemment ramifiée, atteint une hauteur de 50 centimètres et au delà; les feuilles sont ascendantes et courbées, plans convexes, d'un vert glauque, avec quelques taches blanchâtres, cartilagineuses, épineuses sur les bords. Les fleurs forment, sur la hampe dénudée qui les porte, une grappe terminale; elles sont pendantes, à périanthe presque cylindique et très caduc, d'un rouge orangé, vert à l'extrémité des divisions.

Cette espèce, originaire des rivages méridionaux de la mer Rouge, de l'île de Socotora et de quelques contrées voisines, fournit l'Aloès succotrin qui n'est plus, aujourd'hui, qu'un simple objet de curiosité.

Aloë vulgaris Lmk. La tige est ici suffrutescente et simple; la hampe est axillaire, ramifiée, et les fleurs sont jaunes. Les autres caractères concordent avec ceux de l'espèce précédente. L'*Aloë vulgaris*, cultivé aux Antilles, nous donne, en grande partie, l'Aloès dit *des Barbades;* mais il est originaire de l'Inde, de l'Afrique orientale et septentrionale, etc.

Aloë ferox Miller. Cette espèce se distingue par sa tige arborescente, ses épines très nombreuses sur la face inférieure et sur les bords des feuilles, son périanthe rose marqué de lignes pourpres vers le haut.

Aloë africana Miller. Les feuilles de cet Aloès sont grandes, dures et recourbées, armées d'épines rouges sur le dos et sur le bord. Les fleurs forment un épi très long.

Aloë plicatilis Miller. Les feuilles sont ici nettement distiques, portées par une tige frutescente.

Aloë arborescens Miller, *Aloe spicata* Thunb., etc.

Ces diverses espèces fournissent l'Aloès du Cap, l'Aloès de Natal, etc. (1).

Le genre *Allium* renferme plusieurs espèces utiles. L'Ail commun (*Allium sativum* L.), caractérisé par ses feuilles planes, ses étamines dont trois ont leurs filets trifides, ses fruits remplacés par des bulbilles et son bulbe composé, est une des espèces les plus âcres.

Il produit une essence sulfurée que M. Vertheim a reconnue pour être un mélange de sulfure et d'oxysulfure d'allyle. Il est usité comme assaisonnement, et en même temps comme anthelmintique.

Nous signalerons encore les espèces suivantes :

A. *Scorodoprasum* L. ou Rocambole, dont les feuilles sont planes et crénelées; l'inflorescence bulbifère est portée par une longue tige contournée en spirale.

---

(1) Le limbe foliacé des Aloès contient un parenchyme abondant, nettement divisé en une région moyenne incolore, entourée par une zone riche en chlorophylle; à la limite de ces deux régions courent les faisceaux libéro-ligneux. Chacun d'eux est environné par un endoderme dont chaque élément contient un globule jaune de tannin, et renferme un abondant péricycle, siège exclusif de la partie active du suc d'Aloès. Ce suc contient, entre autres principes, une substance cristallisable, l'*Aloïne*, dont les propriétés purgatives ne sont pas supérieures à celles de l'Aloès lui-même.

A. ascalonicum L., espèce d'origine asiatique. Sa tige ne dépasse guère 19 centimètres, et s'élève du milieu d'une touffe de petites feuilles subulées. La fleur possède, comme l'Ail commun, trois étamines à filets tricuspides. Il est employé comme alimentaire sous le nom d'*Échalote*.

A. Porrum L. et *A. Ampeloprasum* L. Espèces dont le bulbe radical, allongé et presque cylindrique, se continue par une tige d 1 mètre à 1ᵐ,30. Les feuilles sont planes. L'un et l'autre sont alimentaires et connus sous le nom de *Poireaux*.

A. Schœnoprasum L. ou Civette. Espèce gazonnante à fleurs petites et purpurines.

A. Cepa L., Oignon. Espèce remarquable par son bulbe volumineux, arrondi, presque entièrement formé de tuniques complètes, charnues, à l'exception des plus extérieures qui deviennent membraneuses, colorées ou incolores. La tige, haute de 1 mètre à 1ᵐ,50, renflée au milieu et fistuleuse, est accompagnée par des feuilles radicales très longues, creuses également. Les fleurs rougeâtres, groupées en une ombelle sphérique, ont trois étamines à filets tridentés.

A. Victorialis L. Cette espèce possède un bulbe allongé, entouré de fibres fines et nombreuses ; desséché, ce bulbe a servi à falsifier le Nard indien.

Plusieurs autres espèces d'*Allium*, qui croissent spontanément dans nos campagnes, sont recherchées comme assaisonnement.

Les parties souterraines des Asphodèles (*A. ramosus*, etc.) sont emménagogues et diurétiques, et passaient autrefois pour jouir des mêmes propriétés que la Scille. On a cherché à utiliser les tubercules de l'*Asphodelus ramosus* pour l'extraction de l'alcool.

Plusieurs plantes à odeur alliacée, telles que les *Tulbaghia alliacea, cepacea*, etc., sont employées, au Cap, comme anthelmintiques et contre la phtisie.

Enfin un certain nombre de Liliacées sont cultivées comme plantes d'ornement ; telles sont diverses espèces de Lis (*Lilium candidum, japonicum, superbum, tigrinum, Martagon*, etc.) ; le *Methonica superba*, du Malabar, l'*Agapanthus umbellatus*, diverses Tulipes, etc.

FAMILLE II. — ASPARAGINÉES

Description de l'Asparagus officinalis L. — L'Asperge officinale est une plante vivace, à rhizome rampant et défini (v. p. 65), portant,

en dessus, de nombreuses écailles foliaires, et donnant attache inférieurement à des racines adventives longues et assez grêles. Les
tiges aériennes (fig. 210, I) (portions terminales des axes de divers
degrés du rhizome sympodique) mettent quatre à cinq ans pour
acquérir leur volume définitif; elles sont pourvues de feuilles membraneuses et squamiformes espacées, à l'aisselle desquelles se
développent des cladodes fasciculés, longs et grêles, que l'on prendrait facilement pour les vraies feuilles de l'Asperge (1). Le cladode central de ces fas-
cicules se transforme fréquemment en un rameau qui se comporte comme la
tige principale.

Les fleurs sont ordinairement géminées dans l'espèce étudiée (voir la
note). Elles sont dioïques dans les espèces indigènes, petites et pendantes à l'extrémité d'un pédoncule articulé dans son milieu. Le périanthe est à 6 divisions
concrescentes à la base et rapprochées en forme de cloche. Dans la fleur mâle
(III), les six étamines sont

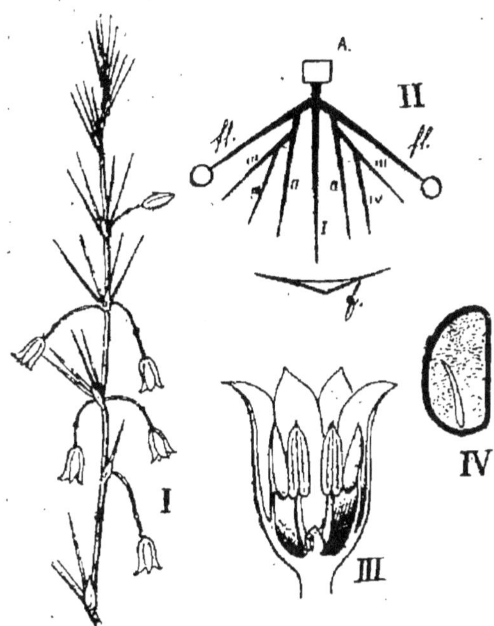

Fig. 210. — Asperge. — I. Un rameau florifère. —
II. Schéma d'après Eichler, montrant le mode de
production des cladodes ou des pédoncules floraux
sur l'axe principal A, à l'aisselle des vraies feuilles *f*. — III. Une fleur mâle en coupe longitudinale. — IV. Une graine en coupe longitudinale.

insérées respectivement à la base des six divisions du périanthe; leurs filets, élargis vers le bas, atténués vers le haut,
portent des anthères introrses, biloculaires, déhiscentes longitudinalement.

La fleur femelle renferme un ovaire libre, oblong, triloculaire,
atténué supérieurement en un style assez court qui porte un stig-

(1) Il naît à l'aisselle de chaque feuille squamiforme (fig. II) un cladode de premier degré
qui en produit deux autres de troisième degré, presque opposés. Ceux-ci deviennent le point
de départ de deux petits sympodes constitués par des cladodes semblables. Le premier
axe de chacun de ces sympodes porte une fleur dans la région florifère de la plante.
Chez d'autres espèces d'Asperges, ces axes portent des fleurs groupées en grappes ou en
ombelles.

mate trilobé. Dans chaque loge sont deux ovules anatropes, superposés dans l'angle central.

Le fruit est une baie rouge, de la grosseur d'un pois.

Les graines (IV), à testa noir et coriace, renferment, dans un albumen charnu abondant, un embryon excentrique, arqué, qui en
occupé environ la moitié
de la longueur (1).

**Autres genres. — As-
paragées.** — Le Fragon
ou Petit-Houx (*Ruscus
aculeatus* L.), malgré son
port tout différent, est le
représentant d'un genre
voisin.

C'est un petit arbris-
seau (fig. 211) dont le
rhizome et les feuilles
squamiformes se déve-
loppent comme chez l'As-
perge ; mais *les cladodes,
solitaires à l'aisselle de ces
feuilles, sont étalés en une
lame lancéolée; coriace,
terminée en pointe aiguë,*
et plus ou moins oblique-
ment placée par suite de
la torsion que subit sa
base rétrécie. Dans la région florifère du végétal,
les *fleurs, dioïques, soli-*

Fig. 211. — Fragon épineux.

*taires ou géminées, sont insérées sur le milieu de la face supérieure des
cladodes,* à l'aisselle d'une bractée membraneuse, sur de courts pédoncules munis eux-mêmes de quelques petites bractées squamiformes.

Le périanthe est formé par six folioles indépendantes et étalées,
les trois internes plus petites que les trois extérieures. Dans la
fleur mâle *les trois étamines du verticille externe, seules développées,
sont concrescentes par leurs filets* en une sorte de godet que ferment,

(1) On trouve encore, dans le Midi de la France, l'*A. acutifolius* L., dont les cladodes
sont beaucoup plus courts et plus raides, l'*A. tenuifolius* Lam., etc.

en dessus, les anthères accolées. Dans la fleur femelle *l'ovaire, uni-loculaire par avortement, renferme deux ovules orthotropes et dressés* à l'angle interne ; il est entouré par trois staminodes concrescents. Le style terminal, très court, porte un stigmate entier.

Le fruit est une *baie rouge monosperme*. Dans la graine *l'embryon, petit et presque droit*, se montre à la périphérie d'un albumen charnu copieux.

La torsion des cladodes est telle, chez certains *Ruscus*, que les fleurs, et plus tard le fruit semblent insérés à leur face inférieure, ainsi qu'on l'observe chez le *R. hypophyllum* L. (Laurier alexandrin), qui croît dans les régions les plus chaudes de la zone méditerranéenne.

Indépendamment de leur structure florale qui n'est autre que celle des Liliacées, et de leurs fruits bacciformes, caractères communs à toutes les Asparaginées, les *Ruscus*, les *Asparagus* et quelques autres genres (*Myrsiphyllum, Danaë*, etc.) se distinguent par *leurs vraies feuilles squamiformes et leurs cladodes diversement conformés*. On les range dans la tribu des **Asparagées.**

Polygonatées. — *Feuilles et rameaux conservent partout leur strucure normale chez les* **Polygonatées** qui, d'ailleurs, possèdent comme les Asparagées *un rhizome déterminé.*

Cette tribu renferme le *Polygonatum vulgare* Desf. (1) (*Sceau de Salomon*). C'est une herbe à rhizome vivace composé d'axes dérivant les uns des autres et qui, après avoir fleuri et fructifié, se détruisent chaque année, laissant sur le sympode une cicatrice concave (v. p. 65) que l'on a comparée à un cachet. Les tiges, un peu anguleuses et recourbées, portent des feuilles alternes, orientées d'un seul côté, ovales-lancéolées, sessiles et embrassantes. *Les fleurs sont hermaphrodites, solitaires ou géminées à l'aisselle de feuilles végétatives, et pendantes.* Le périanthe est gamophylle, presque cylindrique ; les six étamines sont insérées sur la gorge. L'ovaire est à 3 loges biovulées.

Le *Majanthemum bifolium* DC., qui croît dans nos bois, est remarquable *par la dimérie de ses fleurs*. Son rhizome grêle porte, à la base des tiges aériennes qu'embrassent plusieurs gaines foliaires, *seulement deux feuilles bien développées*, à limbe lancéolé. Ces tiges se terminent par *une grappe simple de fleurs hermaphrodites*. Les six pièces du périanthe sont étalées, très peu cohérentes à la base.

____

(1) *Convallaria polyyonatum* L.

Convallariées. — *Le rhizome est indéfini* et les axes florifères sont latéraux chez les **Convallariées** qui, d'ailleurs, sont très voisines des Polygonatées. Cette tribu renferme le Muguet de mai (*Convallaria majalis* L.) dont le petit rhizome produit chaque année un axe dressé pourvu, à la base, de quelques feuilles écailleuses, auxquelles succèdent *deux feuilles vertes ovales-lancéolées*, et qui se termine enfin en *une grappe simple et nue* de fleurs blanches. Leur périanthe urcéolé est divisé en 6 lobes assez courts. L'ovaire est triloculaire ; les graines sont bleuâtres.

Paridées. — Les **Paridées** méritent de former une tribu spéciale par leurs *feuilles verticillées*, leurs *fleurs hermaphrodites, solitaires ou en ombelles terminales, leurs styles distincts ou peu concrescents*. A ce groupe appartiennent les Parisettes (*Paris* L.) dont les feuilles sont verticillées par 4 ou en plus grand nombre. La fleur solitaire qui termine l'axe chez notre P. *quadrifolia*

Fig. 212. — Salseparcille.

L. offre un périanthe composé de 4 pièces externes et de 4 internes plus petites. L'androcée comprend 8 étamines ; l'ovaire est à 4 loges. Le fruit est une baie noire, polysperme.

Parmi les autres espèces du genre, il en est dont la fleur est 5 mère ou 6 mère ; l'ovaire est quelquefois plus ou moins complètement uniloculaire, avec placentation pariétale, etc.

Les Paridées, par leurs familles verticillées et le nombre des parties de leur fleur, forment un groupe à part dans l'ensemble des Monocotylédones.

Smilacées. — Les Salseparcilles (*Smilax* L.) sont les représentants d'une tribu souvent considérée comme une famille distincte, ou tout au moins une sous-famille des Asparaginées.

Les *Smilax* (fig. 212) sont des *plantes ligneuses, dont les tiges rampantes et grimpantes, souvent aiguillonnées, portent des feuilles alternes. Ces dernières sont pétiolées, pourvues d'un limbe hasté ou lancéolé, entier, traversé par une nervure médiane et deux ou quatre nervures latérales d'où s'échappent des ramifications anastomosées en réseau. Le pétiole est accompagné de deux vrilles* dont la nature morphologique est obscure. *Les fleurs sont dioïques, en ombelles, en corymbes ou en grappes à l'aisselle des feuilles.* Le périanthe est à

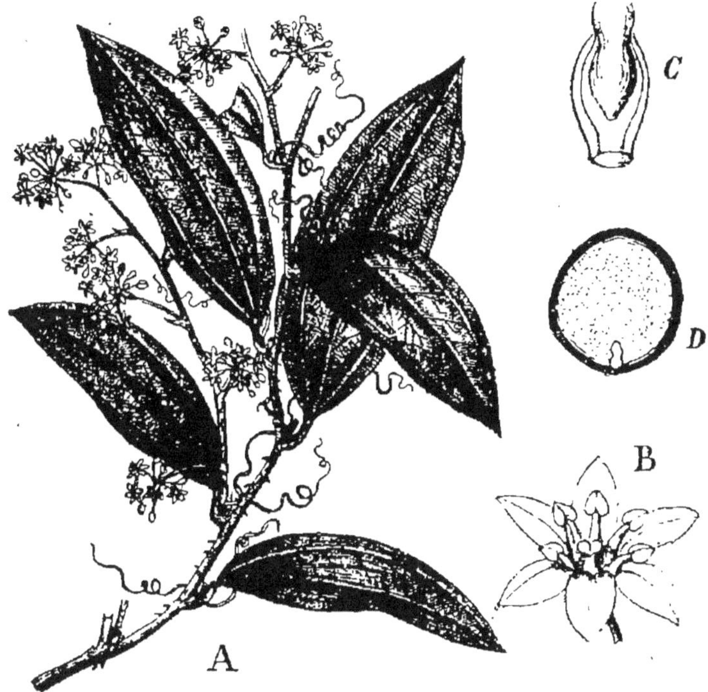

Fig. 213. — *Smilax Pseudo-syphilitica* Kunth. — A. Un rameau florifère. — B. Une fleur mâle. — C. Un ovule. — D. Graine en coupe longitudinale (d'après l'*Atlas des plantes médicinales de Berg et Schmidt*).

6 divisions étalées; dans la fleur mâle sont 6 étamines à anthères introrses.

L'ovaire, dans la fleur femelle, est à 3 loges renfermant chacune 1 ou 2 ovules suspendus au sommet de l'angle interne, *orthotropes ou semi-anatropes.* Le style terminal, très court, porte trois stigmates écartés. Les fruits sont des baies rouges, contenant 1 à 3 graines à tégument blanchâtre, et dont la structure est semblable à celle des autres Asparaginées.

Une seule espèce, le *S. aspera* L., représente ce genre dans la région méditerranéenne. Mais les Salsepareilles sont, par contre, très abondantes dans les régions tropicales et extratropicales de l'Amérique septentrionale et de l'Asie.

Dracénées. — Les *Yucca*, que nous avons classés parmi les Liliacées, sont tout aussi logiquement placés par certains botanistes à côté des *Dracæna* Vandelli, dans la tribu des *Dracénées* que caractérisent essentiellement *leur tige ligneuse et arborescente*. C'est au Dragonnier des Canaries (*Dracæna Draco* L.) que l'on doit une sorte de Sang-Dragon, actuellement peu répandue dans le commerce (1).

Les *Dracæna* sont des arbustes ou des arbres d'une taille parfois colossale, dont *le stipe est simple ou ramifié*. L'axe principal ou ses divisions portent, à leur sommet, un *bouquet de feuilles ensiformes*. Les fleurs, en grappes composées, sont hermaphrodites. Les 6 pièces du périanthe sont concrescentes par le bas. Les trois loges de l'ovaire contiennent chacune *un ovule dressé*. Les baies sont 1 ou 3 loculaires, et renferment des graines brunes ou noires; très convexes sur leur région dorsale.

Les *Cordyline* ne se distinguent guère des *Dracæna* que par leur ovaire à loges pluriovulées.

(1) Un individu de cette espèce des environs d'Oratawa, dans l'île de Ténérife, ne mesurait pas moins de 68 pieds en hauteur et 45 de circonférence, à quelques pieds audessus de sa racine. Cet arbre, décrit par Al. de Humbold, a été détruit par un ouragan en 1868.

Plusieurs espèces de *Dracæna* sont cultivées dans nos serres.

ASPARAGINÉES (1).

Plantes herbacées ou ligneuses, à port très variable, quelquefois arborescentes.
Feuilles ordinairement alternes, rarement verticillées, parfois munies de vrilles, normalement construites, ou petites, squamiformes, et alors accompagnées par des cladodes.
Fleurs actinomorphes, ordinairement 3mères (rarement 2, 4, 5 ou 6mères), hermaphrodites ou diclines. — Périanthe à pièces libres ou concrescentes, staminifère ou non.
Étamines ordinairement 6, plus rarement 3, 8 ou 12, libres ou concrescentes.
Le plus souvent *3 carpelles* (parfois 2, 4 ou 5) concrescents en un ovaire à loges plus ou moins complètes. — *Style généralement simple; stigmate entier ou lobé. — Ovules en nombre et à* placentation variables, anatropes, semi-anatropes ou orthotropes.
Fruit charnu, indéhiscent.
Graine pourvue d'un albumen charnu ou corné. Embryon petit, axile ou excentrique.

- **Plantes à tige ligneuse, simple ou ramifiée, assez souvent arborescente. — Pièces du périanthe plus ou moins concrescentes et staminifères. Fleurs en épis, en grappes ou en panicules. Tribu I. Dracénées.**
  - Loges uniovulées.................... *Dracæna* Vendelli. (Environ 36 espèces. Régions chaudes de l'ancien monde).
  - Loges pluriovulées.................... *Cordyline* Comm. (10 espèces des contrées tropicales, dont une américaine).

d'un rhizome défini ou indéfini. Fleurs hermaphrodites ou diclines.

- **Vraies feuilles petites, squamiformes, physiologiquement remplacées par des cladodes diversement construits. — Un rhizome indéterminé. Fleurs hermaphrodites ou unisexuées. Albumen en général très dense. Tribu II. Asparagées.**
  - Fleurs hermaphrodites ou diclines, solitaires, géminées, en ombelles ou en grappes au sommet de pédoncules grêles. 6 étamines grêles. Cladodes aciculaires ou linéaires... *Asparagus* L. (100 espèces environ. Ancien Monde, régions tempérées sèches; quelques espèces tropicales).
  - Fleurs dioïques, isolées ou en petit nombre sur des cladodes aplatis. 3 étamines à filets concrescents en godet............................... *Ruscus* L. (3 espèces. Région méditerranéenne; Madère, Canaries).

- **Un rhizome défini. Inflorescences nues ou accompagées de feuilles végétatives, Tribu III Polygonatées.**
  - Fleurs 3mères. Pièces du périanthe concrescentes. — Inflorescences en grappes, accompagnées de feuilles végétatives.. *Polygonatum*. Tourn. (23 espèces environ. Zones tempérées de l'hémisphère Nord).
  - Fleurs 2mères. Pièces du périanthe libres. Inflorescences en grappes nues, avec 2 feuilles végétatives seulement à la base................................ *Majanthemum*. Wiggers. (*M. bifolium* L. Forêts des régions tempérées du Nord).

Plantes herbacées ou ligneuses jamais arborescentes, ordinairement pourvues.
Tiges et feuilles normalement construites; point de cladodes.
Feuilles toujours alternes. — Fleurs 3-mères, rarement 8-9, jamais à la fois solitaires et terminales. Les deux verticilles du périanthe à peu près semblables.
Végétaux non sarmenteux. Feuilles sans vrilles. — Fleurs généralement hermaphrodites. — Ovules anatropes.

- **Un rhizome indéfini. Axes florifères d'origine latérale et formant des grappes nues. Tribu IV. — Convallariées.**
  - Pièces du périanthe concrescentes........................... *Convallaria* L. (*C. majalis* D. Forêts de l'Europe et de la Sibérie jusqu'au Japon. Monts Alleghanis en Amérique).

- **Un très court rhizome oblique ou horizontal. Inflorescence très courte, parfois réduite à une seule fleur. — Pièces du périanthe concrescentes. — Stigmates à lobes larges, souvent scutiforme. Tribu V. — Aspidistrées.**
  - Fleurs 8 ou 9mères.................................... *Aspidistra*. Gawl. (3 espèces Himalaya; Chine, Japon).

- **Végétaux ligneux, à rameaux sarmenteux, souvent aiguillonnés. Feuilles avec nervures anastomosées, souvent accompagnées de vrilles. — Fleurs petites, en ombelles ou en grappes axillaires ou en panicules terminales. — Loges de l'ovaire avec 1 ou 2 ovules orthotropes ou semi-anatropes. Tribu VI. — Smilacées.**
  - Feuilles pourvues de vrilles. — Fleurs dioïques. Pièces du périanthe étalées. — 1 ou 2 ovules orthotropes, suspendus, dans chaque loge de l'ovaire... *Smilax* Tourn. (Environ 200 espèces, particulièrement abondantes sous les tropiques. Une espèce méditerranéenne).

- **Feuilles verticillées. — Fleurs solitaires terminales, ou en ombelles terminales, 4mères ou 3mères, les verticilles du périanthe étant plus ou moins dissemblables. — Ovaire à 3-6 loges, ou presque 1-loculaire. Tribu VII. — Paridées.**
  - Fleur solitaire terminale à 4-6 parties.................................... *Paris* L. (6 espèces. Europe, Asie tempérées).

(1) Nous avons placé en tête du tableau les Dracénées qui forment le passage des Liliacées aux Asparaginées, et nous comprenons dans ces dernières les Aspidistrées, qui s'y relient étroitement.

Affinités. — A peine distinctes des Liliacées, les Asparaginées ont tout naturellement les mêmes affinités que ces dernières. On sépare quelquefois, comme sous-familles ou même à titre de familles autonomes, les *Smilacées* et les *Asparaginées* (comprenant toutes les autres tribus) à cause du port spécial de beaucoup des premières semblable à celui des Dicotylédones, l'albumen corné et le testa membraneux de leur graine, les Asparaginées ayant un port différent, et leur graine possédant un albumen généralement charnu et un testa noir et coriace. Mais cette distinction repose sur des caractères secondaires et peu constants, d'ailleurs.

Distribution géographique. — Comprise dans les limites que nous lui assignons, la famille des Asparaginées est une des plus vastes parmi les Monocotylédones, et se trouve représentée à peu près dans toutes les contrées du globe. Les Smilacées sont surtout abondantes dans les régions tropicales et extratropicales du nouveau monde, en Asie, dans la région méditerranéenne. Les Asparagées, par contre, font défaut en Amérique, mais se rencontrent dans les régions tempérées et froides de l'ancien continent ; les Convallariées, Polygonatées, les *Ruscus* sont répandus dans les régions tempérées ou froides de l'hémisphère Nord. Quant aux Dracénées, elles sont propres aux contrées tropicales et subtropicales.

Propriétés générales. — **Plantes importantes.** — Les Asparaginées ont des propriétés assez diverses.

Plusieurs espèces d'*Asparagus* sont cultivées à cause des jeunes pousses ou turions comestibles émis par le rhizome (*pointes d'Asperges*). On extrait des Asperges un composé azoté qui leur communique ses propriétés, et qui, d'ailleurs, n'y existe pas d'une manière exclusive, l'*Asparagine*. L'espèce méditerranéenne, *A. acutifolius* L., paraît être particulièrement riche en principes de ce genre. Le rhizome et les racines de l'*Asparagus officinalis* L. font partie des racines dites *apéritives*. Les baies et les graines de la même plante sont, dit-on, apéritives et aphrodisiaques.

Les jeunes pousses des *Ruscus* sont mangées, dans certaines régions, comme le sont celles des *Asparagus*. Leurs rhizomes et leurs racines, légèrement âcres et amères, sont employés aux mêmes usages que ceux de l'Asperge ; ils passent pour diurétiques et emménagogues. On emploie quelquefois leurs graines torréfiées en guise de café.

Le rhizome du *Polygonatum vulgare* Desf., à la fois mucilagineux, astringent et légèrement vomitif, est employé comme vulnéraire et antigoutteux.

Les fleurs du *Convallaria majalis* L. (Muguet de mai) servaient autrefois à préparer un hydrolat que l'on vantait comme antispasmodique. Ces mêmes fleurs, séchées et réduites en poudre, sont excitantes et sternutatoires. Cette plante contient, d'ailleurs, deux glucosides intéressants : la *Convallarine*, qui existe surtout dans les rhizomes et les feuilles et qui est drastique, et la *Convallamarine* qui siège surtout dans les fleurs, et qui constitue un poison cardiaque des plus intenses. On utilise l'extrait de fleurs de Muguet dans les maladies du cœur.

Le *Streptopus amplexifolius* DC. est employé, en Europe, dans le peuple, pour faire des gargarismes astringents; la racine en est mangée comme salade.

Les *Smilax* constituent un des genres de la famille des plus importants au point de vue de leur usage médical. On emploie, sous le nom de Salsepareilles, les racines de diverses plantes de ce genre, toutes de provenance américaine, employées comme sudorifiques et dépuratives. Les principales espèces sont : le *S. medica* Schlecht., des environs de la Vera-Cruz; le *S. officinalis* H. B. et Kunth, de la Jamaïque; le *Sm. syphilitica* H. Bn., du Brésil; les *Sm. medica, Salsaparilla*, etc.

Le rhizome du *Sm. China* L., qui croît dans l'Inde orientale, la Chine et le Japon, est usité sous le nom de *Racine de Squine*.

Toutes ces plantes contiennent, entre autres principes, un glucoside (*Salseparine, Smilacine*, etc.), une huile volatile, de l'oxalate de chaux, etc. Il est probable que le *Sm. aspera* L., de notre région méditerranéenne, pourrait leur être substitué sans le moindre inconvénient.

On emploie au Pérou, comme succédané des Salsepareilles, les racines du *Luzuriaga radicans* Ruiz et Pavon. Les volumineuses racines de certains *Rhipogonum* asiatiques et australiens sont comestibles.

Les Paridées se distinguent, en général, des autres Asparaginées par leurs propriétés âcres, souvent délétères. La Parisette (*Paris quadrifolia* L.), dont la racine et les baies faisaient jadis partie de la matière médicale, est rangée parmi les poisons narcotico-âcres. Il en est de même du *Trillium pendulum* Wild., qui croît dans l'Amérique du Nord, et dont la racine est ém
éto-cathartique. Les baies contiennent un suc rouge que l'alun bleuit.

Nous avons déjà parlé du Sang-Dragon fourni par le *Dracæna Draco*, le Dragonnier des îles Canaries.

GROUPES VOISINS DES LILIACÉES

Aux Liliacées se rattachent encore quelques petits groupes, parmi lesquels les **APHYLLANTHÉES** sont représentées par une seule espèce méditerranéenne, l'*Asphyllanthes monspeliensis* L. C'est une plante *à port graminoïde*, dont le court rhizome émet de nombreuses tiges dressées, accompagnées à la base par *quelques courtes feuilles membraneuses*. Les fleurs forment des capitules terminaux réduits à 2 fleurs ou, le plus souvent, à une seule, accompagnées par *quelques bractées scarieuses*. Ces fleurs, bleues et assez grandes, ont la structure ordinaire des fleurs de Liliacées. Les pièces du périanthe sont libres. Les 3 loges de l'ovaire sont 1-ovulées.

Les **OPHIOPOGONÉES** du Japon et de l'Inde, sont des *plantes acaules*, dont les fleurs hermaphrodites sont construites comme celles des Liliacées, mais *l'ovaire est à demi infère, et le fruit se brise irrégulièrement avant la maturité des graines*.

L'*Ophiopogon japonicus* L. fils (Barbe de serpent) est employé, dans l'extrême Orient, contre les affections abdominales.

FAMILLE III. — PONTÉDÉRIACÉES

Caractères. — Ces plantes, toutes étrangères à l'Europe, vivent dans les marais et les cours d'eau ; leur axe principal sympodique rampe souvent dans la vase. Leurs feuilles sont engaînantes, le plus souvent distiques, ordinairement pétiolées, à limbe ovale ou cordiforme. Les feuilles submergées sont souvent privées de limbe, lequel est remplacé par le pétiole élargi et rubané (1).

L'inflorescence est souvent en épi, plus rarement en grappes simples ou composées. Les fleurs, blanches ou bleues et, le plus souvent, très apparentes, manquent de feuilles mères.

Ordinairement hermaphrodite et plus ou moins zygomorphe, la fleur répond au diagramme normal des Monocotylédones. — Les deux verticilles ternaires du périanthe pétaloïde sont concrescents en un tube plus ou moins long ; ce périanthe accompagne le fruit, autour duquel il demeure desséché.

L'androcée comprend 6 étamines dont les filets indépendants portent des anthères dorsifixes ou basifixes, introrses, à déhiscence longitudinale (rarement poricide). Le verticille externe peut manquer, et alors l'étamine interne postérieure est autrement conformée que les deux autres (*Heteranthera*).

L'ovaire supère comprend 3 carpelles concrescents en un ovaire supère à trois loges, dont les deux postérieures peuvent avorter (*Pon-*

(1) Chez l'*Eichhornia crassipes* Mart., de l'Amérique du Sud, le pétiole des feuilles nageantes est renflé en une grosse vésicule hydrostatique.

tederia); le style terminal est filiforme, le stigmate simple ou légèrement trifide.

Les ovules sont anatropes, nombreux dans chaque loge, ou solitaires et suspendus.

Le fruit est un achaine ou une capsule loculicide.

La graine montre un embryon droit axile, entouré d'un albumen amylacé abondant.

Affinités. — C'est avec les Liliacées que les Pontédériacées montrent le plus de ressemblance. Elles s'en distinguent par leur manière de vivre, leur port, leur rhizome sympodique, enfin par la nature farineuse de leur albumen.

Distribution géographique. — Ce sont des plantes aquatiques des pays chauds et tempérés du monde entier. Il n'en existe aucun représentant en Europe. Elles abondent surtout en Amérique, entre le 48ᵉ degré de latitude Nord, et le 30ᵉ degré de latitude Sud.

Usages. — Les usages de ces plantes sont à peu près nuls. Le *Pontederia vaginalis* est employé au Japon, à Java et sur la côte de Coromandel contre diverses affections (maladies du foie, de l'estomac, odontalgie, etc.).

FAMILLE IV. — MÉLANTHACÉES (COLCHICACÉES)

Ces plantes ont tous les caractères des Liliacées; mais *leurs anthères sont souvent extrorses, leurs carpelles sont incomplètement concrescents (les styles sont libres dans tous les cas), et leur fruit est à déhiscence variable.*

Description du Veratrum album L. — Le *Veratrum album* L. ou Ellébore (1) blanc (fig. 214) est une des plantes les plus importantes de la matière médicale. C'est une herbe à rhizome vivace, horizontal, de 1 centimètre à 2ᶜᵉⁿᵗ,5 d'épaisseur, pourvu de nombreuses racines longues et grêles. Ce rhizome est déterminé ; son extrémité se redresse en une tige aérienne, qui ne s'accroît que très peu pendant la première année. Elle est alors enveloppée par les gaines de feuilles nombreuses et serrées dont le limbe, ovale ou lancéolé, d'un vert foncé en dessus et plus clair en dessous, est marqué de nombreuses nervures parallèles et plissé suivant sa longueur. L'axe s'allonge activement la seconde année ; elle peut alors atteindre une hauteur de 1 mètre à 1ᵐ,20, et se termine par une grande panicule florale. Les feuilles qu'elle porte sont sem

____

(1) Le nom d'Ellébore est également appliqué aux *Helleborus* (voy. aux *Renonculacées*).

blables à celles de la première année, mais plus petites et espacées ; leur gaine est moins développée et disparaît même sur les feuilles supérieures dont le limbe est lancéolé ou même linéaire. C'est à l'aisselle de ces feuilles réduites que naissent les ramifications de l'inflorescence terminale.

Les fleurs, actinomorphes et polygames, naissent chacune dans

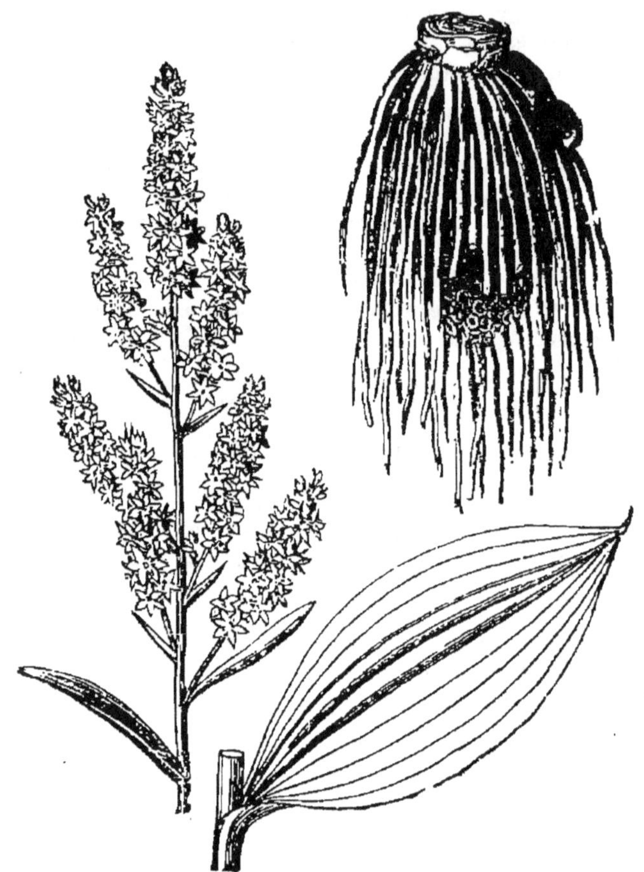

Fig. 214. — Ellébore blanc.

l'axe d'une bractée. Leur diagramme concorde avec le diagramme type des Monocotylédones. Les fleurs basilaires de l'axe principal et des rameaux de l'inflorescence ont seules un gynécée fertile ; les autres sont mâles par avortement.

Les six pièces du périanthe sont libres, blanc verdâtre, traversées par plusieurs nervures vertes à peu près parallèles, pourvues chacune de deux nectaires à la base. Celles du cycle externe (dont l'impaire est antérieure) sont obovales et ciliées ; les trois internes sont plus longues et irrégulièrement dentées. La préfloraison est imbriquée dans l'un et l'autre verticilles.

Les six étamines, dressées d'abord, puis réfléchies en dehors, sont insérées à la base des pièces du périanthe qu'elles égalent en longueur dans les fleurs mâles ; elles sont plus courtes dans les fleurs hermaphrodites. L'anthère est à deux loges confluentes, réniforme, fixée par sa base ; elle s'ouvre dans sa longueur de haut en bas, par une fente unique, en deux valves qui s'étalent à la fin en une sorte de disque pelté, obscurément quadrilatère, et tournant en dehors la paroi interne des loges mise à nu.

Le sommet convexe du réceptacle floral porte, chez la fleur mâle, un gynécée stérile et rudimentaire. Le pistil, chez les fleurs hermaphrodites, est formé par trois carpelles alternes avec les trois étamines internes. Ils sont oblongs, concrescents jusqu'à mi-hauteur environ, atténués au sommet en un style réfléchi que termine un stigmate obtus. Chacun des trois carpelles contient, le long de sa suture ventrale, de nombreux ovules anatropes bisériés, horizontaux, en contact par leurs raphés.

Le fruit est une capsule oblongue, formée par les trois carpelles demeurés libres au sommet, et qui s'ouvrent par leur suture ventrale (déhiscence septicide, v. p. 128 et 129).

Les graines, au nombre de douze au plus par carpelle, sont bisériées, aplaties et ailées, d'un brun pâle et brillantes. Elles contiennent un embryon claviforme, d'une longueur moitié moindre environ que l'albumen dont il occupe la partie basilaire.

Cette espèce est propre à l'ancien continent (1). En Amérique, elle est remplacée, au point de vue médical, par le *V. viride* Aiton qui croît dans les lieux marécageux du Canada et de la Géorgie.

Le *V. viride* ou Vératre vert est très voisin du *V. album* dont il se distingue, d'après Bischoff, par ses fleurs plus grandes, campaniformes, verdâtres, à divisions plus aiguës, ondulées, munies d'un onglet épaissi à l'intérieur (2).

Le *V. nigrum* L., qui croît dans les hautes montagnes de nos régions, a des fleurs d'un brun pourpre.

(1) L'Ellébore blanc croît dans les prairies humides des montagnes de l'Europe centrale et méridionale, dans les Alpes (Suisse et Autriche) et en Espagne (Pyrénées). On le trouve également dans la Russie d'Europe et d'Asie jusqu'au 61ᵉ degré de latitude Nord, dans l'île de Saghalien, au nord du Japon, etc., et même, dit-on, en Amérique.

(2) On trouve, dans les Alpes, une variété de l'Ellébore blanc, très semblable à l'espèce américaine.

Autres genres. — Vératrées. — C'est à la même tribu, celle des Vératrées, qu'appartient le *Schænocaulon officinale* (1) A. Gray, origine des semences de Cévadille (fig. 215).

Cette espèce diffère des *Veratrum* comme port. Elle est pourvue d'un *bulbe vivace* qu'enveloppent des tuniques foliaires nombreuses ; les plus extérieures d'un brun châtain, déchiquetées au sommet, forment une touffe d'où sortent à la fois la tige et les feuilles ordinaires. Ces dernières, toutes insérées à l'extrémité du bulbe, sont *très longues, recti-nerviées, graminoïdes,* engainantes à la base, rigides et ployées en gouttière le long de leur nervure médiane. La hampe, dont la hauteur peut atteindre 1^m, 50, est simple, dressée. terminée par une *grappe simple* de fleurs, hermaphrodites d'après A. Gray (polygames comme chez les *Veratrum* d'après Lindley). Ces fleurs, portées par de courts pédoncules, sont insérées chacune à l'aisselle d'une bractée ovale. Les 6 divisions du périanthe sont linéaires, herbacées, excavées et glanduleuses à la base, presque distinctes. Les étamines sont construites comme chez les *Veratrum*, et s'ouvrent de la même manière. Les trois carpelles, de même longueur que les étamines, concrescents à la base, libres au sommet, s'atténuent en un style terminal assez court, portant un stigmate oblique.

Fig. 215. — Cévadille.

La capsule septicide contient, dans chacune de ses loges, 1 à 6 *graines noirâtres, ovales ou lancéolées, recourbées en faucille à l'une de leurs extrémités.* L'embryon est plus court que chez les *Veratrum*.

(1) *Sabadilla officinarum* Brandt. ; *Asagræa officinalis* Lindl.; *Veratrum officinale* Schlecht, etc.

Le *Schænocaulon officinale* croît au Mexique, dans les prairies et sur les pentes des montagnes. On le cultive dans les environs de la Vera-Cruz et sur les côtes de la mer du Mexique.

Beaucoup d'autres genres peuvent se grouper autour des *Veratrum*, pour former avec eux une première tribu (**Vératrées**), à laquelle nous pouvons assigner les caractères communs suivants :

Colchicacées toujours pourvues d'une tige feuillée ou tout au moins d'une hampe florale née d'un rhizome ou d'un bulbe. — Fleurs jamais terminales, ordinairement associées en grappes, en panicules ou en épis. — Périanthe à folioles libres ou concrescentes seulement par la base. — Gynécée libre ou concrescent avec le périanthe par sa base. — Styles courts, généralement distincts.

Parmi les autres genres de Vératrées offrant quelques particularités intéressantes, sont les *Tricyrtis* de l'Inde et de l'extrême Orient, dont la capsule est loculicide, les *Kreysigia* dont la fleur possède des nectaires stipités alternant avec les étamines, les *Tofieldia* de notre hémisphère, dont les étamines sont introrses et dont les fleurs sont fréquemment caliculées, etc. (V. le tableau).

Description du Colchicum autumnale. — Colchicées. — Le Colchique d'automne (*Colchicum officinale* L.) nous offre le type bien connu d'une seconde tribu, celle des *Colchicées*.

C'est une plante (fig. 216) pourvue d'un bulbe épais, ovale, de la grosseur d'une châtaigne environ, convexe d'un côté, creusé, de l'autre d'une gouttière longitudinale, entouré par quelques tuniques brunes, et profondément enfoncé dans le sol. Le développement des bulbes et, par suite, de la plante entière, est le suivant.

Fig. 216. — Colchique d'automne.

Le bulbe ancien forme (fig. 217, *b*), à l'aisselle d'une des écailles foliaires dont il est pourvu, un bourgeon latéral b^1 qui, en automne, produit lui-même une ou deux fleurs à l'aisselle d'une de ses feuilles supérieures encore souterraines. Au printemps suivant seulement les feuilles apparaissent et les fruits arrivent à maturité; puis tout se détruit au-dessus du sol, tandis que l'entre-nœud de la jeune pousse compris entre la première et la seconde feuilles souterraines réduites à leurs gaînes se renfle en un nouveau bulbe qui puise sa nourriture dans le bulbe ancien. La première gaîne lui forme une enveloppe brunâtre complète, et au-dessus, à l'aisselle de la première feuille végétative, naît un nouveau bourgeon b^2, destiné à donner à son tour des fleurs en automne, des feuilles et des fruits au printemps, et à former un nouveau bulbe. C'est le développement de ces bourgeons latéraux qui imprime sur l'un des côtés des bulbes qui les produisent, le sillon caractéristique dont nous avons parlé. Les parties aériennes, en se détruisant, marquent en outre une cicatrice à leur sommet et une autre cicatrice β, laissée par un bourgeon qui avorte généralement, marque encore leur côté dorsal.

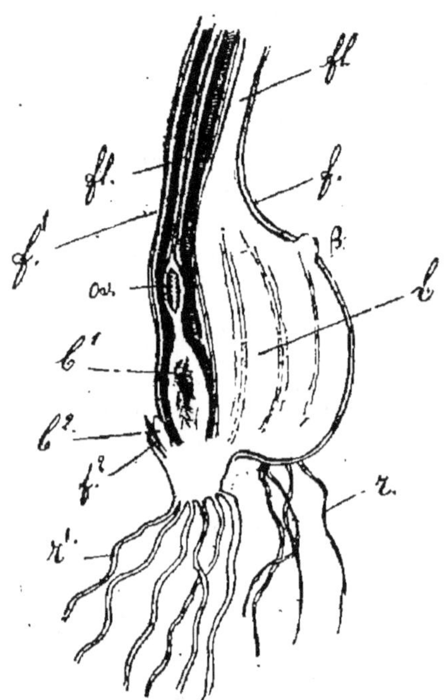

Fig. 217. — Schéma de la végétation des bulbes de Colchique. — b, bulbe ancien, entouré de ses gaines foliaires f, pourvu d'un bourgeon dorsal abortif β, et se terminant par une tige qui a produit la fleur et le fruit fl. — b^1, bulbe de la seconde année, naissant à l'aisselle d'une feuille du bulbe b. Il se termine par une hampe florifère fl (en ov, ovaire de la fleur) qui correspond au sillon ventral du bulbe ancien; f^1, gaines foliaire du bulbe b^1. — b^2, bulbe de la troisième année, naissant à l'aisselle d'une feuille du bulbe b^1. — r, racines du bulbe b; r^1, racines du bulbe b^2 (Courchet).

Les feuilles, toutes radicales, au nombre de trois ou de quatre, s'engaînent réciproquement; leur limbe lancéolé, rectinervié, un peu charnu et d'un beau vert, est ployé en gouttière au-dessus de la gaine.

Les fleurs sont hermaphrodites. Les 6 pièces du périanthe sont concrescentes en un long tube dont la base, profondément souterraine, est entourée par les gaines des feuilles destinées à se développer au printemps suivant, et se dilate supérieurement en six lobes d'un rose lilas, dont les trois internes sont un peu plus petits que les trois autres.

A la gorge du périanthe sont insérées les six étamines; elles sont plus courtes que les divisions du limbe, et les trois externes sont un peu moins longues que les trois internes. Les anthères, introrses d'abord, puis versatiles, sont jaunes, allongées et presque sagittées, à deux loges nettement séparées par le connectif et à déhiscence longitudinale.

Le gynécée est libre au fond du tube du périanthe; il est formé par trois carpelles concrescents dans toute leur partie ovarienne, formant chacun une loge à l'angle interne de laquelle le placenta se réfléchit en deux bandes saillantes, sur chacune desquelles sont insérées deux séries d'ovules anatropes. Les 3 styles sont libres, filiformes et aussi longs que le périanthe, renflés vers le haut et couverts de papilles stigmatiques.

Comme chez les *Veratrum*, le fruit est une capsule qui s'ouvre, au sommet, en déhiscence septicide.

Les graines sont ici subglobuleuses, rugueuses à l'extérieur, pourvues d'un raphé court et spongieux. L'albumen est abondant, gris et corné; l'embryon très petit, logé vers l'extrémité micropylaire de cet albumen (1).

Autres Colchicées. — A côté des Colchiques se placent les *Bulbocodium*, les *Merendera*, etc. (V. le tableau) avec lesquels ils forment la tribu des Colchicées. Toutes ces plantes sont acaules (2) et pourvues d'un bulbe d'où sortent directement les fleurs, isolées ou portées, deux ou trois ensemble, par une hampe souterraine assez courte pour que l'ovaire soit hypogé. Les six pièces du périanthe sont rapprochées en tube ou longuement concrescentes. Les anthères sont toujours introrses et biloculaires; les styles ou les branches stylaires sont longs et grêles. Le fruit est une capsule toujours septicide.

Caractères généraux. — *Herbes vivaces*, pourvues d'un rhizome ou d'un bulbe. *Feuilles* radicales ou portées sur des axes aériens, de formes diverses, parfois graminoïdes, alternes, engaînantes.

Fleurs 3mères, actinomorphes, hermaphrodites ou polygames par avortement, solitaires ou portées en petit nombre par une

(1) On connaît, en France, trois autres espèces de Colchiques douées, probablement, des mêmes propriétés que le Colchique d'automne : les *C. arenarium* W. et K., dans le département du Var, le *C. alpinum* DC., le *C. parvulum* Ten., de la Corse.
(2) C'est-à-dire sans tige apparente.

hampe souterraine, ou bien insérées sur des axes aériens, et alors le plus souvent réunies en inflorescences terminales (épis, grappes simples ou composées).

Pièces du périanthe plus ou moins longuement onguiculées, libres ou diversement concrescentes, souvent glanduleuses à la base, à préfloraison généralement imbriquée, rarement valvaire.

Étamines 6 en général, insérées à la base ou sur le tube du périanthe. Anthères introrses ou extrorses, et alors à loges souvent confluentes et déhiscentes par une fente unique transversale.

Ovaire supère, rarement demi-infère, triloculaire, formé par 3 carpelles souvent indépendants par leur partie supérieure. — *Ovules* anatropes, nombreux, 2 ou 4 sériés à l'angle interne des loges. — *Style* simple, divisé en 3 branches, ou 3 styles distincts plus ou moins longs.

Fruit capsulaire, souvent accompagné par le périanthe persistant à déhiscence septicide, ou plus rarement loculicide.

Graines aplaties ou plus ou moins globuleuses, pourvues d'un albumen abondant, charnu ou corné. Embryon petit, placé vers l'extrémité micropylaire de ce dernier.

MÉLANTHACÉES.

Tribu I. — Vératrées.

Pièces du périanthe libres et courtement onguiculées, ou brièvement concrescentes à la base. — Fleurs rarement solitaires, ordinairement en grappes, en panicules ou en épis sur un axe aérien. Ovaire libre, rarement à demi-infère. Le plus souvent un rhizome, plus rarement un bulbe.

Capsule à déhiscence septicide.

Anthères extrorses. — Fleurs toujours sans calicule.

Fleurs souvent polygames. — Anthères presque sphériques ou cordiformes, à loges confluentes et s'ouvrant par une seule fente transversale.

Un rhizome. — Inflorescences velues, en panicules terminales, les mâles occupant la base des axes. — Feuilles ovales ou lancéolées, à nervures parallèles, à limbe plissé. — Pièces du périanthe libres ou à peine concrescentes, blanchâtres ou verdâtres. — Graines aplaties, à tégument pâle .... *Veratrum* Tourn.
(9 espèces. Forêts de l'hémisphère Nord).

Un bulbe. — Inflorescence glabre, en épi généralement simple. — Feuilles linéaires, reployées en gouttière. — Pièces du périanthe libres, herbacées. — Graines aplaties et recourbées, à tégument noir .... *Schœnocaulon* A. Gray.
(5 espèces. Amérique du Nord et centrale.)

Anthères à loges toujours distinctes. — Fleurs hermaphrodites, en épis ou en grappes. — Court rhizome renflé .... *Helonias* L.
(*H. bullata* L. Amérique du Nord orientale).

Anthères introrses biloculaires, à déhiscence longitudinale. — Fleurs en épis, en grappes ou rarement eu panicules, souvent caliculées. — Un court rhizome .... *Tofieldia* Huds.
(14 espèces, surtout des régions tempérées de l'hémisphère Nord et des régions arctiques).

Capsule à déhiscence loculicide. — Périanthe campanulé, mais à pièces indépendantes. — Anthères basifixes, linéaires, à déhiscence extrorse. — Fleurs pendantes, solitaires ou géminées à l'extrémité des rameaux .... *Uvularia* L.
(4 espèces. Amérique du Nord, côte orient. du Canada à la Floride).

Tribu II. — Colchicées.

Pièces du périanthe longuement onguiculées, ou unies en un long tube. — Fleurs solitaires, ou portées par 2 ou 3 sur une hampe souterraine. — Toujours un bulbe, et feuilles seulement radicales.

Périanthe longuement tubuleux .... *Colchicum* L.
(30 espèces environ. Europe, Asie occidentale, Afrique septentrionale).

Divisions du périanthe longuement onguiculées, et simplement rapprochées.

Style simple à la base, divisé supérieurement en 3 branches ..... *Bulbocodium* L.
(*B. verum* L. Aragon, Pyrénées, Provence).

3 styles distincts .. *Merendera*. Ram.
(10 espèces. Espagne, Portugal, Algérie, Abyssinie, région méditerranéenne).

Affinités. — C'est avec les Joncées, et plus encore avec les Liliacées que les Colchicacées, montrent les affinités les plus étroites. Leur périanthe pétaloïde et le port de beaucoup d'entre elles les distinguent des premières. Les principaux traits qui les séparent des Liliacées sont les suivants :

Leurs étamines à direction souvent extrorses;

Leurs styles libres, ou dans tous les cas, plus ou moins profondément divisés au sommet;

La concrescence fréquemment incomplète des carpelles;

Le mode de déhiscence du fruit qui, sauf de rares exceptions, est septicide.

Enfin elles se distinguent également des Liliacées par leurs propriétés.

Distribution géographique. — Les Colchicacées sont surtout richement représentés dans les contrées tempérées de l'Amérique du Nord (voir le tableau des genres).

Propriétés générales. — **Espèces importantes.** — Les Mélanthacées constituent un groupe végétal des plus importants au point de vue des propriétés et de la composition chimique. Ce sont des plantes généralement âcres et éméto-cathartiques, qui ne doivent être employées qu'avec la plus grande circonspection. Plusieurs d'entre elles renferment des alcaloïdes qu'on a pu isoler.

Le Colchique d'automne fournit à la matière médicale ses bulbes et ses semences; on en utilisait même autrefois les fleurs. Les bulbes se récoltent généralement en juillet, au moment où les feuilles se détruisent; ils doivent leur activité à un alcaloïde, la *Colchicine;* ce corps est d'une activité redoutable, et peut être mortel pour l'homme à la dose de 3 centigrammes. On emploie le Colchique contre les affections goutteuses et rhumatismales, et pour faciliter l'expectoration.

On employait autrefois, sous le nom d'Hermodactes, les bulbes du *Colchicum variegatum* L. que Linné avait attribués à l'*Iris tuberosa*, et dont Guibourt et Planchon ont reconnu la véritable origine. Cette espèce vit en Europe et dans l'Asie méditerranéenne.

Le *Veratrum album* L. fournit son rhizome et ses racines, connus sous le nom de *racine d'Ellébore blanc*. C'est un violent éméto-cathartique; elle contient du gallate de *Vératrine* (1) et un second alcaloïde, la *Jervine*.

Le *Veratrum nigrum* L. paraît jouir des mêmes propriétés.

On utilise comme sédatif artériel, dans l'Amérique du Nord, le *V. viride* Aiton qui, nous l'avons dit ailleurs, est singulièrement voisin du *V. album*. L'action des deux espèces ne serait pourtant pas complètement identique, d'après certains observateurs, entre autres MM. Oulmont et Cutter.

On emploie sous le nom de *graines de Cévadille*, comme parasiticides, les semences du *Schænocaulon officinale* A. Gray, plante du Mexique et de l'Amérique centrale. Ces graines, qui sont extrêmement actives, doivent leurs propriétés à la *Vératrine*.

Parmi les autres plantes médicinales moins importantes de la famille, nous citerons encore les suivantes :

L'*Helonias bullata* L. dont la racine est employée, en décoction, contre les obstructions intestinales.

L'*Amianthium muscætoxicum* Gray, dont les graines narcotiques servent à tuer les mouches, etc.

Les *Uvularia* s'écartent notablement des autres Mélanthacées par leurs propriétés simplement mucilagineuses et légèrement astringentes. Certaines espèces sont usitées comme telles dans l'Amérique du Nord.

FAMILLE V. — AMARYLLIDACÉES

Cette famille se rapproche beaucoup des Liliacées, dont elle se distingue par un seul caractère tranché: *la situation infère de l'ovaire adhérent au réceptacle floral.*

Description du genre Narcissus. — A cette famille appartiennent les Narcisses (*Narcissus* L.) représentés, en France, par d'assez nombreuses espèces.

Ce sont des herbes (fig. 218) dont le bulbe à tuniques, semblable à celui de certaines Liliacées, donne naissance à une hampe nue dressée, enveloppée inférieurement par des feuilles basilaires réduites à leurs gaînes ; à celles-ci succèdent quelques feuilles à limbe long et rubané.

La hampe porte une fleur solitaire (le *N. Pseudo-Narcissus* L. par exemple) ou plusieurs fleurs réunies en ombelles, accompagnées

______

(1) Il est à remarquer que la présence de la *Vératrine* dans l'Ellébore blanc n'a pas toujours été constatée,

d'une spathe en forme de capuchon formée par deux bractées concrescentes.

La fleur, actinomorphe ou, dans certains cas, légèrement zygomorphe, se compose d'un réceptacle profondément concave, et renfermant l'*ovaire totalement infère et adhérent*. Le périanthe épigyne est formé d'un tube allongé, dont le sommet s'étale en six lobes disposés en deux verticilles, d'une couleur qui varie du blanc au jaune, à préfloraison imbriquée. La gorge du périanthe donne attache à une sorte de *couronne* pétaloïde, entière ou lobée, parfois très développée ou même plus grande que le limbe, de même coloration que lui ou de teinte différente. Cette couronne est formée par la concrescence des appendices de nature ligulaire qui accompagnent chacune des pièces du périanthe (v. p. 92) (1). *Au-dessous et en dedans de la couronne et sur la gorge du périanthe* s'insèrent 6 étamines pourvues d'anthères incluses, introrses et normalement conformées.

Fig. 218. — Narcisse des Prés.

L'ovaire est à 3 loges, contenant chacune de nombreux ovules anatropes, en placentation axile. Il est surmonté d'un style filiforme que termine un stigmate entier.

Le fruit est une capsule presque globuleuse, à déhiscence loculicide, contenant de nombreuses graines pourvues, comme celles des Liliacées, d'un albumen charnu abondant. L'embryon, beaucoup plus court, est droit et axile vers l'extrémité micropylaire de cet albumen.

Autres genres. — La même structure fondamentale se retrouve, avec des caractères différentiels secondaires, dans toutes les

(1) On a beaucoup discuté sur la nature de cette couronne, production de nature ligulaire pour Doll, Smith, M. Van Tieghem, et quelques autres, disque pour Baillon, cycle staminal stérile pour Masters.

Amaryllidacées. — Ainsi chez les *Pancratium* de nos rivages, la couronne très développée est munie de douze dents, et donne *extérieurement insertion aux étamines* qui la dépassent en longueur.

La couronne manque chez un grand nombre de genres, parmi lesquels sont les *Amaryllis*, chez lesquels, en outre, le périanthe est zygomorphe, et le fruit presque charnu et indéhiscent.

Il est des Amaryllidacées chez lesquelles le bulbe est remplacé par un rhizome; tels sont les *Alstrœmeria* étrangers, d'ailleurs, à nos régions.

Enfin les *Agave* et les *Fourcroya*, par leur port d'Aloès ou de *Dracæna* et leur rhizome, se distinguent de toutes les autres formes de la famille.

Caractères généraux. — *Plantes vivaces*, pourvues d'un bulbe, plus rarement d'un rhizome, qui donnent attache à une rosette de feuilles, rarement pourvue d'une tige allongée et feuillée. — *Feuilles* ordinairement distiques, plus rarement spiralées, allongées et rectinerviées, engainantes à la base.

Ensemble floral presque toujours accompagné par une spathe formée par deux pièces libres ou concrescentes (vraisemblablement les deux préfeuilles de l'axe qui les porte). Axes partiels pourvus d'une seule préfeuille.

Fleurs généralement odorantes et grandes, rarement solitaires (certains *Narcissus*, *Galanthus nivalis*, etc.), le plus souvent groupées en cymes uniparcs réduites à un petit nombre de fleurs ou même à une seule, et réunies elles-mêmes en fausses ombelles, en faux capitules, etc. L'inflorescence est aussi parfois (*Agave*, *Fourcroya*) un épi, une grappe ou une panicule.

Périanthe formé de 6 pièces concrescentes, semblables ou dissemblables, en deux verticilles, dont la préfloraison est ordinairement imbriquée, accompagné ou non par une couronne de nature ligulaire. La fleur est, en outre, actinomorphe ou plus ou moins zygomorphe.

Étamines 6, portées par la partie concrescente du périanthe, à un niveau variable. Anthères presque toujours introrses.

Gynécée formé par 3 carpelles concrescents en un ovaire infère et adhérent, triloculaire, contenant, dans chaque loge et en placentation axile, un nombre variable d'ovules anatropes, horizontaux, ascendants ou pendants. — *Style* simple, terminal; stigmate simple ou 3lobé.

Fruit presque toujours capsulaire et loculicide, plus rarement à déhiscence irrégulière (*Crinium*, etc.), plus rarement encore charnu et indéhiscent.

Graines de forme et de structure variables, globuleuses ou sub-globuleuses, ou anguleuses ou même planes, pourvues d'un tégument membraneux ou papyracé, prolongé quelquefois en une aile marginale, ailleurs plus ou moins succulent (*Pancratium*, etc.). Amande formée par un albumen charnu abondant, et un petit embryon droit, placé vers l'extrémité micropylaire de la graine.

Affinités. — Les Amaryllidacées pourraient être définies : *des Liliacées à ovaire infère*. Les autres caractères qui distinguent les deux familles sont secondaires, et il existe entre elles, à cet égard, de nombreux termes de passage.

Les Iridacées (voir p. 501 et suiv.) ont, comme les Amaryllidacées, l'ovaire infère; mais le nombre des étamines se réduit à 3, et le style se divise en 3 branches pétaloïdes.

Distribution géographique. — Les Amaryllidacées sont représentées dans les régions tempérées et tropicales du monde entier. Les *Narcissus*, *Galanthus*, *Pancratium* et quelques autres genres habitent de préférence les régions un peu froides de la zone tempérée de notre hémisphère ; beaucoup d'autres genres sont tout aussi bien représentés dans l'hémisphère sud.

Les pays de steppes sont particulièrement riches en représentants de cette famille (Espagne, Asie, régions désertiques de l'Australie, du Cap et de l'Afrique tropicale, etc.) (1). Les Andes de l'Amérique du Sud et les Indes orientales se montrent aussi comme deux centres de développement pour ces végétaux.

(1) L'efflorescence cireuse ou le feutrage serré qui recouvrent les organes végétatifs de certaines Amaryllidacées, les feuilles épaisses et succulentes de quelques autres, leur permettent de résister aux longues sécheresses des régions qu'elles habitent.

AMARYLLIDACÉES

Plantes à bulbe. Fleurs rarement solitaires, généralement réunies en fausses ombelles sur des hampes dépourvues de feuilles, et accompagnées d'une spathe

Périanthe dépourvu de couronne.

Loges de l'ovaire contenant de nombreux ovules.

Périanthe à tube nul ou très court. Étamines insérées presque sur l'ovaire.

Fleurs actinomorphes, solitaires ou réunies en petit nombre, accompagnées par une spathe en capuchon formée de deux bractées concrescentes. Anthères à déhiscence apicale.

Loges de l'ovaire ne contenant qu'un petit nombre d'ovules. — Bulbe incomplet; feuilles linéaires. — Fleurs rouges ou orangées. — Stigmate trilobé...................... *Clivia* Lindl.
(3 espèces de la région du Cap).

Pièces extérieures du périanthe écartées, d'un blanc pur; pièces internes rapprochées en cloche, bilobées, vertes au sommet. — Fleurs solitaires et penchées. — Feuilles vert bleuâtre..... *Galanthus* L.
(2 espèces, Europe).

Pièces du périanthe toutes rapprochées en cloche, roses ou blanches, avec l'extrémité verte ou jaune. Stigmate claviforme. *Leucojum* L.
(9 espèces. Espagne; Afrique septentrionale; Corse, etc.).

Fleurs en fausses ombelles, accompagnées d'une spathe à deux bractées. — Périanthe en forme d'entonnoir, zygomorphe, à segments elliptiques. — Stigmate presque entier. — Feuilles linéaires *Amaryllis* L.
(A. *Belladona* L. Le Cap; Iles Canaries).

Périanthe longuement tubuleux et nettement staminifère. — Anthères fixées au connectif par le milieu de leur région dorsale. — Fleurs réunies en grand nombre en fausses ombelles. — Capsule arrondie et irrégulièrement déhiscente........................ *Crinum* L.
(60 espèces environ. Littoral, sous les tropiques).

Périanthe accompagné d'une couronne.

Périanthe accompagné d'une couronne bien développée, plus grande parfois que le limbe, entière ou lobée. — Étamines insérées en dessous et en dedans de la couronne, non saillantes au dehors. — Stigmate entier. — Les fleurs sont portées sur une hampe creuse, et accompagnées d'une spathe en forme de capuchon. — Feuilles linéaires, quelquefois d'un vert bleuâtre........................... ..... *Narcissus* L.
(Nombreuses espèces dans des régions diverses).

Périanthe en forme d'entonnoir, avec une couronne pourvue de dents placées par paire entre les étamines. Ces dernières insérées sur la couronne même. — Fleurs grandes et blanches, portées sur une hampe creuse, accompagnées par deux bractées spathiformes, libres. — Feuilles linéaires. *Pancratium* L.
(12 espèces. Région méditerr., et îles tropic. de l'Océanie).

Bulbe remplacé par un rhizome.

Végétaux à port de *Dracæna* ou d'Aloès, pourvus de feuilles grandes, généralement charnues, souvent épineuses, rapprochées en une rosette ou en un bouquet volumineux, du milieu desquels s'élève une grande hampe portant des fleurs ou des grappes, en panicules ou en épis terminaux, sans spathes.

Étamines filiformes, exsertes. Périanthe en entonnoir, à lobes linéaires, ordinairement dressés.. *Agave* L.
(50 espèces environ. Mexique; sud des Etats-Unis; Amériq. du Sud).

Étamines plus courtes que le périanthe, fortement épaissies à leur base, ainsi que le style. *Fourcroya*. Schult.
(15 espèces environ, de l'Amérique tropicale).

Feuilles non charnues ni épineuses. — Fleurs en fausses ombelles, accompagnées de bractées spathiformes. — Périanthe infundibuliforme et zygomorphe, accompagné par un anneau glanduleux qui persiste plus tard avec le fruit. — Stigmate 3-lobé. *Alstrœmeria* L.
(40 à 50 espèces exotiques).

Propriétés générales. Plantes utiles. — Un grand nombre d'Amaryllidacées sont recherchées comme plantes ornementales, et pour l'extraction de leur essence. Parmi ces dernières nous citerons la Tubéreuse (*Polianthes tuberosa*), de l'Amérique centrale. Leurs propriétés générales sont, d'ailleurs, très analogues à celles des Liliacées. Leurs bulbes sont également mucilagineux ; mais ils contiennent le plus souvent, en même temps, une matière amère et émétique qui en empêche l'emploi.

Le *Narcissus Pseudo-Narcissus* L., qui croît dans nos prairies méridionales, faisait jadis partie de la matière médicale. C'est une plante dont le bulbe émet des feuilles planes, de 16 à 20 centimètres, et une hampe uniflore, pourvue d'une spathe formée de deux préfeuilles concrescentes. La fleur est assez grande, penchée, blanche ou plus ou moins jaune, avec la couronne d'un jaune plus foncé. A petites doses, les fleurs de ce Narcisse sont simplement narcotiques ; mais elles sont violemment émétiques à dose élevée.

La Nivéole (*Galanthus nivalis* L.) paraît posséder des propriétés analogues.

On employait autrefois en Orient, contre les tumeurs indolentes, le bulbe du *Sternbergia lutea ;* c'est au même usage que l'on utilise de nos jours encore, en Asie et en Amérique, ceux des *Amaryllis*, des *Crinum* et des *Pancratium*.

Le bulbe du *Pancratium maritimum* L. était parfois substitué à la Scille.

Certaines Amarylladacées sont éminemment vénéneuses ; telles sont l'*Amaryllis Belladona* L., des Antilles, et l'*Hæmanthus toxicaria* dit de l'Afrique australe. Cette dernière espèce sert, dit-on, de poison sagittaire parmi les Cafres. Le *Crinum zeylanicum* L. serait également toxique

Les tubercules farineux des *Alstrœmeria* sont alimentaires dans l'Afrique australe.

Le Faux Aloès (*Agave americana* L.), originaire du Mexique, est actuellement subspontané dans la région méditerranéenne. On s'en sert pour divers usages, dans son pays d'origine. Lorsqu'on en arrache le bourgeon terminal, il en découle un suc sucré abondant, avec lequel les Mexicains fabriquent une boisson alcoolique connue sous le nom de *Pulqué*. Par distillation, le Pulqué donne une sorte de rhum nommé *Mescal*. Le suc exprimé des feuilles est employé, en Amérique, comme résolutif, altérant, antisyphilitique, etc. Les fibres abondantes et tenaces de ces mêmes feuilles fournissent une sorte de soie grossière, ou plutôt de filasse très solide. Enfin, la hampe coupée en lanières peut être utilisée comme cuir à rasoirs.

On place à côté des Amaryllidacées les HÉMÉDORACÉES, qui en diffèrent par *leurs étamines souvent partiellement stériles, leur périanthe fréquemment velu, leur ovaire infère ou supère, à loges assez souvent incomplètes, et ne contenant qu'un ou deux ovules semi-ana-tropes.*

Les 33 espèces qui forment cette petite famille croissent surtout au Sud du Capricorne, dans l'Afrique australe et le Sud-Ouest de l'Australie. Quelques genres seulement appartiennent à l'Amérique tropicale.

Ces végétaux sont à peu près sans utilité. On ne peut guère signaler que le principe colorant rouge, analogue à l'Alizarine, que renferment les racines et les graines de plusieurs Hémédoracées, particulièrement le *Lachnanthes tinctoria* Ell. de l'Amérique septentrionale. Mais la coloration due à ces plantes est peu solide.

FAMILLE VI. — DIOSCORÉACÉES

Nous nous contenterons de donner les caractères les plus essentiels de cette famille, dont l'intérêt pratique est des plus médiocres.

Ce sont des *herbes* ou des *sous-arbrisseaux*, dont les tiges longues, sarmenteuses ou volubiles, naissent d'un tubercule souterrain ou plus ou moins épigé. Les *feuilles*, alternes ou sub-opposées, sont formées d'un pétiole et d'un limbe ordinairement cordiforme ou sagitté, entier ou rarement lobé. Comme chez les *Smilax* (V. p. 476), les petites nervures forment un réseau entre les nervures principales, celles-ci étant généralement au nombre de 4 ou de 5.

Les *fleurs*, petites et peu apparentes, sont à peu près toujours di-clines et dioïques, quelquefois monoïques, beaucoup plus rarement hermaphrodites, groupées en épis ou en grappes. Ces inflorescences sont elles-mêmes isolées ou géminées à l'aisselle des feuilles; les fleurs femelles sont solitaires à l'aisselle de leur bractée mère, les fleurs mâles s'y montrent réunies deux ou plusieurs ensemble.

Le *périanthe* est à 6 divisions herbacées ou subpétaloïdes, concrescentes à la base, divergentes ou rapprochées en forme de grelot. La *préfloraison* est libre ou imbriquée dans le verticille interne.

L'*androcée* est normalement formé par 6 étamines fertiles, dont les courts filets portent des anthères biloculaires et introrses, quelquefois dépassées par le connectif. Chez certains *Dioscorea*, celui-ci s'élargit de façon à séparer les deux loges. Les 3 étamines internes sont quelquefois réduites à des staminodes.

L'*ovaire* infère est triloculaire, avec 2 ovules géminés, anatropes ou campylotropes, fixés à l'angle interne des loges ; les 3 styles, distincts ou concrescents à la base, se terminent chacun par un stigmate simple ou bilobé. Des staminodes se montrent quelquefois dans la fleur femelle.

Généralement capsulaire, loculicide et marqué de trois angles parfois développés en ailes, le fruit est quelquefois indéhiscent et charnu, comme chez notre Tamier commun (*Tamus communis* L.). — Les graines sont arrondies ou aplaties ; leur albumen charnu ou cartilagineux renferme un petit embryon pourvu de deux prolongements en forme d'auricules (1), situé près du micropyle.

Affinités. — Si l'on fait abstraction du port et de la forme des feuilles, on ne peut nettement séparer les Dioscoréacées des Amaryllidacées. D'autre part la ressemblance extérieure de plusieurs Dioscoréacées avec les *Smilax* (Asparaginées) est frappante ; mais elle est bien plus apparente que réelle, car chez les *Smilax* l'ovaire est supère. En outre, chez ces derniers, les feuilles sont pourvues de vrilles.

Distribution géographique. — Les Dioscoréacées sont surtout abondantes dans les contrées tropicales et extratropicales du Nouveau Monde. Deux espèces seulement sont indigènes en France : le Tamier commun (*Tamus communis* L.) et le *Dioscorea pyrenaica* Bubani et Bordère.

Propriétés générales. Espèces importantes. — Les tubercules des Dioscoréacées, riches en fécule, mais possédant souvent aussi des principes âcres et amers, sont quelquefois alimentaires. Tels sont les Ignames (*Dioscorea sativa, alata, edulis,* etc.), que l'on cultive dans toute la zone intertropicale, et qui sont particulièrement mangés chez les Malais, les Chinois, les indigènes de l'Océanie et de l'Afrique occidentale. On les cultive également dans le Sud des États-Unis.

Le *Tamus communis* L., remarquable par son fruit baccien indéhiscent, croît dans les bois et les haies de l'Europe. On le désigne vulgairement sous les noms de *Vigne noire, Bryone noire, Sceau de Notre-Dame, Racine de Vierge, Racine de femme battue.* Cette plante était usitée autrefois comme purgative et diurétique. On se servait aussi de la racine contusée, en cataplasmes, contre les contusions, les tumeurs de diverse nature, etc. Les turions, dépouillés de leur âcreté après cuisson, sont mangés comme ceux de l'Asperge.

FAMILLE VII. — TACCACÉES

Caractères. — Les Taccacées sont des *herbes vivaces*, dont le rhizome forme des ramifications qui se renflent en tubercules amylifères. Les *feuilles*, toutes radicales et pétiolées, ont un limbe plus ou moins divisé suivant les types palmé ou penné.

Les *fleurs*, hermaphrodites et actinomorphes, forment de fausses ombelles au sommet d'une hampe nue. Les deux préfeuilles de la fleur terminale sont grandes et aliformes ; celles des autres fleurs se développent en appendices linéaires. Ainsi se constitue une sorte d'involucre d'un aspect particulier.

Le *périanthe*, de teinte sombre, est formé par 6 pièces très peu

(1) Certains observateurs, tels que Dutrochet et Beccari, ont cru voir deux cotylédons à l'embryon des Dioscoréacées. M. de Solms-Laubach a démontré que cet embryon ne possède qu'un seul cotylédon, mais que sa gemmule se développe très hâtivement au sommet de la tigelle, et n'est rejetée que plus tard latéralement par le cotylédon, qui, d'ailleurs, ne l'embrasse pas complètement.

cohérentes à la base, rapprochées de manière à figurer une cloche ou une urne. Les *étamines*, au nombre de 6 et toutes fertiles, sont portées par le périanthe ; leurs filets sont élargis, concaves vers le centre de la fleur, ou même creusés en forme de capuchon ; les *anthères* sont introrses et à deux loges écartées l'une de l'autre par l'élargissement du connectif.

Le *gynécée* est formé par 3 carpelles concrescents en un ovaire infère, uniloculaire ou incomplètement triloculaire. Les *ovules* anatropes, pour·vus d'un double tégument, sont fixés en grand nombre sur des placentas pariétaux. Les *styles*, concrescents vers le bas, se séparent plus haut en trois lames pétaloïdes plus ou moins profondément bifides, ré·fléchies en dehors et en bas, de façon à former un disque concave au-dessous duquel se trouve le tissu stigmatique.

Le *fruit* est une capsule déhiscente au sommet, ou plus souvent une baie indéhiscente.

Les *graines*, ovoïdes ou anguleuses, sont remarquables par l'abondance de leur albumen et la petitesse extrême de l'embryon qui en occupe l'extrémité micropylaire (1).

Affinités. — C'est évidemment des Dioscoréacées, et par là même des Amaryllidacées, que les Taccacées se rapprochent le plus. Elles s'en distinguent toutefois nettement par leur port, la structure singulière de leurs étamines et de leur style, leur ovaire uniloculaire ou incomplètement triloculaire, enfin par la petitesse extrême de leur embryon.

Distribution géographique. — Les deux genres *Tacca* Forst. dont le fruit est bacciforme, et *Schizocapsa* Hance dont le fruit est capsulaire, forment en tout une dizaine d'espèces (dont 9 pour le seul genre *Tacca*), répandues dans les régions tropicales des deux hémisphères, mais plus particulièrement dans les îles de l'Océanie.

Plantes utiles. — Plusieurs *Tacca* sont cultivés sous les tropiques à cause de la fécule contenue dans leurs tubercules. On extrait particulièrement du *T. pinnatifida* Forster une sorte d'Arrow-Root.

FAMILLE VIII. — IRIDACÉES

Les Iridacées sont des Liliiflores essentiellement caractérisées par *leurs 3 étamines opposées aux sépales, à anthères extrorses, leur ovaire infère, leur style à 3 branches généralement pétaloïdes.*

Description du Crocus sativus L. — Le Safran cultivé (*Crocus sativus* L.) rappelle, par son port, certaines Liliacées (fig. 219). Son axe souterrain constitue un bulbe solide, arrondi et déprimé, de même grosseur environ, mais un peu plus large que celui du Colchique ; il est charnu et très amylacé, entouré par une enveloppe brune, finement fibreuse, accompagnée, au sommet du bulbe, par les dé-

(1) Cet embryon, d'après M. de Solms-Laubach, aurait beaucoup de ressemblance avec celui des Dioscoréacées.

bris des gaines foliaires de l'année précédente. La base de l'organe
porte, tout autour de son centre déprimé, un cercle de racines adventives. Au centre de la partie supérieure également déprimée du
bulbe, s'insère la hampe terminale souterraine dont la base est
elle-même renflée et bulbeuse. Elle porte d'abord de simples gaines enveloppantes, puis des feuilles étroites, linéaires, obtuses au
sommet, d'un vert sombre et parcourues par une nervure médiane
blanche. La hampe se termine par une fleur tubuleuse dont la
base reste cachée dans le sol;
une seconde fleur axillaire peut
se développer à côté de la première.

Les fleurs et les feuilles se
montrent, en automne, sur le
bulbe formé l'année précédente.
A l'aisselle d'une des feuilles
végétatives les plus élevées, de
la plus haute en général, naît
un bourgeon qui s'accroît aux
dépens des réserves accumulées
dans le bulbe ancien, et devient
le jeune bulbe destiné à s'accroître jusqu'à l'automne suivant, où il produira lui-même
des feuilles et des fleurs.

La fleur des *Crocus* est hermaphrodite et actinomorphe,
construite sur le type ternaire
normal. Le périanthe consiste
en un tube long et grêle, incolore vers le bas, d'un rose lilas

Fig. 219. — Safran officinal.

vers le haut, ainsi que les 6 divisions qui le surmontent, et dont les
trois internes sont un peu plus petites que les trois externes.

L'androcée n'est représenté que par les trois étamines du verticille externe; elles sont, par conséquent, opposées aux divisions
externes du périanthe. Leurs filets, dressés, concrescents avec la
gorge de ce dernier, portent de longues anthères jaunes, sagittées,
extrorses, biloculaires et déhiscentes par deux fentes latérales.

L'ovaire est infère, oblong et cylindrique, formé par trois carpelles opposés aux trois étamines, triloculaire. A l'angle central de

chaque loge sont insérés, en double série, de nombreux ovules anatropes ascendants. Le style est grêle, terminal, incolore dans sa partie inférieure, jaune en dessus, divisé en trois branches stigmatiques dont la longueur atteint presque celle des divisions du périanthe, ascendantes d'abord, puis réfléchies et pendantes en dehors. Ces stigmates enroulés en tubes s'épaississent graduellement vers le sommet où ils affectent la forme d'une gouttière ouverte en dehors, irrégulièrement dentée sur le bord. Jaunâtres vers leur base, ces stigmates sont d'un beau rouge orangé sur tout le reste de leur longueur.

Les *Crocus* ont, comme presque toutes les Iridacées, un fruit capsulaire loculicide, renfermant des graines presque globuleuses, pourvues d'un abondant albumen charnu. L'embryon est petit, droit, et placé vers l'extrémité micropylaire de l'albumen (1).

(1) Il est à remarquer que le Safran cultivé ne fructifie que si on le féconde artificiellement avec une forme sauvage, ou plutôt redevenue sauvage, car le *C. sativus* est, croit-on, originaire de l'Asie. Il est, dans tous les cas, cultivé depuis fort longtemps en Europe et surtout en France, dans le Gâtinais, et en Espagne. Les fleurs se montrent, en automne, un peu avant l'apparition des feuilles.

Le *Crocus vernus* L., qui croît dans nos montagnes, se distingue de l'espèce précédente par ses stigmates plus courts, dressés, non dentés au sommet. Les fleurs se montrent au printemps, un peu avant les feuilles. Le Safran à fleurs jaunes (*Crocus luteus* Lam.), le *C. multifidus* Ram., des Pyrénées, les *C. minimus* DC., *C. versicolor* Gawl., etc., sont des espèces également européennes.

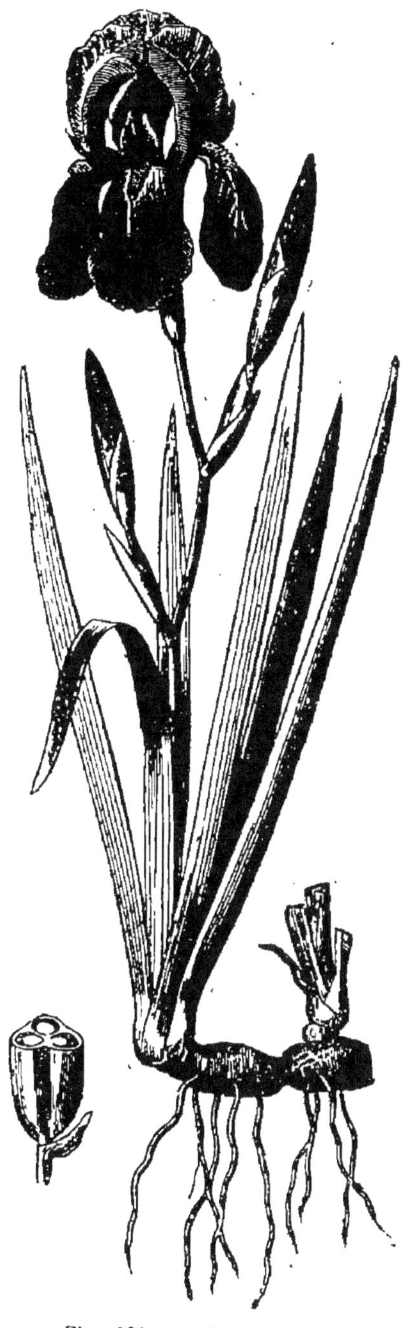

Fig. 220. — Iris commun.

Autres genres. — **Iris.** — Les Iris (fig. 220) nous offrent l'exemple d'un autre type intéressant de la même famille.

L'Iris de Florence, par exemple (*Iris florentina* L.), originaire du Sud de l'Europe, est une plante pourvue, non plus d'un bulbe, mais d'un rhizome horizontal, allongé, simple ou ramifié, irrégulièrement renflé çà et là et comme articulé, souvent tordu, un peu aplati, marqué de bourrelets annulaires obliques et rapprochés, portant à sa face inférieure de nombreuses racines adventives. Ce rhizome se redresse, à son extrémité, en une tige aérienne légèrement comprimée, d'une hauteur de 80 centimètres environ.

Les feuilles sont rectinerviées, en forme de glaives, pliées en dedans le long de leur nervure médiane, disposées en ordre distique. Les radicales sont *équitantes* (1), un peu déjetées en dehors; les caulinaires, plus courtes, sont légèrement courbées en dedans.

Chez les Iris, la tige aérienne porte, vers son sommet, soit des fleurs solitaires formant une sorte d'épi, soit des cymes unipares héliçoïdes où les bractées et les fleurs sont disposées en ordre distique. Chaque fleur est enveloppée, avant l'anthèse (2), dans une spathe formée par des bractées membraneuses (3).

Les fleurs sont grandes, odorantes et blanches. Le périanthe actinomorphe offre un tube très court, trigone et vert comme l'ovaire infère qu'il surmonte. Des six pièces qui terminent le tube, toutes d'une texture délicate et d'un blanc tirant légèrement sur le bleu, le gris ou le jaune, les trois externes sont grandes et obovales. Leur partie basilaire, étroite et involutée, est ascendante, puis réfléchie de façon à laisser pendre hors de la fleur leur limbe élargi. Le tiers inférieur de ces mêmes pièces est parcouru, dans son milieu et en dedans, par une bande formée de poils papil-

(1) Les feuilles sont dites *équitantes* lorsque, étant reployées le long de leur nervure médiane, elles chevauchent les unes sur les autres, comme cela a lieu chez les feuilles distiques des *Iris*.

(2) Fleuraison.

(3) Voici comment on interprète l'inflorescence des Iris : dans le cas où l'inflorescence latérale est uniflore, son axe porte un certain nombre de bractées membraneuses dont les deux plus élevées forment une spathe à la fleur terminale. Si l'inflorescence doit être biflore, la plus élevée des deux bractées de la spathe (fig. 221, Bm) produit une fleur axillaire, elle-même pourvue d'une préfeuille adossée P*f* et bicarénée. — Si l'inflorescence est pluriflore, cette préfeuille est elle-même fertile et produit une nouvelle fleur pourvue d'une nouvelle préfeuille, etc. On comprend que si le même processus se renouvelle sur les axes de divers degrés, les inflorescences vont réaliser ce type de cyme héliçoïde aplatie que les Allemands désignent souvent par le terme de *Fächel* (éventail), ainsi qu'on l'observe, par exemple, chez l'*Iris sibiricus*.

leux et jaunes, d'où divergent des deux côtés des veines brunes ramifiées.

Les trois lobes internes (fig. 220), également rétrécis à leur base, sont élargis au sommet, redressés et en contact par leurs bords ondulés.

Comme les *Crocus*, les Iris ont trois étamines opposées aux lobes externes du périanthe avec lequel elles sont concrescentes par la base, et aux trois branches du style. Les anthères sont longues, biloculaires et extrorses.

L'ovaire infère est construit comme celui des *Crocus*. Le style terminal est concrescent avec le tube périgonial jusqu'à mi-hauteur environ ; il se divise en trois branches pétaloïdes, d'un bleu pâle, concaves et recourbées en dehors, carénées en dessus. Chacune de ces branches offre en outre, vers son extrémité et à sa face inférieure, une fente transversale au fond de laquelle se trouve le tissu stigmatique, et que limitent deux lèvres, l'inférieure courte et entière, la supérieure bilobée.

Le fruit est capsulaire et loculicide ; la graine est construite comme celle des *Crocus* (1).

Fig. 221. — Diagramme d'une fleur d'Iris.

Gladiolus. — Les Glaïeuls (*Gladiolus* L.) ont un bulbe solide comme les *Crocus*. Mais les feuilles sont aplaties en forme de glaive et équitantes, comme celles des Iris, et les fleurs, qui forment des épis terminaux unilatéraux sur lesquels elles se montrent très espacées, sont remarquables par leur tendance à la zygomorphie. Leur axe subit une torsion de 180°, de telle sorte que la foliole du périanthe et l'étamine antérieures deviennent postérieures dans le même plan médian (2) ; en outre, trois des pièces du périanthe,

(1) Le genre *Iris*, représenté en France par une douzaine d'espèces, offre partout les mêmes traits fondamentaux. Mais, indépendamment des différences que peut offrir leur taille, la couleur des fleurs peut varier du blanc au bleu violacé ou au violet foncé ; certaines espèces ont des fleurs jaunes (l'*Iris Pseudo-Acorus* L., par exemple). Les pièces externes du périanthe peuvent manquer de lignes barbues, etc.

(2) Les fleurs dont l'orientation primitive est ainsi changée sont dites *résupinées*.

se déjetant vers le bas, forment une sorte de lèvre inférieure, et les trois autres se redressent en une lèvre supérieure ; enfin les deux étamines devenues inférieures par suite du changement d'orientation de la fleur, s'inclinent, ainsi que le style, en bas et en avant, tandis que l'étamine impaire devient ascendante.

Ces trois exemples, complétés par le résumé qui suit, suffisent pour donner une idée à peu près complète de la famille.

Caractères généraux. — *Plantes* pourvues d'un bulbe ou d'un rhizome.

Tige quelquefois très courte et souterraine, ou aérienne et plus ou moins développée.

Feuilles souvent toutes radicales, étroites et linéaires, ou bien en forme de glaive et reployées suivant la nervure médiane, distiques et équitantes ; les inférieures réduites souvent à de simples gaines.

Fleurs accompagnées d'une spathe membraneuse, solitaires ou groupées en grappes, en épis, en cymes, etc., hermaphrodites, actinomorphes ou zygomorphes. — *Périanthe* formé par 6 pièces concrescentes en un tube plus ou moins long, et disposées en 2 verticilles, semblables ou dissemblables, à préfloraison libre ou tordue dans chaque verticille, réparties quelquefois en 2 lèvres (Glaïeuls). — Trois *étamines* seulement (celles du verticille externe), portées par le tube du périanthe. Anthères extrorses, biloculaires, à déhiscence longitudinale.

Gynécée formé par 3 carpelles concrescents en un ovaire infère, triloculaire et à placentation axile, rarement uniloculaire et à placentation pariétale. *Ovules* anatropes, ordinairement nombreux, diversement orientés. *Style* terminal, divisé en trois branches généralement grandes et pétaloïdes, portant à leur extrémité ou au-dessous de leur extrémité le tissu stigmatique.

Fruit : capsule loculicide, rarement septifrage. — *Graines* diversement conformées, ordinairement globuleuses, plus rarement comprimées, ou aplaties et même ailées. Albumen coriace ou même corné ; embryon excentrique ou axile, ordinairement plus court que la moitié de l'albumen.

IRIDACÉES.

Plantes pourvues d'un rhizome ou d'un bulbe, mais possédant toujours une tige bien développée, munie de feuilles ordinairement distiques et équitantes. Inflorescences diverses.

Spathe généralement biflore ou pluriflore. Fleurs actinomorphes.

Plantes à bulbe, à tige nulle ou très courte, munies de feuilles généralement li-néaires, et non régu-lièrement distiques. Fleur solitaire, ou plusieurs fleurs axillaires groupées autour d'une fleur centrale. Pédoncu-les ordin[t] souterr[ns].

Point de tige aérienne. Style longue-ment tubuleux, divisé en trois branches en forme de cornet et stigmatifères au sommet seulement.................. *Crocus* L.

(60 espèces environ, surtout dans la région méditerr.).

Tige aérienne courte. Périanthe pourvu d'un tube court ou assez court. Branches du style non élargies en lames pétaloïdes *Romulea* Maratti.

(50 espèces. Région méditerran.; Afrique occident. et méridion.).

Un bulbe ou un rhizome. Les deux verticilles du périanthe dissemblables. Branches du style pétaloï-des, le plus souvent échan-crées à leur partie anté-rieure, et por-tant le tissu stigmatique en dessous.

Ovaire uniloculaire, à placentation pariétale.......... *Hermodactylus* Adans.

(1 seule espèce méditerran.).

Ovaire triloculaire à placentation axile.

Pièces du périanthe légèrement concres-centes à la base. — Étamines toujours libres............ *Iris* L.

(100 espèces, des parties les plus chaudes de la zone tempérée.

Pièces du périanthe complètement libres. Filets staminaux lé-gèrement élargis à la base, et le plus sou-vent concrescents. *Moræa* L.

(40 espèces. Mexique; Amérique centrale; îles Mascareignes; Abyssinie; Australie).

Plantes à bulbe. Les trois branches du style profondément bifurquées, portant le tissu stig-matique à leur sommet; les trois pièces internes du périanthe plus petites. — Spathe uniflore. *Tigridia* Kerr.

(3 espèces. Mexique; Amérique centrale; Pérou; Chili).

Plantes à rhizome. Les trois branches du style indivises. Périanthe à tube court. Étamines concrescentes en un tube à la base. —Spathe pluriflore....................................... *Sisyrinchium* L.

(Environ 50 espèces. Amér. trop. et subtrop.).

Spathe toujours uni-flore. Fleurs assez sou-vent zygomorphes.

Fleurs actinomorphes ou très peu zygomor-phes. Style et filets staminaux droits.... *Ixia* L.

(25 espèces, du Sud de l'Afrique).

Fleurs nettement zygomorphes et résupinées; lobes du périanthe aussi longs que la partie tubulaire. Étamines indépendantes. — In-florescence en épis lâches unilatéraux.... *Gladiolus* L.

(90 espèces. Le Cap; région méditerran.; Asie tempérée, etc.).

Affinités. — Les Iridacées, par *leurs étamines au nombre de trois seulement et à anthères extrorses, leur ovaire infère et leurs styles pétaloïdes*, forment un groupe assez nettement isolé parmi les Liliiflores. Il est à remarquer cependant qu'elles se rapprochent, par la situation de leur ovaire, des Amaryllidacées qui s'en distinguent, cependant, par le nombre et l'orientation de leurs étamines et par leur style simple.

Elles sont beaucoup plus voisines des Dioscoréacées (v. p. 499).

Distribution géographique. — Les Iridacées sont abondantes dans les régions tempérées extratropicales des deux hémisphères. La région du Cap de Bonne-Espérance est particulièrement riche en genres et en espèces de cette famille ; elles abondent également au Mexique ; l'Asie en possède très peu.

Les *Iris*, au nombre d'une centaine d'espèces environ, habitent les régions tempérées de l'hémisphère boréal ; les *Gladiolus* sont répandus dans l'Afrique australe, la région méditerranéenne, et s'étendent même jusque dans l'Europe moyenne ; enfin le genre *Crocus* fournit une soixantaine d'espèces habitant les régions tempérées de l'Asie et de l'Europe, et particulièrement la zone méditerranéenne.

Propriétés générales. Espèces importantes. — Les parties souterraines des Iridacées, riches en fécule, contiennent en outre une matière grasse âcre, unie à une huile essentielle plus ou moins abondante. Par la dessiccation, l'âcreté de ces organes se dissipe parfois, de telle sorte que, chez certaines espèces, on a pu les utiliser comme émollients, ou même comme alimentaires.

L'espèce médicinale la plus importante est l'Iris de Florence (*Iris florentina* L.). Son rhizome frais, seule partie utilisée de la plante, est violemment purgatif ; il est moins actif après dessiccation, et peut être alors utilisé pour stimuler les voies respiratoires. Il contient, indépendamment d'une abondante fécule, de la résine et une huile volatile, à odeur de Violette, dont on peut extraire un stéaroptène, le *Camphre d'Iris*. Cette odeur a valu à ce rhizome le nom de *Racine de Violette*. On l'emploie pour aromatiser certaines préparations, et pour la fabrication des *Pois à cautères*. L'Iris de Florence est cultivé en Provence et dans quelques autres contrées de la France. D'après Hanbury, tout le rhizome qui provient réellement de Florence serait dû à l'*Iris pallida* Lam., et à l'*I. germa-*

nica L. Ce dernier est l'Iris bleu, ordinairement cultivé dans nos jardins. On substitue également à l'Iris de Florence le rhizome de l'*Iris fœtidissima* L. et celui de l'*I. Pseudo-Acorus* L. qui sont drastiques.

On préconisait jadis le rhizome de l'*Iris fœtidissima* contre les scrofules et l'hystérie ; en Amérique, ceux des *I. virginica* L. et *versicolor* L. sont usités contre la diarrhée chronique et l'hydropisie. Enfin, dans le Nord de l'Asie, l'*I. sibirica* L. est compté parmi les remèdes antisyphilitiques.

Les Américains se servent, comme purgatifs et diurétiques, des rhizomes du *Sysirinchium galaxioides* Gomez, des *Ferraria purgans* Mart. et *cathartica*, et du *Libertia ixioides* Spreng. On emploie également, dans cette région, le rhizome du Glaïeul bleu (*Iris versicolor* L.) comme éméto-cathartique. On attribuait autrefois, en Europe, des propriétés emménagogues et aphrodisiaques au rhizome du *Gladiolus segetum* Gawl.

Certaines Iridacées sont toxiques ; tel est, par exemple, le bulbe du *Moræa collina* Thun., du Cap, qui agit, dit-on, sur l'économie, à la manière des Champignons vénéneux.

Nous avons longuement décrit le Safran cultivé (*Crocus sativus* L.) dont les stigmates constituent les seules parties employées ; aussi 200 grammes de Safran sec du commerce représentent une récolte de 14 à 16 000 fleurs. Les deux principes les plus intéressants que contient le Safran sont la *Polychroïte* ou *Safranine*, qui en est la matière colorante, et une huile essentielle. Tout le monde connait l'usage du Safran comme condiment dans nos provinces du Midi. Il était autrefois employé par les médecins comme emménagogue et antispasmodique ; il entre encore actuellement dans la composition de plusieurs préparations officinales, telles que le Laudanum de Sydenham, le Sirop de Delabarre, etc.

Le périanthe de l'*Iris germanica*, broyé avec de la chaux, donne le *vert d'Iris des peintres* ; enfin les graines de l'Iris faux Acore torréfiées ont été jadis préconisées comme succédanées du café.

FAMILLE IX· — JONCACÉES

Caractères. — *Plantes herbacées, à port graminoïde,* vivaces par leurs rhizomes. Les feuilles, alternes et engainantes, linéaires, aplaties ou cylindriques, sont quelquefois réduites à leur gaine.

Inflorescences des plus variées (cymes bipares ou unipares, épis, capitules, rarement fleurs solitaires).

Fleurs généralement petites, peu apparentes (1), actinomorphes, ordinairement hermaphrodites et répondant au diagramme normal des Monocotylédones (2).

Le *périanthe*, à 6 pièces en 2 verticilles, imbriquées dans chacun d'eux, est de *consistance généralement scarieuse ou parcheminée*. Les deux verticilles de *l'androcée* sont presque toujours représentés par des étamines libres ou à peu près, pourvues d'anthères dont les loges, latérales ou légèrement introrses, s'ouvrent par deux fentes longitudinales. Rarement le verticille interne manque. Pollen formant souvent des *tétrades* (V. p. 114).

Les trois *carpelles* sont concrescents en un ovaire libre, soit uniloculaire et renfermant alors 3 ovules anatropes insérés à la base de chacun des carpelles (*Luzula*), soit encore plus ou moins complètement uniloculaire, avec plusieurs ovules anatropes portés par des placentas pariétaux, tantôt enfin, comme chez la plupart des Joncs, triloculaire et à placentation axile. Le *style* est terminal, *divisé en 3 branches stigmatifères* couvertes de papilles.

Fruit capsulaire, ordinairement loculicide, rarement septifrage.

Graines (3 ou plusieurs) petites, de diverses formes, pourvues d'un tégument généralement spongieux. *Albumen abondant*, dur ou charnu ; embryon petit, situé vers le micropyle.

Affinités. — Si l'on considère le port des Joncacées et la structure du périanthe, on est amené à les rapprocher des Cypéracées. Mais leur structure florale et leur fruit les unissent bien plus étroitement aux Liliacées, dont elles se distinguent surtout par *leur aspect graminoïde et leur périanthe scarieux*.

Distribution géographique. — Les Joncacées sont en général des plantes des lieux ombragés et humides ; quelques-unes croissent pourtant dans les endroits secs et exposés au soleil. Elles abondent surtout dans les climats tempérés et froids de l'hémisphère Nord.

Les *Juncus* L. (dont l'ovaire est triloculaire et pluriovulé) et les *Luzula* (avec un ovaire uniloculaire et 3-ovulé) sont les seuls genres indigènes de la famille. Ils sont représentés par un assez grand nombre d'espèces.

Plantes utiles. — Certains Joncs (*J. acutus* L., *J. glaucus*, etc.) servent à fabriquer des liens, des corbeilles, etc.

Le rhizome des *J. glaucus* Ehrh., *conglomeratus* L., *effusus* L., celui du *Luzula vernalis* DC., sont réputés diurétiques par les gens du peuple, dans certaines localités. Le fruit du *J. acutus* torréfié, broyé et mêlé avec du vin, passe pour diurétique et efficace contre l'aménorrhée.

---

(1) Elles sont grandes, solitaires et terminales dans les *Marsipospermum* de la Nouvelle-Zélande et des îles voisines, et chez le *Rostkovia magellanica* Hkr. fl., de l'extrême Sud de l'Amérique.

(2) La dimérie et la tétramérie se montrent accidentellement. La dimérie a été constatée, dit-on, chez le *Juncus triformis* Engelm.

FAMILLE X. — BROMÉLIACÉES

Caractères. — Les caractères les plus saillants de ce groupe sont résumés dans le tableau général des Liliiflores (V. p. 512).

Par *la situation infère, supère ou à demi infère de leur ovaire*, elles tiennent le milieu entre les Liliiflores à ovaire libre, et celles dont l'ovaire est adhérent.

Elles se distinguent, d'autre part, des unes et des autres par *leur port (plantes acaules avec feuilles radicales et en rosettes), leur périanthe formé par deux verticilles différemm ent conformés, leurs bractées généralement grandes et colorées, leur albumen farineux.*

Ce sont des végétaux limités exclusivement aux régions tropicales et subtropicales de l'Amérique.

Espèces importantes. — Les fruits charnus de ces plantes renferment des acides citrique et malique, et quelques-uns d'entre eux sont utilisés en Amérique comme astringents.

Les fruits des *Ananassa* contiennent, en outre, du sucre et des substances odorantes qui en font un mets des plus délicats.

La principale espèce est l'*Ananassa sativa* Lindl. (*Bromelia Ananas* L.) que la culture a propagé dans la plupart des contrées tropicales, et qui est alors privé de graines.

Ce même fruit, non mûr, est employé par les Américains comme diurétique et anthelmintique.

Telles sont également les propriétés que l'on attribue au *Bromelia Pinguin* et à diverses autres espèces.

Le *Tillandsia usneoides* L., remarquable par son ovaire libre et supère, est une Broméliacée épiphyte que l'on trouve abondante depuis la République Argentine jusqu'à la Caroline. Ses tiges grêles et assez semblables à du crin, débarrassées de leur partie corticale, sont importées en Europe et employées pour la confection des matelas, sous le nom de *crin végétal*.

En Amérique, cette plante sert, en outre, à préparer un onguent contre les hémorrhoïdes.

Le *Bilbergia tinctoria* donne une matière colorante jaune.

Enfin plusieurs autres espèces fournissent des fibres textiles.

LILIFLORES

— Styles libres ou concrescents, jamais pétaloïdes.

Ovaire supère.

Carpelles entièrement concrescents. — *Styla simple; stigmate entier ou lobé.* — Fruit : capsule loculicide ou baie, plus rarement achaine.

Carpelles plus ou moins concrescents par leur région ovarienne, mais toujours 3 styles et 3 stigmates indépendants. Anthères introrses ou extrorses, déhiscentes par deux fentes longitudinales ou par une fente transversale .... **MÉLANTHACÉES.**

Plantes terrestres ou des lieux humides, à port variable. — Périanthe pétaloïde ou scarieux. — Fruit sec ou charnu. — Albumen charnu.

Fruit presque toujours capsulaire et loculicide. — Feuilles allongées, rectinerviées.

Port généralement graminoïde — *Fleurs presque toujours petites, avec un périanthe scarieux.* — Anthères à loges introrses ou latérales. — Ovaire uniloculaire ou triloculaire .... **JUNCACÉES.**

Port ordinaire des Monocotylédones. — Fleurs grandes, avec un périanthe pétaloïde. — Anthères toujours introrses. — Ovaire triloculaire .... **LILIACÉES.**

Fruit charnu indéhiscent. — [Port variable. — Limbe foliaire assez souvent élargi et pourvu de nervures anastomosées. — Rameaux quelquefois transformés en cladodes, et alors feuilles végétatives très réduites .... **ASPARAGINÉES.**

Plantes aquatiques, à rhizome sympodique. — Limbe foliaire souvent élargi ou cordiforme, et feuilles quelquefois dimorphes. — Périanthe pétaloïde. — Fruit : capsule loculicide ou achaine. — Albumen farineux .... **PONTÉDRÉIACÉES.**

MONOCOTYLÉDONES.

ORDRE DES LILIFLORES

Périanthe formé par deux verticilles semblables, généralement pétaloïde, actinomorphe ou plus ou campy- rarement zygomorphe. — Fleurs presque toujours hermaphrodites. — Ovules ordinairement anatropes lotropes.

Ordinairement 6 étamines fertiles.

Ovaire supère, demi-infère ou infère. — Plantes souvent épiphytes, à feuilles toutes radicales et formant rosette. — Fleurs en inflorescences serrée (épis, grappes, capitules, etc.), accompagnées de bractées souvent grandes et colorées, actinomorphes, hermaphrodites. — Périanthe 3-mère, avec calice et corolle distincts l'un de l'autre. — Étamines 6 introrses. — 3 loges à l'ovaire. — Ovules nombreux, anatropes. — Style simple. 3 stigmates, simples ou bifides. — Fruit : capsule loculicide ou septicide, ou baie indéhiscente. — Graine avec albumen farineux abondant .... **BROMÉLIACÉES.**

Plantes à port ordinaire de Monocotylédones, pourvues d'un rhizome ou d'un bulbe. — Feuilles allongées, rectinerviées. — Fleurs grandes, actinomorphes ou zygomorphes .... **AMARYLLYDACÉES.**

Ovaire infère.

Plantes pourvues d'un tubercule d'où naissent des tiges sarmenteuses ou volubiles. — Feuilles à limbe généralement élargi et à nervures anastomosées, distantes le long des tiges. — Fleurs généralement diclines et petites, actinomorphes. — Étamines normalement conformées. — Style simple; stigmate entier ou lobé. — Ovaire 3-loculaire. — Fruit : capsule ou baie .... **DIOSCORÉACÉES.**

Plantes pourvues d'un rhizome et de tubercules. — Feuilles à limbe allongé, toutes radicales. — Fleurs sur une hampe nue, hermaphrodites. — *Filets staminaux concaves ou en capuchon. — Stigmate formant un disque lobé.* — Ovaire uniloculaire ou incomplètement triloculaire. — Fruit : capsule ou baie .... **TACCACÉES.**

Trois étamines seulement (cycle externe), *avec anthères extrorses.* — Ovaire infère, triloculaire. — Style divisé en 3 branches ou 3 styles distincts, pétaloïdes. — Capsule loculicide.
Plantes pourvues d'un rhizome ou d'un bulbe. — Feuilles allongées et rectinerviées, linéaires ou ensiformes .... **IRIDACÉES.**

ORDRE VI. — GYNANDRÉES

Cet ordre, composé de la seule famille des Orchidacées, est essentiellement caractérisé :

1° par la zygomorphie des fleurs ordinairement hermaphrodites et résupinées.

2° par l'androcée plus ou moins réduit, concrescent avec le gynécée, et par le pollen ordinairement cohérent en masses polliniques.

3° par la situation infère de l'ovaire adhérent au réceptacle, contenant de nombreux et petits ovules, sur trois placentas pariétaux.

4° par leur embryon rudimentaire et sans albumen.

FAMILLE UNIQUE. — ORCHIDACÉES

La famille des Orchidacées peut être considérée comme le type des Monocotylédones à fleur zygomorphe. Nous décrirons en premier lieu une des plantes auxquelles on doit attribuer le Salep.

Description de l'Orchis militaris L. — APPAREIL VÉGÉTATIF. — La tige aérienne florifère est la partie terminale d'un tubercule souterrain (fig. 222 A b), de forme irrégulièrement arrondie, sur lequel s'insèrent des racines adventives *r* au point où il se continue avec la tige proprement dite. La base de cette dernière est entourée par quelques feuilles réduites à leurs gaînes (*g*), et à l'aisselle de la première de ces gaînes se forme un second tubercule (*b'*) plus petit, destiné à s'accroître l'année suivante et à produire une nouvelle tige florifère. On trouve ainsi constamment deux bulbes accolés, l'un plus gros, spongieux, en continuité avec l'axe aérien de l'année, l'autre plus petit et plus ferme, qui n'est qu'une production axillaire du premier bulbe, et destiné à donner à son tour l'année suivante des feuilles végétatives, une hampe florifère et un bulbe nouveau pour la troisième année. Ces bulbes se détruisent successivement à la fin de leur seconde période végétative.

Au-dessus des gaînes foliaires qui enveloppent la base de la tige aérienne se montrent quatre ou cinq feuilles (*f*), complètement engaînantes à la base, pourvues d'un limbe lancéolé d'un beau vert, ployé le long de la nervure médiane, et pourvu de nombreuses nervures secondaires parallèles. Enfin plus haut sur la tige sont insérées deux autres feuilles plus petites, entourant l'axe à la manière de cornets. Ces feuilles sont toutes inarticulées et persistent

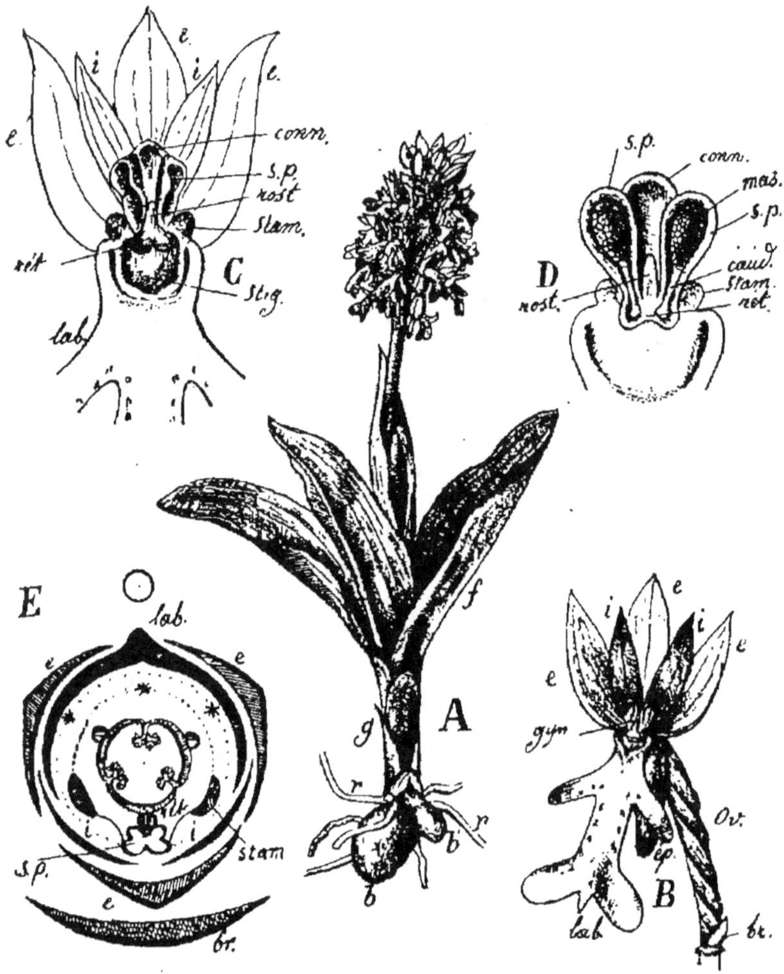

Fig. 222. — *Orchis militaris* L. — A, port de la plante (d'après Berg et Schmidt)
f, feuilles normales ; *g*, gaines foliaires ; *r,r*, racines adventives ; *b*, bulbe ancien que
termine la tige florifère ; *b'*, jeune bulbe destiné à donner un nouvel axe aérien.
— B, une fleur entière grossie ; *br*, bractée mère ; *Ov*, ovaire infère tordu ; *e,e,e*, pétales ; *i,i*, sépales ; *lab*, labelle ; *gyn*, gynostème dont le détail est exprimé en C et en D
(Courchet). — C, partie centrale de la fleur plus grossie. — D, gynostème ; *e,e,e*, sépales ; *ii*, pétales ; *lab*, labelle ; *conn*, connectif ; *sp*, sacs polliniques ; *mas*, masses polliniques ; *caud*, caudicule ; *rét*, rétinacles (en D le bursicule est enlevé) ; *rost*, rostellum ;
stam, staminodes latéraux (Courchet). — E, diagramme, d'après les données d'Eichler ;
br, bractée mère ; *e,e,e*, sépales ; *i,i* et *lab*, pétales et labelle ; *rét*, rétinacle ; *sp*, étamine ; *stam*, staminodes. — Le diagramme représente la fleur avant la torsion de l'ovaire.

aussi longtemps que l'axe qui les porte. Leur disposition est spiralée.

INFLORESCENCES ET FLEURS. — Les fleurs sont hermaphrodites, groupées en un épi terminal simple et serré, auquel l'ovaire infère, allongé et vert de ces fleurs, semblable à un pédoncule, donne l'apparence d'une grappe.

Chaque fleur naît à l'aisselle d'une petite bractée rose, ovale, sans nervure apparente (B, *br*).

Malgré la zygomorphie profonde de la fleur, le périanthe, par le nombre et la disposition de ses parties, répond exactement au type normal des Monocotylédones (B et E). Il est formé par deux verticilles de 3 folioles, concrescentes à la base. Dans la fleur adulte, les trois pièces externes *e, e, e*, sont à peu près de grandeur égale, lancéolées, d'un rose pâle en dehors, rouges en dedans, avec des nervures plus foncées ; l'une de ces trois folioles est impaire et située en arrière, les deux autres sont antérieures et symétriques par rapport au plan médian. Les trois pièces du cycle interne *i, i, i*, sont très inégales : les deux postérieures sont étroites, d'un rouge foncé, plus courtes que les folioles du verticille externe dont elles sont rapprochées ; ces cinq pièces sont relevées ensemble, et constituent une sorte de lèvre supérieure. La lèvre inférieure (*lab*) n'est formée que par la dernière pièce du cycle interne ; celle-ci, située dans le plan médian et en avant, est beaucoup plus grande que les autres ; on lui donne le nom de *labelle*. Sa base, concrescente avec la colonne stylaire, se prolonge, au-dessous de son point d'insertion, en un éperon creux nectarifère (*ép*) ; son limbe, réfléchi en avant et en bas se découpe en trois lobes dont les deux latéraux sont relativement petits, linéaires, tandis que le médian, beaucoup plus long, s'élargit brusquement vers son extrémité. Celle-ci est entaillée d'une large échancrure au fond de laquelle est une petite dent. Le labelle est rouge, mais marqué dans son milieu d'une bande blanche de chaque côté de laquelle sont des taches d'un rouge foncé.

Au milieu du périanthe et directement au-dessus de l'ovaire infère se dresse un corps de forme singulière, le *gynostème* (B, C, D, *gyn*), formé par la concrescence de l'androcée et du stigmate. Ce dernier (*stig*) est tourné en avant, presque cordiforme, concave ; à sa partie la plus profonde s'ouvre le canal stylaire ; son bord le plus élevé se prolonge en une sorte de bec (*rostellum*) que l'on considère comme l'un des trois stigmates demeurés stériles (*rost*).

Comme chez beaucoup d'Orchidacées, l'androcée se réduit à une seule étamine fertile, bien que le diagramme typique des plantes de ce groupe comporte deux verticilles trimères. Cette étamine représente le membre impair postérieur du verticille externe. Elle se dresse en arrière du rostellum, et consiste en deux sacs polliniques que sépare un connectif assez large (*conn*), d'un rouge foncé. Chacun de ces sacs a la forme d'une massue dont la partie épaisse est dirigée en haut, tandis que la partie la plus mince se prolonge, en avant et en bas, en une sorte de pédicule jusqu'en avant de la base du rostellum. Là existe une glande nommée *rétinacle* (*rét*), enfermée dans une sorte de double poche nommée *bursicule*; l'extrémité inférieure des sacs polliniques vient s'engager sur les côtés du rétinacle.

Le pollen des *Orchis* forme, dans chaque sac pollinique, une masse compacte qui se moule sur les parois de la cavité qui la contient; la substance intermédiaire qui agglutine ainsi les grains constitue, au-dessous de chaque masse pollinique (*mas*), et dans la partie étroite de la loge, une sorte de queue nommée *caudicule* (*caud*), où se montrent seulement quelques rares grains de pollen, et les deux caudicules sont en contact par leur extrémité avec la matière visqueuse du rétinacle. A droite et à gauche de l'anthère fertile se montrent deux appendices symétriques, en forme de verrues (*stam*); ce sont deux staminodes représentant les deux membres antérieurs du verticille interne de l'androcée (voir le diagramme). Enfin, comme nous l'avons dit, c'est au-dessous du rostellum et du rétinacle que se montre la surface stigmatique, formée par les deux stigmates fertiles.

Nous avons décrit la fleur dans la situation qu'elle offre au moment de la fécondation; mais son orientation primordiale, celle qu'exprime le diagramme, est tout à fait inverse, ce qui résulte d'une torsion de 180° subie par l'ovaire. Les fleurs qui ont subi un changement d'orientation semblable sont dites *résupinées*. Ce changement d'orientation est probablement lié avec l'intervention indispensable des insectes dans la fécondation.

Si l'on abandonne à elle-même une fleur d'*Orchis*, malgré la déhiscence de l'anthère, les masses polliniques ne sortent pas des loges qui les renferment et perdent peu à peu leur faculté fécondatrice. Mais si un insecte essaie de puiser le nectar contenu dans l'éperon du labelle, il touche nécessairement avec une partie de son corps la substance visqueuse du rétinacle qui y adhère aussitôt et l'insecte, en se retirant, extrait en même temps de l'anthère les deux masses polliniques fixées à la glande par leurs caudicules. En allant visiter une autre fleur, il déposera inconsciemment ces masses polliniques sur le stigmate de cette dernière, tandis qu'il pourra se charger de nouveau pollen. Ainsi est assurée la reproduction sexuelle. Grâce à la position définitive de la fleur, la base du labelle offre à l'insecte un point d'appui commode pour arriver jusqu'au nectar de l'éperon, et pour toucher en même temps l'étamine et la surface stigmatique.

L'ovaire infère est allongé, tordu sur lui-même à l'âge adulte, et formé par trois carpelles, dont un antérieur et deux postérieurs dans la fleur non encore résupinée. Il est uniloculaire et contient, fixés sur trois placentas pariétaux, un grand nombre d'ovules anatropes.

FRUIT ET GRAINE. — Le fruit est une capsule allongée que surmontent les restes desséchés du périanthe. A la maturité, des fissures longitudinales se produisent de chaque côté des nervures médianes des carpelles; il se forme ainsi trois valves médio-placentifères, adhérentes encore au réceptacle en haut et en bas, mais détachées partout ailleurs des trois nervures demeurées en place. Ainsi se forment de longues fentes par où s'échappent les graines.

Ces dernières, très petites et très nombreuses, renferment sous leur tégument lâche et réticulé un embryon sans albumen, très incomplet, sans radicule ni cotylédon différenciés.

Au moment de la germination, cet embryon se gonfle en un petit tubercule qui se fixe dans le sol à l'aide de poils dont sa surface est munie; alors seulement se montre, vers son extrémité libre, une première gaine foliaire à laquelle succèdent d'autres semblables, tandis que le tubercule grossit peu à peu. Plus tard apparaissent les racines adventives, les feuilles vertes, la hampe florifère et le bourgeon destiné à produire le tubercule de l'année suivante.

Les traits essentiels de l'organisation de l'*Orchis militaris* sont les suivants :

1° *La fleur est très nettement zygomorphe.* Le périanthe est formé par 2 verticilles ternaires de folioles dont l'impaire antérieure (dans la fleur résupinée) du verticille interne est très grande, glanduleuse, et constitue le *labelle* (ou *tablier*).

2° *L'androcée, très réduit, fait corps avec le style (gynostème), et le pollen est cohérent en masses polliniques* en relation, par leurs caudicules, avec la masse mucilagineuse du rétinacle.

3° *L'ovaire infère est 3-carpellé*, et possède *trois placentas parié-. taux, portant des ovules très petits et très nombreux.*

4° *Le fruit est capsulaire, déhiscent en trois valves médio-placentifères.*

5° *La graine est sans albumen. L'embryon est très peu différencié.*

6° *La plante se reproduit par des bulbes annuels, nés les uns des au-tres.* Les feuilles ont la structure normale des feuilles de Monoco-tylédones.

Ces caractères fondamentaux se retrouvent dans le plus grand nombre des plantes de la famille, à côté de divergences que nous allons signaler.

Autres Orchidacées. — APPAREIL VÉGÉTATIF. — MODE DE VÉGÉTATION. — Les Orchidacées sont vivaces, mais très variables comme taille et comme port.

Les parties souterraines sont généralement représentées par un bulbe, rarement par un rhizome cylindrique. La production des axes peut, d'ailleurs, s'effectuer de deux manières :

1° Comme chez les *Orchis*, l'axe principal vient se terminer directement par une tige aérienne florifère, et l'axe qui lui succède l'année suivante est d'origine latérale (végétation sympodiale).

2° Les inflorescences sont des productions latérales, et l'axe prin-cipal continue à s'accroître d'une manière indéfinie (végétation monopodiale).

La forme des tubercules est des plus variées. Arrondis et sim-ples chez les *Orchis militaris, bifolia, mascula, laxiflora*, etc., ils sont chez beaucoup d'autres *Orchis* (*O. latifolia, incarnata, viridis, al-bida*, etc.) et divers autres genres, plus ou moins divisés et palmés à la base. L'opinion le plus généralement admise consiste à les considérer comme formés par un bourgeon à la base duquel se développent une ou plusieurs racines adventives. Leur nature serait donc mixte (1).

Le genre de vie imprime à ces plantes des caractères spéciaux, et on peut, à cet égard, les diviser en trois catégories :

1° Les unes sont *saprophytes* et ne vivent que de l'humus que forment les débris végétaux au sein des forêts humides. Ces plantes sont souvent dépourvues de chlorophylle et de feuilles végétatives

---

(1) Telle est l'interprétation adoptée par Sachs, M. Van Tieghem, M. Pfitzer, etc. Thilo, Irmisch et Prillieux considéraient ces formations comme uniquement constituées par des racines adventives, libres ou soudées entre elles ; d'autres enfin, tels que Th.-H. Fabre les ont considérées comme dérivant exclusivement de l'axe aérien.

normales; quelques-unes ont de vraies racines, d'autres en sont absolument privées. Tels sont, dans nos contrées, les *Epipogon* et les *Corallorhiza* dont le système radical est remplacé par un rhizome qui plonge dans l'humus nourricier, et s'y ramifie de façon à figurer soit un polypier ou une masse cérébroïde. Par contre, une Orchidacée saprophyte indigène, le *Neottia Nidus-Avis* L., possède une certaine quantité de chorophylle et de vraies racines.

2º Un grand nombre d'Orchidacées sont pourvues de chlorophylle comme les autres plantes, et végètent librement en fixant le carbone atmosphérique. Parmi ces dernières quelques-unes, telles que les *Liparis* et les *Malaxis*, sont plus ou moins aquatiques.

3º Dans les forêts tropicales végètent un grand nombre d'Orchidacées *épiphytes* (v. p. 41) qui n'empruntent aux arbres, sur les branches desquels elles vivent, qu'un point d'appui et le couvert, tandis que leurs longues racines emmêlées et flottantes puisent leur sève et les principes minéraux qu'elles contiennent dans une sorte de sol aérien.

Tige. — Très courte ou à peu près nulle parfois, la tige dressée des Orchidacées peut s'élever, chez certaines espèces, à plus de deux mètres au-dessus du sol. Quelques-unes ont de très longues tiges ramifiées, rampantes ou grimpantes à l'aide de racines adventives; tels sont, en particulier, les *Vanilla*.

Feuilles. — Les feuilles sont réduites à de simples gaines chez certaines Orchidacées saprophytes. Mais, dans la plupart des cas, aux gaines qui entourent la base des axes succèdent de vraies feuilles engainantes, dont le limbe entier et rectinervié est plus ou moins coriace, ou même charnu. Leur disposition est ordinairement distique ou spiralée; plus rarement elles sont presque opposées ou verticillées.

INFLORESCENCES ET FLEURS. — *Inflorescences.* — Les fleurs sont toujours latéralement produites à l'aisselle de bractées.

Les inflorescences elles-mêmes sont terminales ou latérales (1).

L'épi simple terminal constitue l'inflorescence la plus fréquente chez les Orchidacées. L'épi se contracte en une sorte de capitule chez l'*Orchis globosa*, de nos régions montagneuses. Chez les *Cypripedium*, dont une espèce est indigène dans nos pays, la fleur généralement solitaire semble terminer l'axe; elle est pourtant latérale,

---

(1) Les Orchidacées dont les inflorescences sont terminales sont assez souvent désignées, par les auteurs allemands, sous le nom d'*Acranthæ*, par opposition au terme de *Pleuranthæ* appliqué à celles dont l'inflorescence est latérale.

mais la partie de l'axe qui la surmonte demeure très courte. Les *Oncidium* possèdent des grappes composées.

Ordinairement hermaphrodites, ces fleurs sont parfois diclines par avortement, et alors dimorphes dans certains cas (*Renanthera*) ou même trimorphes (*Catasetum*) (1).

Fleur. — Symétrie. — La fleur des Orchidacées est manifestement zygomorphe et elle subit presque toujours, au cours de son développement, une modification plus ou moins importante dans son orientation primitive (fig. 222 E). Elle est normalement trimère, et alors le sépale impair, qui est génétiquement le troisième, est tout d'abord situé vis-à-vis de la bractée mère, en avant de la fleur, par conséquent, les deux autres étant sur les côtés et en arrière. Quand la fleur est dimère, ce qui est exceptionnel, ces deux sépales sont latéraux. Cette orientation se conserve quelquefois indéfiniment (*Epipogon, Saturnia,* certains *Epidendron*, etc.).

Dans les cas les plus fréquents, la torsion est de 180° comme chez les *Orchis*, et la résupination est complète ; elle est moins considérable chez les *Spiranthes, Goodyera*, etc. Par contre, chez les *Microstylis* et certains *Malaxis*, la fleur exécute une révolution de 360°, de telle sorte que les diverses pièces qui la constituent reviennent prendre la place qu'elles occupaient dans l'orientation primitive.

Chez les *Cypripedium*, dont la fleur est solitaire et terminale en apparence, cette dernière, sans subir aucune torsion, bascule sur son axe de telle sorte que son labelle devient inférieur ; chez les espèces du même genre dont l'inflorescence est pluriflore, on constate la torsion normale de 180°.

Périanthe. — La trimérie est la règle, et les trois pièces externes du périanthe sont colorées, généralement libres et semblables ; la zygomorphie s'y révèle cependant déjà quelquefois par certaine dissemblance entre les trois sépales, par la concrescence ou l'avortement plus ou moins complets de deux d'entre eux, etc. La préfloraison du calice est le plus souvent libre. D'autres fois les sépales se recouvrent de telle sorte que l'impair antérieur est tout à fait interne (2).

---

(1) Dans ce dernier genre, les fleurs mâles, femelles et hermaphrodites sont tellement différentes d'aspect que, les ayant tout d'abord observées sur des pieds distincts, on n'a pas hésité à en faire trois genres : *Catasetum tridentatum* pour les fleurs mâles, *Monacanthus viridis* pour les fleurs femelles, et *Myanthus barbatus* pour les fleurs hermaphrodites, jusqu'au jour où ces trois formes ont pu être rencontrées sur le même pied.

(2) Nous supposerons toujours, lorsque nous n'indiquerons pas le contraire, la fleur dans sa situation primitive, ayant la résupination,

La structure de la corolle est beaucoup plus variable. Presque toujours le pétale impair postérieur (fleur non encore résupinée) est plus grand et autrement conformé que les deux autres; c'est le *tablier* ou *labelle*. Vers sa base, le réceptacle se creuse parfois (v. fig. 222 B, *ep*) en un éperon souvent considéré comme faisant partie du pétale lui-même (1).

Les deux autres pétales peuvent ressembler aux sépales ou en être bien différents, comme on l'observe chez les *Ophrys*, *Aceras*, etc. Très rarement les trois pétales sont égaux entre eux, (*Isochilus*, etc.).

En général, les deux pétales postérieurs sont en préfloraison valvaire, induplicative ou imbriquée; le labelle est recouvert, dans le bouton, sur chacun de ses bords.

Androcée. — Bien que le diagramme théorique des Orchidacées comporte deux verticilles 3 mères pour l'androcée (fig. 223 I, et fig. 222 E), la fleur est monandre dans la plupart des cas, et presque toujours alors l'étamine fertile représente la pièce médiane antérieure du verticille externe, située en arrière et en haut dans la fleur résupinée. Elle possède deux sacs polliniques claviformes (*sp*), le plus souvent plus ou moins dressés, séparés par le connectif (*conn*); entre les deux sacs et en bas se montrent le *rostellum* (stigmate stérile), et sur les côtés, un peu en arrière, les deux staminodes glandulaires (*stam*), parfois foliacés (*Diuris*). Les trois autres étamines (figurées par des étoiles sur le diagramme) avortent sans laisser aucune trace (2).

Chez les *Cypripedium* (fig. 223 II) il existe deux étamines fertiles, à la place des deux staminodes des *Orchis*, tandis que l'étamine seule fertile chez ces derniers est ici remplacée par un staminode impair foliacé.

Dans le genre *Uropedium* (fig. 223 III) les trois étamines internes sont fertiles. Chez l'*Arundinacea pentandra* (IV) l'étamine impaire du verticille interne fait seule défaut; mais des cinq étamines présentes dans la fleur, les deux postérieures sont souvent stériles.

(1) Quelquefois, chez les *Drymoda* par exemple, toute la partie du réceptacle située du côté du labelle se développe en dehors en une sorte de tige qui porte loin des autres pièces florales le labelle et les deux sépales voisins. Le labelle est souvent pourvu de callosités plus ou moins larges, ou bien encore, comme chez les *Mégaclinium*, etc., il est formé par plusieurs parties articulées les unes avec les autres, et nommées *hypochile, mésochile, épichile*. etc., et parfois alors doué de mouvements spontanés.

(2) Chez les *Glossodia*, d'après R. Brown, et aussi chez quelques genres australiens, il existe encore un staminode impair en face du labelle (pièce impaire du verticille interne).

Comme chez les *Uropedium*, la fleur est triandre chez le *Dendrolobium normale* (V); mais ce sont ici les trois pièces du verticille externe qui sont représentées.

Enfin chez les *Neuviedia* (VI), il existe encore trois étamines fertiles qui sont l'impaire du verticille externe, et les deux paires du verticille interne.

Les anthères (ou l'anthère) sont introrses, concrescentes avec le stigmate (*gynostème*). Elles sont parfois uniloculaires par insuffisance de la cloison, ou plus souvent 4 loculaires ou même pluriloculaires par suite du développement de cloisons supplémentaires. Dressée en

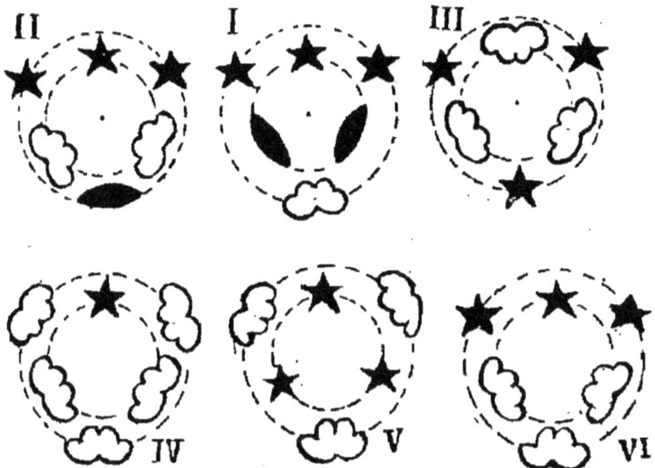

Fig. 223. — Diagramme des principales dispositions de l'androcée chez les Orchidacées. — I. *Orchis*. — II. *Cypripedium*. — III. *Uropedium*. — IV. *Arundinacea pentandra*. — V. *Dendrolobium normale*. — VI. *Neuviedia*.

général, l'anthère peut être aussi plus ou moins infléchie, parfois même couchée sur le stigmate; plus rarement elle est suspendue en avant, à l'extrémité du connectif.

La substance intermédiaire aux grains de pollen les agglutine en deux, parfois quatre ou même huit *masses polliniques* ou *pollinies* (*mas*) qui, elles-mêmes, sont composées d'un grand nombre de *tétrades* ou *massules* (groupes de quatre grains de pollen accolés). Tantôt les massules sont simplement réunies par des filaments élastiques de substance intermédiaire, tantôt cette dernière les agglomère toutes dans une masse compacte et cireuse; d'autres fois, enfin, les massules sont agglutinées autour d'un axe celluleux d'où elles se séparent aisément.

Les masses polliniques peuvent être libres. Le plus souvent la substance intermédiaire leur forme un *caudicule* (*caud*) qui les unit au *rétinacle* (*rét*) renfermé dans le *bursicule* (v. p. 517). D'autres fois il n'existe point de rétinacle, mais le parenchyme du rostellum se résout lui-même en une matière agglutinante qui permet aux deux pollinies d'être enlevées en même temps par les insectes. Enfin ce résultat est dû, dans certains cas, à la seule viscosité des masses polliniques.

Gynécée et fruit. — Au-dessus de l'ovaire infère, la colonne stylaire se termine par une surface stigmatique escarpée ou surplombante, souvent concave, formée par les trois stigmates concrescents, d'après R. Brown (v. fig. 222 C, *stig*). Quand les trois lobes stigmatiques sont apparents, deux d'entre eux sont situés en face des deux pièces calicinales paires (v. fig. 222 E), le troisième généralement plus gros, constituant le *rostellum* est situé contre l'étamine impaire du verticille externe.

L'ovaire offre trois placentas oppositipétales et pariétaux, rarement portés par les cloisons ou dans l'axe d'un ovaire à trois loges, comme on l'observe chez les *Selenipedium*, *Apostasia*, certains *Phalenopsis* et certains *Cypripedium*.

Dans la règle, la paroi ovarienne est divisée en six bandes longitudinales, dont trois placentifères et trois stériles, marquées à l'extérieur par des sillons qui les séparent. La déhiscence du fruit, qui est capsulaire, s'effectue, dans ces conditions, par trois valves qui se séparent, suivant leur longueur, des segments stériles auxquels elles adhèrent encore en haut et en bas (v. p. 518), et les graines s'échappent ainsi d'une sorte de châssis en forme de lanterne, par six fentes longitudinales (1).

Ailleurs (*Fernandezia*, *Cattleya*), la déhiscence s'effectue simplement en trois valves loculicides, plus rarement par deux fentes longitudinales (*Pleurothallis*) ou une seule (*Angræcum*).

Les ovules sont nombreux, courtement funiculés, anatropes. Ils

(1) Lindley croit pouvoir admettre la présence de six carpelles, dont trois stériles et trois fertiles, dans la constitution de cet ovaire, manière de voir qui n'est nullement confirmée par l'analogie et les observations organogéniques. Et d'ailleurs, il faudrait alors que les placentas fussent portés par les nervures médianes des carpelles fertiles et non par leurs bords, ce qui constituerait une exception difficile à expliquer.

L'ovaire se montre quelquefois accompagné, en dehors du périanthe, par une sorte de calicule dans lequel certains auteurs ont cru voir le vrai calice des Orchidacées. Mais l'interprétation de la fleur, telle que nous la donnons avec la majorité des botanistes, est si naturelle, que l'opinion de R. Brown qui ne voit dans ces appendices que de simples dépendances des carpelles, nous paraît indiscutable. D'ailleurs ces pièces ne se montrent, là où elles existent, qu'après la formation du périanthe, ce qui vient encore à l'appui de l'hypothèse de R. Brown.

naissent, sur les placentas, comme des formations unicellulaires, et leur funicule manque de vaisseaux, ce qui a conduit Hofmeister à les considérer comme des poils transformés.

Les graines sont très nombreuses et très petites, revêtues d'un testa lâche, réticulé, quelquefois noir et crustacé. L'embryon est petit, de structure homogène, et ne remplit pas toute l'enveloppe.

Affinités. — La singulière organisation florale des Orchidacées rend difficile la détermination de leur place exacte parmi les Monocotylédones (1).

Les Asclépiadacées ont, comme les Orchidacées, un androcée et un gynécée concrescents, et leur pollen, agglutiné en masses polliniques, est enlevé par les insectes de la même manière. Il ne faut voir cependant, dans cette ressemblance, que le résultat d'une adaptation commune, et non une parenté réelle; les Asclépiadacées sont manifestement des Dicotylédones, et les Orchidacées, par leur port, le nombre des parties de la fleur, leur anatomie, etc., sont bien des Monocotylédones, quoique le cotylédon ne s'y montre presque jamais différencié (2).

Les *Apostasia*, dont quelques auteurs font le type d'une petite famille voisine des Orchidacées, mais qui peut y être réunie à titre de simple tribu, constituent une sorte d'intermédiaire entre elles et les familles de Monocotylédones à fleur construite suivant le type ordinaire. Ce sont des plantes de l'Asie et de l'Australie tropicales dont le périanthe est presque actinomorphe et dont l'ovaire est triloculaire. En outre le pollen des Apostasiées ne forme pas de masses polliniques.

Les groupes naturels les plus voisins des Orchidacées sont les Burmanniacées et les Cannacées que nous décrivons ci-après.

(1) Dupetit-Thouars, R. Brown, L. C. Richard, Lindley, etc., se sont longuement occupés de la place des Orchidacées en systématique.

(2) L'adaptation de deux organes, ou de deux appareils, même de deux organismes entiers à une fonction ou à un milieu identiques peut leur imprimer une ressemblance qu'il faut bien se garder de prendre pour une véritable analogie. C'est ainsi que l'adaptation à la vie aquatique imprime au Cétacé et au Poisson une forme extérieure semblable; c'est encore à une cause du même genre qu'est due la ressemblance du sternum de la Chauve-Souris avec celui des Oiseaux.

Caractères généraux.

Plantes très variées comme port, terrestres, saprophytes ou épiphytes, pourvues d'un rhizome ou, le plus souvent d'un bulbe, quelquefois grimpantes.

Fleurs rarement solitaires, généralement réunies en inflorescences terminales ou latérales, presque toujours hermaphrodites, zygomorphes, ordinairement plus ou moins résupinées.

Périanthe double : *calice* à 3 pièces ordinairement égales ou subégales; *corolle* à 3 pièces plus ou moins dissemblables : pétale impair postérieur presque toujours plus grand et autrement conformé que ses congénères (*labelle.*).

Étamines fertiles 1, 2, 3, plus rarement 5, accompagnées ou non de *staminodes*, concrescentes avec le style en un *gynostème. Grains de pollen* réunis en massules, ces dernières agglomérées le plus souvent en *pollinies* dont les *caudicules* sont en relation avec le ou les *rétinacles* renfermés dans le *bursicule.*

Ovaire infère, formé par 3 carpelles, rarement 3-loculaire ôt à placentation axile, le plus souvent uniloculaire et à placentation pariétale. Ovules nombreux et petits. Des 3 stigmates 2 généralement fertiles, le troisième transformé en *rostellum.* différencié.

Fruit capsulaire, s'ouvrant en général par 3 panneaux médio-placentifères.

Graines petites et très nombreuses, à tégument lâche et celluleux. Embryon exalbuminé, très peu

ORCHIDACÉES.

Fleur nettement zygomorphe. — Une seule étamine fertile. — Inflorescences terminales.

Ovaire uniloculaire avec 3 placentas pariétaux.

Pollinies subpulvérulentes, sans caudicules, ou pourvues d'appendice à leur sommet — Anthère portée par un filament grêle et généralement caduque.

Rostellum mal délimité à l'égard du rétinacle. — Masses polliniques sans relation directe avec ce dernier. — Masses polliniques subpulvérulentes. — Anthère terminale et inclinée, en forme d'opercule.

Sépales indépendants. — Labelle non lobé, entourant le gymnostème et concrescent avec lui. — Anthère suspendue et inclinée — Fruit allongé, charnu, indéhiscent ou s'ouvrant tardivement en deux valves. — Graines nombreuses et noires, à tégument crustacé. — Plantes grimpantes.......
Vanilla Sw. (20 espèces environ. Dans toutes les régions tropicales).

Rostellum bien délimité à l'égard du rétinacle avec lequel les masses polliniques sont en relation directe. — Anthère disposée parallèlement au stigmate....

Inflorescences latérales. — Labelle pourvu d'un éperon long et grêle, concrescent avec le gynostème....,......
Angræcum Thou. p. p. (13 espèces environ. Régions tropicales de l'Afrique, Madagascar, îles Mascareignes).

Fleurs presque actinomorphes. Ovaire à 3 loges et à placentation axile. (Apostasiées.)

Périanthe à peine zygomorphe, la pièce correspondant au labelle étant un peu plus grande. 3 étamines fertiles (les 2 latérales internes et l'impaire du verticille externe)......
Neuwiedia Bl. (3 espèces. Malacca; chipel Malais).

Périanthe presque actinomorphe. 2 étamines fertiles (les deux paires du verticille interne).............
Apostasia Bl. (4 espèces. Indes Orientales; Archipel malais; Australie tropicale.)

Pollen réuni en deux masses polliniques en relation, par leurs caudicules, avec la matière agglutinante du rétinacle. — Anthère dressée ou renversée, toujours persistante et à 2 loges complètes.

Deux étamines fertiles (les deux latérales du verticille interne); impaire extérieure développée en un appendice pétaloïde. — Les 3 lobes stigmatiques également distincts et susceptibles de retenir le' pollen. Pollen granuleux, pulvérulent au moment de la fécondation.....................
Cypripedium L. (20 espèces environ. Zone tempérée de l'hémisphère Nord, jusqu'au Japon; Nord de l'Inde; Amérique).

Un seul bursicule commun.

Un seul rétinacle dans le bursicule.

Connectif non allongé. Extrémité du rostellum sphéroïdal.

2 bursicules distincts. Labelle sans éperon.
Ophrys L. (30 espèces. Région temperées de l'Ancien Continent).

2 rétinacles dans le bursicule. Labelle éperonné.........................
Orchis L. (70 espèces environ. Régions tempérées des deux continents).

Connectif allongé. Rostellum comprimé latéralement. Lobe médian du labelle indivis et volumineux................
Serapias L. (4 à 5 espèces. Région méditerranéenne).

Lobe médian du labelle allongé en lanière et enroulé sur lui-même devant l'étamine fertile, dans le bouton........
Himanthoglossum Spreng. (2 espèces. Europe moyenne; région méditerranéenne).

Labelle à 3 lobes égaux, jamais enroulés, avec 2 épaississements longitudinaux sur les côtés............
Anacamptis L. C. Rch. (*A. pyramidalis* L. Europe; Nord de l'Afrique).

Distribution géographique. — La famille des Orchidacées, une des plus nombreuses parmi les Monocotylédones, renferme environ 334 genres répartis dans 5,000 espèces. Bien que répandues sur le globe entier, c'est dans la zone intertropicale qu'elle atteint son plus grand développement. La province de Khasiya, dans la région himalayenne, est particulièrement riche en formes et en individus de ce groupe. Les Orchidacées épiphytes, la plupart si belles par la grandeur et l'éclat de leurs fleurs, abondent dans les forêts du Nouveau Monde. L'Europe ne possède que des Orchidacées terrestres, et les régions septentrionales en sont presque dépourvues. Le *Calypso borcalis*, qui fleurit encore par 68° de latitude Nord, est peut-être celle qui s'avance le plus vers le pôle (1).

Propriétés générales. Espèces importantes. — Un grand nombre d'Orchidacées sont cultivées dans nos serres chaudes pour la beauté et la durée de leurs fleurs.

L'un des produits les plus importants que nous donnent les Orchidacées est le Salep, auquel on attribuait jadis une action aphrodisiaque, et dont les propriétés analeptiques et reconstituantes sont depuis fort longtemps connues. Il n'en est pas ainsi de son origine botanique et de sa vraie nature, à cause de son apparence toute particulière. Geoffroy le premier, ayant récolté des tubercules de plusieurs *Orchis* indigènes, les ayant trempés dans l'eau bouillante, puis desséchés, obtint un salep tout aussi beau que celui que l'on recevait jusque-là exclusivement de l'Orient (Turquie, Natolie, Perse, etc.).

Le salep pourrait, à la rigueur, être préparé avec la plupart des *Orchis* qui poussent dans l'Europe et l'Asie tempérées. Certains d'entre eux ont des tubercules entiers, d'autres des tubercules palmés. Parmi les premiers, nous citerons les espèces suivantes :

(1) Les diverses tribus de la famille, dont nous n'avons pas cru devoir donner le détail, offrent certaines particularités au point de vue de leur répartition à la surface du globe. Ainsi les *Malaxidées* sont surtout abondantes dans le Sud de l'Asie et dans les îles de l'Océan Indien, tandis qu'elles sont peu nombreuses en Amérique et dans le Sud de l'Afrique ; par contre l'Amérique tropicale est la vraie patrie des *Épidendrées* dont certaines, cependant, appartiennent à l'Ancien Monde. Les *Vandées* sont à peu près également réparties dans les contrées tropicales de l'Amérique et de l'Asie ; elles sont rares en Afrique, mais communes à Madagascar. Les *Ophrydées* aiment un climat plus tempéré ; elles abondent dans les régions subtropicales, dans la zone méditerranéenne, l'Afrique australe ; les *Cypripédiées* habitent les climats tempérés de l'hémisphère Nord, etc.

En France, la famille se trouve représentée par les genres suivants : *Limodorum*, *Corallorhiza*, *Cypripedium*, *Nigritella*, *Aceras*, *Orchis*, *Spiranthes*, *Listera*, *Goodyera*, *Serapias*, *Ophrys*, *Cephalanthera*, *Epipactis*, *Liparis*, *Malaxis*, *Herminium*.

Orchis militaris L.; *O. mascula* L. (1); *O. Morio* L.; *O. ustulata*, L.; *O. pyramidalis* L.; *O. Coriophora* L.; *O. longicruris* Linck.

Parmi ceux dont les tubercules sont palmés, nous mentionnerons: *O. maculata* L.; *O. saccifera* Brong.; les *O. Conopsea* et *latifolia* L.

On peut également employer de la même manière les *Ophrys apifera, anthropophora, arachnites,* etc.

Ces divers tubercules contiennent de la fécule, un mucilage particulier, du sucre, de l'albumine, des sels, et une petite quantité d'huile volatile.

Les Hindous estiment beaucoup et achètent, paraît-il, dans les bazars, à un prix insensé les bulbes de divers *Eulopia*, entre autres des *E. campestris* Lindl. et *herbacea* L.

Le *Salep* dit *royal*, décrit par certains auteurs, ne serait autre chose, d'après Lindley, qu'un bulbe de Tulipacée.

Enfin, en Australie on emploie comme Salep le bulbe d'une Néottiée, le *Microtis media.*

La racine du *Cypripedium pubescens* Willd. est souvent employée, dans le Nouveau Monde, comme stimulant du système nerveux, sous le nom de *Valériane d'Amérique.* Fraîche, la plante détermine parfois, dit-on, des accidents semblables à ceux que produit le *Rhus Toxicodendron.*

Le genre *Vanilla* est un des plus importants pour les fruits aromatiques qu'il fournit. Ce genre est représenté par une vingtaine d'espèces, répandues dans toutes les contrées tropicales du monde. La plus importante de toutes est le *V. planifolia* Adans. (*V. claviculata* Sw., *V. viridiflora* Bl., *Myrobroma fragrans* Salibs.) (fig. 224) auquel on attribue généralement la meilleure sorte de Vanille.

Cette plante est originaire du Mexique; elle croît également dans les régions chaudes et humides de la Colombie et de la Guyane. On la cultive, d'ailleurs, aux Antilles, à Bourbon et à Maurice. On opère en grand la fécondation artificielle de la Vanille, dont la culture est facile. Comme tous les *Vanilla*, c'est une plante dont les longues tiges grimpantes sont marquées de nœuds espacées, donnant naissance chacun à une feuille et à une racine adventive aérienne. Les feuilles sont isolées,

---

(1) L'*O. mascula* se distingue de l'*O. militaris* par ses feuilles planes, oblongues, souvent maculées, et ses bractées florales aussi longues que l'ovaire. Les pièces du périanthe sont plus aiguës et les trois supérieures sont rapprochées en une sorte de casque; les deux latérales sont étalées d'abord, puis réfléchies. Le labelle est profondément trilobé, mais ses trois lobes sont larges et dentés. Les fleurs, d'un rouge moins foncé, forment un épi long et lâche.

L'*O. maculata*, indépendamment de son tubercule aplati et divisé en deux ou trois branches, a des feuilles maculées, variant beaucoup comme taille et comme forme; les fleurs sont blanches ou roses, tachetées de pourpre ou de violet.

Enfin les *Ophrys* se distinguent des *Orchis*, entre autres caractères, par l'absence d'éperon au labelle.

charnues, oblongues, pointues, parcourues par 8 à 15 nervures, pourvues d'un pétiole court, articulé, un peu renflé à la base. L'axe se termine par une grappe de fleurs, et comme des inflorescences semblables naissent à l'aisselle des feuilles situées au-dessous, la plante paraît porter une grappe ramifiée accompagnée de feuilles végétatives.

Les fleurs naissent chacune à l'aisselle d'une bractée foliacée ; elles sont vertes, larges de 5 centimètres environ, pourvues d'un périanthe dont 5 folioles sont à peu près semblables, divergentes, tandis que le labelle, concrescent avec le gynostème, forme autour de lui une lame épaisse, recourbée en gouttière, dilatée à son extrémité qui est pourvue d'un bord calleux. Dans sa partie moyenne, le labelle est muni de deux petits appendices écailleux.

Le gynostème est longuement stipité, marginé au sommet. Il ne porte qu'une seule étamine pendante. Les masses polliniques sont pulvérulentes.

Le fruit, qui affecte la forme de longues gousses, s'ouvre tardivement et incomplètement en deux valves. Les graines sont en nombre considérable, très petites, recouvertes d'un testa noir et crustacé.

Les *V. sylvestris* et *sativa* de Schiede ne sont probablement que des variétés de cette espèce.

Le *V. guianensis*, de Surinam, est probablement la source de la vanille de la Guayra et de la vanille grosse de la Guyane.

Le *V. Pompona* de Schiede produit une vanille de qualité inférieure, connue en France sous le nom de *Vanillon*.

Fig. 224. — Vanille.

Selon Martius, la vraie Vanille serait produite par le *Vanilla aromatica* Swartz (*Epidendron Vanilla* L.), originaire du Brésil.

La Vanille doit son odeur, non pas à une huile essentielle, mais à la *Vanilline*, principe cristallin que l'on a réussi à produire artificiellement.

On désigne sous le nom de Faham ou Fan les feuilles d'une Orchidacée des îles Mascareignes, l'*Angræcum fragrans* Dup.-Th. On leur attribue une certaine efficacité pour activer les fonctions digestives et contre la phtisie. Dans tous les cas, elles ont des propriétés excitantes, et jouissent d'une odeur suave due à la *Coumarine*, principe odorant de la *Fève Tonka*,

Plusieurs autres plantes de la même famille pourraient, à la rigueur, être substituées au Faham, et contiennent comme lui de la Coumarine.

La racine de l'*Epipactis latifolia* passe pour efficace contre les douleurs arthritiques ; celles de l'*Himantoglossum hircinum*, du *Spiranthes autumnalis*, du *Platanthera bifolia*, sont dites aphrodisiaques.

Le *Spiranthes diuretica* fait partie de la matière médicale au Chili.

Les fleurs du *Gymnadenia Conopsea* passent pour pouvoir combattre la dysenterie ; les tubercules de l'*Arethusa bulbosa* sont employés, en Amérique, pour hâter la maturation des tumeurs indolentes et contre l'odontalgie.

GROUPE DES BURMANNIACÉES

Ce groupe naturel, presque exclusivement limité aux régions tropicales où ces plantes croissent à l'ombre des grandes forêts, comprend des végétaux le plus souvent saprophytes et alors sans chlorophylle, ou bien à feuilles vertes et, dans ce cas, épiphytes ou terrestres ; ils sont pourvus d'un rhizome ou d'un bulbe.

Leur *fleur*, zygomorphe ou actinomorphe, est construite suivant le type normal, ordinairement hermaphrodite. L'*androcée* est représenté par 6 étamines, ou par les trois internes seulement ; les filets sont ordinairement insérés sur la corolle, et les deux loges de l'anthère, bien qu'à déhiscence introrse, sont fortement écartées par l'élargissement du connectif.

L'*ovaire* infère, 3-carpellé, est uniloculaire avec 3 placentas pariétaux, ou 3-loculaire à placentation axile ; il contient toujours des ovules très petits et nombreux, à double tégument. Le *style* est court et simple, à *stigmate* terminal.

Le *fruit* est une capsule, s'ouvrant par des fentes longitudinales comme celle des Orchidacées, ou irrégulièrement au sommet, ou rarement par des valves libres.

Les *graines* sont petites et nombreuses. L'embryon, très peu différencié, est accompagné d'une petite quantité d'albumen.

Ces plantes, d'un intérêt purement scientifique, sont généralement placées à côté des Orchidacées, dont elles se séparent pourtant, entre autres caractères, *par l'indépendance de leurs étamines, la conformation de leur périanthe et la présence d'un albumen à la graine.* Elle s'en rapprochent, d'ailleurs, par leur port, leur ovaire infère avec nombreux ovules, leurs graines petites et leur embryon peu différencié. Leur place réelle paraît être entre les Orchidacées et les Amaryllidacées.

ORDRE VII. — SCITAMINÉES

Chez les végétaux de cet ordre, *les fleurs ont un périanthe, plus ou moins zygomorphe, comme chez les Cynandrées, ou même asymétri-*

que ; mais, sauf chez les Musacées, l'androcée n'est représenté que par une seule étamine à filet plus ou moins pétaloïde et par des staminodes. L'ovaire est infère. — La graine est pourvue d'un périsperme (v. p. 139) avec ou sans albumen.

Les feuilles sont généralement grandes, penninerviées.

FAMILLE I. — ZINGIBÉRACÉES

Description du Zingiber officinale Rosc. — Nous prendrons comme exemple l'espèce qui fournit au commerce le produit aromatique, célèbre autrefois, et quelquefois encore employé aujourd'hui sous le nom de *Gingembre officinal*. C'est le rhizome du *Zingiber officinale* Rosc. (*Amomum Zingiber* L.).

Le Gingembre, originaire de l'Asie tropicale, est actuellement cultivé dans les Antilles et en Afrique.

APPAREIL VÉGÉTATIF. — C'est une plante (fig. 225) vivace par son rhizome charnu, articulé, rampant, assez long, infléchi d'une manière irrégulière, légèrement aplati. Il porte en dessus de petits tubercules annelés, très rapprochés, arrondis, formés par la base des tiges aériennes annuelles qu'il produit successivement ; en dessous sont attachées de nombreuses racines adventives cylindriques, blanches et charnues.

Chaque année l'axe souterrain donne naissance à plusieurs tiges aériennes dressées, d'une hauteur de 30

Fig. 225. — Gingembre.

centimètres à 1^m,20, pourvues de nombreuses feuilles distiques. Les basilaires sont réduites à de simples gaines glabres et striées en long ; les gaines supérieures sont surmontées d'un limbe sessile, linéaire, lancéolé, acuminé, d'un beau vert, criblé de ponctuations translucides. De la nervure médiane partent des nervures secondaires fines et serrées, parallèles et se dirigeant très obliquement vers le sommet du limbe. A la jonction de ce dernier et de la gaine existe une ligule prolongée latéralement en deux auricules.

INFLORESCENCES ET FLEURS. — Les fleurs sont portées par des axes spéciaux, ou *scapes*, qui naissent directement du rhizome, tout près, ou en des points assez éloignés des tiges végétatives. Ces scapes portent un assez grand nombre de gaînes foliaires dont les supérieures sont quelquefois munies d'un limbe toujours plus court que sur les tiges végétatives. Ces formations passent, vers le sommet de l'axe, aux grandes bractées qui accompagnent les fleurs. Celles-ci forment un épi presque globuleux.

Ces bractées sont imbriquées, obovales et obtuses, vertes et striées, membraneuses et colorées en jaune sur les bords, ponctuées de violet.

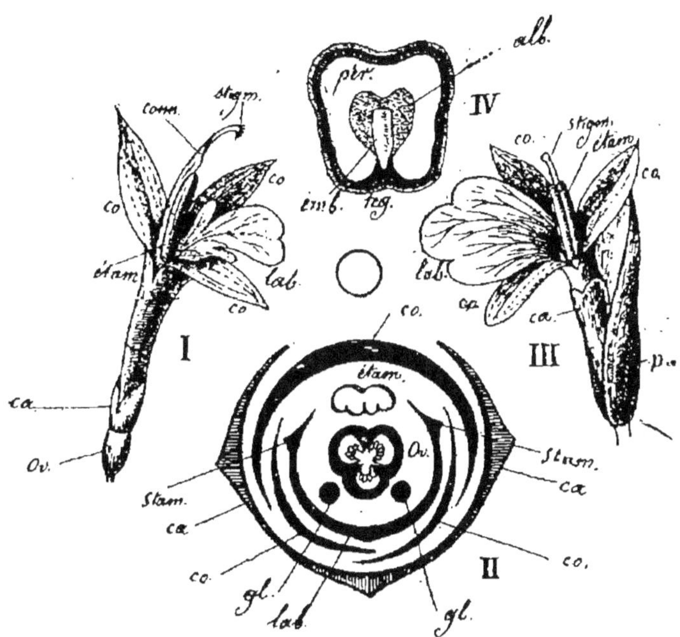

Fig. 226. — I. Une fleur de *Zingiber officinale*. — II. Diagramme de la même fleur. — *ca*, calice ; *co*, pétales ; *lab*, labelle ; *stam*, staminodes latéraux : *gl*, glandes épigynes ; *étam*, étamine ; *conn*, connectif ; *stig*, stigmate et style ; *ov*, ovaire. — III. Une fleur de *Curcuma*. *pr*, préfeuille ; les autres lettres avec la même signification que ci-dessus. — IV. Coupe longitudinale d'une graine de Zingibéracée (Cardamome). *tég*, tégument ; *alb*, albumen ; *pér*, périsperme ; *emb*, embryon (d'après les données de Eichler, Berg et Schmidt, Petersen, etc.).

Chacune d'elles montre à son aisselle une fleur brièvement pédonculée.

Les *fleurs* (fig. 226 I et II) sont hermaphrodites et zygomorphes. Chacune d'elles possède une préfeuille adossée, membraneuse, qui lui forme une enveloppe complète jusqu'au-dessus du calice.

Périanthe. — Les six pièces périanthiques forment deux verticilles. Celles du *calice* (*ca*) sont concrescentes en un tube profondément fendu en arrière, et dont le bord est découpé en 3 lobes en avant. Ce verticille est membraneux et beaucoup plus court que la *corolle*. Cette dernière (*co*) forme un tube long et grêle, qui s'évase au sommet et se découpe en trois lobes lancéolés, environ aussi longs que le tube lui-même, d'un jaune verdâtre, striés et ponctués de violet. La pièce calicinale impaire est tournée en avant. Des trois pétales qui alternent avec les sépales, le postérieur est le plus grand et enveloppe les deux autres ; ces derniers sont, en outre, déjetés vers le bas et en avant, le postérieur est redressé en arrière.

Androcée. — En dedans de la corolle se montre une autre pièce pétaloïde (*lab*) occupant la partie médiane antérieure de la fleur, et qui se détache vivement par sa couleur violette, tachetée de blanc. C'est le *labelle* dont le bord est découpé en trois lobes, et dont la base rétrécie est accompagnée par deux appendices latéraux dentiformes (II, *stam*). Il n'existe qu'une seule étamine fertile (*étam*), l'étamine impaire postérieure du verticille interne. Comme le labelle et ses appendices, elle est portée par la gorge du périanthe, et elle est constituée par une anthère sessile dont les deux loges sont séparées par un connectif assez large ; celui-ci se prolonge en un appendice violet (I, *conn*) supérieurement reployé en gouttière et enveloppant le style. Les deux étamines antérieures du verticille interne sont stériles, et forment deux petites glandes (II, *gl.*) directement insérées sur le sommet de l'ovaire (1).

Gynécée. — L'ovaire est infère, triloculaire, et dans l'angle interne de chaque loge sont insérés, en doubles séries et se regardant par leurs raphés, de nombreux ovules anatropes. Le *style* est terminal, filiforme ; vers son sommet, il est embrassé par les deux loges de l'anthère et plus haut par le prolongement pétaloïde du connectif. Le *stigmate* (II, *stig.*) qui le termine est infundibuliforme, entouré par une couronne de longues papilles.

Fruit et graine. — Le *fruit*, que surmontent les restes du périanthe, est une capsule à déhiscence loculicide. Les graines sont arillées, et probablement pourvues d'un *albumen* et d'un *périsperme*, comme chez les autres Scitaminées.

Tel est le type fondamental de structure florale de la famille. On ne remarque, en effet, dans les autres genres, que des différences de détails.

Ainsi chez les *Curcuma* (III), le labelle est large, et les deux étamines latérales du verticille externe forment de grandes pièces pétaloïdes. Les loges de l'anthère se prolongent vers le bas en deux éperons recourbés, et le stigmate est capité. L'ovaire est, en outre, parfois biloculaire.

Chez les *Alpinia*, le labelle est très développé, entier ou bilobé, l'anthère est sans appendice, et le fruit est bacciforme, etc.

Rarement l'ovaire est biloculaire ou uniloculaire avec des placentas pariétaux.

Caractères généraux. — *Plantes* vivaces, pourvues d'un rhizome rampant, souvent renflé en tubercule, et donnant attache à des racines cylindriques ou renflées elles-mêmes

(1) Sur un pied de *Zingiber roseum* cultivé en serre chaude, on a vu des fleurs devenues diandres par suite de la fertilité de l'étamine antérieure gauche du verticille interne. Chose remarquable, en devenant fertile, cette pièce venait se placer sur la gorge du périanthe, au niveau de l'étamine postérieure normalement fertile ; on n'observait plus alors, directement inséré au sommet de l'ovaire, que le staminode antérieur droit (Berg et Schmidt).

Tiges aériennes très courtes ou plus ou moins longues, dressées, sans ramifications.

Feuilles alternes, distiques ou spiralées, les inférieures réduites à leur gaîne, les supérieures composées d'une *gaîne* généralement fendue et d'un *limbe* allongé, penninervié. Parfois une *ligule* entre la gaîne et le limbe.

Inflorescences variées, ordinairement simples, rarement composées, occupánt le sommet de tiges feuillées, ou sur des hampes distinctes.

Fleurs zygomorphes, ordinairement hermaphrodites, naissant chacune à l'aisselle d'une bractée colorée, et généralement pourvues d'une préfeuille enveloppante.

Périanthe double : *calice* gamosépale, tridenté, fendu en arrière (le sépale impair étant situé en avant). — *Corolle* tubuleuse et beaucoup plus longue, à trois divisions, dont la postérieure plus grande que les latérales qu'elle recouvre plus ou moins.

Labelle situé en avant, pétaloïde, concrescent avec la corolle, composé d'un grand lobe médian et de deux petits appendices basilaires.

Une seule *étamine* fertile postérieure insérée sur la corolle, introrse et biloculaire, entourant le style, surmontée d'un prolongement pétaloïde. du connectif. Deux *glandes* directement insérées sur l'ovaire (1).

Ovaire infère, triloculaire. *Ovules* nombreux et bisériés à l'angle interne des loges, anatropes. *Style* filiforme.

Fruit généralement capsulaire et loculicide, rarement subcharnu.

Graines globuleuses ou anguleuses, pourvues d'un testa cartilagineux. Embryon droit, coiffé par l'*albumen* peu développé, et lui-même entouré par un *périsperme* (V. p. 139.) farineux abondant.

(1) Cette structure florale a donné lieu à deux interprétations principales :

1° Pour Payer, M. Van Tieghem, etc., le verticille staminal externe fait entièrement défaut. Deux des membres du verticille interne sont concrescents et forment le labelle qui a la valeur d'un staminode. Les deux appendices latéraux du labelle sont de simples dépendances de ce dernier et les glandes représentent seulement un disque. Le troisième membre du verticille interne se développe en étamine fertile.

2° Pour R. Brown, les deux verticilles sont complets, le premier étant représenté par le labelle et ses deux appendices basilaires, le second par les deux glandes épigynes et l'étamine fertile.

Il est à remarquer que le *labelle* des Scitaminées ne correspond nullement à celui des Orchidacées ; il est formé, chez ces dernières, par une pétale, et chez les Scitaminées, il représente toujours une partie de l'androcée.

ZINGIBÉRACÉES.

Staminodes latéraux toujours présents, linéaires ou dentiformes, semblables l'un à l'autre.

Staminodes latéraux nuls ou dentiformes. — Filet staminal allongé. — Fleurs en grappe ou en panicule............... *Alpinia* L.
(40 espèces. Asie trop. et subtrop.; Australie; îles de l'océan Pacifique).

Connectif grêle, sans appendice au-dessus de l'anthère, réunissant sur toute leur longueur les deux moitiés de cette dernière.............. *Elettaria* Maton.
(*E. Cardamomum* White et Maton, de l'Inde).

Connectif élargi, avec ou sans appendice au-dessus de l'anthère. — Filet staminal court. — Inflorescence plus ou moins conique.......... *Amomum* L.
(50 espèces. Asie; Australie; Afrique tropicale; Océanie).

Connectif formant, au-dessus de l'anthère, un processus allongé et reployé en forme de gouttière autour du sommet du style............. *Zingiber* Adans.
(20 espèces environ. Indes; Archipel Malais; Chine; Japon; Océanie; Iles Mascareignes).

Staminodes foliacés.

Staminodes concrescents à la base avec le filet staminal élargi........................... *Curcuma* L.
(30 espèces. Afrique trop.; Asie; Australie).

Staminodes indépendants.

Connectif sans appendice terminal, *Hedychium* Koen.
(17 espèces. Nouvelle-Guinée; Madagascar; Asie tropicale).

Connectif pourvu d'un processus terminal .... *Kæmpferia* I.
(18 espèces. Afrique, Asie tropicales).

Affinités. — Les affinités des Zingibéracées seront indiquées après l'étude des autres familles de Scitaminées (p. 547).

Distribution géographique. — C'est dans les régions tropicales de l'Ancien Monde, et surtout en Asie, que dominent les Zingibéracées; deux genres seulement sont américains (*Costus* et *Renealmia*). L'Indoustan et l'archipel Malais semblent être le centre de leur développement. Les contrées sèches et brûlantes de l'Afrique ne sont pas favorables à ces plantes; aussi ne trouve-t-on, dans cette partie du monde, que quelques espèces de *Kæmpferia* et d'*Amomum* dans les forêts humides de l'Est et du Sud.

Propriétés générales. Espèces importantes. — Les principes dominants des Zingibéracées, ceux qui donnent à ces plantes leurs propriétés caractéristiques, sont des huiles volatiles unies à une quantité plus ou moins grande de résine, et de l'amidon. A ces corps s'ajoute assez souvent une matière colorante jaune spéciale, la *Curcumine*. Dans les réservoirs sécréteurs des rhizomes de Curcuma, ce pigment se trouve uni à une proportion plus ou moins considérable d'huile essentielle, et il est à remarquer que la culture en serre chaude paraît favoriser le développement de ce dernier principe au détriment de la Curcumine qui prédomine, par contre, dans les plantes qui croissent en plein air. Il est possible que la sélection, en vue de l'utilisation de cette matière colorante, ait contribué à en augmenter la proportion dans les *Curcuma* cultivés en plein air.

L'amidon que renferment en abondance les Zingibéracées, surtout dans leurs parties souterraines, se présente généralement *en grains aplatis*, obovales ou allongés, ou bien encore en forme de bouteilles ou de massue. Cet aplatissement qui leur permet, non pas de rouler, mais seulement de glisser les uns sur les autres, leur imprime un caractère spécial.

Les Zingibéracées les plus importantes à connaître sont les suivantes :

Le *Zingiber officinale* Rosc, que nous avons déjà décrit (p. 532), fournit des rhizomes improprement connus sous le nom de *Racine de Gingembre*. On nomme *Gingembre noir* ou *cortiqué*, les fragments que l'on a simplement nettoyés, échaudés à l'eau bouillante, puis séchés au soleil ; le *Gingembre blanc* ou *décortiqué* est composé de rhizomes choisis avec soin, lavés et raclés, puis séchés au soleil.

Probablement originaire de l'Asie tropicale et de l'archipel Malais, le Gingembre est encore cultivé à la Jamaïque, dans les Barbades et sur la côte occidentale d'Afrique.

Ce produit est un excitant puissant, et à ce titre il entre dans la confection de certaines préparations et de certaines liqueurs. On le mange également confit au sucre.

On emploie le rhizome de plusieurs *Curcuma* (1).

Le *Curcuma longa* L. (2) fournit son rhizome connu sous le nom de *Curcuma long*, à cause de sa forme allongée. On en distingue plusieurs variétés commerciales, d'après la provenance (*Curcuma de Chine, C. de Madras, du Bengale, de Java, de Cochin*, etc.). Les parties du même rhizome demeurées courtes et rondes sont désignées sous le nom de *Curcuma rond ;* mais la provenance est la même.

Le *C. leucorhiza* Rxb., qui fournit une fécule connue sous le nom d'*Arrow-Root de l'Inde*, possède un scape latéral, et des parties souterraines, riches en amidon, mais presque dépourvues de Curcumine. Le *C. angustifolia* Rxb. (à feuilles étroites) concourt, avec le précédent, à fournir le même produit.

(1) Les *Curcuma* se distinguent des Gingembres par le développement des deux pièces qui accompagnent le labelle en deux larges formations pétaloïdes et par leur connectif staminal inférieurement prolongé en deux éperons.

(2) Le *C. longa* L. est une plante dont les rhizomes renflés en tubercules, oblongs ou palmés, offrent à l'intérieur une coloration jaune orangé. Les feuilles sont longuement pétiolées, lancéolées. Comme chez le Gingembre, les fleurs sont portées sur des scapes nés directement du rhizome, et dont la base est enveloppée par les gaines foliaires. L'épi qui le termine est oblong, vert, pourvu de grandes bractées à l'aisselle desquelles sont de grandes fleurs jaunes. Le fruit est une capsule triloculaire loculicide.

Sous les noms de *Zédoaire longue*, *Zédoaire ronde*, on désigne les rhizomes fournis respectivement par les *Curcuma Zedoaira* Roscoë (1) et *C. aromatica* Rosc. La Zédoaire jaune est donnée par une plante voisine du *Curcuma longa*, et dont les parties souterraines contiennent une certaine proportion de *Curcumine*. Ces rhizomes ont une odeur aromatique intense, une saveur chaude camphrée.

D'autres rhizomes de Zingibéracées, fortement aromatiques, sont connus sous le nom de *Galanga*. Le *Galanga officinal* ou *Galanga de Chine* est fourni par l'*Alpinia officinarum* Hanse, ainsi que Hanse l'a démontré. Le type sauvage a été trouvé par lui sur la côte méridionale d'Hainam, et cette espèce est très analogue à l'*A. calcarata* Rosc., qui croît sur la partie voisine du continent asiatique (2).

Une autre espèce de Galanga, le *Galanya léger*, a une origine inconnue.

Le *Grand Galanga*, bien moins apprécié, d'ailleurs, que le Galanga officinal, est dû à l'*Alpinia Galanga* Wild., des îles de la Sonde (3).

(Les *Kæmpferia*, dont les rhizomes possèdent les mêmes propriétés stimulantes que ceux des *Alpinia*, sont inusités).

Les fruits et les graines de plusieurs Zingibéracées, connus sous les noms de *Cardamomes* et de *Maniguettes*, sont encore conservés dans nos droguiers, et quelquefois employés. Leur origine est souvent incertaine.

L'*Amomum Cardamomum* L. fournit l'Amome en grappe, ou *Cardamome de Siam*. Cette plante croît spontanément au Cambodge, à Sumatra, à Siam (4).

(1) *C. Zerumbet* Rxb.

(2) L'*Alpinia officinarum* Hanse possède de longs rhizomes pourvus de larges écailles blanches qui laissent, après leur ablation, de grandes cicatrices annulaires sinueuses, se détachant en clair sur un fond brun. Les feuilles, longuement engaînantes et ligulées, n'ont point de pétiole. L'inflorescence termine ici la tige feuillée. Elle forme une grappe serrée assez courte. Les fleurs, sans préfeuilles, mais accompagnées de grandes bractées, sont blanches et tomenteuses. Le calice est tubuleux comme la corolle dont le pétale postérieur est en forme de capuchon. Le labelle est grand, veiné de rouge, accompagné simplement de deux petits appendices linéaires, comme chez la plupart des *Alpinia*. L'anthère est dépourvue d'appendices, et le fruit, globuleux et coriace, est indéhiscent.

(3) C'est une plante dout les tiges, hautes de 1^m,50 à 2 mètres, portent des fleurs verdâtres formant des panicules terminales. Le fruit est rouge, coriace et indéhiscent.

(4) Les *Amomum* ont un calice tubuleux ; leur connectif se prolonge, au-dessus de l'anthère, en un appendice en forme de crête entière ou lobée. Le fruit est capsulaire.

L'*A. Cardamomum* possède un rhizome blanc qui émet des tiges aériennes de 30 à 60 centimètres, entièrement recouvertes par les gaines foliaires. Les feuilles ont un limbe longuement acuminé, réuni à la gaine par un court pétiole. Les fleurs naissent, en grappes, sur des scapes spéciaux, peu saillants au-dessus du sol. Chacune des bractées scarieuses et velues, de couleur cendrée, que porte l'axe principal, montre, à son aisselle, une fleur dont le pédoncule est pourvu d'une préfeuille en forme de spathe. Le calice est tubuleux, à 3 dents ; la corolle est formée d'un tube long, un peu recourbé, que terminent trois divisions presque égales. Le labelle est trilobé, reployé et crénelé, jaune sur son lobe moyen que bordent deux lignes roses ; les deux appendices qui l'accompagnent sont grêles et linéaires. La crête qui surmonte le connectif est trilobée. Le fruit est capsulaire et oculicide.

L'*Elettaria Cardamomum* Maton (*Alpinia Cardamomum* Rxb.), produit le Petit Cardamome du Malabar. Cette plante croît spontanément dans les forêts de Travancore, de Cochin et d'Anamalai; elle est cultivée dans un grand nombre de régions de l'Asie tropicale, entre autres dans les contrées montagneuses de la côte de Malabar, et à Ceylan où croît, à l'état sauvage, une variété de l'*Elettaria Cardamomum*.

Une simple forme du même fruit est désignée sous le nom de *Long Cardamomum du Malabar*.

Le *Cardamome de Ceylan*, ou Grand Cardamome de Clusius, est produit par l'*Elettaria major* Smith, plus grand dans toutes ses parties que l'*E. Cardamonum*, dont il est très voisin (1).

Le Cardamome ailé de Java est fourni par l'*A. maximum* Rxb.

Il existe encore d'autres espèces, moins importantes, de Cardamomes:

Le *Cardamome noir de Gærtner* que donne le *Zingiber nigrum* Gærtn.

Le *Cardamome poilu de la Chine*, qui paraît se rapporter, d'après Cauvet, à l'*A. villosum* Lour.

Le *Cardaome xanthioïde*, qui est donné par l'*Amomum xanthioides* Wall., dont les fruits sont couverts d'épines charnues et aplaties.

Le *Cardamome rond* de Chine, fourni par l'*A. globosum* Lour.

Le *Cardamome ovoïde* de Chine, fourni par l'*A. medium* Lour.

Le *Grand Cardamome* de Madagascar, que donne l'*A. madagascariense* Smith, etc.

On distingue sous le nom de *Maniguette* ou *Graines du paradis*, les semences de l'*Amomum Meleguetta* Rosc. (2). Cette plante croît dans l'Afrique occidentale depuis Sierra-Léone jusqu'au Congo, sur le littoral de l'Atlantique. Les semences de Maniguette ont une faible odeur aromatique, mais la saveur en est des plus piquantes. Elles sont employées dans la médecine vétérinaire; on les utilise aussi parfois comme stimulant et comme condiment. Les Graines du Paradis ont été quelquefois frauduleusement mêlées au poivre en poudre.

(1) Les *Elettaria* ont les fleurs portées sur une hampe écailleuse allongée. Ils se distinguent des *Amomum* par leurs deux loges anthériques contiguës sur toute leur étendue (elles divergent vers le haut chez les *Amomum*), leur connectif non appendiculé, leur labelle entier ou faiblement trilobé.

Les tiges aériennes émises par le rhizome de l'*Elettaria Cardamomum* ont un port de roseau, et atteignent une élévation de 1^m,80 à 2^m,80. Les feuilles sont engainantes, à limbe à peu près sessile, ligulées. Les scapes floraux naissent, par deux ou trois ensemble, à la base des tiges feuillées; ils sont longs, flexueux et peuvent atteindre jusqu'à 60 centimètres de longueur. Les fleurs sont disposées, sur le scape, en petites grappes alternes; elles sont courtement pédonculées. Leur calice est tridenté, strié, persistant. La corolle est formée d'un tube grêle, terminé par trois lobes à peu près égaux, verdâtres. Le labelle est long, infléchi en avant, obscurément trilobé et marqué de lignes pourpres.

(2) Cet Amome émet des axes végétatif dont la hauteur peut atteindre 1^m,50; les feuilles sont pourvues d'un limbe lancéolé, longuement acuminé. Cette espèce est, d'ailleurs, remarquable par les scapes florifères qui ne s'élèvent pas au-dessus du sol à plus de 3 à 4 centimètres. Chacun d'eux porte, au-dessus de quelques bractées distiques, une seule fleur blanchâtre, très grande; le calice est vert, peu développé; le tube de la corolle se divise en trois lobes inégaux, dont le postérieur est cuculé. Le labelle est très grand, onguiculé, jaune à la base et d'un beau rouge sur le bord. Les deux pièces épigynes qui, avons-nous dit, représentent les deux étamines stériles du verticille interne, ont ici près de 3 centimètres de longueur. Enfin le fruit est jaune, indéhiscent et coriace.

FAMILLE II. — CANNACÉES

Description des Canna. — Les *Canna* ou *Balisiers* constituent le genre le plus important de la famille.

Ce sont des plantes dont les organes végétatifs rappellent ceux des Zingibéracées, mais les feuilles, toujours engaînantes d'ailleurs, sont dépourvues de ligule.

Les *inflorescences* sont terminales ; elles consistent en une sorte de grappe composée de cymes unipares, insérées suivant une ligne spiralée

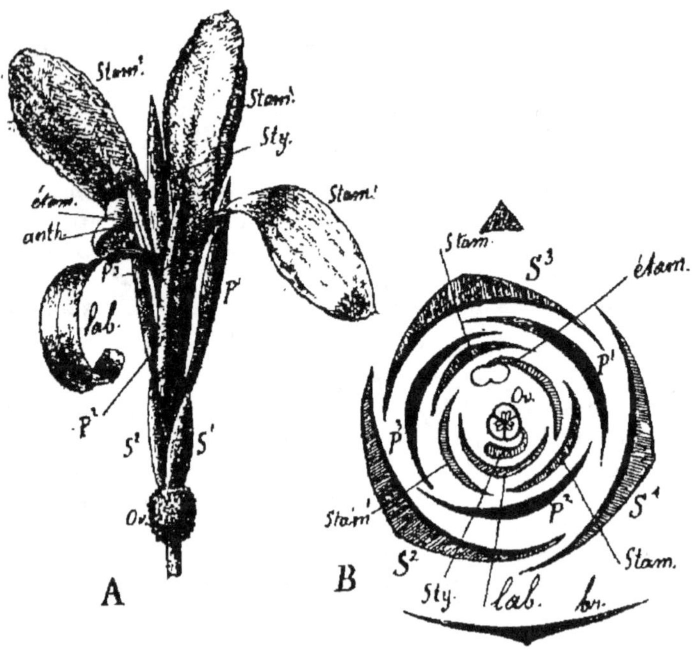

Fig. 227. — *Canna indica.* — A, fleur (1) (Courchet). — B, diagramme (d'après les données d'Eichler). — *br*, bractée mère ; s^1,s^2,s^3, sépales ; p^1,p^2,p^3, pétales ; *stam, stam*, staminodes ; *étam*, étamine ; *anth*, anthère ; *sty*, style ; *ov*, ovaire. (Courchet.)

le long de l'axe principal. Chacune de ces cymes comprend deux fleurs seulement, et occupe l'aisselle d'une bractée.

Les fleurs sont hermaphrodites et nettement zygomorphes (fig. 227, A et B).

Le *calice* (s^1,s^2,s^3) est formé par trois pièces libres, courtes, imbriquées suivant 1/3, herbacé ou scarieux. Les trois *pétales* (p^1,p^2,p^3), toujours plus ou moins concrescents par la base, sont colorés ; ils sont imbriqués et continuent la spire calicinale ; ils sont, d'ailleurs, linéaires et peu différents entre eux.

Plus à l'intérieur se voient un certain nombre de pièces pétaloïdes,

(1) Dans la fleur de *Canna* que nous avons dessinée, la demi-loge de 'anthère occupait, sur le filet staminal, le côté opposé à celui qui est anthérifère sur les diagrammes d'Eichler.

inégales entre elles, en partie concrescentes avec la corolle (*stam.*, etc.).
Une d'entre elles est insérée directement en face du premier pétale ;
c'est la foliole staminale (*étam*). qui, sur un de ses bords, porte une loge
d'anthère (*anth*), tandis que le reste se développe en une lame pétaloïde.
Vis-à-vis de la foliole staminale, et par conséquent entre les pétales
2 et 3, existe une foliole semblable, mais sans loge d'anthère et
qui s'enroule en dehors et en bas lors de l'anthèse ; c'est le *labelle* (*lab*).
En dehors de ces pièces s'en montrent, le plus souvent, trois autres,
dont deux latéralement placées comme deux ailes, par rapport au labelle
(*stam'*) dont elles sont indépendantes, mais légèrement concrescentes
avec la foliole staminale (1). Enfin une dernière pièce pétaloïde (*sty*) occupe
le centre de la fleur, et représente le style (*sty.*).

La valeur morphologique du calice et de la corolle ne laisse aucun
doute, pas plus que celle de la foliole staminale et du style et la nature

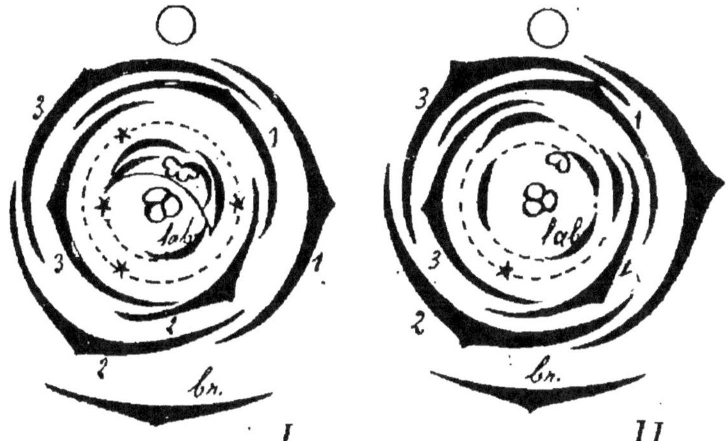

Fig. 228. — Diagrammes théoriques indiquant les deux principales manières d'interpréter
la fleur des *Canna*. (Courchet.)

staminodiale des autres pièces. Toutefois il existe deux manières de
voir relativement à la distribution de ces dernières dans les deux verticilles de l'androcée.

1° La plus simple (fig. 228, I) consiste à admettre l'avortement complet
du verticille externe, ainsi que de l'une des pièces du verticille interne.
Dans ce dernier, l'un des deux membres qui restent forme le labelle
(*lab*), opposé au pétale 2, l'autre constitue, en face du pétale 1, l'étamine pétaloïde et, par dédoublement, les deux ailes dont une se divise
souvent elle-même en deux autres (pièces marquées *stam. stam'*, sur
la fig. 227 B, à gauche).

2° La seconde hypothèse (fig. 228, II) admet l'avortement d'un seul des
membres du verticille externe, les deux autres devenant des staminodes,

____

(1) Chez les *Canna* de la section *Distemon*, les ailes font défaut à côté de la foliole staminale et du labelle ; par contre, chez certains *Canna* proprement dits, l'une des deux
ailes ou même toutes les deux sont dédoublées ; plus rarement l'une des ailes est remplacée
par trois folioles.

à droite et à gauche de l'étamine. Le verticille interne est complet : l'une des pièces devient un staminode semblable aux deux externes, l'autre le labelle, l'autre enfin l'étamine.

Le *gynécée* est tricarpellé ; l'*ovaire* infère (fig. 227, *ov.*), comme chez les Zingibéracées, est à trois loges, et renferme, dans chacune d'elles, des ovules anatropes en doubles séries. Le tégument des ovules est double. Il n'existe qu'un *style* pétaloïde, celui qui correspond au premier pétale.

Le *fruit* est une capsule à déhiscence loculicide, hérissée d'aiguillons mous. Les *graines* nombreuses qu'elle renferme n'ont point d'albumen, mais un périsperme corné entourant un embryon droit.

Le genre *Canna* résume à peu près les caractères de toute la famille qui, on le voit, se distingue des Zingibéracées surtout par les caractères suivants :

La disposition en cymes des fleurs ; la liberté à peu près constante des sépales ; la présence d'une demi-anthère à l'étamine unique, la forme différente et le nombre plus considérable des pièces pétaloïdes qui l'accompagnent (1) ; la structure pétaloïde du style ; l'absence d'albumen et la présence d'un simple périsperme corné à la graine.

Il convient de signaler enfin que les réservoirs à huile essentielle qui caractérisent les Zingibéracées font défaut chez les Cannacées. Elles ne contiennent point de curcumine ; mais elles renferment en abondance, dans leurs organes souterrains, de l'amidon en grains aplatis.

Distribution géographique. — Cette famille n'est représentée que dans l'Amérique tropicale et subtropicale.

Usages. — Plusieurs *Canna* sont cultivés comme plantes ornementales. On extrait du rhizome de certains autres des fécules analogues à l'Arrow-Root. Ainsi la fécule de Tolomane est donnée par le *Canna coccinea* Roscoë, des Antilles. Le *Canna discolor* et divers autres sont susceptibles de fournir des produits analogues.

Les parties souterraines des *Canna* sont réputées diurétiques et diaphorétiques.

FAMILLE III. — MARANTACÉES

Description du Maranta arundinacea L. — La fécule connue sous le nom d'Arrow-Root des Antilles nous est fournie par le *Maranta arundinacea* L., que nous prendrons comme exemple.

Cette plante est originaire de l'Amérique tropicale, où elle croît spontanément depuis le Mexique jusqu'au Brésil. Bien qu'elle soit herbacée, ses tiges peuvent atteindre une hauteur de 1ᵐ,20 à 1ᵐ,80 ; elles sont très ramifiées, grêles, courtement velues, renflées au niveau des nœuds, et proviennent de longs stolons écailleux dont la partie terminale devient aérienne. Ces stolons sont eux-mêmes produits par un rhizome sympodique.

Les *feuilles*, alternes et distiques, possèdent *une longue gaine*, à

---

(1) Le labelle des Cannacées n'a pas la même valeur morphologique que le labelle des Zingibéracées, si on admet l'hypothèse de R. Brown.

laquelle se rattache un pétiole qui se divise en une portion inférieure cylindrique, et une partie supérieure articulée avec la première, renflée et couverte de poils autrement conformés. Ces deux parties du pétiole diffèrent également par leur structure anatomique, et les caractères qu'il offre sont constants dans la famille. Le limbe est ovale, oblong, acuminé, insymétrique, car l'un des bords est presque droit, l'autre décrivant une courbe très prononcée.

Les *fleurs* forment des panicules terminales, dont les ramifications sont accompagnées de grandes bractées en forme de spathes. Ces fleurs, hermaphrodites et zygomorphes, naissent deux par deux à l'aisselle des bractées florales.

Le *calice* est formé de trois sépales verts (fig. 229, *ca, ca*), indépendants, à peu près égaux entre eux. La *corolle* est blanche, petite et tubuleuse, supérieurement divisée en trois lobes imbriqués (*co, co*) dans la préfloraison.

Comme chez les Zingibéracées, l'androcée est concrescent avec la corolle; il est ici représenté : 1° par le verticille interne dont les trois pièces sont différentes comme forme, et qu'Eichler nomme respectivement la *foliole sta-*

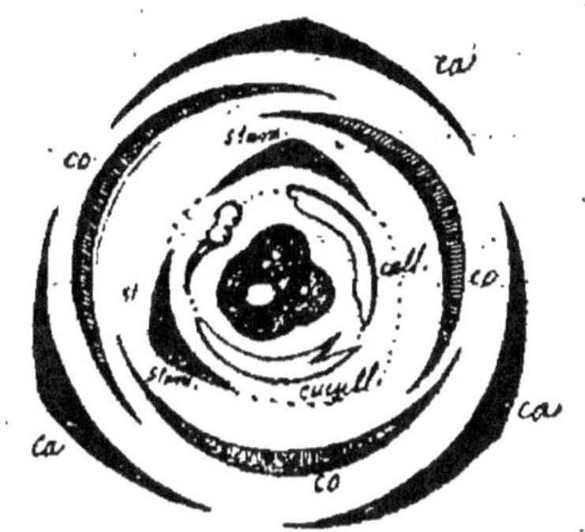

Fig. 229. — Diagramme d'une fleur de *Maranta*. (Courchet.)

minifère (st) (Staubträger), le *staminode cuculliforme (cucul.) (Kaputzenblat* et le *staminode calleux (call) (Schwielenblat)*; 2° Par une pièce pétaloïde appartenant au verticille externe. (Chez certaines Marantacées, deux des pièces du verticille externe sont ainsi développées (*stam*), mais jamais une troisième).

Comme chez les Cannacées, le filet pétaloïde ne porte qu'une demi-anthère latérale.

L'ovaire est infère, triloculaire, surmonté d'un style tubuleux, recourbé, terminé par trois lobes stigmatiques. On ne trouve ici, dans chaque loge, qu'un seul ovule semi-campylotrope inséré à l'angle interne, deux des loges de l'ovaire et les deux ovules qu'elles renferment avortant bientôt complètement. Il existe des glandes septales.

Le style épais, fortement recourbé, se trouve tout d'abord engagé sous le staminode cuculliforme, puis se redresse avec élasticité.

Le fruit est d'abord charnu, puis il se dessèche et s'ouvre incomplètement en trois valves pour laisser échapper la graine unique qu'il renferme. Celle-ci est pourvue d'un simple périsperme entourant un embryon recourbé.

Bien que d'un port très variable, les Marantacées ont des caractères assez homogènes pour que la description précédente donne une idée exacte du groupe entier. Il est à remarquer que les trois loges et les trois ovules se développent quelquefois complètement. Le fruit peut être indéhiscent, la graine pourvue d'un arille, etc.

Affinités. — C'est avec les Zingibéracées et les Cannacées que les Marantacées ont les liens les plus étroits.

La forme spéciale des feuilles et la présence du renflement caractéris-
tique de leur pétiole, la conformation des staminodes et la place différente
de l'étamine, la réduction du nombre des ovules dont la forme tourne à
la campylotropie, la courbure de l'embryon, sont les principaux caractères qui permettent de séparer les Marantacées des Cannacées.

Distribution géographique. — Les Marantacées sont surtout abondantes dans les régions tropicales de l'Ancien Monde. Quelques espèces
de *Thalia*, propres aux régions méridionales de l'Amérique du Nord,
s'éloignent de la zone équatoriale. Comme les Zingibéracées et les Cannacées, ces végétaux croissent dans les lieux humides.

Propriétés générales. Plantes importantes. — Les propriétés des Marantacées sont les mêmes que celles des Cannacées.

L'*Arrow-Root* des Antilles est fourni par le *Maranta arundinacea*, que
nous avons décrit. Nous savons que divers *Curcuma* donnent des fécules
analogues.

FAMILLE IV. — MUSACÉES

Description des Musa. — Les Bananiers (*Musa* L.), répandus dans
les contrées tropicales de l'ancien continent et de l'Océanie, sont des

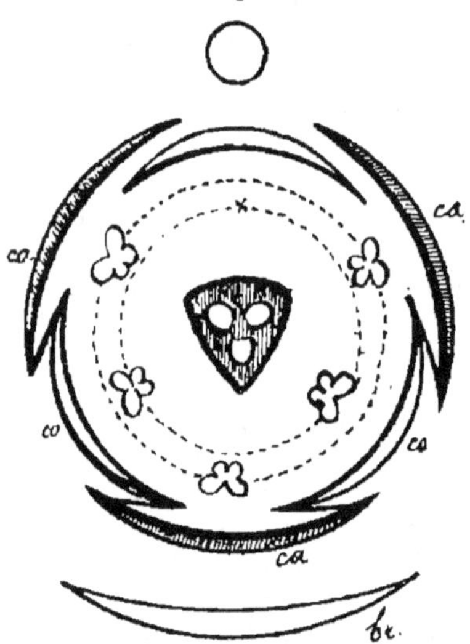

Fig. 230. — Diagramme d'une fleur
de *Musa*. (Courchet.)

herbes gigantesques dont les *feuilles*
insérées en spirale et très grandes
forment, par leurs gaînes raides et
reployées les unes sur les autres, une
sorte de stipe apparent. Ces feuilles
sont, en réalité, insérées au sommet
d'un rhizome. Leur vaste limbe est
oblong, parcouru dans toute sa longueur par une forte côte médiane d'où
se détachent obliquement de nombreuses nervures secondaires parallèles, dans l'intervalle desquelles le
parenchyme se déchire en vieillissant.

Les *fleurs* forment un grand épi terminal, au sommet d'une hampe qu'enveloppent les gaînes foliaires ; elles
naissent elles-mêmes en grand nombre
à l'aisselle de chacune des bractées colorées qui s'insèrent sur l'axe principal de l'inflorescence. Les fleurs de la
region moyenne de cette inflorescence
sont seules complètes ou neutres ; les fleurs du sommet sont mâles ;
celles de la base femelles, par avortement.

La fleur est dépourvue de préfeuille. Le *périanthe* (fig. 230) est formé
par six pièces dont cinq sont concrescentes en une gouttière ouverte en
arrière et en haut, et découpée en cinq lobes égaux ou inégaux ; la pièce
impaire postérieure (appartenant au verticille périgonial interne) est
libre et plus ou moins développée.

Des six *étamines* de *l'androcée*, l'impaire postérieure manque (1) tout à fait ou demeure stérile ; très rarement elle est fertile. Les filets staminaux sont libres ; les anthères ont leurs deux loges linéaires, introrses, souvent surmontées par un prolongement du connectif.

L'*ovaire* infère est à trois loges opposées aux divisions externes du périanthe, et chaque loge contient un grand nombre d'*ovules* anatropes, à plaçentation axile. Le *style* est terminal, à trois lobes.

Le *fruit* est une baie que surmontent les restes du périanthe.

Les *graines* nombreuses, pourvues d'un testa coriace, renferment un embryon droit entouré d'un abondant albumen farineux et charnu (2).

Autres genres. — Les *Strelitzia* Ait. (du Sud de l'Afrique) ont à peu près le port des Bananiers, mais les feuilles sont distiques, réduites quelquefois à leurs pétioles. Les sépales sont libres, le médian prolongé en pointe. Les deux pétales antérieurs concrescents entourent les étamines ; le postérieur demeure indépendant et les recouvre à leur tour. L'étamine postérieure manque entièrement. Le fruit est loculicide. — L'inflorescence est pourvue de bractées colorées.

Les *Ravenala* Adans, (réduits à deux espèces, l'une de Madagascar et de la Réunion, l'autre de l'Amérique tropicale) ont également des feuilles distiques. La structure florale est la même ; mais les pétales sont tous indépendants, les six étamines sont souvent fertiles, le fruit est une capsule septicide et la graine est arillée.

Les *Musa*, *Strelitzia*, *Ravenala*, etc., qui ont pour caractères communs d'avoir leur sépale impair tourné en avant et leurs loges ovariennes multiovulées, forment une première tribu, celle des **Musées.**

On range dans un autre groupe, celui des **Héliconiées**, celles d'entre les Musacées qui ont leur sépale impair postérieur, et leurs loges ovariennes uniovolées. Les trois pétales sont ici simplement dejetés en avant, et toutes les pièces du périanthe sont distinctes.

Ce groupe a pour type les *Heliconia* L., dont les feuilles sont également distiques.

(1) Chez le *Musa rosacca*, par exemple.
(2) Ce tissu nourricier proviendrait du nucelle, et serait un *périsperme* d'après certains botanistes (V. Engl. et Prantl., II partie, livraison 6, p. 1).

FAMILLE DES MUSACÉES.

Grandes herbes; feuilles engaînantes, à limbe penninervié, distiques ou spiralées. Inflorescences terminales, simples ou composées. Fleurs souvent diclines par avortement et zygomorphes, accompagnées de grandes bractées. — 3 sépales et 3 pétales diversement concrescents. — 6 étamines, dont la postérieure souvent stérile et nulle. — Ovaire infère à 3 loges uni- ou pluriovulées. — Ovules anatropes. — Fruit : baie ou capsule septicide ou loculicide. — Graine avec ou sans arille. — Embryon droit autour d'un périsperme farineux.

Pièce calicinale impaire tournée en avant. Loges de l'ovaire pluriovulées (**MUSÉES**).

Sépales indépendants. — Feuilles sur deux rangs. Graine arillée.

Pétales libres. 6 étamines souvent fertiles. Fruit capsulaire septicicle.... *Ravenala* Adans. (*R. Madagascariensis* Sonnerat. *R. Guyanensis*).

Les 2 pétales latéraux concrescents. 5 étamines fertiles. — Fruit loculicide. *Strelitzia* Ait. (5 espèces. Le Cap et les contrées voisines).

Sépales soudés avec les deux pétales latéraux; pétale postérieur libre. — Généralement 5 étamines fertiles, la postérieure étant nulle ou staminodiale. — Fruit baccien indéhiscent. — Graine sans arille............... *Musa* L. (Contrées tropicales de l'ancien continent et de l'Océanie).

Pièce calicinale impaire dirigée en arrière. Loges de l'ovaire uniovulées (**HÉLICONIÉES**) .... *Heliconia* L. (20 espèces environ. Amérique tropicale et Nouvelle-Calédonie).

Affinités. — Les relations des Musacées avec les autres Scitaminées ressortent du tableau général de l'ordre.

Distribution géographique. — Ces plantes sont toutes propres aux régions tropicales et subtropicales.

Usages. — Les Musacées sont des plantes remarquables par la beauté de leur feuillage, la grandeur et l'état de leurs fleurs.

Un certain nombre d'entre elles font l'ornement de nos serres et des jardins tropicaux.

D'autres sont des plantes de première utilité pour les habitants des contrées où elles vivent.

Parmi ces dernières nous devons citer les Bananiers dont les fruits, farineux avant la maturité, puis parfumés et sucrés, sont très estimés. Tels sont les *Musa paradisiaca* L., de l'Asie méridionale, *M. sapientum* L., des mêmes régions, *M. Ensete*, de l'Abyssinie. On mange également en guise de légumes la moëlle, les jeunes bourgeons et l'épi floral de plusieurs espèces. Ces plantes sont aussi remarquables par leur rendement considérable en fruits.

Les Bananiers possèdent des fibres tenaces. On utilise, aux Philippines, celles du pétiole de l'*Abaca* (*Musa textilis*) pour la confection de vêtements ; les indigènes se servent aussi des feuilles pour recouvrir leurs cases.

Le *Ravenala Madagascariensis* est appelé *Arbre du voyageur ;* ses gaines foliaires forment, en effet, une sorte de réservoir d'eau où l'on peut s'abreuver en perçant la base du pétiole. Les graines de la même plante sont mangées broyées et bouillies avec du lait, et leur arille bleu fournit une huile volatile abondante.

Comme plante médicinale, on ne peut guère citer que le *Musa Ensete*, qui, en Abyssinie, est employé comme diaphorétique.

ORDRE DES SCITAMINÉES.

Fleurs zygomorphes. — Androcée représenté par une seule étamine fertile à filet pétaloïde (sauf chez les Musacées). — Ovaire infère triloculaire. — Graine pourvue d'un périsperme, accompagné ou non d'un albumen. Feuilles généralement grandes, penninervées.

Une seule étamine fertile formée par un filet pétaloïde, portant une loge d'anthère unilatérale.

- Graine pourvue *d'un périsperme et d'un albumen.* — Feuilles pourvues d'une *ligule.* — *Un labelle,* dont la partie moyenne au moins est formée par une pièce du verticille externe de l'androcée. — *Ovules nombreux, anatropes.* — *Style filiforme,* non pétaloïde......... **ZINGIBÉRACÉES.**

- Graine pourvue d'un simple périsperme.

  - *Feuilles* engaînantes, mais *sans ligule.* — *Un labelle dépendant du verticille interne de l'androcée,* accompagné d'autres staminodes pétaloïdes. — *Ovules nombreux, anatropes.* — *Style pétaloïde.* — *Embryon droit.* **CANNACÉES.**

  - *Feuilles à pétiole composé de deux régions distinctes,* la supérieure renflée. — Étamine fertile accompagnée par deux staminodes dissemblables, mais *point de labelle proprement dit.* — *Ovules solitaires, semi-campylotropes.* — *Style épaissi, non* pétaloïde. — *Embryon courbe.*............... **MARANTACÉES.**

Plusieurs étamines fertiles à filets non pétaloïdes, et pourvues *d'anthères biloculaires.* Calice et corolle diversement concrescents. *Point de labelle. Staminodes nuls ou 1 seul.* Graine avec un *simple périsperme*......... **MUSACÉES.**

CLASSE II. — DICOTYLÉDONES (1)

ORDRE I. — JULIFLORES

Cet ordre, tel que l'admet Endlicher, offre les caractères communs suivants :

Fleurs petites et peu apparentes, groupées en grand nombre, en général, sur des inflorescences en forme d'épis, de cônes ou de chatons. Périanthe toujours simple, souvent incomplet, quelquefois nul. Étamines opposées aux pièces du périanthe dans les cas d'isoméric.

On peut diviser les Juliflores en trois sous-ordres : *Pipérinées, Amentacées, Urticinées.*

SOUS-ORDRE I. — PIPÉRINÉES

Fleurs ordinairement hermaphrodites, nues ou avec une simple indication de périanthe. Androcée souvent réduit. Pistil généralement formé par deux ou plusieurs carpelles. Fruit drupacé ou baccien. Graine albuminée, souvent pourvue, en outre, d'un périsperme.

FAMILLE I. — PIPÉRACÉES
(Voir le tableau comparatif des Pipérinées, p. 556),

Description du Piper nigrum L. — Le Poivre noir (*Piper nigrum* L.) (fig. 231) est indigène des forêts de Travancore et du Malabar, d'où la culture l'a propagé à Java, à Bornéo, à Sumatra, aux Philippines et dans les Indes Orientales.

C'est une *plante herbacée grimpante*, dont les tiges articulées et noueuses forment des racines adventives, ou mieux des crampons comparables à ceux du Lierre, à l'aide desquels elle se fixe aux arbres qui leur servent d'appui. Les *feuilles alternes, pétiolées, engaînantes, sont munies de deux stipules intrapétiolaires caduques;* le limbe ovale, acuminé, d'un vert brillant en dessus, plus pâle en dessous, est divisé par une nervure médiane d'où se détachent, suivant le type penninerve, des nervures secondaires; parfois aussi deux nervures latérales naissent à droite et à gauche **de**

(1) Voir les caractères généraux des Monocotylédones, p. 390.

la nervure médiane et du même point comme chez les *Smilax* (v. p. 376).

Les *inflorescences forment de longs épis opposés aux feuilles.* En réalité, ces inflorescences sont terminales; mais le rameau né à l'aisselle de la feuille immédiatement inférieure déjette latéralement le sommet florifère de l'axe précédent dont il paraît être la continuation, et la tige, dans son ensemble, constitue un sympode.

Les fleurs, *hermaphrodites ou unisexuées par avortement,* sont comme enchâssées dans des dépressions de l'axe de l'épi, et chacune de ces fossettes se relève, de chaque côté de la fleur qu'elle embrasse, en un rebord supérieur qui simule deux bractées concrescentes. *Chaque fleur est, d'ailleurs, axillaire d'une vraie bractée fixée par sa base,* et formant, en dessous, une sorte de cupule demi-circulaire (fig. 232, I, *br*).

Le *périanthe fait défaut.*

L'androcée est représenté seulement par deux étamines latérales, mais l'analogie conduit à admettre deux verticilles staminaux ternaires dans le

Fig. 231. — Poivre noir.

plan théorique de la fleur, verticilles dont l'interne avorte en entier, ainsi que la pièce postérieure du verticille externe (V. fig. 232 le diagramme I).

Ces étamines sont composées chacune d'un filet libre, aplati, et d'une anthère quadriloculaire, basifixe, s'ouvrant d'abord par deux fentes longitudinales, puis se divisant en quatre valves pour laisser échapper le pollen.

Le *gynécée est représenté, chez les Poivres, par trois carpelles, insérés au-dessus des étamines, concrescents en un ovaire uniloculaire; celui-ci est surmonté d'un style qui se divise rapidement en trois bran-*

ches stigmatifères, dont une impaire postérieure et deux antérieures latérales (1). Du fond de la cavité ovarienne se dresse un *ovule orthotrope à deux téguments* (II) (2).

Le fruit (fig. III) *est une baie sessile et monosperme.*

La *graine renferme*, sous ses téguments :

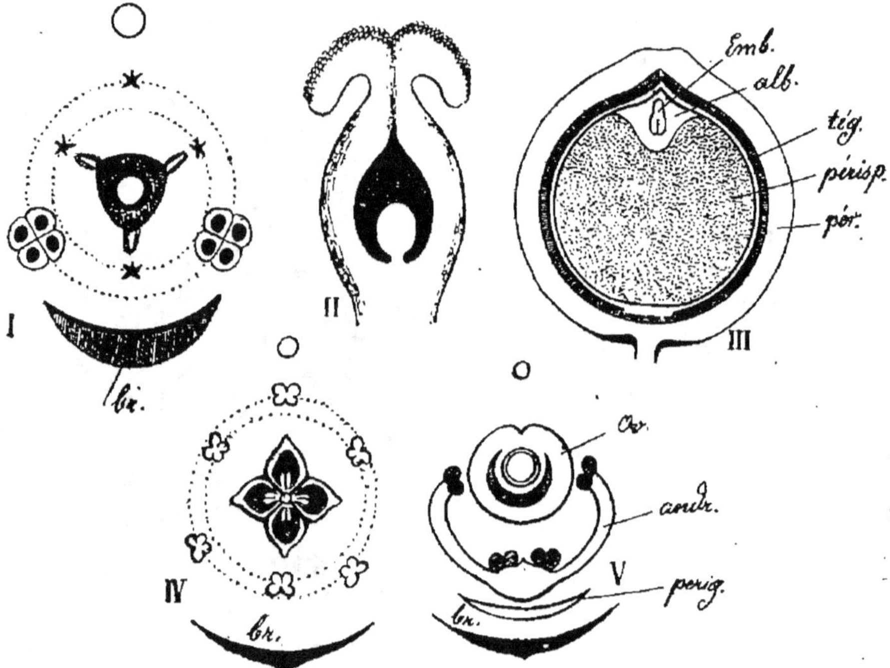

Fig. 232. — I. Diagramme d'une fleur hermaphrodite de *Piper*. — II. Ovaire d'un *Piper*, en section longitudinale. — III. Fruit de *Piper nigrum* en section longitudinale ; *pér*, péricarpe ; *tég*, tégument séminal ; *périsp*, périsperme ; *alb*. albumen ; *emb*. embryon. — IV. Diagramme d'un *Saururus* (les carpelles sont simplement accolés, et non soudés comme semble l'indiquer la figure). — V. Diagramme d'un *Chloranthus* (Courchet).

1° *un périsperme* ou *albumen nucellaire abondant* (*périsp*) ;

2° vers le sommet de la graine, un *albumen embryonnaire* (*alb*.) beaucoup moins volumineux, qui, lui-même, entoure un petit embryon (*emb*) dont la radicule est supère.

La tige du Poivre noir possède plus d'un cercle de faisceaux libéro-ligneux, ce qui constitue l'un des caractères dominants de la famille. Ces faisceaux forment deux zones dans l'espèce en question ; ceux du cercle interne sont libres, ceux de l'externe sont unis en un anneau continu.

(1) Pour M. H. Baillon, ce gynécée serait formé par un carpelle unique (V. *Adansonia*, X, p. 139) ; mais Schmitz, A. Engler, etc., s'appuyant sur des données organogéniques, admettent un gynécée trimère chez les Poivriers.

(2) Schmitz considère cet ovule comme représentant le sommet de l'axe floral. Ce serait une dépendance de l'un des carpelles pour Celakowski et Eichler.

Autres genres. — CUBEBA. — Le Poivre, employé en pharmacie sous le nom de Cubèbe, est dû au *Cubeba officinalis* Miq., qui croît à Java, à Bornéo et à Sumatra. L'organisation florale est, chez les *Cubeba*, très analogue à celle des *Piper*, avec lesquels, d'ailleurs, on les confond souvent génériquement. Mais *les fleurs sont ici dioïques, et les baies sont rétrécies à la base en une sorte de long pédoncule* dont la présence constitue le caractère distinctif du produit commercial (d'où le nom de *Poivre à queue,* donné au Cubèbe).

CHAVICA. — Chez les *Chavica* Miq., *les fleurs sont également dioïques.* Les chatons mâles sont plus ou moins longs et filiformes, les chatons femelles plus courts, pourvus de *bractées sessiles, fixées par leur centre et peltées. Les anthères sont, en outre, basifixes et oblongues* (elles sont dorsifixes chez les *Piper*). Deux espèces de ce genre (*Ch. Roxburghii* Miq., ou *Piper longum* L., et *Ch. officinarum* Miq. ou *Piper officinarum,* DC.), fournissent le *Poivre long.* Ce dernier est constitué par les baies fixées dans des alvéoles, tout autour de l'axe commun, et accompagnées de leurs bractées.

ARTANTHE. — Le Matico des officines (V. p. 554), est donné par une Pipéracée du genre *Artanthe* (*A. elongata* Miq., ou *Piper angustifolium* R. et Pav.), genre dont les fleurs, hermaphrodites ou unisexuées, possèdent *trois ou quatre étamines* (le verticille staminal interne étant représenté tout au plus par la pièce antérieure). *Les bractées qui les accompagnent sont peltées au sommet,* et velues sur les bords.

PEPEROMIA. — Enfin les *Peperomia, dont les fleurs sont hermaphrodites et à deux étamines,* comme chez les *Piper,* se font remarquer par leurs *anthères dont les deux loges sont confluentes au sommet.* En outre, *le style et le stigmate sont simples,* et l'on n'admet, dans la constitution de l'ovaire, qu'un seul carpelle impair antérieur. Ces plantes sont généralement des *herbes non grimpantes,* dont plusieurs espèces sont cultivées dans nos serres pour la beauté de leurs feuilles. Les *stipules font défaut.*

Les faisceaux libéro-ligneux de la tige sont ici indépendants dans les deux verticilles.

PIPÉRACÉES

Plantes herbacées ou ligneuses, pourvues de glandes internes à huile essentielle, généralement grimpantes, à tiges noueuses articulées.— Toujours deux cycles de faisceaux libéro-ligneux.

Feuilles en général alternes, engainantes, avec ou sans stipules intra-pétiolaires. Limbe entier elliptique ou cordiforme, souvent triplinerve.

Inflorescences en épis, latérales ou terminales (et alors en apparence oppositifoliées). Fleurs presque toujours sessiles ou même enfoncées dans des dépressions de l'axe commun. Bractées mères de formes diverses (simplement fixées par la base, en capuchon ou plus ou moins peltées).

Fleurs hermaphrodites ou diclines, nues. Androcée formé par 2 verticilles ternaires, rarement complet (voir le diagramme). Anthères à déhiscence longitudinale.

Carpelles généralement 3 (ou un seul chez les *Peperomia*); ovaire toujours uniloculaire, avec un seul ovule orthotrope et dressé à tégument double. Stigmates 1-4.

Baies monospermes.—Graine avec un périsperme abondant et un albumen embryonnaire.

Faisceaux libéro-ligneux externes unis en un anneau continu.— Stigmates au nombre de 2 à 4 distincts, rarement davantage.

- Inflorescences terminales, en apparence oppositifoliées. Ramification de la région florifère sympodique.
  - Anthères courtes, dorsifixes. Connectif indistinct.
    - Bractées en forme de capuchon ou plus ou moins peltées au sommet. Fleurs hermaphrodites. Au moins 3 étamines. Plantes américaines.
      - Bractées en forme de capuchon, insérées sans ordre apparent sur l'axe commun de l'épi. 5 à 6 étamines ; stigmates 3 à 4..... *Enckea* Kunth. (Amérique du Sud).
      - Bractées en forme de capuchon, 4 étamines et 4 stigmates..... *Ottonia* Spreng. (Amérique du Sud).
      - Bractées peltées au sommet, insérées. ainsi que les fleurs, en spirale régulière sur de longs épis. 4 (ou plus rarement 3) étamines. 4 stigmates..... *Artanthe* Miq. (300 espèces environ. Amérique du Sud).
    - Bractées fixées par la base, non peltées. Fleurs hermaphrodites ou diclines. 2 étamines. Ancien Continent.
      - Fleurs hermaphrodites. Baies non rétrécies en pédoncule à la base..... *Piper* L. (*Eupiper* C. D. C.). (100 espèces environ. Anc monde).
      - Fleurs dioïques. Baies rétrécies en pédoncule à la base..... *Cubeba* L. 1. (AncienContinent).
    - Anthères oblongues et basifixes. Bractées peltées à la base..... *Chavica* Miq. (5 espèces. Indes; Archipel lais).
- Inflorescences nettement axillaires. Ramification de la région florifère monopodique.
  - Épis isolés ou insérés 2 à 5 ensemble à l'aisselle d'une même feuille. Les deux loges des anthères sont séparées par le connectif..... *Macropiper* Miq. (5 espèces. Iles de l'Océan
  - Épis réunis en grand nombre en une sorte d'ombelle. Loges des anthères contiguës..... *Heckeria* Kunth. (8 espèces. Amérique du cien Continent).

Faisceaux libéro-ligneux libres dans les deux verticilles. — Fleurs toutes hermaphrodites. — Les deux loges des anthères sont confluentes. — Style et stigmates simples. — Feuilles non stipulées..... *Peperomia* Ruiz et Pav. (Environ 400 espèces du Nouveau et de l'Ancien Monde).

Affinités. — Les Pipéracées forment une famille assez autonome; seules les *Saururacées* et les *Chloranthacées* leur sont étroitement unies.

Distribution géographique. — Les Pipéracées sont limitées dans une zone comprise entre le 35° de latitude Nord et le 42° de latitude Sud; mais elles sont particulièrement abondantes dans les contrées chaudes du Nouveau Continent. Les îles de la Sonde et l'Archipel Indien en renferment également en assez grand nombre; elles sont beaucoup moins répandues dans les régions plus septentrionales de l'Asie. L'Afrique est pauvre en Pipéracées; mais on en trouve dans les îles voisines de la côte orientale, baignées par l'Océan Indien.

Les Pipéracées ligneuses croissent principalement en Asie; c'est en Amérique qu'abondent les espèces à tige herbacée.

Propriétés générales. — Usages. — Ces végétaux renferment, dans presque toutes leurs parties, des huiles essentielles unies à des principes résineux qui en font des plantes fortement aromatiques et excitantes; leur âcreté est parfois telle qu'elles peuvent agir comme rubéfiants et révulsifs.

Les principales Pipéracées intéressantes à connaitre sont les suivantes :

Tout d'abord le Poivre noir (*Piper nigrum* L.) qui, nous l'avons vu déjà, croit spontanément dans la province de Travancore et au Malabar, et que la culture a répandu à Bornéo et à Java, à Sumatra, et dans les Indes Orientales. Le fruit desséché de cette plante était usité déjà à une époque fort reculée, et devint, au Moyen Age, l'objet d'un commerce des plus importants. Le Poivre noir doit ses propriétés aromatiques et excitantes à une huile concrète très âcre et à une huile essentielle. Il contient, en outre, un alcaloïde faible, le *Pipérin,* de l'amidon, des acides malique et tartrique, de la bassorine, etc.

Le Poivre blanc n'est autre chose que le fruit de la même plante que l'on a laissé mûrir davantage, et dont on a enlevé le péricarpe par une longue macération.

Le *Cubeba officinalis* Miq. fournit le poivre Cubèbe ou *Poivre à queue.* Il croit à Java, à Sumatra, à Bornéo. Comme le Poivre noir, le Cubèbe contient une huile essentielle unie à une résine molle et âcre; il renferme, en outre, un corps neutre cristalli sable, le *Cubébin*, et divers principes extractifs. D'après M. Blume, à ce fruit se trouve souvent mêlé celui du *Cubeba canina* Miq., espèce très voisine de la précédente.

Sous le nom de *Cubèbe africain*, on désigne le fruit du *Cubeba Clusii* Miq., qui est deux fois plus court que celui du Cubèbe officinal.

Les Cubèbes sont surtout employés comme balsamiques et anti-blennorrhagiques.

On connaît, sous le nom de *Poivre long*, les chatons que forment les baies du *Chavica Roxburghii* Miq. (*Piper longum* L.), cultivé dans l'Inde, et celles du *Chavica officinarum* Miq. (*Piper officinarum* C. DC.) de l'Archipel Indien, et surtout de Java. Cette seconde espèce fournit le Poivre long, le plus estimé. Sa racine elle-même constitue, en Orient, un médicament très apprécié.

Le *Piper methysticum* Forster (*Awa* ou *Kawa* des Orientaux) est estimé pour son action sudorifique et anticatarrhale. Les racines en sont aromatiques, astringentes et âcres.

On donne le nom de *Bétel* aux feuilles du *Piper Betel* L., dont les Indiens se servent comme de masticatoire mêlées à de la chaux et à de la noix d'Arec.

Enfin la racine du *Piper umbellatum* est employée, au Brésil, sous le nom de *Paramaribo*.

Le *Matico* des pharmacies est représenté par les feuilles de l'*Artanthe elongata* Miq. (*Piper angustifolium* Ruiz et Pavon), arbuste qui croît dans les terres humides de la Bolivie, du Pérou et de la Nouvelle-Grenade. Les feuilles ont une odeur camphrée, une saveur chaude et aromatique; elles sont usitées comme anti-blennorrhagiques.

Parmi les espèces qui ont été substituées au vrai Matico, M. Bentley signale l'*Artanthe Adunca*, de l'Amérique centrale, et l'*A. lancifolia* de la Nouvelle-Grenade.

FAMILLE II. — SAURURACÉES.

Le genre *Saururus* est représenté par des plantes de marécages, dont les feuilles, alternes et cordiformes, ont leur pétiole pourvu de deux stipules assez grandes.

Les fleurs nues et hermaphrodites (fig. 232, p. 550, IV), sont disposées

(1) Les *Saururus* L. renferment deux espèces seulement, l'une (*S. Loureirii* Decne.), de l'Asie Orientale, l'autre (*S. cernuus* L.) de l'Amérique du Nord.

en épis. Comme chez les *Enikea* (v. le tableau, p. 552), l'androcée est représenté par 6 étamines en 2 verticilles ternaires; mais leurs anthères sont basifixes, introrses et biloculaires. — L'ovaire est formé par 4 carpelles à peu près libres et portant, sur leur suture ventrale, 3 ou 4 ovules orthotrophes.

Chacun de ces carpelles se transforme en une baie peu charnue, renfermant une graine dont le double albumen et la situation de l'embryon concordent tout à fait avec ce que nous avons décrit chez les Pipéracées.

L'*Houttuynia cordata* Thunb., de l'Asie tempérée austro-occidentale, se distingue des *Saururus*, comme structure florale :

1° *par l'avortement du verticille staminal interne et par l'insertion des 3 étamines restantes sur l'ovaire lui-même*, qui devient ainsi *demi-infère* ;

2° *par le gynécée formé par 3 carpelles opposés aux étamines, soudés en un ovaire uniloculaire, à 3 placentas pariétaux.*

En outre, l'inflorescence est entourée à sa base par 4 bractées formant un involucre pétaloïde.

Les *Anemiopsis*, de la Californie, ont l'ovaire presque infère, et les inflorescences sont entourées par 6 bractées pétaloïdes.

En résumé, les Saururacées se distinguent des Pipéracées *par leurs fleurs hermaphrodites pluricarpellées, à carpelles indépendants ou plus ou moins unis en un ovaire uniloculaire, à placentation pariétale.*

FAMILLE III· — CHLORANTHACÉES·

Les *Chloranthacées* sont des herbes, des arbrisseaux ou des arbres des régions tropicales ou subtropicales.

Les feuilles sont simples, opposées, pourvues de stipules plus ou moins unies à la base.

Les fleurs sont petites, en épis ou en fausses ombelles, nues, hermaphrodites ou unisexuées. 1 à 3 étamines unies entre elles ou avec l'ovaire. Carpelle unique avec un seul ovule orthotrope, pendant.

Le fruit est une drupe à noyau mince et fragile ; la graine ne possède qu'un albumen charnu abondant.

L'opposition constante des feuilles, la direction descendante de l'ovule, la concrescence des étamines entre elles et avec l'ovaire, la nature drupacée du fruit, la présence d'un albumen sans périsperme à la graine, distinguent les Chloranthacées des Pipéracées, dont elles sont très voisines.

Comme les Saururacées, les Chloranthacées n'ont qu'un seul cercle de faisceaux libéro-ligneux dans leur tige.

Ce sont des plantes des régions tropicales des deux continents.

SOUS-ORDRE DES PIPÉRINÉES. *Fleurs ordinairement hermaphrodites, nues ou avec un rudiment de périanthe. — Androcée souvent réduit. — Pistil généralement formé par deux ou plusieurs carpelles. — Fruit baccien ou drupacé. — Graine albuminée, souvent pourvue, en outre, d'un périsperme.*

2 cercles de faisceaux libéro-ligneux dans la tige. — Albumen et périsperme. Fleurs hermaphrodites ou unisexuées. — *Ovaire toujours uniloculaire, avec un seul ovule orthotrope, dressé* ...... **FAMILLE I. PIPÉRACÉES.**

1 seul cercle de faisceaux libéro-ligneux dans la tige.

Fleurs hermaphrodites et pluricarpellées. — *Carpelles indépendants ou plus ou moins cohérents en un ovaire uniloculaire, à placentation pariétale. — Albumen et périsperme* .... **FAMILLE II. SAURURACÉES.**

Fleurs hermaphrodites ou unisexuées, en épis ou en fausses ombelles. — *1 seul carpelle et 1 seul ovule orthotrope et pendant. — Etamines ordinairement concrescentes entre elles et avec l'ovaire. — Fruit drupacé. — Graine simplement albuminée* ...... **FAMILLE III. CHLORANTHACÉES.**

SOUS-ORDRE II. — AMENTACÉES.

Inflorescences le plus souvent en chatons. — Fleurs unisexuées, apétales ; périanthe souvent plus ou moins incomplet ou nul. — Carpelles 2-6 concrescents en un ovaire infère ou supère. — Graine sans albumen. — Végétaux ligneux.

FAMILLE I. — CASUARINACÉES.

Caractères généraux. — *Plantes ligneuses à port de Prêles.* Tiges pourvues de feuilles verticillées, squamiformes, concrescentes en une gaîne circulaire à la base ; entre-nœuds pourvus de côtes longitudinales régulières.

Fleurs complètement unisexuées. Fleurs mâles en épis généralement terminaux, simples, rarement composés ; les fleurs femelles forment de petits capitules sur des ramifications latérales beaucoup plus courtes.

Fleurs mâles pourvues d'une sorte de périanthe formé par deux folioles médianes dont la postérieure se développe seule parfois, concrescentes avec les deux préfeuilles latérales de l'axe floral. Une seule étamine centrale composée d'un court filet qui s'allonge plus tard, et d'une anthère dont les deux loges, séparées par le connectif, sont elles-mêmes à deux logettes, et s'ouvrent par des fentes longitudinales.

Fleurs femelles nues, mais munies de deux préfeuilles accrescentes Deux carpelles médians dont le postérieur est stérile, ou même abortif, l'antérieur contenant deux ovules (rarement 3 ou 4) orthotropes, insérés à la base de l'axe central, ou un peu au-dessus, ascendants (1) ; l'un des ovules, distinct de l'autre par un volume plus considérable, arrive seul à maturité. Deux stigmates filiformes.

Le *fruit* est un achaine, caché par les deux préfeuilles lignifiées, cohérentes en une sorte de capsule bivalve qui s'ouvre à la fin.

Graine exalbuminée. Tégument séminal concrescent avec la paroi du fruit. Embryon droit.

Affinités. — Les Casuarinacées, composées du seul genre *Casuarina* Rumph., forment un groupe très isolé. Leur ressemblance avec les Prêles est évidemment toute superficielle; mais, bien qu'on les range parmi les Amentacées en tenant compte du mode de groupement des fleurs, leurs affinités sont des plus obscures.

Distribution géographique. — Surtout abondantes en Australie, ces plantes sont encore représentées par certaines espèces dans la Nouvelle-Calédonie, les îles de la Sonde, l'Asie tropicale, les îles Mascareignes, les îles de l'océan Pacifique.

Usages. — Le bois très dur de certains *Casuarina*, spécialement du *C. equisetifolia* Forst, sert à fabriquer des armes et autres objets. L'écorce, riche en tanin, est usitée comme astringente en Océanie et dans les Indes ; elle contient une matière colorante brune, le *Casuarine*.

FAMILLE II. — JUGLANDACÉES

Description du Juglans Regia L. — Le *Juglans Regia* ou Noyer commun (fig. 233), naturalisé dans tous les pays tempérés du globe, est un bel arbre originaire des régions caucasiennes, de la Perse, du Béloutchistan et de l'Inde. Son tronc droit, revêtu d'une écorce blanchâtre, se termine par une belle cime arrondie et touffue.

Les fleurs sont unisexuées et monoïques, groupées en chatons.

Les châtons mâles naissent sur les rameaux d'un an, isolément ou deux par deux à l'aisselle des feuilles tombées. Les fleurs femelles forment des épis pauciflores à l'extrémité de la jeune pousse terminale nouvellement développée.

Les chatons mâles sont pluriflores et allongées (fig. 233, en haut et à droite). Ils portent, à la base, deux préfeuilles transversales au-dessus desquelles se succèdent, en ordre spiralé, les nombreuses bractées mères des fleurs. *La fleur mâle* (fig. 233, au milieu et en haut, et fig. 234 diagramme I), *offre d'abord deux préfeuilles latérales, puis un périanthe généralement à trois ou quatre divisions,* parfois aussi à cinq, plus rarement à deux. *Les étamines placées, par grou-pes en face des pièces du périanthe, sont en nombre variable ;* ce nom-bre peut atteindre 20; il peut se réduire à 8 ou 6. Les filets stami-

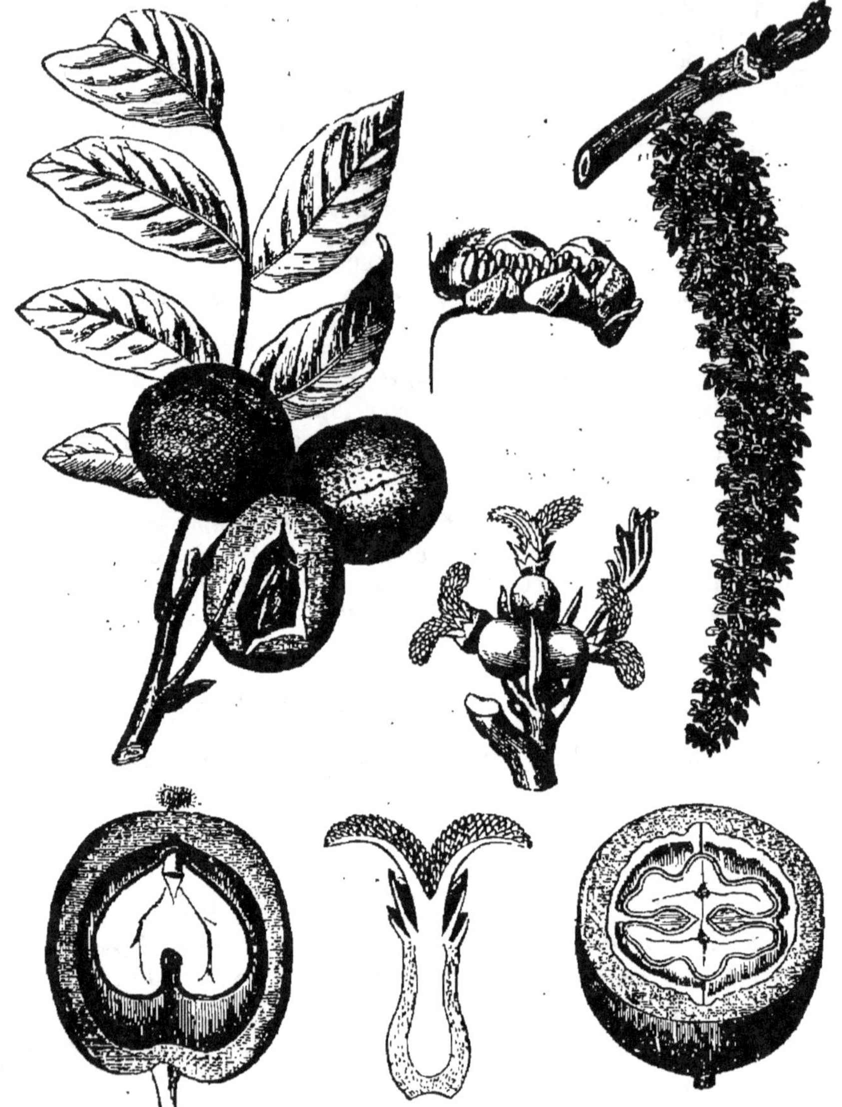

Fig. 233. — Noyer commun, rameau, chaton mâle, chaton femelle, section de l'ovaire et du fruit.

naux sont indépendants, courts, pourvus d'anthères introrses, biloculaires, à déhiscence longitudinale.

Comme les fleurs mâles, chaque *fleur femelle* (fig. 233 au milieu et fig. 234 diag. II) naît *isolément à l'aisselle de sa bractée mère qui*

lui est concrescente sur une certaine étendue. Elle est, en outre, pourvue de *deux préfeuilles concrescentes avec l'ovaire jusqu'au sommet de
ce dernier, au-dessus duquel elles se montrent comme deux folioles latérales qui se détruisent à la maturité du fruit. Le périanthe supère est*
composé par *quatre pièces foliacées,* dont deux antéro-postérieures et
deux latérales.

L'*ovaire infère est formé par deux carpelles antéro-postérieurs unis
en une seule loge.* Il est surmonté par un *style simple à la base, divisé
plus haut en deux lobes stigmatiques médians réfléchis. Un seul ovule
orthotrope se dresse au fond de la loge.*

Le *fruit* (fig. 233), vulgairement appelé *noix,* est une *drupe* dont

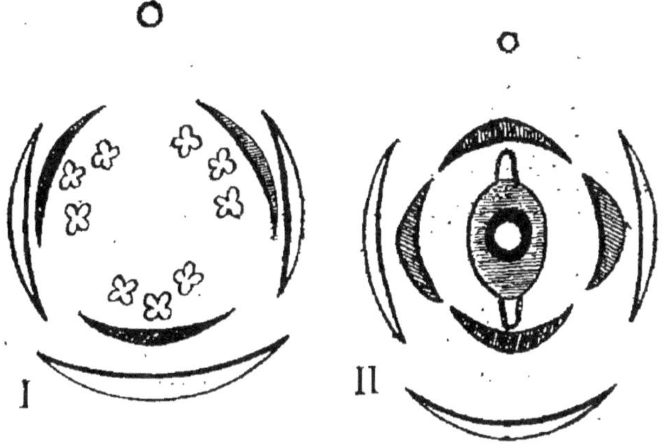

Fig. 234. — I. Fleur mâle. — II, fleur femelle de Juglans. (Courchet.)

le mésocarpe peu charnu (*brou*) recouvre un noyau ligneux, dont
la cavité est divisée par des cloisons incomplètes, deux transversales
commissurales et deux antéro-postérieures, correspondant aux nervures dorsales des feuilles carpellaires et aux deux stigmates. Le
brou, à la maturité, se déchire irrégulièrement, et le gonflement
de la graine fait éclater l'endocarpe ligneux en deux valves régulières, suivant les deux côtes médianes. Chaque valve est donc formée par deux demi-carpelles.

La graine est *dépourvue d'albumen. L'embryon est composé de deux
gros cotylédons profondément divisés, aux deux extrémités, en deux
lobes dont la surface bosselée rappelle vaguement celle d'un cerveau.*
Entre les deux cotylédons pénètrent les *cloisons commissurales incomplètes;* entre leurs lobes s'avancent les *deux cloisons antéro-postérieures.* Les deux cloisons commissurales, unies à la base de la
graine, lui constituent une sorte de pédoncule.

JUGLANDACÉES

Arbres dont les feuilles, presque toujours composées imparipennées, sont alternes et sans stipules. — Fleurs en chatons simples, plus rarement composés, diclines et monoïques. Chatons mâles le plus souvent à l'aisselle des feuilles de l'année précédente; chatons femelles ordinairement au sommet des rameaux végétatifs de l'année, plus rarement axillaires.

Axes floraux munis de deux préfeuilles qui, dans les fleurs femelles sont concrescentes entre elles, et quelquefois aussi plus ou moins avec la feuille-mère.

Périanthe typiquement formé par 4 folioles diagonalement placées, pouvant se réduire à 3, 2 ou 1 seule par avortement, ou plus rarement formé par 5 folioles, ou bien encore complètement nul. — Fleurs mâles pourvues d'un nombre indéterminé d'étamines (3-40). Filets courts; anthères basifixes, biloculaires, à déhiscence longitudinale. — Fleurs femelles pourvues, en général, d'un périanthe plus ou moins concrescent avec l'ovaire, ce dernier infère et formé par deux carpelles médians ou transversaux, avec un seul ovule basilaire et dressé, orthotrope, à tégument simple; style simple, divisé en deux branches stigmatifères. — Fruit nucamenteux ou drupacé. Endocarpe plus ou moins dur, émettant deux cloisons commissurales incomplètes, et quelquefois encore deux fausses cloisons incomplètes perpendiculaires aux premières.

Graine sans albumen, pourvue d'un tégument membraneux. Cotylédons plus ou moins profondément bilobés, huileux.

- **Chatons mâles pendants.**
  - Fleurs mâles et fleurs femelles munies d'un périanthe. Carpelles situés dans le plan médian.
    - les deux stigmates indivis.
      - Les deux préfeuilles indépendantes de l'ovaire au moment de la fleuraison, accrescentes en forme d'ailes autour du fruit......... → *Pterocarya* Kunth. (3 ou 4 espèces. Région caucasique; Chine; Japon).
      - Les deux préfeuilles concrescentes avec l'ovaire jusqu'au sommet, se détruisant à la maturité du fruit......... → *Juglans* L. (7 à 8 espèces. Régions tempérées de l'Hémisphère Nord; 1 espèce à la Jamaïque).
    - Les deux stigmates bifides. — Bractée mère et préfeuilles concrescentes jusqu'à mi-hauteur avec l'ovaire aussi bien qu'entre elles et formant, autour du fruit mûr, un involucre à trois lobes. — Fruit pourvu de deux cloisons........... → *Engelhardtia* Leschen. (9 espèces. Indes Orientales, Archipel Indien et Sud de la Chine).
  - Fleurs mâles nues, pourvues d'une sorte d'involucre formé par la concrescence de la bractée mère avec les deux préfeuilles. Fleurs femelles sans périanthe, tout au plus avec une indication de la pièce postérieure. Carpelles latéraux... → *Carya* Nutt. (Environ 10 espèces. Amérique du Nord).
- **Chatons dressés dans les deux sexes, quelquefois androgynes, et alors avec les fleurs femelles à la base. — Fleurs mâles et fleurs femelles sans périanthe. — Préfeuilles devenant accrescentes et aliformes autour du fruit..** → *Platycarya* Sieb. et Zucc. (1 espèce: *B. strobilacea* Sieb. et Zucc. Japon; Nord de la Chine).

Affinités. — Les Juglandacées, par la diclinie de leurs fleurs, leur ovaire uniloculaire, *leur ovule unique orthotrope et dressé, leur graine sans albumen, leur mode d'inflorescence,* se rapprochent des Myricacées qui s'en distinguent *par leur port, leurs feuilles simples, leurs fleurs toujours sans périanthe, leur fruit cérifère,* etc.

Leur rapport avec les autres familles du Sous-Ordre sont faciles à déduire du tableau général. (Voir plus loin.)

On trouve aussi quelque analogie, apparente plutôt que réelle, entre les Juglandacées et les Térébinthacées, surtout avec le genre *Pistacia.* (Voir aux Térébinthacées.)

Distribution géographique. — D'une manière générale, les Juglandacées appartiennent aux contrées les plus chaudes de la zone tempérée septentrionale. Elles abondent surtout dans le Nouveau Monde; mais les données de la paléontologie nous apprennent qu'elles étaient jadis tout aussi richement représentées en Europe.

Propriétés générales. Plantes importantes. — Le Noyer commun fut, dit-on, propagé dans l'Europe méridionale quelques années avant l'ère chrétienne. Les feuilles sont employées contre les affections scrofuleuses, bien qu'elles n'agissent, dans ces conditions, qu'à la façon des autres amers. Elles renferment du tannin, quelques principes aromatiques sécrétés par des poils glanduleux, et une matière amère et âcre, la *Juglandine,* qui noircit fortement par oxydation, et qu'on retrouve dans le brou de noix et dans le tégument séminal.

Le brou de noix, dont on se sert souvent pour faire une liqueur réputée stomachique, contient, en outre, des acides malique et citrique.

La graine fournit une huile très usitée (Huile de Noix). Enfin le bois de cet arbre est recherché pour l'ébénisterie et pour la fabrication des armes.

L'écorce du *Juglans cinerea* L. est employée comme purgative dans l'Amérique du Nord.

Le *J. nigra* L., de l'Amérique septentrionale, est estimé à cause de la couleur foncée et de la dureté de son bois.

Le bois et les semences d'un certain nombre de *Carya* sont usités, dans l'Amérique du Nord, comme le sont en Europe le bois et les graines du Noyer commun (*Carya alba, sulcata, olivæformis,* etc.).

La résine connue sous le nom de *Dammar Selam* est fournie par l'*Engelhardtia spicata* Blume, qui croît à Java et qui y atteint, dit-on, 50 à 70 mètres de hauteur.

FAMILLE III. — MYRICACÉES.

Description des Myrica. — Le *Myrica Gale* L., qui croît dans les marais de nos contrées tempérées et dans l'Amérique du Nord, représente assez bien le type de la famille. C'est un petit arbuste, muni de *feuilles simples et alternes*, à limbe penninerve et finement denté, *dépourvues de stipules*.

Les fleurs sont dioïques, et, dans les deux sexes, forment des chatons sur les rameaux de l'année précédente, à l'aisselle des feuilles tombées. L'ensemble de ces *chatons représente*, à l'extrémité de ces rameaux, *des sortes d'épis composés*. Les fleurs s'épanouissent au printemps, avant l'apparition des feuilles.

Chaque chaton commence par deux préfeuilles latérales, auxquelles succèdent, en ordre spiralé, les bractées mères des fleurs. *La fleur mâle, sans périanthe, consiste simplement en 4 étamines, dont deux antéropostérieures et deux latérales ;* plus rarement leur nombre est de cinq, ou se réduit à 3 ou même à 2. Les filets, un peu monadelphes à la base, portent des *anthères extrorses, biloculaires, à déhiscence longitudinale. La fleur femelle, nue* comme la fleur mâle, *possède 2 préfeuilles transversales qui deviennent plus ou moins concrescentes avec l'ovaire. Ce dernier est uniloculaire*, terminé par un *style rapidement divisé en 2 branches stigmatifères*, médianes au début, mais qui deviennent ensuite transversales, probablement par suite de la pression qu'exercent sur elles les deux préfeuilles accrescentes. *L'ovule est solitaire, orthotrope et dressé.*

Les deux carpelles qui constituent l'ovaire peuvent, d'après la situation primitive des stigmates, être considérés comme médians.

Le fruit est une drupe peu charnue, à laquelle les deux bractéoles (préfeuilles) persistantes forment comme deux ailes. La surface de la drupe est toute couverte de petites glandes saillantes, sécrétant une cire blanche qui finit par l'envelopper entièrement.

La graine est sans albumen ; l'embryon a des cotylédons plan-convexes ; la radicule est supère.

Les autres espèces de *Myrica* sont distinctes de la précédente par des caractères de faible importance. Ainsi dans la fleur mâle, le nombre des étamines peut descendre à deux (*M. cordifolia* L.), ou s'élever à six (*M. argula* K.), et même au delà ; en outre les filets peuvent être concrescents en une sorte de colonne sur laquelle les anthères figurent un épi ; ailleurs, les filets staminaux sont accompagnés de petites écailles, etc. Le *Myrica aspleniifolia* H. B. se distingue par ses feuilles pinnatifides, stipulées, et par les fleurs femelles dont les deux préfeuilles latérales deviennent plus tard accrescentes et aliformes autour du fruit, et portent, chacune à son aisselle, une fleur rudimentaire que l'on a considérée comme une glande. C'est en s'appuyant sur ces caractères qu'on a voulu séparer génériquement cette espèce sous le nom de *Comptonia* (*C. aspleniifolia* Gærtn.). Ordinairement simples, les chatons sont composés chez le *M. Faya* Ait, etc.

Caractères généraux. — *Plantes ligneuses. Feuilles* simples, alternes, ordinairement dentées, rarement pinnatifides, rarement stipulées.

Fleurs unisexuées, monoïques ou dioïques, sans périanthe, en chatons simples, rarement composés.

Fleurs mâles, le plus souvent 4 étamines (rarement 2, 6 ou davantage), à filets légèrement concrescents (rarement nettement monadelphes), parfois accompagnés d'écailles simulant un périgone. Anthères extrorses, biloculaires, à déhiscence longitudinale.

Fleurs femelles, toujours pourvues de deux préfeuilles concrescentes avec l'ovaire uniloculaire. Ovule unique, orthotrope. Deux stigmates primitivement médians.

Fruit, drupe glanduleuse, accompagnée de deux préfeuilles persistantes. *Graine* sans albumen.

Affinités. — Les Myricacées se rapprochent beaucoup des Juglandacées, *par leurs fleurs diclines, en chatons, leur ovaire uniloculaire, à 2 stigmates, l'ovule orthotrope et dressé, le fruit drupacé et l'embryon exalbuminé. La simplicité des feuilles chez les Myricacées, leur port différent, l'ovaire supère,* constituent leurs caractères distinctifs les plus importants (1).

Distribution géographique. — Le genre *Myrica* est très cosmopolite. Il est représenté par diverses espèces, en Europe, depuis la Laponie jusqu'en Portugal. En Afrique, on en observe depuis la latitude des Açores jusqu'au Cap de Bonne-Espérance ; il en existe en Abyssinie et à Madagascar. En Amérique, on trouve des *Myrica* au Labrador, au Mexique, en Colombie, au Pérou. En Asie, il en existe dans l'Inde, à Java, au Japon. Enfin on en rencontre aussi dans certaines îles de l'Océanie, entre autres dans la Nouvelle-Calédonie.

Propriétés générales. Plantes importantes. — Le péricarpe des *Myrica* est souvent exploité pour la cire qu'il sécrète, et tous possèdent une écorce astringente.

Le *Myrica cerifera* L. fournit, par ses fruits, une cire très propre à divers usages industriels et à l'éclairage. Des produits analogues peuvent être retirés des M. *pensylvanica, carolinensis,* d'Amérique, du M. *cordifolia* et du M. *quercifolia,* du Cap, enfin du M. *æthiopica* L.

On utilise l'écorce astringente du M. *sapida* Wall., de l'Inde, et du M. *Gale* L., qui croît dans nos marais d'Europe. Les feuilles odorantes de cette dernière espèce sont substituées, dit-on, au Houblon en Suède, et on s'en sert, en Norvège, en guise de Tabac. Enfin cette plante contient encore une matière colorante jaune.

Les fruits de certaines espèces sont comestibles ; tels sont ceux des M. *sapida* et M. *esculenta,* de l'Inde.

---

(1) Cependant l'hypogynie des Myricacées perd beaucoup de sa valeur si l'on considère que les préfeuilles qui, chez ces dernières, remplacent le périanthe, sont fréquemment plus ou moins concrescentes avec l'ovaire.

FAMILLE IV. — BÉTULACÉES (V. fig. 235).

Plantes ligneuses, pourvues de feuilles simples, alternes, accompagnées de stipules caduques.

Fleurs unisexuées, monoïques, disposées en chatons terminaux ou latéraux. — *Mâles* avec un périanthe simple foliacé, formé par un nombre variable de pièces, régulier ou irrégulier. 2 ou 4 étamines ; filets simples ou bifides. Anthères à 2 loges, à déhiscence longitudinale. — *Femelles* sans périanthe. Ovaire à 2 loges, dans chacune desquelles est un ovule anatrope, pendant. Deux styles filiformes, allongés.

Fruit constitué par un nucule anguleux, ou samaroïde, uniloculaire et uniséminé par avortement.

Graine sans albumen. Embryon droit.

Fleurs mâles (III). — Périanthe à 4 lobes, régulier. 4 étamines opposées à ces lobes : anthères à 2 loges juxtaposées, portées sur un filet simple.

Fleurs femelles portées sur des chatons dressés, groupés eux-mêmes en une sorte de corymbe. — Ecailles charnues d'abord, puis ligneuses et persistantes, entières, accompagnées chacune par 4 bractées latérales, et protégeant deux fleurs. *Alnus* Tourn. (14 espèces, sur les deux continents).

Fleurs mâles (I). — Périanthe réduit souvent à 2 simples écailles. Deux étamines seulement, dont le filet bifide porte une loge d'anthère à chacune des branches ainsi formées.

Fleurs femelles (II) portées sur des chatons solitaires pendants. Ecailles trilobées, membraneuses, caduques, sessiles, protégeant chacune trois fleurs .... *Betula* Tourn. (Environ 45 espèces. Dans les deux continents).

Affinités. — Les Bétulacées sont très voisines des Cupulifères et des Corylacées, avec lesquelles on les réunit quelquefois.

Fig. 235. — I. Fleur mâle de *Betula* montrant le périanthe réduit à deux pièces écailleuses, et les deux étamines bifides. — II. Groupe de trois fleurs femelles de *Betula*, insérées à l'aisselle d'une bractée trilobée. — III. Fleur mâle d'*Alnus* (Courchet).

Distribution géographique. — Les Bétulacées sont répandues dans les pays froids et tempérés de l'hémisphère Nord, dans les deux continents.

Quelques espèces se montrent encore, à l'état d'arbustes rabougris, à la limite des neiges éternelles sur les montagnes, et à de hautes latitudes dans la zone arctique. Elles sont très rares dans les régions juxtatropicales, où l'on rencontre encore quelques espèces d'*Alnus*.

Propriétés générales. Plantes importantes. — Le Bouleau blanc (*Betula alba* L.) croît dans presque toute l'Europe, en Sibérie, dans l'Asie Mineure, dans l'Amérique septentrionale. Cette espèce s'avance très haut vers les pôles et végète encore, dans les montagnes, à de grandes altitudes. Son bois, très tenace, est utilisé par les charrons et les tourneurs ; mais sa grande hygroscopicité le rend impropre aux constructions. Sa valeur, comme combustible, égale celle du bois de Hêtre. Ses rameaux flexibles servent à confectionner des balais. Son écorce imperméable a pu être employée, dans le Nord, pour fabriquer des chaussures. On s'en sert encore pour faire des tabatières, des cordes, des boîtes, et pour recouvrir des toitures.

Une variété américaine du Bouleau blanc sert, au Canada, à fabriquer des pirogues très légères.

FAMILLE V· — SALICACÉES·

Les Peupliers et les Saules constituent les seuls réprésentants de cette famille que quelques exemples suffiront pour caractériser.

Description des Salix. — Le genre Saule (*Salix* L.) est représenté par un très grand nombre d'espèces qui croissent dans les lieux humides et le long de nos cours d'eau. Leur port est assez différent ; les uns, tels que le *Salix Helix* L., sont de simples arbrisseaux, d'autres peuvent atteindre 10 à 13 mètres de hauteur, comme le Saule blanc (*Salix alba* L.), le *Salix fragilis* L., etc. Leurs rameaux longs et flexibles sont employés, chez beaucoup d'espèces, sous le nom d'*osier*. Les *feuilles* sont *alternes*, parfois opposées, pétiolées ; leur limbe penninerve et denté est généralement lancéolé-linéaire, rarement ovale-arrondi, comme chez notre *Salix Capræa* L. ou Saule Marceau. Le pétiole est accompagné de *deux stipules* libres, le plus souvent écailleuses, caduques ou rarement persistantes.

Les *fleurs, unisexuées et normalement dioïques*, sont groupées en chatons dont les axes naissent à l'aisselle des feuilles tombées, sur les rameaux de l'année précédente (1).

Deux cas peuvent se présenter :

1° Il ne se développe que quelques écailles foliaires au-dessous des bractées fertiles de l'inflorescence, constituée ainsi par l'axe tout entier.

2° Il se développe des feuilles vertes ordinaires au-dessous de l'inflorescence qui, dès lors, termine simplement un axe végétatif.

Les *chatons sont donc latéraux ou terminaux.*

(1) On trouve quelquefois des fleurs de sexes différents réunies sur un même chaton (*Salix babylonica, S. purpurea, S. fragilis*, etc.).

Les *fleurs* naissent chacune à l'aisselle d'une bractée mère arrondie et entière ; le périanthe fait défaut (fig. 236).

Ce dernier est remplacé, chez la *fleur mâle* seulement (I et II), par deux glandes (*gl*), une antérieure, une postérieure; au centre sont des étamines dont le nombre varie de 2 à 12 (1), le nombre 2 étant le plus fréquent (*Salix alba, S. fragilis*, etc.). Libres en général, les filets sont parfois plus ou moins concrescents (chez le *S. incana.*, p. ex.). Les anthères sont extrorses, biloculaires, à déhiscence longitudinale.

Le disque est beaucoup plus réduit chez la *fleur femelle* (III et IV),

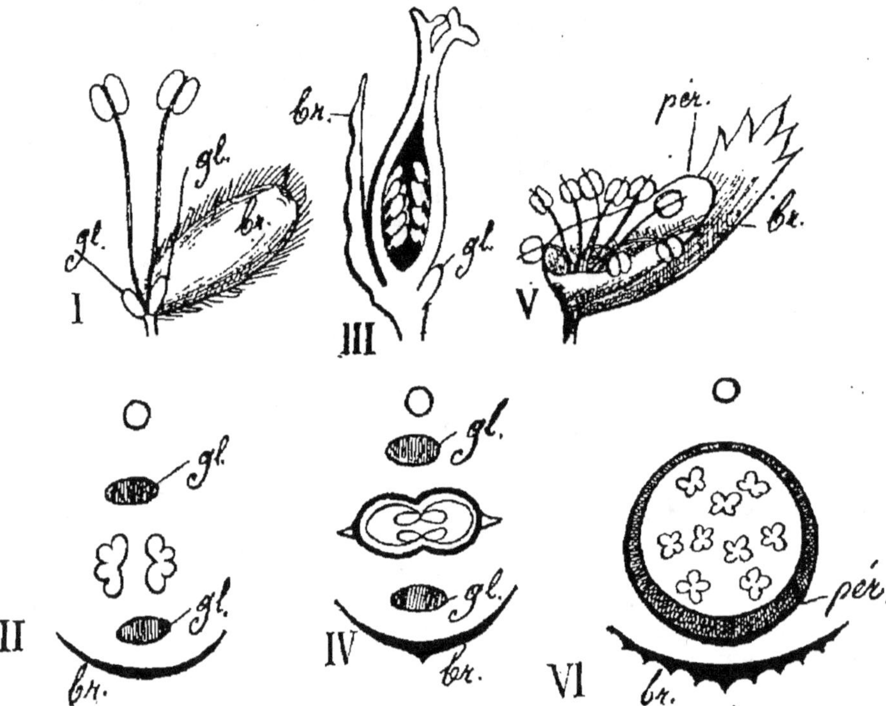

Fig. 236. — I et II. Fleur mâle d'un *Salix* à 2 étamines; *br*, bractée mère ; *gl, gl*, glandes périanthiques.— III et IV. Fleur femelle de *Salix*. Mêmes lettres et même signification. —V. Fleur mâle de *Populus*. — VI. Diagramme de la même fleur ; *br*, bractée mère; *pér*, périanthe (Courchet).

où la glande postérieure est presque toujours seule développée. Le gynécée est formé par deux carpelles transversaux ouverts, concrescents en un ovaire uniloculaire, dont les deux placentas pariétaux portent de nombreux ovules anatropes, ascendants, disposés en une double

(1) Tels sont les *Salix triandra, pentandra*. Les espèces à étamines nombreuses sont presque toutes exotiques.

Ainsi que le montrent les diagrammes ci-joints, dans les cas de diandrie, les deux membres de l'androcée sont symétriquement placés de chaque côté du plan médian de la fleur. Quand il y a trois étamines, l'une d'elles est impaire postérieure, les deux autres antérieures. Enfin quand il en existe plusieurs, elles forment une série transversale irrégulière.

(2) Chez quelques espèces seulement ce disque se montre sous l'aspect de glandes plus nombreuses unies en un bourrelet à leur base.

série. Le sommet de l'ovaire s'atténue en un style qui se divise en deux branches stigmatifères, entières ou plus ou moins bifurquées. Ces branches correspondent parfois aux nervures dorsales des deux carpelles d'autres fois aux placentas.

Le fruit consiste en une capsule déhiscente, suivant les deux nervures dorsales, en deux valves loculicides antéro-postérieures qui s'enroulent de bas en haut, et portent les graines sur le milieu de leur face interne.

Ces graines, nombreuses et petites, sont couvertes de poils soyeux nés de leur funicule. Elles renferment un embryon droit, sans albumen ; les cotylédons sont elliptiques et plan-convexes ; la radicule est courte.

GENRE POPULUS. — Les Peupliers (*Populus*) sont extrêmement voisins des Saules. Ce sont des arbres ordinairement plus élevés, dont les feuilles ont un limbe plus large, porté par un pétiole comprimé latéralement, disposition qui leur communique une mobilité remarquable (surtout chez le Tremble, *Populus Tremula*). Leurs bourgeons végétatifs sont protégés par des écailles qui laissent exsuder un suc résineux.

La structure florale (fig. 236, V et VI) et la disposition des fleurs sont fondamentalement les mêmes dans les deux genres ; chez les Peupliers, cependant, les bractées mères sont laciniées, le nombre des étamines varie de 8 à 22, le disque qui entoure le gynécée forme une urcéole obliquement prolongée en dehors ; les stigmates sont plus développés, et divisés en deux ou trois branches.

SALICACÉES.

Arbrisseaux ou arbres, à *feuilles* alternes, simples, stipulées.

Fleurs unisexuées, dioïques en général, réunies en chatons terminaux ou axillaires. Périanthe nul, remplacé, dans les deux sexes, par des glandes isolées ou par un disque annulaire.

Fleurs mâles, pourvues d'un nombre variable d'étamines. Anthères extrorses, biloculaires, à déhiscence longitudinale.

Fleurs femelles formées par 2 carpelles transversaux, ouverts, concrescents en un ovaire uniloculaire. Ovules nombreux, anatropes, ascendants, insérés sur deux placentas pariétaux (antéro-postérieurs). Style simple, divisé en deux branches stigmatifères, simples ou bifurqués.

Fruit capsulaire, loculicide.

Graine sans albumen, accompagnée de poils nés du funicule. Embryon droit.

Arbres généralement peu élevés. Limbe foliaire le plus souvent étroit.
Disque glandulaire ordinairement remplacé par des glandes isolées, peu nombreuses.
Bractées mères des fleurs entières.
Étamines généralement 2 à 4, rarement plus nombreuses.......... *Salix* L. (160 espèces environ dans les deux continents).

Arbres plus hauts. Limbe foliaire large ; pétiole comprimé latéralement.
Disque formant une urcéole oblique.
Bractées mères laciniées.
Stigmates plus longs, divisés en 2 ou 3 branches.
8-12 étamines..................... *Populus* L. (18 espèces environ, répandues dans les deux continents.

Affinités. — Cette petite famille forme un tout bien délimité et homogène; mais ses affinités sont obscures. Les Salicacées méritent cependant d'être rapprochées des autres Amentacées par leurs feuilles alternes et stipulées, leurs fleurs diclines et nues, en chaton, leurs carpelles concrescents, leurs fruits secs, l'embryon droit sans albumen.

On les a rapprochées encore des Platanacées et des Balsamifluées que nous étudierons plus loin; enfin, ce qui est moins exact peut-être, des Tamaricacées.

Distribution géographique. — Les Salicacées, au nombre de deux cents espèces vivantes environ, sont très répandues dans les lieux humides des régions tempérées et froides de notre hémisphère. Elles sont très rares sous les tropiques, et ne se rencontrent presque plus dans l'hémisphère austral.

Propriétés générales. Plantes utiles. — Les Peupliers et les Saules croissent avec une grande rapidité; aussi leur bois est-il tendre et flexible; celui des Peupliers est particulièrement estimé.

L'écorce amère des Saules a longtemps été usitée comme fébrifuge. M. Leroux en a extrait un glucoside intéressant, la *Salicine.* On peut retirer ce principe des espèces suivantes :

Salix alba L. (Osier blanc), *S. vitellina* L. (Osier jaune), *S. amygdalina* L. (Osier rouge), *S. præcox* Wild., *S. viminalis* L., *S. Helix* L., *S. purpurea* L. (Osier pourpre).

Certains Saules n'ont pas fourni de Salicine; tels sont les :

S. fragilis L.;

S. babylonica L., Saule pleureur, très connu par son port spécial, originaire d'Asie ;

S. Capræa L., Saule Marceau, dont le feuillage est bien différent de celui des autres espèces. Les feuilles sont larges et arrondies.

La *Salicine* a été également rencontrée dans plusieurs espèces de Peupliers ; mais ce principe s'y trouve accompagné par un autre glucoside, la *Populine*, isolée par Braconnot. Les *bourgeons de Peuplier* que l'on emploie comme balsamiques sont ceux du Peuplier noir (*Populus nigra* L.), et du Tremble (*P. Tremula* L.).

FAMILLE VI. — CUPULIFÈRES.

Périanthe gamosépale dans les deux sexes. — Étamines simples. — Fleurs femelles isolées ou réunies plusieurs ensemble dans une cupule. — Ovaire infère pluriloculaire. — Fruit ordinairement uniloculaire et monosperme par avortement, accompagné par la cupule accrescente.

Description des Quercus. — Parmi les genres qui composent la famille des Cupulifères, le genre *Quercus* (Chêne) est le plus riche en espèces. Ce sont des *arbustes*, ou, le plus souvent, des *arbres* qui croissent à peu près partout dans l'hémisphère boréal, quelques-uns dans les régions tropicales.

Ils portent des *feuilles*, *soit persistantes*, comme le *Quercus Ilex* L., ou Chêne vert, *soit caduques* comme le *Q. pubescens* Wild., ou Chêne Rouvre. Ces feuilles sont *simples*, à limbe *penninervié*, *entier*

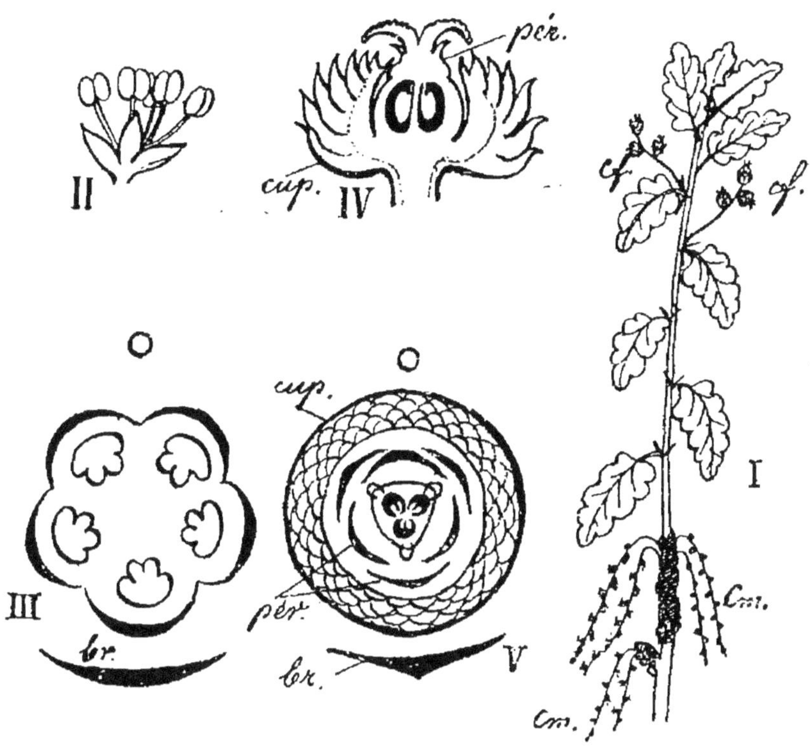

Fig. 237. — Inflorescences et organisation florale des *Quercus*. — I. Un rameau florifère ; *cm, cm,* inflorescences mâles ; *cf, cf,* inflorescences femelles. — II. Une fleur mâle de *Quercus*. — III. Diagramme de la fleur mâle ; *br,* bractée mère. — IV. Fleur femelle. — V. Diagramme de la fleur femelle ; *br,* bractée mère ; *pér,* périanthe ; *cup,* cupule (Courchet).

ou *découpé;* elles sont accompagnées de *deux stipules caduques*, et protégées, dans les bourgeons, par des écailles de nature stipulaire.

Les *fleurs* sont *diclines et monoïques, groupées en chatons unisexués ou androgynes,* portées sur les jeunes rameaux de l'année (fig. 237). Ces derniers produisent tout d'abord deux préfeuilles, puis un certain nombre de feuilles réduites à leurs stipules; enfin, à deux ou trois formations semblables pourvues d'un limbe rudimentaire, succèdent des feuilles végétatives normales, disposées en spirale suivant 2/5, avec leur limbe reployé, dans le bourgeon, le long de leur nervure médiane.

Les *chatons mâles* (*cm, cm*), allongés et multiflores, lâches et pendants, naissent à l'aisselle des écailles stipulaires les plus élevées, au-dessus des feuilles végétatives normales. A l'aisselle de ces dernières ne se forment que des axes purement végétatifs, ou des *inflorescences femelles*, si le rameau est androgyne. Celles-ci ne sont composées que par un petit nombre de fleurs (*cf, cf*) sessiles ou pédonculées. Dans tous les cas, le jeune rameau se termine par des feuilles et des ramifications purement végétatives.

A l'aisselle des écailles des chatons mâles s'insèrent des fleurs solitaires ou formant de petits glomérules. Elles sont *pourvues d'un petit périanthe* (fig. 237, II et III), le plus souvent à cinq divisions concrescentes à la base, rarement plus ou moins nombreuses, à préfloraison valvaire ou imbriquée. Il n'y a point ici de préfeuilles. Les *étamines*, presque toujours en même nombre que les divisions du périanthe auxquelles elles sont opposées, ont des filets grêles, indépendants, insérés au centre de la fleur ; les anthères sont dorsifixes, biloculaires, à déhiscence extrorse longitudinale. Il n'existe presque jamais de trace du pistil.

Les *fleurs femelles* ont une structure spéciale (IV et V). Elles sont insérées chacune à l'aisselle d'une *bracté mère* (*br*) écailleuse, et sont entourées d'une *cupule* (*cup*) extérieurement garnie de petites écailles. Le réceptacle floral est creusé en une coupe très profonde, qui loge en totalité l'*ovaire infère et concrescent* avec lui. Cet ovaire est couronné par un *périanthe* (*pér*) à 6 *divisions* en général, formant 2 verticilles 3-mères, l'externe ayant sa pièce impaire tournée vers la feuille mère. — *L'ovaire est à 3 loges* plus ou moins incomplètes en haut et en bas, opposées, comme les trois stigmates qui les surmontent, aux trois pièces externes du périanthe. Dans chaque loge se trouvent *deux ovules collatéraux, descendants, plus ou moins incomplètement anatropes*, à tégument double, avec leur micropyle supérieur et externe. Le style se partage rapidement en trois branches, souvent épaissies à leur extrémité stigmatifère, qui est entière ou légèrement lobée.

Chez les Chênes, comme chez les Corylacées et les Bétulacées, au moment de l'émission du pollen par les fleurs mâles, il n'y a guère de développé dans la fleur femelle que les stigmates. Alors seulement se forment les loges de l'ovaire et les ovules.

La cupule elle-même est à peine ébauchée au moment de la fécondation, et son bord interne porte seulement deux rangées d'écailles. Mais cet organe se développe ensuite rapidement autour de l'ovaire, et de nouvelles écailles se forment à l'intérieur des anciennes, tandis que la partie interne de la cupule semble peu à peu se renverser au dehors. Les écailles de la cupule sont très nombreuses autour du fruit et disposées en spirale (1).

Le *fruit des Chénes*, ou *gland*, est un achaine inséré par une large surface au fond de la cupule dont il finit par se séparer; il est encore surmonté par les restes du calice et des styles. En général il ne renferme qu'une seule graine fertile, par avortement de deux des trois loges et de tous les ovules, sauf un seul.

La *graine* est remplie par un gros embryon exalbuminé dont les cotylédons, épais et plan-convexes, sont riches en fécule. Leur surface est lisse ou ruminée. La radicule est supère.

Autres genres. — CASTANEA Tourn. — Les Châtaigniers (*Castanea*), dont une espèce (*C. vesca* Gærtn.; *C. vulgaris* Lam.) est très connue en Europe, sont très voisins des *Quercus*.

Chez le Châtaignier commun, qui peut atteindre une taille considérable, les feuilles, toujours caduques, ont un limbe oblong, denté et plissé le long de la nervure médiane et suivant les nervures latérales. Comme chez les Chênes, elles sont précédées, sur les jeunes rameaux, par des feuilles réduites à leurs stipules.

En général, après avoir produit quelques bourgeons purement végétatifs, les jeunes rameaux portent un certain nombre de chatons mâles, puis quelques axes végétatifs auxquels succèdent des chatons androgynes, enfin des rameaux végétatifs seulement.

Dans les chatons, à l'aisselle de chacune des écailles disposées en spirale, se montrent normalement sept fleurs mâles formant une petite cyme bipare contractée.

La fleur mâle possède un périanthe à 6 divisions, disposées en deux verticilles, 8 à 12 étamines, dont les filets sont libres et les anthères introrses, enfin un rudiment de pistil au centre de l'axe floral.

Sur les chatons androgynes, on trouve 1 à 3 groupes de fleurs femelles à la base, et au-dessus quelques groupes de fleurs femelles accompagnées de fleurs hermaphrodites. Ces inflorescences partielles naissent chacune à l'aisselle d'une bractée mère caduque. Elles portent tout d'abord deux préfeuilles transversales, au-dessus desquelles se montre la *cupule*; celle-ci est en forme d'urne couverte, extérieurement d'écailles, d'abord, puis d'aiguillons, et renferme une petite cyme contractée de trois

(1) Quelle est la valeur morphologique de la cupule des Chênes? Certains botanistes l'ont considérée comme une formation extérieure à la fleur, émanant du sommet de l'axe floral, les écailles devant être regardées, dans ce cas, comme de vraies feuilles. Telle n'est pas l'opinion de certains autres, tels que Eichler qui, par analogie avec l'organisation de la cupule chez les Châtaigniers et les Hêtres, la considérèrent comme formée par les préfeuilles de l'axe floral; les écailles doivent, dans cette manière de voir, être regardées comme des émergences qui, d'ailleurs, peuvent manquer.

fleurs femelles (rarement de 4 ou 7) dont exceptionnellement la terminale seule se développe.

L'ovaire infère est constitué par 6 carpelles en deux verticilles, rarement plus ou moins, formant tout autant de loges qui contiennent chacune deux ovules anatropes suspendus. Il est surmonté par un nombre égal de styles et de stigmates. L'ovaire est extérieurement accompagné d'étamines dans les fleurs hermaphrodites.

Les fruits sont des achaines qui, au nombre de 3 en général, sont tout d'abord cachés dans la cupule aiguillonnée; celle-ci s'ouvre en quatre valves pour laisser échapper les châtaignes mûres. Ces fruits sont pourvus d'un large point d'attache elliptique, et portent encore, à leur sommet, les restes des divisions calicinales et des styles. Chacun d'eux est généralement uniloculaire et monosperme par avortement, et la graine est presque toujours accompagnée par les restes de deux autres graines avortées. Accidentellement une ou deux autres peuvent devenir fertiles.

L'embryon possède une petite radicule supère et deux gros cotylédons charnus et amylacés, à surface plus ou moins ruminée, dont la base cache en partie la radicule.

Fagus. — Les Hêtres (*Fagus*), autrefois confondus avec les Châtaigniers, sont des arbustes ou des arbres des contrées tempérées ou presque froides de l'hémisphère Nord. Les feuilles, caduques ou persistantes, ressemblent à celles du Châtaignier par leur forme et leur manière d'être dans le bourgeon ; leur insertion est partout distique.

Les inflorescences sont, encore ici, portées par les jeunes rameaux.

Les rameaux latéraux ne produisent que des chatons mâles; l'axe principal donne des inflorescences mâles à la base, des chatons femelles au-dessus, enfin des bourgeons végétatifs.

Les fleurs mâles, dont l'axe spécial est dépourvu de bractée mère et de préfeuilles, comme celui des fleurs femelles, constituent de petites cymes contractées à l'aisselle des écailles du chaton. Elles possèdent un périanthe campanulé dont le bord se découpe en 4 ou 7 dents inégales, et 8 à 12 étamines, jusqu'à 20 chez certaines espèces.

Les inflorescences femelles partielles consistent en deux fleurs placées transversalement par rapport à leur bractée mère commune, l'une et l'autre enveloppées dans une cupule à 4 lobes, qu'entourent quelques bractées foliacées (1). La fleur femelle ressemble à celle du Châtaignier, mais l'ovaire est triloculaire, surmonté par 3 styles.

Les *fruits*, qui portent ordinairement le nom de *faînes*, chez le Hêtre commun, sont secs, trigones, enveloppés deux ensemble par l'involucre accru, devenu ligneux, chargé d'aiguillons, et s'ouvrant vers le haut, suivant quatre fentes verticales.

Chaque fruit, uniloculaire et monosperme par avortement, renferme une graine exalbuminée, qu'accompagnent, comme chez les *Castanea*, des semences avortées. La radicule est supère, plus ou

---

(1) Cette cupule, chez le *Fagus sylvatica*, est extérieurement munie d'aiguillons mous.

moins enveloppée par la base des cotylédons qui sont charnus, plusieurs fois repliés sur eux-mêmes.

CUPULIFÈRES

Arbres ou arbrisseaux pourvus de *feuilles* alternes, simples, plus ou moins découpées, penninerves; stipules caduques.

Fleurs presque toujours diclines, en chatons unisexués ou androgynes, pourvues d'un périanthe gamophylle, formé d'un nombre variable de pièces.

Fleurs mâles avec un nombre d'étamines égal à celui des pièces du périanthe ou en nombre double. Filets libres; anthères indivises, déhiscentes par des fentes longitudinales. Quelquefois un rudiment de pistil au centre.

Fleurs femelles enveloppées isolément ou 2 ou 3 ensemble dans une cupule plus ou moins complète. Ovaire infère, à 3 ou 6 loges, contenant chacune deux ovules anatropes pendants; styles 3 à 6.

Fruits : achaines (glands) uniloculaires et monospermes par avortement, entourés isolément ou 2 ou 3 ensemble dans une cupule plus ou moins complète.

Graine sans albumen. Cotylédons épais et charnus.

Fleurs monoïques, en chatons unisexués, les mâles pendants, au-dessus des chatons femelles.

Fleurs mâles pourvues d'un périanthe à 5 divisions en général. Étamines 5.

Fleurs femelles entourées isolément par une cupule incomplète. — Ovaire triloculaire.

Fruit : gland partiellement entouré par la cupule indurée............. *Quercus* L. (200 espèces environ, surtout dans l'Amérique du Nord, l'Europe, l'Asie occidentale).

Fleurs monoïques ou polygames.

Fleurs mâles pourvues d'un périanthe à 6 divisions. Étamines en nombre variable.

Fleurs femelles entourées trois ensemble dans une même cupule devenant complète et à 4 valves à la maturité. Ovaire ordinairement à 6 loges.

Fruits : achaines enveloppés trois ensemble dans une même cupule.. *Castanea* Tourn. (Environ 30 espèces. Hémisphère Nord).

Fleurs monoïques, formant sur les chatons de petits glomérules.

Fleurs mâles pourvues d'un périanthe campanulé à 4-7 dents inégales. Étamines : 8-20.

Fleurs femelles entourées, deux ensemble, par un involucre commun devenant complet et à 4 valves à la maturité. — Ovaire 3-loculaire.

Fruits enveloppés deux par deux dans une cupule complète aiguillonnée......................... *Fagus* L. (4 espèces, des contrées extratropicales de l'hémisphère Nord).

Affinités. — Les Cupulifères se rapprochent beaucoup des Bétulacées par la structure de leurs inflorescences et la situation de leurs ovules; elles s'en distinguent surtout *par la trimérie de leur gynécée et la cupule qui entoure les fleurs femelles.* Ce dernier caractère et, en outre, *la direction pendante des ovules,* distinguent les Cupulifères des Juglandacées et des Myricacées dont l'ovule est dressé.

Distribution géographique. — Les Cupulifères habitent principalement les régions tempérées de l'hémisphère Nord. Abondantes surtout en Amérique, elles sont rares dans le nord de l'Asie. Dans l'Europe méridionale et centrale, elles forment de vastes forêts.

En latitude, elles occupent une aire très vaste : quelques-unes s'élèvent, dans les régions arctiques, jusqu'à la limite des neiges éternelles, et on en trouve encore un assez grand nombre en Amérique, entre le Cancer et l'Équateur, au delà duquel elles disparaissent à peu près complètement. En Afrique, elles ne sont représentées que par quelques Chênes dans la région méditerranéenne. Quelques-unes occupent des stations élevées dans l'Archipel Indien.

Le genre *Fagus* est représenté, dans les Andes du Chili, par de grandes espèces telles que le *F. procera.*

Propriétés générales. Plantes importantes. — Les propriétés de ces plantes sont peu caractéristiques. Le tannin est abondant chez la plupart d'entre elles, et leurs graines, toujours féculentes et charnues, contiennent souvent des principes amers.

Les Chênes, au nombre de 80 espèces environ, sont à peu près également répartis en Amérique et dans l'Ancien Continent.

Le Chêne Rouvre (*Quercus Robur* L.), très répandu dans nos contrées tempérées, est un grand arbre à tronc ordinairement droit, très ramifié, et recouvert d'une épaisse écorce subéreuse. Les feuilles sont caduques, à limbe sinueux-ondulé. Il en existe deux variétés, que plusieurs botanistes considèrent comme deux espèces distinctes :

1° Le *Q. pedunculata* Ehrh., à feuilles sessiles ou courtement pétiolées, et dont les fruits sont portés par un long pédoncule ;

2° Le *Q. sessiliflora* Sm., dont les fleurs et les fruits sont sessiles, et dont les feuilles sont plus ou moins longuement pétiolées.

Le Chêne blanc ou Gravelin (*Q. racemosa* Lmk.) est plus droit et plus élevé.

Le bois de ces Chênes est dur et très bon pour le chauffage et l'industrie. Leur écorce est employée pour la tannerie. Les glands, très riches en fécule, possèdent, en même temps, une âpreté qui les rend impropres à la nourriture de l'homme. On les emploie souvent cependant, torréfiés, comme succédané du café.

On donne le nom de Chêne Vélani au *Q. Ægilops* L. C'est un arbre dont le port rappelle celui du Chêne Rouvre, mais dont les feuilles, blanchâtres et cotonneuses en dessous, sont pourvues de grosses dents pointues, et dont les fruits, très gros, sont presque entièrement cachés dans une cupule énorme, hérissée d'écailles étalées. Cette espèce est propre à la Sicile, aux îles de l'Archipel Grec et à la Natolie. La cupule de ses fruits est utilisée, dans la teinture en noir et pour le tannage, sous les noms de Vélanède, Gallon du Levant ou de Turquie.

Le Chêne Liège (*Q. Suber* L.) croît dans les terrains siliceux de nos provinces du Sud-Est, en Espagne, en Italie, dans le Nord de l'Afrique. Ses feuilles sont petites, persistantes, dentées en scie : son suber, très développé, est employé sous le nom de *liège*. Le premier liège qui se forme est dur, sans homogénéité, et on l'enlève par une opération qui porte le nom de *démasclage*. Le nouveau liège, ou *liège femelle*, qui se produit alors, est récolté périodiquement tous les cinq à six ans.

Dans la Pensylvanie croît une grande espèce de Chêne, nommée Chêne Jaune ou Quercitron (*Quercus tinctoria* L.). Son écorce contient une matière tinctoriale jaune, le *Quercitrin*, que l'on peut substituer à la matière colorante jaune de la Gaude (*Reseda Luteola*).

Dans nos provinces méridionales croît en grande abondance le Chêne Vert (*Q. Ilex* L.), remarquable par ses feuilles persistantes, coriaces, à dents épineuses et aiguës.

Le *Q. coccifera* L., ou Chêne Garouille, est un des arbustes les plus caractériques des garrigues de la région méditerranéenne. Il est très voisin du *Q. Ilex*, mais d'un port tout différent. Ses feuilles, également épineuses et persistantes, sont plus petites ; ses fruits, qui ne mûrissent que la seconde année, sont enfoncés profondément dans une cupule hérissée d'écailles réfléchies. C'est sur ce Chêne que vit le *Kermes Vermilio* ou *Coccus Ilicis*, espèce de Cochenille qui était autrefois employée, sous le nom de Kermès végétal, comme matière tinctoriale. Le Kermès végétal entrait aussi dans la composition de certains médicaments.

Le *Q. Infectoria* Oliv. (fig. 238) est répandu dans toute l'Asie Mineure jusqu'aux frontières de la Perse. Il est frutescent, et sa taille n'excède pas 1^m,30 ou 1^m,60. Ses feuilles sont oblongues, mucronées-dentées, pubescentes en dessous. Les glands sont longs et sessiles. La Noix de Galle ou Galle du Levant est due au développement anormal de jeunes rameaux du *Q. Infectoria* déterminé par la piqûre du *Cynips Gallæ tinctoriæ*. Cette excroissance se produit autour de l'œuf que dépose dans le jeune tissu l'insecte femelle; la larve éclôt et se nourrit au centre même de la galle, que l'on récolte avant que cet hyménoptère ne la perce pour en sortir, après avoir acquis son développement complet.

On connaît d'autres sortes de Galles, moins estimées : la Galle de France, du *Q. Ilex*, le Gallon de Hongrie ou du Piémont du *Q. Robur*, la pomme de Chêne du *Q. pyrenaica*, etc.

Le genre Châtaignier se réduit très probablement à deux espèces, l'une américaine, l'autre très répandue dans nos contrées tempérées. Le *Castanea vesca* Gærtn. (1) fournit ses fruits, très estimés sous le nom de *Châtaignes*. Son écorce est astringente et peut servir pour le tannage.

Le bois des Hêtres, celui du *Fagus sylvatica* L. en particulier, est léger et très employé pour la fabrication de la poudre. Les fruits de cette dernière espèce, connus sous le nom de *Faînes*, servent pour la nour-

Fig. 238. — *Quercus infectoria*, avec ses galles.

riture des animaux. L'huile que contient la graine (*Huile de Faîne*) est propre à l'alimentation et à l'éclairage.

FAMILLE VII. — CORYLACÉES.

Arbres ou arbustes à feuilles simples et alternes, accompagnées de stipules caduques.

Fleurs unisexuées monoïques ; les mâles en chatons allongés, terminaux et axillaires ; les *femelles* en inflorescences plus courtes dont l'axe porte d'abord des bractées stériles, puis quelques bractées fertiles, à l'aisselle de chacune desquelles se développent deux fleurs.

Fleurs mâles sans périanthe, formées par 4 à 10 *étamines dont les filets sont plus ou moins profondément divisés en 2 branches,* portant chacune une loge d'anthère à déhiscence extrorse.

Chacune des deux fleurs femelles de chaque groupe naît à l'aisselle d'une bractée mère spéciale, et possède deux préfeuilles concrescentes avec celte dernière. Ovaire formé par deux carpelles ouverts et concrescents en un ovaire primitivement uniloculaire et à placentation pariétale, puis bilo-

(1) *C. vulgaris* Lam.

culaire par l'union des placentas accrescents. L'un des deux placentas est seul fertile, et porte 2 *ovules anatropes et descendants, à micropyle extérieur. Ovaire couronné par un petit périanthe irrégulier.* Style à deux branches.

Fruit : achaine caché par l'enveloppe herbacée formée par la bractée mère spéciale de la fleur femelle, concrescente avec les deux préfeuilles, uniloculaire et monosperme par avortement.

Graine sans albumen. — Cotylédons plan-convexes, huileux et charnus.

CORYLACÉES. { Carpelles placés transversalement par rapport à la bractée-mère. Enveloppe ouverte et étalée, sous la forme d'une bractée à trois lobes foliacés. Limbe foliaire ployé le long des nervures latérales..................... *Carpinus* Tourn. (12 espèces. Europe centrale et méridionale; Asie centrale et orientale; Amérique du Nord).

Carpelles médians. Enveloppe close. Limbe foliaire plié le long de la nervure médiane.. *Corylus* Tourn. (7 espèces. Europe moyenne et méridionale; Orient; Asie centrale et orientale; côtes orientales de l'Amérique).

Affinités. — Les Corylacées sont réunies par certains auteurs aux Bétulacées, par d'autres aux Cupulifères. Elles se distinguent des premières par *l'absence complète de périanthe à la fleur mâle, leurs étamines bifides, l'enveloppe herbacée plus ou moins complète qui accompagne les fruits.* Elles diffèrent des Cupulifères par *leurs fleurs mâles sans périanthe, leurs étamines bifides, la nature morphologique et la consistance de l'enveloppe qui accompagne leurs achaines.*

Distribution géographique. — Plantes spéciales aux contrées tempérées de l'hémisphère Nord. Le Noisetier (*Corylus Avellana* L.) se rencontre encore, en Norvège, au delà du 65° de latitude ; le *C. americana*, en Amérique, jusqu'au Canada, en Asie jusqu'au fleuve Amour.

Plantes importantes. — Tous les Coudriers sont utilisés pour leur bois ; leur écorce est tonique et fébrifuge ; leurs feuilles contiennent parfois des matières tinctoriales ; leur graine est alimentaire et renferme une huile comestible. Tels sont le *Corylus Avellana* en Europe, les *C. tubulosa* Wild. et *Coturna* L. aux États-Unis, les *C. americana* et *rostrata* Ait., qui croissent dans l'Amérique du Nord et dans la partie N. de l'Asie.

Le bois des Charmes est recherché pour la confection de certains ouvrages, et leur écorce interne est employée comme médicamenteuse. Les Charmilles de nos parcs sont faites à l'aide du *Carpinus Betulus.* Le *C. Ostrya*, dont on fait parfois un genre spécial, et le *C. virginiana*, ou Orme de Virginie, sont plus rarement cultivés.

Fleurs unisexuées, apétales, le plus souvent groupées en chaton (les mâles surtout). — Périanthe souvent incomplet ou nul. Étamines opposées aux pièces du périanthe dans les cas d'isomérie. — Carpelles 2-6, concrescents en un ovaire infère ou supère. Graine sans albumen. — Végétaux ligneux.

SOUS-ORDRE DES AMENTACÉES

Plantes à port de Prêles; feuilles verticillées et concrescentes en une sorte de gaine circulaire. — Fleurs unisexuées — Mâles à périanthe incomplet, et pourvues d'une seule étamine. — Femelles nues, pourvues de 2 carpelles médians dont un seul fertile. 2 ovules orthotropes, ascendants. Achaine caché par les préfeuilles indurées et accrescentes en une sorte de capsule bivalve. Graine sans albumen; embryon droit.. **CASUARINACÉES.**

Feuilles toujours bien développées et jamais verticillées.

Plantes à port normal.

Plantes ligneuses à feuilles dépourvues de stipules. — Fleurs diclines, monoïques ou dioïques. — Ovaire uniloculaire, avec un ovule orthotrope dressé. — Fruit drupacé. — Graine sans albumen.

Périanthe 4-mère. — Dans la fleur mâle, étamines en nombre variable. — Dans la fleur femelle, ovaire infère, uniloculaire, plus tard avec cloisons incomplètes. Arbres à feuilles presque toujours composées........................ **JUGLANDACÉES.**

Périanthe nul dans les deux sexes. — Dans la fleur mâle, ordinairement 4 étamines. — Ovaire uniloculaire dans la fleur femelle, sans fausses cloisons. — Fruit accompagné par deux préfeuilles accrescentes. Arbrisseaux à feuilles toujours simples.............................. **MYRICACÉES.**

Plantes ligneuses à feuilles toujours simples, pourvues de stipules caduques. Fleurs presque toujours unisexuées. — Ovules anatropes.

Fleurs femelles et fruits sans cupule.

Fleurs mâles pourvues d'un périanthe avec un nombre variable d'étamines. — Fleurs femelles nues. — Ovaire biloculaire, avec un ovule anatrope, pendant. — Fruit : nucule anguleux ou samaroïde, uniloculaire et monosperme par avortement.................................... **BÉTULACÉES.**

Périanthe remplacé, dans les deux sexes, par des glandes ou un disque annulaire. — Étamines en nombre variable, avec anthères extrorses. — Dans les fleurs femelles, 2 carpelles concrescents en un ovaire uniloculaire. — Ovules nombreux, anatropes, à placentation pariétale. — Capsule loculicide. — Graines pourvues de poils formés par le funicule.......................... **SALICACÉES.**

Fleurs femelles et fruits accompagnés par une cupule de nature axile, ou formée par la concrescence des deux préfeuilles et de la bractée mère. — 2 ovules anatropes et pendants dans chaque loge.

Fleurs pourvues, dans les deux sexes, d'un périanthe gamosépale. — Étamines à filets toujours simples, en nombre variable. — Fleurs femelles insérées isolément ou plusieurs ensemble dans une cupule accrescente, formée par l'axe. — Ovaire infère et adhérent formé par 3-6 carpelles, et 3-ou 6-loculaire. — Fruit ordinairement uniloculaire et monosperme par avortement, accompagné par la cupule.................... **CUPULIFÈRES.**

Fleurs nues dans les deux sexes. — Étamines à filets bifides. — Ovaire à 2 carpelles et à 2 loges, accompagné par les 2 préfeuilles et la bractée mère concrescentes, et formant plus tard une enveloppe foliacée autour du fruit...... **CORYLACÉES.**

SOUS-ORDRE III. — URTICINÉES.

Plantes herbacées ou ligneuses. — Feuilles toujours stipulées. — Fleurs petites, apétales, rarement en épis, formant des inflorescences diverses. — Ovaire presque toujours supère, formé par 1 ou 2 carpelles dont généralement un seul est fertile. — 1 seul ovule diversement inséré, anatrope, orthotrope ou campylotrope. — Fruits souvent agrégés ou réunis en un syncarpe.

FAMILLE I. — ULMACÉES.

Les Ulmacées, dans le sous-ordre des Urticinées, se distinguent surtout par *leurs fleurs hermaphrodites ou tout au moins polygames, leur périanthe toujours bien développé, leur gynécée formé par 2 carpelles médians, unis en un ovaire uniloculaire, avec un seul ovule suspendu* (voir plus loin le tableau général des Urticinées).

Ce groupe se divise en deux sous-familles : les *Ulmoïdées* et les *Celtoïdées.*

SOUS-FAMILLE I. — ULMOÏDÉES.

Description de l'Ulmus campestris L. — L'Orme champêtre (*Ulmus campestris* L.) est un *arbre* des forêts de l'Europe, dont la hauteur peut atteindre 25 à 27 mètres, et dont le tronc peut acquérir 4 à 5 mètres de circonférence.

Les feuilles sont alternes, distiques, simples, dentées en scie, inéquilatérales à la base, caduques ; *elles sont accompagnées de stipules latérales subulées.*

Les fleurs sont hermaphrodites (fig. 239) et se montrent avant l'apparition des feuilles. Elles forment de petits glomérules ou de petits bouquets sur les jeunes rameaux de l'année, à l'aisselle des feuilles prêtes à se développer. L'axe de l'inflorescence produit d'abord un certain nombre de bractées écailleuses stériles, le plus souvent en disposition distique ; plus haut sur l'axe, ces bractées prennent une disposition spiralée de plus en plus nette. Les bractées supérieures seules sont fertiles et montrent à leur aisselle des fleurs isolées, dont l'axe est muni de deux petites préfeuilles (1).

Le périanthe est subcampanulé, marcescent, à 5 (quelquefois à 4) lobes

---

(1) L'une de ces préfeuil.es, ou l'une et l'autre, deviennent fertiles chez d'autres espèces (*Ulmus effusa, U. americana*), de telle sorte que chaque écaille fertile de l'inflorescence abrite une petite cyme de 2 à 3 fleurs.

obtus, à préfloraison libre ou légèrement imbriquée. Les *étamines*, ordinairement en même nombre que les lobes du périanthe auxquels elles sont opposées, sont insérées plus ou moins haut sur les bords de la coupe réceptaculaire. Elles sont formées d'un *filet dressé dans le bouton*, et d'une anthère biloculaire, exserte et en direction extrorse, à déhiscence longitudinale.

Le Gynécée est supère, formé par *deux carpelles médians* dont le postérieur avorte en général. L'ovaire forme donc une loge, rarement deux loges, contenant chacune *un ovule anatrope, pendant au sommet de l'angle central, avec le micropyle dirigé en dehors et en haut.*

Le *Fruit* est une samare, largement ailée sur tout son pourtour, à bords ciliés, et contenant une *graine dépourvue d'albumen.* L'embryon présente deux cotylédons aplatis et une radicule supère.

On connaît, en France, deux autres espèces bien distinctes d'Ormes, l'*Ulmus effusa* Wild. et l'*Ulmus montana*

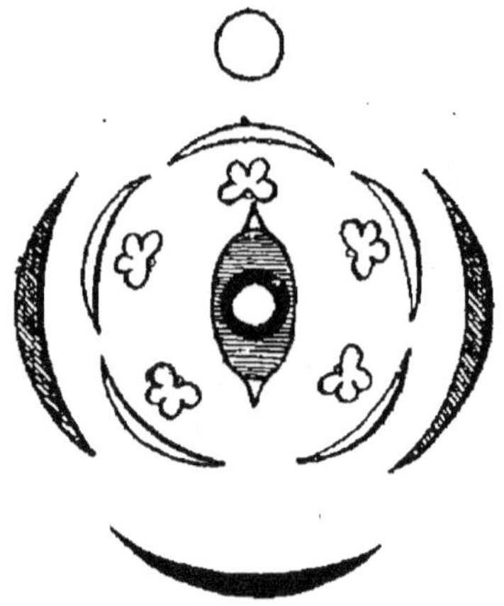

Fig. 239. — Diagramme d'une fleur d'*Ulmus*.

Sm., sans compter les variétés que présente l'Orme champêtre. Mais le genre *Ulmus*, dans son ensemble, comprend une quinzaine d'espèces, toutes indigènes des régions tempérées de l'hémisphère Nord. Quelques-unes ont des fleurs à 4, 7 ou 8 parties, hermaphrodites ou polygames.

Autres genres. — Sous le nom d'*Holoptelea* on a cru devoir séparer génériquement l'*Ulmus integrifolia* Planch., de l'Inde ; il se distingue par *ses feuilles entières, son androcée diplostémoné et les pièces de son périanthe tout à fait libres.*

Les *Planera* sont des Ulmacées de l'Amérique du Nord dont le fruit sec, indéhiscent, a un *mésocarpe mince, développé de toutes parts en aiguillons mous*, mais sans dilatation aliforme, *caréné sur son côté dorsal.*

Les genres qui précèdent constituent, dans la famille des Ulmacées, une première tribu, celle des *Ulmoïdées* dont les caractères distinctifs sont les suivants :

Les fleurs forment des glomérules sur les rameaux anciens, à l'aisselle de feuilles déjà tombées ou d'écailles foliaires, auxquelles succèdent parfois, sur le même axe, des feuilles végétatives normales.

Les étamines, dont les filets sont dressés dans le bouton, sont en nombre égal à celui des sépales ou double. La direction des anthères est extrorse.

L'ovaire est à 2 loges dont la postérieure avorte souvent, contenant chacune un ovule anatrope.

Le fruit est sec.

La graine comprimée renferme un embryon droit.

SOUS-FAMILLE II. — CELTOÏDÉES.

Description des Celtis. — Le Micocoulier (1) (*Celtis australis* L.) est le représentant de la seconde sous-famille.

C'est un *arbre* de la région méditerranéenne, à *feuilles alternes, simples*, oblongues, dentées sur le bord et triplinerves à la base, *accompagnées de stipules caduques*.

Les *fleurs* sont verdâtres, petites, solitaires à l'aisselle des feuilles sur les rameaux de l'année, monoïques ou polygames, construites à peu près comme celles des Ormes. *Le périanthe est formé par cinq pièces indépendantes, imbriquées* dans le bouton ; l'androcée par *cinq étamines* opposées aux sépales, *dont les filets, incurvés dans le bouton, se redressent avec élasticité au moment de l'anthèse.* A ce moment les anthères, biloculaires et à déhiscence longitudinale, *primitivement introrses*, se rejettent en dehors en émettant leur pollen.

L'ovaire est uniloculaire avec un seul ovule pendant, *campylotrope;* il est surmonté d'un style à deux longues branches stigmatifères.

Le fruit est une drupe monosperme. La graine, contenant une faible quantité d'un albumen muqueux, renferme un embryon recourbé, dont les cotylédons sont repliés obliquement sur eux-mêmes.

La sous-famille des Celtoïdées renferme encore quelques autres genres moins importants qui, tous, possèdent les caractères fondamentaux soulignés dans la description qui précède.

Affinités. — Les Ulmoïdées et les Celtoïdées, souvent considérées comme deux familles distinctes, se relient aux autres Urticinées par les caractères qui sont indiqués dans le tableau général.

Distribution géographique. — Les Ulmacées sont des plantes des régions tropicales et extratropicales; leur extension géographique est des plus considérables, et on les trouve dans les deux hémisphères. Les Ormes se rencontrent encore, dans l'hémisphère Nord, au delà du 63° de latitude (*U. campestris*) et même du 66° (*U. montana* With.). Les Celtoïdées habitent, d'ailleurs, des climats plus chauds que les Ulmoïdées.

Propriétés générales. Plantes importantes. — Les Ulmacées sont des plantes qui renferment peu de principes actifs, et dont l'importance

____

(1) Le nom d'*Alizier* qu'on lui donne aussi quelquefois, s'applique également à un arbre de la famille des Rosacées, le *Sorbus Aria*.

médicale est très secondaire. Quelques-unes sont plus utiles au point de vue industriel.

L'Orme champêtre (*Ulmus campestris* L.) fournit un bois excellent pour le chauffage et pour la fabrication d'un certain nombre d'objets. L'écorce est riche en tannin et en mucilage ; on s'en sert pour tanner les peaux. On la connaît en pharmacie sous le nom d'*Écorce d'Orme pyramidal*, et on s'en sert comme tonique, astringent, antipériodique.

Les fruits de l'Orme sont mangés dans certaines contrées.

On emploie aux mêmes usages, en Amérique, les *U. alata* Michx., *americana* et *fulva* Michx. ; l'écorce de ce dernier est émolliente. Le bois de ces diverses espèces est employé comme bois de construction. L'écorce de l' *U. alata* Michx. passe pour vulnéraire.

Les feuilles de l'*Ulmus parviflora* Jacq. (Amérique du Nord) ont été employées, à une certaine époque, sous le nom de Thé de l'abbé Galois.

Le *Planera aqualica* Gmel. fournit, aux États-Unis, un bois industriel.

Le bois de l'*Abelicea cretica* (Faux Santal de Crète) est employé comme astringent et détersif.

L'*A. crenata* donne un bois très solide.

L'écorce et les feuilles des *Celtis* ont quelquefois une odeur un peu aromatique, une saveur amère et âcre. La chair du fruit est astringente.

Plusieurs espèces ont des graines huileuses ; quelques autres un bois léger ou presque spongieux, ou bien flexible et très tenace.

C'est à ces propriétés que le bois du Micocoulier de Provence (*Celtis australis* L.) doit d'être utilisé pour la confection d'un grand nombre d'objets domestiques et de certains instruments de musique. Ses feuilles servent de nourriture au bétail et la graine fournit une huile d'éclairage.

Le *Celtis occidentalis* se rencontre fréquemment dans les parties chaudes de l'Amérique septentrionale ; sa drupe est administrée comme astringente.

La racine et l'écorce de notre espèce méridionale sont regardées comme un spécifique contre l'épilepsie.

ULMACÉES

Arbres à feuilles alternes et distiques, stipulées. Fleurs hermaphrodites ou polygames, solitaires ou en glomérules axillaires. Périanthe régulier 4-5mère (rarement 3-8), à préfloraison libre ou imbriquée. Androcée isostémoné ou diplostémoné. Filets dressés ou incurvés dans le bouton. Anthères introrses ou extrorses. Ovaire supère, à 1 ou 2 carpelles médians, contenant chacun 1 ovule suspendu, anatrope ou campylotrope. 2 branches stigmatiques. Fruit : samare, drupe ou noix, toujours indéhiscent. Graine avec ou sans albumen ; embryon droit ou courbe.

SOUS-FAMILLE I. — ULMOÏDÉES.

Inflorescences en glomérules à l'aisselle des feuilles tombées de l'année précédente. Étamines en nombre égal à celui des sépales ou double ; filets dressés, anthères extrorses. Ovaire à 2 loges latérales contenant chacune un ovule anatrope, pendant, à micropyle externe. Fruit sec, uniloculaire et monosperme. Graine exalbuminée. — Embryon droit.

Périanthe à 5-8 pièces plus ou moins concrescentes. — Androcée simple. Fruit : samare à aile entière. Arbres à feuilles dentées................. ***Ulmus*** L. (Environ 16 espèces. Régions tempérées de l'hémisphère Nord. Montagnes de l'Asie tropicale).

Périanthe à 4-8 pièces libres. — Androcée double. Fruit : samare à aile lobée. Arbre à feuilles entières.................... ***Holoptelea*** Planchon. (Seule espèce : *H. integrifolia* Planch., Indes et Ceylan).

Fleur comme chez les *Ulmus* et feuilles dentées. Fruit hérissé d'aiguillons mous............ ***Planera*** Gmel. (1 espèce. *Pl. aquatica* Gmel. États-Unis du Sud).

SOUS-FAMILLE II.—CELTOÏDÉES.

Fleurs solitaires, ou en inflorescences diverses, à l'aisselle des feuilles nouvelles, 5 mères. Étamines 5, à filets infléchis dans le bouton ; anthères introrses. Ovaire uniloculaire ; un seul ovule campylotrope suspendu. Fruit : drupe monosperme. Graine albuminée ; embryon courbe....... ***Celtis*** L. (Environ 60 espèces. Régions chaudes et tempérées du monde entier).

FAMILLE II. — MORACÉES.

La consistance ligneuse des tiges et la présence ordinaire de latici-fères continus (v. p. 33), *les fleurs, toujours diclines, pourvues d'un périanthe normalement conformé, réunies généralement en grand nombre sur un récep-tacle commun monoï-que ou dioïque, et les fruits ordinairement groupés en un syn-carpe,* constituent les caractères domi-nants de ce groupe.

Description des Morus. — Les Mû-riers (genre *Morus* L.) sont des *arbres* (fig. 240) ou des *ar-bustes* de toutes les contrées chaudes du globe, pourvus de *feuilles alternes, dis-tiques,* entières ou dentées, accompa-gnées de *deux stipu-les latérales caduques.*

Les *fleurs sont uni-sexuées,* monoïques chez les *M. alba* L. et

Fig. 240. — Mûrier noir.

nigra L., dioïques chez d'autres espèces, groupées en *inflorescences axillaires.* Les inflorescences mâles simulent des chatons (1) cy-lindriques un peu comprimés ; les inflorescences femelles sont sem-blablement conformées, mais beaucoup plus courtes.

Dans la *fleur mâle,* le réceptacle est étroit, presque plan. *Le périanthe est formé par 4 sépales décussés à préfloraison imbriquée.*

(1) D'après M. Baillon, l'axe de ces inflorescences est une lame aplatie, plus ou moins allongée, portant, sur une partie de ses faces seulement, un très grand nombre de petites cymes contractées, tandis que le reste de sa surface est nue. C'est donc une inflorescence mixte, et il en est de même de ce que l'on a décrit comme l'épi ou chaton femelle.

Les étamines, au nombre de 4, *sont opposées aux sépales, introrses, à filets distincts et incurvés dans le bouton* comme ceux des *Celtis.*

La *fleur femelle* est composée d'un périanthe à 4 sépales semblables à ceux de la fleur mâle ; il entoure un *gynécée libre, uniloculaire, surmonté d'un style bientôt partagé en deux branches divergentes.* L'ovaire renferme un *ovule d scendant, campylotrope,* inséré un peu au dessous du sommet.

Chacune des fleurs de l'inflorescence femelle donne naissance à un *petit fruit dont le mésocarpe s'épaissit légèrement, mais sur lequel s'appliquent étroitement les pièces du périanthe qui deviennent succulentes et charnues.* L'ensemble des fruits qui résultent d'une inflorescence femelle constitue une *sorose* (v. p. 135), que l'on connaît vulgairement sous le nom de *mûre* (1).

La *graine* descendante renferme, sous ses téguments, un *albumen charnu* qui entoure un *embryon recourbé,* à cotylédons oblongs et charnus et à radicule incombante (v. p. 140), dont l'extrémité est dirigée en haut.

Les Mûriers peuvent se réduire à une dizaine d'espèces, toutes propres aux régions tempérées de l'hémisphère Nord. Comme chez toutes les Moracées, les fibres du liber sont longues, flexibles et tenaces ; elles forment, dans ce genre, des séries tangentielles alternant avec le liber mou. Le parenchyme cortical renferme, en outre, de nombreux laticifères continus, caractère commun, d'ailleurs, aux Moracées ou aux Artocarpées.

Autres genres. — BROUSSONETIA. — Chez les *Broussonetia* Vent., *les glomérules femelles sont groupés sur un réceptacle sphérique.* Les inflorescences mâles sont analogues à celles des Mûriers. *Les fleurs femelles ont un périanthe gamophylle urcéolé* et un gynécée analogue à celui des Mûriers, avec *un style simple,* filiforme à son extrémité stigmatifère. — Le fruit est formé d'un grand nombre de drupes stipitées, réunies sur le réceptacle sphérique, et *dont le mésocarpe charnu s'épaissit, sur les bords seulement, en une sorte de forceps à branches élastiques* qui projettent le noyau à la maturité des graines. Celles-ci sont analogues à celles des Mûriers.

MACLURA. — Les *Maclura* Nutt. sont des Moracées de l'Amérique tropicale. Ils ont la fleur et l'inflorescence mâles des genres précédents ; mais les fleurs femelles sont pourvues d'un *calice à folioles indépendantes* comme chez les Mûriers, et *sont enfoncées dans des cavités creusées dans le réceptacle commun. Les fruits* qui leur succèdent sont

(1) Il faut se garder de confondre le fruit composé ou syncarpe des Mûriers avec le fruit des *Rubus* (Rosacées) qui ont avec lui une ressemblance apparente. Ces derniers consistent en une réunion de petites drupes provenant d'une seule fleur, drupes dont la partie charnue est formée par le péricarpe lui-même.

complètement enfouis dans ce réceptacle accru après la fécondation. Le style des *Maclura* est simple ou divisé en deux branches très inégales.

DORSTENIA. — Nous décrirons enfin, comme dernier type de Moracées, les *Dorstenia* (fig. 241 et 242, p. 589), dont une espèce fournit la racine anthelmintique *de Contrayerva.* Ce sont des arbustes ou plus ordinairement des herbes vivaces de toutes les régions tropicales de l'Afrique, de l'Asie et surtout de l'Amérique. Leur caractère principal est d'avoir *les fleurs mâles et les fleurs femelles réunies sur un réceptacle commun.* Sur ce dernier, les fleurs sont groupées par glomérules contenant soit des fleurs mâles seulement, soit une fleur femelle entourée de fleurs mâles. *Le réceptacle commun est un plateau circulaire, plan, légèrement convexe ou concave, ou bien encore une coupe à contour arrondi ou tétragone,* découpé ou non sur le bord en lobes plus ou moins semblables ou dissemblables. La face supérieure est entourée de bractées formant un involucre. Le plus souvent, le réceptacle se déprime au niveau de la fleur femelle centrale qui se trouve ainsi enchâssée dans une sorte de puits, entourée par des fleurs mâles.

Les feuilles sont alternes, plus ou moins découpées, accompagnées de stipules latérales ordinairement persistantes (1).

(1) Bien que, par leurs inflorescences, les *Dorstenia* soient très voisins des Figuiers, la forme de leurs stipules justifie la place qu'on leur assigne généralement parmi les Moracées.

Le *Dorstenia brasiliensis* Lam. (fig. 241), que nous prendrons pour exemple, est l'origine de la drogue qui nous arrive d'Amérique, sous le nom de *Racine de Contrayerva.* C'est une plante herbacée vivace, d'humbles dimensions, dont la racine est surmontée par trois ou quatre feuilles longuement pétiolées, à limbe cordiforme, crénelées, accompagnées de stipules semblables à celles des *Ficus.* Du milieu de ce faisceau foliaire s'élèvent une ou plusieurs hampes qui supportent chacune un plateau charnu, orbiculaire, dont la face supérieure est chargée de fleurs unisexuées, les unes mâles, les autres femelles, entremêlées. On a voulu quelquefois considérer cette inflorescence comme un capitule dont le réceptacle, au lieu d'être convexe, se serait étalé en forme de disque ; mais le capitule est une inflorescence indéfinie et les fleurs y naissent en direction centripète, tandis que le développement des fleurs est centrifuge chez les *Dorstenia.* Il est donc plus rationnel de considérer cette inflorescence comme une cyme dont les rameaux de l'axe principal, devenus concrescents, se seraient développés en un plateau charnu.

Les fleurs mâles ont un petit périanthe réduit à deux sépales, et deux étamines libres, pourvues d'anthères introrses, biloculaires, à déhiscence longitudinale. Les fleurs femelles sont enfoncées dans des alvéoles creusées dans le réceptacle, et dont le bord porte le périanthe. L'ovaire est libre cependant et renferme, lorsqu'il a atteint son développement complet, un ovule anatrope et pendant ; il est surmonté d'un style à deux branches. Chaque ovaire devient un achaine qui reste enfoui dans le réceptacle.

Le *D. Contrayerva* Lam. (fig. 242), auquel on attribuait jadis la Racine de Contrayerva, est une espèce mexicaine. Elle se distingue de la précédente par ses feuilles pinnatifides, et par son plateau réceptaculaire lobé sur ses bords. C'est à cette espèce, ou peut-être à une espèce voisine, le *D. Houstoni* ou le *D. Drakena,* que l'on doit attribuer la Racine de Drake.

MORACÉES.

Arbres ou arbustes, rarement herbes vivaces. — *Feuilles* alternes, assez souvent distiques, à stipules latérales persistantes ou caduques.

Fleurs unisexuées, monoïques ou dioïques, ordinairement groupées en glomérules réunis sur un réceptacle allongé ou sphérique, rarement en grappes ramifiées, ou bien enfin sur un réceptacle élargi, plan ou concave.

Périanthe à 3-4 divisions. — *Étamines* en nombre égal ou moindre ; filets incurvés dans le bouton, anthères introrses et biloculaires.

Gynécée formé par deux carpelles antéro-postérieurs. — *Ovaire* uniloculaire, avec un seul ovule campylotrope, pendant au sommet.

Fruit : syncarpe composé d'achaines rapprochés sur un réceptacle commun de forme diverse, souvent accompagnés par le périanthe accrescent et plus ou moins charnu.

Graine pourvue d'un albumen peu abondant ou sans albumen. Embryon recourbé.

Fleurs mâles et fleurs femelles formant des sortes d'épis ou de chatons. — Pièces du périanthe libres ou presque libres, s'appliquant sur le fruit autour duquel elles deviennent charnues. — Style partagé en deux branches divergentes .... **Morus** L. (Environ 10 espèces. Régions tempérées de l'hémisphère Nord ; régions montagneuses tropicales).

Fleurs mâles réunies en faux épis. — Fleurs femelles groupées sur un réceptacle commun sphérique.

Fleurs femelles formant des glomérules fixés eux-mêmes sur un réceptacle sphérique. — Périanthe gamosépale, urcéolé. — Style simple. — Drupes dont le mésocarpe s'épaissit seulement sur le bord.. **Broussonetia** Vent. (2 à 3 espèces. Asie orientale).

Fleurs femelles enfoncées dans un réceptacle sphéroïdal volumineux et accrescent après la fécondation. — Périanthe à pièces libres..... **Maclura** Nutt. (1 espèce : *Maclura aurantiaca* Nutt. Arkansas, Louisiane).

Fleurs mâles et fleurs femelles réunies sur un réceptacle commun de forme diverse, étalé ou plus ou moins concave, et formant de petits glomérules........................ **Dorstenia** L. (Environ 50 espèces, pour la plupart en Afrique et en Amérique).

Affinités. — Les Moracées ne se distinguent guère des Artocarpées que par un seul caractère assez tranché : *les étamines, à filets incurvés et élastiques dans les premières, sont dressées et non élastiques dans les secondes.* Comme caractère végétatif, les Artocarpées se distinguent des Moracées par *leurs stipules soudées en un cornet qui protège le bourgeon axillaire, et qui se détachent tout d'une pièce, laissant sur l'axe une cicatrice annulaire.*

Distribution géographique. — Les Moracées sont presque toutes des plantes des régions tropicales et subtropicales des deux hémisphères. Elles sont particulièrement abondantes en Amérique; quelques-unes végètent dans la zone tempérée de l'hémisphère Nord.

Propriétés générales. Plantes importantes. — Les Mûriers

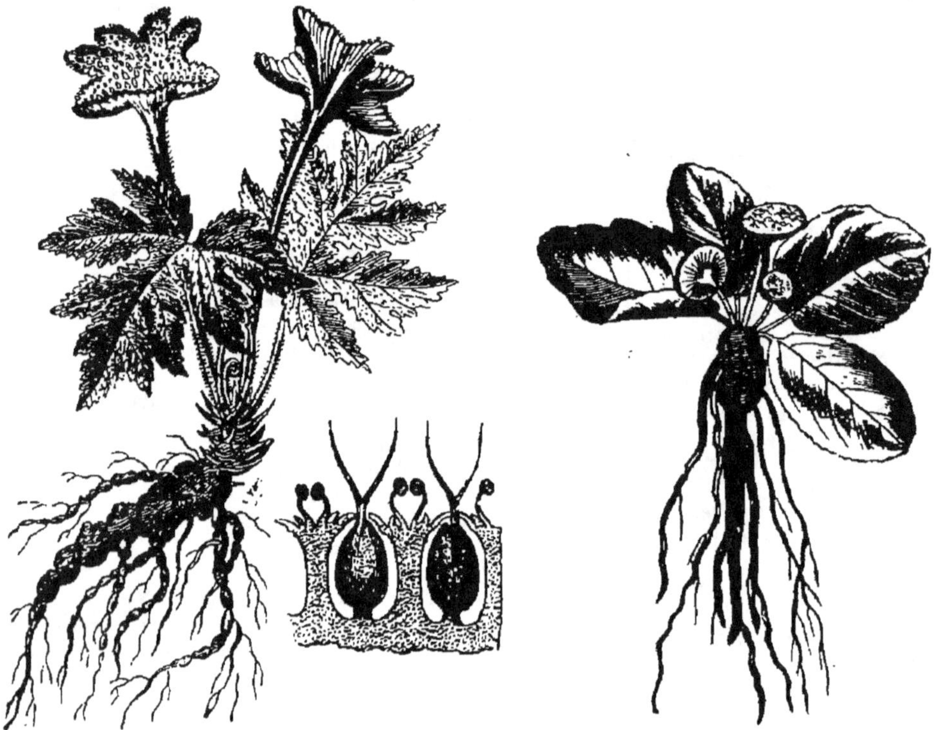

Fig. 241. — *Dorstenia brasilensis.*   Fig. 242. — *Dorstenia Contrayerva.*

sont des arbres de toutes les contrées chaudes du globe. Le Mûrier blanc (*Morus alba* L.) croît spontanément en Chine et jusqu'en Mongolie. Il a été introduit de la Chine dans l'Inde, puis dans la Perse; il fut apporté de ces contrées à Constantinople, puis en Sicile et en Italie d'où les Français l'importèrent en France, en 1474. Le fruit est comestible.

Les feuilles du Mûrier blanc servent de nourriture au ver à soie. L'écorce, comme celle du Mûrier noir, est anthelmintique. Son bois est incorruptible et susceptible d'un beau poli.

Ces plantes contiennent des fibres qui peuvent être utilisées comme textiles.

Le Mûrier noir (*Morus nigra* L.), d'origine probablement asiatique, est surtout cultivé pour son fruit, aliment sain, rafraîchissant et légèrement astringent. Ses feuilles peuvent être utilisées, comme celles du Mûrier blanc, pour la nourriture du ver à soie.

Le Mûrier à papier (*Broussonetia papyrifera* L.), de la Chine, aujourd'hui transporté en Europe et en Amérique, sert à fabriquer du papier et des étoffes. Son bois est poreux.

Le *Maclura aurantiaca* Nutt. (Oranger des Osages) servait à fabriquer des arcs chez les peuplades sauvages de l'Amérique du Nord ; les guerriers de ces contrées s'en teignaient aussi le visage. La plante renferme un suc jaune, plus abondant chez le *Maclura tinctoria*.

Ses fruits astringents sont usités en Amérique.

La substance nommée Moelle de Cuba est un suc résinoïde fourni par la même plante.

La Racine de Drake, rapportée du Pérou au xvie siècle, fut décrite par Clusius, en 1605 ; elle était attribuée au *Dorstenia Houstoni*. Elle est employée comme Racine de Contrayerva. Le plus actif de ces médicaments est fourni par le *Dorstenia brasiliensis* dont le réceptacle floral a la forme d'un disque circulaire (fig. 241 et fig. 242).

Ces drogues sont en même temps des substances stimulantes et sudorifiques.

FAMILLE III. — ARTOCARPÉES.

Ces plantes sont extrêmement voisines des Moracées dont elles se distinguent à peine, et avec lesquelles on les réunit souvent (voir aux *Affinités*).

Description des Artocarpus (Jacquiers). — Le genre *Artocarpus*, qui a donné son nom à tout le groupe, est représenté par de beaux *arbres* tropicaux, *très riches en latex*. Les deux principales espèces de Jacquiers, nommés aussi Arbres à pain, sont l'*A. incisa* Forst., dont les fruits servent de nourriture aux peuplades de la Malaisie et de l'Océanie, et l'*A. integrifolia* Forst., de l'Inde et des îles Malaises.

Les feuilles, incisées ou entières, *sont accompagnées d'une sorte de cornet intra-axillaire* qui, pendant un certain temps, cache le bourgeon correspondant à cette feuille, puis *se détache tout d'une pièce en laissant une cicatrice circulaire*. Cette formation représente *les deux stipules connées de la feuille*, et constitue un caractère important du groupe (1).

Les fleurs sont diclines, les mâles et les femelles constituant des inflorescences distinctes, les unes et les autres groupées en grand nombre sur un réceptacle commun, allongé dans l'inflorescence mâle, globuleux dans l'inflorescence femelle.

(1) Ce caractère n'est pourtant pas exclusivement spécial aux Artocarpées. On le retrouve, entre autres, chez les Ricins Euphorbiacées), chez les *Irwingia* (Rutacées), les *Dipterocarpus*, etc.

La *fleur mâle*, chez les Jacquiers, possède un *périanthe à 2 ou 4 pièces, libres ou légèrement cohérentes à la base, et une seule étamine* pourvue d'une anthère biloculaire, *à filet dressé.*

Les *fleurs femelles* sont plus ou moins profondément enfoncées dans une sorte d'alvéole, creusée dans le réceptacle commun, et dont les bords supportent un calice gamosépale. Le gynécée se montre libre au fond de l'urne : il forme un ovaire parfois légèrement stipité, surmonté d'un style simple ou divisé en deux ou trois branches. Cet ovaire est constitué par deux carpelles concrescents dont un seul se développe et porte, à son angle interne, un seul ovule descendant, anatrope, dont le micropyle, supère et dirigé en dehors, est souvent coiffé par une sorte d'obturateur. Les fruits restent ensuite enchâssés dans la masse commune du réceptacle charnu et riche en amidon. Les graines sont volumineuses, dépourvues d'albumen.

Autres genres. — Castilloa. — A côté des Jacquiers se rangent les *Castilloa*, dont une espèce (*C. elastica* Cervant.) fournit une partie du Caoutchouc commercial. Ce sont des arbres de l'Amérique centrale et de l'île de Cuba qui se distinguent du genre précédent *par leurs inflorescences unisexuées* comme chez les *Artocarpus*, mais *dont le réceptacle est discoïdal, plan ou concave,* et chez lesquels *les fleurs mâles sont dépourvues de périanthe.*

Antiaris. — Chez les *Antiaris* Leschenault, des Indes Orientales et de l'Archipel Indien, *les fleurs femelles sont solitaires sur leur réceptacle floral, sans périanthe, et l'ovaire* qui les constitue *est profondément enfoncé dans ce réceptacle* avec lequel *il est concrescent. Les fleurs mâles sont pourvues d'un périanthe, et réunies en grand nombre sur un réceptacle discoïdal.*

Brosimum. — Chez les *Brosimum* Swartz., arbres de l'Amérique tropicale, l'ovaire est également concrescent avec les parois de l'alvéole réceptaculaire qui le contient ; mais *l'inflorescence est monoïque, et chaque fleur femelle est entourée par un certain nombre de fleurs mâles.*

Ficus. — Enfin les *Ficus* nous offrent l'un des types les plus connus de la famille, le Figuier commun (*Ficus Carica* L.), seul représentant indigène du genre, ou du moins le seul qui soit réellement naturalisé dans nos régions du Midi (fig. 243). C'est un petit arbre dont la hauteur peut atteindre 8 ou 10 mètres, et dont le tronc peut mesurer 1^m,50 à 2 mètres de circonférence. Les feuilles sont alternes, d'un vert luisant au-dessus, blanchâtres et velues en dessous, rudes au toucher, accompagnées de stipules connées et caduques.

Les inflorescences sont monoïques, isolées ou géminées à l'aisselle des feuilles végétatives.

Le réceptacle floral est creusé en une coupe profonde, rétrécie à la base, beaucoup plus large au sommet où se montre un orifice étroit entouré de bractées (*l'œil de la Figue*). *Les fleurs occupent exclusivement les parois de cette cavité*, les mâles à la partie supérieure, les femelles, beaucoup plus nombreuses, sur tout le reste de la surface interne. Les premières ont un périanthe à trois divisions et trois étamines (fig. 243 dessin à droite); les secondes un périanthe à cinq divisions (à gauche de la figure), un ovaire

Fig. 243. — Figuier. — Rameaux. — *bc*, fleurs mâle et femelle. — *ad*, section de la figue. — *ef*, fruit et graine.

libre surmonté par un style bifide; la cavité ovarienne ne renferme qu'un seul ovule anatrope, suspendu, à micropyle extérieur.

L'inflorescence du Figuier, ou *sycone*, se transforme, à la maturité, en un fruit composé du réceptacle devenu charnu et très succulent, renfermant tout autant de fruits monospermes, légèrement charnus, contenant chacun une semence. Cette dernière montre un embryon recourbé, au milieu d'un albumen assez abondant.

Ce genre renferme un certain nombre d'autres espèces, toutes propres aux régions tropicales.

ARTOCARPÉES

Arbrisseaux ou arbres à suc laiteux. — *Feuilles* alternes, simples, *à stipules généralement connées, caduques et laissant une cicatrice annulaire.* — *Inflorescences* monoïques ou dioïques, sur un réceptacle cylindrique, globuleux, aplati, concave ou creusé en forme d'urne. — *Filets staminaux toujours dressés dans le bouton.* — *Ovaire* libre ou quelquefois adhérent aux parois de l'alvéole réceptaculaire. *Ovule* anatrope, suspendu, à micropyle supérieur et extérieur. — *Fruits* secs ou plus ou moins charnus sur le réceptacle lui-même accrescent.
Graine avec ou sans albumen. *Embryon* droit ou courbe.

Inflorescences sur un réceptacle aplati ou sphéroïdal, parfois en forme de coupe, pourvu de bractées nombreuses à la base ou au bord supérieur, ou bien encore à sa surface, entre les fleurs. — Embryon droit.

Inflorescences mâles et femelles en faux capitules, les premières allongées, les secondes globuleuses, les unes et les autres pluriflores. — Périanthe mâle à 2-4 pièces, cohérentes à la base; une seule étamine. — Dans la fleur femelle, ovaire plus ou moins profondément enfoncé dans le réceptacle commun. — Point de bractées autour des capitules. — Plantes monoïques......................... ***Artocarpus* Forst.** (40 espèces environ. Ceylan; Archipel Indien; Chine).

Inflorescences unisexuées. Réceptacle commun entouré à sa base par des bractées nombreuses.

Réceptacle commun pluriflore dans les deux sexes, discoïdal ou concave. — Pièces du périanthe non réunies à la base chez les fleurs femelles. — Fleurs mâles sans périanthe................ ***Castilloa* Cervant.** (3 à 4 espèces. Amérique).

Réceptacle des fleurs mâle pluriflore, celui des fleurs femelles uniflore.

Fleurs femelles pourvues d'un périanthe tubuleux, ovale ou sphérique. Anthères à déhiscence extrorse. Ovaire libre....................... ***Olmedia* Ruiz et Pav.** (Environ 5 espèces. Am. du Sud tropic.).

Fleurs femelles sans périanthe. — Ovaire concrescent avec les parois de l'alvéole du réceptacle commun...................................... ***Antiaris* Leschen.** (5 à 6 espèces. Indes; Archipel Indien).

Réceptacle commun muni de bractées à la surface, entre les fleurs, et sur le bord supérieur. Inflorescences formées de fleurs mâles nombreuses, et d'une seule fleur femelle enfoncée au centre du réceptacle...................... ***Brosimum* Swartz.** (Environ 8 espèces. Amérique tropicale).

Inflorescences portées sur un réceptacle commun creusé en une coupe profonde dont l'ouverture est munie de quelques bractées; fleurs des deux sexes ordinairement sur le même réceptacle. Embryon courbe... ***Ficus* L.** (Environ 600 espèces. Contrées chaudes du globe entier).

Affinités. — *Les étamines dont les filets, chez les Artocarpées, sont toujours dressés dans le bouton, et la structure particulière des stipules* sont à peu près les seuls caractères qui permettent d'établir une diagnose entre cette famille et les Moracées.

Distribution géographique. — Les Artocarpées habitent presque toutes les régions subtropicales ou tropicales des deux mondes.

Propriétés générales. Plantes importantes. — Les propriétés de ces plantes sont très diverses. Certaines d'entre elles fournissent des aliments précieux, quelques autres renferment de dangereux poisons.

L'*Artocarpus incisa* Forst., de l'Asie et de l'Océanie tropicale, fournit des inflorescences femelles dont le réceptacle sphérique est, à la maturité, plus gros qu'une tête d'homme, et devient très riche en fécule. Par la culture, les graines avortent complètement ; la pulpe sert à fabriquer du pain. En outre, les fleurs du même arbre forment la base d'une conserve ; son bois, très résistant, est utilisé dans l'industrie ; enfin on extrait une sorte de glu du suc de la même plante.

L'*A. integrifolia* Forst., dont les feuilles sont plus petites et entières, donnent aussi des inflorescences femelles très volumineuses ; mais le goût des fruits est moins estimé. Ses graines sont comestibles, ainsi que celles de l'*Artocarpus heterophylla* qui croît à Madagascar et dans l'Inde.

L'*Antiaris toxicaria* Leschenault constitue un poison redoutable, sur le compte duquel on avait fait, d'ailleurs, des récits exagérés. L'âcreté du suc de cette plante est telle qu'il produit des accidents au simple contact de la peau, et surtout des yeux. On a remarqué qu'il est beaucoup plus actif lorsqu'il est inoculé dans le sang que lorsqu'il est simplement absorbé par le tube digestif, caractère commun, du reste, à beaucoup de toxiques. Les Javanais en préparent un poison sagittaire connu sous le nom d'*Upas Antiar.*

D'autres espèces du même genre, l'*A. innoxia* et l'*A. Bennetii*, par contre, seraient tout à fait inoffensives, au dire des voyageurs.

Le *Brosimum* ou *Galactodendron utile* Humb., qui croît dans la Colombie, laisse découler, des incisions qu'on y pratique, un latex doux et nourrissant. Cette propriété a mérité à cette plante le nom d'*Arbre à la vache,*

Le genre Figuier renferme un grand nombre d'espèces importantes :

Le *Ficus Carica* L., originaire peut-être du Levant et actuellement répandu dans tout le Midi de l'Europe, fournit ses fruits, qui sont très estimés et usités également comme béchiques.

Le *Ficus Sycomorus* (Figuier Sycomore) croît dans l'Égypte, et donne des fruits qui sont très appréciés par les Arabes. On se servait de son bois pour fabriquer des sarcophages et des boîtes à momies.

Les *F. elastica, laccifera, religiosa*, de l'Inde, et les *F. macrophylla* et *rubiginosa*, d'Australie, fournissent du Caoutchouc.

Le *F. heterophylla*, de l'Inde, est usité comme astringent.

Le *F. hispida* et le *F. atrox* ont un suc très vénéneux.

Le *F. anthelmintica*, du Brésil, est employé comme anthelmintique.

Enfin, c'est sur les *F. indica, religiosa, laccifera*, etc., que se fixe le *Carteria lacca*, insecte hémiptère qui détermine la production de la Gomme-Laque. Ce produit, d'ailleurs, est également récolté sur des arbres appartenant à d'autres familles.

Citons encore le *Castilloa elastica* Cervantes qui croît, dans l'Amérique chaude, du 25° de latitude Nord au 25° de latitude Sud, et qui est l'origine de tout le caoutchouc qu'on récolte dans le Mexique méridional, dans la région de Panama, dans le Honduras, les Antilles et l'Équateur.

FAMILLE IV. — URTICACÉES

Végétaux de toute grandeur, souvent recouverts de poils ordinaires ou de poils urticants; suc aqueux. — Feuilles stipulées. — Fleurs presque toujours diclines, en faux épis, faux capitules ou glomérules, à périanthe ordinairement bien développé, souvent 4-mère. — Étamines en même nombre, à filets incurvés dans le bouton. — Ovaire libre, uniloculaire, avec un seul ovule orthotrope et dressé. — Achaine ou drupe. — Graine albuminée.

Description des Urtica. — L'*Urtica pilulifera* L., par exemple, qui fleurit en été et en automne dans l'Ouest et dans le Midi de la France, est une *herbe bisannuelle ou vivace, à feuilles opposées*, assez longuement pétiolées, dont le limbe ovale-acuminé est incisé de dents profondes. Toutes les parties végétatives aériennes de cette plante sont hérissées de poils urticants (1), d'où le nom d'Orties donné aux espèces de ce genre (de *urere*, brûler). Ces feuilles sont accompagnées de *deux stipules latérales, connées avec celles de la feuille opposée.*

Les *fleurs sont diclines*, comme dans tout le genre, monoïques dans l'espèce dont nous faisons l'étude. Les *mâles* forment des cymes bipares à la base, mais qui deviennent bientôt unipares et simulent alors de *longues grappes dressées.* Les *inflorescences femelles*

____

(1) Voy. p. 27.

sont de même nature que les inflorescences mâles; mais elles sont *contractées en glomérules*, ce qui a valu à cette Ortie son nom spécifique. Le plus souvent ces inflorescences naissent deux par deux, une mâle et une femelle, à l'aisselle des feuilles supérieures des axes, de part et d'autre d'un rameau végétatif dont elles semblent être des ramifications (1).

La *fleur mâle* (fig. 244, A) est composée : de *quatre sépales*, dont deux antéro-postérieurs externes et deux latéraux internes, libres ou connés légèrement dans le bas. Au-dessus, sur le réceptacle floral convexe, s'insèrent *quatre étamines opposées aux folioles du périanthe ; leur filet, d'abord incurvé, se détend avec élasticité au mo-*

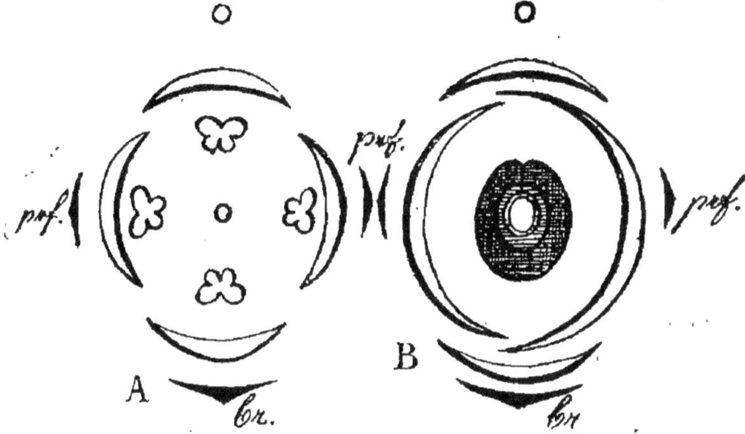

Fig. 244. — Fleur mâle et fleur femelle d'*Urtica*. — *br*, bractée mère. — *pr, pr*, préfeuilles.

ment de la déhiscence des anthères. Ces dernières sont introrses, biloculaires, à déhiscence longitudinale. Le sommet du réceptacle floral porte un petit *disque circulaire*, que l'on considère souvent comme un rudiment de gynécée.

La *fleur femelle* (B) *possède quatre sépales décussés*, dont les deux latéraux sont souvent plus grands que les deux autres. Au centre de la fleur se dresse *un ovaire formé par un seul carpelle médian antérieur*, dont le placenta est, par suite, tourné vers l'axe commun de l'inflorescence. Il est surmonté d'*un style court*, portant lui-même des poils stigmatiques papilleux. Ordinairement un peu au-dessus du fond de la loge, contre la paroi postérieure, s'insère *un*

(1) En effet, chez d'autres espèces, où l'on trouve la même disposition, les inflorescences naissent chacune à l'aisselle d'une des deux premières feuilles opposées du rameau axillaire. Ces feuilles manquent chez l'*U. pilulifera* et les espèces voisines.

ovule orthotrope dressé, à funicule court, muni d'un seul tégument.

Le *fruit* est *un achaine* oblong, un peu comprimé, souvent verruqueux, accompagné par le périanthe persistant.

La *graine* contient, dans un albumen charnu, un embryon à radicule conique supère. Les cotylédons sont elliptiques, obcordés à la base.

Chez la Grande Ortie (*U. dioica* L.), les caractères végétatifs et la structure florale sont essentiellement les mêmes; mais la plante est vivace et dioïque; les mâles et les femelles forment de longues cymes rameuses; les inflorescences femelles sont plus ou moins réfléchies, mais jamais contractées en glomérules.

Chez la Petite Ortie (*U. urens* L.), qui est annuelle, les grappes sont mâles et femelles à la fois.

Autres genres. — PROCÉRIS. — Dans les régions tropicales de l'Asie, de l'Océanie et de l'Afrique croissent des plantes ligneuses, de taille fort variable, d'ailleurs, très voisines des Orties à côté desquelles il convient de les placer. Ce sont les *Procéris*. Ils se distinguent par *leurs feuilles alternes*, insymétriques, leurs fleurs unisexuées, *les mâles ordinairement réunies en cymes, les femelles groupées sur un réceptacle charnu, claviforme*, semblable à celui de certaines Artocarpées. *Les poils urticants font défaut.*

Les fleurs mâles sont 5-*mères*, construites, d'ailleurs, comme celles des Orties.

Les *fleurs femelles* se distinguent par *leur périanthe à 3, 4 ou 5 pièces*.

Le *fruit* est tantôt *un achaine, tantôt une drupe* peu charnue; il est *accompagné par le périanthe qui devient succulent.*

Dans la graine, enfin, l'embryon n'est enveloppé que d'une faible couche d'albumen.

BŒHMERIA. — Le *Bœhmeria nivea* L., que l'on cultive dans diverses contrées et que l'on utilise, comme plante textile, sous le nom de *Chanvre de Chine* ou de *Ramie*, mérite également d'être étudié à côté des Orties. C'est une *plante sous-frutescente*, dont les longs rameaux portent des *feuilles opposées*, stipulées, d'un vert très pâle, presque blanc en dessous.

Les fleurs sont monoïques, en glomérules.

Les *mâles* ont un *périanthe gamosépale*, valvaire dans le bouton.

Les fleurs femelles ont un périanthe gamosépale, en forme de sac ou de tube, lobé au sommet. L'ovaire est surmonté d'un style filiforme avec papilles stigmatiques unilatérales.

Comme chez les Orties, *le fruit est un achaine, et la graine est albuminée.*

PARIÉTARIA. — La Pariétaire officinale (*Parietaria officinalis* L.) est une *herbe vivace* (fig. 245) *dont les parties végétatives sont couvertes de poils crochus, non urticants. Les feuilles sont alternes, triplinerves, accompagnées de stipules très réduites. Inflorescences involucrées.*

Les fleurs sont polygames, et forment de petits glomérules axillaires (IV). Dans chaque glomérule, la fleur centrale est femelle (*f*); autour de cette dernière se montrent, en général, quatre fleurs, soit mâles, soit hermaphrodites, placées chacune à l'aisselle d'une bractée (*br*¹, *br*¹), pourvues, en outre, chacune de deux bractéoles latérales. *Le glomérule entier est enfin entouré lui-même par trois*

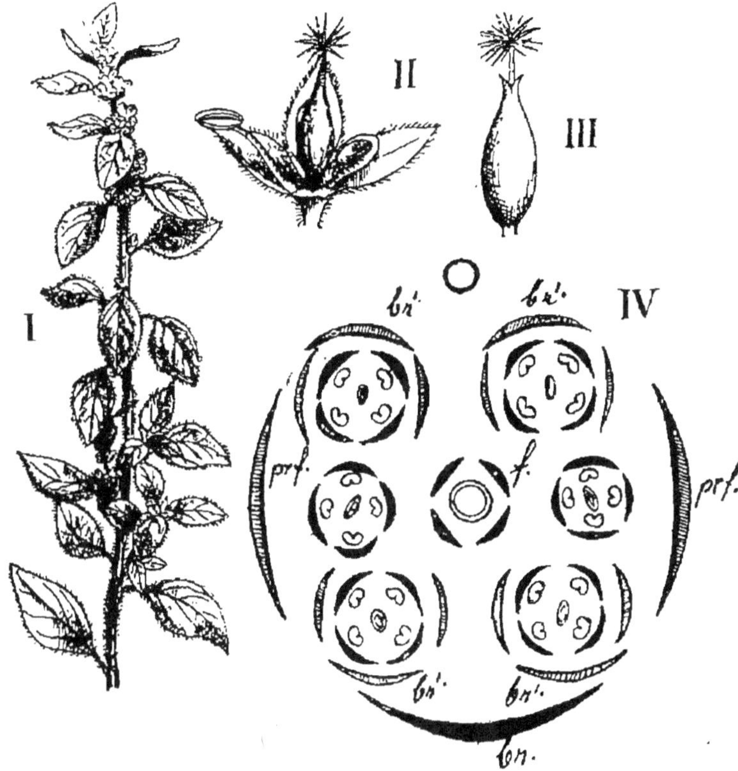

Fig. 245. — I. Une tige de Pariétaire (*Parietaria officinalis* L.). — II. Fleur hermaphrodite, dont l'étamine antérieure et le sépale correspondant ont été enlevés. — III. Fleur femelle. — IV. Diagramme d'un glomérule.

bractées involucrales (*br*, *prf*, *prf*) (bractée mère de l'inflorescence, et préfeuilles de l'axe commun) (1).

Les fleurs mâles et hermaphrodites ont un périanthe formé de 4 sépales plus ou moins cohérents à la base, velus à l'intérieur. Les étamines, incurvées dans le bouton comme chez les Orties, sont en même nombre, disposées autour d'un gynécée rudimentaire ou fertile.

Dans les fleurs femelles et hermaphrodites (IV), l'ovaire et l'ovule

(1) Dans le diagramme ci-dessus, le nombre des fleurs latérales est de trois de chaque côté, et les deux moyennes manquent de bractées.

sont construits comme chez les Orties. Le style grêle, articulé, caduc, se termine par une tête stigmatifère chargée de longs poils latéraux. *Le périanthe des fleurs femelles* (III) *est longuement tubuleux, 4-fide au sommet.*

Le fruit est un achaine lisse et brillant, enveloppé par le périanthe persistant, et contenant une graine semblable à celle des Orties.

Il existe des Pariétaires à tige soit frutescente, soit herbacée, dont les feuilles sont insymétriques à la base.

Chez le *Parietaria arborea*, le stigmate est linéaire et les inflorescences sont triflores.

Chez le *P. Soleirolii* Spr., dont on a fait le genre *Helxine*, l'inflorescence est uniflore. Cette espèce est une plante vivace de la Corse et de la Sardaigne.

D'une manière générale, les Pariétaires se distinguent des Orties par *leur polygamie, la structure du périanthe dans la fleur femelle, leurs inflorescences involucrées, leurs feuilles alternes et entières,* accompagnées de *stipules très réduites ou nulles.*

FORSKÖHLEA. —Enfin nous décrirons rapidement le genre *Forsköhlea* qui nous offre, dans la famille des Urticacées, un exemple remarquable de réduction et de zygomorphie. Ce genre comprend des herbes ou des sous-arbrisseaux de la région méditerranéenne, de l'Afrique tropicale et australe, de l'Asie occidentale.

Les feuilles sont, ici encore, alternes, pourvues de stipules latérales, et chargées de poils crochus.

La fleur mâle est réduite à une seule étamine qu'accompagne extérieurement une sorte de bractée obscurément tridentée au sommet. C'est là, en réalité, un périanthe ligulé, unilatéral, comparable à la corolle ligulée des fleurs zygomorphes des Composées (Voir à cette famille).

Dans la fleur femelle on trouve, protégé par un périanthe ligulé semblable, un ovaire atténué au sommet en un style grêle, chargé de poils.

Le fruit est un achaine; la graine possède un albumen charnu.

Caractères généraux. —*Herbes, sous-arbrisseaux ou arbres,* rarement *végétaux grimpants. Presque jamais du latex.* — *Organes végétatifs souvent recouverts de poils,* ces derniers quelquefois urticants.

Feuilles alternes ou opposées, accompagnées de stipules latérales ou axillaires, libres ou parfois concrescentes dans l'intervalle des feuilles, quand celles-ci sont opposées.

Fleurs monoïques, dioïques ou polygames, rarement solitaires, ordinairement groupées en cymes associées elles-mêmes, de manières diverses, en inflorescences plus complexes, quelquefois involucrées.

Périanthe verdâtre, rarement coloré, à 4-5 parties, plus rarement 2-3, ou ligulé (*Forsköhlea*), quelquefois nul.

Étamines opposées aux pièces du périanthe et ordinairement en même nombre ; filets infléchis dans le bouton ; anthères introrses, normalement construites.

Ovaire ordinairement libre, rarement concrescent avec le périanthe uniloculaire. *Ovule* unique, dressé, orthotrope. — *Style* terminal ou sublatéral, simple ou terminé par des divisions en pinceau ou par un renflement sphérique hérissé de poils. Papilles parfois unilatérales.

Fruit : achaine ou drupe, inclus quelquefois dans le périanthe avec lequel il peut être adhérent.

Graine ordinairement pourvue d'un albumen huileux. Embryon droit, à radicule supère.

Affinités. — On peut mentionner la parenté des Urticacées avec les Pipéracées qui, ainsi que nous le verrons, s'en distinguent par l'organisation du fruit, de la graine, de l'embryon, de l'inflorescence, par l'absence de périanthe et par les propriétés.

Les Urticacées offrent aussi certains rapports avec les Cannabinées, les Moracées, les Artocarpées, les Ulmacées, qui s'en distinguent par leur ovaire à deux carpelles, dont un stérile.

Distribution géographique.— La famille des Urticacées comprend, suivant M. H. Baillon, 39 genres et 500 espèces environ, qui sont distribués de la façon suivante :

1/3 dans le Nouveau Monde ;

1/3 dans l'Asie avec la Malaisie ;

Les 9/10 du tiers restant appartenant à l'Océanie et à l'Afrique.

L'*Urtica urens* et la Pariétaire sont cosmopolites et s'étendent jusqu'au voisinage des deux pôles.

Propriétés générales. Usages. — Les propriétés des Urticacées sont fort peu saillantes. Les Orties et surtout les *Laportea*, le *L. crenulata* de Java entre autres, sont remarquables par leurs poils urticants. Les Orties et la Pariétaire contiennent des sels calcaires et, la dernière surtout, du nitrate de potasse.

Plusieurs Orties sont usitées dans les campagnes comme légumes.

On utilise comme plantes à fibres textiles les *Urtica dioica,*

U. Cannabina, U. parvifolia, le *Bœhmeria nivea* (*China grass* ou *Ma* des Chinois, Chanvre de Chine, Ramie). La Ramie, originaire des contrées tropicales de l'Asie, se cultive surtout dans les régions tempérées et chaudes de l'Est en Chine, dans le Bengale, etc. Sa culture a été tentée dans les régions les plus chaudes de l'Europe. C'est un textile très usité chez les habitants de l'Archipel Indien.

URTICACÉES.

Des poils urticants. Périanthe des fleurs femelles 4-fide ou 4-lobé. — Feuilles spiralées ou opposées.

- Achaine droit. Stipules libres ou unies. — Stigmate en pinceau. — Feuilles opposées.—Périanthe femelle à 4 lobes, les deux externes plus petits......... *Urtica* L. (Environ 30 espèces des régions tempérées des deux mondes).

- Achaine oblique, lisse. Stipules toujours plus ou moins unies.—Stigmates linéaires, papilleux sur un côté. — Périanthe femelle à 4 pièces à peine cohérentes. *Laportea* Gaudich. (25 espèces, le plus souvent tropicales).

Point de poils urticants.

Stigmate en pinceau. — Corolle femelle à 3 lobes. Feuilles opposées ou unisériées par avortement.

- Feuilles opposées-décussées, quelquefois inégales. — Fleurs en ombelles lâches ou en glomérules.— Périanthe femelle 3-fide, avec un segment plus grand, formant capuchon............ *Pilea* Lind. (Plus de 100 espèces des régions tropicales).

- Feuilles alternes. Fleurs femelles formant des capitules sphériques .... *Proceris* Jussieu. (5 espèces environ. Régions tropicales de l'ancien monde).

Stigmate de forme très variable, jamais en pinceau, périanthe femelle tubuleux ou nul.

Fleurs pourvues d'un périanthe. Étamines 3-4-5.

- Inflorescences dépourvues d'involucre, unisexuées, fleurs mâles avec 4-5, plus rarement 2-3 étamines.— Périanthe gamosépale. — Stigmate persistant, linéaire............ *Bœhmeria* Jacq. (Presque toutes tropicales).

Inflorescences polygames ou androgynes, accompagnées d'un involucre. — Stigmate en tête.

- Inflorescences 3-flores ou pluriflores...... *Parietaria* Tourn. (17 espèces, presque toutes des régions tempérées, rares sous les tropiques).

- Inflorescences uniflores...•............. *Helxine* Reg. (1 espèce. Corse et Sardaigne).

Périanthe nul dans la fleur femelle, ligulé dans la fleur mâle. — 1, plus rarement 2 étamines........ *Forskhölea* L. (5 espèces. Sud de la région méditerranéenne; Afrique; Indes Orientales).

FAMILLE V. — CANNABINÉES

Ce petit groupe est extrêmement voisin des Urticacées avec lesquelles on les réunit souvent (V. aux *Affinités*).

Description du Cannabis sativa. — Le *Chanvre cultivé* (*Cannabis sativa* L.) est une *herbe annuelle* que l'on suppose originaire de l'Asie centrale (fig. 246).

Sa *tige*, de hauteur variable et ramifiée, est garnie de *feuilles opposées, rarement alternes à la partie supérieure*, palmatinerviées, à divisions aiguës. Elles sont munies de *stipules libres et persistantes*.

Toute la plante contient un suc aqueux et exhale une odeur forte.

Les fleurs sont dioïques. L'individu mâle, plus petit, plus grêle, se dessèche plus vite que l'individu femelle; aussi donne-t-on improprement au premier le nom de *Chanvre femelle*.

Les *fleurs*, dans les deux sexes, forment des *grappes terminales de cymes*.

Fig. 246. — Chanvre cultivé.

La tige et ses rameaux principaux sont munis de feuilles d'autant plus petites qu'elles sont insérées plus haut. Vers le sommet, elles se réduisent à leurs simples stipules, et c'est à l'aisselle de ces feuilles réduites que naissent les axes de second degré sur lesquels sont insérées les inflorescences. Celles-ci sont opposées sur les axes de second degré qui avortent au-dessus de leur point d'insertion, et qui sont dépourvus de préfeuilles. Chacune d'elles consiste en une cyme bipare qui offre une tendance à se transformer en une cyme unipare hélicoïde. Il résulte de cette disposition que la partie terminale florifère des axes principaux de la plante est dépourvue de vraies feuilles et de rameaux végétatifs.

Dans les pieds femelles, les cymes multiflores des fleurs mâles sont remplacées chacune par une fleur unique de part et d'autre des axes de second degré. En outre, ces derniers portent deux préfeuilles bien développées, et ils s'accroissent, au-dessus des fleurs, en rameaux pourvus de feuilles végétatives ; leurs ramifications se comportent de la même manière. A cette disposition est dû l'aspect touffu et plus vigoureux des pieds femelles.

Les fleurs mâles ont un calice à 5 sépales réguliers, diposés en préfloraison quinconciale. L'androcée est représenté par *cinq étamines dressées.* Les anthères sont biloculaires, introrses, à déhiscence longitudinale.

Chaque fleur femelle est étroitement embrassée par sa bractée mère (préfeuille de l'axe n° 2), qui s'enroule autour d'elle en manière de spathe. La fleur elle-même possède un *petit calice gamosépale* en forme de coupe membraneuse, à bord entier. L'*ovaire* est sessile et, comme chez les Urticacées, se compose typiquement de *deux carpelles* qui ne se laissent reconnaitre qu'aux *deux stigmates. Il est uniloculaire*, et contient *un ovule campylotrope, descendant.* Le style est nul et l'ovaire est simplement surmonté par *deux stigmates allongés, pubescents.*

Le fruit est un achaine lisse, verdâtre, à deux valves se séparant l'une de l'autre par pression.

La graine est descendante, dépourvue d'albumen. L'embryon est fortement recourbé ; ses cotylédons sont épais, très riches en huile ; il est entouré lui-même du tégument séminal interne épaissi. *Albumen peu abondant.*

Humulus. — Le *Houblon* (*Humulus Lupulus* L.) (fig. 247) est une plante pourvue de racines fibreuses, ligneuses et vivaces, produisant tous les ans des tiges herbacées sarmenteuses, hautes de 5 à 6 mètres, volubiles. Les feuilles sont opposées, palmatilobées à 3 ou 4 lobes, dentés eux-mêmes sur le bord.

Les fleurs sont dioïques comme chez les *Cannabis.*

Les inflorescences mâles forment, encore ici, des grappes terminales de cymes. Mais les rameaux de second degré, au lieu d'avorter au-dessus des deux premières cymes, continuent à s'accroître en produisant de nouvelles inflorescences de plus en plus réduites.

Les inflorescences femelles (fig. 248) consistent en chatons courts et ovoïdes, ordinairement désignés sous le nom de *cônes*, réunis eux-mêmes en grappes à l'extrémité des jeunes rameaux. Les inférieurs sont opposés dans l'axe des feuilles végétatives, les supérieurs sont alternes, et insérés à l'aisselle de feuilles réduites à leurs stipules (1).

La *fleur mâle* est construite à peu près comme celle du Chanvre, mais *les filets staminaux, au lieu d'être dressés, sont grêles et pendants.*

Fig. 247. — Houblon.

Fig. 248. — Cône de Houblon.

La *fleur femelle* est également construite comme chez le Chanvre : l'ovaire uniloculaire est surmonté par deux styles ou branches stigmatifères, subulés, papilleux.

(1) Chaque cône offre l'organisation suivante : l'axe principal porte, rangées en ordre distique à la base, en spirale vers le haut, des bractées réduites à leurs deux stipules. A leur aisselle naît un axe qui, après avoir donné deux préfeuilles, avorte brusquement ; à l'aisselle de chacune des préfeuilles se développe alors une fleur. Les fleurs femelles naissent ainsi deux par deux à l'aisselle de chaque paire de stipules, et chacune d'elles est protégée par une bractée spéciale (une des deux préfeuilles de l'axe avorté). Mais l'axe de la fleur peut lui-même produire une paire de préfeuilles dont une seule se développe et porte, à son tour, une fleur axillaire ; chaque paire de stipules du cône protège alors quatre fleurs. Il peut même arriver que les axes floraux de second degré portent, de la même manière, chacun une préfeuille et une fleur de troisième degré ; les groupes floraux sont alors de six fleurs. En réalité, à chaque paire de stipules du cône correspondent ainsi deux petites cymes unipares, issues d'un rameau axillaire avorté.

L'achaine est *arrondi*, roussâtre, et demeure enveloppé par les bractées persistantes et accrescentes.

La *graine*, enfin, à peu près dépourvue d'albumen comme celle du Chanvre, est occupée par un embryon dont la radicule s'appuie sur les cotylédons enroulés en spirale.

L'espèce que nous avons décrite est originaire de l'Europe et de l'Asie tempérées, mais la culture s'en est aujourd'hui répandue dans les deux mondes. Toutes les parties aériennes de la plante sont extérieurement pourvues de glandes en cupules (v. p. 31, fig. 23) dont le produit finit par soulever la cuticule. Ce sont les glandes à Lupulin (fig. 249).

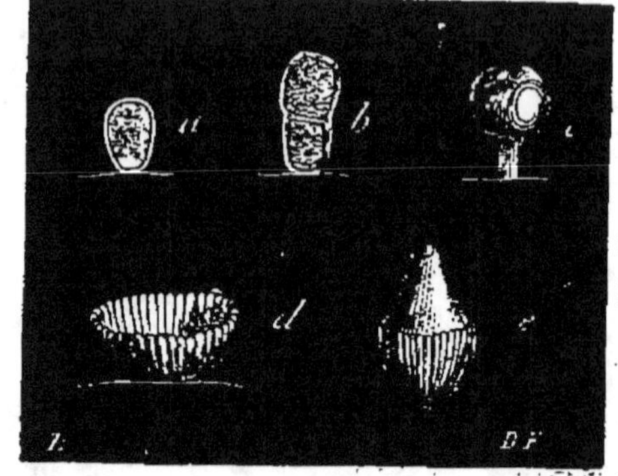

Fig. 249. — Cône de Houblon. — *a*, lupulin commençant à se former ; *b*, lupulin composé de deux cellules; *c*, lupulin pédiculé; *d*, lupulin en forme de coupe striée; *e*, lupulin devenu glandiforme.

Le genre Houblon ne renferme que deux ou trois espèces.

CANNABINÉES

Plantes herbacées. — *Feuilles* opposées ou alternes, stipulées, souvent glanduleuses.

Fleurs dioïques, en grappes de cymes, réunies en cônes chez les pieds femelles de Houblon.

Fleurs mâles à *périanthe* 3-mère, imbriqué dans la préfloraison. — *5 étamines* à filets jamais infléchis dans le bouton. *Anthères* basifixes.

Fleurs femelles avec périanthe urcéolé, entier sur les bords. — *Ovaire* uniloculaire, avec un seul ovule campylotrope, pendant. *Style* terminal, très court ou nul. Deux *stigmates* allongés.

Fruit : achaine embrassé par le périanthe, bivalve chez le Chanvre.

Graine pendante, à tégument épais. — *Albumen* peu abondant. — *Embryon* crochu ou enroulé en spirale, radicule supère.

Tiges dressées, non volubiles. — Étamines à filets courts, dressés. — Fleurs femelles non réunies en cônes .... *Cannabis* Tourn. (1 espèce, probablement originaire de l'Asie centrale).

Tiges volubiles. — Étamines à filets longs et pendants. — Fleurs femelles réunies en cônes...... *Humulus* L. (2 espèces. Régions tempérées des deux continents).

Les Cannabinées se font remarquer, au point de vue anatomique, par leurs fibres corticales longues et résistantes, et par leurs glandes externes pluricellulaires.

Affinités. — Les Cannabinées n'étaient pas séparées autrefois des Urticacées. Elles s'en rapprochent, en effet, par leurs fleurs diclines à périanthe simple, leur structure florale, celle de l'ovaire et du fruit, etc. Les Urticacées s'en éloignent seulement par *les étamines à filets longs, incurvés avant la floraison, les anthères arrondies, l'ovule dressé, orthotrope, l'embryon droit, et la graine plus ou moins abondamment albuminée.*

Les Ulmacées-Celtoïdées (v. p. 582) ont avec les Cannabinées des rapports semblables; mais, de plus, *leur ovule est pendant et campylotrope.*

Distribution géographique. — Les Cannabinées sont connues de la plus haute antiquité, et leur culture s'est répandue sous tous les climats tempérés du globe, dans l'hémisphère Nord. Le Chanvre est, dit-on, originaire des parties montueuses de l'Asie moyenne et australe; le Houblon est originaire de l'Europe et de l'Asie occidentale, peut-être aussi de l'Amérique.

Propriétés générales. Usages. — Les Cannabinées se font remarquer par la ténacité et l'abondance de leurs fibres corticales, et par le suc narcotique et amer qu'elles contiennent.

Il nous suffira de citer ici le Houblon dont les cônes servent à parfumer la bière. Les glandes qui couvrent les bractées du cône et les pédicelles contiennent la *Lupuline* et constituent le *Lupulin*, employé en médecine. Le Lupulin agit comme tonique et, peut-être aussi, comme narcotique. Il exerce une action sédative sur les organes de la génération. Les jeunes pousses souterraines du Houblon sont alimentaires.

La graine du Chanvre (*Cannabis sativa*) contient une huile usitée pour l'éclairage et la fabrication des savons. Tout le monde connaît l'usage des fibres de cette plante.

Enfin le Chanvre indien, dont on a fait, très probablement à tort, une espèce distincte du Chanvre cultivé, contient dans toutes ses parties une résine et des huiles essentielles dont les propriétés inébriantes sont bien connues. Le *Haschich* n'est autre chose qu'une préparation grasse des feuilles de Chanvre indien.

Cette plante doit ses propriétés à deux substances qui sont :

1° La *Cannabine*, qui est de nature résineuse;

2° Une huile essentielle composée elle-même d'un liquide, le *Cannabène*, et d'une partie solide, l'*Hydrure de Cannabène.*

En médecine, le Chanvre indien a été employé contre certaines affections nerveuses, telles que la manie, contre l'asthme, etc.

FAMILLE VI. — PLATANACÉES.

Cette famille, composée du seul genre Platane (*Platanus* L.), se relie moins naturellement que les autres au sous-ordre des Urticinés ; par contre, elle a de grandes analogies avec les Balsamifluées, et ces dernières ne peuvent être logiquement éloignées des Hamamélidacées et des Saxifragacées, bien distinctes elles-mêmes des Urticinées.

La consistance toujours ligneuse de ces plantes ; — leurs feuilles palmatilobées, engainantes et stipulées ; — leurs fleurs monoïques, groupées en capitules unisexués, pourvues d'un périanthe composé de pièces en forme d'écailles velues et d'appendices claviformes ; — leur graine albuminée, leur embryon droit, constituent les caractères essentiels de ce groupe.

Les Platanes (*Platanus* L.) sont des *arbres* généralement de haute taille, tous originaires de l'Amérique du Nord et de l'Asie méditerranéenne. Leur écorce blanchâtre se desquame le plus souvent en larges plaques.

Ils portent des *feuilles alternes, palmatilobées, pétiolées,* et couvertes, dans leur jeune âge, de poils étoilés. Leur pétiole se renfle à la base, et se creuse d'une cavité conique qui protège le bourgeon axillaire. A ce point s'insèrent *deux stipules latérales* qui se réunissent inférieurement en un tube ; ce dernier embrasse le rameau au-dessous de l'insertion de la feuille, puis se dilate en une sorte de cornet denté sur les bords. Supérieurement, ces deux stipules deviennent distinctes sur une étendue variable.

Les fleurs sont monoïques et réunies en capitules unisexués, sessiles, solitaires ou, le plus souvent, disposés sur un axe pendant qui termine les jeunes rameaux, en un file interrompue.

Les *mâles* consistent en 3 *ou 6 étamines verticillées,* dressées, dont les filets très courts portent une anthère claviforme ; cette dernière est formée par deux loges latérales, adnées sur toute leur longueur à un connectif qui se prolonge au-dessus d'elles en une sorte de plateau irrégulier. Ces étamines sont accompagnées : 1° par *trois à six petites écailles à sommet velu, considérées comme un calice* par certains auteurs ; 2° plus à l'intérieur, par des *organes claviformes* en nombre égal ou moindre, et qui sont peut-être des staminodes (corolle pour certains botanistes).

Dans les *fleurs femelles,* également sessiles sur le réceptacle commun, on trouve une sorte de *périanthe représenté par trois à cinq folioles.* Plus à l'intérieur se montrent des *appendices claviformes* semblables à ceux de la fleur mâle, et souvent aussi, dans leur intervalle, de *petites languettes glanduleuses*. Le centre de la fleur est occupé par un verticille de 2 à 8 *carpelles*, opposés aux pièces du périanthe auxquelles ils sont légèrement concrescents par la base. Ils sont constitués chacun par un *ovaire libre uniloculaire*, terminé par un *style assez long*, recourbé en dehors au sommet, stigmatifère par sa face interne sillonnée. Dans chaque ovaire, vers le sommet de l'angle central, est *un ovule descendant, orthotrope*, ou fort peu recourbé.

Le *fruit consiste en une agglomération d'achaines* portés par le réceptacle commun, sphérique dans son ensemble. Les achaines sont allongés en forme de pyramides renversées, surmontés du style persistant et accompagnés à la base par une *collerette de longs poils rigides*.

Chacun d'eux renferme une *graine descendante*, dont le mince tégument recouvre un *albumen charnu, dans l'axe duquel* est *un embryon droit*, à cotylédons souvent inégaux.

Affinités. — Par le port, la forme et l'alternance des feuilles, la présence des stipules, le mode d'inflorescence, la monœcie des fleurs, la structure de ces dernières, leur graine albuminée, les Platanacées se rapprochent beaucoup des Balsamifluées ; mais elles s'en distinguent surtout par les caractères suivants :

L'absence de canaux à oléo-résine ;

La présence, dans la fleur femelle, de plusieurs carpelles uniloculaires, libres et entièrement supères ;

L'orthotropie de l'ovule, solitaire et descendant dans chaque carpelle ;
La nature du fruit qui est ici sec et indéhiscent.

Distribution géographique. — Le genre Platane renferme deux types, ou mieux deux espèces auxquelles se rattachent un certain nombre de variétés :

1° Le *Platanus orientalis* L., qui croît dans l'Ancien Continent, de l'Italie à l'Hymalaya, et dont les lobes foliaires sont lancéolés ou à bords parallèles, le plus souvent au nombre de cinq correspondant à tout autant de nervures principales ;

2° Le *P. occidentalis* L., du Nouveau Continent (du Mexique au Canada), chez lequel les lobes foliaires, plus acuminés, sont ordinairement au nombre de trois, ainsi que les nervures principales.

Propriétés générales. Plantes utiles. — Les Platanes sont surtout appréciés comme plantes d'ornement. Leur écorce est, pourtant, astringente, et les anciens considéraient celle du *Platanus orientalis* comme un spécifique contre les hémorrhagies, les brûlures, les engelures, les ophthalmies, etc.

C'est au même usage que l'on utilise, en Amérique, celle du *P. occidentalis*. L'écorce de cette plante, traitée par décoction, est administrée contre les ulcères et la dysenterie. On a même essayé, dit-on, de la substituer au Quinquina. Enfin, dans le royaume de Naples, on a proposé l'écorce des Platanes contre le choléra.